U0210082

浆果保鲜加工原理与技术

郜海燕 等 著

科学出版社

北京

内 容 简 介

本书重点阐述了草莓、蓝莓等主要浆果采后物流保鲜与贮藏加工的生物学基础理论，新技术、新材料和新装备，品质分析与质量安全控制，研究方法与工厂设计，产品标准等全产业链各个环节及国内外最新研究进展。

本书图文并茂，理论与实践相结合，是一部内容丰富、兼具科学性与实用性的著作，可作为高等院校食品科学、农产品贮藏与加工等相关专业的教材和有关科研人员的参考用书，也适用于浆果生产一线的采收、贮运、保鲜、加工从业者及有兴趣的关注者、消费者参考，以满足生产推广需求，助推乡村振兴。

图书在版编目（CIP）数据

浆果保鲜加工原理与技术/郜海燕等著. ——北京: 科学出版社，2020.11
ISBN 978-7-03-063955-4

Ⅰ. ①浆… Ⅱ. ①郜… Ⅲ. ①浆果–食品保鲜 ②浆果–食品加工
Ⅳ. ①S663.09

中国版本图书馆 CIP 数据核字（2019）第 288980 号

责任编辑：陈 新 尚 册 / 责任校对：严 娜
责任印制：肖 兴 / 封面设计：蒋筱萌

科 学 出 版 社 出版
北京东黄城根北街 16 号
邮政编码：100717
http://www.sciencep.com

北京九天鸿程印刷有限责任公司 印刷
科学出版社发行 各地新华书店经销

*

2020 年 11 月第 一 版 开本：787×1092 1/16
2020 年 11 月第一次印刷 印张：29
字数：680 000
定价：298.00 元

（如有印装质量问题，我社负责调换）

《浆果保鲜加工原理与技术》著者名单

主要著者：郜海燕

其他著者：孙　健　　陈杭君　　李　斌　　吴伟杰　　房祥军

　　　　　穆宏磊　　孟宪军　　韩延超　　刘瑞玲　　童　川

　　　　　辛　明　　周拥军　　周剑忠　　李绍振　　唐雅园

　　　　　李　丽　　盛金凤　　孙希云　　冯　颖　　何雪梅

　　　　　张炜佳

序

　　浆果是一类具有独特鲜食风味与优良加工性能的果品，富含花色苷、多糖等多种抗氧化活性物质，具有很高的营养保健价值，被联合国粮食及农业组织（FAO）誉为"第三代水果"和"五大健康食品"之一。

　　我国浆果资源丰富，随着国际浆果消费潮流的兴起和国内消费需求的日益增长，栽培面积和产量不断攀升。近年来，通过国家战略引导、政策扶持，以蓝莓等为代表的浆果产业得到迅猛发展，在品种研究、栽培技术、产品深加工、产业链培育与融入乡村振兴战略的科技创新等领域都取得了丰硕成果。当前，浆果产业已成为区域农业供给侧改革的先导产业，特别是东北地区、西南地区和长江经济带的浆果产业快速崛起，已成为果品行业发展的一种新趋势。

　　浆果产业虽是改革发展起来的新兴产业，但也是消费市场与大健康产业中的紧缺和高附加值产业，如何进一步科学合理地开发利用这一资源，挖掘其潜在价值，已成为食品科学领域的研究热点。最近，"浆果果汁等高附加值植物饮料的开发生产"已列入国家产业结构调整目录，浆果将成为果农和食品加工企业致富创收的新途径，整个浆果产业未来也有望成为千亿级"黄金产业"。

　　该书作者郜海燕研究员、孙健研究员、陈杭君研究员和李斌教授等均是我国长期从事浆果冷链物流、加工与营养保健功能相关研究的科技工作者，多年来他们紧紧围绕浆果的基础理论与技术前沿问题，积极探索、潜心研究、不断创新，主持完成了国家自然科学基金项目、"十三五"国家重点研发计划项目、国家公益性行业（农业）科研专项、国家科技攻关计划项目等多个浆果领域的重大科学研究任务，取得了诸多原创性成果。在此基础上，该书作者结合国内外浆果产业发展的最新动态，系统阐述了草莓、蓝莓、杨梅、桑椹、黑莓、树莓、花楸等现代浆果冷链物流保鲜、产地初加工、产后精深加工等方面的新理论、新方法、新技术、新材料、新装备。全书内容丰富、循序渐进、系统全面，不仅注重理论概念的清晰准确，更注重与生产实际相结合，并列举了若干加工应用实例。该书是一部具有理论深度的研究论著，也是一部适用于基层与企业相关人员的工具书。

　　值此著作脱稿之际，我很高兴看到这部书稿并为之作序。衷心希望该书的出版能为我国从事浆果科学研究的科技工作者及相关产业的管理人员、从业人员提供有益借鉴与参考，为消费者的品质生活和健康追求提供有价值的启迪与帮助。

中国工程院院士

2019 年 8 月

前　　言

浆果营养价值高，富含花色苷、多糖等多种活性物质，具有很高的食用和保健价值，被联合国粮食及农业组织列为"五大健康食品"之一。随着我国果品种植产业结构的调整，浆果产业已成为重点发展且较具潜力的特色产业，通过国家战略引导、政策扶持、科研院所技术支持和资本市场产业投入等，我国浆果资源得到了大力开发利用，我国快速跃居为世界第一浆果生产和消费大国。浆果的规模化栽培及采后保鲜、加工产业亦成为带动产区发展、农民增收致富的重要途径，对推进我国"乡村振兴"与"健康中国"战略实施具有重大意义。

浆果类水果生产季节性和地区性强，其含水量高、表皮较薄、质地柔软、易腐烂变质，在贮运、销售过程中损失可高达 40%～50%；浆果虽富含天然花色苷，但稳定性差，营养组分易降解，加工过程中如果技术方法不当，易发生褐变、沉淀，色泽、营养等品质骤降；非商品果及加工副产物高值化利用率低、技术研发滞后。因此，浆果采后保鲜与加工已成为产业发展的重要课题和研究热点。在归纳总结团队近 20 年来的相关研究与产业化成果的基础上，著者参考借鉴国内外同行的相关学术成果，撰写了此书，以期与同行和有兴趣了解该方面知识的朋友们，一起推动我国浆果保鲜与加工业的快速健康发展。

本书共十三章，内容涵盖浆果采后物流保鲜与贮藏、加工技术与装备、质量安全、工厂设计及国内外相关产品标准等全产业链各个环节，是一部内容丰富、兼具科学性与实用性的著作。本书由浙江省农业科学院郜海燕研究员总体设计、统稿，并撰写了第二章、第三章及第四章部分内容；其他章节分别由广西壮族自治区农业科学院（后简称广西农业科学院）孙健研究员（第一章、第十一章至第十三章），浙江省农业科学院陈杭君研究员（第四章），沈阳农业大学李斌教授（第五章至第十章）等撰写，江苏省农业科学院周剑忠研究员和北京汇源饮料食品集团有限公司李绍振高级工程师参与了部分校稿工作。感谢曾在浙江省农业科学院对该项科研做出部分工作的毛金林、陶菲、葛林梅、夏其乐、陈剑兵、陈文烜和韩强等；感谢参与撰稿工作的广西农业科学院的杨莹、郑凤锦、李杰民、李志春、李昌宝等和沈阳农业大学的李冬男、王月华等，他们是曾经或一直从事浆果保鲜、贮运、加工理论与技术、产业领域的科技人员。此外，非常感谢浙江省农业科学院食品物流保鲜与品质调控团队的部分博士研究生、硕士研究生，他们参与了书稿中数据、图片的整理及文字校对工作。最后，本书在撰稿过程中参考了一些文献资料，书中未能详尽罗列，在此，对相关文献作者及支持本书撰写的各位同仁表示衷心的感谢！

本书相关研究工作和出版得到了国家自然科学基金项目"蓝莓表皮蜡质损伤与采后果实软化机理研究""灰霉菌介导蓝莓采后角质层代谢产物诱导果实抗病性机理研究"、

"十三五"国家重点研发计划项目"果蔬冷链物流技术及装备研发示范"、国家公益性行业（农业）科研专项"浆果贮藏与产地加工技术集成与示范"、浙江省重大科技攻关项目"果蔬增值保鲜关键控制技术及冷链系统成套设备研制"、浙江省重大科技专项重点国际科技合作项目"植物源活性物质调控蓝莓等果实品质与抗氧化活性技术研究"、辽宁省重大科技攻关项目"特色小浆果精深加工关键技术研究"、广西创新驱动发展专项"广西特色水果采后商品化处理与精深加工关键技术研究及应用"等一批国家级、省部级科研项目的重点资助。在此，一并致以感谢！

由于著者知识面和学术水平有限，书中不足之处恐难避免，恳请广大读者提出宝贵意见，我们将在后续科研工作中不断改进和完善。

著 者

2019 年 7 月

目 录

第一章 浆果概述

第一节 浆果起源和现状

一、浆果的起源

在植物学中，浆果是一类由复雌蕊的上位子房或下位子房发育而成的果实。在果树学中，"浆果"是一个复合词，除了包括植物学中的浆果，还包括一些聚合果、聚花果和其他一些柔软多汁的果实。浆果栽培历史悠久，类型和品种多样，常见的有草莓、蓝莓、杨梅、桑椹、黑莓、树莓、花楸等，具有容易栽培、抗寒性强、适应性广等特点，适于鲜食、加工、观光和采摘等多种方式开发。

（一）草莓

草莓（*Fragaria ananassa*）是多年生草本植物，属于蔷薇科（Rosaceae）草莓属（*Fragaria*），具有较高的营养、经济、药用和医疗保健价值。草莓属植物是多起源的，有三大起源中心，即亚洲、欧洲和美洲 3 个地理种群（Johnson et al.，2015；侯丽媛等，2017）。东亚是草莓遗传多样性的中心，故而东亚地区最有可能是原始草莓的起源地（Njuguna et al.，2013；Qiao et al.，2016）。世界草莓栽培始于 14 世纪，当时西方各国栽培的是森林草莓。15～17 世纪栽培的是短蔓莓、麝香莓。之后，荷兰从北美洲引进深红莓，从南美洲引进智利莓。18 世纪 50 年代，法国育成凤梨草莓。经过育种学家的不断选育，新品种层出不穷，目前，全世界草莓栽培品种已有 3000 多个。世界各国几乎都有草莓栽培，全球草莓种植面积也在逐年增长（祖容，1996）。我国野生草莓资源丰富，据考证，早在 500 年前，在苏皖一带就开始栽培黄花野生草莓。在明代李时珍所撰的中药学巨著《本草纲目》中已有关于草莓方面的记载（雷家军等，2015）。近代，我国草莓栽培品种多来自美国、日本和欧洲等地，引入凤梨草莓栽培已有 100 余年的历史（桂明珠和胡宝忠，2002）。据记载，1915 年一位俄国侨民从莫斯科引入 5000 株'维多利亚'（Victoria，别名'胜利'）草莓到黑龙江省亮子坡栽培，这是草莓栽培品种在我国种植的开始（吴晓云等，2016）。

（二）蓝莓

蓝莓（*Vaccinium corymbosum*），学名为越橘或蓝浆果，是杜鹃花科（Ericaceae）越橘属（*Vaccinium*）多年生果树，落叶或常绿灌木。蓝莓采摘食用已有几千年的历史，19 世纪初来到美洲的欧洲移民就食用这种果实。但蓝莓栽培驯化的历史不长，最早可追溯到美洲土著人对野生矮丛蓝莓进行周期性焚烧以促进其生长。美国南北战争时期，蓝莓加工品作为军需品被运送到军队中去，在战后限制一般公众对其任意采摘并加强管理，产量因此大增。最早栽培蓝莓的国家是美国，但至今也不到百年历史。美国人 Coville 在 1937 年选育出 15 个蓝莓品种，并将这些适合栽培的蓝莓品种投入到商业性栽培中。20 世纪 30 年代，蓝莓已进入商业性大面积栽培，栽培种类已由最初的高丛蓝莓发展到兔眼蓝莓、矮丛蓝莓等几大类，并选育出 100 多个优良品种。栽培区域由温带向南推进到亚热带，向北发展到北纬 50° 的严寒地带。自 20 世纪 80 年代起，我国的吉林农业大学、山东省果树研究所、北华大学等单位先后开展了蓝莓引种、驯化工作，现已从美国、加拿大、波兰、芬兰、德国等国家引进包括高丛、矮丛、半高丛、兔眼蓝莓四大类 100 余个品种，并筛选出了一些适合我国南方、北方气候条件栽培的品种（李亚东，2007；郑炳松等，2013）。

（三）杨梅

杨梅（*Myrica rubra*）原产于我国南部，是杨梅科（Myricaceae）杨梅属（*Myrica*）亚热带常绿乔木果树。杨梅自古野生或作为林木栽植，是我国特有的常绿果树，栽培利用历史悠久。1978 年，在浙江余姚市河姆渡遗址的考古中发现杨梅花粉，证明早在 7000 多年前的新石器时代，该地区已有杨梅生长。公元前 2 世纪，西汉陆贾所著《南越行纪》中记载："罗浮山顶有湖，杨梅山桃绕其际。"这是目前可查到的最早的有关杨梅的文字记载，说明当时杨梅与桃已有栽培。此后，《齐民要术》《开宝本草》《群芳谱》《农政全书》《本草纲目》等古代农医书籍，都有关于杨梅栽培、食用、药用及贮藏加工等方面的记载（郑勇平，2002）。

（四）桑椹

桑椹（mulberry）是桑科（Moraceae）植物桑（*Morus alba*）成熟果穗的统称，又名桑葚、桑果、桑枣、桑乌、桑椹子，颜色呈紫黑色或玉白色，长椭圆形，鲜食甜中略酸（朱潇婷等，2018）。1993 年，桑椹被国家卫生部列为"药食同源"的农产品之一。桑椹原产于我国，种质资源丰富，变种繁多，在全国各地都有分布，以北方各地较为普遍。早在公元前 1000 多年的殷商时代，蚕桑业就已相当发达。战国时期，在黄河、长江流域都有桑树栽培。秦代以后，蚕桑生产发展很快，从汉代到清代，历代都设有专职官吏主管蚕桑生产。到了明清时期，浙江湖州已成为蚕桑生产中心。古代桑树是叶果兼用，现在栽培的果桑以食果为主，其中家桑中的大果变种群以河北、山东沿运河两岸及江苏、浙江一带分布比较集中。中国蚕桑业很早就传播到国外，《史记》《前汉书》记载周初箕子把蚕桑业传入朝鲜，再传入日本；汉代以后传入中亚、欧洲；约在公元 4 世纪时传入印度。20 世纪后，世界桑树分布地区有亚洲东部、东南部，欧洲南部，北美洲南部，南美洲西北部及非洲西北部等（云南省农家书屋建设工程领导小组，2009）。

（五）黑莓

黑莓（*Rubus fruticosus*）是蔷薇科（Rosaceae）悬钩子属（也称树莓属，*Rubus*）植物，作为重要的浆果类果树在许多欧洲国家都有悠久而广泛的栽培历史（贺善安等，1998）。自古希腊起，人们一直从野生种中收集黑莓大量用于绿篱，直到 16 世纪才有药用和其他用途。到 17 世纪时裂叶常绿黑莓被驯化，在 1867 年已有 18 个栽培品种，大部分是从当地的苗木中筛选而来。到 19 世纪末期，人们培育了一些优良的商业黑莓品种。

（六）树莓

树莓（*Rubus idaeus*）是蔷薇科（Rosaceae）悬钩子属（*Rubus*）多年生落叶性灌木型果树，又称托盘、悬钩子等。树莓和黑莓同属悬钩子属，但归于不同亚属。国外对树莓的栽培利用很早。在西欧树莓作为栽培果树始于 16 世纪中期，18 世纪末由欧洲引入美国。俄罗斯是当时树莓栽培较早的国家。19 世纪早期，英国和美国已有 20 多个栽培品种，同时美国和欧洲的一些天然杂交种也被发现并利用。在第二次世界大战前后，病害严重和劳力缺乏使树莓面积严重减少。近年来，新优及抗蚜虫品种的引进，微繁脱毒苗木和茎分枝技术（打杈）的发展，机械采收的推广应用和高质量加工产品的生产，使树莓生产面积在美国西部、中部和东北部地区逐渐增加（王彦辉和张清华，2003）。我国的野生树莓植物资源丰富，约有 210 种，南自海南岛、北到大兴安岭、东自台湾、西到新疆，均有分布。山区人民早就利用树莓果做酒酿醋。在 1200 年前，树莓的野生种"覆盆子"就作为中药使用，主要治疗感冒、咽喉炎等疾病。我国人工栽培树莓的历史较短，19 世纪 30～40 年代由俄罗斯侨民从远东地区引入我国黑龙江省珠河县石头河子一带栽培，成为我国北方地区特有的小浆果种类。

（七）花楸

花楸（*Sorbus pohuashanensis*），又名花楸树、百花花楸，为蔷薇科（Rosaceae）花楸属（*Sorbus*）落叶小乔木，是我国北方珍贵的观赏树种之一，观叶、观花、观果、观形俱佳（涂英芳等，1993）。据考证，北美洲丛林中的帕塔瓦米族印第安人最早开始利用腺肋花楸（Kokotkiewicz et al.，2010）。19 世纪，腺肋花楸种子从德国传入俄罗斯，最初仅作为一种观赏植物栽植在家庭花园中。从 20 世纪 40 年代开始，腺肋花楸在苏联西伯利亚地区逐渐成为经济果树用于生产果汁和酿酒（Nybom et al.，2003）。在第二次世界大战以后，腺肋花楸逐渐扩展到白俄罗斯、摩尔达维亚和乌克兰。1976 年，腺肋花楸从苏联传入日本。20 世纪 80 年代，腺肋花楸被引种到保加利亚、捷克斯洛伐克、东德、波兰、斯洛文尼亚，以及北欧的丹麦和英国。我国腺肋花楸引种栽培历史可追溯到 20 世纪 90 年代，辽宁省干旱地区造林研究所在与朝鲜开展文冠果国际合作研究的过程中，从朝鲜农业科学院资源植物研究所获得 1 个黑果腺肋花楸栽培种。自 2000 年以后，我国逐渐从美国、波兰和日本等国大量引种黑果腺肋花楸优良品种，并在辽宁、吉林、黑龙江、山东和江苏等多个省份大面积种植（李梦莎等，2015）。自引种以来，我国学者相继在化学、药理、繁育和产品开发等领域展开研究并取得了一定的成果（韩文忠等，2008）。

二、浆果的发展及产业现状

浆果是一类高水分含量、果肉呈浆状的水果，具有独特的风味及营养价值。浆果中普遍富含花色苷、多酚、黄酮、维生素、矿物质等天然活性物质，具有清除自由基、调节代谢、延缓衰老、提高免疫力等功效（de Souza et al.，2014；Olas，2017）。由于浆果营养保健价值高，其价格高居各类水果之首，销量逐年扩大，价格节节攀升。目前，有条件的国家纷纷抓住机遇，积极开发浆果产业。我国也逐步对浆果的发展作了深入研究，并开展了大量的引种、选育和推广工作。

草莓因种植周期短、见效快、经济效益高、适应性强，被广泛种植，其栽培面积和产量在世界小浆果生产中一直居于首位。在新中国成立之前，我国草莓基本没有得到发展，主要是引种试验或零星栽培。而在新中国成立之后，我国草莓在大城市附近开始作为经济作物栽培，但在 20 世纪 50～70 年代，我国草莓栽培整体规模小、产量低，没有真正形成产业，栽培形式也以陆地栽培为主。自 20 世纪 80 年代以后，随着我国经济的快速发展和人们对草莓认识的不断提高，我国的草莓产业得到了快速发展，1980～1995 年全国草莓栽培面积从不到 700hm^2 增加到 3.67 万 hm^2，总产量从 3000t 增加到约 37.5 万 t（赵密珍等，2018）。据联合国粮食及农业组织（FAO）统计，2016 年我国草莓栽培面积和产量分别为 14.15 万 hm^2、380.19 万 t，分别占世界种植面积和产量的 35.21%、41.70%，远超美国，是世界草莓生产第一大国（吴晓云等，2016；赵密珍等，2018）。

相对于草莓，我国蓝莓产业处于刚刚起步阶段，全产业链并不完善，蓝莓精深加工总量较少，技术含量相对较低。而美国早在 1906 年就已经开始进行蓝莓的选种工作，到 21 世纪已经选育出适合各地气候条件栽培的优良品种 100 多个，目前美国发展面积已达近 13.34 万 hm^2，成为世界蓝莓主产区之一。北美洲、南美洲和亚太地区是全球蓝莓栽培生产的三大主产区。美国、智利、加拿大、西班牙、中国、阿根廷、波兰、秘鲁、墨西哥、摩洛哥为全球前 10 位蓝莓生产国。中国作为亚洲蓝莓的主要贡献地，2016 年面积和产量分别为 2.2 万 hm^2、2.8 万 t，分别占全球种植面积和产量的 16.3%、4.3%（Brazelton et al.，2017）。

杨梅和桑椹原产于我国。我国杨梅品种资源十分丰富，许多地方的良种不断得到挖掘利用与推广。近几年，杨梅种植呈现较大的增长趋势，据统计，我国杨梅现有栽培面积超过 23.33 万 hm^2，总产量为 80 万～100 万 t，是世界杨梅生产第一大国，其中浙江省为最主要的杨梅产区，堪称全国乃至世界的杨梅科研与产业中心（黄士文，2015；李莉，2015）。杨梅在国外也有少量种植，主要有日本、韩国及东南亚各国，但因其果形较小、品质差，并未作经济果树栽培，多种植在庭院作观赏用。目前，果桑种植规模较小，规划单一，农户种植的果桑主要是出售桑果，桑椹附加产品少，综合利用开发程度低。果桑产业起步较晚，缺乏大型龙头加工企业加入，种植果桑的农户靠自产自销鲜果，因此销售量不大，销售周期短，销售收入有限。

树莓与黑莓同是树莓属浆果。树莓作为劳动密集型产业，近几年有从发达国家和地区向适种的欠发达国家和地区转移的趋势，新产区逐步兴起，南美洲正在取代北美洲、东欧成为树莓原料产品的主要生产地和输出地；树莓深加工和零售以北美洲（美国、加拿大）和西欧（德国、法国、英国）为中心，占世界深加工和零售市场的 80%；在树莓种植和出口领域，北半球的塞尔维亚和南半球的智利两国占据全球种植和出口市场的 60% 以上。新西兰大部分树莓以冻果出口，而美国过去的树莓产品主要供鲜食，近年来大部分速冻或加工制酱。据市场预测，国际市场每年对树莓的需求总量大约为 200 万 t，而目前的年总产量则稳定在 40 万 t 左右（张海军等，2010）。我国树莓产业近年来快速发展，在品种引进、技术研发等方面取得了显著成绩。截至 2015 年，全国树莓种植面积达 1258hm²，产品以鲜销为主。黑莓是欧美地区广泛栽培的四大小果类果树之一，在世界果树发展中，其发展速度是其他果树的 3 倍左右，被称为"新兴小果类"。

花楸的商业化栽培时间相对较短，从 20 世纪 40 年代开始才逐渐在苏联西伯利亚地区成为一种经济果树，主要用于生产果汁和果酒。自 20 世纪 80 年代以后，花楸在全世界的栽种面积逐渐扩大，德国、波兰等国已有大规模的栽培和较成熟的加工产业。我国对花楸的研究起步较晚，与欧美国家相比研究水平还存在一定的差距。目前，国内从事花楸产业的公司已有几十家，但是大部分都停留在苗木繁育、贩运和简单加工上，没有进行成体系的发展。

我国浆果产业的发展优势独特，该产业具有国家战略引导、省部级政策推动、科研院所技术支持、地方招商引资优惠政策等全方位的扶持，使大量优质的人力、科技和资本有序地注入浆果产业，推动了我国近年来浆果产业的快速发展。许多高校、科研院所和行业协会都在技术层面大力支持我国浆果产业的发展，从气象预测、地块选择、土壤改良、品种选育、设施配套、日常管理、病虫害防治、采收采摘、贮藏保鲜、产地初加工、精深加工等多个领域进行技术革新和推广，形成了科技推动生产、生产促进科技进步的良性循环。

但目前，我国浆果产业仍是一个高投入、高风险的行业。与国外相比，国内还处于初创和成长阶段，依然存在对浆果品种的区域适应性研究不够，具有自主知识产权的专用品种选育研究滞后；产业化发展粗放，集约化程度相对较低；全产业链配套水平不高，精深加工技术含量相对较低；市场培育不足，缺乏行业标准等问题。因此，我国应充分发挥浆果产区良好的生态优势，加快浆果资源品质改良和繁育，加强浆果应用技术研究，加大产品深加工力度，研究制定出适宜我国国情的浆果加工产品质量管理技术体系，提升浆果产业现代化、集约化发展程度，逐步实现浆果产业的可持续发展。

第二节 浆果的种类、分布及生物学特性

一、浆果的主要品种

（一）草莓

草莓的种质资源极为丰富，世界各地目前栽培的草莓品种有 3000 余种（Coman et al.，1994；祖容，1996）。现阶段，中国栽培的草莓品种除少数为本国的地方品种和自主培育的品种外，大部分是从日本及欧美国家引进的品种。多年来，我国从国外引入或自己培育的品种已有 200 余个。从日本引入的草莓品种主要有'幸香'（Sachinoka）、'章姬'（Akihiime）、'红颜'（Benihoppe）等；从欧美引入的品种主要有'美香莎'（Meixiansa）、'卡麦罗莎'（Camarosa）、'甜查理'（Sweet Charlie）、'达赛莱克特'（Darselect）。近年来，我国各地也有许多自己培育的草莓品种，如北京市农林科学院林业果树研究所（现为北京市林业果树科学研究院）选育的'星都 1 号'及培育的'天香'和'红袖添香'；

此外，还有沈阳农业大学培育的'绿色种子''明晶''明磊''长虹1号''长虹2号'；江苏省农业科学院选育的'硕丰'和'硕露'；山东省果树研究所选育的'红丰'；山西省选育的'香玉''美珠''长丰''红露''春宵''红福'；河北省石家庄市选育的'石莓1号'等（祖容，1996）。

（二）蓝莓

自20世纪80年代以来，吉林农业大学、南京植物研究所、山东省果树研究所和浙江省农业科学院园艺研究所等单位先后从国外引进蓝莓品种100多个，并从中筛选出适合当地种植的良种。目前，我国种植的蓝莓类型有高丛蓝莓、半高丛蓝莓、矮丛蓝莓、兔眼蓝莓等。我国温带地区栽培的蓝莓品种都是从国外引进的，主要包括'日出''都克''喜来''蓝丰''伯克利''艾利特''佐治亚宝石'等。中国产区的蓝莓品种构成主要有'蓝丰''雷戈西''北陆''灿烂'4个品种，所占比例分别为30%、15%、10%、10%，'奥尼尔''都克''密斯梯'均为5%。各产区具体品种结构如下：长白山和大小兴安岭产区为'都克''北陆''瑞卡''蓝金''美登'，辽东半岛产区为'都克''瑞卡''蓝丰''甜心''蓝金''达柔'，胶东半岛产区为'都克''瑞卡''蓝丰''甜心''蓝金''塞拉'，长江流域产区为'奥尼尔''密斯梯''雷戈西''灿烂''粉蓝'，西南产区低海拔地区为'奥尼尔''密斯梯''雷戈西''比乐西''灿烂''粉蓝'，西南产区高海拔地区为'都克''蓝丰''甜心'（李亚东等，2018）。

（三）杨梅

根据全国杨梅科研生产协作组对杨梅种质资源的调查和整理，我国杨梅共有305个品种、105个品系，其中定名品种268份，经省级品种评审委员会认定的优良杨梅品种18个，有'荸荠''东魁''晚荸蜜梅''丁岙梅''晚稻杨梅''大叶细蒂''乌梅''甜山杨梅''早荸蜜梅''临海早大梅''迟色''大火炭梅''乌酥核''早色''安海变''西山乌梅''洞口乌''小叶细蒂'等，其中浙江省8个、江苏省4个、福建省3个（陈慧等，2016）。江苏的'甜山杨梅'虽经省级认定，但因采前落果十分严重，趋于淘汰；福建的'二色杨梅'、江苏的'光叶杨梅'等品种虽未经省级认定（审定），但其形状较佳，现已被商品性栽培应用。目前，浙江的'荸荠''东魁''丁岙梅''晚稻杨梅'四大品种已成为全国性主栽品种（陈方永，2012）。

（四）桑椹

我国目前共有15个种4个变种3000多个桑树种质资源，随着育种学的发展，桑树种质资源的数量也逐渐增加。我国桑树种质资源和桑椹产量均居世界首位，当前优良品种主要包括'红果1号''红果2号''红果3号''白玉王''大10'等，此外还有很多杂交品种。国内蚕桑新优品种非常丰富，地域分布广泛，但果桑品种相对较少，具有代表性的优良品种有'大10''塘10''白玉王''白玉兰''药桑''8631''8632''沙2''北1''桂花蜜''台湾长果桑''46CO19''紫桑1号''白玉果桑'等（夏国京等，2002）。

（五）黑莓

目前，我国黑莓栽培的品种大部分是从国外引入的，表现较好的主栽品种有'阿拉好'（Arapaho）、'黑布特'（Black Butte）、'黑沙丁'（Black Stain）、'宝森'（Boysen）、'布莱兹'（Brazos）、'肯蔓克'（Comanche）、'切斯特'（Chester）、'乔克多'（Choctaw）、'赫尔'（Hull）、'卡瓦'（Kiowa）、'酷达'（Kotata）、'马林'（Marion）、'耐克特'（Nectarberry）、'那好'（Navaho）、'奥那利'（Ollalie）、'三冠王'（Triple Crown）、'无刺红'（Thornless Red）、'大杨梅'（Young）（许平飞，2016）。

（六）树莓

全世界各地栽培的树莓品种有 200 多个，但主栽品种不过 30 个，国际市场上的商品品种也不过 20 个。随着栽培时间的推移和技术的进步，不断淘汰老品种，而又不断培育出新品种（Baranowska et al., 2014）。我国是树莓野生资源非常丰富的国家，据《中国植物志》记载，我国有 194 种 88 变种，其中特有种 138 种，种类之多仅次于北美起源中心。但目前栽培的品种大部分是从国外引入，我国引进的树莓品种约有 60 个，产量、规模、面积都不大。现阶段表现较好的主栽品种有'宝尼'（Boyne）、'托拉蜜'（Tulameen）、'维拉米'（Willamette）、'米克'（Meeker）、'菲尔杜德'（Fortodi）、'海尔特兹'（Heritage）、'波鲁德'（Prelude）、'秋英'（Autumn Britten）、'秋来斯'（Autumn Bliss）、'紫树莓'（Royalty）、'黑水晶'（Bristol）、'黑马克'（Mac Black）、'金维克'（Kiwigold）、'丰满红'等（夏国京等，2002；许平飞，2016）。

（七）花楸

全世界的花楸品种有 80 余个，分布在北半球，中国有 55 种 10 变种（夏国京等，2002）。目前，我国研究和应用的花楸种类有百花花楸（*Sorbus pohuashanensis*）、水榆花楸（*S. alnifolia*）、黄山花楸（*S. amabilis*）、天山花楸（*S. tianschanica*）、石灰花楸（*S. folgneri*）、西伯利亚花楸（*S. sibirica*）等。20 世纪 90 年代，我国开始从美国（庄凤君等，2008）、波兰（姜镇荣等，2006）引入并研究欧洲花楸（*S. aucuparia*），还引进了腺肋花楸属（*Aronia*）的黑果腺肋花楸、红果腺肋花楸、紫果腺肋花楸等（韩文忠等，2007；刘玮等，2007）。

二、浆果的栽培和利用

（一）浆果的栽培

目前，我国浆果的栽培技术研究已开始步入正轨，对优良品种的引种选育也比较及时，但只局限于吉林、山东、黑龙江等部分地区，并没有在全国范围内铺展开来，而且我国浆果的栽培管理技术还不完善，栽培管理技术研究的基础还很薄弱，造成我国浆果的品质较差，在国际市场上缺乏竞争力。

1. 草莓

草莓的国外现代化栽培的特点是集约化、专业化和机械化生产，最大限度地延长鲜果供应期，达到优质、高产、高效。世界各地草莓的栽培方式多种多样，据其生长环境和栽培基质的不同，大致分为露地栽培、保护地栽培和无土栽培3种方式（高凤娟，1999；Castro et al.，2017）。露地栽培是目前冬季较寒冷且地广人稀的加拿大、波兰、俄罗斯及北欧各国的主要栽培方法。美国草莓集中产区加利福尼亚和佛罗里达两州及墨西哥，主要采取高畦定株栽培法。采取保护地栽培草莓的国家主要有东亚的日本、韩国，西欧的西班牙、意大利、法国、荷兰、比利时和德国，以及美国。草莓无土栽培始于20世纪60年代欧洲开展的水培法栽培草莓的试验，目前在温室和塑料大棚中采用泥炭袋或桶无土栽培技术，已在荷兰、比利时、英国、法国等推广应用（Liu et al.，2016）。

2. 蓝莓

蓝莓的栽培最早始于美国（肖敏和马强，2015），继美国之后，荷兰、加拿大、德国、波兰、澳大利亚、新西兰、日本等国竞相引种栽培，根据自己国家的气候特点和资源优势开展了具有本国特色的蓝莓研究与栽培工作，并相继进入商业性栽培（Smolarz，2009；Massarotto et al.，2016）。蓝莓在我国规模化人工栽培的历史较短，尚处于起步阶段。目前，高丛蓝莓和兔眼蓝莓已经开始人工驯化栽培。蓝莓的栽培可以采用温室栽培或露地栽培，在一些国家也出现了"空中花园"这种新型栽培模式（刘向蕾和朱友银，2017）。相比露地栽培，蓝莓日光温室栽培可提高产量、果实品质及经济收入。

3. 杨梅

杨梅人工栽培历史最早见于文字记载的是公元前2世纪西汉司马相如所著的《上林赋》，其中有"楟枣杨梅"的词句，这是南方杨梅引种到长安最早的尝试。我国杨梅栽培主要是20世纪80年代后发展起来的，而浙江是我国杨梅的主产区，以栽培历史悠久、品种资源丰富、栽培技术先进而闻名于世。长期以来，杨梅的栽培管理较为粗放，很多产区实施"不施肥、不修剪、不喷药"的管理模式，导致杨梅生产低产低效。近几年，随着杨梅产业的发展壮大，其栽培技术也由粗放转为相对精细。杨梅栽培和田间管理作业费工费力，目前只有少数地区开始引用其他作物种植中使用的耕作机械（覆土机、施肥机、松土机等），用于杨梅的栽培和田间管理，多数地区仍靠人工来完成，而且非常缺少专用于杨梅栽培和管理的作业机械（谢深喜，2014）。

4. 桑椹

我国是世界上栽桑养蚕最早的国家，早在殷商时代就有甲骨文记载。我国最早的西汉农书《氾胜之书》就记载着种桑技术。历史上，栽桑养蚕一直是我国制作绫罗绸缎的重要来源，还可采集桑椹食用，在农业中占有重要地位。一般选择在排水系统好、地面平整、阳光充足、通风透气的地方种植桑树。桑树对土壤有较强的适应性，具有耐瘠薄、耐旱不耐涝的特点，常用的繁育方法有扦插、压条、嫁接和种子繁殖（云南省农家书屋建设工程领导小组，2009）。

5. 黑莓

黑莓种植的历史悠久，从古希腊开始，当地人已形成采集并食用野生有刺黑莓的习惯；17 世纪中叶，欧洲人开始驯化并优化黑莓野生品种；19 世纪，黑莓由美国引种到太平洋各国。我国于 1996 年由中国科学院植物研究所从美国引植黑莓到南京溧水白马丘陵地带并获得成功，种植面积上万亩[①]（李亚东，2010）。

6. 树莓

树莓的人工栽培源自欧洲，在 4 世纪由罗马人栽培，16 世纪逐渐形成产业，至今已有数百年历史。我国栽培树莓的历史有 100 多年，引种栽培大致经历了 3 个阶段。第一阶段（1905～1985 年）：个别地区农户自发种植阶段。最大种植规模约为 200hm²。第二阶段（1986～2002 年）：优良品种引进培育和区划试验阶段。2000 年，国家林业局引进国际先进农业科学技术计划（948 项目）由中国林业科学研究院从美国引进 53 个优良红树莓、黑莓品种，并陆续在全国各地适生区栽培研究。全国试种和繁殖规模约为 1000hm²。第三阶段（2003 年至今）：树莓区域化、规模化发展初期阶段。以国外引进的新品种为基础，进入树莓的区域化、规模化发展初期阶段（王彦辉和张清华，2003；Dale，2012）。

7. 花楸

我国有国产花楸也有引种花楸，引种的腺肋花楸栽培历史可追溯到 20 世纪 90 年代，辽宁省干旱地区造林研究所从朝鲜、俄罗斯和美国引进了 8 个品种，其中果用型品种 6 个、观赏型品种 2 个（董玉得等，2018）。目前，欧美关于腺肋花楸栽培技术的研究已日益成熟，嫩枝扦插、组培、播种育苗等繁育技术在花楸生产中被广泛应用。经过多年的种植研究，虽然我国已逐步建立了比较完善的花楸栽培技术，但现阶段随着市场环境的变化，很多问题逐渐显现出来，对很多方面的研究还需深入。例如，花楸品种混乱，未遵循"适地适栽"原则，园区选择不当，树体栽植过密或过深，土壤改良不到位，缺少避雨、灌溉、排水、防寒等必要设施，缺少配套栽培技术支撑，缺少花楸专用肥，病虫害预防意识不足等问题突出。这些问题需要相关技术人员不断总结工作经验，从问题中找出新的发展方向，充分利用我国的劳动力和土地资源，促进花楸栽培技术的提高。

（二）浆果的利用

在加工利用方面，许多研究报道表明（陶可全和刘海军，2016；Baby et al.，2018；Ma et al.，2018），浆果含有丰富的营养物质，除含有糖、酸、维生素外，还富含花青素、食用纤维及锌、铁、钾、钙等矿质元素，具有抗衰老、抗氧化、防癌、降"三高"和预防心脑血管疾病、养颜、美容、抗疲劳等多种营养与保健功能，在世界上被称之为"黄金水果"（Massarotto et al.，2016；刘向蕾和朱友银，2017）。浆果一般含水量较高，容易破损，不耐贮运，大量采收后若鲜果未能及时进行保鲜和加工处理，品质会迅速下降，

---

① 1 亩≈667m²，下文同。

甚至腐烂变质，给果农造成较大的经济损失。

目前市场可见的浆果加工产品主要包括以下几类：一是以整果的形式，加工成速冻制品、糖水罐头、果干、果脯、糖渍或盐渍制品等；二是以果浆的形式，加工成果汁（澄清果汁、混浊果汁、浓缩果汁）、复合饮品、果酒、果醋、发酵饮料、果酱、果膏、果冻；三是以果粉的形式，作为天然食品添加剂加入糕点、面包、糖果、馅饼、冰激凌、牛奶、酸奶等食品中；四是提取果实中多酚、多糖及类黄酮等功能活性成分，用于保健品、高级化妆品生产或天然色素、香料提取（赵龙等，2014；Li and Li，2016；Hornedo-Ortega et al.，2017；Bienczak et al.，2018）。

但我国浆果加工还处于初级阶段，市场上浆果加工产品稀缺，且对浆果的活性成分、药效机理研究少，应加大浆果精深加工技术的基础应用研究，满足不同层次的需求，同时增强副产物综合利用加工技术研究，提升浆果利用率，提高其经济效益，推进我国浆果资源的开发和利用。

三、浆果的分布及生物学特性

（一）草莓

草莓的分布范围很广，全球五大洲均有草莓生产。1980～2010 年，世界草莓产量在稳步增长（图 1-1），其中，亚洲草莓产量最高，占全世界产量的 49%，其余依次是美洲占 27%、欧洲占 18%、非洲占 5%、大洋洲只占 1%。从产量分布来看，世界草莓的种植中心从欧洲转移到了亚洲，其中中国所占比例最大，占全世界产量的 38%。从 1999 年开始，中国草莓产量超过了美国（图 1-1）。除中国外，日本和韩国也是草莓生产大国，日本草莓主产区在关东、关西、四国、九州和东海，多集中在气候较温暖的地区。美洲的草莓产区主要集中在美国和墨西哥，其中美国过去一直是世界上生产草莓最多的国家，年产量超过 64 万 t，平均单产为 30t/hm^2。加利福尼亚州是美国最大的草莓产区，栽培面积占全国的 38%，年产量占全国的 74%（吴晓云等，2016）。

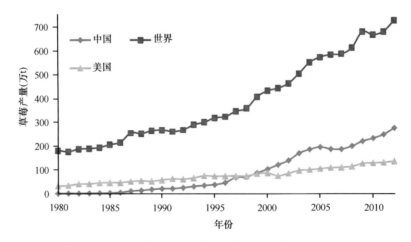

图 1-1 世界、美国和中国 1980～2010 年草莓产量变化趋势（吴晓云等，2016）

图 1-2 列举了 2015 年世界各草莓主产国的栽培面积。目前，我国的草莓栽培面积在全球范围内最大，形成了一些聚集度明显的主产区，如辽宁的丹东、河北的满城、山东的烟台、四川的双流、江苏的句容、浙江的建德和诸暨等，它们已成为北京、上海、天津等大都市的草莓鲜果供应的主要来源；而且在大城市的郊区也形成了很多观光采摘的示范园区，如北京的昌平、上海的青浦和奉贤等地。

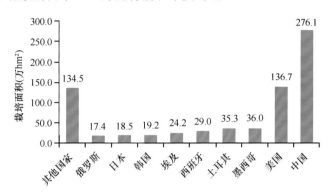

图 1-2　2015 年世界草莓主产国的栽培面积（吴晓云等，2016）

草莓的主要品种及其生物学特性，如表 1-1 所示。

表 1-1　草莓主要品种及其生物学特性（唐梁楠和杨秀瑷，2013；da Costa et al.，2016）

品种名称	生物学特性
幸香	植株较高、形长健壮，株型紧凑，生长势较旺，果实圆锥形，果形整齐、美观，有光泽，果面鲜红。一级序果平均单果重 20g，最大单果重 30g。果肉浅红色，有香味，可溶性固形物含量为 10%。果实硬度大，耐贮运性强。丰产性强，易感染白粉病和叶斑病，适于保护地栽培
章姬	植株株型开张，生长势旺，繁殖力中等，果实长圆锥形，果大，果色艳丽美观，果面红色，略有光泽。一级序果平均单果重 40g，最大单果重 130g。果肉淡红色，果心白色，髓心充实，香味浓，口感甜，味道好，柔软多汁，可溶性固形物含量为 9%～14%，不耐贮运。抗病性较强，尤其对黄萎病、灰霉病抗性强，但对白粉病和炭疽病抗性弱，适于保护地栽培
红颜	植株株型直立，高大，生长势强，株型开张，叶片大，绿色，新茎分枝多。果实长圆锥形，果面深红色，外观漂亮，有光泽，果面平整。一级序果平均单果重 40g，最大单果重 130g。果肉红色，髓心小或无、红色，香味浓郁，口感酸甜，风味好，可溶性固形物含量为 9%～14%。果实硬度中等，不耐贮运。不抗白粉病，对炭疽病和灰霉病敏感，适于保护地各种形式的栽培
美香莎	植株强健，匍匐茎抽生较多，果实极早熟，坐果率高，果实长圆锥形至纺锤形，果面深红，有光泽。一级序果平均单果重 55g，最大单果重 106g。果肉红色，髓心空，味微酸，香甜，风味好，可溶性固形物含量为 14%。果实硬度大，耐贮运。适应不同的土壤和气候条件，抗旱性强，耐高温，对多种重茬、连作病害具有高度抗性。鲜食和冷冻加工品质优良。适于促成、半促成和露地栽培
卡麦罗莎	植株生长势强，株型半开张，果实长圆锥形或楔形，果形整齐，果面光滑、平整，有光泽。一级序果平均单果重 22g，最大单果重 100g。种子略凹陷于果面，果面鲜红并具蜡质光泽，肉红色，质地细密，口味甜酸，可溶性固形物含量在 9% 以上。硬度大，耐贮运。丰产性强，适应性强，抗白粉病和灰霉病。鲜食和深加工兼用品种，主要用于加工。适于温室和露地栽培
甜查理	植株生长势强，叶片大而厚，近圆形，绿色至深绿色，光泽度强，匍匐茎较多。果实较大，呈圆锥形，外观整齐，品质稳定，果面平整，鲜红色，颜色均匀，富有光泽。平均单果重 25～28g，最大单果重 60g 以上。果肉橙红色，香味较浓，甜度较大，可溶性固形物含量为 11.9%。抗白粉病。果实硬度大，耐贮运。适宜促成、半促成栽培
达赛莱克特	中晚熟品种，植株生长势强，株型较直立，叶片深绿色，多且厚，抗逆性强，较抗病虫害。丰产性强，一般单株产量为 350～500g。果实长圆锥形，大且均匀，果形周正、整齐，有光泽，果肉全红，风味浓，酸甜适度，可溶性固形物含量为 9%～12%。果实硬度大，耐远距离运输。鲜食和加工兼用品种。适合露地栽培及温室和拱棚促成、半促成栽培

续表

品种名称	生物学特性
星都 1 号	植株生长势强，株型较直立，叶绿色，椭圆形，果实圆锥形，一、二级序果平均单果重 25g，最大单果重 42g。果面红色，有光泽，果肉红色，风味酸甜适中，香味浓，可溶性固形物含量为 8.5%～9.5%。种子平于果面，黄、绿、红色兼有，分布均匀。果实较硬，耐贮运。适宜全国主要草莓产区种植
天香	植株生长势中等，株型开张。果实圆锥形，果形整齐，果大，最大单果重 58g。果实橙红色，色泽鲜艳光亮，风味浓郁，果肉橙红色，可溶性固形物含量为 8.9%。种子分布中等，平或微凸于果面，黄、绿、红色兼有。果实硬度大，耐贮运。适宜日光温室栽培
红袖添香	植株生长势较强，株型较直立，叶片椭圆形。果实长圆形或楔形，果大，果面深红色，有光泽，连续结果能力强，丰产性强，产量高，一、二级序果平均单果重 50.6g，最大单果重 98g。种子分布中等，红、绿、黄色兼有，平于果面。香味浓郁，风味酸甜适中，口味上乘，果实含糖量高。可溶性固形物含量在 10.5%以上，抗病能力强。适合北方地区日光温室栽培

（二）蓝莓

随着经济全球化和国际贸易自由化，蓝莓产业的国际市场地位不断攀升，国际市场交流和进出口贸易日渐频繁。近 10 年来全球蓝莓种植面积平均以 30%的速度递增，形成了南美洲、北美洲、欧洲、亚洲、非洲和太平洋沿岸地区六大产区，已有 30 多个国家和地区实现了蓝莓的产业化栽培。到 2016 年，全球蓝莓总产量为 66.391 万 t，其中，南美洲产量 15.560 万 t、北美洲 34.770 万 t、亚洲 3.800 万 t、欧洲 9.320 万 t、非洲 1.685 万 t、太平洋沿岸地区 1.256 万 t。从国家来看，美国、加拿大、智利、中国、波兰、秘鲁、墨西哥、西班牙、阿根廷和摩洛哥是全球蓝莓产量前 10 位的国家，这 10 个国家的蓝莓产量占世界总产量的近 90%（Brazelton et al.，2017）。

中国作为亚洲蓝莓的主要产地，2017 年栽培面积达到 31 210hm²，总产量为 114 905t（数据由中国优农协会蓝莓产业分会和中国园艺学会小浆果分会组织各产区专家共同调查统计）。北起黑龙江，南至海南，东起渤海，西至西藏，全国规模化种植蓝莓的省（自治区、直辖市）达到 27 个（郑炳松等，2013；李亚东等，2018）。贵州、山东和辽宁的蓝莓规模化种植最早，也是目前我国蓝莓栽培面积和产量位列前三的省份。2017 年，贵州栽培面积达到 13 000hm²，产量为 30 000t，跃居全国第一位；辽宁、山东分别位居全国第二位、第三位（图 1-3）。近几年，浙江、湖北、四川、云南的栽培面积也在快速增加。

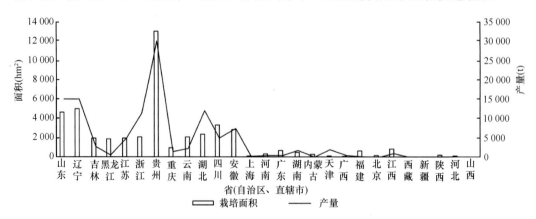

图 1-3　2017 年中国蓝莓栽培面积与产量（李亚东等，2018）

蓝莓的主要类型及其生物学特性，如表 1-2 所示。

表 1-2　蓝莓主要类型及其生物学特性

类型	生物学特性
矮丛蓝莓	树体矮小，高 30～50cm。抗寒，在–40℃低温地区也可以栽培。对栽培管理技术要求简单，极适宜于东北高寒山区大面积商业化栽培，亩产量 500kg 左右
半高丛蓝莓	树体相对较矮，树高 50～100cm。抗寒力强，一般可抗–35℃低温，适于北方寒冷地区栽培。果实大，品质好
高丛蓝莓	包括南高丛蓝莓和北高丛蓝莓两大类，南高丛蓝莓喜湿润、温暖气候，适于黄河以南地区如华中、华南地区发展；北高丛蓝莓喜冷凉气候，抗寒力较强，有些品种可抵抗–30℃低温，适于中国北方沿海湿润地区及寒地发展。果实较大，品质佳，鲜食口感好
兔眼蓝莓	树体高大，寿命长，抗湿热，对土壤条件要求不严，且抗旱。但抗寒能力差，–27℃低温可使许多品种受冻，适于中国长江流域以南地区的丘陵地带栽培。每株产量最高可达到 12kg

注：该表参考李莉（2015），李亚东等（2018），Montecchiarini 等（2018）

（三）杨梅

我国是杨梅主产区，浙江、湖南、江西、广东、广西、福建、重庆、贵州、台湾等地都有分布，其中浙江、湖南、广东、福建是较有名的四大主产区，尤以产于浙江余姚的杨梅品质最佳。目前，全球杨梅经济栽培面积约为 40 万 hm^2，产量达 100 多万吨，98% 以上来自中国（李亚东等，2018）。日本、韩国、泰国、印度、斯里兰卡、缅甸、越南、菲律宾、尼泊尔等亚洲国家也有栽培，但其果小味酸，仅作果酱或药用。欧美多引种供庭园观赏。目前，澳大利亚已有关于浙江杨梅栽培品种的引种和研究，并开始小规模的生产。

杨梅的主要品种及其生物学特性，如表 1-3 所示。

表 1-3　杨梅主要品种及其生物学特性（谢深喜，2014）

品种名称	生物学特性
荸荠	果实扁圆形，纵横径平均为 2.44cm×2.61cm，单果重 9.74～17g，核小卵圆形。果顶微凹，有时具十字形条纹，果底平，果蒂小，果轴短。肉柱棍棒形，先端圆钝，排列整齐而密，果面紫黑色，肉质细软，汁多而稠，甜酸可口，有浓香，品质极佳。适宜鲜食及糖水杨梅罐头加工
东魁	果实不正圆形，纵横径平均为 3.3cm×3.2cm，为杨梅中果实最大的品种，平均单果重 20g，最大单果重 50g，核中大。果实充分成熟时紫红色，内部红或浅红色，肉柱较粗硬，先端钝尖，肉厚汁多，甜酸适口。树势旺盛，枝条密生，叶大而长。品质上等，耐贮运。适于鲜食或罐藏、蜜饯加工
丁岙梅	果实圆球形，平均单果重 12.1g，纵横径平均为 2.84cm×2.79cm，果柄长约 1.7cm，果顶平或微凹，果基圆，果面紫黑色，两侧有明显纵浅沟，果蒂有瘤状突起，红黄色，上有青绿色的果柄。肉柱披针形发育均匀，果肉厚，肉质柔软汁多，味甜酸，少微香。树势强健，果形整齐美观，但树冠较矮小，单株产量不及其他品种，可适当密植
晚稻杨梅	果实圆球形，果面紫黑色，富光泽，纵横径平均为 2.6cm×2.7cm，平均单果重 11.7g，最大单果重 15g 以上，核卵形，仁饱满。肉质细腻，甜酸适口，汁液清香，肉核较易分离，品质极佳。树势强健，但对杨梅根癌肿病抗性较弱
大叶细蒂	树形开张，枝条弯曲，节间较短，树冠较密。叶形大，叶色较深。宽披针形，质软，叶脉细而稀疏明显。果大，单果重 14g 左右，深紫红色，肉柱钝圆，肉厚、汁多、味甜，核小，品质上等，成熟期较晚，成熟后不易落果，较耐贮藏
小叶细蒂	果实中大，扁圆形，平均单果重 10.5g，纵横径平均为 2.6cm×2.7cm，蒂部宽，深凹入，果蒂很小。肉柱圆头，排列紧密，果面较平整，完熟时果面深紫红色，肉较厚，质较硬，风味浓甜。树冠直立高大，枝梢细长，分枝多。叶披针形，全缘或先端稍有细锯齿，先端稍反卷，基部呈狭楔形。较耐贮藏

品种名称	生物学特性
乌梅	树势强，树形开展，枝干紧密，叶色浅绿，果大，单果重13g左右，深紫黑色，蒂部有突起物，肉柱圆钝，果肉厚，汁多味甜，有松脂香味，品质佳，成熟较细蒂杨梅早，但成熟后易落果。不耐贮藏
甜山杨梅	树形开展，叶色浓绿，果实圆球形，紫黑色，肉质细软，汁多味甜，有香气，品质极佳，但由于树势偏弱，栽培面积不多
早荸蜜梅	果实深紫红色，光亮。平均单果重9g，扁圆形，果实品质与荸荠种相同，甜酸适度，品质优良。嫁接苗栽植后3～4年开始挂果。原种母树产量稳定，采前极少落果
临海早大梅	果略扁圆形，平均单果重15.75g，纵横径平均为2.4cm×3.18cm。果面紫红色，肉柱长、较粗、圆钝，肉质硬，风味甜酸适口，品质上等。适宜鲜食和罐藏加工
迟色	果实圆球形，平均单果重15g，纵横径平均为2.87cm×3.02cm，果顶圆，果基平，果面紫红色。肉柱圆头或尖头，肉质细，味甜微酸。树势较强健，产量中等，抗逆性较弱。品质上等，宜鲜食或加工
大火炭梅	果略为圆球形，平均单果重14.5g，纵横径平均为2.72cm×2.83cm，果底平或稍凹，果蒂大而突起，黄绿色，果梗极短。肉柱顶端粗壮，呈圆钝形或尖头，长短不一致，故果面粗糙不平。成熟时果面紫黑色，近核处淡红色，肉质细而柔软多汁，甜酸适口，风味浓，品质优良。树势较强，但果实贮藏性较差
乌酥核	果大，单果重约11.5g，果面紫黑色，核小。肉厚鲜嫩，汁多味甜，品质优良。树冠高大直立
早色	果实圆球形或扁圆形，平均单果重12.68g，纵横径平均为2.59cm×2.75cm，果面紫红色，果顶和果基圆而平整，果蒂小，黄绿色。肉柱棒槌形，中等大，肉柱头圆或尖，肉质稍粗，汁液中等，味酸而甜，品质中等
二色杨梅	果实略呈扁圆形，果蒂部隆起，单果重13～15g。肉柱棒槌形，先端圆钝。果面色泽上下部不同，果顶2/3以上为紫黑色，其下呈红色。肉厚而松软，汁多，核小，味清甜，品质优良。宜鲜食或酿酒。树冠高大，适应性强，耐寒，耐旱，但不抗风
光叶杨梅	果圆形，果顶有放射状沟纹至果实中部。果面紫红色，肉柱先端圆钝，有油渍状光泽。味甜微酸，品质上等。树势强健，坐果率高，稳产

（四）桑椹

桑椹喜温，主要在温带生长，同时在亚热带和热带也有分布。目前，在日本、印度、巴西和欧洲等地均有分布（云南省农家书屋建设工程领导小组，2009）。在我国26个省（自治区、直辖市）有分布，其中在西藏、云南、广西等地的桑椹品种更为多样化（王彦辉和张清华，2003；Dale，2012）。蚕桑在广西分布最为广泛且资源丰富，从2005年开始，桑蚕产业就被自治区定位为广西新兴农业优势产业之首，桑树的种植面积每年都在扩增，2017年广西全区桑园面积增至20.786万hm^2（广西壮族自治区统计局和国家统计局广西调查总队，2018）。

果桑的主要品种及其生物学特性，如表1-4所示。

（五）黑莓

当今，美国太平洋沿岸各州是当地黑莓和黑莓杂交种的主产区，主要分布在得克萨斯、俄克拉荷马、密歇根、堪萨斯、密苏里、俄亥俄、新泽西、田纳西、肯塔基、西弗吉尼亚、纽约、华盛顿、俄勒冈和加利福尼亚等地（王彦辉和张清华，2003）。江苏、山东成为中国黑莓的两大主产区，安徽、贵州、陕西、浙江和四川等地也有小规模的种植（李亚东，2010）。

表 1-4 果桑主要品种及其生物学特性

品种名称	生物学特性
大 10	树形开展，枝条细直，叶片较大，花芽率高，单芽芽数为 5～6 个，果长 3～6cm，果径 1.3～2cm，单果重 3～5g，紫黑色，无籽，果汁丰富，果味酸甜清爽。亩产桑果约 1500kg、桑叶 1500kg 左右，抗病性较强，抗旱耐寒性较差，果叶兼用，桑果适合鲜食，也可加工，我国南方和中部地区适宜种植
红果	分为 1 号、2 号、3 号、4 号，该系列品种是从红果中选育出的无性系。树势强健，树姿开张，节间较密，冬芽萌发率高，其萌发抽生的结果枝着生桑椹 5～8 个。坐果后枝条微下垂，投产早，产量高。果长 2.5～4cm，果径 1.3～2cm，桑椹果圆筒形，单果重 2～6g，紫黑色，果汁多，味甜，无籽，品质佳。盛果期亩产 1500kg 以上。果叶兼用品种，可作水果和加工原料
塘 10	萌发条多，生长速度快，适应性强，桑椹有核，产量高。果长 3～4.5cm，果径 1.2～1.5cm。风味酸甜适中。亩产鲜果约 1000kg，桑叶 1200kg 以上
白玉王	树形开展，枝条细直，叶较小。花芽率 95%，单芽芽数 5～7 个，果长 3.5～4cm，果径 1.5cm，长筒形，单果重 4～5g，最大单果重 10g，果色乳白色，果汁多，甜味浓
白玉兰	树形开展，枝条细直，叶较小，发芽率高，果长 3.5～4cm，横径 1.5cm 左右，长筒形，单果重 4～5g，最大单果重 10g。果实乳白色，汁多，甜味浓，含糖量高。适应性强，抗旱耐寒，是一个特大果型、果用品种
药桑	树形开展，枝条粗短，萌发条数较少，节间较曲，长约 4.98cm，皮暗红棕色。冬芽肥壮呈三角形，暗灰棕色，芽尖离开枝条。花果多，桑椹紫红色到紫黑色，味偏酸，但酸甜可口，椭圆形，长 3.5～5cm，宽 1.5～2cm。新疆特有品种
8631、8632	树形开张，枝条细长而直，多下垂枝，发枝力中等。花芽率极高，单芽果数 4～5 个，果长 4.5～5cm，果径 1.8～2.2cm，长筒形，单果重 6～8g，最大单果重 15g，果多而特大，紫黑色，有籽，且综合抗逆性强。亩产鲜果 1000～1500kg，桑叶 1000～1500kg。适宜三北地区及沙化严重地区种植。果叶两用桑
沙 2	有核，果长 2.8～4.3cm，果径 1.2～1.6cm，风味酸甜适中。亩产鲜桑果 1000kg 左右，桑叶 1000kg 以上。适宜全国大部分地区推广应用
北 1	有核，产量高，果长 3～4.5cm，果径 1.6～2cm，味道酸甜适中。亩产鲜果约 1000kg，桑叶 1200kg 以上。适宜全国大部分地区推广应用
桂花蜜	长势一般，枝条细直，叶片中等。桑果紫红色，成熟时有桂花一样的香味，味道鲜、香、甜，有籽，果不大。亩产桑果约 1000kg，抗旱性一般，肥水要求较高，适宜良田种植
台湾长果桑	台湾引进的果桑新品种。果实紫黑色，果长 12～18cm，单果重 10～20g，口味香甜可口，无酸味，含糖量约为 20%，口感极好。适宜加工
46CO19	台湾选育的高产专用果桑品种，在台湾广泛栽植。树势强健，生长旺盛，叶小，皮灰棕褐色，枝条细短，结果枝发达。成熟桑椹紫褐色，发芽率 98%，单芽芽数 3～6 个，平均单果重 4.5g，最大单果重 8g，果纵径约为 3cm，果横径约为 2cm，第二年产果约 1250kg/亩，第三年产果约 2500kg/亩。适合鲜食、加工
紫桑 1 号	从美国引进的果桑新品种。果实紫黑色，像黑珍珠，单果重 8g 左右，口感酸甜适中，含糖量约为 16%。适合采摘园、农家乐种植
白玉果桑	没有酸味，口感蜜甜。适合鲜食或酿酒

注：该表参考夏国京等（2002），云南省农家书屋建设工程领导小组（2009），胡兴明和邓文（2014）

黑莓的主要品种及其生物学特性，如表 1-5 所示。

表 1-5 黑莓主要品种及其生物学特性（王彦辉和张清华，2003；许平飞，2016）

品种名称	生物学特性
阿拉好（Arapaho）	来自美国。无刺，直立，生长势中等，萌蘖力强，产量中等，抗锈病。果实中等大小，单果重 4.5～7g，坚实。种子小，风味极佳
黑布特（Black Butte）	来自美国。带刺，枝蔓生，生长势强，抗寒性强。抗炭疽病，丰产。成熟果黑色，果大，单果重 7～14g，果形一致。6 月成熟。适宜加工

续表

品种名称	生物学特性
黑沙丁（Black Stain）	来自美国。无刺，半直立，生长势较强，丰产。成熟果紫黑色，坚实，中等大小，平均单果重3.46g，成熟期7月初至7月底。果实有轻微涩味，主要用于加工
宝森（Boysen）	来自美国。带刺，枝蔓生，生长势强。丰产。成熟果近乎黑色，果大，相对较软，平均单果重7g左右，有特殊香气。成熟期6月上旬至6月下旬。适宜鲜食与加工
布莱兹（Brazos）	来自美国。带刺，直立，生长势强。丰产，对丛叶病敏感。成熟果黑色，较大，最大单果重可达10g以上。成熟期6月中旬至6月底。果实含酸量较高，主要用于加工
肯蔓克（Comanche）	带刺，直立，生长势强，对丛叶病敏感。株型较大，成熟果紫黑色，中等大小，单果重4~5g。成熟期6月中旬至7月上旬
切斯特（Chester）	来自美国。无刺，半直立，生长势强。丰产稳产。成熟果紫黑色，较大，单果重6~7.6g，酸甜，风味佳。成熟期7月上旬至8月初。耐贮运。适宜鲜食与加工
乔克多（Choctaw）	来自美国。带刺，直立，生长势强。成熟果紫黑色，中等大小，单果重5g左右，种子非常小，风味佳。成熟期6月中旬至7月上旬。果实品质好。耐运输但不耐贮藏
赫尔（Hull）	来自美国。无刺，半直立，生长势强。丰产稳产。成熟果紫黑色，大果，单果重6.45~8.6g，最大单果重达10g以上，坚实。味相对甜酸，汁多，品质佳。成熟期7月初至7月下旬
卡瓦（Kiowa）	来自美国。带刺，棘刺多，直立，生长势中等。丰产。大果，单果重10~12g，整个采收期果实大小基本保持一致，坚实，味酸甜。果实采收期可达6周
酷达（Kotata）	来自美国。带刺，生长势强。丰产。成熟果亮黑色，果大，风味佳，果肉坚实
马林（Marion）	带刺，直立，生长势强。成熟果紫黑色，果形不整齐，中等大小，单果重4g左右。成熟期6月上旬至6月下旬。风味佳，适宜加工
耐克特（Nectarberry）	来自美国。无刺，蔓生。大果，深红色到紫黑色，围绕果心的小核果只有9个，种子小。成熟期7月下旬至8月下旬。风味佳，适宜加工
那好（Navaho）	也称纳瓦荷，来自美国。无刺，直立。株型中等，丰产。成熟果黑色，有光泽，果实小到中等大小，单果重5g左右，风味佳，坚实，耐贮运。抗寒
奥那利（Ollalie）	有刺，蔓生，生长势强。丰产稳产。成熟果黑色，果大而长，坚实，味甜，有野生果的风味
三冠王（Triple Crown）	来自美国。无刺，半直立，生长势强。株型大，丰产稳产。成熟果紫黑色，大果，平均单果重8.5g，最大单果重可达20g以上。种子大。坚实。味甜，品质佳。易采收
无刺红（Thornless Red）	来自美国。无刺，蔓生。丰产。成熟果深红色，果中等大小，平均单果重3.82g，最大单果重可达8g以上。酸甜可口，香气浓郁。冷冻后能保持果实风味，适宜加工
大杨梅（Young）	无刺，蔓生。株型小，产量中等。成熟果红色至深红色，果中等大小，单果重4.3g左右，最大单果重可达8g。味甜，香气浓郁，籽少而小。成熟期5月下旬至6月中旬

（六）树莓

目前世界上有40多个国家栽培树莓，多集中在欧洲和北美洲。2011~2015年，世界树莓连续5年产量均稳定在40万t以上(图1-4)，2016年世界树莓产量达47.52万t。法国、英国、波兰和塞尔维亚总产量达到22.47万t，加拿大、美国、墨西哥、智利总产量达到15.94万t，欧洲和美洲树莓产量大约占世界总产量的90%，塞尔维亚是世界树莓产量第一大国。我国树莓野生资源丰富，广泛分布于全国各地，北自大兴安岭、南至海南岛、东至台湾、西至新疆都有野生树莓分布。全国有黑龙江、辽宁、江苏、河南等近20个省份进行大面积引种和推广树莓优良品种（陆庆光，2018）。

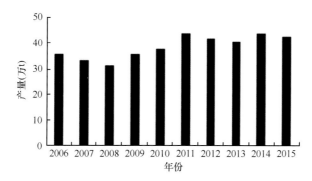

图 1-4 2006~2015 年世界树莓产量动态（陆庆光，2018）

树莓的主要品种及其生物学特性，如表 1-6 所示。

表 1-6 树莓主要品种及其生物学特性（张清华等，2014；许平飞，2016）

品种名称	生物学特性
宝尼 （Boyne）	来自加拿大马尼托巴。植株强壮，分蘖多。果早熟，平均单果重 3g，暗红色。可耐−36℃低温，是最抗寒品种之一。在吉林延边生长良好。适宜速冻
托拉蜜 （Tulameen）	来自加拿大。晚熟，分蘖很少，平均单果重 5.4g，果硬，亮红色，香味适宜。耐寒力较差，但在辽宁省表现良好。在河北、河南、山东、陕西表现良好。适宜鲜食及速冻
维拉米 （Willamette）	来自美国俄勒冈。植株强壮，产量高，茎粗细中等，高而蔓生，根蘖繁殖力强，易繁殖。果大，近圆形，暗红色，稍硬，平均单果重 3.5g，含糖量较低。抗寒性较差，由于果色较暗，虽风味佳但不宜鲜食。适宜加工
米克 （Meeker）	来自美国华盛顿。成熟迟，高产，不易感染根腐病、疫霉病。平均单果重 3.8g，果亮红色。风味和坚硬度均佳。抗寒性较差。在河南黄河沿岸试种表现良好。适宜鲜食与加工
菲尔杜德 （Fortodi）	来自匈牙利。在辽宁、黑龙江部分地区种植较多
海尔特兹 （Heritage）	来自美国纽约。成熟迟，果实品质优良，果硬，色香味俱佳，平均单果重 3g。适应性强，茎直立向上。对疫霉病、根腐病相对有抗性。根蘖繁殖力强。适宜在河南黄河沿岸地区种植。适宜速冻
波鲁德 （Prelude）	来自美国纽约。产量高，成熟早，植株强壮，茎稀疏，刺少，根条多而强壮。果圆形，较硬。质量好，易于采摘。在北京地区试种表现良好
秋英 （Autumn Britten）	来自英国。果中等大小，平均单果重 3.5g，果形整齐，味佳。茎稀疏，需密植
秋来斯 （Autumn Bliss）	来自英格兰马林东部。果早熟，味佳。平均单果重 3.5g，果托大。耐寒，也耐热。不抗叶斑病。在北京地区试种表现结果早，较'海尔特兹'早成熟 14d
紫树莓 （Royalty）	来自美国纽约。茎高而强壮，产量高。抗大红莓蚜虫。果成熟迟，平均单果重 5.1g。果实成熟时由红色转为紫色，在较坚硬的红色阶段，果实的含糖量已经积累到一定量，风味和外表已完美，可采摘。适宜华北、东北、西北较温暖地区种植
黑水晶 （Bristol）	即黑树莓，来自美国纽约。植株强壮而高产，果实早熟，平均单果重仅 1.8g，但果硬，风味极佳。抗寒，抗白粉病，但易感染茎腐病。适宜种植在华北、东北南部地区。适宜鲜食与果酱加工
黑马克 （Mac Black）	果实较黑水晶大，平均单果重 2.5g，成熟迟，味淡。其抗性强，采摘时间长。适宜鲜食
金维克 （Kiwigold）	即黄树莓，来自澳大利亚。果大，质优，平均单果重 3.1g。产量中上，果色金黄，美观。在北京地区试种生长好
丰满红	由吉林市丰满乡栽植的树莓中选育而来。植株矮小，果大，鲜红色，平均单果重 6.9g（带花托）。早果丰产，质优，种子大而多，属初生茎结果型。适应性强，可耐−40℃的低温。适宜在无霜期 125d，≥10℃有效积温为 2700℃的地区种植

（七）花楸

花楸主要分布于我国的东北、华北等地，在朝鲜北部和俄罗斯的远东地区也有分布（中国科学院中国植物志编辑委员会，1974）。百花花楸产于辽宁、吉林、黑龙江、内蒙古等地。水榆花楸分布于辽宁、吉林、黑龙江、河北、河南、陕西、甘肃、安徽、湖北、江西、浙江、四川等地。腺肋花楸在美国、德国、波兰、加拿大、俄罗斯、保加利亚、匈牙利、捷克、斯洛文尼亚、丹麦和英国等国家都有相当规模的栽培和相关的加工产业。目前，我国的辽宁、吉林、黑龙江、山东等地均有种植（张衡锋和汤庚国，2018）。

花楸的主要品种及其生物学特性，如表 1-7 所示。

表 1-7 花楸主要品种及其生物学特性

品种名称	生物学特性
百花花楸 （Sorbus pohuashanensis）	小乔木，树高可达 8m。小枝粗壮，灰褐色，具灰白色细小皮孔。奇数羽状复叶，小叶 11～25 片，总花梗和花梗皆被白色绒毛；花瓣白色。梨果，近球形，橙红色，萼裂片闭合宿存。花期 6 月，果熟期 8～12 月。喜酸性或微酸性土壤，较耐阴，极耐寒。
水榆花楸 （Sorbus alnifolia）	乔木或大灌木，树高 10～15m。树皮暗灰褐色，平滑不裂。小枝圆柱形，幼时微有绒毛及灰白色的皮孔点。单叶，卵形至椭圆形，先端短，渐尖，基部宽楔形至圆形，羽状脉，侧脉 6～10 对。果实椭圆形或卵形，熟时红色或橙红色，有光泽或有少数细小的皮孔点。花期 5 月，果熟期 8～9 月。耐阴，耐寒，喜湿润而排水良好的土壤，常生于林内、林缘或灌丛中
欧洲花楸 （Sorbus aucuparia）	落叶小乔木，树高 12m，树干端直，枝条伸展性好，树冠呈球形。奇数羽状复叶，互生，春夏季叶片深绿色，有光泽，秋季变为黄色、紫红色。花白色。浆果 8 月下旬变为红色、橘红色，冬季不落。喜光，喜凉爽、湿润的气候，抗风性强，喜湿润的微酸性土壤，较耐阴，耐寒
黑果腺肋花楸 （Aronia melanocarpa）	多年生落叶花灌木，树高 1.5～3m，冠幅 1.3～1.9m，丛状主枝 23～36 条，叶片椭圆形、革质，单叶互生；花期 7～10d；果实为浆果、球形，8 月末成熟，成熟后果实紫黑色，果肉暗红色，果汁呈暗宝石红色，味感偏于酸涩，果实从开花到果实成熟需 105～110d。有很强的耐寒能力（可耐−42℃的低温）和耐干旱性

注：该表参考韩文忠等（2007）、刘玮等（2007）、王鹏（2014），有修改

第三节 浆果的功能活性成分

浆果是指由子房或联合其他花器官发育成柔软多汁的肉质果的一类特色水果。浆果中含有丰富的糖、蛋白质、有机酸、维生素、矿物质等营养物质，尤其含有花色苷、类黄酮、单宁、酚酸等多酚类活性物质，在抗氧化、疾病预防和促进机体健康方面有着重要的作用，其营养价值和经济价值极高。

一、营养物质

（一）草莓

草莓营养价值高，被誉为"水果皇后"，含有丰富的维生素 C（抗坏血酸）、维生素

A、维生素 E、维生素 B_1、维生素 B_2、维生素 B_3（烟酸）、胡萝卜素、鞣酸、天冬氨酸、铜、果胶、纤维素、叶酸、铁、钙、鞣花酸与花青素等营养物质。尤其是其所含的维生素 C，含量比苹果、葡萄高 7～10 倍。

1. 糖类

草莓果实淀粉含量不高，但品种间存在一定差异。可溶性糖作为甜度指标，其含量在草莓品种间差异较大（表 1-8）。其中，'宝交早生' '盛岗 16' '丽红' '维斯塔尔'较为突出。大棚栽培草莓的含糖量高于露地栽培草莓，可能是因为大棚昼夜温差大，加之果实形成时间长，有利于糖分积累。

表 1-8 不同品种草莓果实中主要营养成分及其含量（万清林和赵书清，1994）

品种名称	淀粉（g）	可溶性糖（g）	蛋白质（g）	游离氨基酸（mg）	粗脂肪（g）	维生素A（IU）	维生素B_1（mg）	维生素B_2（mg）	维生素C（mg）	Ca（mg）	Fe（mg）	Zn（mg）
圆球	0.53	6.70	0.623	153	0.2722	80	0.05	0.08	53.06	35.3	860	75.1
维斯塔尔	0.21	7.82	0.761	164	0.2042	83	0.03	0.05	70.32	30.1	872	52.4
戈雷拉	0.23	7.64	0.792	131	0.2944	70	0.03	0.05	57.54	32.5	881	84.1
春香	0.27	7.56	0.871	124	0.1950	85	0.04	0.05	47.54	27.2	629	73.5
盛岗 16	0.16	8.76	0.824	152	0.2759	85	0.04	0.04	61.04	34.1	883	78.7
丽红	0.34	7.98	0.542	147	0.2040	85	0.03	0.05	40.12	25.4	821	78.1
索菲亚	0.12	5.54	0.573	105	0.2564	74	0.04	0.07	63.14	22.1	723	55.2
园季	0.43	6.62	0.675	149	0.3158	75	0.06	0.08	55.53	33.2	694	70.9
宝交早生	0.31	8.84	0.795	148	0.2471	77	0.03	0.06	71.56	33.5	689	62.5

注：表中营养成分的含量为 100g 鲜重的含量

2. 蛋白质、氨基酸和脂肪

蛋白质、氨基酸和脂肪作为营养物质，它们的含量对草莓果实品质影响很大。'春香' '盛岗 16' '宝交早生' '戈雷拉'的蛋白质含量高于其他品种。'维斯塔尔' '圆球''盛岗 16'的游离氨基酸含量较高。'园季'的粗脂肪含量略高于其他品种，但差异不是很大。这三种营养物质的含量见表 1-8。

3. 酸类

pH 是最能直接反映果实酸度的指标，也是反映草莓果实口感的重要指标。各品种pH 不同，甚至差异较大。究竟 pH 多高为最好，还没有一个明确的指标。例如，'宝交早生'和'盛岗 16'的口感最好，是否这样的糖酸比较好则有待进一步研究，其他品种味道也较好，而'索菲亚'的 pH 最低，酸度最大，味道较差。

4. 维生素

草莓果实中含维生素 A、维生素 B_1、维生素 B_2 和维生素 C，尤其维生素 C 含量很高（表 1-8），远远超过其他常见水果，因此草莓果实的营养价值很高。但不同品种间也存在着差异，如'宝交早生''维斯塔尔''索菲亚'和'盛岗16'的维生素C含量超过其他品种，但维生素A、维生素B_1、维生素B_2含量不高，且品种间也不存在较大差别。

5. 矿物质

近些年，Ca、Fe和Zn作为水果营养元素受到重视。对草莓果实分析发现，Fe、Zn含量较高，Ca处于中等水平。例如，'戈雷拉'和'盛岗16'的Fe、Zn含量均高于其他品种，'圆球''戈雷拉''盛岗16''园季'和'宝交早生'含Ca量较高（表1-8）。

（二）蓝莓

蓝莓是目前世界上最古老的水果之一，其营养价值远高于其他水果，堪称"世界浆果之王"。蓝莓含有丰富的碳水化合物、蛋白质、微量元素等。同时，蓝莓还富含功能性物质，如花青素、绿原酸、黄酮、亚麻酸、白藜芦醇及不同维生素等生物活性成分。其富含的酚类、花青素、维生素C等生物活性物质具有很强的清除自由基的作用。有研究显示，食用蓝莓有助于提高记忆力。蓝莓在保持人们身体健康和抵抗疾病方面的作用显著，因此越来越受到人们的关注。

1. 蛋白质、脂肪、糖类、酸类

每100g蓝莓鲜果中含蛋白质400～700mg、脂肪500～600mg、碳水化合物12.3～12.5mg。不同种类的蓝莓果实中可溶性糖含量为7.46%～10.22%，可滴定酸含量为0.98%～1.75%（表1-9）。

表1-9　不同品种蓝莓果实中主要营养成分及其含量（葛翠莲等，2012）

品种	维生素C（mg/g FW）	可溶性糖（%）	可滴定酸（%）	糖酸比
莱茜	0.319	7.46	0.98	7.62
美青	0.191	10.22	1.17	8.77
布里吉塔	0.068	7.68	1.75	4.41
美蓝	0.344	8.46	1.58	5.36
维尔	0.237	9.13	1.52	6.02
灿烂	0.250	10.12	0.99	10.29
杰兔	0.250	8.95	1.08	8.30
园蓝	0.220	9.22	1.00	9.32
芭尔德温	0.343	8.42	1.21	6.99
粉蓝	0.313	9.66	1.20	8.08

2. 氨基酸

蓝莓果实氨基酸含量为2.54%，比氨基酸含量丰富的山楂还高。蓝莓中含有18种氨基酸，其中 7 种是人体必需氨基酸。据赵金海等（2018）测定，每 100g 蓝莓含天冬氨酸 29.62mg、苏氨酸 12.48mg、丝氨酸 14.78mg、谷氨酸 51.15mg、甘氨酸 18.63mg、缬氨酸 16.84mg、蛋氨酸 6.03mg、异亮氨酸 12.67mg、亮氨酸 24.13mg、酪氨酸 12.54mg、苯丙氨酸 14.94mg、赖氨酸 19.2mg、组氨酸 6.39mg、精氨酸 43.57mg、脯氨酸 14.31mg。

3. 维生素

蓝莓中维生素含量是苹果、葡萄等其他水果的几倍甚至几十倍。每 100g 蓝莓鲜果中含维生素 C 53mg、维生素 B_1 0.14mg、维生素 B_2 0.15mg、维生素 B_6 0.1mg、维生素 E 2.7～9.5μg、维生素 A 81～100 国际单位、β-胡萝卜素 0.05mg（赵金海等，2018）。维生素 A 可促进眼内感光色素的形成，防止视网膜色素变性和视力减退；有助于祛除老年斑，促进发育，强壮骨骼，维护皮肤、头发、牙齿、牙床健康等。

4. 矿物质

每 100g 蓝莓鲜果含 Ca 22～92mg、P 9.8～27.4mg、Mg 11.4～24.9mg、Zn 210～430μg、Fe 0.76mg、Ge（锗）80～120μg、Cu 200～300μg、Na 1mg、Se（硒）0.1mg（赵金海等，2018）。蓝莓中 K 含量非常高，每 100g 蓝莓鲜果中含有 K 高达 70mg。K 的大部分生理功能都是在与 Na 的协同作用中发挥的，可调节细胞内渗透压的适宜和体液的酸碱平衡，参与细胞内糖和蛋白质的代谢，维持正常的神经兴奋性、心肌运动和体内 K^+、Na^+的平衡，具有降血压作用。

随着多年优良品种的选育及外来品种的引进，目前在我国市场上有很多蓝莓品种。不同品种的蓝莓在营养成分上有很大的差异（表 1-9）。维生素 C 含量最高的品种为'美蓝'（0.344mg/g），是含量最低的'布里吉塔'（0.068mg/g）的 5 倍；其次是'芭尔德温'（0.343mg/g）。可溶性糖含量以品种'美青'和'灿烂'最高，分别为 10.22%和 10.12%，与其他品种存在明显差异；'莱茜'的可溶性糖含量最低，仅为 7.46%。可滴定酸含量以品种'布里吉塔'最高（1.75%），与其他品种相比差异明显；含量最低的是'莱茜'，仅为 0.98%。在糖酸比方面，各品种间的差异也比较大，'灿烂'的糖酸比最高（10.29），其次是'园蓝'（9.32），而最低的'布里吉塔'仅为 4.41。

（三）杨梅

杨梅含有多种营养成分，是一种具有营养、保健、医疗功效的水果。鉴于其具有营养丰富、强身健体等特点，再结合现代食品加工技术，可开发为果汁饮料、果酒、果脯等产品，以满足当代人们食物多样化的需求。

1. 糖类

总糖含量是果品风味品质的主要指标。按国家标准食品卫生检验方法规定，食品中总糖是指食品中各种可被人体消化吸收利用的糖类物质的总和，包括单糖、双糖和淀粉等，不包括不能被人体消化吸收的纤维素、果胶等糖类。从表 1-10 可以看出，杨梅栽培品种的含糖量比野生品种高。其中，总糖含量最高的品种为'乌酥梅'。

表 1-10　不同品种杨梅果实中主要营养成分及其含量（张奇志等，2012）

品种	总糖 (%)	氨基酸 (mg/kg FW)	总酸 (%)	维生素C (mg/kg FW)	矿物质（mg/kg FW）							
					K	Ca	P	Mg	Zn	Fe	Cu	Mn
野生杨梅	2.36	5.763	2.24	125	1153	975	126	852	6.25	103.1	3.26	63.5
实生乌梅	2.62	13.369	2.15	117	987	842	159	783	3.69	84.6	2.96	48.6
大乌梅	3.65	12.472	1.35	80	785	670	83.6	670	1.30	75.7	2.65	28.2
乌酥梅	4.12	15.453	1.68	86	684	653	96.3	653	2.50	54.1	3.10	58.8
胭脂腊	3.35	10.238	1.12	78	736	468	78.0	468	2.10	89.5	2.80	56.3
红腊	3.78	6.044	1.26	73	802	440	72.0	440	2.10	86.4	2.69	53.1

2. 氨基酸

杨梅果实至少含有 18 种氨基酸，包括 7 种人体必需氨基酸（表 1-10），分别是苏氨酸、缬氨酸、蛋氨酸、赖氨酸、异亮氨酸、亮氨酸、苯丙氨酸。其中，'乌酥梅'的氨基酸含量为 15.453mg/kg FW，'实生乌梅'的氨基酸含量为 13.369mg/kg FW，'大乌梅'的氨基酸含量为 12.472mg/kg FW，'胭脂腊'的氨基酸含量为 10.238mg/kg FW。由此可见，几个杨梅品种中，除野生杨梅外，其他品种的氨基酸含量比较高，必需氨基酸的种类较齐全，是难得的果中佳品。

3. 酸类

风味品质在很大程度上取决于果实中酸和糖含量的多少及糖酸比，所以酸度是果品评比的一个重要指标（王金娣，1999）。从表 1-10 可以看出，野生杨梅含酸量最高，由于其含糖量最低，因此在几个品种中口感最酸，而其他的几个栽培品种的糖酸比都比较适中，口感较好。

4. 维生素

从表 1-10 可以看出，野生杨梅、'实生杨梅'的维生素 C 含量高于其他品种。

5. 矿物质

几个杨梅品种均含有非常丰富的矿质元素。其中野生杨梅各种矿质元素的含量都比较丰富，其中 K、Ca、Mg、P 及 Fe、Zn 的含量都非常高。在所有水果中，杨梅中 K 含量是较高的，Ca 含量也非常丰富。广东野生杨梅鲜果中 K 含量可达 1153mg/kg，Ca 含量仅次于 K，达到了 975mg/kg（表 1-10）。现代医学研究证明，K 在维持心脏功能，维持神经肌肉的应激性和正常功能，参与细胞的新陈代谢和酶促反应及降血压等方面具有重要作用。Ca 具有非常重要的生理作用，不仅是构成骨骼、牙齿的主要成分，而且在增加软组织的坚韧性、提高神经细胞的兴奋性、参与肌肉的收缩等方面的作用不可或缺，缺 Ca 会引起骨骼和牙齿发育不正常、骨质疏松、肌肉痉挛等症状（中国预防医学科学院营养与食品研究所，1995）。杨梅果实中 Ca 含量高，可作为补 Ca 食品进行开发。对杨梅果实进行加工，制成饮料等产品，将会成为一种高活性 Ca 食品，可为我国的功能性天然绿色食品开辟一条新途径。除此之外，杨梅中所含的微量元素同样具有极其重要的作用，Fe、Cu、Zn 等为人体必需微量元素。有研究表明，微量元素与人体免疫、抗肿瘤、解毒等功能密切相关（陈清和卢国程，1989）。

（四）桑椹

早在 2000 多年前，桑椹就成为御用药品之一。1993 年，我国卫生部把桑椹列为"既是食品又是药品"的农产品之一（陈冬梅，2013）。桑椹富含蛋白质、多种人体必需氨基酸和易被人体吸收的果糖、葡萄糖，含有多种维生素、矿质元素、胡萝卜素和纤维素等（包海蓉等，2004；李冬香和陈清西，2009；Singhal et al.，2010）（表 1-11）。除了含有丰富的营养成分，桑椹还含有生物碱、多糖、白藜芦醇（0.0021～0.0053mg/g）、花色苷（0.87～96.08mg/g）等药理成分（Song et al.，2009；Singhal et al.，2010）。因此，除了为人类提供营养，桑椹还具有良好的药效和保健功能。

表 1-11　桑椹果实中主要营养成分及其含量（Singhal et al.，2010）

营养成分	含量	营养成分	含量
碳水化合物	7.8%～9.0%	P	0.18%～0.21%
蛋白质	0.5%～1.4%	S	0.05%～0.06%
脂肪酸（亚油酸、硬脂酸、油酸）	0.3%～0.5%	Fe	0.17%～0.19%
游离酸（主要为苹果酸）	1.1%～1.8%	胡萝卜素	0.16%～0.17%
纤维素	0.9%～1.3%	维生素 C	11.0～12.5mg/100g
Ca	0.17%～0.39%	维生素 B	0.7～0.8mg/100g
K	1.00%～1.49%	维生素 B_1	7～9mg/100g
Mg	0.09%～0.10%	维生素 B_2	165～179mg/100g
Na	0.01%～0.02%		

（五）黑莓

黑莓鲜果不仅是一种酸甜爽口、风味宜人的新型果品，而且还具有良好的营养保健价值（表 1-12）。从 2000 多年前的古希腊开始，当地人已形成采食野生有刺黑莓的习惯。黑莓是近年来风靡全球的第三代水果的代表品种，被联合国粮食及农业组织（简称联合国粮农组织）认定为第三代新型特种果，也被欧美国家誉为"生命之果""黑钻石"。

1. 糖类、酸类和蛋白质

黑莓的总糖和总酸含量在品种间存在差异，其中'Navaho'和'Boysen'鲜果中可溶性固形物和总糖含量较高，'Brazos'最低，差异达 20%以上。'Young'的总酸含量最高，'Brazos'次之，'Navaho'和'Triple Crown'的总酸含量较低，与'Young'的总酸含量相差近 1 倍。'Navaho'的糖酸比最高，'Triple Crown'和'Boysen'次之，'Young'的糖酸比最低，只有'Navaho'的 50%。因此，在口感上，'Navaho'、'Triple Crown'和'Boysen'三个品种较甜，'Young'最酸。各品种间的果胶和蛋白质含量差异较小。

表 1-12   黑莓果实中主要营养成分与构成及其含量（修改自吴文龙等，2007）

类别	营养成分与构成	含量
碳水化合物	总糖	5.67%～6.55%
	还原糖	4.94%～5.76%
	果胶	0.33%～0.42%
游离酸	总酸	1.02%～1.87%
	糖酸比	3.11～6.18
蛋白质	总蛋白质	1.33%～1.77%
	必需氨基酸	2.64～3.82mg/g
	非必需氨基酸	5.74～11.39mg/g
维生素	维生素 C	0.078～0.566mg/g
	维生素 E	0.013～0.049mg/g
矿物质	K	0.66～6.46mg/g
	Na	0.83×10^{-2}～1.41×10^{-2}mg/g
	Ca	0.20～0.41mg/g
	Zn	2.31×10^{-3}～3.87×10^{-3}mg/g
	Se	0.10×10^{-3}～1.33×10^{-3}mg/g
	Fe	4.84×10^{-3}～1.54×10^{-2}mg/g
	Mg	0.15～0.26mg/g

2. 氨基酸

黑莓鲜果的氨基酸含量高于其他多数水果。不同品种黑莓鲜果中的氨基酸总量均值是兔眼蓝莓鲜果（3.88mg/g）的 3 倍（顾姻等，1998）。黑莓鲜果中基本都含有 8 种人体必需氨基酸，且含量较高。其中，天冬氨酸、谷氨酸和丙氨酸含量较高，其次是精氨酸和亮氨酸，这 5 种氨基酸含量之和约占氨基酸总量的 60%，但黑莓不同品种鲜果中各种氨基酸含量存在一定的差异。这些氨基酸在提升黑莓鲜果的营养价值和风味方面有极大的作用。例如，谷氨酸可转化为有调味剂作用的谷氨酸钠，虽然只有微弱的特殊香味，却可以增强其他成分的特殊香味。因此，黑莓鲜果特殊的风味与其所含的氨基酸种类和含量密切相关。

3. 维生素

黑莓鲜果中的维生素 C 含量在水果中属于中等至中等偏上水平，品种间差异较大。黑莓鲜果中维生素 E 含量较高，在水果中是非常罕见的，品种间也存在一定的差异。例如，'Triple Crown' 鲜果的维生素 E 含量高达 0.049mg/g，'Boysen' 和 'Young' 的维生素 E 含量较低，但也分别达到 0.013mg/g 和 0.017mg/g，远高于一些常见水果的维生素 E 含量。因此，可以将黑莓鲜果作为维生素，特别是维生素 E 的重要摄入源。

4. 矿物质

黑莓鲜果中含有丰富的 K、Ca 和 Mg 等常量元素及 Zn、Fe 和 Se 等微量元素，是人体摄取矿质元素的良好天然来源。在黑莓鲜果中，K、Ca 和 Mg 含量远高于其他矿质元素，其中 K 含量最高（表 1-12）。

（六）树莓

树莓果实营养丰富，富含维生素、微量元素、氨基酸等物质（表 1-13），尤其是维生素 E 和过氧化物歧化酶含量为水果之最，属于第三代新兴水果。树莓为药食同源植物，有抗氧化、抗菌、抗炎症、增强免疫力、抗肿瘤、抗肥胖、预防心血管疾病和美白皮肤等功效。但是品种、种植地区和气候不同，都会影响树莓的营养成分，可依据不同目的有针对性地加以开发利用。

表 1-13 树莓果实中主要营养成分与构成及其含量（修改自赵利群等，2015）

类别	营养成分与构成	含量
碳水化合物	总还原糖	4.52～7.12g/100g
游离酸	总酸	10.2～22.4g/kg
	糖酸比	0.23～0.70
蛋白质	总蛋白质	0.812～1.740g/100g
	必需氨基酸	0.28～0.50g/100g
维生素	维生素 C	15.2～40.0mg/100g
	维生素 E	0.107～2.290mg/100g
	维生素 B_2	0.086～0.100mg/100g
矿物质	K	129～206mg/100g
	Na	0.796～1.310mg/100g
	Ca	20.4～61.3mg/100g
	Zn	2.66～4.80mg/kg
	P	83.4～164.0mg/100g
	Fe	0.638～2.810mg/100g
	Mg	19.1～44.3mg/100g
	Cu	0.805～1.520mg/kg
	Mn	0.184～0.684mg/100g

1. 糖类、酸类

各树莓品种总还原糖的含量以'欧洲红'为首（7.12g/100g），'黑树莓'次之（5.57g/100g）。品种间总酸的含量差别较大，含量较高的'哈瑞太兹'（22.4g/kg）是'欧洲红'（10.2g/kg）的 2 倍。糖酸比数据表明，'欧洲红''单季黄树莓''黑树莓'等品种鲜食时的口感较好。

2. 蛋白质、氨基酸

树莓果实中总蛋白质含量为 0.812～1.740g/100g，其中'黑树莓'的蛋白质含量为 1.74g/100g，必需氨基酸含量为 0.28～0.50g/100g（表 1-13），其中谷氨酸含量最高，依次为天冬氨酸、丙氨酸、丝氨酸等。这些氨基酸能增加果实的风味品质，提升果实口感。此外，在医学上，谷氨酸、天冬氨酸具有兴奋性递质的作用，对改善和维持脑功能必不可少（田家祥，2000）。树莓果实含有 15 种氨基酸，其中包含了 8 种人体必需氨基酸中的 7 种（无色氨酸）。值得关注的是在 15 种氨基酸含量检测中，'黑树莓'的 14 种氨基酸在其中均居首位，因此其氨基酸总量和必需氨基酸含量均最高，表现出极为明显的优势。

3. 维生素

树莓果实中维生素 C 含量为 15.2～40.0mg/100g，维生素 E 含量为 0.107～2.290mg/100g，维生素 B_2 含量为 0.086～0.100mg/100g（表 1-13），各品种均未检测出维生素 B_1 含量。维生素 B_2 含量较高的品种有'黑树莓''哈瑞太兹''费尔杜德'，维生素 C 含量较高的品种有'黑树莓''欧洲红''哈瑞太兹'，维生素 E 含量较高的品种有'黑树莓''双季黄树莓'。树莓的维生素含量高于樱桃、蓝莓等浆果，也远高于一些常见水果（刘宽博等，2016）。

4. 矿物质

'黑树莓'中矿物质含量普遍居首位，表现突出。'黑树莓'中 Fe 含量为 2.810mg/100g，Mn 含量为 0.684mg/100g，Mg 含量为 44.3mg/100g，Cu 含量为 1.520mg/kg，Ca 含量为 61.3mg/100g，K 含量为 206mg/100g，Na 含量为 1.310mg/100g，Zn 含量为 4.80mg/kg，P 含量为 164.0mg/100g（表 1-13）。除'黑树莓'外，双季型树莓品种'秋福'和'哈瑞太兹'的 Mg、Zn 含量较高。P、Cu 含量以'欧洲红''秋福'和'单季黄树莓'居高。'欧洲红'的 K 含量占据优势。此外，Mn、Ca、Na 对应的优势树莓品种分别为'费尔杜德''哈瑞太兹'和'双季黄树莓'。

二、多酚类物质

植物多酚（polyphenol）由 Haslam（1989）首次提出，主要指由若干个苯环结合多个羟基组成的一类具有芳香烃化学结构的衍生物，多为自然界中植物有机体产生的次生代谢产物（张笑和李颖畅，2013）。多酚类化合物含有多个与 1 个或几个苯环相连的羟基，基本碳骨架由 2-苯基苯并吡喃和多羟基组成（王雪飞和张华，2012）。多酚类化合物结构复杂，种类繁多，根据基本骨架类型可分为 C6（简单多酚、苯醌类），$(C6)_n$（儿茶酚），C6—C1（酚酸类），$(C6—C1)_2$（可水解单宁），C6—C2（乙酰苯、苯基乙酸类），C6—C3（羟基肉桂酸、香豆素、色酮、苯丙烯类），$(C6—C3)_2$（木脂素、新木脂素类），$(C6—C3)_n$（木质素），C6—C4（萘醌类），C6—C1—C6（氧杂蒽酮），C6—C2—C6（芪类、醌类化合物），C6—C3—C6（黄酮、异黄酮类），$(C6—C3—C6)_2$（双黄酮类），$(C6—C3—C6)_n$（凝缩类单宁）（Daglia，2011）。根据化学分子组成结构差异可将多酚类物质分为黄酮类化合物和非黄酮类化合物，黄酮类化合物主要由黄酮（flavone）、异黄酮（isoflavone）、查耳酮（chalcone）、花青素（anthocyanidin）、黄烷醇（flavanol）、黄酮醇（flavonol）和黄烷酮（flavanone）组成；非黄酮类化合物主要包括单宁、原花青素、酚酸等物质（Leopoldini et al., 2010）。多酚是果蔬感官品质和营养品质的重要决定因素，主要调控果蔬的颜色（如花青素）和风味（如单宁）（Rajha et al., 2014）。浆果含有大量的酚类化合物，主要存在于叶片和果实中，包括黄酮类化合物（花色苷、黄酮醇、黄酮、黄烷醇、二氢黄酮和异黄酮类化合物）、芪类化合物、单宁和酚酸类物质（Naczk and Shahidi，2006）。

（一）花色苷

1. 化学结构与分类

花色苷是自然界中广泛存在于植物的花、果实、种子和叶片中的水溶性天然色素，属黄酮类化合物。颜色多为蓝色、紫色或鲜红色，是自然界中五彩缤纷的水果、蔬菜、花卉等的主要呈色物质。花色苷具有强抗氧化性，在红色、蓝色和紫色浆果中含量丰富。花青素又称"花色素"，是指不带有糖基的母体，花青素连接上各种糖苷后，则称花色苷或花色素苷（Kong et al., 2003）。

花色苷一词是在 1835 年 Marguart 首先用来命名矢车菊花中的蓝色提取物时提出来的。花青素作为花色苷的前体物质，其基本结构为 3,5,7-三羟基-2-苯基苯并吡喃，即花色基元。花色苷属于黄酮类物质，具有黄酮类化合物的 C6—C3—C6 结构，即两个芳香环和一个含氧杂环，在植物中的生物合成途径与类黄酮相同，由于花青素不稳定，在植物中主要以花色苷形式存在。大多数花青素在 3,5,7 碳位上取代羟基，由于 B 环各碳位上的取代基不同，形成各种各样的花青素。现已知最常见的花青素有 6 种，分别为 3 种非甲基化色素：天竺葵色素（pelargonidin，Pg）、矢车菊色素（cyanidin，Cy）、飞燕草色素（delphinidin，Dp），以及 3 种甲基化色素：芍药色素（peonidin，Pn）、牵牛花色素（petunidin，Pt）、锦葵色素（malvidin，Mv），具体化合物结构见图 1-5（Andersen and Jordheim，2006）。由于花青素结合糖、有机酸的种类及数量的不同，花色苷种类也有所

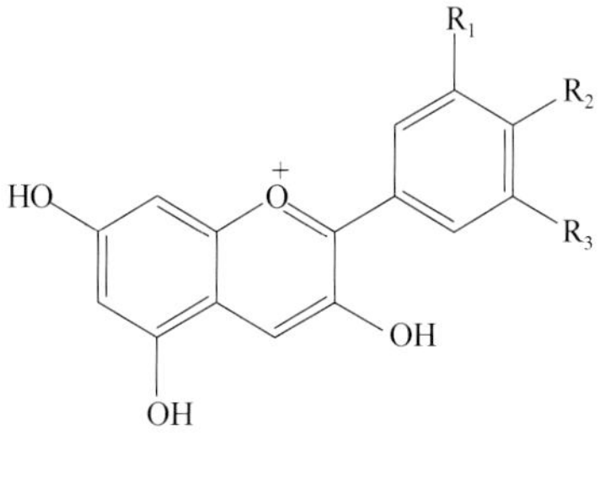

花青素	R_1	R_2	R_3
天竺葵色素	H	OH	H
矢车菊色素	OH	OH	H
飞燕草色素	OH	OH	H
芍药色素	OMe	OH	H
牵牛花色素	OMe	OH	OH
锦葵色素	OMe	OH	OMe

图 1-5　6 种基本花青素的化学结构

不同。结合的糖类主要有葡萄糖、鼠李糖、半乳糖、木糖等单糖类和鼠李葡萄糖、龙胆二糖、槐二糖等二糖类，大部分花色苷与有机酸以糖的酯酰结合形式存在，参与糖基酰化最常见的酸为咖啡酸、芥子酸、对羟基苯甲酸、阿魏酸、苹果酸、丙二酸、琥珀酸、乙酸等（Cooke et al.，2006）。3 种非甲基化花青素（Cy、Dp 和 Pg）的糖苷衍生物在自然界中是最常见的。自然界中最常见的花色苷为矢车菊色素-3-葡萄糖苷，它也是浆果中最主要的花色苷。浆果所含的色素与降低癌症风险、保护尿路健康、提高记忆力和抗衰老等保健功能相关联。

（1）草莓

草莓中花色苷分为两种：天竺葵色素类花色苷和矢车菊色素类花色苷，其中天竺葵色素类花色苷占大多数，草莓中含量最高的花色苷为天竺葵色素-3-葡萄糖苷。

前期研究（da Silva et al.，2007；Cerezo et al.，2010；刘雨佳等，2016）从 5 种草莓果实中鉴定了 25 种花色苷化合物，天竺葵色素类占大部分，小部分是矢车菊色素类，具体化合物见表 1-14。罗赟等（2014）以 17 个草莓品种为试材，在草莓果实中检测到 9 种花色苷，9 种花色苷中有 7 种以天竺葵色素为糖苷配基，只有 2 种以矢车菊色素为糖苷配基，分别为天竺葵色素-3,5-二葡萄糖苷、天竺葵色素-3-葡萄糖苷、天竺葵色素-3-芸香糖苷、5-羧基吡喃酮天竺葵色素-3-葡萄糖苷、天竺葵色素-3-丙二酰葡萄糖苷、天竺葵色素-3-乙酰葡萄糖苷、天竺葵色素-3-甲基丙二酰葡萄糖苷、矢车菊色素-3-葡萄糖苷、矢车菊色素-3-丙二酰葡萄糖苷。不同品种所含花色苷种类、含量及比例有所不同。其中天竺葵色素-3-葡萄糖苷含量最高，占总花色苷的 58.6%～93.6%。

（2）蓝莓

蓝莓中主要呈色物质是由飞燕草色素、矢车菊色素、牵牛花色素、芍药色素和锦葵色素 5 种色素与葡萄糖、半乳糖、阿拉伯糖各自结合形成的花色苷及乙酰化花色苷。

蓝莓中已分离鉴定的花色苷有 17 种，分别为芍药色素-3-半乳糖苷、飞燕草色素-3-半乳糖苷、矢车菊色素-3-半乳糖苷、矢车菊色素-3-葡萄糖苷、牵牛花色素-3-半乳糖苷、牵牛花色素-3-葡萄糖苷、矢车菊色素-3-阿拉伯糖苷、芍药色素-3-葡萄糖苷、锦葵色素-3-半乳糖苷、锦葵色素-3-葡萄糖苷、锦葵色素-3-阿拉伯糖苷、牵牛花色素-3-阿拉伯糖苷、飞燕草色素-3-葡萄糖苷、芍药色素-3-乙酰半乳糖苷、锦葵色素-3-乙酰半乳糖苷、芍药色素-3-乙酰葡萄糖苷、锦葵色素-3-乙酰葡萄糖苷等（孟凡丽，2003；杨桂霞，2004；Hosseinian and Beta，2007；Srivastava et al.，2007；胡济美等，2009；李颖畅等，2009）。

Tian 等（2006）从高丛蓝莓果实总酚提取物中鉴定出 15 种花色苷，分别是飞燕草色素、矢车菊色素、锦葵色素、芍药色素、牵牛花色素的 3-糖苷（糖苷分别为半乳糖苷、葡萄糖苷、阿拉伯糖苷）。Cao 和 Mazza（2006）则从 10 种低丛蓝莓中共检出 25 种花色苷，包括上述除芍药色素阿拉伯糖苷外的 14 种花色苷，另外还有 11 种乙酰化花色苷。

表 1-14　五种草莓中的花色苷类化合物（da Silva et al.，2007）

峰	保留时间（min）	λ_{max}（nm）	分子离子峰[M$^+$]（m/z）	MS^2（m/z）	初步鉴定	草莓品种
1	12.3	515	721	599/407/313/217	儿茶素-(4→8)-天竺葵色素-3-葡萄糖苷	Ca、Cr、Er、Os、Tu
2	14.0	517	721	599/407/313/217	表儿茶素-(4→8)-天竺葵色素-3-葡萄糖苷	Ca、Cr、Er、Os、Tu
3	17.7	515	705	543/407/313/217	表阿夫儿茶素-(4→8)-天竺葵色素-3-葡萄糖苷	Ca、Cr、Er、Os、Tu
4	19.3	518	851	543/407/313/217	表阿夫儿茶素-(4→8)-天竺葵色素-3-芸香糖苷	Ca、Cr、Tu
5	20.3	515	449	287	矢车菊色素-3-葡萄糖苷	Ca、Cr、Er、Os、Tu
6	21.5	500	433	271	天竺葵色素-3-半乳糖苷	Ca、Tu
7	21.5	500	595	433/271	天竺葵色素-3,5-二葡萄糖苷	Ca、Cr、Er、Os
8	21.8	515	595	449/287	矢车菊色素-3-芸香糖苷	Ca、Cr、Er、Os
9	23.0	524	697	535/449/287	矢车菊色素-3-丙二酰葡萄糖基-5-葡萄糖苷	Ca
10	23.8	502	433	271	天竺葵色素-3-葡萄糖苷	Ca、Cr、Er、Os、Tu
11	24.8	492	501	339	5-羧基吡喃酮天竺葵色素-3-葡萄糖苷	Ca、Os、Tu
12	25.5	503	579	433/271	天竺葵色素-3-芸香糖苷	Ca、Cr、Er、Os、Tu
13	29.3	503	549	271	矢车菊色素-3-苹果酰葡萄糖苷	Cr
14	31.6	504	422	331	未鉴定出	Ca、Er、Tu
15	32.6	503	607	271	天竺葵色素-乙酸酰化二糖（己糖+戊糖）	Ca、Cr、Er
16	32.9	503	607	271	天竺葵色素-乙酸酰化二糖（己糖+戊糖）	Ca
17	33.3	503	403	271	天竺葵色素-3-阿拉伯糖苷	Cr、Tu
18	33.5	未测得	535	287	矢车菊色素-3-丙二酰葡萄糖苷	Ca
19	35.5	504	519	271	天竺葵色素-3-丙二酰葡萄糖苷	Ca、Cr、Er、Os、Tu
20	38.4	未测得	563	271	天竺葵色素二鼠李糖苷	Ca、Cr
21	39.9	504	475	271	天竺葵色素-3-乙酰葡萄糖苷	Ca、Cr、Er、Os、Tu
22	40.6	504	533	271	天竺葵色素-3-琥珀酰葡萄糖苷 天竺葵色素-3-甲基丙二酰葡萄糖苷	Os、Tu
23	45.3	508	503	271	天竺葵色素-3-琥珀酰葡萄糖苷 天竺葵色素丙二酰葡萄糖苷（天竺葵色素-3-甲基丙二酰葡萄糖苷）	Ca、Cr、Os、Tu
24	46.2	未测得	549	287	天竺葵色素-3-琥珀酰葡萄糖苷 矢车菊色素丙二酰葡萄糖苷（矢车菊色素-3-甲基丙二酰葡萄糖苷）	Ca、Tu
25	47.1	未测得	517	271	天竺葵色素-3-二乙酰葡萄糖苷（天竺葵色素琥珀酰鼠李糖苷）（天竺葵色素-3-甲基丙二酰葡萄糖苷）	Ca、Cr、Tu

注：所列草莓品种，Ca 代表 Camarosa，Cr 代表 Carisma，Er 代表 Eris，Os 代表 Oso Grande，Tu 代表 Tudnew

（3）杨梅

杨梅果实中含有丰富的花色苷，主要成分为矢车菊色素-3-葡萄糖苷，占花色苷总量的 90% 以上。例如，'荸荠'和'东魁'杨梅的花色苷组分鉴定结果表明，其主要成分为矢车菊色素-3-葡萄糖苷，少量的天竺葵色素-3-单糖苷和飞燕草色素-3-单糖苷等（叶兴乾等，1994；杜琪珍等，2008；Qin et al.，2011）。

（4）桑椹

桑椹中花色苷主要有两类：矢车菊色素花色苷和天竺葵色素花色苷，其中矢车菊色素-3-葡萄糖苷和矢车菊色素-3-芸香糖苷为主要花色苷，占总花色苷的 95% 以上。桑椹中发现的花色苷有 11 种，分别为矢车菊色素-3-O-芸香糖苷、矢车菊色素-3-葡萄糖苷-芸香糖苷、矢车菊色素-3-鼠李糖苷-半乳糖苷、矢车菊色素-3-葡萄糖苷、矢车菊色素-3,5-葡萄糖苷、矢车菊色素-3-半乳糖苷、矢车菊色素-7-O-葡萄糖苷、天竺葵色素-3-葡萄糖苷、天竺葵色素-3-芸香糖苷、飞燕草色素-3-芸香糖苷、飞燕草色素-3-芸香糖苷-5-葡萄糖苷（Suh et al.，2003）。

（5）黑莓

国内外学者从黑莓中分离得到 9 种花色苷，包括矢车菊色素-3-葡萄糖苷、矢车菊色素-3-槐糖苷、矢车菊色素-2-芸香糖苷、矢车菊色素-3-芸香糖苷、矢车菊色素-3-阿拉伯糖苷、矢车菊色素-3-2G-葡萄糖苷、矢车菊色素-3-草酸酐酰葡萄糖苷、锦葵色素-3-葡萄糖苷、矢车菊色素-3-丙二酸酰葡萄糖苷。矢车菊色素-3-葡萄糖苷为主要的花色苷，其含量约占黑莓花色苷总量的 80%（王卫东等，2009；李倩和刘延吉，2011）。

（6）树莓

树莓花色苷多为非酰基化的单糖苷，矢车菊色素类花色苷占绝大多数，天竺葵色素类花色苷含量极少，糖苷部分主要有葡萄糖苷、芸香糖苷和槐糖苷。红树莓中花色苷主要有矢车菊色素-3-葡萄糖苷和矢车菊色素-3-槐糖苷，两者占总花色苷的 70% 以上，还含有少量的矢车菊色素-3-葡萄糖苷、矢车菊色素（天竺葵色素）-3-双葡萄糖苷、矢车菊色素（天竺葵色素）-3-芸香糖苷、矢车菊色素（天竺葵色素）-3-葡萄糖芸香糖苷、矢车菊色素（天竺葵色素）-3,5-双葡萄糖苷、矢车菊色素（天竺葵色素）-3-芸香糖苷-5-葡萄糖苷等（Zhang et al.，2008b）。黑树莓中花色苷主要有矢车菊色素-3-木糖芸香糖苷（占 49%～58%）、矢车菊色素-3-芸香糖苷（占 24%～40%），其他含量较少的有矢车菊色素-3-接骨木二糖苷、矢车菊色素-3-葡萄糖苷和矢车菊色素-3-芸香糖苷等（Tulio et al.，2008）。总体而言，黑树莓的花色苷含量高于红树莓。

（7）花楸

花色苷含量占黑果腺肋花楸总酚类化合物的 25% 左右，经过高效液相色谱-质谱联用分析方法从黑果腺肋花楸中检测出 4 种花色苷：相对含量最高的花色苷是矢车菊色素-3-半乳糖苷，占黑果腺肋花楸花色苷总含量的 68.68%，其次是矢车菊色素-3-阿拉伯糖苷、矢车菊色素-3-木糖苷、矢车菊色素-3-葡萄糖苷（Slimestad et al.，2005；Krenn et al.，2007；国石磊，2015）。

2. 生物活性与功能

树莓花青素的主要成分是花青素-3-葡萄糖苷，其次为花葵素-3-葡萄糖苷和花葵素-3-芸香糖苷（Patras et al.，2010）。有研究报道，树莓花青素具有抗氧化、抑制细胞毒素和抗血管生成（降低容易导致静脉曲张和肿瘤形成的非必要血管生成的能力）等功能（Bagchi et al.，2004）。另外，花青素的含量与树莓的抗氧化活性呈显著正相关关系（Sariburun et al.，2010）。Bowen-Forbes 等（2010）对 3 种野生黑树莓和红树莓花青素的抗氧化、消炎和抗癌特性进行了研究，结果表明，树莓花青素具有较强的脂质氧化抑制作用（抑制率＞50%，浓度 50μg/mL）和环氧化酶抑制作用（抑制率27.5%～33.1%，浓度 100μg/mL）；同时证明了树莓花青素具有抑制食管癌、乳腺癌、肺癌和胃癌等肿瘤细胞增殖的能力。延海莹等（2018）也证实了树莓花青素的抗炎、抗癌的生物学特性。

（1）清除自由基和抗氧化活性

花色苷对活性氧等自由基具有很强的捕捉能力，能与蛋白质结合防止过氧化，能切断脂类氧化的链式反应，起到有效清除脂类自由基、防止脂质过氧化的作用。它也能与 Cu^{2+} 等金属螯合，形成花色苷-金属 Cu-维生素 C 复合物，防止维生素 C 过氧化，再生维生素 C，从而再生维生素 E，淬灭单线态氧。Boušová 等（2015）研究发现，蔓越莓花色苷具有增加肥胖小鼠体内抗氧化酶活性、降低脂质过氧化物水平、改善肝组织损伤程度的作用，但对非肥胖小鼠没有显著影响。罗晓玲等（2018）研究发现，蓝莓果实中具抗氧化作用的重要部分是总花色苷，蓝莓花色苷抗氧化作用体现在清除自由基、提高体内抗氧化酶类活性、抑制脂质过氧化、提供电子还原自由基、防止体内氧化应激损伤等方面。

Odriozola-Serrano 等（2008）发现，经过高压脉冲电场（PEF，20kV/cm，2000μs）处理后的草莓汁的 1,1-二苯基-2-三硝基肼基自由基（DPPH·）清除能力降低了 18.7%，随着电场强度增大，DPPH·清除能力损失减少，表明在此研究中抗氧化活性的变化与花色苷含量呈正相关，说明花色苷对抗氧化活性的大小有一定的贡献；另外，花色苷的降解产物 3,4-二羟基苯甲酸等酚酸类物质能作为很好的氢供应物，具有很强的切断自由基反应链的能力，使体系清除 DPPH·能力增强（张燕，2007）。与多种水果、蔬菜比较发现，蓝莓的抗氧化活性最高（姚佳宇和李志坚，2016），每 100g 蓝莓的抗氧化值为 2400、橙子为 750、花椰菜为 890。蓝莓的强抗氧化能力可以减少人体代谢副产物自由基的生成，自由基与人类衰老和癌症发生具有某种关系。Aguirre 等（2010）证实红树莓花色苷的抗氧化能力强于红酒和葡萄皮中的花色苷。红树莓花色苷通过有效清除自由基，抑制脂质和低密度脂蛋白及内皮细胞氧化损伤，具有抗动脉硬化和抗炎作用，可能是保护心血管的因子。黑树莓提取物可以减少血管内皮生长因子的表达，这种因子能促进血管生成，而血管生成是肿瘤转移的关键一步（Liu et al.，2005）。在体外研究中还发现，矢车菊色素-3-葡萄糖苷可减少致癌物质引起的直肠肿瘤，矢车菊色素-3-葡萄糖苷在树莓花色苷中占很大比例。Liang 等（2012）研究发现，桑椹花色苷在体外模拟肠胃环境中降解生成 18 种具有强清除自由基能力的酚类。Wang 等（1997）利用氧自由基吸收能力法测定发现，桑椹花色苷中的主要成分矢车菊色素-3-葡萄糖苷清除自由基的活性最强，为维生素 E 的 3.5 倍。Aramwit 等（2010）研究得出，相同品种桑椹其花色苷含量越高，抗氧化能力也越高，表明桑椹花色苷是重要的抗氧化物质之一。Wang 和 Stoner（2008）研究发现，花色苷能够清除超氧阴离子自由基（$O_2^-\cdot$）、环氧根阴离子（ROO^-）、过氧化氢（H_2O_2）和羟自由基（$\cdot OH$）等活性氧（ROS），此外花色苷也可以螯合金属离子并直接结合蛋白质，以发挥其抗氧化作用。Kulling 和 Rawel（2008）将黑果腺肋花楸果实与其他富含多酚的水果在清除自由基能力方面进行了对比，结果表明在富含多酚的水果中，黑果腺肋花楸果实中多酚类物质氧化自由基吸收能力（ORAC）值最高，达 158.2～160.2μmol TE/g，明显高于蓝莓、黑莓、黑加仑等水果，由此证明在众多水果中，黑果腺肋花楸清除自由基的能力最强。

（2）抗炎和抑菌

NF-κB 为一个转录因子蛋白家族，是介导炎症发生发展的重要核因子。Min 等（2010）研究发现，矢车菊色素-3-葡萄糖苷可以明显抑制脂多糖诱导的腹腔巨噬细胞 RAW264.7 内 NF-κB 和有丝分裂原活化的蛋白激酶的活化，从而减少 TNF-α 和 IL-1β 等炎性因子的合成及诱导型一氧化氮合酶的表达，同时通过动物试验证明该花色苷能够减少炎症小鼠炎性分泌物的生成，从而减轻其炎症反应。耿晓玲等（2007）对杨梅果实的乙醇提取物进行了抑菌特性的研究，结果表明杨梅果实乙醇提取物对志贺氏菌、伤寒沙门氏菌、溶血性链球菌和金黄色葡萄球菌具有一定的抑制作用。研究还发现，不同产地黑莓、黑树莓和红树莓的不同溶剂提取物有不同的抑制环氧化酶-2（COX-2）表达的作用，其中黑树莓的抑制效果最强，达 71%。成分分析证实，起作用的主要是花色苷类化合物（Bowen-Forbes et al.，2010）。花色苷提取物抑制 COX-2 的表达同时也是抗肿瘤的一个可能因素，全世界 1/3 的癌是由慢性炎症引起的（郑荣梁和黄中洋，2007），暗示花色苷类化合物也具有潜在的抗肿瘤、抗癌作用。树莓是膳食多酚的丰富来源，日常食用树莓可以改善血脂异常、抗菌消炎、减少人体和动物慢性疾病的氧化应激反应（Taheri et al.，2013；Burton-Freeman et al.，2016；Feresin et al.，2016；Jiménez-Aspee et al.，2016；Sousa et al.，2016）。张倩茹等（2017）也证明树莓多酚具有较强的抗菌消炎能力。

（3）抑制癌细胞生长

小崛真珠子和韩少良（2004）研究了蓝浆果、草莓和木莓等十几种浆果的乙醇提取物对 HL60 癌细胞和 HCTll6 癌细胞生长的抑制作用，发现原产于北欧的野生蓝浆果对以上两种癌细胞的抑制作用最强。给大鼠的饲料添加蓝浆果，可以抑制由氧化偶氮甲烷诱发的大肠癌。研究表明，黑莓、黑树莓、酸果蔓、红树莓、草莓的提取物（主要是花色苷、原花色素）能抑制口腔癌（KB、CAL-27）、乳腺癌（MCF-7）、结直肠癌（HT-29、HCTll6）、前列腺癌（LNCaP）细胞的增长，抑制程度与提取物浓度有关（Olsson et al.，2004；Seeram et al.，2006）。另外还发现，蓝莓中的酚类物质能抑制结肠癌细胞的增殖，导致癌细胞凋亡（Yi et al.，2005）。

矢车菊色素-3-葡萄糖苷作为杨梅果实中的主要花色苷被证明对胃腺癌细胞SGC7901、AGS 及 BGC823 有显著的抗癌作用，抗癌效果与其 DPPH·清除能力呈正相关，其抗癌机理与基质金属蛋白酶 2 的细胞抑制有关，而该蛋白酶被证明与肿瘤的转移及侵染相关（Sun et al.，2012b）。Sun 等（2012b）提取纯化杨梅果实中的矢车菊色素-3-葡萄糖苷并研究了提取物的抗癌活性，发现该提取物能有效抑制胃腺癌细胞的增殖，降低细胞黏附，表明随着矢车菊色素-3-葡萄糖苷浓度的提高，对 SGC7901 细胞中基质金属蛋白酶的抑制也提高，该蛋白酶被证实与癌细胞增殖有关。Zhang 等（2013）和 Lu 等（2006）分别研究了杨梅素的抗癌活性及抗癌机理，发现杨梅素通过抑制硫氧蛋白还原酶的活性，使肿瘤细胞发育停滞在 G_2 晚期，从而抑制癌细胞生长。黑莓中以矢车菊色素-3-O-葡萄糖苷等花色苷为主的提取物能抑制人体结直肠癌细胞 HT-29、乳腺癌细胞MCF-7 及血癌细胞 HL-60 的生长，其中对 HT-29 细胞的抑制效果最为明显，且抑制效果与浓度呈依赖关系，同时指出黑莓提取物的抗癌作用可能与活性成分刺激细胞产生ROS 而杀死细胞有关（Dai et al.，2009）。树莓花青素具有抑制细胞毒素形成和提高体外抗氧化能力，抑制动脉硬化，抑制癌细胞增殖等能力（Bagchi et al.，2004）。蓝莓含有的特殊黄酮类化合物（包括使蓝莓果实呈深蓝色的花色苷）可有效抑制促进癌细胞繁殖的酶活性，其中以野生蓝莓作用最强，这些化合物可抑制肝癌、子宫癌、前列腺癌、乳腺癌和白血病等癌症的发病（王二雷，2014；周婷婷，2014；刘翼翔等，2016）。Huang 等（2008）研究证明，桑椹花色苷可通过抑制 Ras/PI3K 信号通路降低基质金属蛋白酶MMP2 和 MMP9 的活性，抑制恶性黑色素瘤细胞的转移和侵袭，从而达到抗癌的作用。Huang 等（2011）进一步研究发现，无论是在体内还是体外，桑椹花色苷都会通过激活p38/jun/Fas/FasL 和 p38/p53/Bax 等信号分子，诱导胃癌细胞凋亡。Gasiorowski 等（1997）研究发现，黑果腺肋花楸中提取的花青素还有一定的抗诱变作用，花青素的抗诱变作用主要是在清除自由基的同时抑制原诱变因素的酶活性。

（4）降低血清中脂肪含量

血清胆固醇（TC）、甘油三酯（TG）、高密度脂蛋白胆固醇（HDL-C）、低密度脂蛋白胆固醇（LDL-C）和肝脏 TC、TG 水平是反映机体脂质代谢的常用指标。马承惠等（2005）研究报道，通过喂食大白鼠不同剂量的花色苷 28d 后测量 TC、TG、HDL-C、LDL-C 含量，在大白鼠的投食试验中，在添加胆固醇的同时添加花翠苷或花翠素，能使血清中的胆固醇浓度下降，HDL-C 上升，可观察到动脉硬化指数明显下降。Yang 等（2010）用5%或者 10%富含花色苷的桑椹冻干粉饲喂小鼠，发现小鼠血清和肝脏中甘油三酯、总胆固醇、血清低密度脂蛋白胆固醇水平及动脉粥样硬化的指数均有所降低，血液和肝脏的抗氧化状态得到改善，表明桑椹花色苷具有心脑血管保护作用。Chen 等（2005）研究发现，1%的桑椹水提物可以减少53%的胆固醇和66%的低密度脂蛋白胆固醇及56%的甘油三酸酯，而桑椹花色苷抑制低密度脂蛋白氧化的能力是桑椹水提物（包含 2.5%花色苷）的 10 倍。

（5）预防心脑血管疾病

高脂血症是一种常见的疾病，是严重危害人类健康的危险因素。桑椹花色苷可以降低心脑血管疾病发生的概率，改善炎症，抑制化学毒性物质生成和脑缺血性损伤。最近的研究还表明矢车菊色素-3-葡萄糖苷具有清除自由基、抑制体重增加和抑制血管内皮功能紊乱的功效（马承惠等，2005）。杨梅果实提取物由于富含矢车菊色素-3-葡萄糖苷，能增强链脲霉素诱导小鼠在葡萄糖饲喂试验中的葡萄糖耐受性，显著降低了小鼠血液中的葡萄糖浓度。分子生物学证据显示，杨梅果实提取物中的花色苷上调了胰岛素促进因子（PDX-1）的表达，增强了胰岛素基因表达，增加了胰岛 B 细胞数量（Sun et al.，2012a）。其他研究者（Zhang 等，2011；张明亮等，2017）进一步验证了该观点，发现杨梅果实中的花色苷成分能通过上调血红素氧合酶，调节 ERK1/2 和 PI3K/Akt 信号通路，抑制 B 细胞凋亡来保护胰岛 B 细胞免受氧化损伤。Sancho 和 Pastore（2012）研究也发现，杨梅果实中的花色苷通过提高胰岛素抗性、保护 B 细胞、增加胰岛素的分泌及降低小肠内糖的吸收达到降低血糖的功效，其作用机理与抗氧化活性及酶抑作用有关。Prior 等（2010）发现，黑树莓花色苷能降低高脂小鼠的体重，而且高脂小鼠的心脏、肝和肾在体重中的比例较低脂小鼠低，高脂小鼠的附睾和腹膜脂肪量比低脂小鼠高，而血清胆固醇、甘油三酯和单核细胞趋化蛋白-1 不被影响。丁乐等（2016）研究发现，桑椹高中剂量组花色苷粗提物能降低心肌线粒体中丙二醛（MDA）含量，增加心肌线粒体中超氧化物歧化酶（SOD）含量，与低剂量组和正常组相比有显著性差异，对小鼠常压缺氧和心肌缺血实验具有保护作用。裴蕾等（2018）研究发现，桑椹花色苷提取物可以改善由高脂酒精膳食所引起的小鼠棕色脂肪组织的形态学改变和功能抑制，可防治慢性代谢性疾病。

（6）保护肝脏及改善肝功能

诸多报道发现了花色苷具有较强的保护肝脏和肝解毒功能。Chang 等（2013）研究发现，桑椹花色苷通过磷酸化腺苷酸活化蛋白激酶抑制脂类合成和刺激脂类的分解来降低血脂。因此，桑椹花色苷可以有效遏制非酒精性脂肪肝炎。Ha 等（2012）研究发现，在糖尿病诱导的氧化应激条件下，桑椹中的矢车菊色素-3-葡萄糖苷可以改善小鼠的勃起功能。Tang 等（2013）研究发现，富含花色苷的桑椹水提物可以通过减少脂肪积累和脂质的合成，增加脂肪酸运转和氧化能力，降低氧化应激，从而抑制酒精引起的肝损伤。

（7）改善人眼机能和预防眼疾

欧洲的研究人员研究证实，花色苷提取物对人的夜视有改善作用，对近视、老年性白内障、糖尿病、动脉硬化性视网膜病等也有改善和预防效果（Connor et al.，2002）。美国和日本 1999 年公布的研究资料也表明，花色素苷对视疲劳及弱视等有辅助治疗作用（孙贵宝，2002）。据报道，二战期间英国空军驾驶员每天都食用蓝莓，视力大大改善，投弹准确率极大提高，因此英国军方供给特种部队超干蓝莓果，作为改善视力及增强夜战能力的特殊食品。意大利和法国科学家研究认为，这是花青苷在起作用（李红侠等，2017）。视红素易被光分解，随着年龄增长分解变快。美国营养学家建议，每天食用蓝莓产品 40～80g，可以达到保护视力的目的。基于此，美国教育部从 2000 年开始已将蓝莓列为中小学生保护眼睛的营养配餐食品，并在一些地区作为每日摄入营养的基本要求。

（8）其他生理功能

花色苷除前文所述活性外，还具有抗衰老、降低血糖、减肥（凌关庭，2003）、抗炎性反应（Youdim et al.，2002）和调节免疫（王辉等，2005）等功能。薛珺等（2008）

研究杨梅酒对小鼠扭体模型的镇痛作用时发现，杨梅酒组小鼠的扭体次数少于生理盐水组，表明杨梅酒对小鼠扭体模型有一定的镇痛作用。杨梅素可以通过多种途径抑制由谷氨酸引起的神经毒性来保护神经元（Shimmyo et al.，2008）。抗凝血活性的研究主要集中在杨梅素对血小板活化因子（PAF）的拮抗作用上，如杨梅素能明显抑制血小板活化因子引起的家兔血小板内游离钙的增高（陈文梅等，2001）。臧宝霞（2003）进一步从细胞和分子水平上阐明了杨梅素与 PAF 拮抗的机理，初步验证了杨梅素具有抗血栓及活血化瘀等心血管方面的药理作用。桑椹提取物（主要为花色苷类化合物）能减少小鼠肝血清中谷草转氨酶、谷丙转氨酶、甘油三酯和总胆固醇，从而预防由衰老引起的肝功能障碍；从桑椹色素中分离得到的矢车菊色素-3-O-葡萄糖苷和锦葵色素-3-O-葡萄糖苷具有很强的清除自由基和激活抗氧化酶能力；桑椹提取物能明显减缓衰老，减少模型小鼠海马中 βA4 的含量，而 βA4 的形成与小鼠的学习能力、记忆力和认知能力的下降有直接的相关性；由此可知，桑椹提取物中花色苷成分的抗氧化活性及防止 βA4 形成能力应该是抑制小鼠衰老和痴呆的主要原因（Shih et al.，2010）。研究还发现，蓝莓对与衰老有关的瞬间失忆症有明显的改善预防作用，并能增加记忆马达动力（韩鹏祥等，2014）。给白鼠喂食蓝莓、胡萝卜、草莓提取物 8 周以后，蓝莓组多巴胺（一种治疗脑神经疾病的化学物质）释放量、鸟苷三磷酸（GTP）酶活性、迷宫识别能力，高出对照和其他组许多倍（陈云霞等，2015）。Peng 等（2011）发现，富含花色苷的桑椹水提物可以调节脂肪合成和脂肪分解，从而发挥抗肥胖和降血脂作用。Wu 等（2013）进一步对桑椹花色苷抑制体重增加的作用进行了深入研究，他将桑椹花色苷加入到小鼠的高脂肪饲料中，并分别对矢车菊色素-3-葡萄糖苷、矢车菊色素-3-芸香糖苷和天竺葵色素-3-葡萄糖苷对体重增加的抑制效果进行了评估。结果表明，当桑椹花色苷摄入量超过 40mg/kg 时，可以抑制小鼠 21.4%的体重增加，因此桑椹花色苷作为膳食补充剂可以防止饮食诱导的小鼠肥胖。Badescu 等（2015）针对植物体内多酚类物质对糖尿病影响的研究表明，从黑果腺肋花楸中提取的天然多酚类物质（主要是花色苷）可调节血糖，减少胰腺胰岛炎症，对胰岛素分泌有促进作用。因此黑果腺肋花楸果实中的多酚类物质能够抑制人体内低密度脂蛋白和脂质体的氧化，对预防心脏疾病和癌症、保持人体健康具有显著作用（de Pascual-Teresa and Sanchez-Ballesta，2008）。

3. 应用与开发前景

在自然界中，花色苷除以糖基化形式存在外，还存在多种酰基化结构，可作为一种天然的食用性色素，是替代合成色素的理想材料，在饮料、糖果、果酒、果冻、冰淇淋、糕点等食品加工行业，药品及化妆品领域有很大的应用潜力。它不仅资源丰富、安全性高且具有一定的营养和药理作用，除用作食品着色剂之外，天然花色苷还具有多种生理活性，如抗炎症、抗癌、抗氧化、预防和控制肥胖与糖尿病、预防心血管疾病等。但是分离得到的花色苷具有稳定性差、易降解的特点，限制了其开发应用。辅色素的辅色作用能够增加花色苷的稳定性，导致花色苷发生增色效应，且最大吸收波长发生红移。花色苷类化合物的抗氧化、清除自由基的性质，是其具有多种生物活性和药理作用的基础，目前在医药、食品、化妆品等很多领域已得到了广泛应用。在研究不断深入的同时，各国学者已将注意力转向寻找和发掘新的高抗氧化植物资源。杨梅素就是从杨梅树皮和树叶中提取出来的主要药效成分之一，它具有抗血栓、降血糖、抗氧化、保肝护肝、减轻乙醇中毒等药理作用（洪振丰等，1998）。杨梅多酚是从杨梅的根皮中提取的多酚性成分。临床研究表明，其制剂对治疗阵发性睡眠性血红蛋白尿症（PNH）有较好的效果，而且无副作用。杨梅多酚的抗氧化作用能维持生物膜的稳定性，可保护小白鼠由核辐射引起的有形血细胞减少，并可有效防治辐射引起的各种出血症（汤佩莲等，2005）。杨梅核仁含有维生素 B_{17}，是医学上常用的抗癌药物，杨梅核仁提取液对胃癌细胞具有杀伤、抑制作用（刘川和李伟，1998）。

（二）类黄酮

1. 化学结构与分类

浆果中的类黄酮物质多存在于叶子和果实中。大部分与糖结合成苷类，以配基形式存在，少部分以游离形式存在。类黄酮是以色酮环与苯环为基本结构的一类化合物的总称，属于植物的次级代谢产物（郭军等，2011）。类黄酮的分子量一般较低，在植物体内，乙酸和苯丙氨酸经过多种反应途径形成母核 2-苯基色原酮。母核含有两个相连的苯环，常被称为苯环 A 和苯环 B，A 环和 B 环的中央由连续的 3 个碳原子相连，形成 C6—C3—C6 的碳元素基本骨架（刘川和李伟，1998；汤佩莲等，2005；郭军等，2011；Gao et al.，2011；胡云霞等，2014）。通常情况下，植物在其体内进行修饰母核的过程，合成各种各样结构的类黄酮化合物。类黄酮大致分为以下几类：黄酮、二氢黄酮、黄烷醇、黄酮醇、二氢黄酮醇、异黄酮、花色苷、查耳酮及其他酮类。这些类黄酮的结构复杂，功能多种多样。类黄酮的化学结构见图 1-6、图 1-7（唐毓等，2016）。

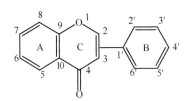

图 1-6　类黄酮的基本骨架（C6—C3—C6）

（1）草莓

草莓等小浆果中所含有的类黄酮化合物主要是黄酮和黄酮醇。王娟（2017）报道草莓中的类黄酮物质除花色苷外主要是槲皮素、异槲皮素、山奈酚和芦丁。Yang 等（2016）从法兰地草莓的乙醇提取物中分离到山奈酚、反式椴树苷、山奈酚 3-*O*-β-D-葡萄糖醛酸苷、槲皮素、异槲皮素、槲皮素 3-*O*-β-D-葡萄糖苷、槲皮素 3-*O*-β-D-葡萄糖醛酸苷和根皮苷等类黄酮成分。刘文旭（2012）则从草莓多酚提取物中检测到杨梅酮、木犀草素和槲皮素等类黄酮物质。

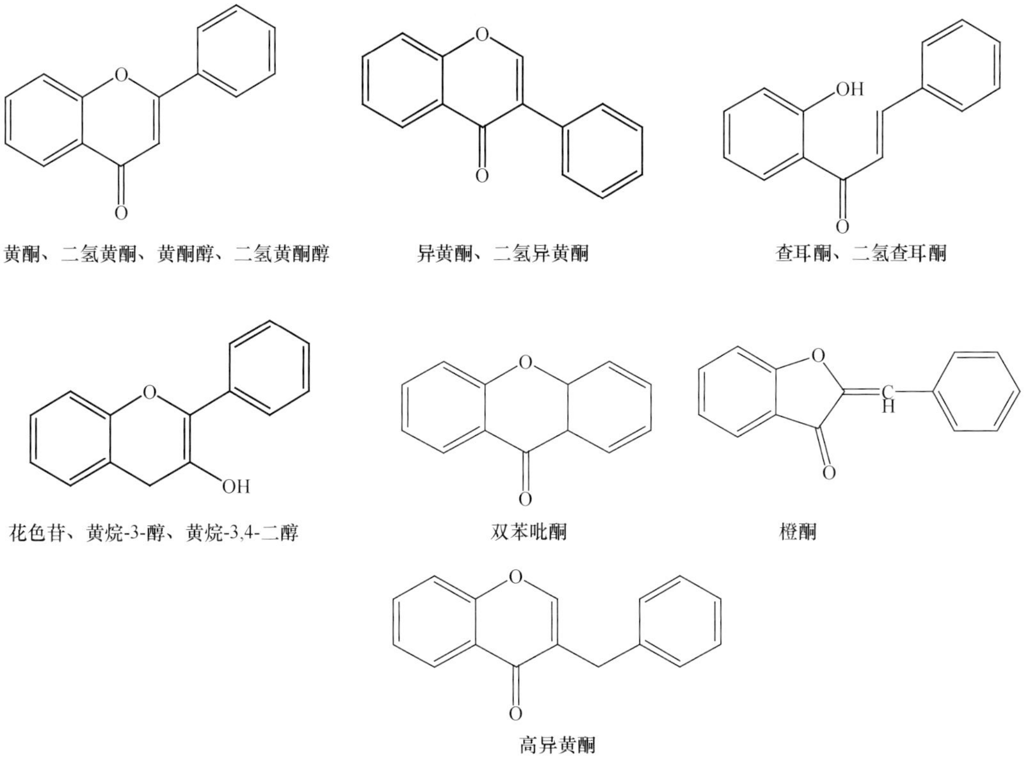

黄酮、二氢黄酮、黄酮醇、二氢黄酮醇　　　　　　异黄酮、二氢异黄酮　　　　　　查耳酮、二氢查耳酮

花色苷、黄烷-3-醇、黄烷-3,4-二醇　　　　　　双苯吡酮　　　　　　橙酮

高异黄酮

图 1-7　类黄酮化合物的结构分类

（2）蓝莓

蓝莓中的类黄酮主要是黄酮醇类，包括山柰酚、槲皮素、杨梅素、杨梅黄酮苷/半乳糖苷、杨梅酮、槲皮素-糖苷（糖苷包括葡萄糖苷、鼠李糖苷、半乳糖苷、芸香糖苷、阿拉伯糖苷、木糖苷）、山柰酚葡萄糖苷/半乳糖苷等（Deng et al.，2014；Dudonné et al.，2016）。此外，从蓝莓叶中分离到槲皮素、槲皮素-3-O-α-L-呋喃阿拉伯糖苷、槲皮素-3-O-β-D-吡喃葡萄糖苷、槲皮素-3-O-α-L-阿拉伯糖苷和槲皮素-3-O-β-D-葡萄糖醛酸苷（王利枝，2018）。薛莹等（2018）发现蓝莓中的类黄酮是以槲皮素、山柰酚和杨梅素为苷元的糖苷类化合物，共鉴定出 8 种不同的类黄酮成分。不同研究报道的蓝莓提取物中类黄酮成分基本一致，但含量有所不同。

（3）杨梅

杨梅果实中的类黄酮化合物除花色苷外主要是黄酮醇类。Amakura 等（2000）对杨梅进行了酸水解处理，并对类黄酮化合物进行了研究，结果显示杨梅果肉中含有 3 种黄酮醇苷元，分别是杨梅素、槲皮素和山柰酚。在果肉中也检测到了这 3 种黄酮醇苷元的单体，但含量极少，由此可知杨梅中的黄酮醇类化合物基本上以与糖苷结合形式存在。Bao 等（2005）研究了 4 种杨梅果肉中的类黄酮化合物，并检测出了杨梅素单体和芦丁。Fang 等（2007）采用高效液相色谱–质谱联用技术，对 3 个品种的杨梅果肉进行分析，发现均含有杨梅素、槲皮素和山柰酚这 3 种黄酮醇的糖苷，'荸荠'杨梅中黄酮醇类化合物含量最高。彭财英等（2012）应用树脂色谱、薄层色谱等手段从杨梅果实中分离得到 9 种类黄酮化合物，分别为槲皮素、槲皮苷、异槲皮苷、金丝桃苷、槲皮素-7-*O*-β-D-葡萄糖醛酸苷、杨梅素、杨梅素-3-*O*-β-D-吡喃木糖苷、杨梅素-7-*O*-β-D-半乳糖苷、杨梅苷。

（4）桑椹

马悦等（2017）采用高效液相色谱–四极杆–静电场轨道阱高分辨质谱法对桑椹提取物中黄酮类和多酚类成分进行分析研究，鉴定出 8 种类黄酮成分，分别为芦丁、异槲皮素、山奈酚-7-葡萄糖苷、二氢槲皮素、槲皮素、原儿茶酸、绿原酸和咖啡酸。王欣（2014）对桑椹的 95%乙醇提取物进行分离纯化，其中从正丁醇部位中分离到 3 种类黄酮成分，分别是芦丁、槲皮素 3-*O*-β-D-吡喃葡萄糖苷和槲皮素。王瑞坡（2011）研究了桑椹主要功能成分的含量与组成，干桑椹中类黄酮含量为 0.56%，而水解后的桑椹甲醇提取液中的类黄酮为槲皮素和山奈素，含量分别为 1.506mg/g 和 0.28mg/g。

（5）黑莓

黑莓中的类黄酮物质除花色苷外，还包含黄酮醇、异黄酮醇等（Schuster and Hermann，1985；Wald et al.，1986）。利用核磁共振和高效液相色谱–电喷雾串联质谱（HPLC-ESI-MS-MS）技术对黑莓果实提取物进行结构测定，鉴定了各种酚类化合物，包括有机酸、花色苷和槲皮素、杨梅黄酮 2 种类黄酮。黑莓叶片中鉴定出槲皮素-3-*O*-葡萄糖醛酸苷、山奈酚-3-*O*-葡萄糖醛酸苷、槲皮素-3-6′-(3-羟基-3-甲基)半乳糖苷、芹菜素-3-*O*-葡萄糖醛酸苷、山奈酚-3-*O*-葡萄糖醛酸苷等 5 种类黄酮化合物（韩红娟，2018）。

（6）树莓

树莓果实和叶片中均含有类黄酮化合物，且叶片中类黄酮含量高于果实。树莓叶片中的类黄酮含量为 51.74mg/g，通过液质联用对澳大利亚红树莓醇提液进行鉴定，发现了芦丁、槲皮素-3-*O*-葡萄糖醛酸苷、槲皮素-3-*O*-葡萄糖苷、山奈酚-3-*O*-葡萄糖醛酸苷、槲皮素-3-*O*-木糖苷、槲皮素-3-6′-(3-羟基-3-甲基)半乳糖苷、山奈酚-3-*O*-葡萄糖醛酸苷、椴树苷等 8 种类黄酮化合物（韩红娟，2018）。郭启雷等（2007）、谢一辉等（2005）对掌叶覆盆子进行了化学成分分析，鉴定出 6 种类黄酮化合物，分别为山奈酚、山奈酚-3-*O*-β-D-吡喃葡萄糖苷、山奈酚-3-*O*-β-D-吡喃葡萄糖醛酸甲酯、槲皮素、槲皮素-3-*O*-β-D-吡喃葡萄糖苷、椴树苷。

（7）花楸

黑果腺肋花楸的类黄酮含量大约为 71mg/100g FW，其主要成分是槲皮素的衍生物。Slimestad 等（2005）用电子喷射质谱法和液质联用分析了黑果腺肋花楸果实中类黄酮的种类，证实黄酮类成分比花色苷的含量少，其研究分析证实了 6 种类黄酮物质，分别是圣草酚-7-*O*-β-葡萄糖醛酸苷、槲皮素-3-*O*-(6-*O*-β-阿拉伯糖基-β-葡萄糖苷)、槲皮素-3-*O*-(6-α-鼠李糖基-β-半乳糖苷)、槲皮素-3-*O*-(6-α-鼠李糖基-β-葡萄糖苷)、槲皮素-3-*O*-β-半乳糖苷、槲皮素-3-*O*-β-葡萄糖苷，其中槲皮素-3-*O*-β-半乳糖苷含量最高，大约为 30.2mg/100g FW。Mikulic-Petkovsek 等（2017）从北京花楸中分离到了羟基肉桂酸类衍生物及黄烷酮类、黄酮醇类等化合物。Yu 等（2017）也发现了花楸中芦丁、金丝桃苷、山奈酚-3-*O*-吡喃鼠李糖苷-7-*O*-吡喃葡萄糖苷、异鼠李素-3-*O*-芸香糖苷、金圣草黄素-7-*O*-葡萄糖苷、楮树黄酮醇 B、金圣草黄素、黄杞苷、牡荆素-2-*O*-鼠李糖苷、甲基花青素、棕矢车菊素、异鼠李素等 12 种类黄酮化合物。

2. 生物活性与功能

对浆果中的类黄酮物质，一般可以从叶片、果肉、果皮、种子、果核及废弃的果渣中提取。类黄酮是植物中一类重要的次生代谢产物，为三元环化合物，它以结合态（黄酮苷）或自由态（黄酮苷元）形式存在于水果、蔬菜、豆类和茶叶等许多食源性植物中。诸多研究已证实，类黄酮具有清除自由基和抗氧化、降血糖、抑制癌细胞增长、保护肝脏和减肥等作用（刘长姣等，2013；刘安成等，2011；Juranić and Zizak，2005；Zafra-Stone et al.，2007；齐广海等，2002；尹靖东，2000；Frigo et al.，2002；Manthey and Guthrie，2002；Morrow et al.，2001；杨凤华等，2002；原爱红等，2004）。

（1）清除自由基和抗氧化活性

大部分类黄酮物质都具有较强的抗氧化作用，其抑制或清除自由基的反应机理是通过酚羟基与不稳定的自由基进行反应生成性质稳定的自由基，以起到抗氧化作用（Welch and Hardcastle，2014）。目前，普遍应用于检测体外抗氧化能力强弱的自由基有 DPPH·、·OH、O_2^-· 和 2,2'-联氮-双-(3-乙基苯并噻唑啉-6-磺酸) 二铵盐自由基（$ABTS^+$·）。体外研究中，黄酮类化合物可以作为氧化剂防止低密度脂蛋白氧化（陈琪等，2003；Hassan，2012；夏乐晗等，2016）。Zhang 等（2008a）和 Li 等（2014）的研究表明，杨梅抗氧化活性与果实内的总酚酸含量、总类黄酮含量、总花色苷含量及矢车菊色素-3-葡萄糖苷含量呈正相关，其中对抗氧化活性贡献值最高的为酚酸。Li 等（2014）发现，杨梅类黄酮提取物预处理能有效防止酒精导致的小鼠肝细胞损伤和脂肪变性。邹耀洪（1995）发现杨梅黄酮是一种优良的抗氧化剂，尤其对油脂方面的作用明显强于合成抗氧化剂 2,6-二叔丁基-4-羟基甲苯（BHT），所以其可作为天然抗氧化剂用于油脂含量较高的食品的保存。Shimmyo 等（2008）研究也表明杨梅黄酮是一种很强的抗氧化剂，而氧化应激在各种神经疾病中起关键作用，如局部缺血、老年性痴呆等。经检测发现，老年性痴呆患者脑中含有的一种成分为 β-淀粉样蛋白（amyloid β-protein，Aβ），它是存在于老年斑中的一种神经毒性物质，而构象变化的 Aβ 可导致神经细胞凋亡。测定杨梅黄酮对 Aβ 诱导的神经细胞凋亡的保护作用时发现，杨梅黄酮可以通过构象变化减少 Aβ 的产生和毒性，达到防治老年性痴呆的效果。树莓中类黄酮化合物可与 O_2^-·及 ROO^- 反应，阻断自由基引发的连锁反应及脂质过氧化进程等（陈晓慧，2007），从而起到抗氧化作用。

（2）抑制癌细胞增长作用

近年来越来越多的研究表明，类黄酮化合物及与其类似结构和功能的物质可以治疗相对比较多发的癌症，如卵巢癌、宫颈癌、乳腺癌、胰腺癌及前列腺癌等（朱宇旌等，2015）。研究发现，树莓、黑莓、草莓、蓝莓等多种浆果的提取物中所含的槲皮素、山奈酚等类黄酮活性成分能够有效抑制人类口腔、结肠、乳腺和前列腺肿瘤细胞的增长（Seeram et al.，2006；Jeong et al.，2012）。黑刺梅中的槲皮素、杨梅素、山奈酚和表儿茶素等类黄酮物质显示出很强的生物学活性，如降低癌症的发病率和病死率及降低血压等作用（Sellappan et al.，2002）。Ko 等（2005a）研究杨梅黄酮对结直肠癌的作用，发现杨梅黄酮能抑制结肠直肠癌中基质金属蛋白酶-2（matrix metalloproteinase-2，MMP-2）的表达，通过影响蛋白激酶 C（protein kinase C，PKC）-α 的易位、胞外信号调节激酶（extracellular signal regulated kinase，ERK）的磷酸化和 C-Jula 的表达，诱导结肠直肠癌细胞凋亡。李有富等（2016）研究杨梅黄酮对人宫颈癌 HeLa 细胞凋亡的影响及其凋亡通路，发现不同质量浓度的杨梅黄酮（10～320mg/L）对 HeLa 细胞体外增殖抑制的程度随浓度的升高而增强，杨梅黄酮通过将 HeLa 细胞周期阻滞在 S 期而诱导其凋亡，通过蛋白质印迹法（Western blot）检测发现杨梅黄酮还可以通过促进胱天蛋白酶（cysteinyl aspartate specific proteinase，caspase）级联反应，抑制 survivin 蛋白表达来促进 HeLa 细胞凋亡。张莉静等（2009）研究发现，杨梅黄酮对人体肝癌细胞、人宫颈癌 HeLa 细胞、人黑色素瘤 A375-S2 细胞、人乳腺癌 MCF-7 细胞等各类癌细胞具有较强的细胞毒性作用，其中对 HeLa 细胞的作用最明显，蛋白质印迹法检测显示 50mg/L 杨梅黄酮作用 36h 后 caspase-3 前体及其底物（caspase-3 激活的 DNA 酶抑制物和聚腺苷二磷酸-核糖聚合酶）发生降解，结果显示 50mg/L 杨梅黄酮通过激活 caspase 途径诱导 HeLa 细胞凋亡，其具有明显的癌细胞毒性作用。此外，还有研究报道杨梅黄酮通过促进细胞色素 C 释放，激活 caspase 级联反应，影响 PKC 活性等途径诱导肿瘤细胞凋亡（Wang et al.，1999；Ko et al.，2005b）。

（3）降血糖活性

钟正贤（2003）采用四氧嘧啶及肾上腺素和葡萄糖诱导糖尿病小鼠模型，结果表明杨梅黄酮对两种模型的小鼠均有明显的降血糖作用。Liu 等（2007a）通过连续 6 周用含有 60%果糖的饲料喂养大鼠建立胰岛素抵抗模型成功后，再连续静脉注射杨梅黄酮 14d（每次 1mg/kg，3 次/d），结果发现经杨梅黄酮处理后的大鼠血浆中糖和三酰甘油含量明显减少，表明胰岛素的耐受力明显降低。此外，Liu 等（2007b）建立 Obese Zucker 大鼠模型，造模成功后静脉注射杨梅黄酮 14d（每次 1mg/kg，3 次/d），发现杨梅黄酮可降低血糖，增加机体对胰岛素的敏感性，减轻胰岛 β 细胞的负荷，起到减少 β 细胞凋亡、防治糖尿病的作用。戴承恩（2014）研究发现杨梅黄酮提取物可通过降低糖尿病大鼠空腹血糖水平、改善葡萄糖耐受能力及胰岛素抵抗力，减缓糖原分解和糖异生作用，发挥降血糖作用。闫淑霞（2016）研究了杨梅黄酮糖苷提取物及其主要黄酮糖苷单体矢车菊素-3-O-葡萄糖苷（cyanidin-3-O-β-glucopyranoside，C3G）、杨梅苷、金丝桃苷和槲皮苷对 α-葡萄糖苷酶的抑制活性，发现当这些酚类物质浓度为 2mg/mL 时，对 α-葡萄糖苷酶的抑制率在 65.4%～83.6%。

（4）保护肝脏作用

Liu 等（2014）以小鼠为研究对象，发现杨梅类黄酮提取物预处理能有效防止酒精导致的肝细胞损伤和脂肪变性。钟正贤等（2001）利用四氯化碳等药物建立小鼠急性肝细胞损伤模型，造模成功后杨梅黄酮连续灌胃给药 8d，1 次/d，剂量分别为 50mg/kg、100mg/kg，发现杨梅黄酮使急性肝细胞损伤小鼠血清中总胆红素、丙氨酸氨基转移酶、天冬氨酸氨基转移酶含量明显降低，溶血素水平升高，表明肝组织的变性和坏死程度减轻，证明了杨梅黄酮对小鼠肝脏的免疫功能有加强作用。刘合生等（2014）为探究杨梅黄酮对乙醇性肝损伤的影响建立了小鼠乙醇性肝损伤模型，给予小鼠杨梅黄酮灌胃给药 4 周，剂量分别为 50mg/kg、100mg/kg、200mg/kg，2 次/d。与乙醇模型组比较，高剂量组（200mg/kg）小鼠肝组织中的一氧化氮、一氧化氮合酶、肝线粒体和微粒体中的丙二醛浓度显著降低，而肝组织中的还原型谷胱甘肽（GSH）浓度、乙醇脱氢酶活性、总抗氧化能力，线粒体中的过氧化氢酶（CAT）活性，微粒体中的 GSH 浓度、谷胱甘肽-S-转移酶活性、过氧化物酶活性显著升高，且呈明显的剂量-效应关系，结果表明杨梅黄酮可增强乙醇性肝损伤小鼠机体的抗氧化性，抑制氧化应激和脂质过氧化，对乙醇性肝损伤有保护作用。Hase 等（1997）用杨梅黄酮进行解除乙醇中毒实验，发现杨梅黄酮具有保护肝脏的作用，从而减轻乙醇对肝脏造成的损害，达到解除乙醇中毒的目的。

（5）抗菌、抗病毒作用

类黄酮化合物可以直接抑制或杀灭一些传染性微生物或者结合其他抗生素建立协同抗菌关系，抑或可以对抗细菌毒性因子或毒素的病原体（Wang and Lin，2000）。Bahrin 等（2014）研究发现异槲皮素具有抗流感病毒的作用，能够抑制流感病毒的复制。树莓类黄酮具有抗病毒的功效，同时可使蛋白质凝结变性，具有抑菌和杀菌作用，对大肠杆菌、枯草芽孢杆菌、金黄色葡萄球菌均有较强的抑制效果（杨静等，2015；朱会霞，2012；Sun et al.，2012c）。黄酮杨梅素能抑制人体胃肠道乳酸菌及革兰氏阳性肠球菌的生长，黄酮、木犀草素能抑制乳酸菌和 β-链球菌的生长（Puupponen-Pimiä et al.，2005）。

（6）神经保护作用

Shimmyo 等（2008）的研究表明：杨梅黄酮通过抑制由谷氨酸引起的 N-甲基-D-天冬氨酸受体（N-methyl-D-aspartate receptor，NMDAR）、活性氧（reactive oxygen species，ROS）增殖和由 caspase-3 激活引起的胞内 Ca^{2+} 过载来保护神经元。Ma 等（2007）发现利用高效液相–电化学检测经 6-羟多巴胺处理后的纹状体，发现其中多巴胺含量减少。免疫组织化学和半定量 RT-PCR 研究表明，杨梅黄酮可以降低酪氨酸羟化酶 mRNA 表达，影响 6-羟多巴胺诱导的黑质–纹状体中酪氨酸羟化酶阳性神经元，从而起到保护多巴胺神经的作用。

（7）减肥作用

目前已有许多研究证明树莓酮具有减肥作用，能够改变类脂代谢作用，降低肾上腺素诱导脂肪细胞发生脂解作用，从而达到减肥效果。另有报道称，树莓酮的减肥作用比辣椒素大 3 倍之多，且具有雄激素受体拮抗作用（Ogawaa et al.，2010）。孟宪军等（2008）的研究表明树莓酮可以通过调节高脂饮食喂养的单纯性肥胖大鼠体内的糖脂代谢紊乱，形成瘦素抵抗和胰岛素抵抗，起到减肥作用。树莓酮可以激活感觉神经元从而增加皮肤弹性，通过增加真皮胰岛素样生长因子-Ⅰ的生成促进毛发生长（Harada et al.，2008）。此外，树莓酮的抗氧化（Storozhok et al.，2012）、抗癌（黎庆涛等，2011）和抑菌（孟宪军等，2012）作用也得到了证实。

（8）其他功能活性

从杨梅根皮中提取杨梅多酚，以杨梅多酚为主制成防溶灵胶囊，对治疗阵发性睡眠性血红蛋白尿有较好效果，具有防止溶血、保护血液功能。杨梅叶和树皮可用作皮肤增白剂，Millenium Medical Group 公司产品 Advanish（去除老年斑的护肤品）中含有杨梅提取物成分。树莓黄酮可作为天然食物防腐保鲜剂，也可用于医药和保健产品的研究与开发，具有可拓展的应用价值。

3. 应用与开发前景

在浆果中类黄酮化合物的含量是非常丰富的。近年来，国外对浆果中类黄酮物质的药理性和营养性进行了深入的研究，证实了类黄酮既是药理因子，又是重要的营养因子。浆果中所含有的多种类黄酮物质对人体是非常有益的（王华等，2011），它具有清除人体中超氧阴离子自由基、抗癌细胞增殖的作用，同时具有强化免疫系统、改善血液循环、调节内分泌功能、促进组织再生、抗病原微生物等作用（Wang et al.，1996）。随着研究的深入与科技的发展，在日常生活中人们早就在利用这类代谢产物，在药物及各类化工原料中都存在类黄酮，而且类黄酮对植物的生长发育和对抗恶劣的生存环境起着不可替代的作用（彭芳和陈直和，1998；Madhuri and Reddy，1999）。另外，类黄酮在医药和植物抗氧化方面的应用也很广泛（唐传核和彭志英，2001）。浆果中的类黄酮物质被越来越广泛地应用。目前，很多优良的抗氧化剂和自由基清除剂都是类黄酮物质。例如，从葡萄籽中提取的总黄酮"碧萝藏"在欧洲行销应用 25 年之久，并被美国食品药品管理局（FDA）认可为食用黄酮类保健品，所报告的保健作用相当广泛，内用称之为"类维生素"或抗自由基营养素，外用称之为"皮肤维生素"。在欧洲，"碧萝藏"作为保健药，在美国被视为保健食品（唐传核和彭志英，2002）。美国保健品 FYI 使用杨梅黄酮用于预防关节炎和治疗各种炎症，尤其怀孕妇女和哺乳期婴儿也适合使用。目前树莓酮因其良好的风味已应用于化妆品的香味剂中，也已作为增味剂添加到食品当中（Guichard，1982）。

三、多糖类物质

多糖（polysaccharide）又称多聚糖，是 10 个以上单糖（醛糖或酮糖）通过脱水形成糖苷键，并以糖苷键线性或分支连接而成的链状聚合物；仅有一种单糖组成的多糖称为同聚糖，由一种以上的单糖组成的多糖称为杂聚糖（刘颖等，2006）。多糖是自然界中含量最丰富的生物聚合物，也是构成生命活性的四大基本物质之一，它参与分子识别、细胞黏附及机体防御等过程的调节，使之在药理上表现出多样的活性。

多糖作为一类重要结构物质与功能物质，在浆果中大量存在，赋予了浆果特别的感官品质。近年研究发现，蓝莓多糖具有抗氧化、抑菌、抗疲劳、促进嗜乳酸杆菌 NCFM（*Lactobacillus acidophilus*）生长等作用（孟宪军等，2010；刘奕炜等，2013；郑飞，2014）。桑椹多糖则具有降血糖、降血脂等作用（赵喜兰，2011）。本小节就浆果中果胶类多糖、膳食纤维、低聚糖的化学结构与基本特性、生物活性与功能、应用与开发前景的国内外研究情况进行概述。

（一）果胶

果胶的名字来源于希腊语"Pektikos"，表示"凝结"的意思，可见果胶最初是以其凝胶的特性被人们所认识。果胶是一种线性的多糖聚合物，广泛存在于所有陆生植物的细胞壁中。果胶可作为天然食品添加剂应用于食品行业，包括凝胶剂、稳定剂、乳化剂等，对食品的色、香、味发挥着重要作用。另外，果胶在医疗、生物及环境等领域也有所应用。研究表明，草莓、蓝莓、杨梅、桑椹、黑莓、树莓等浆果中含有丰富的果胶。例如，草莓中果胶含量可达 1.9%～2.5%（Legentil et al.，1995）；蓝莓果实中果胶含量可达 4g/kg，是苹果或香蕉果胶含量的 1～3 倍（许晓娟，2016）；新鲜黑莓中果胶含量为 5%～6%（丁鹏等，2016）；树莓中果胶含量可达 1.21%（邢妍等，2009）。

1. 化学结构与基本特性

果胶是一类富含半乳糖醛酸（galacturonic acid，GalA）的多糖，虽然果胶十分复杂，但大致可以分为 4 种类型：半乳糖醛酸聚糖（homogalacturonan，HG）、鼠李半乳糖醛酸聚糖Ⅰ（rhamnogalacturonan Ⅰ，RGⅠ）、鼠李半乳糖醛酸聚糖Ⅱ（rhamnogalacturonan Ⅱ，RGⅡ）和木糖半乳糖醛酸聚糖（xylogalacturonan，XGA）（Willats et al.，2006）。研究表明，HG、RGⅠ、RGⅡ只是多数果胶中发现的一些主要结构（图 1-8）。每种果胶结构随植物来源、组织部位和发展阶段的不同，其侧链中残基的数目、种类、连接方式及其他取代基存在的情况都有相当大的变化。HG 分子式线性的 α-1,4 连接的无分支的 D-GalA 的聚合物可以通过 Ca^{2+} 相互结合。RGⅠ的骨架由 α-(1,4)-GalA 和 α-(1,2)-Rha 交替连接，鼠李糖残基通常被半乳聚糖、阿拉伯聚糖或者阿拉伯半乳聚糖等侧链取代。RGⅡ是一种非常复杂的多糖，但是在植物中却十分保守，它是以短链的 HG 作为骨架，被 4 种不同的侧链取代。RGⅡ分子由超过 12 种单糖和 20 种糖苷键连接而成。

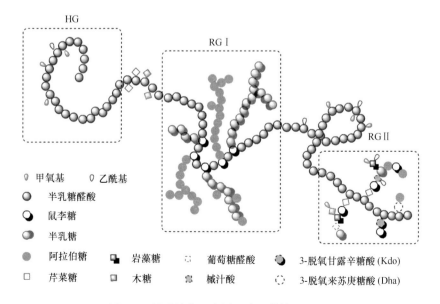

图 1-8　果胶结构示意图（叶兴乾等，2015）

以草莓酒精不溶性残留物为原料，利用钙离子螯合剂、琥珀酸、稀盐酸和稀氢氧化钠进行连续提取，平均每千克草莓残留物中可提取到524g果胶，其中474g是钙连接的可溶性果胶，高于苹果残留物中提取的果胶含量（300～450g/kg）（Blumenkrantz and Asboe-Hansen, 1973；Renard et al., 1990）。草莓果胶是由鼠李半乳糖醛酸聚糖（支柱）、阿拉伯半乳聚糖（侧链）、多种中性糖和蛋白质构成，其中主要的中性糖为葡萄糖、阿拉伯糖和半乳糖（Legentil et al., 1995）。随着草莓果胶分歧度的增加，阿拉伯半乳聚糖含量增加，阿拉伯糖和半乳糖含量也增加。

以蓝莓酒精不溶性残留物为原料，蓝莓果胶被分离出三类，分别是水溶性果胶、螯合剂可溶性果胶和碳酸钠可溶性果胶（Lin et al., 2016），均富含糖醛酸（50%～60%）。蓝莓果胶的糖组分由半乳糖醛酸聚糖（支柱）、阿拉伯半乳聚糖和木葡聚糖构成（Lin, 2014）。三类蓝莓果胶中主要的中性糖是阿拉伯糖（摩尔分数为35%～60%）和半乳糖（摩尔分数为20%～55%）。除了这两种主要中性糖，水溶性果胶含有葡萄糖（摩尔分数为10%）、木糖（摩尔分数为6%）、鼠李糖和甘露糖；碳酸钠可溶性果胶含有少量的葡萄糖。碳酸钠可溶性果胶含有大量的蛋白质（250μg/mg），因此可能存在阿拉伯半乳聚糖蛋白。三类蓝莓果胶的甲酯化程度为26%～39%。水溶性和螯合剂可溶性果胶拥有多分散性和高分子量（约450kDa），而碳酸钠可溶性果胶的分子量相对较低（177kDa）。

桑椹果胶、桑枝皮果胶、桑叶果胶的化学结构和基本特性略有不同。Lee 等（2013）从桑椹中分离纯化出一类酸性杂多糖 JS-MP-1，被鉴定为果胶类多糖，分子量为1600kDa。JS-MP-1含有半乳糖醛酸和葡萄糖醛酸，二者比例为4∶1（物质的量比）。JS-MP-1中主要的中性糖为半乳糖（摩尔分数为37.6%）、阿拉伯糖（摩尔分数为36%）和甘露糖（摩尔分数为18.4%）。桑枝皮主要由半乳糖醛酸（约85.46%）等大量中性糖组成，具有较高的黏度和凝胶能力，酯化程度在24.27%～71.13%（Liu et al., 2010）。桑叶果胶的中性糖为鼠李糖、阿拉伯糖、木糖、葡萄糖、半乳糖和半乳糖醛酸，比例为5∶4∶1∶2∶6∶38（He et al., 2018）。桑叶果胶以聚半乳糖醛酸为支柱，侧链中伴有鼠李糖、半乳糖醛酸、阿拉伯糖等，分子量为15kDa。

在杨梅成熟过程中，水溶性果胶含量增加，碳酸钠可溶性果胶含量降低，而螯合剂可溶性果胶含量没有明显的变化。与草莓果胶一样，杨梅果胶的组成也是以鼠李半乳糖醛酸聚糖Ⅰ（RGⅠ）为支柱。杨梅果胶的中性糖包括阿拉伯糖、鼠李糖、木糖、甘露糖、葡萄糖和半乳糖。水溶性杨梅果胶、螯合剂可溶性杨梅果胶主要的中性糖为葡萄糖和甘露糖，而碳酸钠可溶性杨梅果胶中富含阿拉伯糖和半乳糖。由于解聚（合）作用，在成熟过程中，三类杨梅果胶的分子量均呈现下降趋势，螯合剂可溶性杨梅果胶的分子量从367.9kDa下降至132.1kDa，而碳酸钠可溶性杨梅果胶的分子量则从1078.4kDa变化至315.5kDa（Sun et al., 2013）。

2. 生物活性与功能

果胶可作为天然凝胶剂、稳定剂、乳化剂等应用于食品、化妆品和保健品行业。同时，果胶本身是一种功能性多糖（尹艳等，2009）。

（1）调节脂类代谢与预防心血管疾病作用

浆果果胶可以影响胆固醇在人体内的聚集，因此摄入浆果果胶有助于预防胆石症、脂血症、冠状动脉硬化等心血管系统的疾病。采用高胆固醇模型小鼠，发现杨梅果胶可明显降低小鼠血清总胆固醇、载脂蛋白 B 和甘油的水平，增加胆汁酸排泄量；同时，还发现杨梅果胶能显著影响健康幼年小鼠的血清谷胱甘肽过氧化物酶及脂质过氧化产物丙二醛的含量，对 H_2O_2 诱导的 DNA 损伤表现出明显的修复作用（黄红焰等，2018）。

（2）免疫调节与免疫系统保护作用

免疫调节作用可以通过两种渠道来实现，一是通过调节肠道菌群从而增加机体的免疫力，二是通过一个独立的方式直接作用于免疫细胞。这两种渠道也可以同时起作用，通过血液循环在免疫器官和炎症病发区域之间传送免疫成分。果胶中 80% 以上的半乳糖醛酸残基具有降低巨噬细胞活性和抑制过敏反应的功能，且果胶的分支可以增强吞噬功能和促进抗体的产生。桑椹果胶（JS-MP-1）可作为一种有效的免疫调节剂。研究表明，JS-MP-1 可显著刺激巨噬细胞释放趋化因子和炎症因子（Lee et al.，2013）。

（3）调节糖代谢与降血糖作用

高糖饮食方式会导致胰岛素分泌过剩，诱发抗胰岛素和脂肪肝的形成。浆果果胶类多糖可抑制餐后血糖上升，改变肠道内容物，改善胰岛素耐受性。利用糖尿病大鼠模型，发现桑椹、桑叶和桑枝皮中果胶类多糖均可显著降低空腹血糖及糖化血清蛋白水平，表明其具有降血糖功能（Guo et al.，2013；Zhang et al.，2014；Jiao et al.，2017）。桑叶和桑枝皮中果胶类多糖还能增加胰岛素含量，进而增强了胰岛素敏感性（Guo et al.，2013；Chen et al.，2017）。

（4）维持肠道生态平衡与防癌抗癌

由于肠道菌群的选择性消化，浆果果胶可作为抗癌药物的传递介质（Jung et al.，2013）。另外，与不溶性纤维素不同，果胶在肠道菌群的作用下发酵分解为短链脂肪酸，可降低肠道 pH，从而减少患癌的风险（Moore et al.，1998）。研究表明，草莓、黑莓和树莓中果胶类多糖的摄入可增强大鼠结肠内糖酵解微生物的活力，增加结肠消化物中短链脂肪酸的含量，降低盲肠、结肠消化物 pH，抑制有害微生物的增殖（Kosmala et al.，2015，2017）。

3. 应用与开发前景

果胶是一种水溶性植物胶，是植物特有的细胞壁组分，属于天然高分子化合物，广泛存在于多种浆果的细胞中。浆果果胶是一种高酯果胶，其含量因种类、产地不同而异。果胶类多糖具有很多优良的功能特性，从医药行业到食品加工业，果胶类多糖的应用也分布在各个重要的环节中。果胶作为凝胶剂已广泛用于生产果酱、果冻、果脯、软糖、焙烤食品与饮料中，还可作为增稠剂和稳定剂添加于果汁、乳制品中，也可作为乳化剂用于化妆品产业。目前，浆果果胶在食品、化妆品、轻化工行业中的应用才刚刚起步。另外，浆果果胶的药用价值决定了它在医药行业中的应用会越来越广泛，作为食疗俱佳的保健品越来越受到人们的关注，并将越来越多地应用于营养食品中。例如，每天摄入一定量的杨梅果胶，可以降低血液胆固醇含量、降低血管硬化的风险等；桑椹果胶可以调节血糖，防止骤升骤降情况发生。在未来可以研发出添加浆果果胶的新型保健食品，如以浆果果胶为主的胶囊、冲剂及片剂等产品。此外，随着研究工作的逐渐深入，科学理论不断发展，关于果胶类多糖功能特性的研究将会不断拓展，果胶类多糖的应用范围也将拓宽到其他的工业领域之中。采用新的果胶资源——浆果果胶，结合超声、酶等绿色改性方法深入研究其生物学及非生物学功能将是一个新的果胶研究方向。

随着现代工业的发展，果胶在各领域的需求量越来越大，以4%～5%的年增长率发展。我国每年消耗果胶3000t以上，进口果胶约占80%，由于进口果胶的价格高于国产果胶，国产果胶成为国内众多企业的期盼。因此，大力开发浆果果胶生产新工艺，利用我国丰富的浆果资源，生产出优质浆果果胶，满足国内外市场需求，已显得极为迫切。

（二）膳食纤维

膳食纤维被称为"第七类营养素"，一般根据溶解性可分为可溶性膳食纤维（soluble dietary fiber，SDF）和不溶性膳食纤维（insoluble dietary fiber，IDF）（扈晓杰等，2011）。SDF存在于植物细胞液和细胞间质中，IDF存在于植物细胞壁中。研究表明，草莓、蓝莓、杨梅、桑椹、黑莓和树莓均是膳食纤维的良好来源。目前，国内外对浆果膳食纤维的研究以浆果副产物（果皮、果渣、叶等）为主，集中在膳食纤维提取工艺优化及其功能活性分析等方面。本部分就浆果中膳食纤维（除果胶外）的化学组成与基本特性、生物活性与功能、应用与开发前景的国内外研究情况进行概述。

1. 化学组成与基本特性

浆果中膳食纤维的化学组成包括三大部分：纤维状碳水化合物（纤维素）、基料碳水化合物（果胶类物质、半纤维素和糖蛋白等）和填充类碳水化合物（木质素）。纤维素（图1-9）是自然界中含量最多的有机物，在果实细胞壁中，纤维素的含量与果胶和半纤维素的含量几乎相等，各占30%。纤维素的主要成分是不分支的β-1,4-葡聚糖通过氢键平行缠绕形成纤维素微纤丝。果胶、半纤维素和纤维素通过共价连接、疏水作用、范德瓦尔斯力、氢键、物理缠绕等方式形成半纤维素-纤维素网络结构，维持细胞形态（Murayama et al.，2006）。来源不同的浆果膳食纤维其化学结构差异甚大，但基本组成成分较为相似，相互之间的主要区别表现在各组成成分的相对含量、分子的糖苷键、聚合度及支链结构方面。

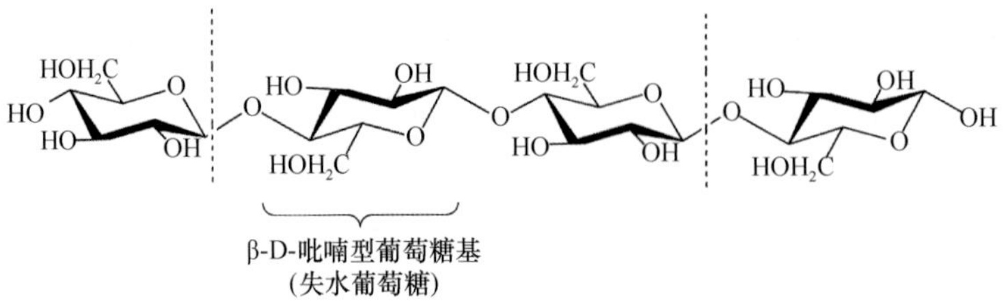

β-D-吡喃型葡萄糖基
（失水葡萄糖）

图1-9　纤维素基本结构示意图

蓝莓果渣中含有丰富的膳食纤维，可溶性膳食纤维含量约为 11.12%（杨桂霞等，2015），不溶性膳食纤维含量约为 41.06%（许晓娟等，2016），其中纤维素含量为 13.32%、半纤维素含量为 6.53%（杨培青，2016）。果皮中的纤维素含量是果肉中的 11 倍。蓝莓膳食纤维中的单糖主要有葡萄糖、果糖和半乳糖，并含有少量的鼠李糖、阿拉伯糖及甘露糖（陈成花等，2016）。Gouw 等（2017a）对比了苹果、蓝莓、红树莓、蔓越莓 4 种水果果渣中的膳食纤维，发现蓝莓果渣中的膳食纤维含量较高，且具有很好的持水力和持油性，蓝莓果渣中膳食纤维的持油性为 1.96g/g DW。蓝莓果渣中可溶性膳食纤维较不溶性膳食纤维具有较好的持水力、持油性和吸水膨胀性。可溶性膳食纤维和不溶性膳食纤维对胆酸钠的吸附量约为 40mg/g，对胆固醇的吸附量约为 10mg/g（许晓娟，2016）。

杨梅果渣中的膳食纤维含量（32.19%～42.04%）（黎欢等，2018）和苹果果渣（44.2%）的（Figuerola et al.，2005）接近。杨梅果渣中的膳食纤维主要是不溶性膳食纤维，其占总膳食纤维含量的 82.72%～93.96%，可溶性膳食纤维含量明显少于不溶性膳食纤维，其仅占总膳食纤维含量的 4.26%～7.82%（周劭桓等，2009）。杨梅中的半纤维素主要由木聚糖、阿拉伯木聚糖和阿拉伯半乳聚糖构成，含有大量的木糖、葡萄糖、阿拉伯糖和半乳糖及少量的鼠李糖和甘露糖等单糖（Sun et al.，2013）。杨梅果渣中膳食纤维具有较好的吸附功能，其持水力为 3.72～4.36g/g DW，持油力为 2.51～3.81g/g DW（周劭桓等，2009；黎欢等，2018），苹果渣、蓝莓渣、橙渣的持油力都小于 2g/g DW（张慧霞等，2012），表明杨梅果渣具有很好的持油力。杨梅果渣中膳食纤维的吸水膨胀性（8.09～8.51mL/g DW）介于其他果渣的报道值（6.11～9.19mL/g DW）之间（Kähkönen et al.，2001）。

桑椹果渣中含大量的膳食纤维。从桑叶中分离得到两种半纤维素（HMC-A 和HMC-B），HMC-A 主要含有半乳糖、木糖和葡萄糖，而 HMC-B 主要含有葡萄糖、鼠李糖、半乳糖、木糖和阿拉伯糖（Sanavova and Rakhimov，1997）。桑椹可溶性膳食纤维占果渣干重的 31.62%，其持水力为 5.53g/g DW、持油性为 1.48g/g DW、吸水膨胀性为4.49mL/g DW（廖李等，2014）。不溶性膳食纤维占桑椹果渣干重的 28.77%，其持水力为 5.23g/g DW、持油性为 1.6g/g DW、膨胀性为 4.81mL/g DW（程水明等，2016）。

黑莓果渣含有丰富的不溶性膳食纤维，占果渣干重的 30.74%（方亮等，2011）。树莓果渣中膳食纤维占果渣干重的 25.46%～48.45%，平均含量高达 46.84%（旷慧等，2016），是苹果渣中膳食纤维含量的 2.52 倍（林英庭和王利华，2010）。

2. 生物活性与功能

膳食纤维有多种生理功能，不同形式和来源的膳食纤维具有不同的生理功能。例如，水溶性膳食纤维能参与或影响人体的多种代谢，如脂肪代谢、碳水化合物代谢等，具有降血脂和降血糖的作用，可降低心脏病的危险、改善糖尿病状况；不溶性膳食纤维能使肠道内的排泄物持水性提高、体积增大、产生机械的蠕动效果，因此对肥胖、便秘、肠癌等疾病有一定的预防作用（赵丽等，2014）。

（1）吸附有机物与预防心血管疾病作用

泌尿系统表面带有很多活性基团，浆果中的膳食纤维可以螯合吸附胆固醇和胆汁酸之类的有机分子，降低胆汁酸及其盐类的合成与吸收，并减小胆固醇和甘油三酯消化产物分子团的溶解性，同时膳食纤维可缩短脂肪通过肠道的时间。因此，摄入浆果中的膳食纤维有助于预防胆石症、脂血症、冠状动脉硬化等心血管系统的疾病。利用高脂饮食诱导的高胆固醇模型大鼠，发现桑椹中的膳食纤维可降低血脂水平，提高高密度脂蛋白胆固醇水平，降低低密度脂蛋白胆固醇水平，降低肝脏脂质水平，减轻肝脏重量，减少附睾周围脂肪和肾周脂肪，降低动脉粥样硬化指数和患心脏病风险（Kim et al.，2005；吕亭亭和葛声，2017）。蓝莓中的膳食纤维可以降低极低密度脂蛋白胆固醇和总胆固醇水平，增加粪便脂质排泄，上调肝脏胆固醇 7α-羟化酶和甾醇 14α-去甲基化酶基因的表达，从而调节肝脏中胆汁酸和胆固醇的合成代谢途径（Kim et al.，2010）。另外，黑莓果渣、树莓果渣也可以降低肝脏中胆固醇水平、盲肠中胆汁酸水平，从而降低心血管疾病的患病风险（Fotschki et al.，2017）。

（2）调节糖代谢与降血糖作用

浆果含有的膳食纤维不仅对胰岛素依赖型糖尿病有效，而且能作用于非胰岛素依赖型糖尿病。采用高脂饮食诱导的肥胖模型小鼠，发现树莓含有的膳食纤维可缓解白色脂肪组织细胞肥大、炎症等症状，同时可改善外周组织胰岛素的敏感性，降低对胰岛素的需求，从而调节血糖水平，预防饮食诱导型肥胖。采用单盲、饮食控制交叉试验法，随机选取 21 位患有胰岛素抵抗症的成年人，让他们在享用完高糖高脂食物后立刻摄入草莓高纤维全粉，血检结果发现机体血糖、胰岛素浓度降低，餐后血糖的胰岛素需求量也降低（Park et al.，2016），表明草莓高纤维全粉可以提高人体胰岛素的敏感性，具有调节人体糖代谢的作用。

（3）改善肠内菌群与防癌作用

浆果中的膳食纤维不能被人体消化分解，却能被肠道细菌选择性地分解、发酵和利用。树莓果渣可以调节盲肠的微生物活性（Fotschki et al.，2017），由此改善肠内菌群的构成，减少致癌物质的产生，通过加快排泄减少诱癌、致癌物质接触组织的时间。树莓中不溶性膳食纤维的摄入可以提高机体丁酸水平（Jakobsdottir et al.，2014）。黑莓中膳食纤维的摄入可以增加大鼠盲肠的丁酸含量（Kosmala et al.，2017）。丁酸可调节细胞凋亡，影响原癌基因表达，并能促进正常细胞增殖，抑制各种体内外肿瘤细胞生长（Rephaeli et al.，1991）。

（4）持水力与预防肠道、泌尿系统疾病及排毒减肥作用

浆果膳食纤维结构中许多亲水基团使其可保持自身重量 1.5～25 倍的水分，在胃中形成高黏度的溶胶或凝胶，产生饱腹感；并促进胃肠道的蠕动，减缓营养物质在肠内的扩散速度；同时增加了排便速度和胃肠体积，减轻直肠内压力，预防肠憩室病及痔疮等肠道疾病；还可缓解膀胱炎、膀胱结石和肾结石这类泌尿系统疾病的症状，并能使毒物顺利排出体外。黑莓中膳食纤维的摄入可增加大鼠结肠内消化物的黏度、延长消化物的运输时间（Jakobsdottir et al.，2014）。

3. 应用与开发前景

近些年，大量研究表明，浆果膳食纤维具有较高的营养价值和独特的生理功能。研

究人员已研制出以浆果膳食纤维为原料的高纤维主食、功能性饮料、特殊医学配方食品及其他新型功能食品（表 1-15）。以蓝莓为例，时志军等（2016）研制出的蓝莓果渣膳食纤维面包、饼干既提高了食品的营养价值，又丰富了焙烤的产品种类。夏其乐等（2017）以杨梅果渣、蓝莓果渣为原料开发出富含营养价值的混合果酱。杨培青等（2016）以蓝莓果渣为原料，利用酵母菌和干酪乳酸菌发酵研制出蓝莓果渣酵素。周笑犁等（2017）利用蓝莓皮渣开发出营养咀嚼片产品。Fan 等（2016）利用木驹形杆菌（*Komagataeibacter xylinus*）发酵果渣来生产细菌纤维素，细菌纤维素是一种高纯度的纤维素，可用于医疗、纺织、食品等各领域，该方法较传统方法更环保、更经济，为蓝莓果渣的应用开发提供了新的思路。Gouw 等（2017b）以蓝莓果渣、蔓越莓果渣和苹果果渣作为纤维的来源取代了再生报纸来制造纸浆模塑，弥补了目前因电子技术的进步而大大减少的纸张印刷造成的再生报纸的短缺。Luchese 等（2017）以蓝莓果渣粉、玉米淀粉和甘油为原料，经预处理后，用浇铸法生产智能包装薄膜。

表 1-15 目前不同浆果膳食纤维开发的产品

浆果品种	产品种类
草莓	原味果酱及菱角草莓复合果酱等不同风味的低糖复合果酱
	混合高纤维果粉
蓝莓	膳食纤维面包、膳食纤维酥性糕点、无麸质饼干等高纤维烘烤类产品
	低糖果酱及低糖蓝莓番茄复合果酱、低糖蓝莓胡萝卜复合果酱等不同风味的低糖复合果酱
	酵素、果酒、白兰地等发酵类产品
	皮渣营养咀嚼片
	细菌纤维素
	纸浆模塑
	智能包装薄膜
杨梅	杨梅蓝莓混合果酱
	果酒等发酵类产品
桑椹	高纤维果粉
	咀嚼片
	果渣饲料
黑莓	面包、饼干等高纤维烘烤类产品
	膳食纤维营养奶粉
	果渣饲料（猪用饲料）
	果渣有机复合肥

浆果加工的副产品果渣中含有丰富的膳食纤维等营养物质，具有很高的利用价值，但目前对其的研究规模小、不系统，大部分浆果副产物没有被高效利用，更未达到产业化生产的要求。我国拥有丰富的浆果资源，这就为浆果膳食纤维的分离提取提供了大量价格低廉的原料，也为浆果膳食纤维的产业化应用提供了很大的发展空间。另外，膳食纤维以其独特的生理作用，成为功能食品的重要成分之一，是维持人体健康必不可少的营养素。膳食纤维摄入不足是引起现代疾病的重要原因之一。世界卫生组织规定每人每

天应摄取膳食纤维 30g，但从我国的饮食结构来看，我国人均膳食纤维摄入量还远远达不到规定水平。基于此，近年来全球食品结构正朝着纤维食品的方向调整，全球范围内纤维食品消费需求快速增长。膳食纤维类产品在欧美年销售额超过 350 亿美元；在日本，膳食纤维类产品的年销额售近 100 亿美元；我国也有不少消费者准备或者已经开始服用膳食纤维制剂。由此可见，富含膳食纤维的低能量食品非常受欢迎，加入膳食纤维的食品销量也不断增加。虽然目前我国市场上也已出现各类膳食纤维食品，但是这些产品的可接受程度较差，因此开发品质良好、可接受度高的膳食纤维产品势在必行。浆果中的膳食纤维资源丰富，加强膳食纤维的改性研究，增加其生物活性，实现工业化生产，为食品工业提供优质原料，是今后浆果膳食纤维研究发展方向的重点之一。膳食纤维食品将成为食品中的一类主导产品，在未来可以研发出添加浆果膳食纤维的新型保健食品，如以浆果膳食纤维为主的胶囊、冲剂及片剂之类的产品，这为浆果膳食纤维的开发带来了广阔的发展前景。

（三）低聚糖

低聚糖（或称寡糖，oligosaccharide），是由 2～10 个单糖通过糖苷键连接形成直链或支链的低度聚合糖（图 1-10），它集营养、保健、食疗于一体，广泛应用于食品、保健品、医药、饲料添加剂等领域。低聚糖是替代蔗糖的一种新型功能性糖源，是面向 21世纪"未来型"新一代功效食品。

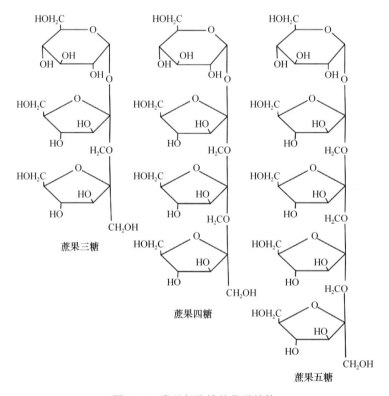

图 1-10　常见低聚糖的化学结构

低聚糖分功能性低聚糖和普通低聚糖两大类。与普通低聚糖相比，功能性低聚糖具有以下独特的生理功能。

（1）促进双歧杆菌增殖与改善肠道菌群作用

功能性低聚糖是肠道内有益菌的增殖因子，其中最明显的增殖对象是双歧杆菌（Wu et al.，2012）。双歧杆菌是人类肠道菌群中唯一的既不产生内毒素又不产生外毒素，无致病性，且具有许多生理功能的有益微生物。大量研究表明，某些功能性低聚糖被摄入人体后到大肠内被双歧杆菌及某些乳酸菌利用，而肠道内有害的产气荚膜杆菌和梭菌等腐败菌却不能利用，这是因为双歧杆菌细胞表面具有低聚糖的受体，而许多低聚糖是有效的双歧因子。促进双歧杆菌增殖，在肠道内合成维生素 B 族，对人体有多重保健作用，如改善维生素代谢、防止肠功能紊乱、抑制肠道中有害菌和致病菌的生长。

（2）防止便秘

由于双歧杆菌发酵低聚糖所产生的大量短链脂肪酸能刺激肠道蠕动，增加粪便的湿润度，并通过菌体的大量生长以保持一定的渗透压，因此可防止便秘的发生。此外，低聚糖可促进小肠蠕动，也能预防和减轻便秘（余朝舟等，2008）。

（3）低（零）能量与减肥作用

由于人体不具备分解、消化功能性低聚糖的酶系统，因此功能性低聚糖很难被人体消化吸收或根本不能消化吸收，也就不能给人提供能量。同时，某些低聚糖（如低聚果糖等）均带有不同程度的甜味，一般甜度相当于蔗糖的 30%～60%，可作为天然食品甜味剂应用于食品中，以满足那些喜爱甜食但又不能食用甜食的人（如糖尿病人、肥胖病患者等）的需要。

（4）降低血清胆固醇与防治心血管疾病

摄入功能性低聚糖后可降低血清胆固醇水平，改善脂质代谢，降低血压。研究表明，一个人的心脏舒张压高低与其粪便中双歧杆菌数占总数的比例呈明显负相关。因此，功能性低聚糖具有降低血压的生理功效。

（5）增强机体免疫能力与防癌抗癌作用

双歧杆菌在肠道内大量繁殖具有提高机体免疫功能和抗癌的作用。其主要原因在于，双歧杆菌细胞、细胞壁成分和胞外分泌物可增强免疫细胞的活性，促使肠道免疫蛋白 A 浆细胞的产生，从而杀灭侵入体内的细菌和病毒，消除体内"病变"细胞，防止疾病的发生及恶化。

（6）低龋齿性与维护口腔健康

龋齿是我国儿童常见的口腔疾病之一，与口腔微生物突变链球菌有关。研究发现，异麦芽低聚糖、低聚帕拉金糖等不能被突变链球菌利用，抑制非水溶性葡聚糖的合成和附着，从而阻止齿垢的形成，不会引起龋齿，可广泛应用于婴幼儿食品中（Parisotto et al.，2015）。

浆果自身含有多种低聚糖，且属于功能性低聚糖。研究发现，树莓和蓝莓的总低聚果糖（fructooligosaccharide，FOS）含量最高（约 0.51g/100g 浆果鲜重），普通草莓和黑莓未检测出 FOS 含量。树莓的蔗果三糖（1-kestose）含量最高（约 0.32g/100g 浆果鲜重），蓝莓的蔗果四糖（nystose）含量最高（约 0.32g/100g 浆果鲜重），仅有树莓能测出蔗果五糖含量（约 0.07g/100g 浆果鲜重）。此外，草莓、蓝莓、桑椹、黑莓和树莓均未检测到棉子糖系列低聚糖（raffinose family oligosaccharide，RFO）、水苏糖（stachyose）等低聚糖的含量（表 1-16）。

表 1-16　浆果中低聚糖含量　　　　　（单位：g/100g 浆果鲜重）

浆果品种	蔗果三糖	蔗果四糖	蔗果五糖	总低聚糖（FOS）
草莓（普通）	nd	nd	nd	nd
草莓（野）	0.09±0.008	nd	nd	0.09±0.008
蓝莓	0.18±0.014	0.32±0.014	tr	0.50±0.028
桑椹（黑）	0.13±0.009	0.17±0.006	tr	0.30±0.015
桑椹（白）	0.16±0.013	0.19±0.010	tr	0.35±0.023
黑莓	nd	nd	nd	nd
树莓	0.32±0.009	0.12±0.010	0.07±0.006	0.51±0.025

注：该表引自 Jovanovic-Malinovska 等（2014）；nd 表示未检测到，tr 表示微量

通过超声水解、酸水解和酶水解，可以将浆果多糖解聚成浆果低聚糖。研究表明，这类浆果低聚糖也属于功能性低聚糖，具有一般功能性低聚糖的生物活性与功能。利用甘露聚糖酶，将桑椹多糖水解成桑椹低聚糖（富含 L-鼠李糖），桑椹低聚糖可促进鼠李糖乳杆菌（*Lactobacillus rhamnosus*）增殖，调节拟杆菌门（Bacteroidetes）与厚壁菌门（Firmicutes）比例，且不会被唾液和胃肠液消化（Li et al.，2019）。因此，桑椹低聚糖可作为一种益生元或合生元。

通过酶法、分级醇沉法制备黑莓果胶寡糖，初步探究了其在体外的抗氧化活性，研究发现黑莓果胶寡糖具有明显的抗氧化活性，对 DPPH·自由基、ABTS⁺·自由基有很强的清除作用，且具有明显的量效关系（丁鹏等，2016）。因此，黑莓果胶寡糖是一种有效且天然的抗氧化剂，是一种潜在的功能食品资源，这为黑莓功能性低聚糖的研究开发提供了理论支持。

功能性低聚糖因具有独特的生理功能而成为一种重要的功能性食品的原料，现已引起全世界的广泛关注，是近年来市场上销量增长最快的健康食品原料。我国已把满足不同人群需要的特殊营养品作为 21 世纪食品工业的发展重点，新型低聚糖将是这些特殊营养食品的一类重要的功能强化剂。在日本和欧美，已经有多种新型低聚糖的商业化生产，广泛用于各种功能保健品、婴幼儿食品中，而且产量、生产品种和应用范围都迅速增加。据悉，日本每年需低聚糖 4.7 万 t，价值 100 亿日元；欧洲各国每年需 120 万 t，价值 25 亿美元；我国的需求量也逐年增加。低聚糖衍生的产品更不胜枚举，日本的"OLIGO CC"功能性饮料年销 900 万瓶，美国的"FIRST FOOD"、比利时的"FYOS"等均为市场占有率较高的国际名牌产品。国内也有一些添加低聚糖的产品，但价格较贵。目前，我国浆果低聚糖的研究、开发、应用才刚刚起步，浆果低聚糖提取分离纯化技术、精深加工技术、直接或间接功效等已成为浆果低聚糖研究的重要内容。未来，可根据市场需求，进行针对性的浆果低聚糖产品的开发，提高浆果低聚糖在食品领域的综合利用价值，形成浆果低聚糖系列保健食品，以期推动浆果低聚糖产业的健康发展。

第四节　浆果保鲜与加工的意义

一、保持浆果营养品质

浆果营养成分丰富，具有较高的食用、保健和医疗价值，被联合国粮农组织定位为保健型水果，并誉为"第三代水果"。草莓、蓝莓等代表性浆果富含有机酸、果胶、维生素 C（25～130mg/100g）和大量的其他生物活性物质（花青素和类黄酮），有较高的市场认知度，资源丰富，开发前景广阔。浆果类水果的果皮几乎全部为浆质，水分含量高（80%～90%），表皮较薄、质地柔软，新鲜浆果在采摘、处理、运输、贮藏过程中极易因机械损伤、生理变性、微生物侵染等而发生腐烂，贮存时间极短。因此，保鲜处理在浆果采后显得极其重要，适当的处理可以较好地保持浆果的营养品质和商品性。例如，蓝莓在正常情况下只能保存 2～3d，但在八成熟时进行采收，剔除伤、病、过青或过熟的果实，分级后通过真空预冷、强制通风预冷或压差预冷等快速预冷至 3℃ 左右（黄莎等，2019）。预冷后的蓝莓装入 0.05mm 厚的聚氯乙烯（PVC）保鲜袋中，并在袋内放入保鲜剂，于 0～1℃ 条件下贮藏，可保鲜 3 个月，且其花色苷、维生素等营养成分变化不显著。树莓采收时要避免机械损伤，果实装入小包装塑料盒中，不可堆积过厚，剔除伤、病、虫蚀及过熟果。在采后 1h 内进行真空预冷处理，然后置于温度 2～3℃、相对湿度 85%～90%条件下贮藏，并辅以保鲜剂处理，可保鲜 14d（刘欣，2015）。杨梅采摘期仅 15d 左右，是真正的"时令鲜果"，有"一日味变、二日色变、三日色味俱变"的特点，严重制约了杨梅果实的规模化生产与流通。采用箱式气调保鲜技术（12% O_2、6% CO_2、82% N_2）可以较好地抑制冷藏过程中杨梅的呼吸强度，使杨梅产业化保鲜期突破 15d，风味品质保持良好（朱麟等，2012）。桑椹采后在常温下保存超过 12h 即失水变色，品质出现大幅度下降，严重影响其经济价值。研究人员发现，使用浓度为 60mg/L 的 ClO_2 溶液浸泡桑椹 15min，其在低温下的保存时间由 8d 延长至 14d，并且桑椹中也没有检测到氯的残留（Chen et al.，2011）。草莓鲜美红嫩、营养丰富、风味独特，深受人们的喜爱，有着"水果皇后"的美称（苑庆刚，2010），但果实含水量高，组织娇嫩，极不耐贮藏，常温下放置 1d 就开始变色、变味；超市售卖的草莓有硬质包装容器保护，并冷藏贮存，才仅延长草莓食用寿命至 2d 左右（刘菲和张伟，2016）。研究表明，利用气调低温保鲜技术（60% O_2、1.5% CO_2、38.5% N_2）在 4℃ 下可延长草莓保鲜期至 21d（Odriozola-Serrano et al.，2010）。黑莓成熟期集中在夏季，采后在常温下 1～3d 即软化出水腐烂，但采用气调低温保鲜技术保鲜 21d，其果糖、葡萄糖、有机酸和酚类物质的变化并不显著（Kim et al.，2015）。树莓果实皮薄、组织娇嫩，呼吸强度大，易受机械损伤，常温下 1d 便失去商品价值。有资料表明，树莓果实速冻后可保存 14 个月以上，且其总酚含量并没有显著改变，但鞣花酸和维生素 C 略有所下降（de Ancos et al.，2000）；树莓在最佳气调贮藏条件下（10% CO_2、5% O_2、85% N_2）保存 20d 后，仍可保持较好的品质（Haffner et al.，2002）。

二、实现浆果从生产到产品的转变

采后保鲜加工是浆果产业链的中间环节，是维持和提升产品品质的重要保证，是实现浆果商品性生产必不可少的过程。浆果采后极容易腐败变质，如不及时进行保鲜加工处理，将导致产品失去商品性，造成经济损失。例如，树莓果实不耐储运，成熟后稍受挤压即破裂出汁，即使是鲜果，在常温条件下货架期也不足 3d（李敏，2017）。浆果的不耐储运、不易保存等特点决定了浆果以加工销售为主。

2014 年，世界浆果产量达到 103.5 万 t，95%以上进入深加工领域，只有 5%进入鲜食市场。全球浆果深加工产品已达 100 多类、数千种产品，形成遍及全球的产品供应链。浆果不仅被直接运用于各类食品加工业，如果汁、果酱、果粉、果酒、糕点等，而且被开发运用于美容、香精、减肥、染料、医药等多个领域（任杰和魏鹏，2013）。以蓝莓为例，目前国际市场上含有蓝莓的加工产品有 1500 多种，而我国市场上浆果产品较少，仅在北京、上海等一线城市的商超及酒店中有少量产品出现，且价格较为昂贵。根据我国目前的社会发展水平及人口结构来看，作为新兴的功能性保健果品，浆果产品将会受到市场欢迎。就国际市场而言，蓝莓鲜果大量收购价格平均为 2500 美元/t，市场鲜果零售价格达 10 美元/kg 以上，浓缩果汁价格每吨高达 3 万～4 万美元，是浓缩苹果汁（每吨 1000 美元）的 30～40 倍。而未来 5 年全世界蓝莓市场缺口将达 80 万 t。蓝浆果浓缩汁的国际市场价格为 5.5 万～7 万元/t，其鲜果的国内价格为 3 万元/t（叶万军等，2018）。例如，果桑产业是最近十多年发展起来的一个新兴产业，主要在我国进行种植生产，由于桑椹属于皮薄易碎的浆果，不耐储存、保鲜和长途运输，目前除了约 10%用于观光采摘和鲜销，90%以上用于加工果干、果酒、果汁、果酱、果粉和花色苷等产品（王军文等，2016）。因此，开展浆果保鲜与加工理论和技术研究意义重大，是实现其从生产到商品转变的根本保障。

三、调节市场均衡供应

浆果具有显著的地域性、明显的季节性，造就了各地区独特的品种资源和产品，导致了市场供应不均衡，价格差异很大。例如，国外进口蓝莓、草莓、树莓差价比很大，我国南北方种植的草莓、桑椹、杨梅等存在明显季节性和地域差价比，有时高达 10 倍以上。又如，虽然美国是蓝莓主产国，但由于每年 9 月到第二年 4 月没有鲜果，因此还要大量进口，导致蓝莓在 4 月的鲜果销售价最高，达到 140 元/kg，而 9 月的售价也在 120 元/kg 左右（李亚东等，2011）。此外，浆果生产已走向专业化、规模化阶段，产品已呈基地化分布。因此，一个地区的市场、季节供应要均衡发展，就必须通过保鲜加工处理来实现。目前，包括草莓、树莓、蓝莓、杨梅等在内的小浆果可通过使用气调低温贮藏技术来延长市场供应期，有效调节市场平衡供应（司琦等，2017）。

四、提高浆果产品附加值

农产品的保鲜与加工是农业生产的延续，是农业再生产过程中的"二产经济"。发达国家均把产后保鲜加工工程放在农业的首位，高度重视，大力投入，农产品加工业产值与种植业产值比例为3∶1，通过保鲜、运输和加工将农业产值增加2～3倍。据统计，美国农业总投入的30%用于采前环节，而用于采后保鲜、加工增值的多达70%，浆果产业更是如此。由于浆果的不耐贮、易腐特性，造成鲜销产品的价格压力过大，鲜销的价格往往低于经过保鲜处理的、非旺季销售的同类产品。此外，有些浆果产品及其副产物未处理时价值低下，加工后利用价值大为提高，如利用树莓籽生产出药用价值极高的树莓油，其每吨售价可高达40万元。因此，采用适当的保鲜加工处理技术，可以显著提高产品的附加值，实现浆果产业良好的经济效益。

此外，在浆果类果品的加工过程中都会产生多种多样、数量庞大的副产物（包括加工后剩余的皮、渣、核、种子、叶、茎、根等），国内外相关领域的研究者都在积极开展加工副产物综合利用的相关研究，把理论结果和实际应用相结合，力求新突破和新进展（孟宪军，2012）。目前，利用浆果加工副产物已逐步开发出膳食纤维、果胶、饲料等一系列产品，丰富了浆果加工副产物综合利用的产业链，加工后利用价值大大提高，渐渐从鸡肋产业转变为支柱产业。张林等（2018）以蓝莓榨汁后产生的废弃物果渣为原料研究蓝莓废弃物中花青素的提取工艺，结果发现酶法提取蓝莓果渣花青素操作工艺简便合理，提高了蓝莓资源的综合利用率。袁芳等（2017）以桑椹果渣为原料，采用酸法获得提取果胶的优化工艺，对挖掘桑椹加工副产物更深的价值、发展相关产业有着十分重要的意义。He 等（2016）采用超声波辅助法优化提取了蓝莓酒渣中的总花青素和酚类物质，为蓝莓种植、加工企业提高加工副产物的综合利用提供了重要参考。Šarić 等（2016）将树莓和蓝莓果渣干燥后磨粉，以树莓和蓝莓果渣粉代替无谷蛋白面粉添加到无谷蛋白饼干中，获得感官性能、营养成分和抗氧化活性更佳的产品，为树莓和蓝莓的副产物综合利用提供了新思路。

现阶段，我国浆果类果品副产物综合利用率普遍较低，很多被直接丢弃、填埋，造成了极大的环境压力和不必要的资源浪费。通过不断开发相关技术，延伸副产物加工产业链，实现浆果加工副产物的可持续综合利用，建立技术集约型产品加工模式，并积极推广和示范，可以全面提升中国浆果加工副产物综合利用的创新能力及技术水平，促进浆果产业的可持续发展。此外，从资源、环境、经济等方面来看，浆果加工副产物资源的回收利用也势在必行。今后，随着社会经济的进一步发展，中国浆果加工副产物资源的利用研究及推广工作也必将会进一步深化，并产生更大的经济及社会效益（单杨，2010）。

第二章　浆果采后保鲜基础理论

第一节　浆果采后生物学特性

一、采后生理代谢

（一）呼吸生理

1. 呼吸作用

浆果采收以后脱离了母体，虽然没有了水和其他无机物的供应，无法进行同化作用合成有机物，但仍然是活着的有机体，进行着一系列的生理生化反应，其中最主要的新陈代谢活动是呼吸作用。呼吸作用是果实采后最基本的生理代谢活动，它与果实的成熟衰老、品质变化和耐贮性有密切的关系。呼吸作用将复杂的有机物（糖类、有机酸、蛋白质和脂肪）分解成二氧化碳和水，同时释放出能量。呼吸作用伴随着自身营养物质的不断消耗，其释放的能量是果实生命活动中合成酶、细胞膜和其他细胞结构所需的动力。

果实的呼吸作用有两种类型，即有氧呼吸和无氧呼吸。有氧呼吸是指果实在有氧气供应的条件下，经过一系列复杂的过程，把有机物分解为二氧化碳和水的过程。它是果实的主要呼吸形式。无氧呼吸是指果实不从空气中吸收氧气，因而呼吸底物不能被彻底氧化，结果形成乙醛、乙醇等物质。由下述反应式可知，果实通过无氧呼吸所获得的能量明显少于有氧呼吸。

有氧呼吸：$C_6H_{12}O_6$（葡萄糖或果糖）$+6O_2 \longrightarrow 6CO_2+6H_2O+2.82\times10^6 J$

无氧呼吸：$C_6H_{12}O_6$（葡萄糖或果糖）$\longrightarrow 2C_2H_5OH$（乙醇）$+2CO_2+8.79\times10^4 J$

在无氧条件下，果实维持正常的生理活动要消耗更多的有机物，并且无氧呼吸的中间产物是乙醛，最终产物是乙醇；这些产物在果实体内积累过多会导致生理失调，使果实变色、变味甚至腐烂。因此，在果实贮藏过程中应尽可能地避免无氧呼吸。

衡量呼吸作用强弱的指标是呼吸强度。它是指在一定温度下，单位时间内一定重量的果实吸收的 O_2 或释放的 CO_2 的量，也可称为呼吸速率。呼吸强度（呼吸速率）表示组织中内含物消耗的快慢，是采后生理研究中重要的生理指标之一。呼吸强度越大，消耗的养分越多，衰老进程越快。

2. 呼吸跃变

果实在生长发育和成熟衰老的过程中，呼吸强度不是一成不变的，而是高低起伏的，这种呼吸强度的变化趋势称为呼吸漂移。不同果实呼吸漂移的趋势不同。某些果实的呼吸强度在生长发育的过程中逐渐下降，在成熟末期显著上升（呼吸高峰）而后下降，这种现象称为呼吸跃变（climacteric）。这是果实发育进程中的一个关键时期，呼吸高峰一旦出现，果实进入完全成熟阶段，品质达到最佳可食状态。根据成熟过程中呼吸跃变现象是否出现，将果实分为两大类（McMurchie et al.，1972）。成熟过程中有呼吸跃变现象的果实为呼吸跃变型果实（climacteric fruit），如苹果、梨、桃、香蕉、油梨、番茄、芒果等（Palma et al.，2012）。某些果实在成熟过程中没有呼吸跃变现象的发生，其采后的呼吸强度表现为缓慢的下降，无呼吸高峰的出现，这类果实被称为非呼吸跃变型果实（non-climacteric fruit），如草莓、柠檬、柑橘、葡萄等（Palma et al.，2012）。不同的浆果呼吸类型不同。草莓属于非呼吸跃变型果实，在成熟过程中无特殊的呼吸高峰和乙烯释放高峰，呼吸速率变化不明显（Perkinsveazie et al.，1995；Chai et al.，2011）。杨梅属于呼吸跃变型果实，贮藏第 5 天出现呼吸高峰和乙烯释放高峰（Shi et al.，2018）。蓝莓属于非呼吸跃变型果实，呼吸强度随着贮藏时间的延长而升高且呼吸熵基本保持不变（Oh et al.，2018）。桑椹属于呼吸跃变型果实，呼吸强度呈先上升后下降的变化趋势，乙烯释放率也呈峰型变化（Liu et al.，2015）；桑椹贮藏于 2℃时，乙烯释放率峰值出现在采后第 6 天（罗自生，2003b）。黑莓（Cherian et al.，2014）和树莓（Fuentes et al.，2015）属于非呼吸跃变型果实。目前，花楸的呼吸类型尚不明确，乙烯在花楸果实成熟衰老中的作用还有待进一步研究。

3. 呼吸作用与采后贮藏

浆果的呼吸作用与贮藏寿命有密切关系。呼吸作用是一个不断消耗自身营养物质的过程，是果实成熟衰老过程中不可避免的生理代谢活动。如果呼吸过于旺盛，养分消耗加快，则衰老加速，贮藏寿命也相应缩短。呼吸作用为细胞中的代谢关键酶提供动力，过度抑制呼吸强度，同样也会缩短贮藏寿命，这是因为过度抑制呼吸作用会破坏正常的生理活动，造成生理伤害。因此，在不妨碍果实正常生理活动和不出现生理伤害的前提下，应尽可能地降低果实的呼吸强度，以减少物质的消耗，延缓果实的成熟衰老。

（二）蒸腾生理

一般浆果的含水量在 85%～90%，水分维持了细胞和组织的紧张度，使果实新鲜饱满，具有一定的弹性和硬度。蒸腾作用是水分从果实表面以水蒸气状态向大气中散失的过程，是果实采后的一个消极的生理过程。

1. 影响浆果蒸腾作用的因素

蒸腾作用不仅受外界环境条件的影响，还受自身的调节和控制。影响蒸腾作用的因素包括自身因素和环境因素两个方面。

（1）自身因素

浆果的自身因素包括果实表皮结构、比表面积和细胞持水力。果实的水分蒸发主要是通过表皮层上的气孔和皮孔等自然孔道及表皮角质层进行的（图 2-1）。不同种类、品种和成熟度的果实，其气孔、皮孔和角质层的结构不同，因此失水速度不同。果实表皮蜡质层对水分蒸发也有一定的影响，蜡质结构和厚度也会明显地影响失水。例如，未成熟的蓝莓果实由于果实表面保护组织尚未形成，水分蒸发快，在贮藏过程中易失水，而成熟果实形成了完整的蜡质层，水分蒸发较慢。

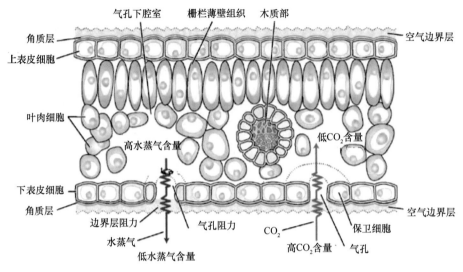

图 2-1　浆果表皮结构示意图（王哲和王喜明，2018）

浆果的比表面积也是影响水分蒸发的因素。比表面积是浆果果实的表面积与其质量或体积之比。同一种浆果当表面积比值高时，果实蒸发失水较多；体积小的果实要比体积大的果实表面积比大，失水更快，因此在贮藏过程中更容易萎蔫。

（2）外界环境因素

湿度是影响蒸腾作用的主要因素。环境湿度变化可引起果实膨压的变化，而膨压的增大使浆果呼吸增强而缩短贮藏寿命。例如，将预冷至 0℃的浆果贮藏于相对湿度为 70%的冷库之中，由于浆果的水蒸气压大于外界，水分便会蒸发到环境中。贮藏环境的气流也可带走果实表面的水分，这是因为果实与环境之间的水汽压差增大，从而促进水分蒸发。气流速度越大，水分蒸发就越强烈。

温度影响水分子的运动速度，温度越高果实蒸腾作用越强。高温下组织中水分蒸发速率增大，同时，较高温度下胞质胶体黏性降低，细胞持水力下降，水分在组织中更易移动。温度还影响果实内外水汽压差，水汽压差又直接影响果实的水分蒸发。果实采收后直接贮藏于冷库中，由于果实内部的水蒸气压高于外界环境，蒸腾作用强烈；而果实先进行预冷再贮藏于冷库中，由于果实内部与外界环境水蒸气压相等，蒸腾作用较弱。

2. 蒸腾作用对浆果品质的影响

（1）造成失水并降低果实品质

水分是影响浆果新鲜度、脆度和口感的重要成分，还是维持细胞内各种生理代谢活动的重要介质。含水量是衡量果实新鲜程度的重要指标。因此，失水过多就会严重影响浆果正常的生理代谢活动，引起生理失调、呼吸上升、衰老加快，最终导致产品腐败或失去商品价值。室温下草莓失水速度快，平均每天失水 2.17%～2.65%。一般认为草莓失水 5% 时即失去商品价值（杨宏顺，2005）。有些浆果失水虽然没有达到萎蔫程度，但是也会影响浆果的颜色和风味。另外，蒸腾作用过强会导致果实表面光泽消失，形态萎蔫，失去外观饱满、脆嫩的质地，甚至失去商品价值。不过适度的水分蒸发可降低组织的冰点，提高耐寒能力，还可降低浆果果实的细胞膨压，降低产品对外界机械伤力的敏感程度。

（2）导致代谢紊乱，降低耐贮性和抗病性

水分蒸发使组织发生萎蔫，导致细胞的分布状态发生改变，从而使正常的呼吸受到干扰，破坏正常的生理代谢活动，促使水解酶活性提高，营养物质流失；严重脱水还会引起细胞膨压降低，造成机械结构特性改变，影响果实的耐贮性和抗病性（程运江，2011）。水分的过度蒸发还会使叶绿素酶、果胶酶等水解酶的活性增强，造成浆果皱缩、变软；同时还会刺激乙烯和脱落酸的合成，从而加速浆果的成熟与衰老过程。

（三）成熟与衰老

成熟与衰老是果实生命周期的重要阶段。浆果果实成熟与衰老是一个复杂有序的生理过程。果实在成熟过程中，色泽、质地、风味、香气等均发生一系列的变化（Giovannoni，2004；左进华等，2010）。

1. 成熟与衰老的概念

果实经过一系列发育过程且已完成生长历程，达到最适食用阶段，称为成熟（maturation）。果实达到成熟阶段逐渐形成色泽、风味、香气、质地和营养，达到最适食用阶段。成熟过程是果实停止生长之后发生的一系列生物化学变化。后熟（post-maturation）即指果实采后呈现特有的色泽、香气、风味的过程。在后熟过程中，果实发生一系列变化，如呼吸增强、乙烯产生、物质消耗等。果实在采收后可继续完成成熟过程，可对这一过程进行适当的人为控制，这为果实贮藏提供了极为有利的条件。衰老（senescence）是果实发育的最后阶段，果肉组织开始分解，生理上发生一系列不可逆的变化，最后导致细胞崩溃及器官死亡（Gapper et al.，2013）。

2. 成熟与衰老机理

果实成熟和衰老是一个极其复杂而又高度有序的调控过程，伴随着内环境稳定能力与应激能力下降、结构组分逐步退化变性等过程（田世平，2013）。关于衰老的机理有多种学说，如自由基衰老学说、端粒衰老学说、mtDNA 突变学说和羰基毒化衰老学说等，其中自由基衰老学说得到了众多实验证据的支持（Tian et al.，2013）。

自由基衰老学说认为机体衰老的主要原因是自由基对细胞内的生物大分子（核酸、蛋白质和脂类等）产生氧化损伤，导致细胞功能衰退或丧失，最终造成机体衰老（Lee and Wei，2001）。活性氧（reactive oxygen species，ROS）是植物衰老过程中参与氧化损伤的主要介质。ROS 主要有 H_2O_2、羟自由基（·OH）和超氧阴离子自由基（O_2^-·）等，其是导致果实衰老的主要诱因。正常情况下，果实体内 ROS 的产生与清除处于动态平衡状态，但在胁迫条件时，这种平衡状态被破坏，ROS 不能及时被清除，在机体内大量积累，不仅可以氧化膜脂，还可以氧化 DNA、蛋白质等生物大分子，使其丧失生物活性，导致细胞核、线粒体、细胞膜等发生损伤，引起细胞正常生理代谢功能丧失，诱导细胞死亡，最终促使果实成熟衰老（Aghdam and Bodbodak，2013；Tian et al.，2013）。

果实为了维持正常的生理功能，对潜在活性氧损伤存在着精细而复杂的防御体系，主要包括抗氧化酶和抗氧化物质，统称为抗氧化系统（Blokhina et al.，2003）。超氧化物歧化酶（SOD）、过氧化氢酶（CAT）、过氧化物酶（POD）和谷胱甘肽过氧化物酶（GSH-Px）等属于酶促保护系统，而非酶促保护系统包括抗坏血酸（AsA）、维生素 E、类胡萝卜素（Car）等。果实响应逆境胁迫时，可以通过调节防御相关基因的表达来提高抗氧化系统清除活性氧的能力（Møller and Sweetlove，2010）。研究发现，蓝莓在采后衰老过程中，SOD 活性逐渐降低，抗坏血酸过氧化物酶（APX）、谷胱甘肽还原酶（GR）、单脱氢抗坏血酸还原酶（MDAR）、AsA 和 GSH 活性先上升后下降（郜海燕等，2013）。草莓的过氧化物酶在衰老时期的酶活力整体为上升趋势，可以作为草莓进入衰老后期的一个标志（郭明丽和薛永常，2016）。桑椹在采后贮藏过程中，抗坏血酸过氧化物酶（APX）活性和维生素 C 含量逐渐降低，SOD 和 CAT 活性出现一次高峰后也逐渐降低，而超氧阴离子自由基生成量和丙二醛含量则持续上升，同时伴随着果实腐烂指数的增加（龙杰等，2011）。成熟杨梅在采后 3～6d 出现明显的衰老代谢特征，表现为 SOD 活性下降，膜透性增加，MDA 含量上升，多胺（PA）含量下降。

二、采后品质变化

果实品质是指果实食用时的综合性状，包括外观品质、食用品质、贮藏品质、加工品质及安全性等（张上隆和陈昆松，2007）。外观品质包括大小、色泽、形状、整齐度和光洁度等。食用品质主要是指果实风味，包括糖含量、酸含量、糖酸比，以及芳香物质、矿质元素、类胡萝卜素和维生素的含量等。贮藏品质包括耐贮性、耐运性，以及贮藏期间生理病害的发生程度等。浆果在采后成熟过程中，受到内源因子和外部环境的影响，发生一系列的品质变化，主要包括风味变化、色泽变化、质地变化、香气成分变化等（Giovannoni，2004）。

（一）风味变化

浆果果实风味是许多营养物质综合影响的结果，糖酸比是决定果实风味的重要因素。糖是果实风味品质的重要组成成分，其与果实中的有机酸含量之比为糖酸比，是决定果实风味的重要因素之一（Zhu et al.，2013）。

按照果实中糖积累的类型和特点，可以将果实分为淀粉转化型、糖直接积累型和中间类型三大类（罗霄等，2008）。由于果实采后淀粉不断转化成蔗糖和还原糖，还原糖作为呼吸底物不断被消耗，淀粉含量高的果实中的可溶性糖在贮藏前期逐渐升高，然后下降。浆果果实中可溶性糖的主要种类是葡萄糖、果糖和蔗糖等。浆果果实采后贮藏期间，糖作为主要的呼吸基质，因生理活动的消耗而逐渐降低。在草莓贮藏期间由于呼吸作用和代谢的转化，糖分都有不同程度的下降。在草莓中还原糖的含量影响着果实的品质，在贮藏初期，还原糖含量逐渐下降（李和生和王鸿飞，2002）。

浆果果实中的有机酸主要包括柠檬酸和苹果酸等。一般而言，有机酸在果实生长发育过程中含量逐渐上升，到完熟时达到最高，随后总酸及各种有机酸含量均逐渐下降；在贮藏过程中有机酸作为呼吸底物被消耗，酸味逐渐变淡。草莓果实进入成熟期后有机酸含量下降，含量一般为 0.6～1.6g/100g 鲜重。采后由于有机酸进入呼吸系统作为底物参与代谢，所以有机酸含量总体下降。草莓成熟时，奎尼酸和莽草酸含量显著增加，酸度下降，其品质也随之下降。陈学红和贺菊萍（2008）发现草莓中的有机酸在贮藏过程中，一部分用作呼吸底物被消耗，另一部分在体内被转化为糖分，有机酸含量明显减少。张莉会等（2018）和梁贵秋等（2011）也发现桑椹中可滴定酸含量在贮藏期间不断下降。

另外，浆果还富含多种维生素、游离氨基酸、矿质元素、多酚类活性物质等。维生素 C 在果实成熟期间逐渐积累，但其在中性和碱性条件下易被氧化，导致在采后贮藏过程中极易遭到破坏而减少，含量呈现逐渐下降趋势。Wang 等（2011）研究发现，不同品种蓝莓果实均富含抗坏血酸（AsA）和谷胱甘肽（GSH）等抗氧化酶成分，谷胱甘肽还原酶（GR）、谷胱甘肽和 SOD 活性较高，表明蓝莓具有很高的抗氧化能力。在贮藏期间，蓝莓总酚含量的变化基本遵循先上升后下降的规律。

（二）色泽变化

色泽是重要的感官品质，在一定程度上反映了果实的新鲜程度、成熟度和品质。果实在采后成熟过程中，最明显也最直观的变化就是色泽变化。色泽变化是由叶绿素、类胡萝卜素、类黄酮和花色苷等色素的种类、含量及果实的生理状态共同决定的。多数果实幼果中叶绿素含量较高，果实一般呈现绿色；随着果实的发育成熟，叶绿素逐渐被降解，类胡萝卜素、花色苷或者类黄酮物质不断积累，从而使果实由绿色转变为黄、红、蓝和紫等颜色（Giovannoni，2004）。其中，花青苷和类黄酮是决定蓝莓色泽的主要物质。花青素是草莓果实成熟衰老过程中的次生代谢产物，其含量间接反映了果实的成熟度。花青素是草莓红色形成的主要物质基础。在草莓贮藏过程中，花青素含量逐渐升高，同时伴随着颜色的加深。Lopes 等（2007）发现，草莓成熟度对花青素含量有显著影响。随着温度升高和光照时间增加，花楸花色苷极其不稳定，其溶液颜色逐渐变浅；随着 H_2O_2 和 Na_2SO_3 浓度逐渐增加，花色苷溶液逐渐褪色（李雨浩等，2019）。喻譞等（2015）以 3.0kJ/m^2 剂量的短波紫外处理杨梅，显著提高了杨梅果实中花色苷、胡萝卜素和类黄酮化合物的含量，从而保持杨梅外观的色泽。李娇娇等（2016）研究发现，0℃低温贮藏能够抑制桑椹果实色泽 L^*、a^*、b^* 的下降，表明低温可有效延缓桑椹果实外观色泽的变化。

（三）质地变化

果实质地与品质密切相关，是评价浆果品质的重要指标，也是判断浆果成熟度、确定采收期的重要参考依据。随着果实的发育和成熟，果实采后的质地逐渐软化，软化的程度主要由果实的硬度来反映。软化不仅使果实硬度降低，还同时导致抗病性减弱、耐贮性降低，严重影响果实的品质和商品价值。果实的质地变化与表皮组织结构和细胞结构息息相关。

1. 角质层

角质层是指覆盖在植物表皮细胞外的疏水层，是抵御生物或非生物胁迫的第一道物理屏障。角质层一般分为三层（图 2-2）：第一层为角化层，紧贴表皮细胞的外壁，由角质、内表皮蜡质和多糖组成；接着为中间层，包括角质、外表皮蜡质和内表皮蜡质；最外层则是外表皮蜡质晶体结构。

图 2-2　植物表皮截面示意图（Bernard and Joubès，2013）

角质层主要由角质和蜡质组成，角质构成角质层的骨架结构，蜡质主要分为两部分：深嵌在角质层内部的称为内蜡，覆盖在角质层上的称为外蜡。蓝莓、黑莓等浆果表面灰白色的粉末即为外表皮蜡质。外表皮蜡质的晶体结构具有多样性，主要分为 6 种类型，如图 2-3 所示：片状（A）、线状（B）、棒状（C）、管状（D）、颗粒状（E）和平板状（F）。例如，蓝莓的表皮蜡质即为管状结构（Chu et al.，2017），苹果蜡质为片状结构（Curry，2008），柑橘蜡质为不规则的小圆片状结构（Wang et al.，2016）。Chu 等（2017）采用扫描电镜（SEM）观察了 9 种蓝莓品种的表皮蜡质的晶体结构发现，蓝莓表面覆盖大量管状蜡质，大小均一，长为 2～4μm，宽约 0.2μm（图 2-4）。兔眼蓝莓（图 2-4H、I）比高丛蓝莓（图 2-4B～F）的管状蜡质稍长一些，但不同品种蓝莓的蜡质结构无明显差异。植物表皮蜡质是由众多有机物混合而成，主要包括脂肪族化合物（长链脂肪酸、醇、醛等）、环状化合物及甾醇等有机物质。Chu 等（2017）采用气相色谱-质谱联用（GC-MS）检测了 9 个蓝莓品种成熟果实表皮蜡质的化学成分，结果表明蓝莓表皮蜡质主要由三萜类化合物和超长链脂肪酸，包括 β-二酮、醛、伯醇、脂肪酸和烷烃等组成。

研究表明，表皮蜡质与果实的失水和软化密切相关。蜡质是疏水物质，覆盖在植物表面，可阻止组织内部水分的非气孔性散失。Wang 等（2014）发现，去除表皮蜡质的柑橘果实采后失重率显著上升。Lara 等（2014）发现，蜡质中烷烃的减少和三萜类物质的增加会削弱角质层防止水分散失的功能，表明果实的失水与蜡质的含量与组分密切相关。Chu 等（2018）研究发现，含蜡质的蓝莓细胞膜结构清晰，无明显肿胀，线粒体内

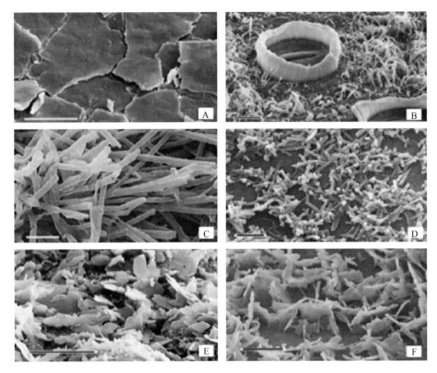

图 2-3　植物外表皮蜡质的不同晶体形态的扫描电镜图（Koch and Ensikat，2008）

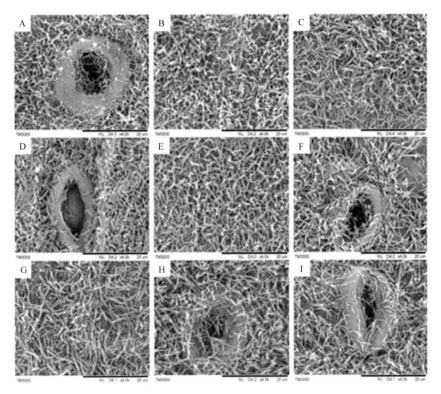

图 2-4　不同蓝莓品种的表皮蜡质结构图（Chu et al.，2017）

A. 密斯提；B. 奥尼尔；C. 夏普兰；D. 布里吉塔；E. 达柔；F. 莱格西；G. 灿烂；H. 粉蓝；I. 杰兔

嵴排列紧密；去除蜡质的蓝莓细胞膜结构模糊，线粒体包膜肿胀并发生崩解、基质泄漏的现象。这说明去除蓝莓表皮的天然蜡质会加速水分流失和腐烂，破坏细胞内膜系统结构，表明天然蜡质在延缓果实软化方面发挥着至关重要的作用（图 2-5）。

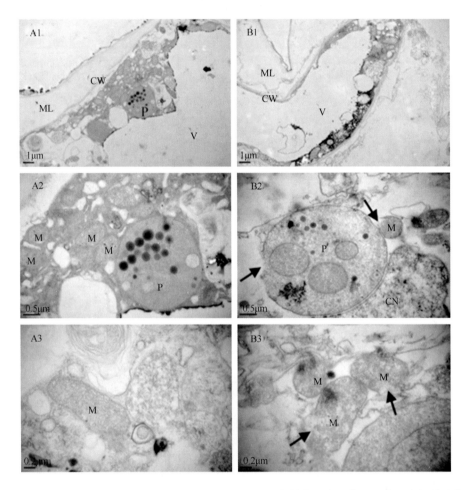

图 2-5　天然蜡质（A1～A3）和除去蜡质（B1～B3）的蓝莓果实贮藏 36d 的果肉超微结构

ML. 细胞壁中间层；CW. 细胞壁；CN. 细胞核；M. 线粒体；P. 质体；V. 液泡

2. 细胞壁

细胞壁是包围在原生质体外的一层结构，具有一定的硬度和弹性，主要由果胶、半纤维素、纤维素和少量糖蛋白等大分子组成。研究表明，果实软化是由一系列细胞壁降解相关酶共同作用的结果，这些酶主要包括果胶甲酯酶（PE）、多聚半乳糖醛酸酶（PG）和纤维素酶（Cx）等。果胶甲酯酶催化果胶的甲氧酯水解产生果胶酸和甲醇；多聚半乳糖醛酸酶水解细胞壁半乳糖醛酸的 β-1,4-糖苷键，生成半乳糖醛酸和半乳糖醛酸低聚物；纤维素酶又称葡聚糖酶，能够作用于木葡聚糖、羧甲基纤维素（CMC）等具有葡聚糖结构的物质。果实采后成熟过程中，细胞壁代谢非常旺盛，造成细胞壁空间结构和化学组分发生变化，完整性受到破坏，从而引起果实硬度下降，而构成细胞壁的纤维素和果胶的含量及其存在形态起着关键作用（Trainotti et al.，2001）。赵青华（2007）发现草莓果实成熟过程中，可溶性果胶含量不断增加，果实硬度下降并逐渐软化。Chen 等（2015）研究发现蓝莓贮藏过程中，果实硬度的下降与细胞壁成分及细胞壁代谢酶的变化密切相关。随着贮藏果实硬度的下降，细胞壁水溶性果胶（WSP）含量逐渐增加，碳酸钠可溶性果胶（SSP）、纤维素和半纤维素的含量逐渐下降。郜海燕等（2014）发现，蓝莓外表皮蜡质能抑制多种细胞壁降解酶的活性，延缓果实采后细胞壁物质的快速分解，维持较高的硬度。桑椹采后贮藏前期 Cx 和果胶甲基酯酶（PME）活性迅速升高，分别在第 3 天和第 6 天达到峰值，细胞壁中的纤维素和原果胶含量不断降低；贮藏后期，Cx 和 PME 活性下降，PG 活性迅速上升，同时桑椹中水溶性果胶含量增加（罗自生，2003a）。

（四）香气成分变化

作为果实感官品质的重要组成部分，香气不仅是吸引消费者的重要因素之一，同时还和人类的营养与健康紧密相关。果实的香气由酯类、醇类、醛类、酮类、醚类和萜烯类等一系列复杂的挥发性化合物组成（Schwab et al.，2010）。果实在生长阶段没有香气，在成熟过程中香气物质经过一系列的酶促反应逐渐形成，进入完熟阶段则大量形成并释放，赋予了果实独特的芳香气味。周立华等（2017）研究发现蓝莓以醇类和醛类为主体香气物质，分别占总香气物质的 43.9% 和 40.9%；红树莓果中的香气物质以醇类和酯类居多，占总香气物质的 60.0% 和 28.6%。张娜等（2015）研究发现，草莓香气物质主要由醛类、酮类、醇类和酯类等组成，采后后熟过程中香气成分中的酯类、醇类、酮类物质含量小幅增加，贮藏过程中酯类物质和醇类物质含量逐渐下降，酮类、酸类物质含量增加。

第二节　浆果采后损伤与病害

一、机械损伤

浆果组织结构软嫩，在采收、分级、包装、运输、贮藏和销售过程中，不可避免地会受到静载、挤压、振动、碰撞、摩擦的作用，造成以塑性破坏或脆性破坏为主的现时损伤和以黏弹性变形为主的延迟损伤，统称为机械损伤。采前机械损伤鲜有规律可循，而较为严重的机械损伤一般发生在采收以后（Van et al.，2007）。

（一）采收损伤

采收是浆果产品生产上的最后一个环节，也是贮藏的第一个环节。在采收过程中若不注意，造成的损伤会直接影响浆果后续的贮藏及销售。机械损伤能够破坏细胞结构，导致果肉组织迅速软化，并引起受伤部位的组织褐变。轻者会降低其外观品质，加速衰老；重者会导致明显伤口，加速腐烂，严重影响果实的商品价值。鲍玉冬等（2017）研究了机械采收过程中蓝莓果实下落过程中的运动学和接触力学特性，发现果实下落高度和接果板的角度是影响变形能的主要因素（图 2-6）。

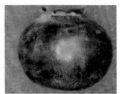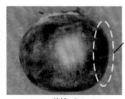

微小变形

碰撞前　　　　　　碰撞后
A.完整蓝莓碰撞前后对比

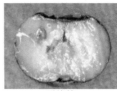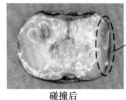

碰撞损伤

碰撞前　　　　　　碰撞后
B.切开蓝莓碰撞前后对比

图 2-6　碰撞前后蓝莓变形损伤对比（鲍玉冬等，2017）

在采摘过程中减少浆果果实机械损伤至关重要。因此，采收以前必须做好安排和组织工作，由经过培训的工人规范采收。浆果采收的总原则：选择适宜的成熟度及时采收，尽量减少机械损伤，降低采收损失，提高贮藏性能。采收过程中应注意以下几点：采收前应根据浆果种类特性，事先准备好采收工具，如采收袋、篮、筐、箱、梯和运输工具等，采收容器要结实，内部加上柔软的衬垫物，尽可能地避免机械损伤；采收应选择晴天早晨露水干后进行，避免在雨天和正午采收，还要避免采前灌水；采收时应轻拿轻放，轻装轻卸。蓝莓等表面富含蜡质的果实应戴手套采摘并尽量保证蜡质的完整。采后应避免日晒雨淋，迅速装箱，尽快运到冷库进行预冷，去除果实的田间热。

（二）采后损伤

采后损伤是指浆果在分级、包装、装卸、运输、加工、贮藏和销售的各个环节中因受到跌落、碰撞、振动、挤压、摩擦和刺伤等作用而引起果实变形、果皮或果肉破损。

1. 静压损伤特性

浆果的静压损伤多表现为浆果受到挤压而产生的形变，多发生在贮藏过程中。成堆的浆果处于自然静止状态，某层的浆果受到其上各层浆果重量的作用，随着时间延长而发生静止破坏，其损伤部位多发生在接触区域（李晓娟等，2007）。浆果在贮运过程中，因堆叠而使得底层的浆果受到上层果实的压缩载荷作用。因此，应对堆叠高度加以限制而不至于使单个浆果所受载荷高于其失效载荷。

2. 振动损伤特性

目前，对浆果振动损伤的研究主要基于模拟运输技术，振动胁迫引起的浆果机械损伤主要取决于振动频率、振动加速度和振动时间 3 个因素。例如，振动对蓝莓采后衰老的影响是逐渐累积的。振动时间越久，对果实的伤害越大，果实衰老得越快。蓝莓采摘之后最多可耐受 12h 左右的模拟振动运输且品质损伤较小，物流运输时间过长会缩短果实的贮藏期（许时星等，2017）。为了尽可能地保持蓝莓果实品质，应尽量缩短物流时间，并采用必要的减振包装措施，减少振动对果实的损伤。

3. 冲击损伤特性

浆果的冲击损伤主要是碰撞和跌落冲击，冲击对浆果造成的损伤是由于作用在浆果上的冲击力超过了浆果自身所能承受的强度。一般是由从高处跌落或浆果间相互碰撞、受外界敲击作用等产生的冲击。碰撞和跌落损伤程度依浆果跌落高度、碰撞能量和次数、碰撞或跌落时其表面的特性、成熟度及大小的不同而异（Blahovec and Paprstein，2012）。研究浆果碰撞和跌落损伤时，通过振动实验或是跌落实验，分析碰撞过程中损伤体积与吸收能量、最大加速度、衬垫厚度、碰撞时间等因素的关系，建立相关模型并分析模型中各参数与损伤特性的关系。

研究浆果的采后机械损伤对减少采后损耗意义重大。目前，浆果机械损伤的研究较少。由于不同种类果实间的差异性，得出的结论也只适用于所研究的具体果实。因此，今后要加大易受机械损伤的浆果果实的振动特性和减损包装的研究力度。

二、侵染性病害

浆果组织鲜嫩多汁，成熟季节处于春末夏初，采摘后极易受到微生物侵染，导致果实腐烂变质、货架期缩短。

（一）病害种类

1. 灰霉病

灰霉病是浆果果实采后贮藏过程中危害最大的病害之一，造成巨大经济损失，严重影响果实采后品质。引起灰霉病的病原菌是灰霉菌。灰霉菌（*Botrytis cinerea*）又称灰葡萄孢霉，属于核盘菌科葡萄孢核盘菌属，是一种寄主广泛的兼性寄生菌，是引起蓝莓（邰海燕等，2017）、草莓等浆果采后病害的主要病原真菌之一，引发其贮藏期的灰霉病（图 2-7）。灰霉菌能够在田间潜伏侵染，采后由健康果实携带进入销售流通市场，引起

图 2-7　感染灰霉病的蓝莓和草莓果实

果实腐烂,对采后果实的贮运造成很大的损失(Dean et al., 2012)。灰霉病主要发生在低温高湿的环境中,这是因为灰霉菌在5~25℃条件下都能生长,但在22~25℃时其生长繁殖会比较快。

2. 软腐病

软腐病是草莓贮运中的另一种病害,由接合菌亚门接合菌纲中的匍枝根霉(*Rhizopus stolonifer*)引起。匍枝根霉广泛存在于土壤、空气和植物体中,不能直接穿透果皮,只能通过伤口入侵,或通过自然开孔进入成熟和衰老的组织。经风雨、气流扩散传播,贮藏期间继续接触,振动传病。成熟果实对匍枝根霉极为敏感,开始表现为水浸状圆形小斑,逐渐变成褐色,病斑表面长出蓬松发达的灰白色菌丝体,最终病果发生褐变和软腐。

3. 炭疽病

炭疽病菌可为害草莓、树莓等多种浆果,在热带亚热带地区尤其严重,常常导致严重的浆果炭疽病。常见的种类有胶孢炭疽病菌(*Colletotrichum gloeosporioides*)、芭蕉炭疽病菌(*Colletotrichum musae*)、瓜类炭疽病菌(*Colletotrichum orbiculare*)和菜豆炭疽病菌(*Colletotrichum lindemuthianum*)。草莓炭疽病发病初期病斑为水渍状,呈纺锤形或椭圆形,直径为3~7mm,边缘红棕色。炭疽病菌具有潜伏侵染特性,当条件适宜时,入侵的侵染丝发育成菌丝,扩展引起发病。树莓炭疽病发病初期果实表面出现褐色圆形小斑,迅速扩大,呈深褐色,稍凹陷皱褶,病斑呈同心轮纹状排列,湿度大时,溢出粉红色汁。

4. 绿霉病

杨梅果实含水量高,组织娇嫩且无外果皮保护,采后极易腐烂变质。由桔青霉(*Penicillium citrinum*)引起的绿霉病,是杨梅果实采后主要的真菌性病害(Wang et al., 2010)。桔青霉可以通过表皮伤口侵入,也可以通过没有受伤的表皮或皮孔进入组织,从发病果实扩展蔓延至健康组织。果实受到侵染后最初呈现变色、充水,发软的斑点,病层较浅,很快向深入发展,在室温下仅需几天果实就全部腐烂。感染绿霉病的杨梅果实表面布满绿霉或红白色相间的菌丝,果实变软、水分外溢。

(二)影响发病的因素

1. 温度

作为重要的环境因子,温度对浆果采后病害的影响主要表现在两个方面,一方面是对病原物孢子萌发、菌丝生长及侵入速度的直接影响,另一方面是通过影响浆果的生理代谢而间接影响浆果产品的抗病性(田世平等,2011)。

不同真菌孢子都具有最高、最适和最低萌发温度。温度越低,孢子萌发所需的时间就越长,超出最高或最适温度上限,孢子便不能萌发。例如,灰霉菌(*Botrytis cinerea*)的最适生长温度为 20~25℃,白地霉(*Geotrichum candidum*)、匍枝根霉(*Rhizopus stolonifer*）和恶疫霉（*Phytophthora cactorum*）的孢子最低萌发温度分别为 10℃、7℃和 5℃，菌丝生长非常缓慢。0℃以下的低温可延缓多毛青霉的生长和孢子萌发。另外，温度会通过影响浆果的成熟衰老以影响产品的抗病性。较高的温度则会加速浆果的氧化和衰老，降低对病害的抵抗力。例如，低温（0.5℃和 1℃）可有效控制草莓采后病害，维持其贮藏期间的硬度、可溶性固形物含量及果实的总抗氧化能力（Shin et al.，2007）。

2. 湿度

在一定温度下，病原物的萌发和生长与寄主的水分活度（a_W）及空气的相对湿度显著相关。大多数细菌生长所需的 a_W 为 0.94～0.99，霉菌为 0.80～0.94。与病原物最适温度和 a_W 相差越远，孢子萌发所需的时间就越长，孢子萌发和菌丝生长的速率也越低。例如，指状青霉（*Penicillium digitatum*）、白孢意大利青霉（*Penicillium italicum* var. *album*）在 4～30℃、a_W 为 0.995 时均能萌发。高湿的环境，可以有效抑制果实贮藏过程中的蒸腾，但却适宜病原真菌、细菌的萌发、侵染和繁殖，反而促进病害的发生。

3. 气体成分

低 O_2、高 CO_2 对病原菌的生长有明显的抑制作用。果实和病原菌的正常呼吸都需要 O_2，当空气中的 O_2 浓度降到 5%或以下时，能有效抑制果实呼吸，维持果实品质和抗性；降低到 2%时，对灰霉病、褐腐病和青霉病的病原菌生长有明显的抑制作用。高 CO_2 浓度（10%～20%）对许多采后病原菌的抑制作用也非常明显。当 CO_2 浓度大于 25%时，病原菌生长完全被抑制；但长期贮藏在过高 CO_2 浓度下也会对浆果产生毒害作用，因此一般采用高 CO_2 浓度短期处理以减少病害发生。

（三）病害控制

1. 化学控制

浆果采收后，在贮藏及运输期间，病原孢子可能存在于包装间、贮藏库，传送带或清洗、预冷的水中。因此，及时对贮藏环境和器具进行消毒是减轻采后病害的基本措施，采用的消毒方法主要包括 SO_2 熏蒸、漂白粉浸泡及臭氧处理。除了采用熏蒸、浸泡，化学杀菌剂处理是有效的病害控制方法。

（1）常用化学杀菌剂

常用的杀菌剂，主要有联苯类杀菌剂、胺类杀菌剂、二甲酰亚胺类杀菌剂、苯并咪唑类杀菌剂、咪唑类杀菌剂、三唑类杀菌剂、酸酯类杀菌剂等。

联苯（diphenyl）是较早使用的挥发性杀菌剂，可以有效抑制青霉孢子的萌发，主要用于绿霉病的控制，可以采用联苯处理的包装纸对果实进行单果包装，或在纸箱底部和顶部用经联苯处理的纸板衬垫或覆盖。嘧霉胺（pyrimethanil）又称甲基嘧啶胺，化学名称为 *N*-(4,6-二甲基嘧啶-2-基)苯胺，属于嘧啶胺类杀菌剂，对灰葡萄孢菌和镰刀菌有良好的控制效果，主要用于防治草莓等浆果的灰霉病和枯萎病，具有高效、低毒的特点。异菌脲（iprodione），化学名称为 3-(3,5-二氯苯基)-1-异丙基氨基甲酰基乙内酰脲，属二甲酰亚胺类杀菌剂，对灰霉菌、核盘菌、念珠菌和镰刀菌均有良好的控制效果。

（2）天然化学成分

化学杀菌剂虽能有效控制采后病害，但化学杀菌剂若使用不当会对人体健康和生态环境产生危害。随着人们生活水平的提高，生活模式与消费观念的改变，消费者对食品的要求已不仅仅是满足于传统上的色、香、味，而是更加关注食品的安全和对健康的影响。有些植物源或动物源的天然化学成分具有抗菌活性，且对环境安全，对人畜低毒，可作为化学杀菌剂的替代品，成为采后病害控制的研究热点（杨书珍等，2009）。

植物精油（essential oil）是一类存在于芳香植物体内的具有挥发性的植物次生代谢产物，由分子量较小且具有一定活性的简单化合物组成（胡林峰等，2011）。研究表明，植物精油如丁香精油、茶树精油、罗勒精油和香芹酚等大都具有抑菌作用，对大肠杆菌O157、金黄色葡萄球菌等细菌和灰霉菌、链格孢菌、酵母菌、扩展青霉等真菌都具有很强的抑制作用（Belletti et al.，2010；Kumar et al.，2013）。Rahmanzadeh 等（2019）采用 500 μL/L 柠檬马鞭草精油涂膜处理黑莓，能够显著抑制果实采后病害的发生，延长货架期，并保持良好感官品质和营养品质（图 2-8）。Rozenblit 等（2018）研究发现茶树精油和香芹酚精油可显著抑制草莓采后互隔交链孢霉（*Alternaria alternata*）和团青霉菌（*Penicillium commune*）的生长，抑制草莓贮藏期病害的发生（图 2-9）。植物精油不但抑菌谱广，且安全可靠，可以以直接接触和熏蒸的方式应用于果蔬保鲜（Sivakumar and Bautista，2014）。异硫氰酸烯丙酯（allyl isothiocyanate，AITC）熏蒸处理可抑制草莓采后致腐病原菌的生长，延长草莓贮藏时间并保持果实品质（房祥军等，2014）。巩卫琪等（2015）制备的香芹酚-β-环糊精包合物能够抑制杨梅采后病害的发生。潘怡丹等

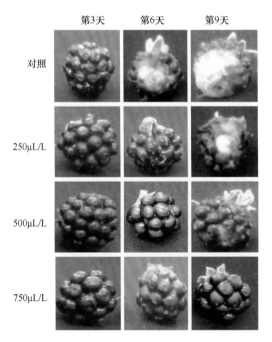

图 2-8　柠檬马鞭草精油对黑莓病害的抑制效果（Rahmanzadeh et al.，2019）

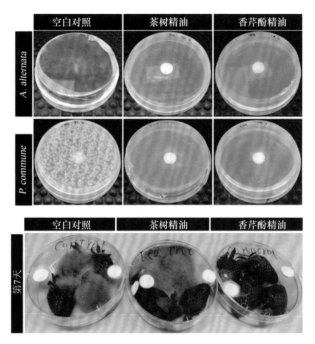

图 2-9 茶树精油和香芹酚精油对草莓病害的抑制效果（Rozenblit et al.，2018）

（2018）研究发现麝香草酚/聚乳酸抗菌包装能显著延缓低温贮藏过程中蓝莓果实的腐烂，贮藏 36d 时处理组果实保持较高的外观品质和营养品质。

植物精油的化学组成成分十分复杂，不同精油的化学组成不尽相同。植物精油的抑菌活性由其主要成分决定，或多种成分协同作用。研究表明，精油的主要抑菌成分是小分子的酚类物质、萜烯类物质和醛酮类物质。植物精油的作用机理颇为复杂，作用方式主要有两种：一是破坏细胞膜和细胞器结构，诱发菌体细胞内容物外泄，影响细胞膜和细胞器的正常功能，最终造成菌体死亡；二是影响菌体的能量代谢和抗氧化系统，诱导其产生活性氧自由基，对蛋白质、核酸和脂类造成氧化损伤，进而导致菌体代谢紊乱。

2. 物理控制

热处理、电离辐射和短波紫外辐射等物理方法具有安全、无毒、无药害的特点，有望替代或减少化学杀菌剂的使用。

（1）热处理

热处理即采用 35～50℃ 的热水或热蒸汽处理，以杀死或抑制病原菌的活动，延缓浆果的成熟和衰老进程，从而达到防腐保鲜目的的一种物理方法。热处理可钝化病原物胞外酶，使病原物蛋白质变性、脂质降解、营养消耗，在病原物体内积累有毒中间产物，导致代谢失调从而达到对病原物的致死或半致死作用。热处理的方法主要有：热蒸汽处理、强制热空气处理和热水处理。热处理对采后病害的控制效果，除与适宜的处理温度、时间相关外，还与处理方法、果实组织结构、病原物侵染程度、处理前的预处理及处理后的冷却速度等密切相关（Fallik，2004）。此外，与其他方法结合可进一步增强热处理的效果。

（2）电离辐射

电离辐射（ionizing radiation）即利用 γ 射线、β 射线、X 射线及电子束对产品进行照射以达到防腐保鲜目的的一种物理方法。目前以 ^{60}Co 作为辐射源的 γ 射线照射应用最广，其原因在于 ^{60}Co 制备相对容易，γ 射线释放能量大、穿透力强、半衰期较适中。

（3）短波紫外辐射

波长在 200～400nm 的电磁辐射称为紫外辐射，根据波长不同可分为短波紫外辐射（UV-C，200～280nm）、中波紫外辐射（UV-B，280～320nm）和长波紫外辐射（UV-A，320～400nm）。UV-C 辐射可以降低浆果采后病害，抑制微生物生长，延缓果实衰老，提高抗氧化活性和抗病性（图 2-10）。利用 UV-C 辐射采后蓝莓，1～4kJ/m^2 的辐射可使果腐病发病率下降 10%（Perkins-veazie et al.，2008）。UV-C 对浆果采后病害的抑制作用主要包括诱导抗病性、延缓衰老和直接杀菌 3 个方面（Urban et al.，2016）。

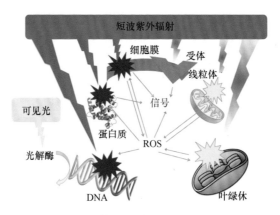

图 2-10 UV-C 保鲜机理示意图（Urban et al.，2016）

3. 生物防治

生物防治是利用微生物之间的拮抗作用，选用对寄主无害且能明显抑制病原菌生长的拮抗微生物（拮抗细菌、拮抗酵母菌、丝状真菌、放线菌）来防治病害的方法，具有环保、安全和有效等优点。拮抗菌防止采后病害的作用机理并未完全明确，目前主要有拮抗作用、竞争作用、重寄生作用和诱导抗性作用 4 种（Nunes，2012）。研究表明，拮抗菌对控制浆果采后病害有很好的效果（表 2-1），现已成为采后病害控制的研究和开发热点（庞学群等，2000）。

表 2-1 拮抗菌控制浆果采后病害的作用模式（庞学群等，2000）

浆果种类	病害及其主要致病菌	拮抗菌	作用模式
草莓	灰霉病（B. cinerea）	木霉菌（Trichoderma spp.）	产生抗生素直接寄生
杨梅	炭疽病（Bacillus anthraci）	米曲霉菌（Aspergillus oryzae）	产生代谢物抑菌
蓝莓	枝枯病（Lasiodiplodia pseudotheobromae）	解淀粉芽孢杆菌（Bacillus amyloliquefaciens）	抑制孢子萌发
	根腐病（Fusariun oxysporun）	枯草芽孢杆菌（Bacillus subtilis）	抑制孢子萌发

拮抗细菌在植物病害防治中起到非常重要的作用，目前应用较多的生物防治细菌主要有枯草芽孢杆菌（*Bacillus subtilis*）、假单胞菌（*Pseudomonas* spp.）、放射形土壤杆菌（*Agrobacterium radiobacter*）。它们的主要优势在于：①种类和数量众多，普遍存在于植物根际和土壤中；②可通过竞争、拮抗、重寄生、诱导植物产生抗性等多种方式对病原菌产生影响；③繁殖速度惊人；④可人工培养，便于控制，在实践中易于操作。

在拮抗生物体中，酵母菌作为生物防治剂是最有效的（图 2-11），它具有较强的抗逆能力，可在高温与干旱条件下长期定殖于果实表面，利用果实表皮的养分迅速扩增。同时，酵母菌不产生毒素，可以和化学杀菌剂共同使用，这些优点使得酵母菌成为果蔬采后生物防治研究的热点。例如，汉逊德巴利酵母对不同环境中的不同致病真菌都具有很强的抑制作用，可有效控制毛霉属、曲霉属和镰刀菌属真菌在果实上的繁殖（Medina-cordova et al.，2016）。木霉菌（*Trichoderma* spp.）可抑制草莓采后灰霉病的生长（屈海泳等，2004）。假丝酵母（*Candida guilliermondii*）对灰霉菌引起的灰霉病具有明显的抑制效果（Zahavi et al.，2000）。Shen 等（2019）从红树林沼泽中分离的海洋酵母（ZMY-1）能够显著抑制灰霉菌的生长，且由 ZMY-1 处理的草莓病斑直径显著小于对照，说明该酵母对灰霉菌有良好的拮抗作用（图 2-11）。目前，拮抗酵母菌的研究集中于利用基因工程技术改造提高其抑菌能力。常用的拮抗酵母菌如表 2-2 所示。

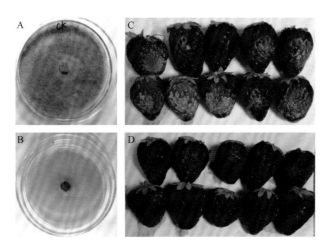

图 2-11 拮抗酵母菌对草莓灰霉病的抑菌效果（Shen et al.，2019）

A. 灰霉菌；B. 灰霉菌+ZMY-1；C. 草莓接种灰霉菌；D. 草莓接种灰霉菌+ZMY-1

研究表明，通过不同拮抗菌混合使用，与化学药物结合处理，如低浓度杀菌剂，与无机盐和有机活性物质组合、对拮抗菌进行遗传改良等可显著提高生物防治效力。虽然关于采后生物防治的研究已经取得大量成果，但是商业化推广始终是生物防治的一大难题。

表 2-2　应用于产后病害生物防治的拮抗酵母菌（程根武等，2002）

拮抗酵母菌	防治病害及其致病菌
季也蒙毕赤氏酵母（*Pichia guilliermondii*）	青霉病（*Penicillium* spp.）
隐球酵母属（*Cryptococcus* sp.）	灰霉病（*Botrytis* spp.）
罗伦隐球酵母（*Cryptococcus laurentii*）	根霉病（*Rhizopus* spp.）
黄隐球酵母（*Cryptococcus flavus*）	交链孢腐烂病（*Alternaria* spp.）
浅白隐球酵母（*Cryptococcus albidus*）	毛霉病（*Mucor* spp.）
出芽短梗霉（*Aureobasidium pullulans*）	青霉病（*Penicillium* spp.），灰霉病（*Botrytis* spp.）
无名假丝酵母（*Candida famata*）	青霉病（*Penicillium* spp.）
季也蒙假丝酵母（*Candida guilliermondii*）	灰霉病（*Botrytis* spp.）
柠檬形克勒克酵母（*Kloeckera apiculata*）	青霉病（*Penicillium* spp.），根霉病（*Rhizopus* spp.）
Candida oleophia	灰霉病（*Botrytis* spp.），根霉病（*Rhizopus* spp.）
Cryptococcus infirmo-miniatus	青霉病（*Penicillium* spp.）
黏红酵母（*Rhodotorula glutinis*）	灰霉病（*Botrytis* spp.），毛霉病（*Mucor* spp.）
美极梅奇酵母（*Metschnikowia pulcherrima*）	灰霉病（*Botrytis* spp.）

第三节　浆果贮运影响因素

浆果的耐贮性、抗病性和采后品质主要由果实种类及品种等自身因素决定，同时也受到环境因素的影响。

一、自身因素

（一）种类和品种

浆果的耐贮性、抗病性主要是由果实种类和品种所特有的遗传特性决定。不同种类浆果产品的商品性状与贮藏特性差异很大，一般，耐贮品种首先应是抗病性良好的品种；通常晚熟品种耐贮性强，中熟品种次之，早熟品种较差。

一般，产于热带地区或高温季节成熟并且生长期短的果实，收获后呼吸旺盛，蒸腾失水快，体内物质消耗多，易被病菌侵染而腐烂变质，不耐贮藏；生长于温带地区、生长期比较长，且在冷凉季节成熟收获的果实，体内营养物质积累多，新陈代谢水平低，具有较好的贮藏性。按照果实组织结构比较，果皮和果肉为硬质的浆果较耐贮藏，如蓝莓，而软质或浆质的浆果耐贮性较差，如杨梅和草莓；耐贮藏的品种一般具有完整致密的外皮组织和结构良好的保护层，外皮组织有一定的硬度和弹性，营养物质含量高，能维持较长时间的呼吸消耗。

同一种类不同品种的浆果，由于组织结构、生理生化特性、成熟收获时期不同，品种间的贮藏性也有很大差异。一般，晚熟品种耐贮藏，中熟品种次之，早熟品种不耐贮藏。例如，'蓝丰'蓝莓贮藏性能显著优于'埃利奥特'蓝莓（蔡宋宋等，2012）。'粉蓝''灿烂''芭尔德温''园蓝'等晚熟蓝莓品种在自发气调包装结合冰温（−1±0.3℃）条件下，耐贮性依次降低（王瑞等，2014）。6月中下旬采自浙江的7个不同品种的杨梅在常温条件下贮藏品质有很大差异：'东魁''荸荠'两种杨梅的好果率分别为77.21%和75.01%，适宜作贮藏保鲜用果；'木叶梅'次之；而'丁岙梅''深红种''早炭梅''迟色'4种杨梅的好果率较低，不太适宜用作贮藏保鲜用果（程晓建等，2009）。和加卫等（2005）研究了'黑莓''丰满红''红莓32#'和'红泡刺藤'几个树莓品种的贮藏性，发现本地野生种'红泡刺藤'的耐贮性优于其他几个品种。

（二）采收成熟度

成熟度是评判浆果成熟状况的重要指标。在果实的个体发育或者器官发育过程中，未成熟的果实呼吸旺盛，各种新陈代谢都比较活跃，果皮的保护组织尚未发育完全，或者结构还不完整，细胞间隙比较大，便于气体交换，体内干物质的积累也比较少，这些因素对浆果的贮藏性产生了不利影响。随着浆果果实的成熟，干物质积累不断增加，新陈代谢强度降低，角质层等表皮组织加厚，果实耐贮性与抗病性不断增强。达到一定的成熟度后，果实开始衰老，耐贮性与抗病性又急剧下降。

不同种类和品种的浆果产品均有其适宜的成熟收获期，收获过早或者过晚，对其商品性和贮藏性都会产生不利的影响，只有在达到适宜成熟度时进行采收，才能使果实保持良好的品质和贮藏性。不同成熟度的蓝莓果实在贮藏过程中，可溶性固形物含量（TSS）和可滴定酸（TA）与采收前变化趋势一致，全蓝色果实贮藏品质显著优于其他成熟阶段，同时在蓝莓果实成熟转色期间，50%蓝色与果蒂圈红果实出现果蒂处向下凹陷腐烂现象（蔡宋宋等，2012）。不同成熟度的草莓在贮藏过程中腐烂指数呈逐渐增大的趋势，成熟度越高，草莓的腐烂越严重，全熟期的草莓腐烂指数大于1/2和3/4成熟的草莓（李莹等，2013）。树莓采后在贮藏过程中果实逐渐变小，纵横径逐渐减小，失重率逐渐增加，其变化幅度为完熟>适熟>初熟；颜色逐渐加深并失去光泽和香味；成熟度越低其外观品质在贮藏中保持得越好；不同成熟度树莓果实贮藏后好果率从高到低为初熟>适熟>完熟（王大伟和向延菊，2005）。就品种而言，'丰满红'树莓品种贮藏时好果率略好于'美国红树莓'。采摘时应在保证果实已成熟的情况下（即适熟期），尽早采收，这样有利于树莓的贮藏保鲜。黑莓品种Chester完熟果的果实品质最好，但贮藏期短，在贮藏过程中品质劣变严重，且果实柔嫩，极不耐运输，不适宜作为鲜果销售；初熟果虽然具有较长的货架期，也耐运输，但品质低下，也不适宜作为鲜果销售；适熟果已基本具备完熟果的品质和产量，在低温条件下贮藏，具有较长的货架期，且在贮藏过程中经过后熟，品质指标向完熟果发展，适宜作为鲜果销售（吴文龙等，2010）。因此，应根据各不同种类和品种浆果的生物学特性、采后用途、市场距离、贮运条件等因素综合考虑，确定适宜的采收成熟度。

二、环境因素

贮藏环境的温度、湿度及 O_2、CO_2 浓度是影响浆果产品贮藏的重要条件，即人们通常所说的影响贮藏的三要素：温度、湿度和气体。

(一)温度

温度是影响果实贮藏寿命最主要的环境因素。温度对贮藏的影响表现在对呼吸作用、蒸腾作用、成熟衰老等多种生理作用的影响上。温度升高使果实呼吸作用加快，导致果实中有机物和水分大量消耗。低温能够延缓果实呼吸作用和蒸腾作用，延缓生理代谢和营养成分的消耗，从而延长贮藏寿命。在一定范围内，温度越低贮藏效果越好，但温度过低可能会使果实发生冷害，引起品质的劣变。

张青（2018）研究了不同贮藏温度下'越心''章姬'草莓果实的外观品质和营养品质的变化，发现 0℃和 4℃低温贮藏对草莓果实品质的保持效果都明显优于室温（15℃）贮藏，从能耗角度考虑，4℃低温贮藏更有优势。徐龙等（2014）研究发现黑莓果实于5℃和 20℃贮藏 12d，果实腐烂率分别为 37.5%和 87.0%，表明低温显著抑制黑莓的腐烂变质。屈海泳等（2014）研究了不同贮藏温度对蓝莓品质的影响，发现 1～3℃低温显著抑制了果实的失重率、腐烂率和维生素 C 含量的下降，较好地保持了果实的营养品质。李娇娇等（2016）研究了不同贮藏温度对桑椹采后果实品质的影响，发现 0℃贮藏能够减缓果实的自溶进程和失重现象，延长贮藏保鲜期。

(二)湿度

湿度是草莓贮藏过程中的一个决定性因素。大多数浆果在低温库贮藏时，应保持较高湿度，一般为 90%～95%；在常温库贮藏时，为了降低贮藏中的腐烂损失，湿度可适当保持在 85%～90%较为有利。

李富祥等（2009）研究发现，在湿度高的环境中，草莓的水分蒸发受到抑制，水分损失减慢，延长了草莓的贮藏时间，草莓比较理想的湿度条件为 85%～95%。蔡宋宋等（2015）研究了'公爵''蓝丰''布里吉塔''埃利奥特''杰兔'5 个蓝莓品种的最适贮藏温湿度，发现 5 个蓝莓品种贮藏适宜温湿度为 0～0.5℃、85%～95%，在此条件下贮藏期可达 30～40d。张望舒等（2010）研究了不同环境湿度对'荸荠''东魁'和'炭梅'3 种杨梅果实贮藏品质的影响，发现在 0℃条件下，（84.1±1.84）%中湿环境下贮藏的果实品质最好，其腐烂率和失重率显著低于 100%高湿环境和（71.0±1.85）%低湿环境。在贮藏中提高环境湿度、减少蒸腾失水成为浆果贮藏中必不可少的措施。生产中应根据浆果产品的特性、贮藏温度、包装方式等来确定适宜的贮藏湿度。

(三)气体成分

在许多种浆果产品的贮藏中，通过改变空气的成分，适当降低 O_2 和增高 CO_2，都可以抑制果实呼吸强度，延缓后熟衰老进程，抑制微生物活动，可以获得比单纯降温和调湿更佳的贮藏保鲜效果。

高铭等（2012）以 Heritage 品种树莓为材料，研究了不同体积分数 CO_2 对树莓果实贮藏性的影响。结果显示，5% CO_2 处理能够抑制果实多酚氧化酶（PPO）活性的升高，使 POD 活性维持在较高水平，抑制 MDA 的积累，从而较好地保持树莓果实的感官品质。王宝刚等（2011）采用新型气调箱贮运'荸荠'杨梅，发现 10% CO_2 保鲜效果不显著，15% CO_2 和 20% CO_2 可以显著延长杨梅保鲜期，但在贮藏后期 20% CO_2 处理会导致果实发生无氧呼吸，产生醇味，而 15% CO_2 处理对杨梅果实没有造成高 CO_2 伤害。章宁瑛（2017）发现臭氧结合气调包装（5% O_2、15% CO_2）可以有效延缓蓝莓果实好果率的下降，保持蓝莓较好的外观色泽和果皮果肉硬度，延缓 TSS、pH、维生素 C 和花色苷含量的下降。

第三章 浆果采后物流保鲜与贮藏技术

第一节 产地预处理技术

一、产地采收

采收是浆果生产的最后一个环节，也是采后处理的第一个环节。浆果的采收技术与采后保鲜贮运效果密切相关。据联合国粮农组织的调查报告显示，发展中国家果蔬采后损失高达 8%～10%，其主要原因有采收成熟度、采收时间、盛装容器等不当，以及采收方法不当而引起机械损伤。相比其他果蔬种类，浆果由于水分含量高，果肉柔嫩，更易造成机械损伤，因此采收技术尤为重要。浆果需要在适宜的成熟度采收，成熟度过低或过高均会对产品品质和耐贮性产生不利影响。在确定浆果的采收成熟度、采收时间和采收方法时，应该充分考虑其采后用途、贮藏时间、贮藏方式、运输距离、销售期等问题。一般，对于远距离运输销售或长期贮藏的浆果，采收成熟度应稍低一些；而就地销售或用于加工的原料，可适当推迟采收期。

（一）采收成熟度的确定

采收成熟度与浆果的耐贮性密切相关，必须选择适宜的成熟度采收。采收过早，不仅产品的大小和重量达不到标准，而且其风味、色泽和品质不佳，影响商品性；采收过晚，则产品过熟而过早进入衰老状态，不耐贮藏和运输，导致货架期较短。果实的种类不同，确定成熟度的标准、描述成熟的阶段也不同（王淑贞，2009）。成熟度的判断可以依据以下几个方面。

1. 表面色泽

表面色泽可作为判断水果成熟度的重要标志之一。未成熟水果的果皮中有大量的叶绿素，随着成熟度的增加，叶绿素逐渐被分解，底色便呈现出来（如类胡萝卜素、花青素等）。例如，蓝莓成熟时呈现出花青素的颜色，果实表面完全变成蓝色并覆盖白色果粉。杨梅果肉中含有黄醇、胡萝卜素，随着成熟度的增加，果肉颜色变深。实际生产中需要根据不同的目的来选择不同的成熟度进行采收。例如，杨梅近距离运输且无需贮藏时，可采收充分成熟、颜色紫红的果实；进行贮藏或远距离运输时，宜采收九成熟、果实色泽由红转紫红、保持较高硬度的果实。例如，在当地市场鲜销的草莓，宜在果实表面着色达到90%以上时采收；需贮藏或者物流运输销售的，应在果实表面着色达到80%以上且保持较高的硬度时采收，避免过度成熟。目前，生产上大多采用根据果实颜色变化情况来判断成熟度的方法，因为该方法操作简便。

2. 硬度

不同种类或品种浆果采收时的硬度要求也不同。例如，草莓'红颜'与'京承香'采收时的硬度应在 $2kg/cm^2$ 左右，但'章姬'采收时的硬度则在 $6kg/cm^2$ 左右（黄斯等，2015）；蓝莓采收时的硬度在 $4kg/cm^2$ 左右为宜，此时成熟度较高，风味较好，也保持有一定的硬度，便于贮藏运输（邵姁等，2016）；杨梅采收时的硬度在 $4kg/cm^2$ 左右，不易出水腐败（徐云焕等，2016）；桑椹采收时的硬度在 $2.1kg/cm^2$ 左右，桑椹没有出现过软，能保持较好的商品性（叶磊，2014）；树莓采收时的硬度则在 $0.2kg/cm^2$ 左右为宜（宋建新等，2015）。

3. 果柄脱离的难易度

生产上常根据果实果梗与果枝脱离的难易度来判断果实的成熟度。离层形成时果实品质具有较好的成熟度，此时应及时采收，否则果实会大量脱落，造成损失。例如，杨梅在达到一定的成熟度后就会特别容易落果，造成大量的损伤。

4. 主要营养成分

随着果实的成熟，果品的主要营养成分如糖、淀粉、有机酸、可溶性固形物等的含量会发生变化，这些营养成分可以作为衡量成熟度的标志。可溶性固形物的主要组分是糖，其含量高标志着含糖量和成熟度均高。例如，蓝莓的可溶性固形物含量在 13% 左右时风味较好。最简单、快速测定浆果含糖量的方法是使用手持糖度仪。

（二）采收时间

浆果采收时间应在晴天气温较低时或阴天进行，避开雨天、露（雨）水未干和晴天高温时段。在气温较低时采收，可减少果实所携带的田间热，降低呼吸强度。雨后和露水很大时采收，极易受到微生物侵染，引起果实腐烂而造成损失。

（三）采收方法

浆果采收方法可分为人工采收和机械采收。在发达国家，由于劳动力成本高，大多采用机械方式进行采收作业。但是机械采收会对浆果造成较大的机械损伤，一般浆果采收以人工采收为主。

1. 人工采收

作为鲜销或长期贮藏的浆果宜采用人工采收，因为人工采收灵活性强、机械损伤少，可以针对不同的产品、不同的形状、不同的成熟度，及时进行采收和分类处理。但是目前国内的人工采收存在许多问题，主要表现为缺乏可操作的采收标准或者有标准未严格执行、工具原始、采收随意等。

为了保证浆果产品采收质量，采收时应注意以下几点：①戴手套采收。戴符合食品卫生要求的洁净软质手套采收可以有效减少采收过程中人的指甲对产品所造成的划伤。②轻摘、轻放。尽量减少果实损伤。③选用适宜的采收工具。针对不同的产品选用适当的采收工具，如果剪、采收刀等，防止从植株上用力拉、扒产品，可以有效减少产品的机械损伤。④在采收时应随时剔除有机械伤、软化、霉变、畸形和病、虫、鸟害等状况的果实。⑤用采收袋或采收篮进行采收，装满后再转入周转箱中，以减少相互撞碰所造成的伤害。⑥采用光滑平整、大小合适的周转箱，周转箱过大容易造成底部产品的压伤（罗云波和生吉萍，2010）。

浆果采收的具体方法应根据其种类来决定。草莓采收时连同花萼自果柄处摘下，采摘的果实要求不带果柄、不损坏花萼和果面。蓝莓采收时应轻摘、轻放，避免果蒂撕裂、碰压等机械损伤，尽量保持果粉的完整。杨梅采收时应避免果实肉柱损伤。桑椹采收时要尽量避免擦伤果面，以免碰伤果穗。

2. 机械采收

机械采收方法适用于果实成熟时果梗与果枝间形成离层的果实，一般使用强风压或强力振动机械，迫使果实由离层脱落，在树下布满柔软的帆布和传送带，承接果实并将果实送到分级包装机内。机械采收的优点是采收效率高、节省劳动力等，缺点是损伤率比人工采收的要高。因此，机械采收一般适用于加工的产品或能一次性采收且对机械损伤不敏感的产品。用于加工的蓝莓可采用机械采收，而杨梅、草莓等浆果无外果皮、果肉柔嫩，易造成机械损伤，不适宜机械采收。

二、分级技术

（一）分级的目的和意义

分级是产品商品化、标准化的重要手段，并便于产品的包装和运输及市场的规范化管理（图3-1）。其意义在于按照一定标准使通过挑选分级后的产品在营养品质、色泽、大小、成熟度等方面基本一致，同时剔除存在病害和机械损伤的产品，经过分级后的产品便于在贮藏与物流环节分别进行管理，也便于在流通过程中按质论价，高质高价。

图 3-1 挑选分级后的杨梅

（二）分级标准

一般根据产品的外观、形状、色泽、风味、理化指标和有无损伤等情况从高到低分为特等、一等、二等、三等等不同的等级。具体的分级标准因浆果的种类、品种而有所不同。

草莓的分级标准如表 3-1 所示。

表 3-1　草莓分级标准（NY/T 1789—2009）

项目	等级		
	特级	一级	二级
品质	优质	良好	不作要求
果品表面	外观光亮、无泥土	轻微压痕、无泥土	不会蔓延的、干的轻微擦伤 轻微的泥土痕迹
果形	具有本品种应有的特征，除不影响产品整体外观、品质、保鲜及其在包装中摆放时非常轻微的表面缺陷外，不应有其他缺陷	不明显的果形缺陷（但无肿胀或畸形）	具有本品种应有的特征，允许有缺陷、畸形果
成熟度	果品着色完全	未着色面积不超过果面的 1/10	未着色面积不超过果面的 1/5

树莓的分级标准如表 3-2 所示。

表 3-2　树莓分级标准（GB/T 27657—2011）

项目	等级		
	优等品	一等品	二等品
整齐度	平均果重 5.0g 以下，±20% 平均果重 5.0～15.0g，±15% 平均果重 15.0g 以上，±10%	平均果重 5.0g 以下，±25% 平均果重 5.0～15.0g，±20% 平均果重 15.0g 以上，±15%	不作要求
色泽	色泽无缺陷	允许色泽有轻微缺陷	色泽有缺陷，但不影响风味
果形	具有本品种应有的特征，果形完整	具有本品种应有的特征，允许果形有轻微缺陷	具有本品种应有的特征，允许果形有缺陷，不得有畸形果
碰压伤	无	有轻微碰压伤的果实不超过 1%，无汁液浸出	允许有碰压伤的果实不超过 2%，允许有少许的汁液浸出
成熟度	不允许有未熟果和过熟果	允许有不超过 1% 的未熟果和过熟果	允许有不超过 2% 的未熟果和过熟果
聚合果的完整性	完整，无缺失	允许果形有轻微缺失	允许果形有缺失，但不能超过整个果实的 50%

蓝莓的分级标准见表 3-3。

表 3-3　蓝莓分级标准（GB/T 27658—2011）

项目	等级		
	优等品	一等品	二等品
果粉	完整	完整	不作要求
果蒂撕裂	无	≤1%	≤2%
果形	具有本品种应有的特征，无缺陷	具有本品种应有的特征，允许有轻微缺陷	具有本品种应有的特征，允许有缺陷，不得有畸形果
成熟度	不允许有未熟果和过熟果	允许有不超过 1% 的未熟果和过熟果	允许有不超过 2% 的未熟果和过熟果

桑椹的分级标准如表 3-4 所示。

表 3-4　桑椹分级标准（GB/T 29572—2013）

项目		一级	二级
桑椹质量		紫色、紫红色、红色椹≥3.0g， 米白色椹≥1.0g， 且大小开差≤5%	紫色、紫红色、红色椹≥0.8g， 米白色椹≥0.5g， 且大小开差≤10%
可溶性固形物（%）		≥10.0	≥9.0
酸度（pH 计测定）		3.5～6.0	
可食用期限（d）	室温存放	≤24	
	低温存放（4～10℃）	≤36	
缺陷单果率（%）	虫伤、碰压伤	≤6	≤10
	药斑	无	
	病果	无	
验收容许度		≤5%的次级果	
杂质		无肉眼可见的外来杂质	

杨梅的分级标准如表 3-5 所示。

表 3-5　杨梅分级标准（LY/T 1747—2008）

项目	品种*	特级	一级	二级
基本要求	荸荠	果形端正，具有该品种固有特征；果面洁净，无病斑、无虫粪、无灰尘、无霉变；达到商业成熟度，口感甜中带酸，具有该品种特有风味，无异味		
	东魁			
果面	荸荠	伤痕占果面 1/10 的果数不超过果实总数的 2%	伤痕占果面 1/10 的果数不超过果实总数的 5%	伤痕占果面 1/10 的果数不超过果实总数的 10%
	东魁			
肉柱	荸荠	肉柱发育充实，顶端圆钝，无肉刺	肉柱顶端圆钝或有少量尖锐	肉柱顶端圆钝或有少量尖锐，带轻微尖肉刺
	东魁			
单果重（g）	荸荠	≥11.0	≥9.5	≥7.5
	东魁	≥25	≥21	≥18
可溶性固形物（%）	荸荠	≥10		
	东魁	≥9		
可食率（%）	荸荠	≥94		
	东魁	≥85		

*其他品种参照执行（中小果类参照荸荠，大果类参照东魁）

（三）分级方式

分级的方式有手工分级和机械分级两种。草莓、杨梅等无果皮和易受损伤的浆果多用手工分级；蓝莓除了手工分级，还可采用机械分级。

1. 手工分级

手工分级时应预先培训操作人员，熟悉掌握分级标准。手工分级的优点是可避免浆果产品受到机械伤害，缺点是效率低和误差大。

2. 机械分级

由于不同种类和品种的浆果在大小、形状、质地等方面差异很大，难以采用通用的分选装置直接分级。目前应用的主要有重量分选装置与形状分选装置，近年来还开发了颜色分选装置与无损品质检测分级装置。

三、预冷技术

预冷是将新鲜采收的果品在物流或贮藏前迅速去除田间热和呼吸热，使其品温降低到适宜温度的过程。为了保持浆果产品的良好品质和货架寿命，预冷是必不可少的环节。预冷处理必须在产地采收后立即进行，尤其是一些高温季节采收的、采后代谢强度高的、品质变化快的浆果。若浆果不能及时进行预冷处理，不去除田间热和呼吸热，在运输、贮藏过程中，很快就会达到成熟状态，大大缩短贮藏时间并且失去商品价值。

（一）预冷的作用和意义

1. 迅速除去田间热和呼吸热

田间热和呼吸热是浆果在采后首先应克服的两个热源。田间热来自生长环境，而呼吸热则由果实自身的呼吸作用产生，这两种热源都会使果实温度上升，进而加速果实呼吸。尤其对于高温季节采收的杨梅等浆果，环境高温会促进其呼吸，产生并蓄积热能。有研究表明，果蔬携带的总热量的58.9%为田间热。例如，当田间采摘温度为26.7℃时，蓝莓代谢产生的热量约为25 500kJ/(t·d)，果心温度高达14.4℃，该温度下的蓝莓果实呼吸速率比4.5℃环境下的高近20倍。因此，需要通过预冷处理迅速除去高于果实目标温度部分的热量和果实呼吸作用产生的热量，从而减缓果实呼吸、抑制热能蓄积（蔡宋宋等，2016）。

2. 减少果实水分损失

果实失水会出现萎蔫与皱缩，严重影响产品的外观甚至使水果丧失商品价值。果实失水的主要原因是水分在水果表面蒸发。温度越高，水分就蒸发得越快，因此通过预冷降低温度可以减缓失水的速率。

3. 降低呼吸速率，保持果实品质

在一定范围内，温度越高，果实生理生化反应相关酶活性、呼吸速率、养分代谢速率等越高，导致产品加速衰老，贮藏品质降低。例如，在0℃、5℃、20℃环境下，草莓果实的最大呼吸速率分别为5.49mL CO_2/(kg·h)、9.09mL CO_2/(kg·h)、26.32mL CO_2/(kg·h)，草莓果实在20℃条件下的呼吸速率约为5℃条件下的2.9倍（侯玉茹等，2019）。因此快速降低果实温度，可以减缓呼吸速率，延长贮藏时间。

4. 控制包装袋内结露，抑制微生物生长

如果浆果产品不经过预冷就直接包装进入冷库贮藏或低温冷链运输，会导致果实内

部温度较高、呼吸强度与蒸发速度增强、包装袋内蒸汽压迅速上升。经冷库或冷链冷却后,袋内温度逐渐降低,当达到袋内蒸汽露点温度后,过饱和水蒸气在袋内或果实表面形成结露,并产生了大量冷凝结露水,为微生物繁殖创造了有利条件。预冷则可以使果实温度迅速下降,因而形成的过饱和水蒸气会扩散到预冷库中,预冷完成后再包装,则不会出现结露现象,能有效抑制果实表面的微生物繁殖。

5. 降低制冷负荷

经过预冷处理的果实温度已降低到较低水平,在贮藏或运输环节,仅需要提供维持低温的制冷量即可,即降低了制冷设备的负荷。另外,预冷还可避免不同温度的果实贮藏到同一个冷库引起库温波动。

(二)预冷方法

预冷方法通常有冷库冷风预冷、压差预冷、真空预冷、水预冷等。

1. 冷库冷风预冷

冷库冷风预冷是将产品放在冷库内利用冷风进行降温的一种方式,是目前最普遍的预冷方式。其冷却效果与冷库的制冷量、产品的堆码方式、空气流速等因素密切相关。通过适当提高冷库的制冷量和加强冷库的空气流速,可以提高冷库制冷的效率。冷库冷风预冷是大多数浆果适用的预冷方式,可有效保持贮藏期内果实的品质。例如,初温在(32±2)℃的蓝莓,在0℃的冷库中预冷,120min后蓝莓果实的中心温度降到2℃,经过预冷处理的蓝莓果实腐烂率明显低于未经预冷的对照组,可滴定酸、可溶性固形物和抗坏血酸含量等品质指标,预冷组也明显优于对照组(范尚宇,2016)。

2. 压差预冷

压差预冷原理是利用抽风扇在包装箱两侧造成压力差,冷风由包装箱一侧通风孔进入包装箱中,与产品接触后由另一侧通风孔出来,强迫冷风进入包装箱中,使冷空气直接与产品接触,同时将箱内的热量带走。影响预冷效果的因素包括包装容器、堆码方式和空气流速等。压差预冷的效果优于冷库冷风预冷。

与冷库自然预冷(在2℃冷库中自然冷却12h)相比,使用压差预冷(预冷时间45min,预冷终温2℃)的杨梅感官品质和硬度下降速度缓慢,果实贮藏21d后仍保持较好的商品性,而对照组的感官品质和硬度在贮藏6d时快速下降,第12天时开始产生不良风味,第21天时基本丧失商品价值。杨梅的保鲜期非常短,预冷对杨梅的贮藏起到非常重要的作用。采用压差预冷方法可以降低呼吸速率,保持膜结构和酶活性,有效延缓果实衰老(陈文烜等,2010)。

3. 真空预冷

真空预冷是将预冷产品置于密闭箱体内,迅速抽出空气至一定真空度,产品体内或者表面的水在真空负压下蒸发,同时带走热量而冷却降温。影响真空预冷效果的因素包括产品的比表面积、组织失水的难易程度及真空室抽真空的速度等。真空预冷处理适用于浆果的预冷处理。例如，树莓在采后 1h 内先进行真空预冷，然后置于温度为 2～3℃、相对湿度为 85%～90%的条件下贮藏，保鲜时间可延长至 14d（张晓宇等，2010）。

草莓在 25℃室温下，设定预冷终温为 1℃和 5℃，对应每个预冷终温分别设定 3 个预冷终压（300Pa、500Pa、700Pa），以未经预冷处理的草莓为对照组。结果显示，采用真空预冷作为贮前处理手段，预冷终压越低，果实个体直径越小，其温度下降越快；预冷终温越低，预冷时间越短，果实失水率就越低。经过真空预冷的果实在 4℃条件下冷藏期间，其果实硬度和维生素 C 含量的降低速度均低于未经预冷处理的对照组。经过500Pa 预冷处理后的草莓在冷藏期间其维生素 C 含量及硬度保持相对较好（鄂晓雪等，2014）。

4. 冷水预冷

冷水预冷是将产品直接浸没于冷水中，或用采用冷水对产品喷淋的一种冷却方法。由于水的传热系数比空气大，因此冷水比冷风的冷却速度快。研究发现，在相同的流速和温差下，冷水的冷却速度是冷风的 15 倍。冷水预冷不会引起果蔬失水干耗，因此较适合不怕水浸的根菜类产品，不适合浆果产品。几种预冷方法特点对比见表 3-6。

表 3-6 几种预冷方法特点对比（贾连文等，2018）

基础与背景	预冷时间	适用范围	方法特点
冷库预冷	1～3d	几乎所有果蔬	预冷速度慢，受冷不均匀
压差预冷	4～6h	几乎所有果蔬	预冷速度快，投资低
真空预冷	15～20min	比表面积大的果蔬	预冷速度较快，初期投资略高，适用范围小
冷水预冷	30～60min	不怕水浸的果蔬	预冷速度快，适用范围较小

四、包装技术

包装是使浆果产品标准化、商品化、保证安全运输和贮藏、便于销售的主要措施。良好的包装有以下作用：①保护作用。保护浆果产品，减少或避免在运输、装卸过程中造成的机械损伤，防止产品受到尘土和微生物等的外部污染。②保鲜作用。提供或创造有利于贮藏和物流运输的环境条件，调控生命代谢活动，延长保鲜期。③改善外观，提高产品附加值。精美的包装设计能提高产品档次和吸引顾客，提高附加值。

（一）包装容器的要求

产品的包装容器应具有美观、清洁、卫生、无异味、无毒性、内壁光滑、重量轻等特点。浆果产品的包装除了上述要求，还应具备以下特点：①具有较好的机械强度以避免产品在运输、装卸等过程中造成机械损伤；②具备适宜的通透性，有利于产品在贮藏和运输过程中散热与气体交换；③具有良好的防潮性，防止包装容器吸潮变形造成机械强度降低，导致产品受损。

（二）包装方法

浆果经过挑选分级后可进入包装阶段，根据产品的特点选择合适的包装方法。为了防止产品在包装容器内相互碰撞摩擦，避免流通过程中的机械损伤，不管采用哪种包装方式，都要使产品在包装容器内有一定规律地排布，这样排布既有利于产品通风换气，又能节约容器空间。由于不同产品对不同机械损伤的敏感程度不一样，因此在选择包装方法上也要视具体情况而定。

1. 浆果包装设计的考虑因素

从浆果田间采后到消费者手中，贮运方式多种多样，并且每种储运方式包含不同的环节，不同环节的操作流程也不尽相同，每个流程持续的时间也不同，因而对包装的要求也不相同。在选择包装形式、包装材料，以及对于浆果整个流通过程的包装设计时，需要综合考虑市场与社会效益、运输过程的机械伤害和不同用途等多个方面的因素。例如，草莓采后可根据当地市场鲜销或需物流运输销售，选择不同的包装方式。

（1）当地市场鲜销的草莓

内包装宜采用塑料小包装盒或纸盒，果实摆放紧密而不松动，装果高度宜为一层；外包装可采用纸箱、泡沫箱等，包装材料应坚固抗压、清洁卫生、干燥无异味，对产品具有良好的保护作用，箱内的独立小包装应摆放整齐、紧密、不松动，小包装盒叠放高度不宜超过 3 层。

（2）需物流运输销售的草莓

外包装应采用具有较高抗压性能的泡沫箱等防振材料，果实直接紧密摆放于外包装箱内，装果高度宜为 1 层，并在包装底部和果实表面垫柔软缓冲物。条件允许的情况下也可在外包装泡沫箱内放置小包装盒，每小盒内装果宜为 1 层，小包装盒叠放高度不宜超过 3 层；小包装盒与外包装之间固定不松动，放置冰瓶（袋）等蓄冷材料并密封，蓄冷材料应与草莓果实相隔离，不宜直接接触。

此外，杨梅预冷后进入物流运输销售的包装可采用抽气包装和气调包装方式。通常选择厚 0.04~0.05mm 的聚乙烯（PE）薄膜包装袋进行抽气或气调包装。抽气包装：采用抽气装置抽取一定空气后并扎紧袋口，以包装薄膜刚贴近果实为度，避免肉柱损伤。气调包装：排除空气后采用混合气体充气法，混合气体比例为 3%~5% O_2 + 10%~12% CO_2。将包装后的杨梅和冰瓶（袋）等蓄冷材料同置于 2~3cm 厚的定型泡沫箱内并密封。杨梅与冰瓶（袋）的重量比宜不大于 4∶1。

2. 包装方式

预处理的包装方式主要有真空包装、气调包装和自发气调包装等。

（1）真空包装

真空包装是将浆果装入包装袋后抽出包装袋内的空气，袋内空气达到预定的真空度后将袋口密封。研究表明，当包装袋内的氧气浓度≤1%时，微生物的繁殖速度会急剧下降，当氧气浓度≤0.5%时，大多数微生物处于被抑制状态而停止繁殖。但真空包装需结合适宜的低温贮运条件才能延长货架期。

（2）气调包装

a. 气调包装的概念

气调包装是指通过充气或置换气体成分来改良气体环境的包装。例如，通过减少包装内的氧气含量同时增加二氧化碳气体含量，来改变包围在水果周围的空气环境，降低水果新陈代谢速率和微生物生长繁殖的速度，最终达到延长水果保鲜期的目的。

这里所说的"气调"概念不同于"气调贮藏"中用到的"气调"概念。气调贮藏在国际上被称为 CA 贮藏（controlled atmosphere storage），指由人工控制产品贮藏环境中的气体成分和浓度以延长贮藏期的一种贮藏保鲜方法。气调贮藏通常指利用气调冷库而进行的水果保鲜贮藏。

b. 气调包装适宜的气体条件

气调包装主要通过调节氧气和二氧化碳的比例来达到保鲜效果，用于水果保鲜的混合气体通常被称为保护气体，一般由二氧化碳、氧气、氮气及少量特种气体组成。根据不同水果的代谢特性，按照一定的比例将这些气体配比混合，能够通过降低呼吸速率来减缓水果的生理成熟进程，同时保持一定程度的有氧呼吸能够维持水果的新鲜度，有效保持产品品质和延长货架期。

将当天采收的杨梅称重 150g 左右置于一次性塑料托盘中，再将托盘置于低密度聚乙烯包装袋中，进行充气并封口，进行保鲜贮藏试验。处理方法分为如下 5 种：①对照组，既不充气也不用薄膜包装；②充 100% N_2 封口包装；③用 100% CO_2 处理 2h 后让其恢复约 30min，再置于薄膜包装袋中封口包装；④充 10% CO_2 + 5% O_2 + 85% N_2 混合气体封口包装；⑤自发气调包装，即直接将装有杨梅的托盘置于包装薄膜袋中封口。各处理均置于 2℃下贮藏。结果表明，杨梅采用气调包装处理后冷藏，可以防止杨梅过度失水，减缓可溶性固形物含量与可滴定酸含量的下降速率。在几种处理中以 10% CO_2 + 5% O_2 + 85% N_2 的气调包装效果为最好，杨梅经冷藏 9d 后仍有较高品质，好果率达 80% 以上，并且可以大大减缓果实的霉变（沈莲清和黄光荣，2003）。

（3）自发气调包装

a. 自发气调包装概念

自发气调包装是指有针对性地根据水果种类、包装量、材料透气性、透气材料使用面积及贮藏温度等因素设计和选择包装方案，使得包装内的气体平衡浓度能够满足水果维持自身生命活动所需最低能量的有氧呼吸，即此时包装内氧气的消耗速度等于包装外氧气的渗入速度，同时呼吸产生二氧化碳的速度与渗出的速度达到平衡。

b. 自发气调包装原理

生鲜水果产品在某种程度上来说，仍然是一个有生命的组织，其呼吸作用尚未停止。而呼吸作用需要消耗氧气，并且会产生二氧化碳、水和热量，同时破坏碳水化合物等其他保持水果新鲜、风味品质的物质。水果在成熟过程中会释放乙烯，乙烯会加速水果的成熟和衰老进程。不同水果不同时期释放乙烯的量和对乙烯浓度的敏感性也不尽相同。

水果呼吸速率及氧气转化为二氧化碳的速度和程度取决于氧气的浓度，呼吸速率与氧气浓度呈正相关关系，浓度越高，氧气转化得越快。如果氧气浓度低于某个程度，水果就会停止呼吸，此时水果就会迅速变质，失去商品价值。

用塑料膜或塑料袋包装水果后，在水果的周围会形成一个局部的小环境，这一小环境与外部的大气环境完全不同。由于水果的呼吸和其他生理作用，周围小环境中的气体成分随之发生变化，变化后的环境又会反作用于水果呼吸和其他生理活动。

用塑料膜包装或包裹果品并不会将水果周边的小环境和外部大气环境完全隔绝，由于塑料膜本身能够融合和释放气体，因此即使密封再好，水果周边小环境的气体也会透过塑料膜与周围大气环境进行气体交换，而所选用的塑料膜材料厚度、面积、种类、环境温度及塑料膜两侧各气体成分的分压差等因素决定了交换的气体量和气体成分。

对于呼吸快的水果，即使用透气性最好、厚度最薄的塑料膜严密包装，其周围的氧气也会被迅速耗尽，通过塑料膜进入的氧气无法满足水果呼吸的氧气消耗。此时水果呼吸作用的无氧呼吸比例急速上升，虽然在短时间内仍能维持水果的生命活动，但长时间的无氧呼吸，导致水果有害代谢产物积累和能量的过度消耗，最终衰亡。

c. 自发气调包装的优化设计

自发气调包装用于水果保鲜时应当进行必要的优化设计。虽然一定程度的低氧环境对水果保鲜有利，但不同种类的水果，生理特性不同，适宜的氧气和二氧化碳气体体积分数也不同，每种水果的保鲜气体都有其各自的氧气和二氧化碳气体浓度范围。当氧气体积分数高于最适值范围时，水果呼吸速度加快，不利于贮藏；当氧气体积分数低于最适值范围时，则会出现无氧呼吸，产生乙醇及其他无氧呼吸代谢产物，使水果的品质变差。

由于塑料袋、塑料膜本身的透气性，水果有氧呼吸消耗了包装内的氧气，空气中的氧气便透过包装材料进入到氧气浓度低的包装内，同时呼吸产生二氧化碳，使得袋内二氧化碳浓度升高，透过包装材料向外界扩散。最终，包装中的氧气和二氧化碳气体体积分数会达到一个动态的平衡。而稳定气体成分的比例则取决于所采用的包装材料、水果品种甚至存放环境等因素。

蓝莓采收后于5℃冷库中预冷12h，采用聚乙烯（PE）保鲜袋（规格为35cm×25cm、厚度为0.05mm）挽口包装，对照组不包装，于（5±0.5）℃条件下贮藏。结果显示，PE保鲜袋包装能有效降低果实失重率和减少水分散失，减缓果实硬度下降和可溶性固形物含量上升，并能较好地保持果实的品质，但对可滴定酸含量的下降无明显影响；同时，PE保鲜袋包装能够有效延缓SOD、CAT、POD活性最大值的出现，并能在贮藏后期维持较高的抗氧化酶活性与较高的花色苷和总酚含量，表现出较好的贮藏效果。综合分析结果，PE保鲜袋包装是蓝莓低温贮藏较为合适的包装方式，适于在果实采后贮藏过程中开展应用（陈杭君等，2013）。

树莓采后在0℃冷库内预冷12h后，分别采用不同厚度的PVC、PE和高渗出CO_2保鲜膜自发气调包装贮藏。结果显示，对于较耐CO_2的树莓，0.03mm的PVC保鲜膜是比较理想的自发气调包装材料，采用这种包装材料保存的树莓在0℃贮藏20d时，果实品质较好，好果率在80%以上，并且能够较好地完成后熟过程（张晓宇等，2010）。

第二节　贮藏保鲜技术

一、物理保鲜技术

（一）低温

温度是影响浆果品质的一个关键因素，采用低温贮藏是浆果保鲜最常见的方法之一。低温保鲜主要是通过在低温条件下有效减缓水果的呼吸代谢等生命活动，抑制微生物生长，从而保持采后水果风味品质，减少腐烂。Hassimotto 等（2009）将桑椹在室温、0℃和5℃条件下保存，发现0℃和5℃处理的桑椹POD活性均维持在较低水平，直到第12天才达到最高。他们认为呼吸高峰的出现与POD活性紧密相关，低温推迟了呼吸跃变的到来。任何微生物都有一定的正常生长繁殖的温度范围，温度愈低，它们的活动能力也愈弱，温度低于微生物的最低生长点，微生物就停止生长甚至死亡。当前比较常用的低温贮藏方式主要有冷库贮藏、蓄冷与冷链贮藏、速冻低温冻藏。刚兴起的新兴技术有冰温贮藏、临界低温高湿保鲜等，但无论哪种贮藏方式，在开始贮藏前最为关键的一步是要将水果进行一定时间的预冷，消除田间热来增强保鲜效果。

1. 冷库贮藏技术

在气温较高的季节和地区，要获得贮藏所需的适宜低温，就须采取人工降温措施，进行人工冷藏。人工冷藏有两种方式：一种是较为原始的冰藏，另一种是机械冷藏。机械冷藏是在利用良好隔热材料建成的仓库中通过机械制冷系统作用，将库内的热传送到库外，使库内的温度降低并保持在有利于延长浆果贮藏寿命水平的贮藏方式。

冷库是一种永久性的、隔热性能良好的建筑（图3-2）。机械冷库的库内冷却系统一般可分为直接冷却（蒸发）、盐水冷却和鼓风冷却3种。直接冷却系统是把制冷剂通过蒸发器回接装置于冷库中，通过制冷剂的蒸发冷却库内空气，主要优点是降温速度快，

图3-2　冷库

缺点是蒸发器易结霜，要经常除霜；盐水冷却系统的蒸发器不直接安装在冷库内，而是盘旋安置在盐水池内，将盐水冷却之后再输入安装在冷库内的冷却管组，盐水通过冷却管组循环往复吸收库内的热量使冷库逐步降温；鼓风冷却系统的冷冻机的蒸发器直接安装在空气冷却室内，借助鼓风机的作用将库内空气吸入空气冷却器并使之降温，将已经冷却的空气通过送风管送入冷库内，如此循环，达到降低库温的目的。鼓风冷却系统在库内造成空气对流循环，冷却速度快，库内温度和湿度较为均匀一致，但如果不注意湿度的调节，该冷却系统会加快浆果的水分散失。

冷库贮藏是目前我国浆果现代化贮藏的主要形式。冷藏使果品在低温条件下呼吸速率降低、微生物侵染减少、果实腐烂率降低、果实衰老延缓、果实贮藏期延长，从而延长果实供应周期。冷藏过程中应避免温度过低而造成冷害和冻害，以免缩短贮藏寿命甚至丧失商品价值。郭志平（2010）发现低温贮藏很好地抑制了树莓的呼吸作用，并延长了树莓的贮藏保鲜期和鲜食货架期，将刚采收的树莓在 0～4℃低温冷库中贮藏，可延长保鲜 4～7d。

另外，温度波动对浆果细胞的刺激会促进其呼吸作用，因此贮藏过程中保持稳定的温度非常重要。较高湿度会降低浆果水分蒸发并减少萎蔫，而大多数真菌孢子萌发的适宜相对湿度大于 90%，因此在贮藏管理中需要适当进行通风换气以降低湿度，满足控制侵染性病害的需要。

2. 蓄冷与冷链贮藏技术

蓄冷是将机械压缩式等制冷循环机组工作产生的冷量储存在蓄冷材料中，是一项将冷量储存起来供后续使用的技术。它是制冷技术的补充和调整，是协调冷能在时间和强度上供需不匹配的一种经济可行的方法。随着新型蓄冷材料（图 3-3）的不断研发，蓄冷技术不断扩大其应用范围，近年来在冷藏运输中特别是浆果的冷藏运输领域，发展较为迅速。应铁进等（1997）开发的蓄冷技术，在杨梅鲜果的公路远程冷链运输中取得了良好的效果。目前蓄冷技术在农产品冷链贮运车中的应用，既可以降低运输车温度使农产品维持在低温条件下，又能有效控制冷藏车内温度的稳定。现有冷藏车安装有相变蓄冷剂的蓄冷板，用于稳定车内低温，可有效解决冷藏车控温困难的问题。因此，将蓄冷与

图 3-3　蓄冷剂

冷链技术结合起来的保鲜实际上是以蓄冷为依托的贮藏运输，利用蓄冷技术的冷量维持及调控保鲜车内的温度，使车内温度环境保持稳定，达到延长水果贮藏期的目的。该技术具有广泛适用性，凡是进行冷链物流运输的浆果，均可以采用该方法，但仍需开发一定的运输防护技术，以避免浆果运输过程中的机械损伤，因此具有广阔的应用前景。

3. 速冻低温冻藏技术

速冻通常可以最大限度地保持浆果的色泽、香味和质地，解冻后的浆果质地接近于新鲜浆果。有资料表明，树莓果实速冻后可保存 14 个月以上，以便有充裕的时间为加工提供原料及运输和销售至国外。胡军等（1987）在–18℃下冻藏草莓 40d 后进行营养成分测定，结果表明，肉质致密的草莓适宜在较低温度下缓慢解冻，利于保持口感品质、可溶性固形物、可滴定酸及维生素 C 含量等，保存率可达 98% 以上。刘畅等（2014）对 8 种树莓冻藏后的品质变化进行了研究，结果表明，树莓鲜果细胞膜紧贴细胞壁，速冻后胞内失水严重，细胞膜萎缩，细胞膜与细胞壁分离；在–18℃条件下，随着贮藏时间延长，细胞膜的渗透率、汁液流失率均升高，硬度下降，可溶性固形物在整个贮藏期中变化不大；贮藏的前 30d，总酚和花色苷含量快速下降，贮藏 30～120d，总酚和花色苷含量缓慢下降。其中，'米克''美国 22 号''胜利'3 个品种在冻藏后能保持较高的细胞完整性，可溶性固形物、花色苷和总酚含量保持较好，汁液流失率变化较小，为适宜加工速冻的树莓品种。在实际应用中，由于速冻贮藏成本较高，加之解冻后树莓品质下降快等缺陷，现实中对树莓进行速冻的应用还相对较少。包海蓉等（2006）研究了在不同冻藏温度（–18℃、–24℃、–40℃）下保存 10 个月后桑椹品质的变化，实验数据显示，在–18℃下冻藏处理的桑椹失水率和花色苷、类黄酮与维生素 C 等营养物质的损失及果肉的褐变程度都远远高于更低温度（–24℃和–40℃）下冻藏的桑椹。

4. 冰温贮藏技术

冰温是指从 0℃到生物体冻结温度（即冰点）的温域。生物细胞中富含单糖、酸、盐类、氨基酸、多糖、可溶性蛋白等多种成分，导致生物体冰点低于纯水，处于–3.5～–0.5℃。有研究表明，在不影响果实品质的前提下，贮藏温度越低保鲜效果越好，因此使浆果贮藏在 0℃到冰点的温度范围内的冰温贮藏技术也应运而生。江英等（2004）在对草莓 50d 的冰温贮藏研究中发现，草莓的硬度仅从 1.1kg/cm^2 下降到 0.7kg/cm^2，且整个过程下降比较缓慢，而 4℃下冷藏的草莓在贮藏第 7 天硬度就降至 0.3kg/cm^2，可见冰温可有效抑制草莓失水，延缓原果胶的分解反应，很好地保持了草莓的质构。李共国和马子骏（2004）对桑椹在冰温贮藏期内糖酸比的研究中发现，冰温条件下糖酸比的下降速率减缓，有利于保持果实的固有风味，并且在冰温条件下，可溶性固形物含量和总酸含量都比冷藏高，总体来说比冷藏更有利于营养成分的保留。该技术在杨梅、草莓、蓝莓等浆果的贮藏中也取得了较好的效果。

冰温贮藏技术被誉为继冷藏和气调贮藏之后的第三代保鲜技术，是一种绿色无害的保鲜技术。具体而言，冰温贮藏保鲜技术具有以下优点：一是冰温贮藏能很好地保持浆果质地、形态、色泽、风味等感官品质，因为贮藏温度未达到冰点，细胞液不会冻结，细胞结构和活性未遭到破坏；二是冰温能降低浆果呼吸强度，减少营养物质消耗，延长浆果保鲜期；三是冰温条件下能有效抑制有害微生物的生长，降低浆果在贮藏期间的腐败率。但就一些浆果而言，冰温贮藏还存在一定的缺陷，对于冰点较高的浆果，其冰温带较为狭窄，不能精确地将贮藏温度控制在冰温带之间。但这些问题可通过人为添加冰点调节剂和冰温贮藏前低温锻炼来解决。董生忠等（2017）研究发现，冰温贮藏可以提高蓝莓中超氧化物歧化酶、抗坏血酸过氧化物酶的活性，抑制蓝莓腐烂，且结合短波紫外处理，对蓝莓的保鲜效果更好。在确定浆果的冰点之后，做好环境冰温控制，再配合相应的保鲜措施，可以有效延长浆果贮藏保鲜期。

5. 临界低温高湿保鲜技术

临界低温高湿保鲜技术是一种新型低温保鲜技术，控制温度在果品冷害点左右和相对湿度为 90%～98% 的环境中贮藏保鲜浆果，在使浆果不发生冷害的情况下采用尽量低的温度保鲜，可有效延长保鲜期。20 世纪 80 年代，日本北海道大学率先开展了冰温高湿保鲜研究，此后国内外相继进行临界低温高湿贮藏（CTHH）相关研究，即控制果品在冷害点温度以上 0.5～1.5℃ 和相对湿度为 90%～98% 的环境中保鲜水果。临界低温高湿贮藏的保鲜作用体现在两个方面：①在不发生冷害的前提下，采用尽量低的温度可以有效地控制浆果呼吸强度，使易腐烂的浆果达到休眠状态；②采用高相对湿度可有效降低浆果水分蒸发速率，减少失重。从原理上说，CTHH 既可以防止浆果在保鲜期内的腐烂变质，又可以抑制浆果衰老，是一种较为理想的保鲜手段。低温保鲜技术是现在应用最广泛的保鲜技术，但是有些微生物在低温条件下仍可以保持较高的生长繁殖速率，因此还需要结合防腐处理等方法，以达到防腐保鲜的目的，所以临界低温高湿环境下结合其他保鲜方式进行基础研究是浆果保鲜的一个重要方向。

（二）辐照

电离辐照自 20 世纪 40 年代在食品领域开始应用以来，经过广泛研究，已逐步迈入实用阶段，世界上许多国家批准了包括水果保鲜在内的诸多商业化应用。目前，国际上食品辐照采用的辐照源主要有 3 种：一是放射性核素 ^{60}Co 和 ^{137}Cs 的 γ 射线；二是机械源产生的电子束；三是紫外灯产生的紫外线。

1. 辐照保鲜的作用机理

辐照处理浆果的作用包括抑制呼吸作用、内源乙烯产生及过氧化物等活性，进而延缓成熟衰老，杀灭寄生虫，抑制病原微生物的生长并降低由此引起的腐烂，从而减少采后浆果损失，延长贮藏期。新鲜浆果进行辐照处理时要考虑不同种类间耐受力的差距。超出辐照剂量处理不仅无法达到预期的效果，反而会带来包括产品褐变加剧、变味、物质分解、组织软化、营养物质损失增加、降低产品抗病性而加重腐烂等不利影响。

2. 辐照处理的常用方式

（1）γ 射线

γ 射线中 ^{60}Co 制备相对容易，所以 ^{60}Co 作为辐照源最为普遍，并且 ^{60}Co 释放出的

γ 射线具有能量大、穿透力强、半衰期较适中等优点。当 γ 射线穿过活的机体组织时，会使机体中的水和其他物质发生电离作用，产生自由基，从而影响机体的新陈代谢速度，甚至会杀死机体细胞、组织和器官。大量研究表明，利用 γ 射线对蓝莓进行处理，可以杀死蓝莓携带的真菌，却几乎不产生热效应，可保持蓝莓最佳风味，延长贮藏期。赵永富和谢宗传（1999）认为以 3.0～4.0kGy 剂量的γ射线辐照处理草莓，能抑制腐败，延长货架期，且保持其原有的质构和风味。姚远等（2017）采用 γ 射线辐照蓝莓，发现低剂量的辐照对冷藏蓝莓果实品质和生理影响不明显，高剂量的辐照能够加速蓝莓冷藏过程后期的衰老过程；辐照后蓝莓果实的维生素 C 和花青素含量均下降，且与辐照剂量呈负相关关系；2.5kGy 辐照处理能很好地降低蓝莓果实腐烂率，延缓其冷藏过程中营养物质的降解和生理功能的下降，贮藏期达到 71d。因此，^{60}Co-γ 辐照处理对于延长贮藏期和提高蓝莓冷藏品质是一个行之有效的方法。

（2）电子束

电子束是由电子加速器产生的低能或高能电子束射线，可以通过高能脉冲直接作用并破坏活体生物细胞内的 DNA 或 RNA。较低剂量的电子束能够在不显著影响果实品质的前提下，消灭携带的微生物，延缓水果成熟，延长水果的保鲜期与货架期。电子束通过其射线的直接和间接作用，使生物大分子或化学污染物分子发生断裂、交联等一系列反应，从而改变分子原有的生物学或化学特性，降低其毒害性及致敏性。它的特点是用一种装置产生名为"软电子"的微弱电子辐照水果表面，可有效抑制或杀灭微生物。这种电子波最深只能深入浆果表面 50～150μm 处，因此它在不使农产品的内部结构和营养成分遭到破坏的前提下，杀掉农产品表面附着的细菌。张婷（2011）使用电子束辐照对从草莓上分离出的灰霉菌进行处理，结果表明电子束对灰霉菌的分生孢子萌发率、萌发时间及萌发形态均具有不同程度的抑制和延缓作用，且萌发率随辐照剂量的增加而降低，萌发时间随辐照剂量的增加而延迟。同时，电子束处理与低温处理联合对分生孢子萌发活性的抑制作用具有叠加效应，这也表明该方法对草莓等浆果采后贮藏保鲜具有积极效应，有助于延长其贮藏期。

（3）紫外线

短波紫外线在采后果品上的应用具有易于使用、杀菌范围广、不产生化学残留物且成本低廉等特点。近年来，人们对其进行了大量研究，采后 UV-C 处理能延迟果品成熟及衰老，并产生功能成分，抑制病原微生物的生长与繁殖，提高新鲜果品的抗病性。前人在短波紫外线诱导抗病性机理上的研究主要有 3 个方面：诱导抗病基因表达，提高果实组织防御酶的活性和形成抗病物质。Pombo 等（2011）的试验表明，UV-C辐照可抑制草莓果实细胞壁降解相关基因（如扩展蛋白基因等）的表达、延迟草莓软化。近年来，国外学者利用低剂量短波紫外线照射，在控制浆果腐烂方面取得了较好的效果，在不同程度上减轻了草莓、蓝莓等浆果的病害，延缓后熟，提高抗病性，但对浆果可溶性固形物和可滴定酸等基本品质指标基本无影响。例如，Wang 等（2009a）发现蓝莓经 UV-C 照射后，酚类化合物含量增多，贮藏期衰老病变延缓，而对营养及感官指标基本无影响。

3. 辐照保鲜的优缺点

由于辐照源的独特性质及安全性等，辐照保鲜在我国大范围应用还有难度。另外，在商业化应用过程中，辐照保鲜需与其他商品化处理技术结合才能产生理想效果。相较于传统保鲜方法，辐照保鲜在环保安全和保鲜效果上具有以下优势：①通过调节辐照剂量，可更有效地减少微生物造成的危害；②辐照的穿透力强、效果均匀，且辐照剂量可以精确控制；③辐照过程没有产生高温，所以可更大程度地保持食品的品质；④辐照处理没有污染残留，更安全健康；⑤操作快捷，既可以直接对浆果进行辐照，也可以对包装过的浆果进行处理。

（三）气调贮藏技术

气调贮藏是调节气体成分贮藏的简称，是指改变果品贮藏环境中的气体成分（通过增加二氧化碳浓度和降低氧气浓度及根据需求调节其气体成分浓度）来延长产品贮藏期的一种方法（图 3-4）。被认为是当代贮藏新鲜果品效果最好的方式之一。20 世纪 40~50 年代，气调贮藏就在美、英等先进国家开始商业运行，现已在许多发达国家的水果贮藏中得到广泛应用，且气调贮藏的量占很大比例（>50%）。我国的气调贮藏开始于 20 世纪 70 年代，经过 30 多年的不断研究探索，气调贮藏技术得到迅速发展，现已具备了自主设计、建设各种规格气调库的能力。近年来，全国各地兴建了大批规模不等的气调库，气调贮藏浆果不断增加，取得了良好效果。总体上，我国气调贮藏技术与发达国家相比较为落后，还需进一步完善和提高。

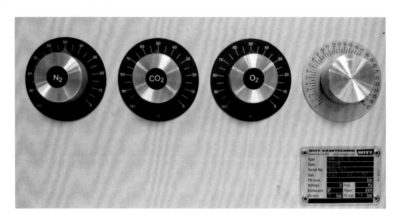

图 3-4　气调装备

1. 气调贮藏的工作原理

气调贮藏通常是建立在冷藏基础上的。正常空气中 O_2 和 CO_2 的浓度分别为 20.9% 和 0.03%，其余的则为 N_2 等。通过降低 O_2 浓度和增加 CO_2 浓度等改变环境中气体组成，抑制浆果的呼吸作用，降低呼吸强度，延缓新陈代谢速度，推迟成熟衰老，减少营养成分和其他物质的消耗，从而保持浆果质量。较低的 O_2 浓度和较高的 CO_2 浓度能抑制乙烯的生物合成、削弱乙烯生理作用，有利于浆果贮藏期的延长。此外，适宜的低 O_2 浓度和高 CO_2 浓度具有抑制某些生理性和病理性病害发生发展的作用，减少产品贮藏过程中的腐烂损失。以上低 O_2 浓度和高 CO_2 浓度的效果在低温下更为显著，因此，气调低温贮藏应用于浆果贮藏时，通过延缓其成熟衰老、抑制乙烯生成和作用、防止病害的发生，能更好地保持浆果原有的色、香、味、质地特性和营养价值，有效地延长浆果的贮藏期和货架期。

2. 气调贮藏分类

气调贮藏自进入商业性应用以来，大致可分为两大类，即自发气调和人工气调。

自发气调（modified atmosphere，MA）指的是利用贮藏对象——浆果自身的呼吸作用降低贮藏环境中的 O_2 浓度，同时提高 CO_2 浓度的一种气调贮藏方法。理论上有氧呼吸过程中消耗 1%的氧即可产生 1%的 CO_2，而 N_2 则保持不变。

人工气调（controlled atmosphere，CA）指的是根据产品的需要调节贮藏环境中各种气体成分的浓度并保持稳定的一种气调贮藏方法。CA 处理过程由于 O_2 和 CO_2 的比例被严格控制，同时需密切配合低温贮藏，故其比 MA 先进、贮藏效果更好，是当前发达国家采用的主要类型，也是我国今后发展气调贮藏的主要方向。孟宪军等（2011）以'伯克利'品种蓝莓为实验材料，研究了在 1℃时的 5% O_2+10% CO_2、5% O_2+20% CO_2 和 5% O_2+30% CO_2（均为体积分数）这 3 种不同的箱式气调贮藏条件下蓝莓的保鲜效果，发现 5% O_2+20% CO_2 更有利于延缓蓝莓的衰老进程。同时该实验采用直接充入体积分数为 99.9%的 CO_2 气体对蓝莓进行 48h、96h 和 144h 的处理，来探索高浓度 CO_2 对采后蓝莓生理代谢及品质的影响。研究发现，短时高浓度 CO_2 处理能有效降低蓝莓果实的酶活性，增强其抗氧化能力。可见，无论是对蓝莓施以动态还是静态的适宜高浓度 CO_2 气调贮藏，均可在一定程度上改善蓝莓品质并延长货架期。与蓝莓相比，草莓的外表皮更软，因此更易腐烂，CO_2 可抑制采后草莓产生乙烯和脱落酸，对纤维素酶活性也有抑制作用，并且可以延缓花青素分解。肖功年等（2003）在对草莓进行气调贮藏时发现，2.5% O_2+16% CO_2 为最佳气调贮藏条件，该条件下的草莓贮藏期能延长 4～6d。

CA 按人为控制气体种类的多少可分为单指标、双指标和多指标 3 种。

单指标仅控制贮藏环境中的某一种气体，而对其他气体不予控制。这一方法对被控制气体的浓度要求较高，管理较简单，需注意的是被调节气体的浓度低于或超过规定的指标可能会导致果实伤害发生。高浓度 CO_2 通过抑制果品中乙烯合成和呼吸作用，推迟呼吸跃变，改变相关代谢酶（糖酵解、呼吸代谢、三羧酸循环和苹果酸代谢等过程的酶）的活性，引起氨基丁酸的积累，细胞质 pH 下降，杀死或抑制果品表面致病微生物，从而起到延缓衰老和延长贮藏期的作用（姜爱丽等，2018）。

双指标指的是对常规气调成分的 O_2 和 CO_2 两种气体（也可能是其他两种气体）均加以调节与控制的一种气调贮藏方式。Haffner 和 Rosenfeld（2002）进行气调研究发现，O_2 和 CO_2 两种气体以 10%：15%或 10%：31%两种比例配合贮藏树莓，均可明显抑制树莓的腐烂。张晓宇等（2009）的研究表明，树莓最佳气调贮藏条件为 CO_2 含量不高于10%、O_2 含量不低于 5%，在此环境下贮藏 20d，树莓仍可保持较好的品质。

新鲜浆果气调贮藏中以多指标调控应用为最多。多指标指的是不仅控制贮藏环境中的 O_2 和 CO_2，同时还对其他与贮藏效果有关的气体成分如乙烯、CO 等进行调节。朱世明等（2009）的研究表明，在 MA 贮藏期间，对果实进行乙烯补偿处理能够减轻果实低温贮藏冷害，这种气调贮藏方法效果好，但调控气体成分的难度提高，需要在传统气调基础上增添相应的设备，投资增大。因而这一方法目前在生产实践中应用较少，可作为今后浆果气调贮藏发展的方向。

气调贮藏经过几十年的不断研究、探索和完善，特别是近几年有了新的发展，开发出了一些有别于传统气调贮藏的新方法，如快速 CA、低氧 CA、低乙烯 CA、双维 CA 等，大大丰富了气调贮藏的理论和技术，为生产实践提供了更多的选择。

3. 气调贮藏的优点与不足

气调贮藏与其他贮藏方法相比具有操作简单、安全可靠、效果显著等优点。有报道指出，对气调贮藏反应良好的浆果，运用气调技术贮藏时其寿命可比机械冷藏增加 1 倍甚至更多。正因为如此，气调贮藏发展迅速，贮藏规模不断增加。商业性气调贮藏普及的国家对气调贮藏制订了相应的法规和标准，以指导气调贮藏技术的推广，在市场上凡标有"气调"字样的新鲜浆果价格比用其他方法贮藏的同样产品要高。

需要指出的是，虽然气调贮藏技术先进，但有些浆果对气调反应不佳，过低 O_2 浓度或过高 CO_2 浓度会引起低 O_2 伤害或高 CO_2 伤害，因此不同种类、不同品种的浆果要求不同的 O_2 和 CO_2 配比，因单独贮存而需增加库房，加上气调库投资大、运行成本高等原因，制约了其在发展中国家新鲜浆果贮藏生产实践中的应用和普及。

4. 减压贮藏

减压贮藏是气调贮藏的发展，又称低压贮藏或真空贮藏。它是将浆果贮藏在一个密封的冷藏场所，然后通过降低贮藏室中的气压（一般为 1/10 个大气压，即 10.1325kPa），使贮藏室空气中的 O_2 和 CO_2 等各种气体的绝对含量下降，形成一个低氧条件，起到类似气调贮藏中的降氧作用。当贮藏室中达到所要求的低压时，新鲜空气则首先通过压力调节器和加湿器，当空气的相对湿度接近饱和后再进入贮藏室，使贮藏室内始终保持一个低压高湿的贮藏环境，达到贮藏保鲜的要求。减压处理能加快组织内气体向外扩散的速度，即能够促进组织体内产生的乙烯、乙醛、乙醇和芳香物质向外扩散，可抑制微生物的发育和孢子的形成，减少贮藏过程中生理病害的发生，对防止浆果组织的完熟和衰老极其有利。简而言之，减压贮藏的原理在于：一方面不断地保持低压高湿条件，稀释 O_2 的浓度，抑制浆果组织内乙烯的生成；另一方面则把已释放的乙烯从环境中排除，从而达到贮藏保鲜的目的。朱琳和范芳娟（2005）研究了真空度、贮藏温度、密封袋厚度和成熟度 4 个因素对桑椹贮藏效果的影响。结果显示，与普通冷藏相比，真空冷藏可将桑椹的保鲜期延长 3 倍；成熟度和真空度是影响桑椹货架期的重要因素，选择九成熟桑椹在−0.02MPa 下贮存，保存时间最长。

与一般气调贮藏和冷藏相比，减压贮藏有以下优点：①设备简单，省去了气体发生器和二氧化碳清除设备等；②由于减压贮藏室的制冷降温与抽真空连续进行，降温速度快，因此贮藏的浆果可以不预冷而直接入库；操作灵活简便，仅通过控制开关即可；③经过减压贮藏的果实，在解除低压环境后，其后熟和衰老过程仍然缓慢，故经减压贮藏的浆果仍具有较长的货架寿命；④换气频繁，能及时排除有害气体，有利于浆果的长期保鲜贮藏；⑤对贮藏物的要求比气调贮藏和冷藏低，它可以同时贮藏多种产品。

减压贮藏的不足首先在于对减压贮藏库的要求较高。需要能承受 $1.01 \times 10^7 Pa$ 以上的压力，建筑费用比气调库和冷藏库要高。其次的不足在于在减压条件下，组织极易散失水分而萎蔫，因此在管理上首先要注意时刻保持高的相对湿度（95%以上）。但高湿度又会加重微生物的危害，因此在管理上还要注意减压贮藏时要配合应用消毒防腐剂。最后的不足在于贮藏的浆果刚从减压室中取出来时，风味不理想，因此减压贮藏后取出的浆果需要放置一段时间再上市出售，这样可以部分恢复原有的风味。

总之，减压贮藏不仅要注意维持低压条件，还需要精准控制温度和相对湿度。减压贮藏由于有以上的不足及管理上的高要求，限制了其在实际生产中的推广应用，目前主要应用于长途的拖车运输或集装箱运输中。

（四）其他物理保鲜技术

1. 电磁保鲜

（1）磁场处理

磁场处理是指果品在一个电磁线圈内通过，并通过控制磁场强度和产品移动速度，使果品受到一定剂量的磁力线切割作用；或者流程相反，产品静止不动，而不断改变磁场方向（S、N 极交替变换）。果品经过不同强度的交变磁场处理后，各项生理指标都会随处理时间的变化而发生变化，贮藏效果也不同。在 4.22A/m 磁场强度下，经过处理的草莓，其腐烂率和失重率明显低于未经处理的草莓，维生素 C 含量也比未经处理的高，但其可溶性糖含量比未经处理的低，pH 和呼吸速率也比未经处理的低，从而有效延长了草莓的贮藏时间，增强了草莓的保鲜效果。磁场能通过影响浆果采后内部的生理生化反应，从而延缓其衰老、腐烂过程（Jin et al.，2017）。

（2）高压电场处理

一个电极悬空，一个电极接地（或将两个电极做成金属板极放在地面），两者间形成不均匀电场，将果品置于电场内，接受间歇、连续或单次的电场处理，称作高压电场处理。针极的曲率半径极小，在升高的电压下针尖附近的电场特别强，达到足以引起周围空气剧烈游离的程度而进行自激放电。因为针极为负极，所以空气中的正离子被负电极所吸引，集中在电晕套内层针尖附近，负离子集中在电晕套外围，并有一定数量的负离子向对面的正极板移动。这个负离子气流正好流经果品而与之发生作用。改变电极的正负方向，则可产生正离子气流。另一种装置是在贮藏室内用悬空的电晕线代替上述的针极，作用相同。孙贵宝（2003）的研究表明，蓝莓在高压静电场处理下新鲜度明显提高，果实的糖度、酸度、硬度等性质的变化低于对照组。贮藏 55d 后，经高压电场处理的蓝莓果实腐烂率为 20%，而未经电场处理的果实腐烂率高达 90%。

可见，高压电场处理不只是电场单独起作用，同时还有空气离子化的作用。此外，在电晕放电中还同时产生 O_3。O_3 是极强的氧化剂，有灭菌消毒、破坏乙烯的作用。Jin 等（2017）对蓝莓的研究表明，高压脉冲电场对于果实中的致腐菌有很强的杀灭效果。

2. 低温等离子体保鲜

低温等离子体保鲜技术是利用等离子体发生装置，通过正负离子作用在空气中瞬间产生巨大的能量，对浆果起到杀菌消毒、降解代谢产物和农药残留等保鲜作用。近年来，低温等离子体技术作为一种新兴的冷杀菌技术被应用于食品杀菌领域，受到国内外研究者的关注。研究表明，低温等离子体能有效地杀死或钝化细菌、霉菌、酵母及其他有害微生物，甚至使孢子和生物菌膜失活。在高压电场条件下，介质气体处于高度电离状态，即等离子体，其中含有的多种活性基团和粒子（臭氧、自由电子、自由基、活性氧、NO_x、UV）能破坏细胞结构，破坏微生物的细胞膜和蛋白质，最终导致微生物死亡。与传统化学杀菌方法相比，低温等离子体杀菌时间短、杀菌效果好，且无化学残留，在浆果杀菌上有广阔的应用前景。王卓等（2018）探究了低温等离子体处理对蓝莓表面的杀菌作用，以及对其常温贮藏品质的影响，利用介质阻挡放电低温等离子体在 45kV 工作电压下处理蓝莓 50s，结果表明低温等离子体处理能使蓝莓表面的细菌和真菌数量分别下降 1.75 lg CFU/g 和 1.77 lg CFU/g，可显著抑制贮藏期间腐烂的发生，抑制蓝莓硬度和维生素 C 含量的下降，抑制贮藏后期可滴定酸质量分数的上升，因此低温等离子体通过杀菌作用，降低了蓝莓的腐烂率，同时诱导了蓝莓抗氧化酶活力，有利于提高蓝莓贮藏期间的品质。任翠荣等（2017）以'丰香'草莓为原料，研究了在室温（20℃）条件下，由不同处理时间、放电距离、发生电压、气体流速的常压低温等离子体处理后草莓的保鲜效果，结果表明常压低温等离子体放电时间为 60s，处理距离为 10mm，处理电压为 140V，气体流速为 1L/h 时，果实失重率明显低于对照组，而维生素 C 含量显著高于对照组，常温保鲜期较传统保鲜期延长了 1 倍，该方法有望应用于草莓采后的贮藏保鲜中。

3. 超声波保鲜

超声波保鲜技术是指利用低频高能的空化效应在液体中产生瞬间高温和高压，使液体中细菌死之、微生物细胞壁破坏，从而延长水果保鲜期的一种技术。超声波消毒速度较快，对果品损害小，但消毒不彻底，因此常考虑将其与其他冷杀菌技术联合使用，如超声波-紫外线联合杀菌、超声波-巴氏杀菌等。目前关于超声波对水果贮藏期品质的影响研究还未深入开展，所得结论也不尽相同。Cao 等（2010）发现超声波（40kHz，350W，10min）处理的草莓在温度 5℃、相对湿度 80%～90% 条件下贮藏 8d，腐烂率从 23% 降低至 13%，菌落总数从（3.23±0.04）lg CFU/g 减少到（2.43±0.02）lg CFU/g，霉菌和酵母菌的数量从（3.88±0.07）lg CFU/g 减少到（3.02±0.02）lg CFU/g，说明超声波可以有效清洗、杀灭草莓表面微生物，抑制采后腐烂。

二、化学保鲜技术

随着人们对高品质生活的向往，浆果保鲜越来越朝着营养、健康、安全方向发展。对于化学保鲜来说，化学残留问题一直是人们热论的话题，不少人持质疑态度，因此寻找一种投资少、效益好、效果好的化学保鲜方法就显得尤为重要。

化学保鲜是一种比较传统的保鲜方法，其因具有降低呼吸强度、延缓营养物质的消耗，从而延缓果实衰老、防腐杀菌、延长贮藏期的作用而被广为使用，且其价格低廉，成为许多浆果采后贮藏期间的重要手段。化学保鲜具有以下几个方面的优势。

（1）设备投资少

由于化学保鲜是在原有的预处理、分拣、包装等过程中实现的，不像气调保鲜、辐照保鲜需要大型仪器且对设备要求极高，化学保鲜不需额外添置仪器，因此能减少成本，对企业的运营生产意义重大。

（2）节约能源

浆果保鲜中的气调保鲜、辐照保鲜等需要大型仪器设备，因此消耗了大量能源，这对于建设节约型社会不利。在可控范围内，尽量选择能耗低、效率高的方法，而化学保鲜没有大型设备的引入，也就减少了能耗。

（3）使用成本低

对于大型企业而言，化学保鲜降低了成本，提升了企业效益，对于日常浆果保鲜也是较为可取的方法。

（4）简便易行

相对于大型仪器费用高、操作复杂的问题，化学保鲜一般采用试剂处理，过程相对简单，且易操作。

常用的化学保鲜剂有丹皮酚、抗坏血酸、水杨酸、氯化钙、二氧化氯、丹皮酚磺酸钠等，这些化学保鲜剂对多种病毒和微生物具有抑制与破坏作用，能抑制浆果贮藏期间的呼吸作用和乙烯释放，延缓浆果衰老，从而延长贮藏时间。化学保鲜剂可以通过粉剂、缓释、熏蒸等几种方式来发挥作用。

下面对化学保鲜剂的种类、保鲜原理、品质控制及解决措施进行讨论，并对优质、高效的化学保鲜剂进行展望。

（一）直接处理

1. 水杨酸

水杨酸（salicylic acid，SA）又称邻羟基苯甲酸，是一种比较普遍的植物内源小分子酚类化合物（孟雪娇等，2010），它普遍存在于植物中，参与调节多种生理生化过程，如增强植物外在抗性，诱导植物提高抗病性，增强抗逆性，还被认为是乙烯生物合成的抑制剂，能够延缓果实的成熟衰老，提高贮藏性。其衍生物有乙酰水杨酸（ASA）和水杨酸甲酯（MeSA），这两类衍生物在植物体内极易转化成 SA 而发挥作用。SA 作为一种植物内源信号分子和一种新的植物激素用于果品的保鲜（曾凯芳和姜微波，2005；骆扬和马涛，2015），已有较多研究。

高浓度 SA 进入果实内部易造成氧化损伤，且影响果实口感。高浓度 SA（0.1mmol/L、0.2mmol/L 和 0.5mmol/L）处理对草莓的采后保鲜效果不明显，仅比对照组草莓略好。低浓度 SA（10μmol/L、20μmol/L 和 50μmol/L）处理的草莓贮藏保鲜时间明显延长，其中以 20μmol/L 的 SA 处理 2min 效果为最好，与对照组相比，处理后的草莓在常温下 6d 以内品质保持较好，其中硬度、可溶性糖含量、相对含水量、可滴定酸含量和维生素 C

含量与正常贮藏相近,说明 20μmol/L 的 SA 处理对采后草莓能起到较好的保鲜效果,有效延缓贮藏期间抗氧化酶类 CAT、SOD 和 POD 活性的下降,特别是储藏 2d 后与对照组相比差异显著,可能与降低了贮藏期间与草莓氧化损伤相关酶活性有关。SA 还能有效降低灰霉病、白粉病和青霉病的发病率。在草莓上施用 2.0~4.0mmol/L 水杨酸溶液后,白粉病得到了较好的防治。水杨酸浓度小于 1.0mmol/L 时作用效果不明显,而用高于 4.0mmol/L 浓度处理时,却发现有药害现象,这表明喷施水杨酸处理时需掌握好浓度,浓度过高,不仅没有保鲜效果反而会影响草莓的生长。对采后草莓灰霉菌的抑制作用同理,用不同浓度的 SA 处理采后草莓,均能抑制灰葡萄孢霉(*Botrytis cinerea*)的菌丝生长与孢子萌发,并显著降低由其侵染所造成的灰霉病发病率,且抑菌效果与 SA 使用浓度正相关。

高雪和陈荣紫(2018)的研究表明,SA 处理结合低温贮藏能抑制杨梅采后呼吸和细胞膜透性的增加,显著减缓总可溶性固形物、总酸和维生素 C 含量的下降,减少果实失水和腐烂,有效延缓杨梅衰老和保持果实品质。此外,施用外源 SA 也可增强草莓、蓝莓、樱桃等果实对病原菌的抗性,延长贮藏时间(黄晓杰等,2015)。在贮藏 7d 后,经过 0.5mmol/L、1.0mmol/L 水杨酸处理的蓝莓果实腐烂率低于对照组;贮藏 20d 后,对照组腐烂严重,而经过处理的实验组间差异不显著,外形均保持良好;此外,随着贮藏时间的延长,浆果可溶性糖、有机酸和维生素 C、花色苷等含量均降低,可能是呼吸作用消耗所致。

水杨酸粉剂在使用时用量较少、成本低,发展前景良好,为浆果保鲜提供了一种新的方法。

2. 山梨酸钾

山梨酸钾[学名为己二烯-(2,4)-酸钾;2,4-己二烯酸钾]是无色至白色鳞片状结晶或结晶性粉末,无臭或稍有臭味,易溶于水,在空气中不稳定,能吸收贮藏环境中的氧气,易被氧化着色,因而能用于浆果保鲜。山梨酸钾是以山梨酸和碳酸钾为原料制作而成,可与山梨酸混合使用。山梨酸钾能有效地抑制霉菌、酵母菌和好氧性细菌的活性,还能抑制肉毒杆菌、葡萄球菌、沙门氏菌等有害微生物的生长繁殖,其防腐效果是同类产品苯甲酸钠的 5~10 倍,可有效延长浆果的贮藏时间。

浆果的表面使用山梨酸钾保鲜剂后,在温度高达 30℃的情况下可以保存较长时间,还能够保持浆果的色泽不发生改变,但采用高浓度(0.5%)苯甲酸钠和山梨酸钾浸果,会使杨梅风味产生变化,有异香味,所以在喷施时要注意浓度。另外,对于树莓果实的贮藏,常温和冷藏两种贮藏条件均有一定的保鲜作用,但结合冷藏条件更佳。实验表明,用浓度为 0.5mL/kg 的山梨酸钾对树莓果实进行保鲜,可滴定酸含量、感官品质、好果率均得到了较好的保持,可延长树莓果实的保鲜期(谷鑫鑫和宋维秀,2018)。

山梨酸钾毒性较低、安全性较高,现已广泛应用于食品中。它能有效抑制好氧性细菌的生长繁殖,但对厌氧性芽孢杆菌与嗜酸乳杆菌等效果不显著;防腐杀菌作用较强,对浆果保鲜具有显著功效。不足之处:山梨酸钾粉剂长期暴露在空气中易吸潮、易被氧化分解而变色;作用条件要求较高,酸性时发挥作用显著,中性时效果不显著。另外,山梨酸钾作用浓度具有局限性。例如，在较低浓度时（≤0.2g/L）有促进大肠杆菌生长的现象，对金黄色葡萄球菌的抑菌效果也不显著，因此要探究适宜的作用浓度。另外，山梨酸钾对树莓等浆果其他营养成分的影响还不清楚，有待进一步研究。

3. 柠檬酸

柠檬酸是植物体内一种非常重要的有机酸，参与呼吸代谢等多种生理活动，具有杀菌、抑制细菌生长繁殖、抑制乙烯产生、延缓衰老的作用（史振霞，2011）。

草莓在常温下极易腐败，加上其外皮娇嫩，容易受到机械损伤导致细菌的入侵，从而加快腐败的速度。研究结果显示，草莓在柠檬酸溶液浓度为 4g/L 条件下浸泡 3min 时，能在常温下保存 3d，有效延长草莓保鲜期，显著降低草莓腐烂率，且能很好地保持感官品质和营养品质，保鲜效果最好。贮藏 5d 后，还能很好地保持维生素 C 含量，与对照组贮藏 2d 时的值相近（骆扬和马涛，2015）。该结果表明，利用柠檬酸可延长草莓保鲜时间，最大限度地降低了草莓的失重率，能有效保持其可溶性固形物和维生素 C 含量。

但是，柠檬酸是可燃的，若与空气中的粉尘混合，遇明火、高热或氧化剂时，可能会发生燃烧爆炸，因此在贮藏时，需置于阴凉干燥处保存。此外，柠檬酸浓度并不是越大越好，通过预试验探究浓度范围，且制备的溶液不易保存，需避光立即使用。

4. 1-MCP

1-MCP 即 1-甲基环丙烯，是目前较为常用的一种乙烯受体抑制剂，能与乙烯受体蛋白结合，阻断乙烯与受体的结合，推迟果实呼吸跃变的出现，降低呼吸强度和乙烯生成速率，延缓果实衰老和腐烂。1-MCP 处理能显著抑制果实丙二醛含量、多酚氧化酶活性和膜相对透性的增加，能较好地保持膜系统的完整性，延缓果实衰老软化，延长贮藏期，保证浆果品质。其可溶性粉剂发挥作用时，需要用去离子水溶解后放置、熏蒸处理，配制的 1-MCP 需立即使用。研究发现，药剂与冷藏结合可以提高杨梅的保鲜效果。例如，茅林春等（2004）研究发现，1-MCP 对杨梅果实的呼吸强度、乙烯释放量和果实软化均有不同程度的抑制作用，可提高贮藏品质，延缓浆果衰老。

1-MCP 在杨梅、蓝莓、草莓等浆果采后贮藏过程中已得到广泛应用。杨梅果实采后呼吸强度变化趋势是先下降后上升，在贮藏至第 10 天时，对照组呼吸强度达到峰值，而经 1-MCP 处理后的杨梅果实呼吸强度趋于稳定，在第 15 天时才出现呼吸高峰。此外，1-MCP 对 PPO、POD、SOD、PAL 活性均有抑制作用，推迟酶活性高效时间，从而降低杨梅腐烂率，较好地保持浆果果实品质，延长贮藏期。对草莓来说，在贮藏过程中，低浓度（0.4μL/L）的 1-MCP 能有效提高草莓果实的货架期品质，而高浓度（0.8μL/L 和 1.2μL/L）的 1-MCP 对草莓果实并无保鲜作用，由此可见 1-MCP 对非跃变型果实并非全无保鲜作用，只是具有一定的局限性，因此需进一步研究处理时间、处理温度、处理浓度等因素对非跃变型果实品质的影响。TSS 常作为蓝莓采收后成熟度的衡量指标，含量随贮藏时间的延长不断增加。可滴定酸（TA）是衡量果实风味的重要品质指标（吴紫洁等，2016），含量随贮藏时间的延长不断减少。1-MCP 处理抑制了果实 TA 含量的下降，缓解了 TSS 含量的变化，较好地保持了果实的品质，同时维持了较高的花色苷和多酚含量。花色苷和多酚在植物体内具有十分重要的生理功能，对植物生长发育至关重要，是重要的抗氧化物质，可以提高植物的抗逆性（邰海燕等，2013）。1-MCP 处理蓝莓果实，可延缓 TA 和 TSS 含量下降，减缓失重率的下降（图 3-5），增加蓝莓花色苷和多酚的含量。不同品种的蓝莓在不同浓度 1-MCP 处理下品质变化各不相同，其中'园蓝'品种最佳的 1-MCP 处理浓度为 0.8μL/L。

研究发现，1-MCP 能阻断浆果中乙烯与受体的结合，抑制乙烯所诱导的各种生理生化反应，降低呼吸强度，从而延缓浆果的后熟进程，延长贮藏寿命，达到保鲜效果，被广泛用于蓝莓（王玉玲等，2015）、番茄（Paul and Pandey，2013）和蜜桃（及华等，2014）保鲜，但成本较高，对企业的规模化生产不利。1-MCP 能保持果实硬度与香气成分，延缓色泽变化，减缓可滴定酸含量、可溶性固形物含量、抗氧化成分的降低，抑制纤维素酶、过氧化物酶等酶的活性，对质构特性也有一定的影响（图 3-6），且对生理失调症等具有一定的预防作用，但对其的作用浓度和作用时间仍需不断探索。此外，对微生物控制、挥发性酯类和醇类损失、基因调控通路选择等方面仍需进一步研究。

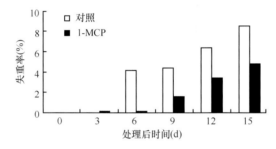

图 3-5　1-MCP 处理对蓝莓失重率的影响

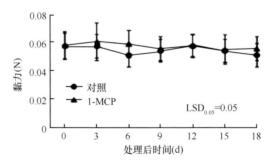

图 3-6　1-MCP 处理对蓝莓质构特性的影响

（二）缓释

缓释是通过缓慢释放，延缓保鲜剂在浆果外在和内部的作用，增强抗氧化性，保证浆果品质，延长贮藏期的一种试剂或者方法，目前在草莓、桑椹等浆果中已经有一些应用。丁香酚精油包埋用于草莓、葡萄，延缓衰老、提高贮藏期；利用香芹酚-β-环糊精包合物对杨梅果实进行保鲜处理，感官品质保持稳定，保鲜时间延长，说明缓释剂对于浆果保鲜是有效果的。

1. 精油包埋

包埋是利用包埋剂将需包埋的试剂粉末或其他结构的试剂包裹起来以提供性能支撑或化学保护的一种过程。包埋的主要目的是使保鲜剂协同更好地发挥作用,在浆果保鲜方面应用较广。下面对β-环糊精包埋的丁香酚精油进行介绍。

丁香酚具有高效的抑菌作用,对多种霉菌和致病菌的抑制效果显著,并且毒副作用很小(Vivian and Wu,2007;任亚琳等,2013)。吕建华等(2009)、李鹏霞等(2006)分别将丁香酚用于草莓和苹果的保鲜。研究发现,丁香酚能有效降低草莓的呼吸强度,减少水分损失,延缓维生素C、可溶性固形物及可滴定酸含量的下降,能抑制果实失重率的增加。但其难溶于水、易挥发和氧化,限制了丁香酚的广泛应用。利用包埋材料对丁香酚进行包埋,可降低其挥发性,增加其抑菌时间和抑菌效果。Fmoc-F 水凝胶是以Fmoc-F 为凝胶因子,在疏水作用、范德瓦耳斯力等的作用下自组装形成具有网状的超分子结构,并束缚水分子形成的固体状水凝胶。利用 Fmoc-F 凝胶包埋丁香酚精油,发挥控制释放作用,可以有效延缓丁香酚精油的挥发,抑制贮藏过程中腐败菌的生长与繁殖。目前被广泛利用的包埋材料主要有环糊精、明胶和阿拉伯胶。

香芹酚为脂溶性物质,作为一种植物源保鲜剂,具有抗菌和抗氧化及驱虫等作用。巩卫琪等(2015)以香芹酚和β-环糊精为原料,对香芹酚采用饱和水溶液法进行包埋,制备一种具有缓释作用的香芹酚-β-环糊精包合物,对桔青霉具有良好抑菌效果(表 3-7),可应用于杨梅果实保鲜;也可以用香芹酚淀粉复合膜进行草莓保鲜,用香芹酚精油进行蓝莓果实的保鲜。采用不同剂量的香芹酚-β-环糊精包合物对杨梅果实进行保鲜研究,结果表明,每 500g 杨梅果实采用 2g 包合物处理效果最好,可以有效抑制果实硬度及 TSS、TA 和维生素 C 含量的下降,并能提高 POD、CAT 和 SOD 的活性,抑制 PPO 和 LOX 活性上升,促使总酚含量上升,减缓硬度下降,减少软化,降低腐烂率,可更长时间地保持果实的外形和营养品质,延长贮藏期。有研究表明,香芹酚精油也能延缓蓝莓果实可滴定酸和可溶性固形物含量的下降,抑制果实硬度下降,提高蓝莓总酚、总花青素和自由基的清除能力与抗氧化能力(Wang et al.,2008),表明香芹酚植物精油能降低浆果采后损失率。研究发现,香芹酚包合物保鲜剂能有效降低桑椹的呼吸强度,抑制水分蒸腾作用,减缓营养成分的消耗,经过香芹酚处理,浆果有机酸含量、呼吸作用消耗的可溶性固形物含量下降缓慢,感官品质保持稳定,保鲜时间延长,说明此缓释剂对于浆果保鲜是有效果的。

表 3-7 香芹酚-β-环糊精包合物对桔青霉的抑菌效果

用量(g)	桔青霉抑菌圈大小(mm)
0.01	12.55
0.03	17.89
0.05	24.02
0.08	28.81
0.10	28.92

2. 涂膜

涂膜保鲜是将预先配制好的涂膜液浸涂、喷涂或刷涂于果实表面的一种对每个果实进行单独作用的贮藏方法。涂膜保鲜的原料是具有一定保鲜作用的一层膜,具有可食性,且膜可以有效阻止浆果水分的蒸发,在一定程度上可以阻碍气体的交换,阻止营养物质的损失和微生物的侵染,从而抑制浆果的呼吸、减缓养分的消耗。壳聚糖在自然界中广泛存在,它是天然高分子材料甲壳素的一种衍生物。利用它的易成膜性,将其覆盖在浆果表面,既可以延缓呼吸作用、减少水分消耗,又可抑制其他微生物对果实的侵染,延长贮藏时间。但单一壳聚糖涂膜韧性较差,不易成型,故研究将其与其他保鲜液相结合。当茶多酚浓度为 1.0%、壳聚糖浓度为 1.5%时,复合涂膜保鲜液保鲜效果较好,能明显降低草莓失重率、腐烂指数,延缓果实营养物质的转化或消耗,能较好地保持草莓的感官品质。此外,袁志和李霞(2017)以壳聚糖(0.75g)、水杨酸(0.50g)等与甘油、冰乙酸等制成复合膜,用于杨梅保鲜。结果表明,杨梅常温下贮藏 6d 时,维生素 C、总酸、可溶性总糖含量比对照组杨梅分别提高了 34.23%、9.30%、17.65%。汪开拓等(2015)将杨梅果实分别置于 0.5%、1%、5%和 10%的羟丙基甲基纤维素(HPMC)溶液中浸泡 10min,随后在室温下缓慢风干以在果实表面形成稳定涂膜,最后将果实于 1℃下贮藏 8d。结果表明,5% HPMC 涂膜处理可显著降低杨梅的呼吸作用,降低呼吸底物的消耗速度,延缓杨梅果实在贮藏时的衰老速度,从而更长时间地维持果实品质和风味,并可有效诱导杨梅果实贮藏期间 *PAL1* 和 *CHS* 基因的表达,以促进花色苷类物质的合成,最终提高果实抗氧化能力。

利用香芹酚对草莓进行涂膜保鲜时,常温贮藏 5d 其感官品质变化不大,第 5 天后开始出现腐烂现象,说明香芹酚淀粉复合膜可以起到保持果实饱满度和硬度、抑制霉菌等腐烂菌的生长、降低腐烂率的作用,这可能是由于复合膜阻隔了氧气、抑制了部分好氧微生物的生长,从而延缓色素氧化,降低病害。张露荷等(2013)的研究表明,施用 1% CaCl$_2$+0.15%植酸+2%柠檬酸+0.1%山梨酸钾的复配保鲜剂,与 1%壳聚糖制成涂膜,能有效抑制草莓果实腐烂,保持果实硬度,并且延缓可溶性固形物和维生素 C 含量的降低。

3. NO

NO 是一种生物信使分子,能够参与生物组织的调节作用,可以作为一种调节因子参与果实抗病反应、过敏反应和细胞程序性死亡过程的调控,进而诱导果实防御基因的表达并提高果实内多种防御酶的活性(Delledonne,2005),它能够参与植物抵抗病菌毒害,调节果实的成熟与衰老,诱导果实抵抗非生物胁迫,因此在浆果的保鲜方面具有良好的发展前景。

NO 的来源可以分为外源 NO 和内源 NO。外源 NO 可通过化学反应或者载体化合物获得。低浓度外源 NO 能迅速清除超氧阴离子和脂质自由基,阻断活性氧的积累,诱导抗氧化酶基因的表达,从而发挥抗氧化作用。高浓度外源 NO 可与超氧阴离子结合生成毒性较强且具有膜透过性的过氧亚硝基阴离子(ONOO$^-$),引起核酸的亚硝酰化而导致 DNA 的断裂,破坏生物大分子的结构和功能,直接杀死病原菌(Leshem et al.,2001;

宋丽丽等，2005）。利用较低浓度的 NO 处理，NO 不会在空气中氧化，不会造成氮残留而影响浆果安全性，可接受度较高，发展前景良好。

NO 熏蒸处理能有效抑制草莓果实采后腐烂（高敏，2016），在 20℃条件下贮藏 6d，20μL/L NO 处理组的腐烂率和腐烂指数分别为 63.49% 和 31.22%，显著低于对照组（$P<0.05$），其最佳使用浓度为 20μL/L。NO 熏蒸处理可显著抑制草莓果实贮藏期间可溶性固形物含量的下降，延缓细胞膜脂质过氧化进程，维持原有色泽、外形；也可增强草莓果实中苯丙氨酸解氨酶、4-香豆酰辅酶 A 连接酶、肉桂醛羟化酶和查耳酮异构酶等苯丙烷类代谢相关酶的活性，增加总酚、花色苷和总黄酮的积累，提高草莓果实的抗氧化性能。因此，适宜浓度的外源 NO 气体熏蒸处理（20μL/L）可提高草莓果实贮藏品质，延长贮藏期。杨虎清等（2010）采用不同浓度的硝普钠（sodium nitroprusside，SNP）释放的 NO 处理杨梅，结果发现，25μmol/L SNP 释放的 NO 处理效果最好，明显降低杨梅果实贮藏期间的腐烂率，同时 SOD、CAT 和 POD 等酶的活性显著增强。

NO 易发生氧化作用，因此需使用较低浓度的 NO 以防氧化。利用 NO 处理浆果，要求 NO 气体熏蒸设备的密闭性较高，这样即使生成 NO_2，也不会因造成氮残留而影响浆果安全性。

4. 缓释保鲜纸

将蓝莓果实放入不同的缓释保鲜纸后在 PE 袋中低温冷藏，研究贮藏期间浆果失重率、硬度及还原糖、可滴定酸、总酚和花色苷含量等理化指标，以此确定 1-MCP 和 SO_2 缓释保鲜纸对蓝莓采后贮藏的保鲜效果。1-MCP 缓释保鲜纸可有效降低蓝莓的呼吸作用，减少质量损失，对蓝莓硬度具有较好的保持作用，延缓果实的腐烂，对还原糖和花色苷含量有很好的维持作用，降低可滴定酸和总酚含量，延缓可溶性固形物含量高峰的出现，使蓝莓保持良好的风味和耐贮藏性。SO_2 缓释保鲜纸虽然能够减少蓝莓质量损失、增加硬度，但对还原糖、花色苷、可滴定酸、总酚含量等指标无显著作用。并且高浓度 SO_2 存在一定的药害作用，使蓝莓感官品质受到影响、风味大幅下降，因此不适合用于蓝莓保鲜。

5. 缓释型乙醇保鲜剂

以乙醇为保鲜剂，利用其与硬脂酸钠可形成凝胶的性质，选用硅藻土为载体，将乙醇–硬脂酸钠热溶液与预热后的硅藻土充分混匀制备缓释型乙醇保鲜剂，应用到杨梅和蓝莓保鲜中。李军军（2014）用 1.0% 缓释型乙醇保鲜剂对杨梅进行熏蒸处理，显著降低了杨梅的腐烂率。贮藏 18d 后对照组果实腐烂率达 81.67%，而处理组杨梅腐烂率低于 60%，较好地维持了杨梅的硬度和色泽。对蓝莓利用 1.25% 缓释型乙醇保鲜剂进行熏蒸处理，同样可降低其腐烂率，维持果实原有的色泽和品质，有效抑制果实 MDA、可滴定酸含量的上升，同时提高 POD、CAT 等酶的活性。这些研究结果为以后蓝莓、杨梅的保鲜提供了一条新的保鲜途径。

缓释保鲜剂良好的释放稳定性是判定保鲜效果好坏的关键，所以在选择缓释保鲜剂时需选择稳定性强的试剂。与粉剂、熏蒸方法相比，缓释的作用效果不会立时见效，在贮藏过程中是缓慢发生效果的，时间稍长，是一个渐进的过程。

丁香酚对多种霉菌和致病菌等的抑制效果较强，被作为食品防腐剂和保鲜剂应用于食品加工中（高海生等，2003；蒋志国和施瑞城，2006；顾仁勇等，2008）。丁香酚有强烈的丁香香气和温和的辛香香气，稍带有焦味，性质不稳定，暴露于空气下会变黑、变黏稠，所以在贮藏时要注意避光密闭保存。不同环境温度与湿度均可以影响包合物中香芹酚固体物的释放。香芹酚的释放速度与环境温度成正比，环境温度升高，香芹酚的释放速度加快；同理，环境相对湿度增大，其释放速度也会加快。香芹酚包埋保鲜剂作用于浆果受外界环境的影响较大，因此在应用时要注意实验环境的温湿度，减少或避免客观因素的干扰。

（三）熏蒸

气体熏蒸是利用具有杀菌作用的气体来处理浆果以延长浆果的贮藏期的一种方法。目前报道的熏蒸气体有一氧化氮、一氧化二氮、臭氧和氯气等。熏蒸型保鲜剂是指在室温下能挥发成气体形式以抑制或杀死浆果表面的病原微生物，而其本身对浆果毒害作用较小的一类保鲜剂。二氧化硫具有防腐、抗氧化、钝化氧化酶活性、减弱或抑制呼吸代谢等作用，是一种有效的化学保鲜剂，目前已应用于蓝莓、草莓、黑莓等浆果保鲜中，并取得了显著成效。应用较多的熏蒸型保鲜剂有臭氧、二氧化硫、二氧化氯和茉莉酸类、精油等，下面进行具体介绍。

1. 二氧化硫

自 1925 年 Winker 和 Jacob 用 SO_2 熏蒸贮藏葡萄取得显著效果以来，SO_2 类保鲜剂就被广泛应用于鲜食葡萄产业，在果实贮藏、运销中发挥了重要作用。SO_2 类保鲜剂可延缓果实生理衰老，抑制病害发生（赵猛等，2016）。但传统熏蒸采用的 SO_2 剂量较高，易造成葡萄果实内 SO_2 残留量较大，对人体健康不利（Artes-hernandez et al.，2006；赵猛等，2016）。

SO_2 可降低蓝莓果实表面微生物总量，抑制灰霉菌；SO_2 类保鲜剂焦亚硫酸钠能抑制灰霉菌的孢子萌发和菌丝生长，抑菌作用效果与其浓度成正比，浓度升高、作用时间延长，则抑菌效果增强，且低温能增强其抑菌作用；焦亚硫酸钠在 pH 为 3 时抑菌效果高于 pH 为 4 时；用 300mg/L 焦亚硫酸钠处理灰霉菌孢子 1h 后，4℃培养 45d 无可见菌丝。结果表明，一定剂量的 SO_2 类保鲜剂有效抑制了蓝莓果实主要致病菌灰霉菌的生长与繁殖，采用较低 pH、低浓度焦亚硫酸钠处理蓝莓果实可对采后贮藏保鲜发挥作用。研究（王磊明等，2017）发现，将蓝莓在 20℃条件下用浓度为 $100\sim150\mu L/L$ 的 SO_2 熏蒸 30min 后，放入低密度聚乙烯袋中，在 0℃下储存 45d，蓝莓的腐烂和失重得到明显的抑制。SO_2 熏蒸在其他浆果中也有应用，如蓝莓、番茄、杨梅等，主要通过抑制灰葡萄孢霉和链格孢霉来发挥作用。作用方式主要有两种，直接燃硫熏蒸和亚硫酸盐与干燥硅胶混合后直接置于贮藏室中。

SO_2 保鲜剂在使用时要注意 SO_2 的浓度，防止浓度过高造成 SO_2 残留，危害人体健康。因为 SO_2 易溶于水，与水能够结合生成亚硫酸或硫酸，有强烈的腐蚀性，所以在使用此气体对浆果进行保鲜时，对机械装置的要求也较高，要求其表面涂抹抗强酸剂来加强保护，另外实验人员在实验时要戴好专门的口罩、面具等，防止 SO₂ 气体对呼吸道和眼睛刺激造成中毒现象。

2. 臭氧

臭氧是一种强氧化剂，可作为优良的消毒剂应用。浆果经臭氧处理后，表面的微生物发生强烈的氧化作用造成其细胞膜破坏，以达到灭菌、减少腐烂的效果。另外，臭氧还能氧化分解果品释放出来的乙烯气体，使贮藏环境中的乙烯浓度降低，延缓果品的成熟衰老。此外，臭氧还能抑制细胞内氧化酶的活性、阻碍代谢的正常进行，使浆果总新陈代谢水平降低，达到延长贮藏期的目的。Rice 等（1982）通过实验证明，臭氧能有效抑制草莓、树莓等果实上微生物的生长与繁殖。臭氧处理浓度需进行实验确定，浓度过低则效果不明显，过高则会对贮藏产品造成伤害（图 3-7）。不同种类的产品对臭氧的耐受能力有一定差异，通常是皮厚的强于皮薄的，肉质致密的强于肉质疏松的。

图 3-7　高浓度臭氧处理致杨梅腐烂加剧

臭氧的保鲜作用与温度和相对湿度有关。温度高，臭氧分解快，处理效果差；而当环境温度低于 10℃ 时，防腐效果明显增强。臭氧处理时适宜的相对湿度为 90%～95%。Barth 等（1995）用 0.01～0.03μL/L 臭氧处理黑莓，在 2℃ 下贮藏黑莓，结果表明，臭氧处理有效地抑制了腐烂及霉菌的生长，且未对黑莓造成伤害。12d 后，果汁中的花色苷仍与鲜果中的含量相近，且臭氧处理还可诱导黑莓 POD 活性的提高，这有助于提高黑莓的抗氧化能力。

臭氧处理达到效果的浓度也不同。延长贮藏期所用浓度一般为 1～10μL/L，防腐杀菌所需浓度相对高些，为 10～20μL/L。要达到相同的保鲜效果，贮藏量多、容积大及处理浓度低时，处理时间相对较长（如 3～4h）；相反，贮藏量少、贮藏容积小及处理浓度大时，则处理时间较短（0.5～2h）。臭氧处理可与机械冷藏、低温等结合使用，可达到较好的效果。

杨梅、树莓、黑莓、桑椹等呼吸作用会导致采后果实收缩、营养物质含量降低和可溶性固形物含量减少。特别是树莓和黑莓果实的呼吸强度较其他果类要高，收获后必须及时处理才能延长贮藏期和提高耐运输能力，维持果实外观。

姜敏芳等（2012）研究发现树莓、黑莓利用臭氧处理可以达到较好的保鲜效果。臭氧作为强氧化剂，可以与浆果表面微生物细胞内的氨基酸结合，发生氧化还原反应，阻碍其生长，抑制或杀死微生物。臭氧本身的作用效果有以下几个方面：抑制浆果表面微生物的生长，特别是霉菌的生长，从而延长新鲜浆果的贮藏期；可以消除、抑制乙烯等物质的挥发；诱导果实表皮的气孔逐渐减少，对内减少呼吸作用、减少水分的蒸发，对外则防止外来细菌的侵入。

姜敏芳等（2012）用 10mg/kg 臭氧对杨梅进行熏蒸处理，经 10mg/kg 臭氧处理的杨梅与对照组相比，腐烂率下降 50%，呼吸强度下降 15.6%，总糖含量下降 0.37%。总酸含量是影响杨梅风味的主要因素之一，随着贮藏时间的延长，杨梅总酸含量呈下降趋势，而经臭氧熏蒸处理，特别是臭氧浓度为 10mg/kg 和 15mg/kg 时，在贮藏 10d 后，损失率控制在 0.291% 和 0.341%。韩强等（2016）用预冷和臭氧结合作用于桑椹，结果表明，采后桑椹受到臭氧和预冷处理后可保持较高的可滴定酸度和可溶性固形物含量，更好地保持硬度和色泽及较低的衰减率、呼吸强度，维持多酚氧化酶活性，确定了最佳条件为 2ppm 处理 30min。

3. 二氧化氯

二氧化氯（ClO_2）作为强氧化剂，主要通过渗入微生物的细胞内与氨基酸相结合，使氨基酸分解，以抑制微生物的生长与繁殖，从而保证浆果品质，延长贮藏期。Winker 和 Jacob（1925）研究了 ClO_2 对果实表皮的食源性致病菌、酵母菌和霉菌的作用，结果发现相比其他病原菌，ClO_2 对李斯特菌的杀菌效果最显著，且对绿脓杆菌、金黄色葡萄球菌、耶尔森菌、酵母菌、沙门氏菌和霉菌也有一定的抑制作用。

采用 0mg/L、20mg/L、40mg/L、60mg/L ClO_2 对蓝莓果实进行采前喷施，采后分装于带孔聚乙烯塑料盒内并用 PE 保鲜膜封装，贮藏在（-1 ± 0.1）℃条件下。研究表明，适宜浓度的 ClO_2 采前喷施可有效清除蓝莓果实表面的微生物，显著降低失重率和腐烂率、抑制果实软化、降低呼吸速率、提高果实中 POD 和 PAL 的活性，并维持 PPO 在较低水平。同样地，采用 ClO_2 对杨梅进行熏蒸处理并在（4 ± 1）℃下冷藏的研究结果表明，前 6d 对照组与 ClO_2 处理组杨梅的呼吸强度趋势大致相同，无显著差异；但在 8d 后，经过 ClO_2 处理的杨梅呼吸强度上升趋势显著低于对照组，且浓度为 15mg/kg 的 ClO_2 处理的杨梅果实效果最显著。因此，ClO_2 对杨梅的呼吸强度在短时间内没有明显效果，但是在稍长的时间内，效果显著。从而得出，用 ClO_2 处理杨梅果实，腐烂率、呼吸作用显著降低，并且总酸、总糖等营养物质的消耗速度减缓，有利于杨梅的贮藏（赖洁玲等，2015）。

高浓度 ClO_2 处理的杀菌效果虽好，但在一定程度上会破坏蓝莓果实的细胞壁，加剧果实腐烂，产生异味，感官指标降低，因此在浆果保鲜贮藏过程中，应选择适宜浓度的 ClO_2 来进行处理。

4. 茉莉酸类

茉莉酸类主要指茉莉酸（jasmoni cacid，JA）和茉莉酸甲酯（methyl jasmonate，MeJA）两类（图 3-8），它们是与植物抗病相关的信号分子，是植物生长内源调节物质，能够诱导植物抗病防御基因的表达和防御反应化学物质的合成等，诱导浆果产生一系列防御反应和抗病性蛋白质表达来提高果实抗病性（蒋科技等，2010；李清清等，2010）。

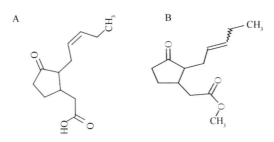

图 3-8 茉莉酸（A）和茉莉酸甲酯（B）的结构

研究发现，外源 MeJA 处理能诱导香蕉、桃、芒果、葡萄等果实在贮藏过程中产生抗病性，有效抑制腐烂的发生（麻宝成和朱世江，2006；Jin et al.，2009；弓德强等，2013）。经过 MeJA 处理的蓝莓好果率高于对照组，虽然经过不同浓度 MeJA 处理的果实间硬度差异不显著，但与对照组相比硬度显著提高（$P<0.05$）。由此可见，经 $10\mu mol/L$ 和 $20\mu mol/L$ 两个浓度 MeJA 处理的蓝莓果实硬度下降较慢，对贮藏期间的衰老过程也有显著减缓作用。$50\mu mol/L$ MeJA 处理可显著抑制蓝莓果实腐烂率、失重率和丙二醛含量的上升，通过提高 APX、CAT 活性和 GSH、总酚含量，延缓了果实维生素 C 含量的下降，显著提高了总酚、总花色苷含量，维持果实营养品质和抗氧化活性，延缓衰老（冯叙桥等，2014）。

此外，近年来的研究还发现，利用 MeJA 处理草莓等浆果可以有效控制灰霉病的发病率。Wang 等（2009b）发现，MeJA 可以提高蓝莓、黑莓总抗氧化能力及黄酮含量，提高其品质。此外，外源 MeJA 处理是通过诱导病程相关蛋白、酚类、番茄红素等抗菌物质的积累来发挥作用的，提高果实抗病性，抑制病害的发生，其结论与之前进行的 MeJA 处理采后蓝莓、草莓等浆果得到的结果类似，故表明其的确对病害有抵制作用。姜敏芳等（2012）用 $10\mu mol/L$ MeJA 对杨梅进行气熏处理，经 $10\mu mol/L$ MeJA 处理的杨梅与对照组相比，腐烂率下降 35%，呼吸强度下降 13.4%，总糖含量下降 2.26%。杨梅刚采摘时由于田间热和伤呼吸，呼吸强度较高，但在 4℃ 低温冷藏时，呼吸强度降低。因此，低温冷藏的前 1～2d 呼吸速率开始平稳下降，从第 3 天开始呼吸速率均有较大幅升高，特别是第 6 天后，杨梅的呼吸强度增长速率明显升高。但相对于对照组，经 MeJA 处理的杨梅呼吸强度偏低，说明 MeJA 对杨梅的呼吸作用具有一定的抑制作用。MeJA 处理对杨梅其他生理生化指标也产生了不同的影响。经过 $10\mu mol/L$ MeJA 处理的杨梅，果实的呼吸强度降低，总酸、总糖含量的下降速度也变缓，在一定程度上减缓了营养物质的消耗，延长了货架期（胡西琴等，2001）。

（四）其他化学保鲜技术

1. 螯合钙

采前喷钙是一种相对安全、方便的提高果实钙含量的措施。钙为植物生长所必需的大量元素，是植物细胞壁和细胞膜的重要组成成分，容易被植物吸收。

研究发现，草莓果实硬度与果胶酸钙含量呈显著正相关关系，果胶酸钙含量越高则果实硬度越高，这也与后期浆果保存时间有关。此外，总钙含量与水溶性有机酸钙、果胶酸钙、磷酸钙含量也呈显著正相关关系，硝酸钙与草酸钙含量呈显著负相关。叶面喷施螯合钙处理可促进草莓果实中可溶性钙向难溶性钙转化、延缓果实软化、衰老、腐烂，因此螯合钙处理可有效延长贮藏期，对浆果的保鲜贮藏有很大作用。

肖艳等（1999）用不同浓度的 $CaCl_2$ 和萘乙酸混合处理杨梅，结果表明此法显著增强了果实的硬度、延缓了果实的软化，并显著降低了采后发病率。谢培荣等（2009）发现，采前氯化钙处理可以抑制杨梅超氧化物歧化酶（SOD）活性的降低、稳定生物膜、降低果实腐烂率。

2. 吸附

吸附型防腐保鲜剂主要通过吸收浆果贮藏环境中的乙烯气体，降低乙烯含量，降低 O_2 和 CO_2 的含量，降低呼吸作用，减少营养物质的消耗，延长贮藏时间。乙烯的吸附剂分为物理型和化学型两种。

物理吸附剂包括多孔结构的活性炭、矿物质、分子筛，以及合成树脂等物质。它们对乙烯气体分子的吸附是靠分子间作用力进行的，属弱吸附，容易脱附。因此，一般不单独用物理吸附剂来吸附乙烯，而是结合化学吸附剂来用作乙烯化学脱除剂的载体。吸氧剂主要是通过氧化还原反应来发挥作用，即与贮藏环境中的氧气作用。

3. 抗病诱导剂

诱导剂，又称为诱导因子、激发子，指病原真菌的非亲和小种诱导寄主植物合成植保素的小分子化合物，现泛指能够诱导寄主植物启动防卫反应来抵抗病原菌侵染的物质（张元恩，1987；胡向阳和蔡伟明，2005）。抗病诱导剂的作用原理是通过激发浆果自身防御系统，使其产生抗菌物质，增强浆果对采后病害的抵抗能力，从而达到防治病害的目的，具有多抗性、持久性、稳定性、迟滞性和安全性等优点（邱德文，2004）。诱导剂分为物理诱导剂和化学诱导剂。目前，化学诱导剂因广谱、有效的特点，在实践应用中受到广泛关注。化学诱导剂主要分为天然有机诱导剂、无机诱导剂和合成有机诱导剂。天然有机诱导剂，如水杨酸、茉莉酸类；无机诱导剂，如一氧化氮；合成有机诱导剂，如壳聚糖、苯并噻二唑等，为浆果保鲜剂研究提供了新方向。

抗病诱导剂因浆果品种不同、作用时间不同而有较大差别，且诱导浓度、使用环境等对效果有较大影响。一般，低浓度诱导剂具有较好的抗病效果，而高浓度诱导剂则会降低抗病性，因此在研究浆果的抗病性时需要适宜浓度的诱导剂，目前诱导剂的使用范围还没有那么广泛。目前商品化的抗病诱导剂主要有：苯并噻二唑类

（BTH）诱导剂，主要预防对象为白粉病、霜霉病等（谢培荣等，2009）；Harpin 蛋白诱导剂主要用于防治病毒及真菌病害（邱德文，2004）。未来要加强多种途径相结合，提高诱导效果，如与生物、物理保鲜相结合及不同诱导剂相结合等，从不同角度延长浆果贮藏期。

近年来，抗病诱导剂研究不断深入，人们对此的重视程度也逐渐加深，为后续的研究指明了方向。

（五）存在问题与展望

目前，我国在化学保鲜方面已经取得了较大进展，化学保鲜技术在蓝莓、草莓、杨梅、桑椹等浆果保鲜中已经得到了广泛的应用。随着我国农业生产的快速发展和农产品供应的极大丰富，越来越多的农产品特别是易腐的浆果类产品，在采后贮藏、流通领域中都需要进行快速、低能耗、低成本和产地化的保鲜。浆果化学保鲜剂的市场和应用前景由此凸显出来。但是由于当前我国食品安全领域存在诸多问题和隐患，违法使用非食品级添加剂和保鲜剂的事件屡屡发生，超标使用、滥用食品添加剂和保鲜剂时有发生，以及化学添加剂存在的毒副作用和残留问题，都给消费者留下了心理阴影，造成对化学保鲜剂、防腐剂的恐慌，在某种程度上限制了化学保鲜剂的推广和应用。因此，在化学保鲜剂的推广使用中，一方面要强化对生产者的日常监管，加强对生产者落实化学保鲜剂使用管理主体责任的指导，杜绝安全问题，规范使用；另一方面，随着食品安全事件的不断发生，研发更为安全有效的食品化学保鲜剂，是当务之重。

三、生物保鲜技术

生物保鲜技术在保鲜领域被公认为是 21 世纪最具开发潜力的高新技术之一。利用生物保鲜剂进行浆果保鲜，条件比较容易控制、成本低、污染少，使得生物保鲜技术有巨大的发展潜力。其特殊的作用方式主要有：①拮抗菌保鲜，可以直接利用拮抗菌本身与病原菌竞争或寄生的关系保鲜，或者利用拮抗菌产生的抗菌肽等次级代谢产物起到保鲜作用；②利用从动植物中分离提取的抗菌物质来保鲜；③利用基因工程技术手段改造贮藏对象来保鲜；④利用酶工程技术手段保鲜等（张慜和冯彦君，2017）。从生物保鲜工作方式来看，其机理主要是利用微生物菌体或其代谢产物、生物（动植物）天然提取物或其他生物工程手段，抑制有害微生物，减缓果实自身成熟进程，降低采后腐烂率，保持良好的感官品质和营养成分，天然无残留，增加附加值，但也存在一定的缺点，如表 3-8 所示。

表 3-8　不同生物源保鲜剂优缺点比较

保鲜剂类型	植物源	动物源	微生物源	酶类
主要代表物	精油、多酚、中草药提取物、多糖	壳聚糖、抗菌肽、蜂胶等	乳酸链球菌素、纳他霉素等	溶菌酶、葡糖氧化酶等
优点	来源广泛，成本低廉，安全无毒，应用前景好	广谱抑菌性，天然、安全、高效	繁殖快，适应性强，不易受季节限制，易培养	无毒无味，不影响果实价值，效率高，作用条件温和
缺点	部分植物源保鲜剂抑菌机理尚未明确	应用方式较单一（涂膜），应用领域有限	微生物及代谢产物易受环境变化的影响	应用领域有待拓展，制剂价格昂贵

（一）植物源

植物源生物保鲜剂具有来源广、成本低、应用前景良好等优势，因此大量研究人员纷纷探究植物源保鲜成分在浆果保鲜上的效果，多数集中在植物多酚、中草药提取液、植物精油与植物多糖等方面，在作用机理上也大致达成了统一的共识：激活机体内在抗菌因素、破坏侵染菌体细胞壁的完整性和通透性、抑制呼吸、影响遗传物质等。

1. 植物精油

一些芳香类物质在植物光合作用中形成后有一部分会被分散在花瓣、树叶、树皮或种子上，经一定的人工提取后可获得植物精油，它是一类多为萜类与酚类化合物组成的具有广谱抑菌性的次生代谢产物。其中酚类起主要的抗菌作用，能够通过改变细胞膜的通透性而释放出遗传物质等细胞内容物，干扰其正常生理功能，使菌体细胞死亡。但植物体中化学成分的复杂性，以及一些活性成分对光和热的极不稳定性，使得环境因素对植物中活性成分的影响较大，所以单一化学成分应用于浆果保鲜的实例还较少，多数以复配为主，较为典型的有肉桂精油、丁香精油等。

肉桂精油中的肉桂醛是一种天然的抑菌防腐剂，成分含量高达 60%。相关研究表明，作为一种抗真菌的活性物质，肉桂醛作用于病原菌细胞时可以破坏细胞的形态和构造，使细胞出现表面黏连、凹陷等致命性损伤，破坏细胞膜对 Na^+ 和 K^+ 的通透性，导致胞内酶不能正常有序合成，阻碍细胞代谢，同时当外泄到一定程度时就会出现细胞溶胀而最终导致病原菌死亡。王丹等（2019）探究了体外熏蒸肉桂精油对蓝莓几种主要致病菌的抑制效果，结果表明肉桂精油对尖孢镰刀菌、链格孢菌和灰葡萄孢霉等 3 种优势病原菌均有较好的抑制效果。通过扫描电子显微镜可以看出，与对照组相比，经肉桂精油处理的 3 种病原菌菌丝形态均受到严重破坏，发生凹陷、皱缩、粗糙等一系列变形现象；未被处理的 3 种菌丝均生长正常，光滑饱满，粗细均匀。该结果表明，肉桂精油对蓝莓采后贮藏期的延长有积极作用。

丁香精油是一种以丁香酚、乙酰丁香酚、β-石竹烯为主要成分的淡黄色或无色澄明油状液体，带有丁香的特殊芳香气味，并且随着贮藏及露置时间的延长，澄清色逐渐浓厚而呈棕黄色，对真菌的抑制作用比较突出，但是目前单一成分用于浆果保鲜的研究相对较少，主要是以复配成分保鲜。陆漓等（2017）研究发现，经丁香精油、维生素 E 和 EDTA-2Na（5%、2%、1%）改性的 PE 薄膜具备良好的抑菌性、抗氧化性，改善了水蒸气和氧气的通透性，延长了草莓的货架期。

复配精油保鲜剂在水果贮藏中的应用报道较多。前期研究表明，香芹酚、肉桂醛、紫苏醛等复配能够提高蓝莓果实中花青素和总酚的含量，提高果实的抗氧化能力，使蓝莓发病率显著降低而延长货架期。刘欢等（2014）研究了多种复配精油对浆果灰霉菌的抑制效果，结果表明，肉桂醛和柠檬醛的协同作用能够使细胞溶出物释放量和细胞膜渗透性显著增加，对灰霉菌具有较强的抑制效果，延长了浆果贮藏期。2.0% 茶多酚与 1.5% 壳聚糖复合涂膜处理草莓，能明显降低草莓失重率、腐烂指数、呼吸强度，保持较好的感官品质（陶永元等，2012）。因此，关于植物精油应用在浆果上的保鲜多数还是以复配保鲜剂为主，未来围绕协同增效的开发原则将成为研究重点。

2. 植物多酚

植物多酚（植物单宁）是一种以黄酮与其他酚类为主成分广泛存在于植物体内的物质，因酚羟基结构而具有较强的抗氧化能力，抗菌机理可归纳为以下几种：①破坏细胞膜完整性。多酚通过螯合与细菌外膜稳定性相关的二价阳离子而破坏细胞膜的完整性，最终在细胞膜上形成孔道，影响细胞膜营养吸收等功能，使细菌代谢紊乱。②抑制遗传生物大分子合成。多酚在细菌细胞内可以抑制蛋白质、DNA 和 RNA 等生物大分子的合成，从而影响细菌的遗传表达。有研究指出，多酚可抑制 DNA 旋转酶的活性而影响遗传物质的表达。③影响能量代谢。有研究指出，多酚可以通过堵塞外膜孔蛋白使葡萄糖等亲水小分子的运输受阻，继而对葡萄糖的运输或利用产生抑制作用及对细胞膜通透性产生影响，而使 ATP 的合成代谢紊乱，使细菌的生长繁殖受阻（符莎露等，2016）。目前，茶多酚、香芹酚、水杨酸等已在浆果保鲜中得到广泛应用。

茶多酚是一种以儿茶素、酚酸类、黄酮类、花青素类、黄酮为主成分的抑菌剂，当前在浆果贮藏上的应用研究较为集中。茶多酚主要有以下几个特点：①对重金属具有较强的吸附作用，能形成络合沉淀物而抑制金属离子对氧化反应的催化；②极强的自由基清除能力使脂质过氧化作用的发生受到抑制；③通过清除自由基可以增强过氧化物歧化酶、过氧化氢酶、过氧化物酶等抗氧化酶的活性，从而进一步增强浆果果实的抑菌能力（张宇航等，2016）。刘开华和豆成林（2011）将茶多酚加入成膜剂中，测定在贮藏过程中草莓有机酸、维生素 C、可溶性固形物等各项指标的变化，结果表明，涂膜剂中添加茶多酚可明显降低草莓的失重率，延缓维生素 C、有机酸和可溶性固形物含量的下降，并且当茶多酚添加量为 0.3% 时保鲜效果最佳，贮藏期可延长 5d。李军（1996）用茶多酚处理葡萄，在室温贮藏 40d 后发现处理组果实的果皮状态保持较好，仍有较好的光泽，果实硬度也基本正常；而对照组则损失严重，出现严重的褶皱、果实变软塌缩等现象，维生素 C 含量显著降低，表明茶多酚能明显抑制葡萄贮藏过程中的维生素 C 氧化。

香芹酚（香荆芥酚，2-甲基-5-异丙基苯酚）是一种呈淡黄色透明油状且具有浓郁香味的挥发性油类物质，是芳香族化合物，具有抗细菌、真菌和抗氧化等作用，世界卫生组织指出，香芹酚残留量不超过 50mg/kg 时对人体健康无害，可用于水果采后贮藏。其抗菌机理主要有以下 3 种：①破坏菌体细胞壁和细胞膜的完整性。香芹酚有较强的表面活性和脂溶性，通过改变 H^+ 和 K^+ 的通透性使细胞膜上的酶相互作用，进而破坏细胞壁和细胞膜结构的完整性，导致细胞防御功能丧失，破坏菌体细胞的内外物质交换平衡，最终使菌体死亡。②影响菌体蛋白质合成。香芹酚可使细胞膜中的蛋白质变性、可与细胞膜中的磷脂结合而破坏蛋白质合成，进而改变膜的通透性来抑制病原菌生长繁殖。③影响 DNA 和 RNA 的复制。香芹酚可使 DNA 复制过程受到影响，使得菌体的繁殖和生长过程受到抑制，最终使菌体失活（许晴晴，2014）。目前香芹酚作为广谱杀菌剂，已广泛应用于树莓、蓝莓、葡萄等浆果贮藏保鲜中。许晴晴等（2014）研究发现，香芹酚（carvacrol）精油可有效抑制蓝莓采后灰霉病和青霉病的发生，贮藏 49d 后仍具有明显的抑制效果（图 3-9）；能够延缓蓝莓可滴定酸和可溶性固形物含量的下降，抑制果实硬度下降；激活防御酶诱导抗病酶的活性，提高好果率和果实抗病性而延长货架期。巩卫琪（2014）探究了不同浓度香芹酚-β-环糊精包合物对采后杨梅贮藏品质的影响，结果表明它能显著抑制桔青霉的活性，减少杨梅的病害、腐烂率，可有效抑制杨梅在贮藏时硬度及可溶性固形物、可滴定酸和维生素 C 含量的下降，提高 POD、SOD、CAT 活性的同时能够抑制 PPO 和 LOX 活性的上升，保持果实较好的色泽。曾少雯等（2018）利用淀粉制备两者的复合膜，通过评定一些感官指标和测定草莓的烂果率、失重率、可溶性固形物和维生素 C 含量发现，香芹酚淀粉复合膜可以延缓色素氧化、保持草莓果实色泽和硬度、降低失重率和延缓维生素 C 含量下降。

图 3-9　不同浓度香芹酚处理对蓝莓贮藏期灰霉菌病害的影响

3. 植物多糖

植物多糖是由许多结构相同或不同的单糖通过糖苷键连接而成的化合物，具有无毒无味、抗菌性强、可降解、易成膜等特点，在植物机体中参与生理代谢并具有多种生物活性。近年来，植物多糖的研发速度较快（主要被用做成膜保鲜剂），众多学者已经对其机理开展了深入研究。其中对海藻多糖的研究表明，其在未解聚之前并无抗菌活性，但解聚后的海藻多糖对金黄色葡萄球菌与大肠杆菌抑菌性良好，可以破坏膜结构而使细胞裂解死亡。因此，植物多糖的保鲜机理可能是通过破坏细胞膜和细胞壁的完整性，打破内外物质交换平衡而使菌体死亡，从而起到延长果实货架期的目的。

4. 中草药提取物

中草药提取物含有的化学成分复杂多样，按化学结构可分为芳香族化合物（包括酚类等）、脂肪类化合物、含氮含硫化合物（如生物碱等）、萜类化合物及其衍生物等四类。这些化合物具有一定的抑菌杀菌作用，对微生物细胞膜组织具有强力的干扰破坏作用，抑制了果品表面的微生物活动，致使其细胞代谢紊乱而降低代谢酶的活性，进而减弱微生物活动对果皮表面的影响，延缓果品的生理活动，起到果品保鲜的效果。目前应用较多的主要有五倍子提取物、杨梅叶提取物，以及一些复配提取物等。

在五倍子的众多化学组分（主要包括单宁、黄酮、有机酸、树脂、蛋白质、脂肪、淀粉、蜡质等）中，单宁类物质被认为起主要抗菌作用。研究表明，五倍子单宁对金黄色葡萄球菌、大肠杆菌等致病细菌有显著抑制作用，但无法抑制酿酒酵母、木霉菌等真菌的活性。孙莎等（2018）探究了五倍子提取物对蓝莓采后因灰葡萄孢霉侵染而引发的病害与品质影响，正常情况下蓝莓的抗氧化酶会清理果实内产生的自由基，使其代谢处于平衡状态，但蓝莓受到外界环境或者微生物侵染胁迫而发生病害时，便会导致内部活性氧及自由基大量积累，使代谢失衡而影响蓝莓果实品质；而五倍子提取物的处理能够明显抑制果实内部自由基的产生。五倍子提取物能够有效降低蓝莓腐烂率和失重率，有利于花色苷含量的保持，提高果实抗病性，即能有效抑制灰葡萄孢霉对蓝莓的侵染，可作为一种有效保持蓝莓采后品质的手段，结果如图 3-10 所示。

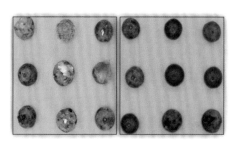

蓝莓对照组　　　　　五倍子处理蓝莓

图 3-10　五倍子对蓝莓采后灰霉病的抑制效果

研究表明，杨梅叶中可以分离得到 4 种黄酮醇甙和 1 种黄酮醇，这些黄酮类化合物均已被证实有显著的抗氧化作用，且性能强于丁基羟基甲苯（BHT），其中最好的是杨梅素。目前关于杨梅叶提取物的抑菌活性研究比较集中，大量研究已表明杨梅叶乙醇提取物对食品常见污染菌（金黄色葡萄球菌、枯草杆菌、桔青霉、圆弧青霉和黑曲霉）具有较好的抑制效果。夏其乐等（2004）研究也指出，杨梅叶提取物具有很强的抗氧化活性；何飞和陈均志（2010）对杨梅叶提取物关于草莓保鲜的应用效果进行了探究，结果表明杨梅叶提取物对草莓常温贮存保鲜有明显效果，表现在水分损失明显减少、草莓呼吸强度降低、保持了草莓维生素 C、有机酸和可溶性糖等营养成分、延缓了草莓的腐烂等方面，因此该提取物可作为一种天然、安全的草莓保鲜剂，同样可以用于其他浆果的贮藏保鲜。

单一中草药提取物在实际应用中通常不能起到理想的保鲜效果。因此，学者们在研究中尝试将具有不同抑菌谱的中草药适当复配，观察协同增效功能，以开发出高效、广谱的复合型保鲜剂，这也是目前中草药提取物水果保鲜剂的研究热点。

5. 存在的问题与展望

天然植物提取物安全无毒、抗菌活性强、成本低并且易获取，是未来主流保鲜剂发展的必然趋势。但其用量势必会成为影响食品感官品质的一个决定性因素，且多数植物源生物保鲜剂目前还处于实验研究阶段，抑菌物质的靶向作用位点仍不明确。对于浆果类水果专用保鲜剂的研究较少，且部分植物抑菌成分还与收获季节、种类和提取方法密切相关，存在易氧化、脂溶性差、单独使用效果不佳与提取成本高等不足。因此，总体上来说，植物源生物保鲜剂的应用还存在以下问题：①部分保鲜剂的作用机理、抑制机理和毒理学评价等方面的研究尚未深入，我国批准使用的植物源生物保鲜剂种类有限；②没有任何一种植物源生物保鲜剂能有效抑制所有微生物而单独应用于浆果保鲜；③部分植物源生物保鲜剂存在价格偏高、对色泽和风味产生影响与抑菌效果不理想等方面的问题。因此，植物源生物保鲜剂还不能在短期内完全取代人工合成防腐剂。

根据上述植物源生物保鲜剂目前存在的缺陷，除需要一定的科研单位对植物源生物保鲜剂机理进行更深入研究之外，还应在浆果贮藏过程中，根据不同果品致病微生物的种类与保鲜剂的作用特点进行植物源生物保鲜剂的选择。为使浆果新鲜度得到最大程度的保持，可通过栅栏技术将植物源生物保鲜剂与其他类别生物保鲜剂进行复配，或与其他保鲜技术相结合，使其保鲜作用得到更好的发挥，增强抑菌效果，降低成本，对果实感官品质的影响降至最低。

（二）微生物源

作为一种安全、无毒、有效的生物方法，利用拮抗微生物对采后浆果进行保鲜已成为防腐保鲜的重要途径。目前，关于浆果采后病害拮抗微生物的研究主要集中在细菌、酵母菌和霉菌等。因此，微生物保鲜技术的实质是利用菌体或其代谢产物作为抑菌主成分来防治浆果采后病害的一种"以菌治菌"的生物技术，抑制机理主要有：①水果表面形成薄膜。微生物可以分泌胞外多糖等成膜物质，在果实外部形成致密的薄膜，进而隔绝氧气，防止水分蒸发以延缓果实衰老。②竞争作用。拮抗微生物可以通过与致病菌竞争糖类等营养物质和生存空间而抑制有害微生物的生长。例如，酵母菌在柑橘表面能够依靠强大的繁殖能力迅速占据伤口处的空间和消耗伤口处的营养，排斥病原菌的生长。③拮抗作用。微生物拮抗抑制或杀死水果中的有害微生物是其最主要的作用。此外，由微生物代谢产生的抗菌物质（主要是一些有机酸、多肽或前体肽）也有很强的抑菌作用，通过在细胞膜上形成微孔而破坏细胞膜通透性和破坏能量产生系统，能迅速地抑制微生物的生长。

1. 拮抗菌保鲜技术

拮抗菌是生物防治中利用对病原菌的拮抗作用来防治浆果采后病害的微生物。1953年首次报道了枯草杆菌对柑橘病原菌具有拮抗作用，引发了大量国内外学者对拮抗菌用于防治采后病害的广泛研究。目前，已经有几十种拮抗菌被研究人员从苹果、柑橘、猕猴桃等水果中筛选出来，其中枯草芽孢杆菌、哈茨木霉等已被进行商品化应用，大致的作用机理有以下几种：①竞争作用（酵母类拮抗菌的主要作用机理）。拮抗菌会与病原菌竞争生存所必需的氧气、水分、营养、空间，占据病原菌的入侵位点成为两者中的优势菌株，使病原菌因生存条件不足而无法继续生长。②抗生作用。在生长过程中拮抗菌会产生具有抑菌活性的代谢产物，从而影响病原菌的生长，达到防治果实采后病害的目的。③重寄生作用。利用重寄生菌的吸附、缠绕、侵入、消解等作用形式来抑制病原菌的生长。④诱导抗性作用。利用生防菌株诱导果实产生抗病性来防治采后病害。之所以能够诱导抗病性，主要是因为拮抗菌能够激活果实的防御酶体系，促使果实次生代谢产物含量增加，细胞组织结构发生变化（朱丽娅等，2013）。

（1）拮抗细菌保鲜

芽孢杆菌属和假单胞杆菌属细菌是目前应用较多的拮抗细菌，用于浆果采后贮藏。有研究指出，枯草芽孢杆菌的抑菌效果在某些方面要优于化学保鲜剂，能有效防治草莓灰霉病等浆果病害，且对蓝莓、猕猴桃等水果的感官品质不会产生负面影响。陈成等（2016）探究了枯草芽孢杆菌制备的菌悬液、发酵上清液、发酵滤液对桑椹采后鲜果主要致腐菌（核盘菌属霉菌和链格孢属霉菌）的抑制效果，结果表明三者抑菌效果虽为菌悬液＞发酵上清液＞发酵滤液，但均可以延缓桑椹果实腐败变质。同时，枯草芽孢杆菌中的泛革素类物质对桑椹上述致腐菌有较好的抑制作用，处理后的致腐菌菌丝会出现断裂情况；另外，经枯草芽孢杆菌菌悬液处理后的桑椹果实 POD 活性显著升高，而 PPO 活性降低，从而保持了桑椹的色泽和延长了桑椹的保鲜期（陈成，2016）。

（2）拮抗酵母保鲜

酵母作为拮抗微生物，因为遗传背景清楚和转化系统完善、对低温和贫瘠环境耐受强、不产生肠毒素、安全性高等特点而易被消费者接受，成为浆果采后生物防治研究的热点。目前，已报道的可用于防治浆果采后贮藏期间的青霉病、灰霉病等病害，并且具有明显抑菌作用的酵母约有 20 种。国外部分研究表明，假丝酵母能够明显抑制由灰葡萄孢霉及黑曲霉引起的葡萄腐烂，大幅度降低葡萄贮藏期间的腐烂率。刘绍军等（1996）研究了啤酒酵母对草莓的保鲜作用，结果表明以一定浓度的活细胞酵母液处理草莓，常温下可延长保鲜期 2～3d，推迟草莓的后熟。其原理正是拮抗菌在草莓表面繁殖，导致致腐微生物缺乏扩张所需的营养与空间，才使得草莓贮藏期取得较好的防腐效果（Tezcan et al.，2004）。此外，由于酵母拮抗抑菌作用的实现主要是靠竞争机理，而竞争优势又往往会受到外界环境因素的影响，因此拮抗酵母的抑菌效果往往在环境条件多变的实际应用中不如化学保鲜剂稳定，为此研究人员也正尝试借助复合保鲜技术（拮抗酵母的混合使用、构建基因重组酵母改善拮抗酵母的效力、与物理或化学方式配合提高生防效力等）提升拮抗酵母的保鲜能力，以期降低病害发生率，延长浆果贮藏期。

（3）木霉保鲜

木霉属于丛梗孢目木霉属，研究表明，该属中的哈茨木霉、康宁木霉、绿色木霉等常见种对多种植物病原真菌具有拮抗作用。凭借着木霉属对外界环境适应性广、生存能力强、对生物体无毒害等优势而成为目前最具开发潜力的拮抗微生物之一。其中哈茨木霉在当前的研究中最为深入，它对浆果具有明显的抑菌作用，但效果仍与化学保鲜剂存在一定的差距。木霉的抑菌原理最主要的是能够产生乙醛、吡喃酮、长枝木霉素等对真菌有抑制作用的分泌物，不仅可以通过喷洒、浸泡直接施用于水果表面，还可以直接涂布在包装材料上使用。朱虹（2005）研究发现，新鲜草莓经木霉制剂处理后，置于空气中盖上聚乙烯薄膜袋，于25℃、相对湿度80%～85%的条件下贮藏，木霉W-09菌株的100%发酵液对草莓的保鲜效果最好，腐烂抑制率高达83%，因此木霉100%发酵液结合塑料膜处理可达到理想的防腐保鲜效果，延长了草莓采后贮藏期。

2. 微生物代谢产物保鲜技术

因为微生物发酵生产周期短，不易受季节、地域、病虫害和外界条件的限制，所以从微生物的发酵次生代谢产物中开发生物保鲜剂具有广阔的前景。目前应用在浆果保鲜上的研究比较集中的主要包括纳他霉素、细菌素、糖类等，它们可以和果实中的致病微生物进行拮抗竞争而达到抑菌保鲜效果。另外，一些次生代谢产物诸如细菌素、有机酸、抗生素等，虽然它们也可以与致病微生物竞争营养成分，改变pH，抑制或消除致病微生物而达到保鲜的效果，但是目前在浆果上的应用研究还较少，需要进一步探究其作用效果。

（1）ε-聚赖氨酸

ε-聚赖氨酸主要是由链霉菌属产生的一种由25～30个赖氨酸单体组成的具有抑菌功效的多肽产物，抑菌谱广，能有效抑制革兰氏阳性菌和阴性菌、真菌、病毒等微生物的增殖，并且在单独使用的情况下也可达到化学保鲜剂的良好效果。ε-聚赖氨酸最早是作为食品添加剂，于1989年在日本获批，之后在2003年正式被美国FDA批准为安全食品保鲜剂，直到2014年我国国家卫生和计划生育委员会才批准ε-聚赖氨酸盐可以在浆果汁类中作为食品添加剂使用。从此以后，国内才开展了关于ε-聚赖氨酸用于浆果贮藏方面的研究，目前在浆果方面也有所涉及。例如，于继男等（2015）探讨了冰温结合ε-聚赖氨酸对蓝莓的保鲜效果。结果表明，与直接冰温贮藏的蓝莓相比，冰温结合ε-聚赖氨酸处理对延缓蓝莓的腐烂、抑制维生素C和花色苷的减少、保护蓝莓果蜡均有明显效果，并且蓝莓的呼吸强度和乙烯生成速率也得到了抑制，其中经300μL/g ε-聚赖氨酸处理的效果最优，说明冰温结合一定浓度的ε-聚赖氨酸处理的效果优于直接冰温贮藏。该研究结果表明ε-聚赖氨酸保鲜效果非常稳定（冰温仍不影响保鲜效果），不易受外界条件影响，可与其他保鲜手段结合使用。但总体而言，目前ε-聚赖氨酸对于浆果的贮藏研究相对较少，在将来无疑会成为一种深具潜力的保鲜方式。

（2）纳他霉素

纳他霉素是一种天然抗真菌化合物，由链霉菌发酵产生，因具有不易被吸收、无潜在过敏性、安全高效等特点而符合未来保鲜剂的发展方向。尽管对霉菌的生长及黄曲霉毒素等真菌毒素的产生有极强的抑制作用，但对细菌、病毒类却几乎没有作用。目前纳他霉素在浆果贮藏领域的应用多以复配为主，较少单独使用。有研究指出，纳他霉素与壳聚糖、葡萄糖酸-δ-内酯、抗坏血酸的混合液对引起采后石榴主要病害的富氏葡萄核盘菌和小刺青霉均有明显的抑制作用，对草莓、葡萄等都具有较好的保鲜效果。周福慧等（2018）探究了纳他霉素对蓝莓灰霉病的抑制作用，通过对发病率的测定和病斑直径的观察，对蛋白质含量、与抗病相关的酶活性变化的测定发现，复配处理对病菌的抑制效果比单独维生素 C 和纳他霉素处理的效果更明显，并且随着纳他霉素浓度的升高，两种处理方式对病菌的抑制作用均增强，但复配溶液增强效果更加显著。因此，纳他霉素与生物保鲜、化学保鲜、物理保鲜等多种技术均存在一定的协同作用，使其在浆果保鲜领域的发展更具潜力。

（3）乳酸链球菌素

乳酸链球菌素是由乳酸链球菌产生的能有效抑制革兰氏阳性菌、芽孢杆菌和梭状芽孢杆菌孢子萌发的一种多肽物质，对真菌和革兰氏阴性菌并没有抑制效果。作为一种理想的天然防腐剂，它并不需要借助冷藏就能保持食品初始的营养价值，且用量少、抗菌能力强、有很好的稳定性。周建俭（2012）分别用浓度为 100mg/L、200mg/L、300mg/L 的乳酸链球菌素溶液处理杨梅，对比研究了低温贮藏过程中杨梅品质的变化情况，发现冷藏条件下 200mg/L 的乳酸链球菌素浓度具有最好的贮藏效果，对降低杨梅失水率、抑制呼吸作用、维持可溶性固形物含量有显著作用。此外，也有研究指出其与肉豆蔻精油、罗勒精油、ε-聚赖氨酸等成分均有一定的协同抑菌作用。因此，对于乳酸链球菌素的研究应用，可以不断探索良好的复配方法，结合其他保鲜手段扩展抑菌范围，不断开发其在浆果上贮藏的应用。

（4）微生物抗菌肽

Molinos 等（2008）的研究指出，由粪肠球菌产生的环状抗菌肽 Enterocin AS-48，能够广谱抑杀革兰氏阳性菌和革兰氏阴性菌。将黑莓、木莓及草莓经 Enterocin AS-48 浸洗后，单增李斯特氏菌的活性得到了显著的抑制，且当温度条件设置为 15℃和 22℃时，3 种水果均能储藏 2d，6℃条件下，草莓和黑莓能储藏 7d，由此可见抗菌肽在浆果贮藏领域同样具有明显的应用价值。

3. 存在的问题与展望

微生物源保鲜剂凭借安全无毒、抑菌性强、热稳定性好、高效无残留等特点受到食品贮藏保鲜工业市场的青睐。相比于国外已日趋完善的研究，国内的研究开发还正处于起步阶段，虽然已经取得了一定成果，但仍面临着许多亟待解决的问题：①自主研发保鲜剂的效果稳定性差。浆果机体环境（营养成分、酶等）、储运条件（温度、空气、湿度等）、制备工艺和使用方法都会影响微生物菌体及其代谢产物的活性而导致保鲜效果不稳定。②抗菌谱窄。单一抑菌成分往往只能对某种或某几种病菌有抑制作用，很难做到防治所有的采后病害。③理论研究有待深入。当前对贮藏保鲜机理的研究基本都停留在单因素方面，忽略了微生物多因素、多机理协同作用的效果，所以对于不同主成分工作机理之间的互相作用有待进一步深入研究。④安全性问题。微生物菌体、代谢产物甚至基因工程菌在食品中的应用都可能带来潜在的健康危害（毕文慧等，2017）。为此，微生物源保鲜剂在使用时要严格遵守全面灭菌、合理选择、控制条件、严格控量及协同增效的原则，逐步提升其稳定性、广谱性、高效性和安全性，开阔未来发展前景。

（三）动物源

动物源保鲜剂是从动物体内提取的具有一定活性的天然抗菌成分，依靠抗菌性强、水溶性强、抑菌谱广等优势而成为当前贮藏保鲜领域的研究热点，其抗菌机理主要有：①破坏膜结构完整性，进而破坏与物质和能量代谢相关的细胞及细胞器，最终导致溶酶体破裂而引发微生物自溶；②影响遗传物质或质粒结构改变；③作用于酶或功能蛋白，使其功能发生改变；④抑制菌体呼吸作用而使细胞自溶。目前研究较多的应用于浆果贮藏的动物源天然保鲜剂主要有抗菌肽、壳聚糖、蜂胶等。

1. 壳聚糖

壳聚糖是一类具有可生物降解性和生物相容性的，经过甲壳素脱乙酰化得到的天然无毒生物聚合物，属于天然碱性多糖，因对植物病原菌具有抗性，且具有成膜性和影响植物防御机制的能力而适用于浆果的涂膜保鲜。关于壳聚糖的作用机理，已有相关研究显示，它能够影响菌体细胞膜的通透性，一方面可以吸附在细胞表面，形成高分子膜层，影响营养物质向细胞内的正常运输而起到一定的抑菌作用；另一方面可以渗入菌体细胞内，吸附带有阴离子的细胞质，通过絮凝作用扰乱细胞的生理活动，使电解质和蛋白质成分泄漏。近年来，壳聚糖已逐步应用于浆果采后贮藏保鲜中，它可以通过在水果表面形成半透膜而抑制水分蒸发、调节气体交换，可以通过影响 O_2 和 CO_2 的浓度而抑制采后呼吸作用，还可以对果实表面的机械损伤存在以下作用：①使伤口木栓化，通过堵塞皮孔和增强磷酸戊糖途径等，增强果实抗病菌能力。②直接抑制或灭杀一些菌类。有研究指出，壳聚糖能够影响菌体的形态而对菌体孢子的萌发、菌丝的生长有抑制作用。③诱导一系列防御反应而增强自身抗病性，包括提高几丁质酶、PAL 和 POD 等活性，从而激发苯丙烷的代谢，产生酚类植物保护素来提高抗病性。大量研究证明，壳聚糖涂膜处理贮藏期间的果实，对呼吸代谢速率、失重率、可滴定酸含量、风味、颜色变化均起到很大的积极作用，但单一的壳聚糖成分涂膜存在韧性差、透水率大、溶解性差等问题，因此在浆果贮藏保鲜中通常利用复配剂。例如，吴子龙等（2018）采用浓度为 1%的壳聚糖与不同浓度（0.05%、0.10%、0.20%）的姜精油配制复配保鲜液，对草莓进行涂膜处理，结果表明不同浓度的复配剂对草莓的保鲜效果表现不一，较低浓度的壳聚糖-姜精油保鲜液能够降低草莓的腐烂率、失重率、丙二醛的含量和细胞膜的透性，减少可滴定酸、可溶性糖和维生素 C 含量的损失，有效保持草莓的感官品质，更好地延缓草莓贮藏品质的下降。Vieira 等（2016）用壳聚糖–芦荟涂层处理采后蓝莓（5℃贮藏），结果发现对照组蓝莓 2d 后出现霉菌污染，而实验组 9d 后才出现霉菌污染；15d 后涂层和未涂层蓝莓的质量分别损失 3.7%和 6.2%；25d 后涂层蓝莓的微生物生长和失重率较未涂层蓝莓分别降低了 50%和 42%。因此复合涂层的处理可以显著延长浆果的采后贮藏期。

2. 蜂胶

蜂胶是一种具有芳香气味的胶状固体物，是蜜蜂从植物芽孢上采集的树脂经过上腭腺、蜡腺的分泌物混合加工而成的，当前已确定的主要成分是黄酮和类黄酮类、芳香酸和芳香酸酯类等，主要通过以下两个方面的作用抑制和杀死侵染菌：①良好的成膜性，有助于防止病原微生物侵染，阻止果实气体交换、抑制呼吸作用和新陈代谢、减少表面水分蒸发及营养物质消耗。②直接抑制和杀灭多种病菌。此外，蜂胶因具有较强的稳定性而存在多种作用方式，如以直接、间接或与冷库相结合的作用方式应用于各种果实的贮藏保鲜中，且能够良好地保持果实光泽、颜色与口味等，显著减少表面失水和降低腐烂率。有研究指出，在低温环境下浓度为 1% 的蜂胶保鲜剂可以使葡萄 50d 不发生霉变，虽然较一些化学保鲜剂时间短，但其因天然性而不会产生化学杀菌剂的污染残留问题，使得蜂胶用于葡萄等浆果的贮藏有较好的应用前景。刁春英等（2013）指出，蜂胶乙醇提取物对常温下贮藏的草莓具有显著的保鲜作用，能够保持果实硬度，降低腐烂率、失重率，延缓可溶性固形物的降解等。Pastor 等（2011）使用含有蜂胶提取物的羟丙基甲基纤维素溶液对葡萄进行涂膜处理，得出处理过的葡萄的微生物安全性更佳，且不会对光泽、硬度与风味等理化特性产生影响的结论。但是，产地不同、品种不同的蜂胶，其活性成分的种类及含量差异较大，导致对水果抑菌保鲜的效果也不同，而且国内目前只在小范围、少数品种的水果上进行了可行性试验，应用范围非常小，并且作用机理的研究还不是很透彻，因此蜂胶产品的投入生产还需要更多的研究。

3. 抗菌肽

抗菌肽是一类具有生物活性的小分子多肽，普遍存在于各类生物体中，是免疫系统的重要组成部分，且拥有广谱抗菌性，能够杀灭革兰氏阴性菌。它的抗菌机理一方面是作用于菌体膜结构而改变通透性，当前有两种观点：一是依赖分子表面两亲性的 α 螺旋结构作用于菌体细胞膜上的脂质层，破坏其完整性而使通透性增大，细胞代谢紊乱致死；二是生理状态下带正电荷的抗菌肽能与细菌细胞膜通过静电作用而发生吸附现象，破坏细胞膜的完整性（嵌入磷脂双分子层的疏水端可以通过牵引作用或改变膜表面张力使抗菌肽进入磷脂双分子层，还可以引起磷脂单分子层弯曲变形或形成肽-脂聚合物，从而扰乱磷脂双分子层各组分原有的排列秩序，最终通过分子间的相互运动形成跨膜通道），导致胞内物质外漏引起死亡。另一方面通过穿透细胞膜和核膜，作用于 DNA 或 RNA 等遗传物质、攻击细胞器、影响蛋白质和细胞壁的合成而达到抗菌目的。邱芳萍等（2002）研究了从吉林林蛙干皮中提取得到的抗菌肽 FSE31.5 对草莓的保鲜效果，结果表明抗菌肽在延长草莓贮藏期方面具有较好的效果。

4. 存在的问题与展望

动物源保鲜剂来源广泛、安全性高，近年来在广大消费者追求绿色食品的发展主题下成为国内外研究的热点，但是其对外界环境较高的要求及作用效果的稳定性限制了它的发展，存在以下几个问题：①抗菌效果的稳定性问题。在发挥保鲜剂作用的同时，往往需要一定的投入来创造适宜的外界环境来维持其稳定性，无疑增加了使用成本及操作的复杂性，并且它本身的保存也存在一定的难点。②抗菌活力的问题。虽然大量研究表明动物源保鲜剂抑菌具有广谱性，但其抗菌活力和抗菌谱与传统的化学方式相比还是大有不足。③抗菌机理的问题。在实际应用中，动物源制剂的毒理性和机理性方面的研究还不够深入，尤其是在使用剂量、使用方式和作用时间等方面还需要进一步研究，目前的研究大多停留在实验阶段。④生产加工的问题。从动物体中直接提取的天然抗菌物含量极低，而且提取工艺复杂，资源有限；而化学合成制备又难以保持其天然结构及活性，再加上统一生产标准不健全等问题，使得保鲜剂作用效果不一，限制了它的发展。关于动物源保鲜剂的未来发展方向，机理性的实验探究将必不可少，并且应该加大产学研系列的结合，增强实验室研究与保鲜实际的结合力度，不断在实际数据中反映理论问题而进一步做深入性研究；此外，为了弥补单一性保鲜剂效果不稳定、活力不足等问题，可进一步开发复配保鲜方式（与化学保鲜、物理保鲜、生物酶及基因重组技术组合），协同增效，进一步开阔动物源保鲜剂市场的应用前景。

（四）其他生物保鲜技术

1. 基因工程保鲜技术

基因工程保鲜技术是利用浆果遗传基因特性的改变来改善贮藏特性，延缓浆果衰老而进行保鲜的一种现代化手段。它除具备生物源保鲜剂所有的优点外，自身还具有极大的优势，如不受外界环境影响、效果更加稳定及成本更加低廉等。狭义上的基因技术应用在保鲜领域主要是通过改变基因序列来抑制对采后品质影响的一些机体物质的产生。例如，乙烯是国际上公认的果实成熟和衰老激素，目前日本、美国、新加坡的研究人员已经从基因工程角度入手，开始研究利用基因替换技术抑制乙烯的生物合成及积累，而且日本科学家已经找到产生乙烯的基因，并通过对这种基因的控制证实了乙烯释放减缓，可延缓浆果的成熟和衰老，达到了在室温下延长浆果货架期的目的，解决了传统方法所存在的问题。另外，利用重组技术增加浆果的抗性基因、表现新性状也是常用的基因手段，如利用基因重组技术改造微生物表达抗菌肽而使果实自身合成抗性物质，改变自身与衰老机制相关的表达蛋白酶等来保持贮藏品质、延长货架期。

浆果在采后贮藏时会有乙烯的合成和释放，促进自身的成熟，如不加以控制很容易导致腐烂。基因技术可以通过相关的基因手段，控制成熟过程中乙烯的合成。当前，与果实中乙烯合成相关的基因研究主要集中在 ACC 合酶、ACC 氧化酶、ACC 脱氨酶、SAM 水解酶等方面，其中 ACC 合酶和 ACC 氧化酶研究最多。目前，关于上述几种酶的基因表达的常用操作方法是反义 RNA 技术，将其反向基因序列插入载体，但由于基因序列的复杂性及研究手段的局限性，现在的研究也只是利用其中的序列片段进行克隆，而且这种基因手段获得的果实无法在空气中正常成熟，必须经一定的外源乙烯处理，并且研究也证明处理后的果实与正常果实基本无差别。例如，Liu 等（1998）克隆了 ACC 合酶的 cDNA，并利用反义 RNA 技术使其在番茄中表达，结果表明转基因果实乙烯的产生量下降了 30%，室温下的贮藏期至少是 60d，硬度和色泽也基本没有变化，很好地保持了贮藏番茄的品质。所以，该方法理论上完全可以作为新兴的保鲜技术来快速培育耐贮藏果实，只不过关于基因工程果实的安全性还需进一步研究。

另外，植物细胞壁是寄主与菌体互相作用的重要场所，是病菌侵入寄主过程中的主要屏障，病菌要成功侵染植物必须克服寄主的这道天然屏障及在进化过程中寄主形成的多种抗性机制，因此与细胞壁降解相关的酶便成了此过程中的重要因子。研究表明，多聚半乳糖醛酸酶（PG）、果胶甲酯酶（PE）和纤维素酶均与浆果细胞壁的降解相关，因此可以通过基因工程的手段，降低相关酶的活性而延缓果实的软化。例如，在草莓的基因序列中，控制 β-半乳糖苷酶、果胶酯酶、果胶酸裂解酶、伸展蛋白、4-葡聚糖酶等合成的基因是控制草莓硬度和软化的主要基因。王关林等（2001）克隆了草莓膜联蛋白基因全序列的 cDNA，并命名为 *annfaf*。那杰等（2006）对草莓 *annfaf* 基因反义融合的载体进行了构建，从而获得了转基因草莓。通过对比转基因果实青、白和红 3 个发育阶段的分析，发现果实软化降低最多的是由白到红的阶段，并且采后变软现象消失，贮藏期明显延长。因此，关于基因技术改善草莓采后贮藏特性的过程，实际上从植株育种阶段就已经开始了，转基因草莓的衰老速率减缓，因而贮藏期得以延长。

2. 酶工程保鲜技术

酶是由生物体产生的具有特殊催化特性的一类物质。在浓度比较低的情况下，它可以影响反应速度而不影响反应的平衡点，并且在反应过程中不会被消耗。但生物酶除了可以作为一种催化剂，还可以在食品保鲜中起到特殊的保护作用，其原理就是某些生物酶制剂在食品保鲜中可以除去包装中的氧气而延缓氧化作用，或是生物酶本身具有良好的抑菌作用，或抑制某些不良酶的生物活性，从而达到防腐保鲜的目的。当前用于浆果保鲜的生物酶研究较多的主要是溶菌酶和葡糖氧化酶。

溶菌酶又称胞壁质酶，可从鸟类、家禽的蛋清中和哺乳动物的泪液、唾液、血浆等其他体液、组织细胞中提取得到，其因自身的非特异性免疫因素而并不会对人体产生毒副作用。之所以在食品保鲜中得到应用是因为溶菌酶能选择性地溶解微生物细胞壁，且不会对食品营养成分产生破坏作用。因此，其可作为天然防腐剂有效地代替一些有害的化学防腐剂。溶菌酶能有效地水解菌体细胞壁的肽聚糖，使细胞在内部渗透压的作用下发生胀裂而裂解死亡，对革兰氏阳性菌、好气性孢子形成菌等均有显著的抗菌效果。国内学者大量的研究显示，溶菌酶对水果的采后呼吸有显著的抑制作用，通过降低细胞膜透性，保持超氧化物歧化酶（SOD）及过氧化氢酶（CAT）较高的活性，延缓果实硬度的下降、衰老、采后腐烂，保持果实采后贮藏品质。胡晓亮等（2011）的研究指出，用溶菌酶处理后的杨梅，生理生化指标有明显的改善，很好地保持了果实的外观品质和组织形态；水分散失和营养物质的消耗显著降低；呼吸作用明显减缓，使果实处于较低的呼吸强度下；抑制了果实硬度下降而维持了杨梅饱满坚挺的外观；显著控制了维生素 C 和可溶性固形物含量的下降。所以，溶菌酶因对杨梅生理生化功能的衰退和组织的损伤有显著的抑制作用而起到延长货架期的作用。

葡糖氧化酶（GOD）是从蜂蜜和特异青霉等霉菌中被发现的，是一种对人体无副作用的天然食品添加剂，在氧气存在的情况下能高度专一性地催化 β-D-葡萄糖生成葡萄糖酸和过氧化氢。结合一些研究来看，GOD 主要应用于果品的防褐变、抗氧化，以及减少需氧型病菌导致的变质、抑制多酚氧化酶和病原菌的活性等方面。例如，GOD 在果汁加工、葡萄酒生产中起到保持产品风味和色泽及各种营养品质的功效，在果品的加工方面可以去除果汁、饮料、水果包装中的氧气，防止产品氧化变色，抑制微生物生长，延长食品贮藏期，有效防止食物变质，且使用条件温和、容易控制终点、价格便宜、所需添加量少。在小浆果保鲜方面，兰蓉等（2014）研究了包括葡糖氧化酶在内的几种保鲜剂对树莓的保鲜效果，结果表明经 0.1%葡糖氧化酶+0.1%葡萄糖+0.1%壳聚糖涂膜液复合保鲜剂处理的树莓果实综合保鲜效果最佳，在贮藏 12d 后，果实腐烂率、失重率、可溶性固形物含量、抑制褐变、保持硬度和可滴定酸含量等指标均优于其他处理组。但关于葡糖氧化酶的保鲜机理及单独使用的保鲜效果，还需进一步研究。

（五）存在的问题与展望

现今科学技术不断进步，人们生活水平逐步提高，健康意识也显著增强，使得生物保鲜剂替代化学保鲜剂成为必然的发展趋势。与传统化学保鲜剂相比，生物保鲜剂具有广谱抗菌性、高效性、天然性及相对安全性等优点，再加上当前国内冷链运输系统不完善，因而其在食品领域拥有广阔的应用前景。

生物保鲜剂近些年在浆果保鲜的研究应用方面已取得可观成就，但取得可喜成果的同时，浆果类贮藏专用天然保鲜剂的研究与开发依然存在以下问题：①保鲜剂成分复杂，其中的活性成分结构鉴定工作尚未深入进行，有效成分的作用机理、抗菌谱及可应用的范围等研究还不够全面深入，未能明确科学地解释各种功能改良剂之间相互协同的作用机理。保鲜剂使用剂量有待完善，动植物与微生物保鲜成分的提取及纯化不精细，并且研究存在盲目性。②对新型天然保鲜剂开发缺乏系统设计，新型天然保鲜剂需要以食品等多门学科为基础，但从事这些方面研究的专家很少参与合作，而且还做了许多重复工作。此外，企业参与进来的积极性不高，不愿太多资金投入天然保鲜剂的研究与开发工作中，从而限制了它的发展。③目前，国家允许使用的天然保鲜剂较少，品种单一，发展缓慢。④研发与生产存在脱节现象，成果转化速度慢，推广效果差，不能直接应用于实际。⑤部分生物保鲜剂抗菌时效短、用量大，且成本居高不下，未能规模化生产应用（周汉军等，2014）。今后应该加大在研发方面的投入，从来源上扩大筛选，并对保鲜机理等基础性问题展开进一步探究。

上述均是制约天然保鲜剂在浆果贮藏方面开发利用进程的因素。未来，天然保鲜剂所存在的问题必将会成为其研究的方向，如针对成分复杂、保鲜机理不明等问题，应更加深入地研究其保鲜成分及机理，为其更加广泛的应用奠定理论基础；面对成本高等问题，应该提高天然产物的分离与提纯技术，降低其生产成本，为推广使用提供方便；关于单一天然保鲜剂保鲜效果较差的问题，大量研究者已经开始研究复合保鲜剂，未来复合保鲜剂研究将成为一个新的发展方向。

第三节　物流保鲜技术与材料

一、物流包装技术与材料

浆果类产品水分含量高达 85%～95%，如果水分损失达到 5%，外观就会萎蔫，降低商品价值。浆果在采后贮藏过程中仍然是有生命的有机体，呼吸作用和蒸腾作用等都会消耗浆果内部的有机物，影响浆果的新鲜度。尤其在物流运输过程中，温度、气体、振动等因素均会加速浆果的衰老，因此需要不同的物流包装技术，防止浆果类产品受到损伤，最大程度地延长保存期。

（一）物流包装技术概念

浆果类产品含水量高，保护组织差，容易受到机械损伤而导致微生物侵染，降低商品价值和食用品质。物流包装技术旨在避免运输期间浆果类产品间的摩擦、碰撞或挤压造成的机械损伤，防止产品受到微生物等不利因素的污染，减少病虫害蔓延。良好的包装技术可以减少浆果类产品水分蒸发，减少外界温度剧烈变化引起的浆果产品损失，使浆果类产品在流通中保持良好的商品性和品质。

（二）物流包装技术

浆果包装材料与包装技术相伴而生。随着高新技术的开发和应用，浆果包装技术得到了快速发展。根据不同产品的需要，包装技术有充气包装、减压包装、活性包装、可食性膜及涂层包装等。

1. 包装膜技术

包装膜技术是目前国际上前景较好的保鲜技术，吸氧薄膜、吸湿保鲜膜、乙烯吸收薄膜和拉伸包装薄膜等相继问世，其中高密度带微孔的薄膜包装在果蔬领域发展较快，其主要材料为聚乙烯。新型微孔保鲜膜根据果蔬生理特性，以及对氧气和二氧化碳浓度的耐受程度，在薄膜袋上加做一定数量的微孔（40μm）以加强气体的交换，减少袋内湿度和挥发性代谢产物，保持袋内较高的氧气浓度，防止二氧化碳浓度过低导致无氧呼吸产生大量的乙醇和乙醛等挥发性物质，最终影响果蔬的风味，已被广泛用于新鲜果蔬的保鲜。按照微孔薄膜包装作用的不同，包装膜可分为可呼吸薄膜、抗菌膜、吸液保鲜膜、防露保鲜膜等。

2. 功能性包装技术

近年来，根据浆果在销售、贮运过程中的需要，包装技术已向功能化方向发展，主要有可降解的新型生物杀菌包装和功能型保鲜箱。前者利用一些可降解的高分子材料，在其中加入生物杀菌剂，起到防腐保鲜和可降解、不污染环境等多种功能，这种包装材料使用方便，特别适用于新鲜浆果产品的包装；后者指具有隔热功能的瓦楞纸箱，在传统纸箱内、外包装衬上复合树脂和铝箔镀膜，或在纸芯中加入发泡树脂，或在内层衬上加入阻隔性保鲜膜，使其具有优良的隔热性，防止浆果在流通中温度升高，从而达到保鲜的目的。

另外，浆果包装还可以通过改进包装材料性能来达到保鲜的目的，如在塑料浅盘底部或上面置入功能性片材，这些片材具有调湿、吸水、吸收乙烯和抗菌的功能。其中，调湿、吸水功能利用高吸水性树脂和无纺布、薄纸及吸水聚合物组成的多层结构实现，吸收乙烯功能多是利用活性炭的多孔性实现，抗菌性功能是由于在片材上添加了银沸石等具有抗菌性质的无机物或从植物中提取的抗菌配料。

（三）物流保鲜包装材料

1. 传统保鲜包装材料

（1）传统保鲜包装材料

目前常用的保鲜膜按基材主要分为聚乙烯（polyethylene，PE）、聚氯乙烯（polyvinylchloride，PVC）、聚偏二氯乙烯（polyvinylidenechloride，PVDC）和聚丙烯（polypropylene，PP）等。传统保鲜膜主要通过阻隔微生物，控制包装内环境中的相对湿度和调节气体成分等作用来延长浆果贮藏期，如图 3-11 所示。

图 3-11　传统保鲜膜用于浆果包装

有研究发现，0.05mm 厚的 PE 保鲜膜包装能很好地保持蓝莓的贮藏品质。PVC 保鲜膜是由聚氯乙烯单体聚合而成的聚合物，PVC 保鲜膜具有良好的透光性和气体阻隔性。然而，PVC 保鲜膜在生产过程中加入的增塑剂和稳定剂，在接触油脂类物质或加热时易析出，存在安全隐患，限制了其作为生鲜食品包装材料的应用。PP 保鲜膜安全、无毒，与 PE 膜相比，虽具有高透明度、高耐热性等优点，但其韧性差，温度低于 -35℃时会发生脆化。商业应用的 PP 保鲜膜主要是双向拉伸聚丙烯薄膜（BOPP），BOPP 有比传统 PP 膜更高的机械强度、更好的透明性和光泽度等特性，被广泛地应用于果蔬食品等的包装。BOPP 薄膜在浆果等果蔬上取得了较好的保鲜效果（郜海燕等，2015）。

王亚楠等（2014）为探讨不同薄膜包装对桑椹采后品质的影响，以'滇缅 1 号'桑椹为材料，在（5±1）℃、相对湿度 80%～90% 贮藏条件下，研究 5 种不同厚度薄膜 [15.55μm 的带孔聚乙烯袋（CK）、5.40μm 聚乙烯袋（P1）、12.75μm 的聚乙烯袋（P2）、15.55μm 的聚乙烯袋（P3）、32.70μm 的聚乙烯袋（P4）] 对桑椹贮藏效果的影响。结果表明，与对照相比，薄膜包装处理均可降低采后桑椹的腐烂指数，其中 P4 处理的效果最理想。此外，P4 处理可显著延缓采后桑椹果实糖酸比的增加，并维持较高的总酚含量及抗氧化活性。通过对不同包装袋内气体比例的分析发现，与其他薄膜包装处理相比，P4 薄膜包装可在包装袋微环境中形成高体积分数 CO_2（5.9%～6.9%）和低体积分数 O_2（6.2%～8.5%）。可见，P4 薄膜包装即 32.70μm 的聚乙烯袋包装对采后桑椹品质的调控与其形成的高体积分数 CO_2 和低体积分数 O_2 有关。

（2）微孔保鲜包装材料

传统保鲜膜在实际应用时，会因浆果新陈代谢产生的水汽而结雾，不仅降低了膜的透明性，而且加快了微生物的生长与繁殖，造成浆果的腐败。现已开发出微孔保鲜膜和防雾保鲜膜，旨在使新陈代谢产生的水汽通过膜蒸发，延长浆果的货架期。

微孔保鲜膜是采用特殊的工艺，使薄膜上形成一定数量的微孔，孔径一般在 0.01～10μm。这些肉眼看不见的微孔在薄膜上大量分布，具有较高的气体和水蒸气透过率。微孔保鲜膜对 O_2 和 CO_2 的渗透系数是普通保鲜膜的 10 倍以上，同时具有较好的保湿作用（Zheng et al.，2010）。

研究表明，0℃条件下，在 50μm 厚的 PE 保鲜袋（20cm×35cm）上制备 3 个孔径为 0.10mm 的微孔，可将草莓的保鲜期延长至 35d，袋内气体平衡浓度为 10% O_2+10% CO_2；20℃条件下，在 50μm 厚的 PE 保鲜袋（20cm×35cm）上制备 3 个孔径为 0.18mm 的微孔，可使草莓在 4d 内保持良好的商品性，袋内气体平衡浓度为 1% O_2+20% CO_2（孝培培，2016）。

2. 抗菌包装材料

抗菌包装是指通过延缓微生物的停滞期，抑制其生长速度或阻止生鲜食品内腐败菌或致病菌的生长，从而达到延长生鲜食品货架期的一种保鲜方法（Sung et al.，2014）。按照其实现形式可分为 4 类，即挥发型、直接添加型、化学键合型及天然抗菌包装材料。

（1）挥发型抗菌包装材料

包装材料中加入挥发性抗菌剂，其不与生鲜食品直接接触即可起到良好的抑菌效果，如添加乙醇气体发生剂，可通过乙醇的挥发释放来实现抗菌。乙醇作为比较理想的抗菌剂，可使细菌细胞内的蛋白质发生变性，干扰生理代谢，导致细菌死亡，从而达到抑菌效果。"Ethicap"或"AntimoldMild"包装袋就是乙醇生成技术最成功的案例。

气体型抗菌剂如 SO_2 是抑制葡萄腐烂的有效杀菌剂，其杀菌效果优于 γ 辐射和热辐射的组合方法（Gabler et al.，2010）。此外，二氧化氯（ClO_2）、异硫氰酸烯丙酯（allyl isothiocyanate，AITC）等挥发性物质也是常用的气体型抗菌剂（Tunc et al.，2007）。植物精油类，如 AITC（房祥军等，2014）、香芹酚（巩卫琪等，2015）等，由于本身具有特殊的性质，也常被用作抗菌包装材料中的挥发性抗菌剂，并且对包装中的细菌、霉菌、酵母菌等表现出较好的抑制作用，因此在浆果抗菌包装上有良好的应用前景。

潘怡丹等（2018）以麝香草酚为抗菌剂制备的抗菌包装对蓝莓品质和生理变化的影响，研究以'灿烂'蓝莓为材料，采用麝香草酚/聚乳酸抗菌包装结合低温贮藏处理，通过感官评价，检测好果率、营养品质等指标，并与普通聚乙烯（PE）包装进行比较，评价抗菌包装的保鲜效果。结果表明，在 0℃贮藏条件下，麝香草酚/聚乳酸抗菌包装能显著延缓蓝莓果实贮藏期间的腐败，贮藏 36d 仍能保持 100% 的好果率，而 PE 包装仅能保持 18d。麝香草酚/聚乳酸抗菌包装能使蓝莓保持较高的可溶性固形物含量和硬度，减少花色苷、总酚、维生素 C 等营养物质的损失。由此可知，麝香草酚/聚乳酸抗菌包装在蓝莓果实防腐保鲜中具有较好的应用前景，该研究结果为抗菌包装在果蔬保鲜上的应用提供了一定的理论依据。

（2）直接添加型抗菌包装材料

直接添加型抗菌包装材料是指将抗菌剂直接通过熔融或者共混的方法添加到抗菌

材料中，此方法目前应用较多。采用熔融法添加的抗菌剂必须具有耐热性，保证其在加热至熔融状态下仍不失效。银取代沸石抗菌剂（Ag^+取代沸石中的 Na^+）对细菌和霉菌具有广谱杀菌性，是此类型中应用较广泛的抗菌剂。此外，一些对热敏感的抗菌药物，如抗菌酶、脂肪酸酯、抗生素、金属离子、抗菌类多肽、天然酚类化合物，通过溶剂溶解后直接添加制成抗菌包装材料（Appendini and Hotchkiss，2002）。Güçbilmez 等（2007）的研究结果表明，在玉米蛋白膜中添加溶菌酶和 EDTA 能够有效抑制大肠杆菌的增殖。

（3）化学键合型抗菌包装材料

化学键合型抗菌包装要求用于制作包装膜的聚合物分子和抗菌剂上有可键合的基团，并能通过共价键或者离子键形式将抗菌剂结合到包装材料上，该类型的抗菌包装方式可以克服抗菌剂易分解和析出、耐热性能差及与包装材料相容性差等缺点，但在制备过程中须注意对抗菌剂活性位点的保护（束浩渊等，2015）。

（4）天然抗菌包装材料

一些可食性天然抗菌包装材料，如壳聚糖、ε-聚赖氨酸、山梨酸等，不仅安全无毒，而且作为生鲜食品抗菌薄膜或者涂层，具有良好的抑菌效果。其中，壳聚糖和ε-聚赖氨酸分子上所带的氨基阳离子与微生物细胞膜上的磷脂阴离子反应，引起细胞黏连渗漏，从而抑制微生物生长。壳聚糖具有良好成膜性、通透性及抗菌性，以其为基材的包装材料已广泛用于浆果等生鲜食品保鲜（Dutta et al.，2009）。Durango 等（2010）发现在抗菌包装膜中添加不同浓度的壳聚糖，表现出类似的抗肠炎沙门氏菌的效果；采用壳聚糖处理过的抗菌膜导致菌落总数减少 1～2 lg CFU/mL，而由纯壳聚糖制成的抗菌膜能够导致微生物数量减少 4～6 lg CFU/mL，并且壳聚糖抗菌膜表现出良好的柔韧性。

Yan 等（2019）将羧甲基纤维素（CMC）与壳聚糖结合作为草莓果实包衣基质以形成双层多糖包衣，研究双层多糖包衣对采后贮藏期间草莓品质和代谢组学特征的影响（图 3-12）。

3. 纳米复合包装材料

传统包装材料，如 PE、PP、PVC 等，若将其单独应用于浆果包装，则具有一定的局限性。而利用纳米技术将这些柔性高分子聚合物与纳米材料相结合形成的复合材料，能在一定程度上弥补传统包装材料的不足。近年来，将纳米技术应用在浆果类食品包装领域的研究越来越多，新型纳米复合材料以其抗菌效果好、机械强度高、阻隔能力强等特点在现代包装市场上取得了快速发展。常用的纳米材料，如纳米 Ag/PE 类、纳米 TiO_2/PP 类、纳米蒙脱石粉（montmorillonite，MTT）/尼龙（PA）类等食品抗菌膜能够有效延长浆果的货架期，防止腐败变质，在浆果物流保鲜上已开始应用，并取得了较好的效果。

徐庭巧等（2016）研究了纳米碳酸钙改性聚乙烯膜（NCCLDPE）对 2℃下杨梅果实贮藏品质和生理的影响。研究发现，NCCLDPE 的氧气和二氧化碳的透过率分别为普通低密度聚乙烯膜（LDPE）的 72.39% 和 81.33%，从而有利于在包装袋内更快形成低氧和高二氧化碳的环境。NCCLDPE 包装杨梅果实的腐烂率比普通包装低 23.74%；而在硬度和可滴定酸含量方面则比普通包装分别高 5.69% 和 12.07%；总酚和花色苷含量分别高 7.63% 和 14.75%。这表明 NCCLDPE 包装更有利于杨梅果实品质的保持，并在杨梅果实保鲜上显示出潜在的商业应用价值。

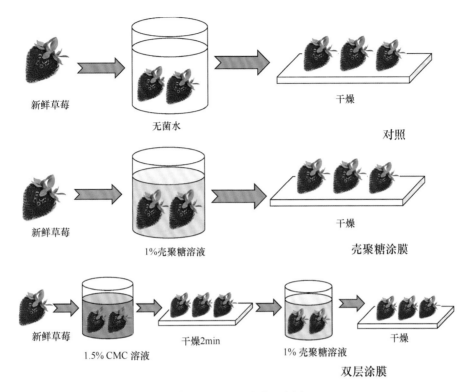

图 3-12　对照、壳聚糖涂膜及双层涂膜示意图（Yan et al.，2019）

4. 浆果包装发展趋势

在先进技术的催生下，新型包装材料和包装技术也应运而生，许多新产品不断问世，受到浆果包装业的广泛关注。包装发展趋势主要表现在以下两个方面。

（1）智能包装技术

智能包装（intelligent packaging，IP）具有感知、检测、记实、追踪、通信、逻辑等智能功能，可追踪产品、感知包装环境、通信交流，从而促进决策，更好地达到实现包装功能的目的。智能包装在整个供应链中都具有信息交流功能，从原材料供给开始，到产品制造、产品包装、物流配送，再到消费者手中，使用后包装废弃物的处置，智能包装承担着信息感知、储存、传递、反馈的重要功能。

根据所需环境参数，智能包装自动调节贮藏与转移中的环境变化，从而达到保鲜的目的。在包装中镶嵌智能元件或依靠材料特性，实现对温度、湿度、压力、气体组分的有效控制。

（2）包装信息技术

除了一般浆果名称、数量、体积、厂家、保质期、食用要求等信息，为了便于浆果物流，在包装上运用二维码、射频识别（RFID）、时间温度型指示器（TTI）标签等技术，可大大提高物流效率。

信息型智能技术在包装中的应用，主要体现在对销售包装的信息跟踪技术的使用上。这使得果蔬产品在物流、销售期间，均可以让工作人员和消费者随时随地掌握产品的产地、采摘日期、保鲜时限、实时价格等全面信息，从而对产品做出正确的评价，进而决定是否购买。

二、减振技术与材料

浆果在采后会因振动受到不同程度的机械损伤，浆果的机械损伤是指在采收、物流搬运、分级包装、贮藏、运输和销售等各个环节因受到挤压、跌落、碰撞、摩擦等作用而造成的果实变形、果皮和果肉破损的现象。机械损伤会直接破坏果实受伤部位的细胞结构，导致汁液流失、果肉组织迅速软化，并引起受伤部位的组织褐变。振动导致的机械损伤加速了微生物对浆果的侵害，导致浆果发生霉变，使浆果的品质大大降低。因此，如何采用科学有效的措施来减缓果蔬在采后、运输流通和销售过程中受到的振动是值得高度关注和亟待解决的问题。

（一）物流减振技术概述

运输过程中的振动是造成浆果机械损伤的主要原因。缓冲材料对浆果振动的保护作用主要在于缓冲材料对冲击能量的吸收，缓冲材料应对冲击的压缩变形等。缓冲材料材质主要包括塑料、植物纤维、可降解材料等。

浆果在运输过程中无论采取何种运输方式和包装形式，振动、挤压、碰撞都是在所难免的，都将不同程度地对浆果果实组织结构造成各种伤害，再加上运输中温度、湿度的剧烈变化，必然引起浆果果实各种生理反应的变化，从而导致果实腐烂变质。

振动胁迫会影响浆果果实的呼吸作用。新鲜杨梅在振动处理中，表现出明显的呼吸强度增高，并且这种呼吸反应相当灵敏，几乎与振动处理同步，振动结束后，呼吸强度立即回落，随后缓慢恢复正常。在草莓等多种果实的研究中发现类似的结果，表明振动胁迫会引起呼吸强度升高。此外，振动胁迫会还会影响浆果果实的品质及耐贮藏性，振动胁迫改变了果实采后成熟和衰老的生理代谢，呼吸强度的增加消耗了果实营养物质，引起果实风味变差、营养成分下降（曾凯芳等，2005）。

（二）减振包装技术与材料

缓冲包装是克服振动损伤的有效方法之一。所谓缓冲包装，就是浆果产品在运输、装卸过程中受到冲击、振动等外力时，通过放置高阻尼的材料，使外力在传输到浆果时产生的加速度峰值低于脆值，从而减小浆果损伤。研究也表明，对浆果使用各种缓冲包装是解决它们运输振动损伤的一种有效途径。专用的缓冲包装是运输中保护浆果产品的一种有力手段。缓冲包装的设计，即根据设定的运输力学环境条件和产品的生物力学特性，选择合适的缓冲材料，并设计合理的包装厚度。缓冲包装主要有以下两种方法。

1. 全面缓冲包装方法

全面缓冲包装方法就是用缓冲材料填满浆果产品与内箱和外箱的空间以保护整体的缓冲技术。缓冲材料以细片型、粒型及片型材料为主。这些材料不需要预先进行加工，因为任意形状、尺寸都可以，适用于小批量的包装，大批量包装时采用成型品。

2. 部分缓冲包装方法

对于整体性好的产品和有内装容器的浆果产品，仅在浆果产品或内包装的拐角或局部地方使用防振材料进行衬垫即可。此方法使用的材料少，能够根据被包装物品的重量、缓冲材料的刚性、最佳的缓冲效果来选择使用面积，这是它的优点，尤其适用于大批量的包装，加工成专用的衬垫、块状或成型材料。

（三）减振包装材料分类和应用

减振包装材料一般可分为两类：一类是为防冲击破损，应选择具有高弹性和压缩能力强的材料，适用于冲击破坏强度比振动破坏强度高的产品；另一类是为了减振，使用衰减能力强、阻尼高的材料，适用于长期运输、因振动而易产生疲劳损伤的产品。发泡塑料、纤维类材料、可降解材料等都是主要的缓冲材料。

1. 发泡塑料

物流过程的运输、贮存等环节中要用到许多发泡材料制品，发泡塑料是其中应用最为广泛的材料之一。发泡塑料能够吸收冲击载荷，具有质轻、热导率低、隔热性能好、强度高等优良特性，因而用途广泛（郭奕崇和刘丙午，2010）。发泡塑料是由大量气体微孔分散于固体塑料中而形成的一类高分子材料，具有代表性的有发泡聚乙烯塑料、发泡聚苯乙烯塑料和聚氨酯泡沫等。

（1）发泡聚乙烯塑料

聚乙烯是塑料中生产量和消费量最大的一类热塑性塑料，其主要用途是生产各种包装材料，因此聚乙烯是塑料包装中使用量最大的品种。发泡聚乙烯塑料可以用聚乙烯为主要原材料，采用挤出的方法制造聚乙烯软质泡沫塑料卷材，它具有良好的隔音、隔热性能，优良的缓冲减振性能，良好的化学稳定性和耐候性，极佳的挠曲性，加之重量轻，成本低，品种多，受到包装领域的广泛重视。

（2）发泡聚苯乙烯塑料

聚苯乙烯是指由苯乙烯单体经自由基加聚反应合成的聚合物。发泡聚苯乙烯塑料的热导率低、刚性较大，有较好的缓冲性能，广泛用作隔热材料和包装材料。发泡聚苯乙烯塑料是生产和使用时间最长的品种。发泡聚苯乙烯，又称可发性聚苯乙烯，具有相对密度小（$1.05g/cm^3$）、热导率低、吸水性小、耐冲击振动、隔热、隔音、防潮、减振、介电性能优良等优点，被广泛地用作浆果产品的防振包装材料及快餐食品的包装材料，如图 3-13 所示。

图 3-13　发泡聚苯乙烯塑料

（3）聚氨酯泡沫

聚氨酯泡沫是以异氰酸酯和聚醚为主要原料，在发泡剂、催化剂等多种助剂的作用下，通过专用设备混合，经喷涂发泡而成的高分子聚合物。聚氨酯泡沫是一种重要的聚氨酯合成材料，具有多孔性、相对密度小、比强度高等特点，根据所用原料的不同和配方的变化可制成普通软泡、高回弹泡沫及硬泡等（宋元军和李娜，2010）。软泡为开孔结构，硬泡为闭孔结构；软泡多用于减振、缓冲材料，硬泡多用于保温材料。决定聚氨酯阻尼性能的关键因素是软段、硬段的相容性，即微观相分离程度，相容性太好或太差都不能用作阻尼材料。因此，可以通过改变软段、硬段的组成和配比，在很宽的温度范围内调节聚氨酯的阻尼性能。

2. 纤维类材料

（1）瓦楞纸板

瓦楞纸板作为人们使用较早的缓冲包装材料之一，具有加工性好、成本低、挺度与强度较大、重量轻、缓冲性能好、原材料丰富、易于回收且环保等优点，因此其在浆果包装缓冲方面应用较为广泛，是一种新型的"绿色环保"产品。人们常通过在浆果之间添加瓦楞纸板来减少碰撞从而减少损伤。虽然其性能优良，但仍有一些弊端，如不耐潮湿、挤压后不易复原等，导致其应用受到一定的限制，如图 3-14 所示。

图 3-14　瓦楞纸板包装盒

（2）纸浆模塑

纸浆模塑是以植物纤维为主要原料，在模塑机上由特殊的模具塑造出一定形状的纸制品包装材料。其具有原料来源广泛、可回收再利用、质轻价廉、可重叠运输、防振、透气性好、利于保鲜等优点，因此被广泛应用于新鲜浆果防护包装等，发展较为迅速，成为泡沫塑料包装材料的换代产品（刘伟等，2013）。

（3）植物纤维

近几年，基于环境破坏的压力，人们开始采用植物纤维来制造缓冲包装材料，目前已经取得了阶段性成果，其因来源广泛、可降解，所以引起了社会的广泛关注，但在制品性能方面仍需进行改进和研究。

黄君和王华林（2011）以植物纤维为原料，加入玉米淀粉、甘油、胶黏剂、填充剂和交联剂后加热烘焙发泡，制得发泡体，并分析了发泡体的密度、力学性能和降解性能等。夏星兰（2013）等将植物纤维进行表面改性，增加了纤维活性，通过添加不同剂量的偶联剂或偶联剂与引发剂的混合物，测试制品的力学性能。利用发泡技术制备出秸秆纤维/PVC 发泡材料制品。

3. 可降解材料

近年来，随着包装行业的不断发展，我国对缓冲包装材料的需求量逐年上升，其中发泡聚乙烯、发泡聚苯乙烯和发泡聚氨酯等是常见的缓冲包装材料。但其在土壤中的自然分解速度极慢，因此给环境带来了一定的压力，许多国家严令限制使用聚乙烯、聚丙烯等缓冲包装材料，提倡使用可降解材料来代替塑料产品。

可降解缓冲包装发泡材料是以淀粉、植物纤维及木质素等生物质材料为主料，再添加一定的辅料及发泡剂等助剂，通过特殊工艺加工制备而成的，具有原材料来源广泛、成本低廉、整个生命周期对环境无污染等优点，符合绿色环保型包装材料的要求，而且可以提升农作物的经济价值和附加值（卢佳欣等，2017）。

（1）淀粉发泡材料

淀粉是植物经光合作用而形成的碳水化合物，是一种来源丰富、价格低廉的可再生资源，自然界的酶可发挥作用导致其降解，成为一种理想的生物质资源。然而淀粉亲水性强、塑性差、本身成型能力不足，也给其应用造成了一定的困难。因此，科研工作者采用淀粉改性和淀粉复配的方法使淀粉满足一定的功能和发泡要求（滕琴等，2018）。

（2）聚乳酸发泡材料

新型环保材料聚乳酸（PLA）又称为聚丙交酯，是一种以 PLA 为基体、以发泡气体为分散相而形成的具有高性能的新型材料。其发泡材料不仅具有无毒、生物基来源和可生物降解等特性，同时还兼具低密度性和良好的阻隔性能、冲击性能。聚乳酸是以小麦、玉米、谷物秸秆等天然可再生资源为原料加工制成的，分解的最终产物为水和二氧化碳，不会对环境造成污染。聚乳酸发泡材料被广泛应用于多个领域，包括浆果和食品减振包装方面，并且在保温领域的应用也越来越广泛（滕琴等，2018）。

4. 减振包装材料的应用

（1）草莓中的应用

黄斯等（2015）根据草莓果实的结构特点，研制了具有减振功能的分果 PVC 包装盒，并以'章姬'草莓为材料，分别测定果实的损伤指数、失重率、乙烯释放量、呼吸强度、硬度、可溶性固形物含量及相对电导率等生理和品质指标，来检测分果 PVC 包装盒防止草莓振动和跌落损伤的效果。结果表明，相比于普通包装盒，分果 PVC 包装盒不仅可以有效减少草莓果实表面损伤率及降低果实贮藏过程中的失重率、乙烯释放量、呼吸强度和相对电导率，而且可以较好地维持果实硬度，从而有效延缓草莓采后的品质劣变。

（2）蓝莓中的应用

许时星等（2017）以'园蓝'蓝莓为试材，采用模拟运输的方法，将泡沫包装箱固定于运输振动试验台上，在 2.5Hz 振动频率条件下进行不同时长（12h、24h、36h）的振动处理，以 0h 处理为对照组。模拟运输振动试验结束后，测定不同振动时间条件下蓝莓果实的品质和抗氧化酶活性。同时将其余样品继续贮藏于（0±0.5）℃保鲜冰箱中，进行贮藏期试验，每 2d 取样检测。结果表明，运输振动对蓝莓品质的影响是逐渐累积的，物流运输过程中振动时间越久对品质的损伤越大，果实衰老进程越快。模拟物流运输时间在 12h 以内，振动胁迫对蓝莓果实品质的损伤较小，有利于保持果实贮藏期间的品质。

三、保温技术与材料

与发达国家相比，我国的浆果类产品在物流过程中还存在冷链技术集成不完善、缺乏相关设备和材料等问题，浆果产品在流通环节中的损失高达 25%～30%，经济损失达千亿元以上。而发达国家的浆果产品损失率平均水平已控制在 5%以下，美国的浆果产品在物流环节中的损耗率仅有 1%～2%。因此，研究新型保温材料来解决冷链物流过程中的保温效果以降低损耗已经成为迫切需要解决的课题之一。

（一）物流保温技术概念

物流保温技术是指浆果产品在运输时通过外包装、制冷设备或依靠运输车辆的绝热结构来减少包装内外的热交换，以保证在运输过程中产品保持较低温度。浆果类产品保存时间较短，对贮存环境要求高，温度过高会加速腐烂败坏，温度过低会造成冷害。因此，在物流运输过程中，将温度控制在适宜的贮藏温度范围内十分重要。

（二）物流运输保温技术

浆果皮薄多汁，风味浓郁，保存时间短且极易发生霉变。目前，在浆果运输过程中使用的保温技术，多是通过具有保温性能的不同材料制作成的冷藏车或冷藏集装箱，联合使用气调或蓄冷等技术，以保障浆果在运输过程中能够保持合适的温度，来延长浆果产品的货架期。

1. 冷藏车

冷藏车是指用来维持冷冻或保鲜货物的温度的封闭式厢式运输车，一般装有制冷机组的制冷装置和聚氨酯隔热厢，在浆果运输中广泛应用，如图 3-15 所示。通过分析发现，隔热材料是影响冷藏车厢体隔热性能的主要因素之一，隔热材料的导热系数越低，厚度越大，厢体的保温性能越好。聚苯乙烯、聚氨酯和挤塑聚苯乙烯这三种隔热保温材料在冷藏车厢体制造中都有使用，其中聚氨酯的应用最为广泛。以聚氨酯为隔热材料的冷藏车是目前中高端冷藏车市场的主要产品。

2. 冷藏集装箱

（1）耗用冷剂式冷藏集装箱

耗用冷剂式冷藏集装箱泛指各种无须外接电源或燃料供应的冷藏集装箱，包括水冰冷藏集装箱、干冰冷藏集装箱、液氮冷藏集装箱等。耗用冷剂式冷藏集装箱的优点是在

图 3-15　冷藏车

运输过程中，不需要外接电源或燃料供应，无任何运动部件，维修保养要求低。其主要缺点是无法实现连续制冷，蓄冷剂吸热和消耗后必须重新充冷或补充，较难实现精确的温度控制，制冷设备占用空间较大。耗用冷剂式冷藏集装箱主要适用于小型冷藏集装箱的短距离运输。

（2）机械冷藏集装箱

机械式冷藏集装箱是指设有制冷装置（如压缩式制冷机组、吸收式制冷机组等）的冷藏集装箱。机械式冷藏集装箱是目前技术最为成熟、应用最为广泛的冷藏集装箱，与其他冷藏集装箱相比，它调温范围广，从常温到–30℃左右都能调节；通用性强，能运输不同温度要求的货物；自动控制方便；箱内温度分布较均匀；适宜远距离运输等优点。

（3）气调冷藏集装箱

气调冷藏集装箱具有一般机械式冷藏集装箱的所有制冷功能，同时装有一种气调设备，可以调节和控制箱体内的空气成分，以减弱浆果的呼吸强度，从而减缓浆果的成熟进程，达到保鲜目的。气调冷藏集装箱的气密性要求较高，一般要求漏气率不超过 2m³/h。采用气调冷藏集装箱运输具有保鲜效果好、储藏损失少、保鲜期长和无污染的优点。但由于采用气调设备后，技术要求高，冷藏集装箱价格高，因此目前使用还不普遍。

（三）保温材料的分类和应用

1. 硬质聚氨酯泡沫塑料

硬质聚氨酯泡沫塑料具有很好的绝热性能，是物流保温的首选材料。聚氨酯为主链中含有氨基甲酸特征单元的一类高分子。硬质聚氨酯泡沫塑料良好的机械性能、附着力好，使其在制冷、保温等物流领域大量应用。通过优化配方和制造工艺可以进一步支撑冷藏车、保温箱使用硬质聚氨酯泡沫塑料。硬质聚氨酯泡沫塑料具有超 90% 的闭孔率，且填充了具有较低导热系数的二氧化碳和其他发泡剂。硬质聚氨酯泡沫塑料特殊的结构赋予了良好的保温性能，导热系数仅为 0.020W/(m·K)。硬质聚氨酯泡沫塑料非常有效地减少了输送介质和周围环境之间的热交换，从而实现了最大的保温效率（王红丽和刘良旭，2018）。

2. 聚苯乙烯保温板

聚苯乙烯（polystyrene，PS）是指由苯乙烯单体经自由基加聚反应合成的聚合物。根据生产工艺的不同，聚苯乙烯塑料制品可分为发泡聚苯乙烯保温板（EPS）和挤塑聚苯乙烯保温板（XPS）两大类。挤塑聚苯乙烯保温板指采用挤出法生产的聚苯乙烯发泡塑料。挤出法生产的挤塑聚苯乙烯保温板制品主要在制造冷藏设备及保温等方面具有广泛的应用。挤塑聚苯乙烯保温板特别适用于需要隔热保温及冷藏冷冻的场合，是冷链物流理想的隔热保温材料。聚苯乙烯作为第二代保温材料，在保温材料市场的占有率超过85%。与硬质聚氨酯泡沫塑料一样，聚苯乙烯也兼具优异的保温性能和防潮性能，而且聚苯乙烯的尺寸稳定性能、化学稳定性能、耐候性、机械强度及减振性能均十分优异，具有较长的使用寿命，加工也较简便，施工过程相对容易（王红丽和刘良旭，2018）。

3. 酚醛树脂

酚醛树脂是苯酚和甲醛缩聚而成，经过发泡固化后，基本没有有害物质。酚醛泡沫材料属高分子有机硬质铝箔泡沫产品，由热固性酚醛树脂发泡而成，它具有轻质、防火、遇明火不燃烧、无烟、无毒、无滴落、使用温度围广（−196～200℃）及低温环境下不收缩、不脆化等特点，是暖通制冷工程理想的绝热材料。酚醛泡沫由于闭孔率高，导热系数低，隔热性能好，并具有抗水性和水蒸气渗透性，同时也是理想的保温节能材料。与硬质聚氨酯泡沫塑料和聚苯乙烯相比，作为第三代保温材料的酚醛树脂具有优异的阻燃性能，导热系数也较低，且燃烧时的发烟量和化学毒性低，可广泛应用到浆果物流保温领域。

4. 真空绝热板

真空绝热板（vacuum insulation panel，VIP）是一种新型超级保温材料，是将隔热性能良好的芯材如玻璃纤维、气相二氧化硅、纤维和粉末材料的混合物及聚氨酯、酚醛树脂、聚苯乙烯等的发泡材料装入阻隔气体性能良好的高分子复合薄膜袋中，抽真空后再密封起来所形成的板材。众所周知，热量的传播有对流、传导和辐射三种方式，VIP就是在结构和材料上采取一系列有效手段，使产品的综合热传导尽量减小，从而达到良好的绝热性能。真空绝热板作为一种新型保温隔热材料，具有优良的保温性能，导热系数低至 $1.5mW/(m\cdot K)$，在达到同等保温效果的情况下，VIP 的使用厚度仅为其他传统材料的 1/10。该材料的使用可以节省大量空间，是目前最高效的保温材料，因此 VIP 被称为超级绝热材料。

5. 保温材料的应用

（1）在草莓中的应用

欧洲除了采用冷藏车对草莓进行冷藏运输，还采用铝箔层压板的隔热保温材料对草莓包装箱进行包裹后运输，这种隔热保温材料可以将草莓的温度保持在 3℃左右达 36h（严灿，2016）。

（2）在蓝莓中的应用

吉宁等（2017）研究了"1-甲基环丙烯（1-MCP）+蓄冷剂+保温包装"模式模拟运输蓝莓鲜果的效果。结果表明，模拟运输期放入相同重量蓄冷剂的条件下，模拟运输24h 1-MCP处理组（MP24）在货架末期的腐烂率分别比模拟运输48h对照组（CK48）、模拟运输24h对照组（CK24）、模拟运输48h 1-MCP处理组（MP48）低18.99%、14.03%和14.11%，硬度分别比CK48、CK24、MP48高14.20%、9.93%和4.67%，能维持果胶酶活性最低，并保持花色苷、总酚、维生素C、GSH含量。因此，"1-MCP+蓄冷剂+保温包装"短期运输是一种低成本、高效的蓝莓鲜果物流模式。

（3）在杨梅中的应用

应铁进等（1997）研究了杨梅果实的运输基础生理和力学特性。采用泡沫箱加冰保温运输方案，以杨梅果实的基础特性为依据，设计了各项运输技术参数，进行模拟运输验证和1550km的实际道路运输中试（表3-9）。结果表明，泡沫箱加冰可使保温运输时限达48h以上，运输半径超过1680km。运输后的杨梅果实好果率达98.23%，品质良好，加长厢式改装车的车辆吨位利用率可达50%以上。

表 3-9　杨梅保温运输中的实际温度变化（修改自应铁进等，1997）

运行时间（h）	箱内温度（℃）	环境温度（℃）	运行时间（h）	箱内温度（℃）	环境温度（℃）
0	4.1 ± 1.8	25.0	28	0.6 ± 0.5	20.5
4	3.5 ± 0.7	25.0	32	0.3 ± 0.2	21.5
8	2.6 ± 0.8	31.0	36	0.3 ± 0.2	34.0
12	2.6 ± 0.7	34.0	40	0.5 ± 0.3	25.0
16	1.6 ± 1.2	32.0	44	0.5 ± 0.3	24.0
20	1.1 ± 0.4	28.0			
24	1.1 ± 0.4	25.0	全程平均	1.6 ± 1.4	27.1 ± 4.6

郑涛涛等（2012）研究了保鲜箱的保温层数、果冰质量比和抑菌剂对杨梅非冷链物流保鲜质量的影响。结果表明，果冰质量比对非冷链物流保鲜杨梅的发霉率、好果率的影响均达到极显著的水平（$P<0.01$），保鲜箱的保温层数对非冷链物流保鲜杨梅的好果率的影响达到显著的水平（$P<0.05$）。杨梅的非冷链运输保鲜具有明显的时效性，冷藏保鲜10d后的杨梅，若要使非冷链运输保鲜期达到2d，需用双层保温保鲜箱，果冰质量比也必须小于2。

四、蓄冷技术与材料

蓄冷技术是指将压缩式等制冷循环机组工作产生的冷量高密度储存在蓄冷材料中，再通过其状态的变化，将其中的显热、潜热或化学能在一定的条件下释放，是当今世界制冷领域发展的新动向。

蓄冷技术与冷链物流相结合可达到提升经济性与节能的目的。与发达国家相比，我国尚未形成完整而独立的冷链物流体系，使得我国农产品在采后运输到销售消费的整个过程中腐烂损失严重，经济损失超过千亿元。而将蓄冷材料合理运用于浆果产品的冷链物流体系中，可以大大减少浆果产品品质劣变，提高产品的品质，延长贮藏期，同时满足消费者对浆果产品高品高质的消费需求，减少我国浆果在贮藏运输过程中的损失和浪费。近年来，蓄冷技术与湿空气、气调、真空等结合应用于浆果运输或贮藏中，使浆果保鲜效果有了较大的改善。蓄冷技术在食品低温加工、低温贮藏、低温运输配送、低温销售等食品冷链的各环节中都具有广泛的应用背景和节能潜力（常远和刘泽勤，2010；李晓燕等，2013；朱志强等，2014）。

（一）蓄冷技术概述

蓄冷技术诞生于 20 世纪 70 年代，是利用某些工程材料的蓄冷特性，贮藏冷能并加以合理使用的一种实用贮能技术。蓄冷技术自诞生以来，就在食品、化工、医疗等许多领域得到了广泛应用（邹琼，2000）。该技术具有良好的冷藏效能，特别是在节能、环保和降低制冷成本上更具显著效益（吕浩生，2001；孙金萍，2004）。蓄冷方法可分为显热蓄冷和相变潜热蓄冷两大类。目前，研究和应用最为广泛的是相变潜热蓄冷技术。蓄冷技术能很好地解决能量供求时空失衡的矛盾，提高能源利用率，并且保护环境，增加相关企业的经济效益。

由于大部分浆果具有组织娇嫩、易腐败等特点，因此在采摘之后要尽快通过不同的运输方式把浆果运送到各地，在运输的过程中，对运输环境温度的控制极为重要，而蓄冷技术由于其环保、方便等优点已广泛应用于浆果冷藏车中。早在 20 世纪 60 年代，蓄冷技术就在冷藏车上有所应用，第一代蓄冷板冷藏车是在隔热车体上安装蓄冷板，蓄冷板内充注一定量的低温共晶溶液作为冷源，当共晶溶液充冷冻结后贮存冷量，并在不断融化过程中吸收热量而实现制冷。目前，我国已经研制出第二代蓄冷板冷藏车，冷藏车自带制冷机组，只要供电就可以进行充冷，在任何车站都可以进行，使其大范围的应用成为可能。在浆果控温运输领域，蓄冷板冷藏车有希望逐渐成为浆果冷链运输的主要运输工具，其蓄冷剂也以经济、安全、蓄冷量大、环保、可重复使用和方便性的优点逐渐成为浆果冷链物流的重要冷源（李晓燕等，2010）。

蓄冷技术在浆果的运输贮藏中有很大的应用潜力。将蓄冷技术与冷藏运输相结合形成蓄冷运输箱，将蓄冷运输箱应用于冷链物流中，利用相变蓄冷材料的恒温释冷过程，无须机械制冷就能够实现长时间保冷，并可实现同车混装运输，充分利用同一方向上的货物运输能力。将相变蓄冷材料应用于食品冷链物流中，既可延长浆果贮藏期，降低食品在运输过程中的损坏率，也可减少冷藏车的使用，降低运输成本。将保温箱体和低温相变材料结合，制成相变低温保温箱，可以保持环境长时间低温且无需动力，进一步实现高质量、低成本的冷藏物流。

（二）蓄冷材料的分类及应用

1. 蓄冷材料的分类

按照蓄冷原理可将蓄冷材料分为显热蓄冷剂、相变潜热蓄冷剂和化学蓄冷剂 3 种。化学蓄冷剂是利用化学反应来存储能量的，这种方式的蓄能密度比显热潜能的大，但化学反应条件比较苛刻，需要在可逆的化学反应下进行，有很多不稳定的因素影响，所以这种技术应用起来比较复杂，目前应用的范围较窄（吴喜平，2000）。显热蓄冷剂是通过蓄冷介质的温度降低储存冷量，在温度的降低过程中蓄冷介质不发生相变和化学反应。该技术在浆果物流保鲜中有一定的应用，但应用并不是很广泛。相变潜热蓄冷剂是通过介质相变时吸收热量或者释放热量来储能或者释能的，在储能或者释能过程中温度不会随意变化，容易与运行系统匹配，且蓄能密度高，所用装置简单、方便、体积小。因此，相变潜热蓄冷应用前景较广，能提高能效、开发可再生能源，也是目前应用较多、较重要、较活跃的储能方式。

（1）显热蓄冷

显热蓄冷通过蓄冷介质的温度降低储存冷量，在温度的降低过程中蓄冷介质不发生相变和化学反应，通过固态或者液态介质温度的变化来储存能量，储热介质需要具有较大的比热容，通常岩石、金属、沙子、水泥等可以作为储热介质的固态物质。Manganaris等（2007）对采后甜樱桃进行冷水预冷发现，其果实的衰老和劣变得到明显延迟，褐变率得到明显降低。Alique 等（2005）对比研究 1℃冷水预冷和普通预冷对甜樱桃品质和货架期的影响，甜樱桃采后冷水预冷至 2℃，在 0℃分别贮藏 5d 和 10d，然后在 20℃下分别贮藏 2d 和 4d，普通预冷作为对照（CK），以预冷后 0℃贮藏 10d，20℃温度下贮藏 4d 为例，冷水预冷果实硬度度、可溶性固形物含量、可滴定酸含量分别为 $7.9N/mm^2$、13.9%、7.6mg/g FW，CK 组果实分别为 $6.0N/mm^2$、14.9%、6.5mg/g FW。结果表明，冷水预冷效果明显优于普通空气预冷，中心温度降到 2℃仅需 6min，并且贮藏时间越短，甜樱桃品质越好。

（2）相变潜热蓄冷

相变蓄冷材料是相变蓄冷系统中用来储存冷量的介质，其相变过程是近似等温的过程，利用相变过程存储和释放冷量。相变材料在某一特定的温度下，从一种状态转换到另一种状态，在经历无数次的融化和凝固过程后，它的化学性质和物理性质发生极小的变化甚至没有变化，同时伴随着吸热或放热的现象（袁群和沈学强，1994）。相变蓄冷材料的种类有很多种，从材料的组成成分来看，一般分为无机相变蓄冷材料、有机相变蓄冷材料和高分子相变蓄冷材料三大类。

应用于低温保鲜领域的无机相变蓄冷材料多为水和共晶盐类，其运用原理为脱出结晶水使得盐溶解而吸热，吸收结晶水而放热，通常具有固定的熔点、相变熔热较大、导热系数大、导热性好、液相和固相密度小、发生相变后体积变化率低、价格低、毒性很小等特征（潘利红，2008）。

有机相变蓄冷材料多是碳基化合物，包括石蜡、脂肪酸、醋、芳香烃类、联胺类、多羧基类、多元醇等，随着分子量和碳原子数的增加，相变潜热逐渐升高。典型的是有机相变蓄冷材料，石蜡和脂肪酸类具有过冷度小、不存在相分离现象、腐蚀性弱、化学性质稳定、价格低且固体状态成型性较好等优点（于永生等，2010）。

高分子相变蓄冷材料就是将高分子材料与水及某些助剂溶为一体，使得到的物质既有蓄冷性能又有高分子材料特性的一种蓄冷材料。它具有一定分子量分布，并且结晶不是很完全，分子量也比较大，所以它不像低分子量的物质有一个恒定的熔点，而是在相变过程中有一个熔融温度范围。高分子吸水树脂是一种具有新型功能的高分子材料，有良好的吸水性能和凝胶强度，能吸收自身重量成百上千倍的水，并且不容易被挤压或者分离出来，能够避免融化时水渗透。

2. 蓄冷材料的应用

最初蓄冷技术的研究应用领域是空调蓄冷，随着新型蓄冷材料的不断研发，蓄冷技术应用范围不断扩大。近年来，在冷藏运输中特别是浆果的冷藏运输领域范围内，蓄冷技术发展极为迅速。将蓄冷材料合理运用于浆果等农产品的冷链物流体系中，可以大大减少产品品质劣变，提高品质，延长贮藏期，同时满足消费者对浆果等农产品高品高质的消费需求，减少我国浆果等农产品在贮藏运输过程中的损失和浪费。

（1）蓄冷技术在杨梅保鲜中的应用

利用蓄冷技术对杨梅进行保鲜，可以有效延长杨梅的货架期。蓄冷材料在杨梅保鲜方面的应用较为广泛。戚晓丽等（2014）在研究蓄冷材料的性能对杨梅运输保鲜效果的影响中发现，不同的蓄冷材料对杨梅的保鲜效果有显著的影响。合适的温度，以及尽可能高的相变潜热，是提高杨梅运输保鲜效果的基本保障。王益光等（2003）研究了蓄冷材料的用量与果实数量对杨梅运输贮藏的保鲜效果，在冰 2.5kg+杨梅 2.5kg、冰 2.5kg+杨梅 5kg、冰 5kg+杨梅 5kg、冰 5kg+杨梅 10kg、冰 7.5kg+杨梅 7.5kg、冰 7.5kg+杨梅 12.5kg 等几种条件下共计模拟运输贮藏 86h，根据杨梅果实的肉柱、颜色、气味、风味和霉烂率等进行杨梅品质评价。结果表明，冰块和果实的比例不同，制冷保鲜效果差异较大，需要根据运输路程的远近、泡沫箱大小来决定冰块和果实的比例。果实和冰块质量比例大的制冷效果好于质量比例小的，制冷效果好的，杨梅保鲜效果也好。

（2）蓄冷材料在蓝莓保鲜中的应用

蓝莓果实的成熟期集中在每年 6~7 月，正值夏季高温季节，采收期较短且不耐贮藏。人们将蓄冷技术应用于蓝莓的冷链物流中，取得了较好的效果。左建冬（2017）在探究冰温技术在蓝莓保鲜中的应用时，采用专用蓄冷剂固液相变时温度恒定的原理实现了冰盒温度的恒定，同时将冰盒合理地布置在冰温库的四周墙壁及顶部墙壁，实现了冰温库内温度的恒定，各点的控制精度能够达到±0.3℃，库内各个点的最大温差小于0.5℃，并且通过调整专用蓄冷剂的冰点温度，实现了冰温库内温度的调节，满足了不同冰温储藏对温度的需求。使用该设备对预冷后的蓝莓进行保鲜，取得了较好的效果。

五、运输技术与材料

浆果运输技术是指借助于不同的设备和运输工具，实现浆果在空间上的位置转移。由于浆果生产受气候、土壤等因素的影响，具有较强的地域性，浆果收获后，除少部分就地供应外，大量产品需要转运到人口集中的城市、工矿区和贸易集中地销售。运输在生产者与消费者之间架起了桥梁，实现了异地销售，是浆果流通过程中必不可少的重要环节。新鲜浆果的运输既是浆果采后商品化过程中各环节的连接纽带，也是重要的独立环节。据统计，70%以上的浆果需要经过各种途径的运输后到达消费者手中，实现其商品价值。

（一）运输技术的概述

运输的过程实际上是一种动态的贮藏，运输的温度、湿度、气体浓度最好能模拟贮藏的环境条件，当然还视运输距离远近和成本核算来决定，如果运输距离较远，又要降低成本，可考虑采用节能保温运输或低温运输的方式。节能保温运输是将产品预冷到一定低温或经冷藏后用卡车在常温下进行运输。运输过程中保持质量的关键是用具有良好隔热保温作用的材料将产品包裹起来，以保证在运输过程中产品保持较低温度。采用冷藏车低温运输是较先进的运输方式，能够保持产品在运输过程中处在一定的低温环境中，在保持浆果的品质上有不可替代的作用。不管采用哪种运输方式，均应考虑使用合理的包装和适宜的码垛方式，运输时注意防振和通风，以保证浆果运输过程中的品质。

（二）运输过程中浆果的生理变化及影响因素

浆果和其他果蔬一样无论是就地贮藏、销地贮藏，还是经加工包装出售，通常都须进入流通领域，实现由产品到商品的演变过程。浆果在运输、搬动时，无论采取何种运输方式、包装形式，振动、挤压、碰撞都不可避免，均会不同程度地对浆果组织结构造成损伤，产生各种刺激伤害，如表皮伤等，以及因温度、湿度的剧烈变化而引起各种生理变化。浆果的运输可认为是在特殊环境下的短期贮藏。在运输过程中温度、湿度和气体等环境条件对果蔬品质的影响与贮藏中的情况基本类似。然而，运输环境是一个动态环境，所以应当重点考虑运输环境的特点及其对浆果的影响。运输环境条件的调控是减少或避免浆果破损、腐烂变质的重要环节，所以在运输过程中要考虑浆果质量、温度、振动、湿度、气体成分等因素。

1. 采收成熟度对物流品质的影响

通常，大家只关注在运输过程中如何保持浆果质量的问题，而很少关注。浆果运输之前的质量对运输后的质量产生直接的影响。健壮的浆果具有很好的抗病、抗机械损伤和抵抗生理失调的能力，而质量较差的浆果采后损失更为严重。

浆果的采收成熟度能影响浆果最初的质量及浆果对运输过程中病原微生物和不良环境的抵抗力。吴文龙等（2010）在对黑莓的研究中发现，不同采收成熟度的黑莓对其贮藏时间的长短有很大影响。在同等条件的贮藏过程中，完熟的黑莓第 3 天腐烂率为15%，而适熟果在贮藏的前 3 天基本无烂果，第 5 天果实腐烂率约为 18%，而初熟果在贮藏的前 4 天基本无烂果，第 6 天约有 26% 的烂果。

2. 温度对浆果物流品质的影响

运输过程中温度对浆果品质起着决定性的影响，因而温度也是运输中最受关注的环境条件之一。不同的浆果有不同的最适运输温度，在运输过程中要保持恒定的适温，防止温度的波动。运输过程中温度的波动频繁或过大都对保持产品质量不利。新鲜浆果的呼吸作用涉及多种酶的反应，在生理温度范围内，这些反应的速度随着温度的升高以指数增长。李娇娇等（2016）在研究温度对桑椹采后贮藏品质及细胞壁代谢酶的影响中发现，较高的温度可以加速桑椹细胞壁水解酶活性峰值出现的时间，并提高酶活性，进而促进桑椹细胞壁的降解，加速桑椹果实软化。低温则可抑制果实软化，0℃贮藏可有效降低果实软化相关酶的活性，推迟峰值出现时间，延缓果实细胞壁的降解，从而延长桑椹贮藏期。

3. 湿度对浆果物流品质的影响

湿度对浆果贮藏有很大的影响，主要与浆果的失重及病害有关。贮藏环境的湿度过低，浆果水分蒸散加快，易发生萎蔫，并使呼吸作用加强，营养物质消耗增多，不利于贮藏保鲜；而湿度过高，则为病菌侵染提供了温床，造成浆果的腐烂。因此在运输过程中要维持贮藏环境在适合浆果贮藏的湿度，对浆果的保鲜及延长其货架期具有十分重要的意义。

4. 气体成分对浆果物流品质的影响

运输环境中气体成分及比例对于浆果的保鲜效果起着决定性作用，在正常 O_2 供给的条件下，浆果主要进行有氧呼吸。若贮藏环境处于缺氧状态，浆果就会进行无氧呼吸，产生乙醇、乙醛等不需要的中间产物，影响浆果的风味及正常的生理代谢，而且无论有氧呼吸还是无氧呼吸，一旦过快，都会促进浆果的成熟与衰老，缩短浆果的贮藏期及货架期。为了延长浆果的贮藏期，需要调节运输过程中各种气体的浓度和比例，使得气体成分无限接近浆果有氧呼吸需要的最低 O_2 浓度。李天元（2016）在研究贮藏微环境气体保鲜调控浆果保鲜的技术中发现，利用气调技术调控蓝莓运输过程中的气体成分，可使蓝莓的货架期得到延长。

（三）运输技术应用

浆果作为易腐农产品，在运输途中易受到各种外界环境因素的影响，若管理不善就会造成极大的损失，所以需要有完善的冷链物流系统保障浆果能以最快的速度、最好的质量到达消费者手中。在运输的过程中，不同的运输方式对浆果质量产生的影响各不相同。选择合适的运输技术，是保证浆果质量的重要条件。

1. 运输技术在草莓中的应用

草莓组织娇嫩，容易腐烂，在运输过程中对环境条件的要求较为苛刻。严灿（2016）研究了常温运输、0℃低温运输、蓄冷保温箱常温运输三种不同的运输方式对草莓质量的影响，结果发现草莓最适宜的运输方式为 0℃冷藏运输，适宜于草莓长中短距离的运输；蓄冷保温箱可在一定时间内维持草莓所需的低温状态，在短距离运输及城市配送过程中可采用蓄冷保温箱；常温运输草莓的质量下降迅速，不适合草莓的运输。Macnish 等（2012）研究发现低温运输加气调包装可以有效降低草莓的失重率；采用铝箔层压板的隔热保温材料对草莓包装箱进行包裹后运输，可以维持草莓的温度在 3℃左右达 36h。

2. 运输技术在杨梅中的应用

杨梅一般于 6 月成熟上市，而野生的山杨梅于 5 月成熟上市，这时气温较高，又正值梅雨季节，果实极易腐烂，因此要求采摘后及时进行处理，通过不同的运输方式将杨梅运输到各个销售点，以减少损失。

杨梅大多产于偏僻的农村，各种设施条件较差，所以一般采用冰块冷却运输。这种方法成本较低，且能相对较好地保证杨梅的质量。先将果实送进冷库或小型预冷库预冷，使温度降到 0～2℃，在泡沫箱底部中央放上薄膜包扎的定型冰块，再在其上放置包裹杨梅果实的薄膜袋，然后将经过预冷的杨梅放入袋内，紧密排列。冰块数量要适当，运输距离远时冰块应多些，如冰块数量太少，果实易腐烂变质；运输距离短时冰块可少放些，以降低生产成本。为满足市场对小包装果品的需求，也可改用塑料或泡沫小包装盒，每盒装果 500g，每箱装 10～20 盒，内装薄膜包裹的冰块。装箱后要注意挤出薄膜袋内空气，箱内空气越少越好。对箱装杨梅顶层喷施保鲜剂后，折好薄膜袋口，盖好泡沫箱盖，最后用胶带封好泡沫箱。装车时果箱要堆码整齐、固定，不能让它们移动。果箱装好后，再包以泡沫塑料板或其他隔热保温材料，即可起运。冰块冷却运输技术在杨梅保鲜中应用较多，但也存在一定的缺点。在条件允许的情况下，杨梅最好的运输方式是采用冷藏车，冷藏车运输可以保证杨梅的品质。

六、智能化技术与材料

浆果物流由于其时间效应和空间效应，其质量安全控制强调全程性、动态性、即时性、追溯性，与生产加工过程相比，难度更大。智能化技术应用于浆果物流的质量安全控制具有很大的现实意义，可以将物流过程中的动态变化及时反馈以便做出迅速反应，如温度变化、湿度变化、振动和气体变化等影响浆果物流质量与安全的因素。这些反馈和控制在传统的浆果物流中是无法实现的。智能化技术在浆果物流保鲜中的应用主要有 3 个：物流过程中智能化无损检测技术、环境智能监测技术和物流过程中智能溯源技术。

（一）物流过程中智能化无损检测技术

随着生活水平的提高，在满足浆果数量需求的同时，人们对质量也提出了更高的要求。无损检测是近几年发展的高新技术之一。无损检测又称非破坏检测，即在不破坏浆果样品的情况下对其进行内部品质评价（包括糖度、酸度、硬度、内部病变等）的方法。该方法检测速度较传统的化学方法迅速，又能有效地判断出从外观无法得出的样品内部品质信息。无损检测技术在各个领域中的应用非常多，能给浆果品质检测带来很好的效果。目前，国内外浆果无损检测技术包括高光谱成像技术、传感器技术、声学特性检测等。

1. 高光谱成像技术

高光谱成像技术是基于许多窄波段的影像数据技术，它将成像技术与光谱技术相结合，探测目标的二维几何空间及一维光谱信息，获取高光谱分辨率的连续、窄波段的图像数据。这种非接触的测量技术能够保证每个像素的光谱都可以在图像中获得，在这样的条件下，可以深入分析相应的局部区域内的光谱情况；同时，也能针对不同波段要求下的浆果图像进行较为准确地提取，根据相关的波段要求，进行必要的图像处理。这种新技术能够结合当前的计算机、光学及电子信息等方面的技术,并融合光谱技术及二维成像技术,具有较强的综合性,能实现图谱、光谱高分辨及波段多特点的相互融合。

利用高光谱成像技术对浆果进行无损检测可以有效降低对浆果的伤害,并且具有快捷、方便、准确的特点。丁希斌等(2015)采用了高光谱成像技术结合特征提取的方法,建立了草莓可溶性固体物检测模型,可用于草莓可溶性固体物含量的检测,并取得了较好的进展。

2. 传感器技术

通过传感器检测浆果品质主要以电子鼻和电子舌的形式实现,这两种设备都以传感器为基础构成,但二者的检测原理存在差异。电子鼻是由气体传感器和某种特定的辨别模式系统组成的仪器,这些传感器对气体具有部分选择性,能够检测单一的气体,也可以辨识混合气体;而电子舌则能够感应并检测一些未知液体的特征响应信号,应用化学计量学方法对其采集的信号进行模式辨识,并实现由定性到定量的分析研究。

电子鼻、电子舌作为一种新兴的智能仿生技术,在浆果等农产品保鲜方面得到了广泛的研究与应用,具有浆果样品处理简单、检测速度快、识别效果好、实时、无损的优点。吴文娟(2011)研制的电子鼻系统依据检测到的草莓释放气体的变化判断草莓的品质状况,通过主成分分析法能够区分新鲜的和腐败的草莓。高利萍等(2012)采用电子鼻和电子舌对不同成熟度的草莓鲜榨果汁的品质进行检测区分,并定量预测了草莓的品质指标。赵秀洁等(2014)提取电子鼻信号并进行分析,建立了一种草莓无损检测方法,可实现实时监测草莓采摘后贮藏和流通过程中的品质变化。纪祥洲等(2014)采用电子鼻系统实现了不同冷冻时间草莓样品的区分。

(二)环境智能监测技术

浆果采摘一般处在高温季节,且贮藏和物流过程中生理代谢快、品质易下降。据不完全统计,浆果在采摘、运输、储存等物流环节中损耗率为25%～30%,每年损失在数千亿元。因此,加强浆果物流过程中微环境参数的检测,提升运输过程中环境信息的感知水平,既可直接减少物流损失,也是浆果产业可持续发展的需要。

随着物联网技术在各行业中的推广与普及,基于物联网技术的智能化检测技术在冷链物流行业迅速发展,相比于传统冷链物流检测技术,智能化检测技术能够实现对冷链过程中的微环境参数进行数据采集、传输及处理,且更具时效性、智能性及透明性,能有效反映冷链过程中浆果的物流质量,提高实时性、准确性及可追溯性(王想,2018)。

浆果贮藏空间是一个复杂的微环境,在浆果等果蔬的贮藏保鲜和冷藏运输过程中,其储存的环境因素必须控制在农产品最适宜的范围内,才能确保产品尽可能长时间的保鲜。智能温湿度检测技术能够准确、实时地监控储存环境中的实时温湿度,进而采取相应的措施使温度和湿度得到有效的控制,最终使农产品在贮藏保鲜和冷藏运输过程中的损耗减小到最低,有效延长农产品的保鲜期。冷链过程中要监测微环境温湿度、气体等多个参数的变化,根据浆果品质变化趋势适当控制相关设备,确保物流微环境持续稳定在适宜条件下,目前应用较为广泛的是智能化包装技术和无线传感器网络技术。

1. 智能化包装技术

智能化监测可以通过智能化包装技术实现，而智能化包装技术是通过监测包装浆果的环境条件，提供在运输和贮藏期间包装浆果品质的信息，并及时对其做出相应的决策或采取适当的处理措施。当前商业化应用的智能化包装有反映时间和温度变化（时间–温度指示卡）的标签与监测某种化学成分（泄漏指示卡、新鲜度指示卡）的可目测标签及压力感受标签。目前，用来监测运输过程中环境变化的智能化包装技术主要通过以下几个方式实现。

温度型智能标签也称时间–温度指示器（time-temperature indicator），其工作原理是记录浆果在全供应链期间的温度变化过程，通常以机械变形或颜色变化的形式表现为可目测响应。该变化的速率与温度有关，而且随温度的升高而提高。这种可目测响应能够显示出时间–温度指示标签历经贮藏过程中的温度变化。利用时间–温度指示标签可良好地表征浆果新鲜度的实时现状。现有国内外研究表明，时间–温度指示标签目前是智能标签领域应用较为广泛的技术之一（孙璐等，2012）。

气体指示智能标签是指通过直接采集浆果因致腐微生物代谢所产生的特殊性气体来监测浆果的新鲜度。由于浆果的呼吸作用不断改变着包装内的气体组分，而这些气体成分变化往往用作浆果质量变化的表征参数。气体感知指示标签可通过化学或酶的一系列反应，改变标签表层的颜色，从而监测包装内部气体组分的变化。目前，用于监测气体的智能化标签主要有五大类，按照监测特征气体的不同，分为二氧化碳、氧气、挥发性含硫化合物、挥发性含氮化合物及乙烯综合型气体指示标签（沈力等，2015）。

防震标签已广泛应用于运输过程中货物的监视，常贴于货物的外包装箱上。当冲击指示剂所受的冲击超出其设定阈值时，冲击指示剂晶管便会由白色转变为有色。冲击指示剂可提供若干个感应阈值，不同的转变颜色表示激活指示剂的不同的外来冲击设定阈值。冲击指示剂有明显的警示作用，可引导物流工作人员正确操作（王志伟，2018）。

2. 无线传感器网络技术

无线传感器网络（wireless sensor network，WSN）是一种分布式传感网络，它的末梢是可以感知和检查外部环境的传感器。WSN 中的传感器通过无线方式通信，因此网络设置灵活，设备位置可以随时更改，还可以跟互联网进行有线或无线方式的连接。无线传感器网络（WSN）可有效与温湿度、O_2、CO_2、乙烯、SO_2 等传感器进行集成，具备体积小、功耗低、组网灵活、布置方便的特点，适用于冷链过程中微环境复杂参数的采集、传输与处理，有效提高冷链物流过程中的自动化、智能化及网络化水平。利用物联网技术建立冷链微环境监测系统，通过集成无线传感器网络技术，可实现冷链微环境中温湿度和气体参数的监测，如图 3-16 所示。王想（2018）研究了浆果等水果冷链物流品质感知的无线传感技术与微环境动态耦合建模方法，集水果冷链物流无线传感技术、冷链微环境气体数据预测及冷链品质与微环境气体动态耦合模型为一体，最终形成了一套系统化面向水果冷链物流品质感知的气体传感技术与动态耦合建模方法。

无线传感器网络技术在浆果的物流保鲜中有很大的应用潜力。傅泽田等将蓝莓贮藏在 0℃、5℃、22℃环境下，利用气体传感技术，对贮藏微环境中的 3 种气体（氧气、二氧化碳、乙烯）含量进行了监测，同时将蓝莓 5 种理化指标（腐败率、硬度、pH、可溶性固形物含量、失重率）作为传统的品质指示指标进行了获取，分析了贮藏微环境中气体含量变化和理化指标变化的相关性，并利用 BP 神经网络从气体角度建立了蓝莓的货架期预测模型，提出了一种蓝莓货架期预测方法，基本满足了蓝莓货架期预测需要。

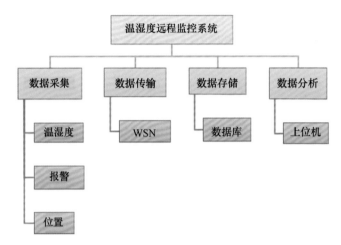

图 3-16　温湿度智能检测技术系统结构图（修改自吁洵哲等，2017）

（三）物流过程中智能溯源技术

近年来，随着浆果生产行业集约化、工业化程度的不断提高，相应食品质量安全溯源监管逐渐成为薄弱环节。以信息技术为基础构建的食品质量安全溯源体系可以有效掌握浆果的营养信息、生产过程信息、产地信息，对发展优质、高产、高效、生态、安全的食品产业链条和建立覆盖全产业链的安全溯源系统具有重要支撑作用。浆果生产和流通有其特殊性，存在生产空间分散、规模化经营程度低、规范化生产条件比较差及流通分散和人为因素等问题。在浆果溯源管理中引入物联网技术，将票、证电子化，方便统一存储管理与查询监管，同时尽量避免手工信息录入等过程，最大程度地减少人为等因素对浆果食品质量安全溯源体系的影响。智能溯源技术在浆果的跟踪追溯中具有天然优势。使用智能溯源技术可以实时、快速地获取果蔬环境数据，减少人工操作误差。目前，智能溯源技术主要有条形码/二维码溯源技术和 RFID 溯源技术。

1. 条形码/二维码溯源技术

条形码溯源是通过条形码所包含的物品信息实现溯源功能，通过对条形码的编写可以将产品种类、生产日期、加工方式等信息包含进去。二维码，又称二维条码，它通过一定规律以黑白相间的图形在平面上用来记录数据符号信息，利用不同的二进制几何形体来表示文字数值信息，信息处理是使用图像输入设备、光电扫描设备自动识读（杨军等，2002），与条形码有很多的相似之处。二维码溯源技术被广泛应用于各个领域，但在浆果物流保鲜包装领域还没有被很好地推广和应用。将二维码溯源技术运用到浆果包装中，其实就是在浆果的运输包装和销售包装中加入信息跟踪技术。刘智威（2013）等把产品信息、流通详情存储在二维码内,将其制作印刷在产品的运输包装上,工作人员需要之时只需掏出手机扫描二维码,就能获取所需信息,这样既保证了产品在运输中信息传达的准确性,又简化了信息获取程序,进而提高了运输效率。消费者也可以随时随地掌握产品产地、采摘日期、保鲜时限、合理价格等全面信息,从而对产品做出正确的评价。

2. RFID 溯源技术

RFID 技术即无线射频识别技术,通过射频信号获取目标的相关数据,达到自动识别的目的。随着物联网技术的发展,RFID 技术由于其独特的识别特性被应用于食品安全领域。RFID 的识别需用专用设备和软件,识别过程无需人工干预,保密性好,可以远距离识别。

在运输过程中引入 RFID 溯源技术就可以大大提高浆果的运输效率,并能保证浆果的安全。在运输过程中,给浆果的包装箱和运输的车辆上贴上 RFID 标签,在运输线路的中转站里安装 RFID 标签的读写设备,在运输车辆上也要安装 RFID 的读写设备。这样在浆果装车时,车辆上安装的读写器就会读取进入车辆的浆果信息,以及车辆进入的时间。在到达目的地从车上卸下浆果时,也会读取浆果的 RFID 信息及卸货的时间。同样,当运输浆果的车辆进入中转站,中转站的 RFID 读写器就会读取到车辆的信息,从而把车辆的位置信息通过网络上传到物流管理系统,供管理人员和普通用户查询浆果的位置信息。如果车辆上安装无线收发装置,可以把车辆的具体位置随时地传到物流管理系统,供用户查询目前浆果所在位置、进入车辆的浆果信息,以及进入车辆的时间。

智能化技术不是单独使用的,通常情况下是多种智能化技术相结合,共同应用到浆果冷链物流保鲜中,将条形码溯源技术、环境智能监测技术等结合应用到杨梅等浆果的冷链运输过程中,不仅可以实时监测运输车内的温湿度,还可以实现智能追踪、溯源等。

第四节　浆果贮藏保鲜标准、技术及应用实例

一、浆果贮藏保鲜标准、规程

(一)国家标准

GB/T 27658—2011 蓝莓

GB/T 27657—2011 树莓

GB/T 19690—2008 地理标志产品　余姚杨梅

GB/T 26532—2011 地理标志产品　慈溪杨梅

GB/T 22441—2008 地理标志产品　丁岙杨梅

(二)行业标准和规程

NY/T 3026—2016 鲜食浆果类水果采后预冷保鲜技术规程

NY/T 1394—2007 浆果贮运技术条件

NY/T 2788—2015 蓝莓保鲜贮运技术规程

NY/T 444—2001 草莓

NY/T 2787—2015 草莓采收与贮运技术规范

NY/T 2788—2015 蓝莓保鲜贮运技术规程

NY/T 2315—2013 杨梅低温物流技术规范

（三）地方标准和规程

DB21/T 2632—2016 树莓贮藏技术规程

DB52/T 1318—2018 有机蓝莓鲜果贮藏保鲜技术规程

DB3302/T 091—2010 杨梅贮运保鲜技术规程

二、浆果贮藏保鲜共性技术

（一）预冷技术

预冷是在低温贮运或冷冻加工前利用低温水或空气等介质迅速降温以除去田间热的过程（贾连文等，2018）。发展和研究预冷技术可以降低浆果的损耗，保持果实品质，促进浆果产业的发展。

1. 预冷的作用

预冷可以降低果实呼吸强度，减少有机物的消耗，保持果品的品质。此外，预冷后的果实除去了田间热，也能减少下游冷链装备的制冷负荷，节约后期的投资成本（李健和姜微波，2012）。预冷还能有效抑制果品中乙烯的产生。预冷后的浆果果实乙烯生成量得到了控制，从而延缓了衰老。

2. 浆果预冷的方法

（1）冷水预冷

冷水预冷是将果实与冷水进行接触，从而使果实快速降温，可采用喷洒式或浸泡式的方法进行。该方法简单易行，且成本较低，但冷水与果实接触后残留在果实表面，有可能使果实受到微生物的侵袭，增加了被污染的可能性。

（2）真空预冷

真空预冷是通过浆果内部水分蒸发吸热来降低浆果热量，达到快速降温的目的。该方法同时可降低其呼吸速率，快速将果实降至低温，但所需成本较大，推广起来有一定困难。

（3）压差预冷

压差预冷是通过包装箱堆或垛两侧面的空气压力差，使冷空气通过货堆或包装箱时带走果蔬热量。压差预冷速度是冷库自然预冷的 4～10 倍，但预冷效果不及冷水预冷和真空预冷，所需的时间是冷水预冷和真空预冷的 2 倍以上。压差预冷适合大部分水果，草莓、甜瓜、葡萄等果实预冷效果显著，0.5℃的冷风在 75min 内可将草莓温度从 24℃

冷却到 4℃（杨洲等，2006）。

3. 示例

示例 1：杨梅预冷

采用真空预冷和压差预冷两种方式对杨梅进行预冷，其中压差预冷使用压差预冷机，预冷时间为 45min，温度为 2℃；真空预冷使用真空预冷机，预冷时间为 15min，温度为 2℃。研究表明，这两种预冷方式都可提高果实 SOD 和 CAT 活性，降低 MDA含量，且果实呼吸强度处于较低水平，显著延缓了贮藏期间杨梅品质的劣变，使杨梅保持较好的风味。采用上述真空预冷和压差预冷方法，杨梅在贮藏 21d 后仍然具有较好的商品性（陈文烜等，2010）。

示例 2：草莓预冷

新鲜草莓在采收后含有大量田间热，温度较高，在常温下仅能保存几天。研究表明，若采摘后的草莓在 8h 内得不到及时的降温处理，在同等条件下的市场销售率将降低70%。对草莓迅速进行压差预冷，将其温度降低至 1.5℃，再在 5℃ 以下贮藏运输，能大大延长其销售时间，保持草莓的品质（蔡宋宋等，2016）。

示例 3：蓝莓预冷

将蓝莓放置在压差预冷机中预冷，预冷终温设置在 2℃，预冷环境温度为 0℃，箱内风速为 1.1m/s。结果表明，经过预冷的蓝莓 ATP 下降速度明显低于未预冷组，且蓝莓中琥珀酸脱氢酶处于较高活性水平，保持了蓝莓中 ATP 的水平，从而延长了贮藏期。也有研究表明，将蓝莓进行真空预冷，真空度设置为 600Pa，预冷终温为 2℃，可显著推迟蓝莓果实中 POD 的活性高峰，从而推迟果实衰老（陈文烜等，2010）。

此外，桑椹、树莓等其他浆果均可采用预冷技术进行贮藏保鲜，达到延缓衰老的目的。

（二）包装技术

果实采摘后还会受到各种外界因素的影响，从而出现腐烂变质，一方面会造成严重的浪费，另一方面还存在潜在的食品安全隐患，这就要求相关科研人员要加强对包装技术的研究力度，并不断提高其保鲜性能及环保性能（范尚宇，2016）。

1. 包装技术

（1）自发气调包装

自发气调包装是在一定的温度下，通过选用适宜的保鲜袋，依靠贮藏产品自身的呼吸作用和薄膜袋的透气性能，使袋内形成低 O_2 高 CO_2 的环境，从而达到贮藏保鲜的目的（张雪丹等，2018）。

（2）人工气调包装

人工气调是根据浆果保鲜的需要，人为调节贮藏环境中 O_2、CO_2 和 N_2 等各气成分浓度并保持稳定的一种保鲜方法。通常人工气调贮藏比普通冷藏可延长贮藏期2～3 倍。

2. 示例

示例1：采用PE保鲜袋包装蓝莓

包装规格：35cm×25cm，厚度为0.05mm的聚乙烯（PE）塑料袋。研究表明，PE包装可形成一个高湿环境，能有效减少果实水分的逸散，显著延缓失重率上升和好果率下降，同时PE包装可有效延缓蓝莓硬度下降和可溶性固形物含量变化及CAT、SOD、POD活性升高与峰值出现，且可在贮藏后期保持相对较高的抗氧化酶活性和抗氧化物含量，可能因为PE处理使自由基积累速率变小，组织侵害减轻，进而延缓衰老进程（陈杭君等，2013）。

示例2：纳米TiO_2改性LDPE薄膜包装草莓

分别用LDPE薄膜（对照组）和自制纳米TiO_2改性LDPE薄膜制备规格为12.5cm×20cm的LDPE薄膜袋，每袋10个草莓，封口后在4℃下贮藏。结果表明，纳米TiO_2改性LDPE薄膜可显著抑制草莓腐烂，保持较高硬度和较低乙烯释放量，延缓可滴定酸含量下降，维持贮藏后期较高的抗坏血酸和总酚含量，使贮藏后期的草莓保持较高的抗氧化能力（罗自生等，2013）。

示例3：用PET气调包装无盖盒包装蓝莓

将大小一致、无虫害的蓝莓放置于聚对苯二甲酸乙二醇酯（PET）气调包装无盖盒子中，封膜厚度为0.05～0.06mm，用气调包装机，采用不同比例的氧气、二氧化碳和氮气包装。研究发现，5%的二氧化碳能够保持蓝莓较高的好果率、果皮和果肉硬度，延缓TSS、TA、pH、维生素C和花色苷含量下降，有效延缓总酚峰值的出现，保持较高的抗氧化酶SOD、CAT和APX活性，有效推迟SOD和CAT峰值出现（章宁瑛等，2017）。

（三）贮藏技术

浆果采摘后会发生多种生理变化，同时在采收、包装、运输等环节与外部环境的接触也增加了果实腐败变质的可能性。应用合适的贮藏技术可大大减少果品的损耗，促进我国浆果产业的发展。

浆果保鲜的共性贮藏技术有很多，如物理杀菌技术、臭氧处理技术、抗病诱导剂处理技术等。

1. 物理杀菌技术

采用物理手段来延长果实的贮藏期，是浆果产业发展的趋势。常见的物理杀菌技术包括电子束辐照技术、短波紫外线（UV-C）技术及高压脉冲电场技术等。

示例：对杨梅、草莓进行UV-C处理。

用3.0kJ/m² UV-C处理杨梅，显著抑制了杨梅贮藏期间腐烂的发生，延缓了维生素C含量和果实硬度的下降，较好地保持了杨梅品质；UV-C处理还显著提高了果实中苯丙烷类代谢相关酶——苯丙氨酸解酶、4-香豆酸:辅酶A连接酶、查尔酮异构酶和肉桂醛羟化酶等的活性，胡萝卜素和类黄酮、总酚、花色苷的积累增加（喻谭等，2015）。2.0kJ/m² UV-C处理草莓能显著抑制草莓贮藏期间腐烂指数的上升，同时有效诱导草莓贮藏期间苯丙氨酸解氨酶、肉桂酸羧化酶活性的增加，促进1,1-二苯基-2-三硝基苯肼自由基清除率和总还原力的上升，抑制羟自由基清除率的下降，保持了果实较高的抗氧化活性（王焕宇等，2015）。

2. 臭氧处理技术

臭氧是一种具有很强的氧化和杀菌能力的不稳定气体，其在水和空气中会逐渐分解成氧气，无残留，在食品保鲜与加工领域被广泛应用。它不仅能杀灭有害微生物，抑制果实新陈代谢，并且在一定程度上可以降解果实表面的微生物毒素及农药残留，还能氧化分解果实生理代谢产生的催熟剂——乙烯气体，防止果实衰老。

示例 1：臭氧处理草莓

草莓采摘后 2h 内运回实验室，剔除畸果、烂果，选取大小一致的果实，均匀地铺放在托盘上，3℃预冷 24h。预冷的草莓进行臭氧处理，处理条件为臭氧处理浓度 $30mg/m^3$，处理 30min。结果显示，臭氧能显著延缓草莓在贮藏过程中的品质降低，贮藏 18d 后草莓果实的腐烂率、SSC 含量、MDA 含量均低于对照组，而硬度和 TA 含量均高于对照组，该研究结果有利于进一步改进草莓采后保鲜措施，表明臭氧处理技术具有一定应用前景（赵晓丹等，2015）。

示例 2：臭氧处理蓝莓

蓝莓采摘后 3h 内运回实验室，在 5～8℃的预冷库内预冷 12h，选择无机械损伤，成熟度、色泽基本一致，大小均匀且无病虫害的果实，置于 PET 小盒中，分别采用不同浓度的臭氧气体（$2.14mg/m^3$、$4.28mg/m^3$、$6.42mg/m^3$、$8.56mg/m^3$）处理 30min，以未处理作对照（CK）。臭氧处理在（0 ± 0.5）℃的冷库进行。处理结束后用 0.04～0.05mm 的 PE 保鲜袋挽口包装，置于（0 ± 0.5）℃条件下贮藏 60d。研究发现，在 0℃下臭氧处理能够延缓蓝莓腐烂，保持较高的好果率，抑制果实硬度、可溶性固形物含量、可滴定酸和 pH 的下降，并维持较高的花色苷含量；臭氧处理还能较好地保持蓝莓抗氧化相关的多酚氧化酶（PPO）、过氧化物酶（POD）、抗坏血酸过氧化物酶（APX）、过氧化氢酶（CAT）活性。$4.28mg/m^3$ 臭氧处理有利于保持蓝莓的贮藏品质和抗氧化酶活性（章宁瑛等，2017）。

示例 3：臭氧处理桑椹

桑椹置于(5 ± 1)℃密闭冷藏柜中，连续 30min 臭氧处理(含量分别设定为 $2.14mg/m^3$、$4.29mg/m^3$、$6.43mg/m^3$)，环境湿度为 80%～90%。处理后的桑椹转移至（0 ± 1）℃恒温保鲜柜中贮藏。结果发现，$4.29mg/m^3$ 的臭氧可显著降低桑椹贮藏期间的腐烂率，极显著地抑制软化和呼吸强度，减少可溶性固形物的消耗，对果实色泽有显著影响，可保持商品性，延长货架期。超微结构观察和细胞壁物质变化研究发现，臭氧处理诱导表皮气孔缩小，抑制病菌的侵入，减小水分的蒸腾，显著延缓桑椹细胞壁的分解和表皮组织的自溶（韩强等，2016）。

3. 抗病诱导剂处理技术

病原菌侵袭果实，引起果实发生生理生化的变化，局部或系统产生抗性，可以增强果实的防卫特性。抗病诱导剂的使用增强了果实的抗性（图 3-17），它可以诱导提高果实的抗病能力，为果实采后病害的防治及贮藏品质的保持开辟了安全环保新途径。目前应用的抗病诱导剂主要是一些化学诱导剂。化学诱导剂主要分为天然有机诱导剂、无机诱导剂和合成有机诱导剂。天然有机诱导剂，如水杨酸、茉莉酸类；无机诱导剂，如一氧化氮；合成有机诱导剂，如壳聚糖、苯并噻二唑等（许晴晴等，2013）。

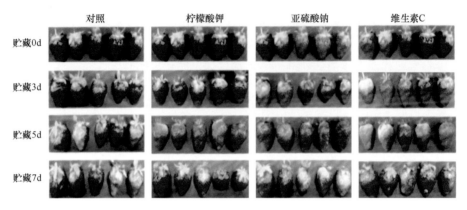

图 3-17　不同保鲜剂对草莓的影响（修改自黄玮婷等，2016）

示例 1：茉莉酸甲酯（MeJA）熏蒸保鲜蓝莓、草莓

将蓝莓果实分装到塑料盒中，分别采用不同浓度的 MeJA 放于塑料盒内的小烧杯内，以未放 MeJA 的处理作为对照，密闭熏蒸处理，置于（5±0.5）℃条件下贮藏。结果表明，蓝莓在 5℃ 贮藏条件下，MeJA 处理能保持较高的好果率，且能抑制果实硬度下降，其中 10μmol/L、20μmol/L MeJA 处理的果实贮藏品质较好；MeJA 处理对蓝莓果实中苯丙氨酸解氨酶（PAL）、过氧化物酶（POD）、多酚氧化酶（PPO）有激活作用，其中 20μmol/L MeJA 处理更有利于诱导抗病相关酶的活性，提高果实抗病性，该浓度为蓝莓采后较适宜的 MeJA 处理浓度（许晴晴等，2014）。将草莓摊开晾凉后分装于保鲜盒中，放入密封的熏蒸室中，分别用 MeJA 在 25℃下熏蒸 9h 并摊晾 2h，除去残留的气体。处理后，迅速将草莓预冷至 5℃后，置于（5±1）℃下贮藏。研究发现，1μmol/L MeJA 可维持草莓贮藏后期较高的可溶性固形物（TSS）含量，显著抑制整个贮藏期间还原糖的积累。1μmol/L MeJA 处理能显著提高 PAL、肉桂酸-4-羟化酶（C4H）活性，并延缓 4-香豆酸：辅酶 A 连接酶（4CL）活性的下降，诱导酚类物质含量的增加，提高果实 DPPH·清除能力，维持草莓较高的抗氧化能力（张福生等，2015）。

示例 2：β-氨基丁酸（BABA）保鲜草莓

采用 20mmol/L 的 BABA 处理草莓果实，接种灰葡萄孢霉（*Botrytis cinerea*）孢子，置于（5±1）℃下贮藏 12d。研究表明，BABA 显著抑制了草莓灰霉病的发生和病斑直径的扩展，处理组几丁质酶和 β-1,3-葡聚糖酶的活力分别提高了 9.2%和 54.9%，多聚半乳糖醛酸酶和纤维素酶的活力分别降低了 29.3%和 24.4%，同时，BABA 处理增强了 *FaCHI* 和 *FaGLU* 基因的表达，抑制了 *FaPG* 和 *FaCel* 基因的表达；此外，体外试验发现，BABA 破坏了灰葡萄孢霉孢子细胞膜的完整性，引起了孢子内部可溶性蛋白质和可溶性糖的泄漏。结果表明，BABA 可通过诱导抗病相关酶的活力来提高抗病性和对病原菌的直接抑制作用两条途径降低草莓采后灰霉病的发生（王雷等，2017）。

三、浆果贮藏保鲜个性技术

（一）采后软化控制技术

采后的果实还有呼吸作用，仍会体现出生命特征，其体内的各种代谢活动依旧旺盛，此后则伴随着一系列复杂的生理生化变化。这些变化包括果实的质地、口感、外观、营养物质等的变化，其中质地变化最为突出。大多数果实采后硬度会大幅下降，这种现象称为果实软化。果实软化主要是由果肉细胞胞间、微纤丝间果胶质降解，纤维素物质的溶解和细胞相互分离引起的。果实在后熟初期，细胞壁中部致密，细胞结构完整；进而细胞壁与中胶层逐渐分离，细胞壁间产生空隙，此时果肉开始软化；随之，细胞结构与细胞器解体，中胶层液化，纤维丝断裂；软化末期大量细胞壁结构消失，果肉组织全部崩解浆化。这些变化会使得果实更不耐贮藏，不仅给物流销售带来不便，还给生产者造成巨大的经济损失（郜海燕等，2014；王秀，2014）。

1. 蓝莓采后软化控制技术

蓝莓采后贮藏过程中可滴定酸、可溶性固形物、维生素 C、可溶性糖含量下降，果实变软，感官品质降低，风味变差，失去商品价值。

细胞壁的降解通常被认为是果实软化的主要因素，而细胞壁降解则是多种细胞壁代谢酶共同作用的结果。蓝莓外表皮具有蜡质结构，能抑制多种细胞壁降解酶的活性，延缓果实采后细胞壁物质的快速分解，使实保持相对较好的硬度（郜海燕等，2014）。

此外还有一些技术手段可以用来控制蓝莓采后的软化，如 1-MCP 缓释保鲜纸。将预冷好的蓝莓与 1-MCP 缓释保鲜纸装于 PE 保鲜袋中并在（1.0±0.5）℃条件下贮藏，能够使蓝莓的硬度平稳地保持在 $3.20 \sim 3.58 kg/cm^2$，最大限度地使蓝莓保持充实饱满的外观和内在品质，无毒副作用，是一种理想的蓝莓控制软化手段（李建挥等，2019）。相较于单独使用 1-MCP 缓释保鲜纸，1-MCP 配合臭氧处理，延缓软化的效果更加明显：臭氧的最佳处理浓度在 100μL/L 左右，具体最佳浓度可根据蓝莓品种进行调整（吉宁等，2019）。采前喷施哈茨木霉菌对控制蓝莓软化也有很好的效果（曹森等，2017）。哈茨木霉菌的菌丝可以缠绕并且能够寄生在蓝莓的主要致病菌灰霉菌的菌丝上，使其断裂，从而抑制果实的腐烂。蓝莓采前三天进行喷洒哈茨木霉菌处理（浓度为 $3.0×10^6 CFU/mL$，通过手持喷雾器均匀喷布在果实表面，以蓝莓表面均着药液、开始滴液为宜），再用 PE 保鲜膜包装，（0±0.3）℃下低温冷藏，研究发现处理组的蓝莓硬度比对照组高 33.08%。

2. 桑椹采后软化控制技术

桑椹是一种极易腐烂的水果，在贮运过程中易腐烂变质。在常温（25℃）下贮藏 1d，果实就会变色、变味、腐烂，失去商品价值。即使采用冷藏方式，贮藏寿命也很短。

桑椹的采后软化控制通常采用高效无毒的臭氧处理。臭氧处理可显著抑制桑椹细胞壁降解，同时还可以诱导气孔缩小，抑制病原菌入侵，降低水分蒸腾作用。臭氧处理保鲜桑椹的具体操作：将桑椹置于温度为（5±1）℃，环境湿度为 80%～90% 的密闭冷藏柜中，采用 $4.29 mg/m^3$ 的臭氧连续处理 30min，再转移至（0±1）℃恒温保鲜柜中冷藏。与对照组相比，经臭氧处理的桑椹贮藏品质显著提升，呼吸速率受到抑制，硬度增加，光泽保持较好，保质期延长（韩强等，2016）。研究发现，在桑椹贮藏过程中，表皮组织的细胞壁物质含量随着时间的延长而下降，贮藏前期下降缓慢，后期细胞壁物质含量下降迅速（图 3-18）。与对照组相比，臭氧处理组的细胞壁物质的降解速率显著降低。细胞壁物质降解受到抑制，使桑椹能较好地保持原有的形态和功能，软化得到控制，结果与果实硬度变化的规律相一致。

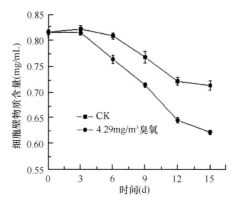

图 3-18　臭氧处理对桑椹细胞壁物质含量的影响（韩强等，2016）

（二）腐烂控制技术

草莓、黑莓等果实由于果皮极薄，果肉娇嫩多汁，组织结构受到挤压易破裂出汁，进而引起病原菌的侵染导致果实腐烂变质，存在品质下降快及腐烂率高等问题，造成严重的经济损失的同时还存在食品安全隐患。

1. 草莓腐烂控制技术

草莓果实组织娇嫩，采收过程易受机械损伤和微生物侵染而腐烂，因此非常不耐贮运，货架期很短。草莓采后腐烂主要是由灰葡萄孢霉（*Botrytis cinerea*）引起的灰霉病及由匍枝根霉（*Rhizopus stolonifer*）引起的软腐病造成的。目前，国内外草莓常用的保鲜方法是采用冷藏结合化学保鲜剂，但化学保鲜剂易导致食品安全、抗药性及环境污染等一系列问题（陈凌等，2016）。

目前，国内外研究人员开发了一些安全有效的草莓果实防腐保鲜技术。一方面采取天然植物提取物浸泡处理，研究发现，植物中的有效成分能抑制果实表面微生物的活动，降低果实中酶的活力，减少微生物对果实的影响，降低果实生理活动强度。例如，草莓果实用 0.02% 的马齿苋多糖（具体浓度可根据品种进行调整）浸泡处理并于 6℃ 下储藏，能够显著抑制草莓果实的腐烂，保持较高的果实品质，并且由于马齿苋具安全和无残留等特点，因此在草莓果实的保鲜上具较好的应用前景；而丁香提取物对灰葡萄孢霉（*Botrytis cinerea*）、互隔交链孢霉（*Alternaria alternata*）、类阿达青霉（*Penicillium adametzioides*）有很好的抑制效果，见图 3-19（王伟，2018）。草莓果实与体积分数为 3%～4% 的百里香–丁香罗勒精油抗菌纸共同用 PE 保鲜膜包装于 PP 托盘中后，即使在室温环境下也能很好地抑制草莓表面菌落的生长，将草莓的腐烂率降低到 40%（刘光发等，2018）。另一方面可进行壳聚糖涂膜处理，将草莓用 1.5mg/100mL 壳聚糖浸泡 5min

后贮藏在 5℃ 条件下，能够贮藏 12d 且未发生腐烂。壳聚糖有效保持了抗氧化酶活性和氧自由基清除能力，并延缓了抗坏血酸、谷胱甘肽和 β-1,3-葡聚糖的损失，从而加强了草莓果实的抗病防御机制（Wang and Gao，2013）。现阶段研究较多的是将上述两个方面结合起来控制草莓果实的腐烂。例如，取一定量的壳聚糖配制成浓度为 1% 的壳聚糖溶液。再添加姜精油，配制成 0.10% 的壳聚糖–姜精油保鲜涂膜液，将草莓在涂膜液中浸泡 60s，捞出后自然晾干，装入聚乙烯包装盒中，于室温（25℃）储藏。由于壳聚糖和精油的成膜、抗菌、抗氧化作用大大降低了草莓失水和染菌腐败的风险，进而减少了内部可滴定酸的呼吸消耗和维生素 C 的氧化消耗，抑制了细胞膜透性的增加和脂质化作用，腐烂率大大下降，起到了较好地抗菌保鲜作用（吴子龙等，2018）。除了上述的壳聚糖–姜精油涂膜，还有壳聚糖–辣根素涂膜、壳聚糖–茶多酚涂膜、壳聚糖–费约果叶片提取物涂膜等，目前这些涂膜保鲜技术大多还处在实验室阶段，仅部分有推广使用。

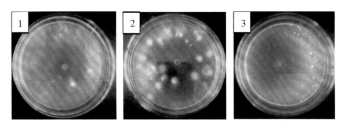

图 3-19　丁香提取物对灰葡萄孢霉（1）、互隔交链孢霉（2）、类阿达青霉（3）的抑制效果
（修改自王伟，2018）

2. 黑莓腐烂控制技术

黑莓成熟期集中在夏季，采后田间热和呼吸强度较高、不耐贮藏，常温下 1～3d 即软化出水，造成严重的采后损失。

5℃ 低温贮藏可有效维持黑莓可溶性固形物和可滴定酸的含量，维持果实的风味，并且保持果实硬度；抑制果实脂肪氧合酶活性的上升，同时使多酚氧化酶和过氧化氢酶活性维持在较高的水平，从而减少自由基对细胞膜的伤害，保持了细胞膜的完整性，延缓了黑莓果实的成熟与衰老进程，使贮藏期延长至 10d 左右。黑莓鲜果进入市场，在销售过程中尽可能地采用低温贮藏（徐龙等，2014）。进一步研究发现，在低温冷藏之前先用 2μL/L 香芹酚精油熏蒸处理，延缓腐败的效果更佳（徐龙，2014）。

（三）风味变化控制技术

杨梅采收正值酷暑，高温多雨，易受到病原微生物的侵染，采收后 2～3d 即腐烂变质。因此，杨梅采后防腐保鲜受到极大重视（巩卫琪等，2013）。预冷技术可延长杨梅贮藏期，保持其风味。采用预冷技术将杨梅果实从常温（30℃左右）降到低温（0～15℃），能明显抑制果实的呼吸强度，降低各种生理生化反应，延缓其衰老。采用真空预冷（真空预冷机，预冷时间 15min，温度 2℃）和压差预冷（压差预冷机，预冷时间 45min，温度 2℃）两种方式对杨梅果实进行预冷，发现这两种方式皆可提高果实超氧化物歧化酶和过氧化氢酶的活性，显著延缓杨梅品质的劣变，保持其较好的风味（陈文炬等，2010）。

病原菌侵染对杨梅采后的危害最为严重，且主要为病原真菌病。拮抗菌技术主要是利用微生物之间的拮抗作用，选择对果实无危害的微生物来抑制引起果实采后腐烂的微生物，以达到控制采后病害的一门技术。用于控制果实采后病害的拮抗菌主要有细菌、酵母菌和小型丝状真菌，这些拮抗微生物主要通过竞争、寄生和产生抗生素等作用方式来抑制病原菌的生长，对果实采后腐烂起到抑制作用。由光合菌、放线菌、乳酸菌、芽孢杆菌和解磷菌等8种微生物组成的复合微生物保鲜剂对杨梅采后病害的防治效果研究表明，复合微生物保鲜剂能有效抵抗环境中有害微生物的入侵，并能抑制果实自身病原菌的生长，在3℃条件下贮藏21d后杨梅品质还能得到很好的保持（李培民等，2004）。

四、浆果贮藏保鲜综合技术

（一）草莓贮藏保鲜综合技术

草莓色泽艳丽、柔软多汁、风味独特、营养丰富、经济价值较高，深受消费者喜爱。草莓果实可食部分高达98%，不仅可以鲜食，还能加工成各种果茶饮料、果脯果干及速冻食品等。但是其果皮极薄而软，几乎起不到保护作用，在采收贮藏和运输中易发生机械损伤与病原菌侵染而腐烂。草莓的贮藏期较短，常温下放置1~2d就变色、变味，存放温度越高，草莓越容易腐烂变质。近年来草莓生产发展很快，要获得较好的经济效益，掌握其短期贮藏和运输技术是非常必要的。由于草莓不耐贮运，限制了草莓远销和大规模生产。因此，延长草莓果实货架期、保持其商品价值，是解决草莓产业发展的重要问题。

1. 草莓的采收

草莓是非呼吸跃变型果实，不具有后熟作用，因此要在充分成熟时才能采收，否则品质和口感较差。草莓成熟度要根据品种、果实生长发育期、外观色泽、形态、用途和贮藏期等多方面综合确定。在促成栽培条件下，10月中下旬开花的，大约30d成熟；12月上旬开花的，果实发育期较长，约需50d；5月开花的只需25d。果实成熟时果皮红色由浅变深，着色面积不断扩大。用于贮藏的草莓不能过熟，一般在八成熟（即表面3/4左右的面积颜色变红）时采收。单一品种的持续采收期约3周，要随熟随采。草莓采收时必须轻拿、轻摘、轻放，为避免挤压腐烂，一般一箱装2.5~5kg。装箱后及时送阴凉通风处预冷。在采收的同时进行分级，按其等级标准，直接放入不同等级的包装容器内，将畸形果、过熟果、烂果、病虫果剔除（郑永华，2006）。

2. 草莓果实的预处理

贮前预处理包括热激处理和预冷处理。热激处理，一般是用高于果实成熟季节的温度对果实进行采后处理。使用适度的热水处理草莓可有效保持果实硬度和颜色，减少腐烂率，降低果实贮藏早期的呼吸强度和可溶性蛋白质含量，抑制酚类物质积累，增加氨基酸含量，降低贮藏后期果实过氧化物酶、超氧化物歧化酶和过氧化氢含量。预冷处理的目的是迅速去除田间热，抑制微生物生长、酶活性和呼吸作用，延缓果实衰老。适度预冷能最大限度地保持果实新鲜度和品质。

3. 草莓的贮藏保鲜

草莓保鲜贮藏的方法有很多，传统的方法有低温冷藏、低温冻藏、气调包装等；较新的技术有减压保鲜贮藏和高压保鲜、低剂量辐射预处理及紫外线保鲜等物理技术、生物技术等（杨洲，2017）。

（1）冷藏保鲜

草莓果实呼吸作用旺盛，易导致腐烂。水分蒸发容易导致草莓皱缩，其失水 5% 即失去商品性。室温下草莓失水很快，每天失重率为 2.5% 左右，2～3d 即失去商品价值。过高的温度是呼吸旺盛和过度失水的重要因素，因此降低温度能有效地延长贮藏时间。草莓的贮藏适温为 0℃，相对湿度为 90%～92%。其贮藏期不宜超过 9d，否则新鲜度将大幅降低。

（2）气调保鲜

选择合乎要求的草莓轻轻放入特制的果盘或包装盒内，再套上聚乙烯塑料薄膜袋，袋中加入适量硫酸氢钠、活性炭或熟石灰等，密封，在一定的温度、湿度、O_2、CO_2 的条件下进行气调贮藏，可以较大程度地延长草莓贮藏期。

标准气调保鲜草莓的条件：温度 0℃，相对湿度为 85%～95%，O_2 2%～3%，CO_2 5%～6%。在此基础之上发展出一系列不同的气调方式，如减压气调、高 O_2 气调、高 CO_2 气调、薄膜气调等。

减压气调是创造一个低氧的环境（氧气的浓度可降到 2%），乙烯等气体分压也相应降低，在贮藏期间保持恒定的低压，温度 1～18℃、相对湿度 95% 以上。减压气调能够降低氧气浓度、呼吸强度和乙烯生成速度，并除去促进成熟和衰老的因素，有利于减少生理病害。

高 CO_2 气调指 10%～20% 的高二氧化碳可降低草莓的呼吸强度和腐败微生物的活动，延长贮藏期和销售期。但 CO_2 的浓度不宜超过 30%，否则会导致草莓产生异味。

薄膜气调一般有塑料小包装气调、塑料大帐气调和硅窗气调 3 种形式。塑料小包装气调是最简单的一种气调贮藏，将果实放入塑料袋内密封，一个塑料袋就是一个小小的"气调库"。塑料大帐气调是用塑料薄膜压制成一定体积的长方形帐子，扣在果堆和果垛上密封起来，造成帐内氧气浓度降低和二氧化碳浓度升高的特殊环境，从而使果品得到保鲜。硅窗气调是在塑料袋或塑料大帐上开窗，镶嵌一定面积的硅胶薄膜，调节袋、帐内的气体组成。草莓果实采收时，将其装入果盘内，再用厚 0.04mm 聚乙烯薄膜套好，密封，置于 0～5℃、相对湿度 85%～95% 的环境，袋内气体指数为氧气 3%、二氧化碳 6%，草莓贮藏期可延长 1 倍以上（臧海云和张云伟，2005）。

（3）辐射保鲜

用 ^{60}Co-γ 射线 150～200kGy 辐射处理草莓，可控制引起草莓腐烂的各种病菌，再配合 0℃低温贮藏，贮藏期比对照延长两倍多，对草莓的色、香、味和质地的保持较好，保鲜效果良好。目前，国际上应用辐射保藏草莓，辐射剂量一般采用 100～300kGy。

（4）保鲜剂保鲜

常用的保鲜剂有化学保鲜剂（如 NO、SO_2 等）、天然食品保鲜剂（天然植物提取物，如茶多酚复合保鲜剂、植酸、乳酸链球菌素和纳他霉素等），以及其他有效的生物制剂（如基因活化剂）（田竹希等，2017）。

NO 处理对草莓果实贮藏性及活性氧代谢的影响已有很多报道。外源 NO 处理可抑制乙烯诱导的果实硬度下降、呼吸速率上升及乙烯产生、花青苷合成、叶绿素降解；NO 在一定程度上可抑制乙烯诱导的过氧化氢、氧离子含量上升，并对乙烯诱导的清除活性氧保护酶类（SOD、POD、CAT、APX）的活性降低有一定的抑制作用。如图 3-20 所示，适宜浓度的 1-MCP 处理能较好地保持草莓果实硬度、抑制可溶固形物含量升高、减缓果实的成熟衰老，但高浓度 1-MCP 处理不利于草莓果实保鲜贮藏。

0μL/L 1-MCP　　　0.4μL/L 1-MCP　　　0.8μL/L 1-MCP　　　1.2μL/L 1-MCP

图 3-20　不同浓度 1-MCP 对草莓成熟度的影响（修改自徐方旭，2014）

（5）高分子涂膜

脱乙酰甲壳素是一种高分子量的阳离子多糖，能形成半透膜，无毒，对人体安全。它有减少水分散失、阻止果实内外气体交换、抑制呼吸、防止微生物侵染、改善表面光洁度的功能，可达到保鲜的目的。

使用时，只要将脱乙酰甲壳素溶液喷洒在草莓表面或将草莓浸渍，即可在草莓外表形成一层薄膜，且能一直包裹在水果表面，延缓水果熟化，达到保鲜的目的（张正周等，2013）。

（6）离子电渗法

将草莓放入电渗液（1%氯化钙加 0.2%亚硫酸钠）中，用 110V 电压、50mA 电流进行电渗处理 1.5h，洗净，沥干后装入聚乙烯薄膜袋中封口，在 4℃下低温贮藏，相对湿度为92%～95%。电渗可增加果实中钙离子浓度，稳定生物膜的结构，降低通透性。亚硫酸钠分解产生二氧化硫，可起到防腐作用，也可抑制果实中多酚氧化酶的活性，减轻果实褐变。采用离子电渗法处理的草莓，贮藏 30d 的腐烂率低于 5%，可保持较好的品质（张恒，2009）。

4. 草莓的包装

内包装可选用定量为 0.5kg 左右的塑料盒或塑料托盘，果实排列整齐，封盖后装入纸箱、木箱或塑料箱中，每箱以 5～10kg 为宜。也有采用 90cm×60cm×15cm 的果盘，草莓放在盘里，厚 9～12cm，再用聚乙烯薄膜袋套好果盘密封（王向阳，2002）。

置于温度 0～1℃、相对湿度 85%～95%的冷库里贮藏，每隔 10～15d 开袋检查，如无腐烂变质情况，再行封口继续贮藏。

（二）杨梅贮藏保鲜综合技术

杨梅肉柱顶端圆钝的品种汁多、味甜、品质优；尖形的汁少、风味差，但组织紧密，不易烂果，较耐贮运（吴振先，2002）。

1. 杨梅的采收

杨梅通常是根据其色泽判断果实成熟度的高低。采收成熟度因品种不同而有差异，如属乌梅品种群的'荸荠''丁岙梅'等，最佳采收期为果实呈紫红色或紫黑色。红杨梅品种群果实的成熟标志：外果皮肉柱充分肥大、光亮，呈深红色或微紫色。白杨梅品种群果实的成熟标志：肉柱上叶绿素完全消失，呈白色水晶状或略带粉红色（高海生和张翠婷，2012）。

杨梅要在充分成熟时才能采收，而杨梅成熟期正值梅雨季节，果实成熟后易腐烂、落果。应抓住晴天，随熟随采，分批采收。采收时间以清晨和傍晚为宜。不宜在雨天或雨后初晴采收。采收装运过程要轻拿轻放，避免机械损伤。

2. 杨梅的贮藏保鲜

（1）低温贮藏

杨梅采后长距离运输，可在低温下进行。在 0～5℃、相对湿度 85%～90% 的条件下，可保鲜 1～2 周。采用塑料薄膜小包装，贮运效果会更好（王文辉和徐步前，2003）。

（2）简易气调贮藏

杨梅采后经分级挑选，采用塑料小托盘加保鲜膜包装，置于 0～3℃ 条件下，可贮藏 15～20d，视品种和果实质量而定。

（3）保鲜剂贮藏

多种保鲜剂如 1-MCP、水杨酸（SA）、壳聚糖、SO_2 等均能对杨梅果实起到保鲜作用，延长杨梅果实的贮藏期（黄思满等，2015）。1-MCP 处理的杨梅，0℃ 下可保鲜 13d，20℃ 下可保鲜 5d（蒋巧俊和徐静，2011）。使用 0.5g/L 的水杨酸溶液浸泡杨梅 20min，晾干，2～4℃ 低温贮藏 14d 后，好果率高达 92.5%（高雪和陈荣紫，2018）。

（4）速冻贮藏

杨梅经选果、清洗后，用 10% 蔗糖和 1.5% 柠檬酸溶液浸泡，先在 –30～–25℃ 下速冻 15min，然后装入塑料袋，贮藏于 –18℃ 的低温冷库中，可保鲜 6～8 个月，但以 1～2 个月为宜，因为贮藏 1～2 个月后，正值盛夏高温季节，销路很好（冯双庆，2005）。

3. 杨梅的包装

杨梅柔软多汁，以小包装为宜。可用泡沫小包装或透明塑料盒包装，每盒 500g，10～20 盒一箱，内装薄膜包装的冰块。也可排除袋内空气，充入氮气或二氧化碳气体，可延长杨梅的贮运时间。目前通用的外包装为高圆形、小口有盖的竹篓。使用时内垫树叶、草等，然后装果，每篓 10kg 左右，避免挤压（王文生和杨少绘，2008）。

（三）蓝莓贮藏保鲜综合技术

蓝莓是世界 4 种重要新兴小浆果类果树之一。近年来风靡欧美及日本，也在我国迅速发展，南至云南、福建，北至辽宁都有栽植，其中以山东发展最快。

1. 蓝莓的采收

在我国，蓝莓一般在 4 月中下旬达盛花期，盛花后 70～90d 果实成熟，是较典型的夏季水果。果实表面蜡粉明显，全面覆盖，可使果实呈现更加悦目的蓝色。成熟的果实，颜色多为深蓝色或紫罗兰色。蓝莓成熟期不一致，各品种收获期为 3～4 周，分批采收，一般一周采果一次。果实用作生食鲜销应采用人工采收方法，并进行简单分级，采收时轻拿轻放，避免挤压。雨天或早晨有露水时不宜采收（郑炳松和张启香，2013）。

2. 蓝莓的贮藏保鲜

（1）蓝莓的预冷

鲜果需要在 10℃以下低温贮存运输，果实从田间温度降至 10℃以下低温必须经过预冷过程，去除田间热，这样可以有效防止腐烂。预冷的方式主要有真空预冷、冷水预冷、冷风预冷（王淑琴，2010）。

（2）低温贮藏

一般在没有结冻的范围内，蓝莓果实的细胞不会受到破坏，在 1℃下贮藏的蓝莓腐烂果很少，在冷库内可以贮藏较长时间。在–0.6～0℃、相对湿度 90%～95%，蓝莓果实的贮藏期大约 50d（王淑贞，2009）。

（3）冰温贮藏

冰温是指从 0℃开始到生物体冻结温度为止的温度范围，在这一温度范围内储藏水果，可以极大程度地保持水果的新鲜度。因为冰点温度附近水果组织会分泌葡萄糖、氨基酸等不冻液体，能增加水果的口感，可在一定程度上提高其品质。同时冰温贮藏能最大程度地抑制微生物生长和生命活动，保鲜时间显著优于普通冷藏。

蓝莓冰点在–1.7℃左右，利用冰点温度设定为–1℃的 YDZK25 冰温库对预冷的蓝莓进行冰温贮藏，59d 后粗略估计蓝莓出库损耗在 5%左右。与普通冷藏库相比，保鲜期至少延长 1 倍（郑秀艳等，2016）。

（4）冷冻贮藏

果实采收分级包装后，可速冻贮存，加工成速冻果。速冻果可以有效控制腐烂，延长贮存期。冷冻加工是浆果类利用的一个趋势，黑莓、树莓、草莓等浆果均可加工为冷冻果。但冷冻时容易出现变色、破裂等现象，而蓝莓果实冷冻后则无此现象。相对于草莓、树莓等果实，蓝莓果实质地较硬，适合冷冻加工。冷冻的温度要求在–20℃以下，10kg 或 1.5kg 一袋（聚乙烯袋装），装箱。运输过程中也要冷冻。

（5）辐照保鲜

辐照保鲜蓝莓的技术分为两大类，即电离辐照和非电离辐照。电离辐照包括 γ 射线，X 射线和电子束辐照等，非电离辐照有紫外辐照（楚文靖等，2015）。

紫外辐照不仅能抑制果实表面病原菌的 DNA 复制，还能提高果实防御酶的活性并诱导抗病基因的表达，减少果实采后病害。低剂量的 UV-C 照射蓝莓果实，能提高果实花色苷和酚类等抗氧化物质的含量及活性，并能抑制病原微生物的生长繁殖；当剂量超过一定浓度之后反而会对果实产生伤害，降低蓝莓品质，缩短贮藏期。

（6）生物拮抗菌保鲜

生物拮抗菌是一种新型的蓝莓保鲜技术，利用拮抗菌对病原菌直接或间接作用达到抑制的目的，同时还能提高蓝莓果实的抗病性并保持蓝莓果实的品质。拮抗菌分为三类：

拮抗真菌、拮抗细菌和拮抗放线菌。常见的拮抗真菌主要为木霉菌和酵母菌；拮抗细菌主要有芽孢杆菌和假单胞菌；拮抗放线菌主要有链霉菌及其变种。

曹森等（2017）利用哈茨木霉菌作为生物拮抗菌，对贵州'粉蓝'蓝莓进行采前喷施来研究蓝莓的贮藏特性，发现不同浓度的哈茨木霉（*Trichoderma harzianum*）（5.0×10^6CFU/mL、3.0×10^6CFU/mL、2.1×10^6CFU/mL）均能明显降低蓝莓果实的腐烂率，并保持果实的硬度、可溶性固形物含量、抗氧化成分等生理及营养品质的稳定，极大程度地保证了果实新鲜度，延缓了果实衰老软化。在进行综合比较后，确定哈茨木霉菌喷施浓度在 3.0×10^6CFU/mL 时可以获得最佳保鲜效果。

（7）天然植物提取物

近年来，国内外的研究者对于天然植物提取物抑菌作用的研究呈爆发性增长，为果实采后病害的防治提供了很好的参考。植物中的天然提取物有很多，其中很大一部分具有抑菌作用的成分还有待开发。目前，最常见的植物抑菌物质有植物精油、生物碱、多糖类等。这些物质对采后病原真菌的抑制作用已被很多研究证实。如图 3-21 所示，周雁等（2016）利用制备银/壳聚糖复合物对贮藏过程中蓝莓的抑菌效果进行研究发现，复合物质量浓度为 0.4mg/mL 时，对灰霉菌的抑制率为 70.6%，而 1.6mg/mL 的复合物能使蓝莓发病率降到 10%以下。

(a)对照组　　　　　　　　　　(b)0.4mg/mL

(c)0.8mg/mL　　　　　　　　　(d)1.6mg/mL

图 3-21　不同浓度银/壳聚糖复合物对蓝莓果实发病率的影响（修改自周雁等，2016）

3. 蓝莓的包装

蓝莓果实通常采用纸板盒包装，但这种纸板盒包装容易引起果实失水萎蔫。改进的纸板盒是用蜡封纸盒，在其上部及两侧打小孔，以便通风。近年来，蓝莓鲜果包装多采用无毒塑料盒，一般以 120g 左右一盒为宜。

五、浆果贮藏保鲜应用实例

（一）草莓贮藏保鲜应用实例

1. 保鲜膜气调保鲜

（1）适宜贮藏指标

1）温度：-0.6～0℃。

2）气体：O_2 2%～3%，CO_2 5%～6%；CO_2＞20%时有酒味。

3）相对湿度：90%～95%。

4）冰点：-0.8～-0.7℃。

5）贮藏期：15～20d。

（2）适宜 MA 指标

低 O_2+高 CO_2+高湿。

（3）适宜保鲜膜处理

1）0.04～0.06mm PVC 保鲜膜 2.5～5kg 装。

2）销售时采用 90mm×60mm×15mm 果盘，9～12cm 高，收缩薄膜包装。

（4）技术工艺

八至九成熟的草莓无伤采收→剔除伤、病、烂、残果实→就地手工分级→保鲜处理→装入内衬保鲜袋的包装箱中→定重 2.5～5.0kg/箱→装满装实→扎紧袋口→集中到一个 10～20kg 装的包装箱中（质地坚硬）→无伤运输→采后 6h 内及时入库→将小箱单层摆开→敞开袋口→于-0.7～0℃下预冷 12～18h→加入保鲜剂、防腐剂→扎紧袋口→集中装入大箱中→"品"字形码垛→-0.6～0℃下贮藏。

（5）注意事项

1）采收期。最佳长期贮藏采收时间为八九成熟，即 75%～80%果面着色时。

2）灌水。采前 3～5d 严禁灌水，采前灌水可使草莓增重 5%～10%，但灌水后因果实吸水量大，表皮组织弹性小，易破裂，不耐贮藏。

3）分级标准。多数地区以单果重大于 159g 为 1 级，小于 159g 为 2 级。

4）病害。灰霉病、根霉病、疫病是草莓三大主要病害。

5）包装。草莓包装高度不宜超过 150mm，国外贮藏常用 900mm×600mm×150mm，国内常用 380mm×280mm×100mm，商品包装宜为每包 300～500g。

6）防腐。二氧化硫：采用二氧化硫缓释剂，一般用量 0.5～1g/kg。用法为将含二氧化硫的粉剂或片剂放入小包装盒中即可，但药剂与果实接触部分或果实伤口部分易产生药害、变白（褪色）。过氧乙酸熏蒸：按每立方米库容用 0.2g 过氧乙酸熏蒸 30min（孟宪军和张佰清，2010）。

2. 紫外辐照结合冷风预冷保鲜草莓

（1）工艺流程

草莓果实采收→紫外辐照→冷风预冷→低温贮藏。

（2）操作要点

a. 果实采收

于商品成熟期采收，选择大小、成熟度基本一致，无病虫害、无机械损伤的果实。

b. 紫外辐照

将挑选的果实采用紫外光强度为 3.73W/m^2、有效波长为 254nm 的紫外线（据单管紫外灯 30cm 处测量）进行辐照处理。辐照剂量为 2.0kJ/m^2，辐照时间为 4～5min。

c. 冷风预冷

辐照结束后的草莓平铺于温度为（1±1）℃、空气流速为 1～2m/s 的冷库预冷间内，通过冷库产生的制冷空气实现对果实的冷风预冷。果实中心温度达到 6℃时结束预冷。

d. 低温贮藏

预冷后的草莓转移到温度为（5±1）℃、相对湿度为 90%～95% 的冷库中贮藏，保鲜期可达 12d 以上。

3. 草莓复合保鲜剂

（1）复合保鲜剂的组成

保鲜剂每升含有纳他霉素 2～40mg、氯化钙 1～100g、柠檬酸 0.1～10g，余量为水。

（2）可食性复合保鲜剂的制备方法

加入适量的水溶解纳他霉素 2～40mg，然后加入氯化钙 1～100g 和柠檬酸 0.1～10g，用水定容至 1000mL，得到保鲜剂。

（3）保鲜剂使用方法

采收八九成熟草莓，挑选大小均一、无病虫害、无机械损伤的草莓；将其置于保鲜剂中浸泡 5～15min，捞起草莓沥干水分，晾干（晾干温度为 25℃，晾干时间为 1～2h）。然后置于浓度为 0.1～1.0μL/L 的 1-MCP 空间内处理 6～18h，取出处理后的草莓用 40cm×25cm×50cm 纸箱包装，置于温度 4℃、相对湿度 70%～90% 下低温贮藏。

（二）杨梅贮藏保鲜应用实例

1. 杨梅保鲜膜气调

（1）适宜贮藏条件

1）温度：0～0.5℃。

2）气体：O_2 5%～10%；CO_2 5%～20%。

3）相对湿度：85%～90%。

4）贮藏期：1～2 周。

（2）适宜 MA 指标

低 O_2+高 CO_2+高湿。

（3）适宜保鲜膜处理

0.04mm PE 或 PVC 保鲜膜，每袋 1kg 左右，扎口贮藏；或透明塑料盒 1kg 包装。

（4）技术工艺

充分成熟→及时采收→1000mg/L 的水杨酸浸泡 2min→晾干→聚乙烯薄膜袋包

装→0%～10%预冷 10h→扎口装篓或箱→0～1℃贮藏。

（5）注意事项

1）品种。杨梅分乌杨梅、红杨梅、白杨梅、早性杨梅和洋平梅 5 个品种，其中乌杨梅、红杨梅、白杨梅适宜短期贮藏。

2）杨梅适宜成熟度。以肉柱充分肥大、光亮，呈现各品种应有色泽时为最佳。

3）采收。晴天随熟随采，分期分批采收。采时要轻拿轻放。

4）杨梅柔软多汁，以小包装为宜。另外，可排除空气，充入 N_2 和 CO_2。

5）以竹篓为外包装时，篓内要垫树叶、草等，每篓 10kg 左右，避免挤压。

2. 真空包装杨梅

（1）工艺流程

杨梅挑选分级→采后预冷→真空包装→装箱加冰→低温保鲜。

（2）操作要点

a. 采后预冷

采收八至九成熟、无霉变、无病害、无机械损伤的杨梅，及时放入预冷室内进行充分预冷，其中，预冷室温度控制在 1～5℃，空气相对湿度为 85%～90%，使杨梅温度降至 5℃左右。

b. 真空包装

将预冷后的杨梅以 6kg 为单位等量分装至真空保鲜袋中，并通过真空包装机抽气后热合封口，真空包装机压力控制在 12～15mmHg。

c. 装箱加冰

将一袋杨梅对应放置在一个尺寸为 42cm×20cm×25cm 的泡沫箱内，并在每个泡沫箱内放入蓄冷剂，再对泡沫箱进行加盖密封，且每个泡沫箱内的蓄冷冰块总重量不少于一袋杨梅的重量。

d. 低温保鲜

将密封好的泡沫箱依次堆叠贮藏在冷库内，所述冷库温度为–5～–3℃，空气相对湿度控制在 90%～95%。

（3）贮藏期

在该贮藏保鲜方式下，杨梅贮藏 18d 内，外观品质依旧完好如初，无霉变、无异味、无软化现象，18～20d 约 1/6 的杨梅出现一定的软化，20d 后出现部分霉果、异味。与普通冷藏相比，贮藏期可以延长一个月以上。

3. 塑料箱式气调包装

（1）工艺流程

杨梅挑选→充分预冷→塑料箱式气调→低温贮藏。

（2）操作要点

a. 杨梅挑选

选择优质杨梅在即将成熟时无伤采收，剔除伤、残、烂果。

b. 充分预冷

将采收后的杨梅装入 3.5kg 托盘中，并于当天在 0～4℃条件下预冷 24～48h。

c. 塑料箱式气调

预冷后的杨梅装入特制的塑料箱式气调箱内，每箱装 3 个托盘，再对塑料箱式气调箱内进行气调，气体成分和浓度为 O_2 5%～10%、CO_2 5%～20%。

d. 低温贮藏

气调箱于（0±0.5）℃条件下贮藏，'荸荠'杨梅保鲜期 25～30d；'东魁'杨梅保鲜期 30～45d。

（3）注意事项

保证采收前 3d 无雨，从采收到入库要在 24h 内完成。待库温和杨梅品温降至 0℃时，装入具有气调功能的杨梅专用塑料箱式气调箱中，每箱所装重量应一致，然后盖紧箱口，调节箱内气体成分，放在架上。贮藏保鲜杨梅的适宜温度是 0～0.5℃，库温波动幅度要小于 0.5℃，稳定的低温是鲜杨梅贮藏保鲜的关键。

（4）指标要求

箱内的气体指标是 O_2 不能低于 5%，CO_2 不能高于 20%，即箱内的 O_2 浓度或 CO_2 浓度低于或高于上述指标时就要换阀调气，将箱内气体调节最佳为 O_2 10%～15%；CO_2 10%～15%。

（三）蓝莓贮藏保鲜应用实例

1. 复合生物涂膜剂保鲜蓝莓

（1）工艺流程

复合生物涂膜剂配制→蓝莓预处理→涂膜处理→冰温贮藏。

（2）操作要点

a. 壳聚糖复合生物涂膜剂配制

将纳米 SiO_x 加入到柠檬酸水溶液中，超声分散均匀后，加入壳聚糖，充分溶解后加入丙二醇和甘油，最后加入乳酸链球菌素和溶菌酶，搅拌均匀、超声分散后，制得壳聚糖复合生物涂膜剂溶液。

b. 蓝莓预处理

采回蓝莓迅速通风强制预冷，风速 10m/s，相对湿度 75%，时间 1h 左右，挑选质鲜、无外伤、无病虫害的蓝莓进行后续处理。

c. 涂膜处理

将 10kg 预处理的蓝莓分两次放入壳聚糖复合生物涂膜剂溶液中浸泡 1min 左右，捞出后于冷却间吹干，风速 5m/s，相对湿度 75%，时间 1h 左右即可。

d. 冰温贮藏

将涂膜处理过的蓝莓称重后，用带网眼的聚乙烯塑料筐（44cm×28cm×9cm）盛放，套上保鲜袋（56cm×70cm），每筐 1kg 蓝莓。存放于蓝莓冰点温度-1.5～0℃、相对湿度为 90%～95% 的冷库中保鲜。

（3）壳聚糖复合生物涂膜剂配方

含有质量比为 0.5%～5.0%水溶性壳聚糖、0.01%～0.30%的柠檬酸、0.005%～0.010%乳酸链球菌素、0.005%～0.010%溶菌酶、0.05%～0.20%丙二醇、0.01%～0.10%纳米 SiO_x 和 0.01%～0.10%甘油，其余为水。

2. 乙醇熏蒸保鲜蓝莓

（1）乙醇熏蒸处理装置

乙醇熏蒸处理装置见图 3-22。

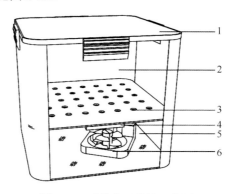

图 3-22　熏蒸装置结构示意图

1. 装置上盖；2. 样品室；3. 隔板；4. 支撑棱；5. 挥发室；6. 小型风扇

（2）使用方法

1）如图 3-22 所示，检查装置的密封性，在装置内放入少量水，扣紧上盖确认是否有水漏出，确认好密封性后，擦干。将采摘后的蓝莓在–1～1℃，相对湿度为 90%～95%的装置中，预冷 12～15h。

2）将浓度 0.1～1mL/L 的乙醇放置于挥发室底部，随后快速打开小型风扇，将隔板放置于支撑棱上，将蓝莓放置于隔板上，扣紧上盖，进行熏蒸处理 12h，温度–1～1℃，相对湿度为 90%～95%。

3）取出熏蒸后的蓝莓，置于 4℃下通风 1h 后，分装于聚乙烯塑料袋中，于温度–1～1℃，相对湿度为 90%～95%的条件下贮藏。熏蒸处理的蓝莓贮藏期能延长 15～20d。

3. 间歇臭氧保鲜蓝莓

（1）工艺流程

采收蓝莓鲜果→预冷处理→冷库低温贮藏→间歇臭氧处理。

（2）操作要点

1）蓝莓采收后首先做预冷处理，然后放置在冷库内做间歇臭氧处理。所述的间歇臭氧处理：采用浓度为 2～3μL/L 的臭氧气体首次处理 50～70min；其后每间隔数天后采用相同浓度的臭氧气体处理一次，每次处理时间均在前次基础上缩短数分钟，直至贮藏期结束。

2）冷库贮藏温度为 0～2℃，贮藏 90d，兔眼蓝莓'灿烂'品种的好果率达到 87%以上。

第四章　浆果物流保鲜与贮藏装备

第一节　产地预处理装备

一、采摘装备

水果采摘装备主要包括机械采摘和机器人采摘，二者明显优于传统人工采摘。传统人工采摘大致有以下几个问题：第一，采摘效率太低。采摘人员身体素质及体能制约采摘效率，造成很大的局限性。第二，果实损伤率较高。工作人员在采摘过程中不可避免地会磕碰果实，损坏果实外形，影响出售，造成经济损失。第三，需要大量劳动力。水果季节性强，需要在较短时间内完成工作量大的采摘工作，这使得劳动力成本增加。人工采摘的局限性促使水果自动采摘装备逐步发展（王杰和闫肖肖，2018）。

（一）机械推摇采果机

机械推摇采果机主要由推摇器、夹持器和接载装置组成。

1）推摇器。推摇器分为固定冲程式和偏心作用式。固定冲程式推摇器的质量小、冲程大，由质量产生的惯性力小，所以推摇果树的摆幅大，容易损伤果树，适用范围较小。偏心作用式推摇器产生的惯性力大，可以缩小冲程。

2）夹持器。推摇器的振动通过夹持器传递给果树，其构造有活动夹头、固定夹头和弹性衬垫。弹性衬垫可以通过适应植株的树干形状来避免损伤树皮，通过液压系统可以操纵夹持器的开闭。

3）接载装置。用于接收并输送果实，一般由收集面、缓冲条带和输送装置等部分组成，且一般设有行走机构，可自行推进合拢。收集面有倒伞形围绕式和双斜面合拢式两种。果实可沿着收集面的斜面滚到中间，并导向输送装置。在收集面上方设有一层至四层的缓冲条带，使果实先落在条带上，减速后再滚落至收集面上，减少果实损伤。

（二）机械撞击采果机

1. 擂杆式撞击机

擂杆式撞击机作业时，将装有衬垫的擂杆端头推靠在大树枝上，利用机械力、气力或压力使擂杆往复运动，对果树进行断续的撞击，使果实振落。对于树干粗大、刚硬的果树，如老杏树，推摇器很难发挥作用，可采用撞击的原理采果。

2. 棒杆式敲击机

棒杆式敲击机的工作过程是成排的指杆式橡胶敲击棒先由液压系统操纵作往复摆动，再敲击果树枝，使果实振落。而对于成行密植的矮化果树来说，采用门式高架采果机更适合，其工作部件也是敲击振动装置，该装置的敲击件采用板条、直杆、桨叶、成排指杆等型式。采果机跨越行走于果树行间，果树进入门洞时，敲击件敲击果树树枝使果实振落，然后振落的果实由带式软垫承接，并输送到后面的果箱中。

（三）浆果采运箱

　　浙江农业科学院和广西农业科学院针对浆果果实皮薄汁多，在采摘时极易损坏、保质期短的难点问题，合作设计并开发出一种新型适宜的采摘装置，能够有效防止浆果在田间采摘期间造成积压损坏，并方便浆果的清洗，现已进行中试放大和应用示范。采运箱结构示意图见图4-1。

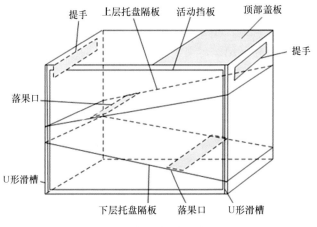

图 4-1　浆果采运箱结构图

　　浆果采运箱体使用食品级材料制成长方体状框架结构，除活动挡板外，其余的各个面之间精密焊接，活动挡板由两侧的 U 形滑槽固定，挡板可沿着滑槽自由上下拔插，用于将浆果倾倒出果箱。果箱的每面都有适宜大小的孔洞，以利于运输过程中的透气和清洗过程中溶液的充分浸润。箱体内部有上下两层的托盘隔板固定于侧板上，且托盘隔板呈倾斜设置，这样可将果箱隔离成独立的上中下三层，层间空隙高于三层浆果堆叠后的高度，以确保每层浆果均不会堆叠过多而互相积压损坏。同时，每层隔板倾斜放置并预留了落果口，可确保浆果采集放入果箱入口后可顺利地沿着托盘滚动到箱体的底部。采运箱两侧预留有把手，利于农户对果箱进行搬运，果箱的顶部和底部分别设置有凹凸槽，以便于运输时多个采运箱牢固的垂直堆垛。使用时，将顶部的活动盖板翻开，把采集下来的浆果倒入采运箱的入口，果实顺着托盘隔板的斜面滚动到箱体的最底部，当箱体底部的果实堆满至下层落果口，即完成了下层的装载，同时，目测果箱的每一层装满后，轻晃果箱以保证果实装载均匀；当箱内浆果的高度和盖板高度齐平时，完成箱内果实的装载。利用镂空提手将果箱搬运到货车上堆垛，每个果箱设计装载的最大承重为 25kg，堆垛高度不大于三层。果箱四壁有密集的开孔以减轻框架自身的重量，同时也有效防止运输过程中内部果实的发酵。运达目的地后，如需清洗，可将整个果筐浸入水中清洗或用水龙头从顶部直接喷洗，四壁孔状的结构利于溶液的充分进入与杂质（灰尘、叶片等）

的析出，清洗沥干后，如需要将果实取出，把活动挡板抽出后便可把果实方便地倾倒至指定的地点。

此设备能有效解决浆果在采摘时存在的极易损坏、保质期短的难点，防止浆果在田间采摘期间造成积压损坏，并方便浆果的清洗和运输，采收损失率降低了10%，经济效益显著。此设备的推广应用对有效解决农民生产中的技术难题，促进浆果加工业的发展具有重要意义。

（四）采摘设备在浆果采摘中的应用

1. 蓝莓采摘应用

目前我国在蓝莓采摘方面，主要依靠人工手摘和借助简单工具。国外研究将蓝莓采摘机根据振动方式分为旋转式和摆动式，根据行走方式分为牵引式和自走式，也有使用采摘机器人的。蓝莓因其果实小、生长分散的特点，主要采取振动式的采摘方式。东北林业大学研制了手推式矮丛蓝莓采摘机（野生蓝莓）、手推式矮丛蓝莓振动收获机（矮丛蓝莓）及牵引式蓝莓采摘机（半高丛、高丛蓝莓），其中振动式采摘依靠振动产生的不同惯性力，使得蓝莓熟果与母枝分离，青果保留。然后利用机械自身的收获装置，实现蓝莓果实的收获。而牵引式采摘与前两者不同，采取拖拉机牵引，此采摘机还具备果叶在线分选功能。广东省农业科学院蚕业与农产品加工研究所也发明了一种山地矮丛蓝莓采摘装置，可在地面不平坦、行株距不规范的山地上进行矮丛蓝莓的采摘且能一次性地对整棵树的果实采摘，效率高。

2. 草莓采摘应用

草莓采摘机主要由采摘装置、输送装置和行走装置三大部分构成。其中行走装置组成机架部分，主要用于整机的前行、转弯和支撑。在行走时，需要与垄侧面保证平行，其利用传感器定位，若发生偏移，则会改变前行方向。而最为核心的采摘装置则利用采摘机械手臂摘取草莓并将其装入盒中。同时内装的颜色传感器识别草莓成熟度，当识别是绿色时，草莓采摘机械手臂退回，当识别是红色则采摘草莓，并把草莓运送至输送装置上方。

3. 树莓采摘应用

近年来树莓种植面积不断增加，但人工采摘劳动强度大且耗时。因此，树莓采摘机械化步入发展期。美国是世界上最早研究开发树莓采摘机械的国家，目前已经研制出不同类型的树莓采摘机械，如Over-The-Row XL型树莓采摘机和空气树莓收获机500S等，其技术逐步走向成熟，可批量生产，现已实现树莓收获机械化（周伟艳等，2014）。

二、预冷装备

水果采后携带大量田间热，促使其呼吸强度加快，采收过程中的机械损伤也会进一步加强呼吸作用，释放出大量的呼吸热，造成果温升高，从而加速品质下降与腐烂衰老。

因此，水果采后迅速冷却至低温后再进入贮藏或流通环节是保持其新鲜度和营养价值的关键。目前，欧美日等发达国家将水果采后预冷作为一道必不可少的工序。杨梅、蓝莓等水果采收正值高温多雨季节，通过及时预冷可抑制呼吸作用，减少营养物质消耗，延长保鲜期，因此预冷是其采后商品化处理的重要步骤。但目前，市场上尚无可用的轻便的就地预冷设备，水果采收后一般需要经过3~5h运送至冷库才能预冷，严重影响保鲜效果。因此，研究开发适合杨梅、蓝莓等水果产地的便捷快速预冷设备至关重要。

浆果采后的主要预冷方式有通风预冷、水预冷及真空预冷。大规模生产中通风冷却方法应用最为广泛，但需要专门的快速冷却装置，通过空气高速循环，使产品温度快速冷却下来。水预冷方法也降温快，但缺陷是冷却后浆果表面水分不易沥干，影响贮藏。真空冷却是利用真空状态下水分蒸发而带走潜热，可以使果品温度在20~30min从25℃降至3~5℃，此法简单快速，但设备要求高。

1. 冷库预冷装备

冷库预冷是通过将浆果放在冷库中，利用制冷机组将库内热量转移到库外，使得浆果降温的过程。冷库预冷适应性强且应用广，能够对大部分浆果进行预冷，并能够将多种类浆果进行混合冷却，操作简单，但缺点是冷却时间长，容易发生浆果冷却不均的现象。

2. 水预冷装备

水预冷装备可分为4种结构形式：喷雾式、洒水式、浸渍式和整体式。喷雾式是通过喷嘴将水冷却成雾状接触产品而使产品冷却。洒水式是由上悬罐筒向农产品淋洒冷水，比喷雾式水泵动力消耗小，包装好的农产品在隧道式传送机上一边传送一边洒水冷却，连续进行，自动输送。浸渍式是将果实直接放在冷水槽中浸渍，使水与果实完全充分接触，冷却不均匀的现象不容易出现。整体式则是浸渍式和洒水式的组合方式，先把果实在冷水槽中浸渍冷却，然后从冷水槽中用传送带把果实产品边捞出边洒水冷却，具有浸渍式和洒水式的综合效果。浸渍式预冷的效率是洒水式预冷的2倍，具有更广泛的应用范围（付艳武等，2015）。

3. 真空预冷装备

真空预冷装备（图4-2）分间歇式、连续式、移动式3种。间歇式真空预冷装备适用于小规模生产。连续式真空预冷装备适用于大型加工厂。移动式真空预冷装备因其在汽车上一体化组装而具有机动灵活的特点，可以异地使用。

真空预冷装备构造主要有真空槽、捕水器、真空泵、制冷机组、装卸机构、控制柜等部件。

1）真空槽。真空槽一般采用钢材制作。小型真空槽多采用圆筒形，而大型真空槽则多采用方筒形，并加装加强筋增强。槽体门应采用电动或手动门，加工精度要求高，密封性能好。真空槽底部设有辊道机构，以便于装卸物料。真空槽设有排水装置和清洗系统，以保证内部清洁卫生。

图 4-2 水果真空预冷装备

2）捕水器。捕水器（冷槽、冷陷）用于凝缩空气中的水分，以防止水分进入真空泵而乳化润滑油、损坏真空泵组件，与真空冷冻干燥装置中的捕水器类似，而间歇式真空预冷装备的捕水器一般以圆筒形结构为主。

3）真空泵。真空泵为真空系统的关键部件，选用时应根据不同规格的真空预冷装备及具体情况进行确定，如旋片真空泵组、水环增压泵组、水蒸气喷射泵组等。

4）制冷机组。制冷机组与真空泵组、控制柜等组装在一个公用底盘上。对于小型间歇式或连续式真空预冷装备，制冷机组应选择水冷或风冷氟利昂冷凝机组，大型装置则采用氨系统。对于较热的气候，一般选择水冷氟利昂冷凝机组。

5）装卸机构。单个包装装卸应采用传送带或辊道，整体装卸采用电瓶叉车或液压推进器。但装卸机构应视用户装卸方式而确定。

6）控制系统。控制系统配有手动系统和自动系统。其中任何一个系统出现故障时，由另一个系统运行（韦公远，2002）。

4. 压差预冷装备

压差预冷装备已有较多的试验研究，且已较广泛地应用于实际生产中。压差预冷装备主要由制冷系统、加湿系统、静压箱、风机、风速控制系统、温度控制系统、包装箱及其他密封材料组成。压差预冷装备按照用途和利用场所的不同可分为压差预冷库、压差预冷器和压差预冷机。压差预冷库就是在自然贮藏冷库的基础上，在库体本体上增加一套压差设备，使之在整个冷库内形成压差。压差预冷器主要用在自然冷库内，利用自然冷库的冷量，迅速使物料冷却下来，达到预冷的目的。压差预冷机具有独立的制冷系统和加湿系统，比较节能，容易控制冷库内的温度和风速，且移动方便，特别适用于贮藏运输车。

5. 产地快速预冷装备

浙江省农业科学院设计试制了一种 160L 轻便的就地快速预冷装备，经测试从 25℃到 0℃的制冷时间只要 10min（图 4-3）。就地快速预冷装备的除湿设计是采用制冷除湿原理，只增加很少费用就达到了理想的除湿效果，160L 的预冷设备经测试在 10min 内相对湿度从 85%降到 45%。同时浙江省农业科学院还自主设计了一种臭氧发生机，可以结合预冷设备处理，更好地保持浆果采后品质。

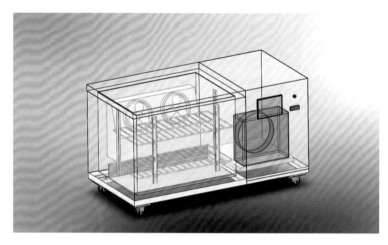

图 4-3　水果就地快速预冷装备简图

6. 预冷装备在浆果预冷中的应用

浆果的生理机能、收获时的成熟度及收获时的环境温度决定了浆果产品的预冷需求，也决定了所采用的预冷方式。浆果采后因采摘受损极易腐烂，会严重影响其营养与商品价值，且限制果实的运销，因此需要在采收后尽可能快速地进行预冷处理。图 4-4 为一种就地预冷机，可应用于蓝莓、杨梅等浆果产地预冷。许时星等（2017）发现，将草莓置于 5℃冷库，预冷处理 30min，有利于果实贮藏，明显降低了果实腐烂率。Han 等（2017）等对桑果进行了强风预冷；陈杭君等（2013）和张宁瑛等（2017）在 5～8℃冷库中对蓝莓进行了 12h 的预冷，均能实现浆果的有效贮藏。

图 4-4　水果就地预冷机

三、干燥装备

浙江农业科学院和广西农业科学院的合作以高效节能和品质提升为目标,开发了高效节能太阳能–热泵联合干燥设备,既能满足农村合作社和小微企业在成熟期大量浆果干燥的需要,又可有效控制生产成本,提高干燥效率,适合在小微企业生产线上推广应用。

该设备高效利用清洁的太阳能源,同时解决太阳能能源密度低、不连续、不稳定的问题,提供一种太阳能与热泵联合的设备,集供热与供冷于一体,既能作为烘房,又能作为冷库,满足优质产品的烘烤供热和冷藏的需求,实现节能减排,达到提质增效的目的。设备性能稳定,升温速度快,干燥效率高,同时耗能较低,达到了高效节能和品质提升的目标。

（1）工作运行模式

理论上太阳能和热泵作为独立热源均可单独工作,但由于日照受昼夜影响严重和太阳能集热器体积的限制,通常情况下都采用太阳能–热泵联合干燥模式或热泵独立工作模式。

① 热泵独立工作模式:在阴雨天或夜晚,若（热水温度–室外温度）＜10℃,水泵和三通电磁阀全关,即联合模式中的太阳能系统关闭,由空气源热泵系统单独为干燥室供热。

② 太阳能–热泵联合干燥模式:在有日照辐射的条件下适于采用联合干燥模式,该模式以太阳能储水罐中的水温作为系统工作状态转换的判断条件。当（热水温度–室外温度）≥10℃且温差=（热水温度–干燥室内温度）≥10℃时,先由太阳能热水系统单独供热,此时启动水泵和太阳能循环风机,三通电磁阀中连接结构阀门打开,热水经内水暖散热器再流入外水暖散热器,最后流回储水罐,通过内外散热器的串联循环,不仅可以为烘房内部直接供热,还可以提高热泵蒸发器的环境温度,使太阳能热水得到最大限度的利用;当温差＜10℃时,启动空气源热泵系统联合供热;当温差＜3℃,关闭加热室三通电磁阀中内水暖散热器阀路和太阳能循环风机,打开外水暖散热器阀路,此时太阳能热水仅通过外水暖散热器给热泵蒸发器供热,这样既可提高热泵能效比,又可避免水流带走干燥室内的热量（图4-5）。

（2）控制器的设计

控制器采用工业平板电脑,内部集成了三菱PLC和7寸[①]的触摸屏,控制器实时读取3个温度传感器和一个湿度传感器的数值,根据工作运行模式的设定控制压缩机、三通电磁阀、热水电磁阀、补水电磁阀、变频水泵、太阳能循环风机、热泵循环风机。控制主界面如图4-6所示,显示内容包括当前烘房内温度、湿度、烘烤进程等参数。控制器可实现分段定时烘烤,如图4-6所示,一个烘烤过程可以根据需要分为4段,每段又可以分为5分段,总计20分段。每分段均可设定单独的烘烤温度、烘烤时间及排湿方式。此外还可以在控制中心子页面上查看温度历史趋势曲线、错误报警等参数。

---

① 1 寸=1/30m,后文同。

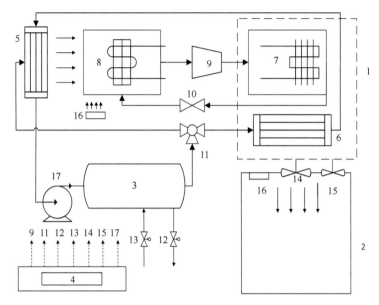

图 4-5 太阳能–热泵联合干燥模式

1. 加热室；2. 干燥室；3. 太阳能储水箱；4. 总控制器；5. 外水暖散热器；6. 内水暖散热器；7. 冷凝器；8. 蒸发器；
9. 压缩机；10. 节流阀；11. 三通电磁阀；12. 热水电磁阀；13. 补水电磁阀；14. 热泵循环风机；15. 太阳能循环风机；
16. 排湿风道；17. 变频水泵

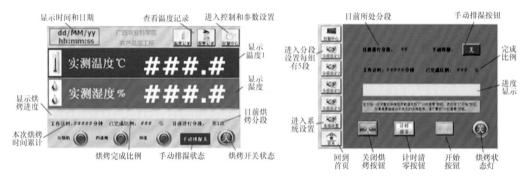

图 4-6 控制界面

热泵采用定频工作模式，所以热泵加热系统的一个控制周期可分为加热和保温两个阶段。加热阶段：当烘房内温度低于设定温度值的 5%时，热泵主机开始工作，增加高温热风供应量，以满足物料干燥的需要；保温阶段：当室内温度达到设定温度时，热泵主机停止工作。加热和保温阶段周而复始，使得烘房内的实际温度在设定值的 5%范围内变化。

排湿系统由 PLC 自动控制或手动控制，在自动控制模式下用户可根据烘房内的物料数量、类型及环境温度等条件，采用相对湿度方式或定时方式设定排湿风机的排湿间隔时长和强度，这样不仅实现了无人值守情况下对排湿时间进行有效控制，还避免了过度排湿引起烘房内的热量损失。

（3）风道的改进

合理的风道对物料的干燥起着至关重要的作用，风道包括热循环风道和排湿风道，同时还有专门的排湿风扇和外接于烤房的回风道。改进后的热循环风道减少了外接风道和排湿风机，循环风机安在角度可调节的基座上，和水平面呈一定的倾角，利用烘房内墙形成的回流壁使得热风得以循环；为了提高烘烤的效率，可以根据烘烤物料类型和物料推车尺寸的不同调整基座以改变循环风机的倾角。改进的排湿风道将循环风扇和排湿风扇合二为一，使得设备成本和系统能耗都得到了降低。当需要排湿的时候，打开电控进风门，循环风机将外部空气吸入烤房内，当吸入的空气达到一定量的时候，烘房内外就会产生气压差，使得湿气通过百叶窗自动排出。

（4）新型排湿循环风道的改进

在传统的烘干房里，循环风机通常采用直吹式，循环风机和冷凝器都布置在屋内的同一端，其中一个弊端是循环风机一端的风力较大，温度较高，而烘干房内远离循环风机的另一端由于距离的原因，风力和温度都与循环风机端有较大差距，物料干燥的速率极不均匀，很容易导致物料过度烘干产生爆裂的现象，严重影响干燥品质。直吹式的循环风道另一个弊端是必须在烘干房顶部加建一个回流风道，成本较高但效果一般。

新型排湿循环风道是对太阳能–热泵系统的风道进行了改进，包括蒸发器、热泵主机、烘干房，烘干房内设有第一循环风机、第二循环风机及排湿百叶窗，热泵主机的输出端和输入端分别通过高压输送管及低压回流管与第一冷凝器和第二冷凝器相连；第二循环风机与第一循环风机对向布置在烘干房的两侧。第一循环风机朝上布置，第二循环风机朝下布置。利用双循环热风结构，改进了室内循环风道，解决了烘干房内的风力和热量不均匀的问题，提高了烘干效果和效率；同时将排湿和循环风机合二为一，降低了设备成本和功耗。

第二节　贮藏装备

一、通风库

通风库是以棚窖为基础发展起来的永久性简易贮藏设施，操作使用方便，是果农最常用的水果贮藏保鲜场所。在 20 世纪 50～60 年代，通风库贮藏是我国水果贮藏的主要形式，虽其简单、成本低，但易受外界气候的影响，利用率较低。一般用于大宗耐贮水果，其在小浆果中也有应用。

（一）通风库工作原理

通风库主要依靠自然条件或由通风设备引入库外的自然低温空气来调节库内温度。而在通风过程中将库内产品释放的二氧化碳、乙烯及水蒸气排出库外。其通风方式主要利用库内外的温差及冷热空气的重量差，排出库内热空气，引进库外冷空气。最简单的措施是可以利用排风扇来通气。

（二）通风库类型及构造

1. 类型

通风库根据通风方式分为普通通风库和改良式通风库。普通通风库仅依靠由库内外温差形成的自然风压进行通风，效率较低；改良式通风库则是机械强制通风，可以充分地利用自然冷源降低库温。改良式通风库辅以轴流式风机强制通风，结合相应的保鲜袋、防腐保鲜剂处理，其保鲜效果可以等同普通商业冷库，该库贮藏温度一般在 0℃ 左右，也可以保持在 4℃ 左右，相对湿度为 85%～95%。

2. 构造

通风库由库体、库墙、库顶、库门、通风系统构成。库体的建筑材料可选用砖、石头及木材；库墙一般采用夹层墙，此处要注意防潮处理；库顶则包括 3 种形式的建造："人"字形顶、平顶和拱形顶；库门和库墙一样，尤其要注意隔热性能。而通风系统是通风库结构中的重要组成部分，该系统由进气设施和排气设施两部分组成，其中进气设施主要由导气窗或导气筒组成，导气窗一般设置在库墙的下部，导气筒设在库墙的基部；而排气设施则是设在库墙上部的通气窗或建在库顶的天窗或是在库顶设置一定高度的排气筒。

（三）通风库在浆果贮藏保鲜中的应用

通风库贮藏是最直接的简易贮藏方式，也是最早使用的贮藏方式，但因其受外界环境条件的影响大，故而应用的少。其在小浆果应用中以在草莓、蓝莓应用上较为常见。有研究表明，将完好草莓放在自然通风库中进行架贮，外加罩 0.2mm 聚乙烯塑料薄膜袋做围帐密封，加上硅窗控制，晚上打开全部气孔和门窗通风，能延长草莓贮藏期。

二、机械冷藏库

机械冷藏库是目前我国使用最广泛的水果冷藏保鲜设施，按照浆果贮藏的要求，在有良好隔热性能的库房中配备机械制冷设备，以机械作用控制库内的温湿度。图 4-7 为浙江省农业科学院所用的机械冷藏库。

（一）机械冷藏库工作原理

机械冷藏库主要是通过制冷压缩机做功，利用低沸点、高汽化潜热的制冷剂在不断循环的液–气变化过程中通过放热和吸热之间的循环来将贮藏库的热量移去，同时利用贮藏库良好的隔热性来维持库内稳定的低温，从而达到水果冷藏的目的。依靠低温的作用，果实呼吸作用会遭到抑制及微生物的繁殖也将减缓，果实的氧化与腐坏速度也会被延缓。根据水果的不同贮藏温度，一般冷藏库进行库内温度自动调节。

图 4-7　机械冷藏库

（二）机械冷藏库类型及构造

1. 类型

水果机械冷藏库按照不同的需求可分为多种类型，样式众多。①按照结构类别，可分为土建式冷库（也叫砖混结构库）、装配式组合库、气调式组合库、移动冷库等。②按照建筑规模（容量），可分为 4 类：一是大型机械冷藏库，冷藏容量大于 10 000t；二是大中型机械冷藏库，冷藏容量为 5000～10 000t；三是中小型机械冷藏库，冷藏容量 1000～5000t；四是小型机械冷藏库，冷藏容量小于 1000t。③按照库内温度，可分为高温库、低温库与中温冷库。水果机械冷藏库的设计温度一般为 0℃左右，通常称为高温库；其主要由库房、制冷系统和通风装置等组成（李家庆，2003）。④按照用途，可分为预冷性冷库、生产性冷库、周转性冷库和综合性冷库，也可以是生产型冷库、零售型冷库、分配型冷库。

2. 构造

机械冷藏库主要由主体建筑和辅助建筑构成。一般有建筑式机械冷库和拼装式机械冷库，其库体结构也有所不同。常见的冷藏库是由围护结构、制冷系统、控制系统和辅助性建筑四大部分构成。有些大型冷库有五大部分，将控制系统又分为电源动力和仪表系统。还有些冷库把制冷系统和控制系统合并。小型冷库和一些现代化的新型冷库（如挂机自动冷库）则只有围护结构、制冷系统和控制系统三大部分，在浆果中应用较多的是小型机械冷藏库。

（1）围护结构

机械冷库的围护结构主要由墙体、屋盖和地坪、保温门等组成。围护结构对冷库来说至关重要，要求隔热保温性能极好，且不需要采光窗口。土建式冷库的围护结构是早期的夹层保温形式；装配式冷库的围护结构是由各种复合保温板现场装配而成，可拆卸后异地重装，又称活动式；土建装配复合式冷库的围护结构由土建形式的承重和支撑结构与内装配形式的保温材料构成。常用的保温材料是聚苯乙烯泡沫板多层复合贴敷或聚氨酯现场喷涂发泡。

（2）制冷系统

制冷系统是保鲜冷库的核心，该系统是主要由压缩机、冷却设备、冷分配设备、辅助性设备、冷凝设备、动力和电子设备等实现人工制冷及按需要向冷间提供冷量的多种机械与电子设备的组合，其制冷量要能满足热源的耗冷量的要求。现代化冷库的制冷系统，需将各种制冷设备进行一定程度的精制和集合。目前，在冷库中广泛应用的是蒸汽压缩式制冷系统，其主要依靠机械功消耗，借助于制冷剂在不断循环并发生相态变化的过程来为冷间提供冷量。

制冷系统按不同方式可分为不同系统。根据循环方式，可分为单级蒸汽压缩式制冷循环和双级蒸汽压缩式制冷循环；根据冷却方式，可分为直接冷却系统和间接冷却系统；按制冷机的配备方式，可分为集中式制冷系统和分散式制冷系统。其中分散式制冷系统一般用于较小的冷库或冷间数量不多的冷库。它常采用自动化程度较高、系统简单的氟利昂制冷系统。而集中式制冷系统一般用于大中型冷库，如氨系统的集中式制冷系统（张华俊等，2003）。

其中压缩式制冷机的工作原理以制冷剂汽化吸热为主，其主要由 4 个部分组成：压缩机、冷凝器、蒸发器、节流阀。整个制冷系统由循环管路构成一个密闭的回路，其内充有制冷剂。其制冷原理见图 4-8。

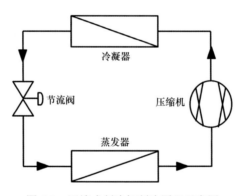

图 4-8　压缩式制冷机制冷原理示意图

压缩机是制冷装置中的重要部件，其主要功能是输送和压缩制冷剂，由电机驱动进行工作。常用的压缩机有活塞式、螺杆式、离心式及各种回转式等。目前，活塞式制冷压缩机应用最为广泛。冷凝器是一个经制冷剂向外放热的热交换器，属于制冷系统中的热交换设备。来自压缩机的制冷剂蒸汽在进入冷凝器后会将热量传递给周围介质水或空气，自身凝结为液体。蒸发器又称冷分配设备，是制冷系统中吸收热量的设备。在蒸发器中，制冷剂液体在较低的温度下沸腾，形成蒸汽吸收热量。节流阀在制冷系统中既是控制制冷剂流量的调节阀，又是制冷装置的节流阀。它在制冷系统中处于冷凝器和蒸发器之间。制冷剂是在制冷系统中完成制冷循环的工作介质，通过不断产生相态变化而传递热量的物质，用于吸收冷库内的热量。

（3）控制系统

控制系统相当于冷库的大脑，它负责控制制冷系统保证冷量供应，其主要由控制温度和压力的装置组成。其中，温度控制器是用来自动控制冷库温度的一种开关，在氟利昂式制冷系统中应用很普遍。常见的温度控制器主要有温包式温度控制器（控制精度约为±1℃）、电子温度控制器（质量比较好的控温精度可达±0.5℃）。其中高低压压力控制器（压力保护器）用于控制压力讯号，通常是在系统内压力超过设定的上限或低于设定的下限时使压缩机停止工作。高压压力控制器用于制冷压缩机的高压一侧，即排气管道上；低压压力控制器用于制冷压缩机的低压一侧，即回气管道上，它们都用于控制压缩机的运转和停止。

3. 均温式贮藏保鲜库

浙江省农业科学院在机械冷藏库基础上创新研发了均温式贮藏保鲜库（图4-9），用于浆果低温贮藏保鲜。均温式贮藏保鲜库是在普通冷库冷风机下方置一保温隔板，使整个冷库分为上下两层，这样上层空间成为冷源贮藏室，下层为浆果贮藏室，根据生产需要可分别控制两层的温度。在保温隔板上按库体空间的大小开一定数量的圆孔，圆孔上安装小型排风扇，下方安装挡板，挡板与隔板之间留有一定的空隙，且在挡板上均匀分布通气孔（图4-9A）。通过智能控制工作站单独控制每一排风扇的运行，通过挡板与隔板间的空隙，以及挡板上的通气孔，把上层储备的冷空气温和地送到下层贮藏室，从而通过间接取冷的方式达到浆果贮藏所需的温度。控制系统能手动或自动控制预冷机的制冷温度和除霜温度。手动时通过触摸屏启动或停止强制制冷或制热，并能在触摸屏上实时显示制冷温度和除霜温度。自动时通过触摸屏设定制冷温度及其正负偏差、制冷时间、除霜温度、除霜时间，然后开启自动制冷。该库的优点是库内各点温度和波动范围均可控制在±1℃以内。在贮藏过程中不会因温度的波动影响到实验结果，可保证浆果精准贮藏实验的顺利进行。

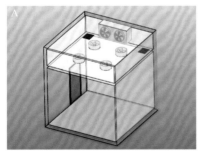

图4-9　均温式贮藏保鲜库结构图（A）及实际效果图（B）

（三）机械冷藏库在浆果贮藏保鲜中的应用

1. 机械冷藏库在蓝莓中的应用

机械冷藏库操作方便且特别适合我国北方地区广泛使用。而蓝莓等小浆果的共同特点是喜冷凉气候条件，并且具有很强的抗寒能力（李亚东等，2011）。低温是蓝莓贮藏保鲜中的关键性因素，因此其适合在冷库中贮藏。蓝莓鲜果需要在 10℃ 下低温贮存，冷藏库适用于蓝莓的长期（3 个月以上）贮藏保鲜。Chu 等（2018）发现将蓝莓置于 4℃ 冷库（相对湿度为 90%），贮藏时间可达 36d。且在 0～5℃ 低温冷库中可使蓝莓果实中的花青素、总酚及总黄酮等抗氧化活性始终维持在相对高的水平（郜海燕等，2013）。

2. 机械冷藏库在草莓中的应用

在常温下，草莓果实一般只能存放 1～3d，因此机械冷藏库是解决草莓长期贮藏的有效方法。草莓适宜的冷藏库温度为 0～0.5℃，相对湿度为 85%～95%。另外采用 –40～–35℃ 温度进行速冻，包装后再置于 –18℃ 低温冷库中贮藏保鲜效果极佳。冷库控制冰点温度贮藏可用于草莓的保鲜。

3. 机械冷藏库在树莓中的应用

低温贮藏可有效地抑制树莓的呼吸作用，从而延长树莓的贮藏保鲜期和鲜食货架期。果实分级好后装入塑料盒，再放入硬质的保鲜箱中，在 0～4℃ 的机械冷藏库中保鲜，可延长保鲜期 4～5d，在 2℃ 条件下，可有 10～15d 的货架期（代汉萍等，2012）。

4. 机械冷藏库在杨梅中的应用

杨梅的呼吸速率是水果中较快的一类，因此低温贮藏对杨梅有显著的保鲜效果，能有效抑制其呼吸作用及抑制微生物的生长。在温度 0～0.5℃，相对湿度为 85%～90% 的条件下，杨梅果实可以贮藏 1～2 周而保持不坏（张跃建等，1991）。而结合保鲜液浸染杨梅果实处理，发现在（4±1）℃ 冷库中贮藏也有一定的保鲜效果，在贮后第 15 天和第 20 天好果率分别为 97.03% 和 90.55%（程晓建等，2009）。在 0～1℃ 条件下，杨梅保鲜期可达到 9～12d。多项研究表明，杨梅在 0℃ 机械冷藏库中贮藏保鲜效果将更明显。

5. 机械冷藏库在桑椹中的应用

低温处理可以延缓桑椹果实衰老并使生理活动降到最低程度。因此，桑椹在机械冷藏库短期贮藏的最佳温度为 0～4℃（龙杰等，2011）。由于桑椹皮薄易破，水分含量极高，易造成腐烂，所以将桑椹快速冻结后进行机械冷藏库贮藏是长期贮藏比较适宜的方法。

不同的浆果贮藏温度不同，每种浆果也都有适合其贮藏的温度范围。一般冷藏库需根据不同品种浆果的贮藏温度进行自动调节库内温度。采用冷藏库冷藏，无法避免浆果在贮藏中存在嗜冷微生物继续繁殖与失水发生萎缩的缺点，因而贮藏时间较短，但这种贮藏方法较方便、简单、成本低，目前仍为主要的贮藏方法之一。

三、气调库

气调库是在机械冷藏库的基础上发展起来的气调贮藏设施。气调库在同一般冷库控制温湿度的基础上还对库内的气体成分进行调节，依据贮藏不同浆果种类的不同要求，

精确调节库内 O_2 和 CO_2 的分压比例。并且目前更是采用了现代化机电控制技术，将先进的自动化控制设备及网络传输技术与传统气调库机电产品相结合，使系统更具有可靠性、经济性、合理性、先进性及远程控制性能的特征。浙江省农业科学院结合低气压多室异压保鲜贮藏试验设备电气控制箱对气调库进行了调节（图 4-10）。近年来，我国气调贮藏发展较快，已有万吨级气调库建成，但还需进一步提高和完善。

气调贮藏是最常用的贮藏方法（蔡卫华，1993），它能大幅度地延长浆果的贮藏期限和最大程度地降低由于微生物和生理病变造成的损失，并在一定程度上保持浆果果品的高质量和营养价值。在气调库内贮藏的水果，出库后先从"休眠"状态"苏醒"，这使水果出库后销售货架期可延长 21～28d，是普通冷藏库的 4～5 倍。

（一）气调库工作原理

气调库（又称 CA 库）是在机械制冷的冷库内，为使库房具有良好的气密性，用镀锌铁皮作为密封层，通过气体发生器和二氧化碳吸附器之间协调工作来调节氧气和二氧化碳气体的含量，使水果贮存在高二氧化碳和低氧气的环境中以达到保鲜效果。

图 4-10 气调库

（二）气调库类型及构造

1. 类型

气调库的种类多种多样。按建筑结构分，有装配式气调库、砖混结构气调库、夹套式气调库、土窑洞气调库等。其中夹套式气调库贮藏空间的隔热和气密要求分别由围护结构与气密层来实现，该空间是一种在普通的冷藏库内，用柔性或刚性的气密材料围起的密闭贮藏空间。其中气密层与库内的墙、顶面保持了一定的间距，其底部伸入专设水槽内。也可以采取其他措施，使气密层与地坪的接缝处密封。而装配式气调库更具现代化特点，它由外围结构、围护结构和地下结构部分组成。

按气调方式分类，可分为普通气调库和机械气调库；有自然降氧气调库和快速降氧气调库；常规气调库一般只控制氧气和二氧化碳，而特殊气调库除控制氧气和二氧化碳外还须控制其他气体。如果按库内气体的压力高低区分，有常压气调库和低压气调库。且常压气调库的库内压力基本维持在大气压力，上下有轻微的波动，而低压气调库内的绝对压力可达 50kPa 以下。

按贮藏的水果种类分，有苹果、梨、猕猴桃、杨梅、蓝莓气调库等，这类气调库因贮藏的水果种类和特性不同，对贮藏温度和气体成分的要求不同，因而对温度的控制和气调设备的配置也不尽相同（张华俊等，2002）。

2. 构造

气调库的建筑构造主要以组合装配为主，主体建筑包括气调贮藏间、预冷间、穿堂、技术走廊、包装挑选间和月台。气调贮藏间一般由库房、制冷系统、气调系统、压力平衡装置系统等组成。简单来说，其由库体结构和压力平衡装置构成。

（1）气调库的库房和制冷系统

气调库的内部构成基本与机械冷藏库相同，但由于气调库的特殊性，在库体气密性方面要求较高。为使库内气体条件稳定，库体要求全封闭不漏气，库门能够严格密封。目前，国内常见的气调库结构形式一般为装配式，适当扩大冷风机的冷却面积、缩小冷风机的传热温度（采用配有双速风机的冷风机尤为重要）及设置加湿装置，均有利于提高库内的相对湿度。

（2）气调系统

气调库的气调系统一般由气体发生系统、气体净化系统、CO_2 净化系统、气体循环系统、气体监测系统组成。如果结合工业电脑或其他形式的控制装置，就可以实现气调系统的自动控制和调节。

1）气体发生系统（调气装备）。利用现成或专门制取的没有活性的对水果的贮藏无坏影响的气体来替换库内的气体，使其达到和维持所需的气体环境条件。由于空气中含氮气量多，成本低，所以气调库气体成分的调节主要利用 N_2 来置换库内的空气，从而获得较低浓度的 O_2。

2）气体净化系统。气体净化系统主要用来清除贮藏环境中因贮藏果实呼吸作用而产生过多的 CO_2 及其他挥发物，如乙烯和芳香酯类等。清除这些气体的方法很多，常用的有吸收法、吸附法、薄膜分离法和燃烧法等。

3）CO_2 净化系统。通常 CO_2 净化系统是通过化学和物理方法净化，根据吸收剂的状态将气体净化系统分为干式和湿式两类。干式净化系统内放置固体吸附剂，在气调库内的气体流经吸附剂周围的孔隙时吸除 CO_2。目前，国外及国内大型气调库普遍使用活性炭吸附法。湿式净化系统主要是喷淋系统，利用 K_2CO_3 溶液与 CO_2 的可逆反应原理来吸除 CO_2。

4）气体循环系统。气调库还应设气体循环系统，其功能是促使库内空气的内部循环，确保贮藏库内各部位气体成分均匀一致。该系统由风机和进出气管道组成。

5）气体监测系统。气调库内气体监测系统主要由一台中央控制计算机实现远距离实时监控，目的是对气调库内的温湿度、氧气、二氧化碳气体进行实时检查、测量和显示，以确定是否符合气调技术指标要求，并进行自动（人工）调节，使之处于最佳气调参数状态。浙江省农业科学院开发了一套保鲜库智能监测调控设备——可编程控制器＋触摸屏模式，实现了人机交互，同时可以实时检测库内湿度及二氧化碳与乙烯等主要气体含量，动态监测浆果的保鲜效果，保证浆果贮藏品质。

（3）压力平衡装置系统

气调库在运行期间会出现微量压力失衡状况，不及时控制失衡情况会对质地偏软的浆果造成损伤。所以库内一般会采用缓冲贮气袋来平衡压力，它的作用就是消除或缓解这种微量压力失衡。当库内压力＞大气压力时，库内部分气体进入缓冲贮气袋；当库内压力＜大气压力时，缓冲贮气袋内的气体便会自动补入。

（三）气调库在浆果贮藏保鲜中的应用

1. 气调库在草莓中的应用

草莓是一种耐高浓度 CO_2 的果品，可于气调库中贮藏。采用合适的 CO_2 浓度环境的气调库贮藏草莓，保鲜期可延长。但如果 CO_2 浓度超过 40%时，草莓会产生异味。

2. 气调库在蓝莓中的应用

通过控制气调库内的 O_2 和 CO_2 浓度，可以抑制蓝莓的呼吸作用和其他代谢活动，以及微生物的生长繁殖，在气调库内增加一定量的 CO_2 浓度可以有效保证蓝莓果实品质（秦世杰等，2015）。高浓度的 CO_2 可显著抑制蓝莓呼吸速率（郑永华，2005）。且 2.5kPa O_2 和 15kPa CO_2 的气调条件可使蓝莓寿命延长两周以上。其中，低温气调库适用于蓝莓等浆果的短期贮藏保鲜（Schotsmans et al.，2007）。

3. 气调库在杨梅中的应用

利用 15%的 CO_2 贮藏环境对杨梅果实进行保藏，结果表明气调贮藏库可以降低发病率，明显延长杨梅保鲜期（可冷藏 21d），并保持较好的生理品质。气调贮藏对抑制杨梅病变有较好的效果，另外高 CO_2 气调或高 O_2 气调都有一定的保鲜效果（蒋巧俊等，2015）。

4. 气调库在树莓中的应用

将树莓放在低温、高 CO_2 和低 O_2 环境气调库内贮藏，可降低其呼吸作用，延长贮藏期。研究表明，气体成分为 1%~3%的 O_2 和 10%~15%的 CO_2，在 0℃温度下可贮藏 10d，且贮藏 20d 后树莓仍可保持较好的品质，同时也延迟了树莓的采后色素形成过程（代汉萍等，2012）。

5. 气调库在桑椹中的应用

在气调库中保持高 O_2 气调环境可以显著降低桑椹的呼吸强度、腐烂指数和失重率，并显著提高其硬度、可溶性固形物含量、总酚物质含量，对采后的桑椹品质具有保持作用，且 O_2 浓度为 100%的处理效果最佳（杨良等，2017）。

采用人工快速降氧的机械气调库贮藏，对浆果贮藏环境的各项参数（温度、湿度、气体成分等）进行调节，具有抑制浆果成熟、降低低温冷害和生理损伤，以及长期保持浆果的色香味与品质的特点，是浆果贮藏保鲜方面的研究热点，其特点是成本高，贮藏期更长。每种浆果的贮藏条件不同，合理应用气调库，调节好小浆果合适的贮藏气体环境，可以使小浆果的贮藏方式增加新的方向（Forney，2009）。然而，小浆果体积小，一般只需采取气调包装和气调箱技术，故气调库在小浆果上的应用还需进一步开发。

第三节　冷链物流装备

一、配送装备

（一）冷藏车

运输生鲜农产品已被广泛认为是食品链的一个重要方面。生鲜食品必须在低温条件下运输，为了让食品在运输过程中依然保持良好的生理活性，保证食品的质量不受到破坏，采用具有保鲜或制冷装备的冷藏车来运送食品，在特定的温度条件下，维持食品的原有状态，延长运输食品的货架期。

冷藏车，一般是指用来运输冷冻或保鲜的货物的封闭式厢式运输车。冷藏汽车是冷藏链物流输送的一个中间环节，同时也是公路运输中容易腐败变质的食物所用的交通工具；基本上也作为短途运输的分配性交通工具（章铺初和郑福麟，2001）。目前，我国冷藏链中最薄弱的环节也是冷藏汽车。我国冷藏汽车按专用设备功能分为保温汽车、冷藏汽车和保鲜汽车（章铺初，2005）。我国冷藏车起步较晚，步入 21 世纪后，我国公路冷藏车需求量逐年上涨，使用冷藏车运输的产品总量的比例也大幅度增长，预测到 2030 年，全球公路货运量将以每年 2.5% 的速度增长。目前，冷藏运输车厢普遍采用聚氨酯硬质泡沫材料作为隔热材料，导热系数为 0.03W/(m·K) 左右（朱进林和谢晶，2013）。由于真空隔热板（vacuum insulation panel，VIP）的热阻是相同厚度的常规绝热材料的 10 倍，其导热系数在 0.003～0.004W/(m·K)，绝热保温效果很好，欧美等国家已经将其应用于节能技术中（孙永才，2011）。

为了便于贮藏及运输且满足不同存储温度要求的货物，冷藏车的保温厢体可根据特殊要求制作成一厢、二厢或三厢，实现冷藏车的温度分区管理，当然，温度分区越多，对冷藏车制冷机组的要求越高。在发达国家，冷藏车的种类已高达 1000 多种，我国现有的冷藏车种类也已经接近 500 种。目前，冷藏车按制冷方式又分为液氮冷藏车、机械式冷藏车、液化天然气（LNG）冷藏车、蓄冷板冷藏车。

液氮冷藏车的制冷部件包括温度控制器、液氮罐和喷嘴。通过控制器设定车厢内的温度，温度传感器将车厢内的实时温度传送回温度控制器，如果实际温度超过预设值，液氮管道上的电磁阀会自动开启，喷嘴喷出的液氮会在车厢内汽化并吸收热量，从而降低车厢内的温度；当温度控制器检测到车厢温度降到设定值时，电磁阀就会自动关闭。液氮冷藏车的优点：制冷机组结构简单，前期的投入成本较低，制冷效率高，无噪声污染。缺点：运营成本高，在运输过程中液氮的供应不及时，而且在进行长途运输时，液氮冷藏车装备的大型液氮罐所占的空间体积较大，减少了有效载货空间，导致运货量下降。

一般长距离运输选用机械式冷藏车。机械式冷藏车的优点：车厢内温度比较均匀而且相对稳定，运输不同的货物可以调节成不同的温度。缺点：前期所需费用较多；机械式制冷机组结构相对复杂，故障率和机组维修成本较高；噪声污染严重；大型冷藏车的制冷效率低，而且需要定期除霜。

LNG 冷藏车是用液化天然气作为燃料，并利用液化天然气汽化吸收冷藏车内热量。对于 LNG 冷藏车，液化天然气既是冷藏车的动力燃料，又是车厢保温的冷量来源。LNG 冷藏车与机械式冷藏车相比，省去了压缩机、冷凝器、蒸发器、节流装置等制冷部件，减少了制冷系统负重，而且使结构简化，降低了成本，噪声小。但是，LNG 冷藏车冷量回收装置与动力系统相连接，维修不便，冷量难以控制。

蓄冷板冷藏车又称冷板冷藏车，是将蓄冷板在冷库中预冷冻结后移至冷藏车中，然后在贮藏或运输途中利用蓄冷板中的共晶冰融化吸收外部热量，使厢体内部温度保持在货物的适宜范围。冷板冷藏车的优点：初期投资及冷藏运行费用低，无噪声污染。缺点：不适用于超长距离运输冻结食品，蓄冷板占据有效容积，冷却速度慢。

目前，冷藏车的应用较为广泛，尤其是在运输生鲜食品及容易腐烂变质的浆果方面。0～12℃的冷藏车适合蓝莓、杨梅、草莓等浆果的运输。在研究预冷和臭氧处理对黑桑椹采后品质的影响时，在基地采摘桑椹之后，迅速预冷，使用 0～12℃的冷藏车运回实验室做进一步处理。冷藏车的使用保障了桑椹的品质，使其处于正常的生理状态，有助于研究实验的开展。在运输中易破损的浆果需要合适的包装箱，箱体和箱盖内壁可设减振层，箱体内设多层储物架，上层储物架与下层浆果之间设海绵缓冲层，箱体长度方向的侧壁内开设吸热槽，吸热槽内嵌置有蓄冷剂袋，箱体宽度方向的侧壁内开设供氧槽，供氧槽内嵌置增氧剂袋，吸热槽和供氧槽内侧设连通箱体内部容置空间的透气通道，蓄冷剂袋和增氧剂袋均为可拆卸式独立包装。这可保障浆果的品质不受外界条件影响。

（二）配送箱

近年来，顺丰优选、京东商城、天猫商城等知名电商纷纷进军鲜活农产品市场，冷链宅配的兴起，实现了农产品从产地到客户的无缝冷链对接，减少了超市、百货商场、实体店采办的中间流通环节，减少了物流中转时间，提升了新鲜农产品的可获得性（谢晶和邱伟强，2013）。据估算，2013～2015 年冷链宅配年复合增速达 80%～120%。保鲜配送环境中温度是保障水果品质的重要因素（韩耀明等，2007）。但就目前来看，开发可控温的浆果宅配配送设备，确保浆果"最后一公里"低温运输，保证浆果品质，降低配送成本等关键问题还有待进一步深入研究。现在市面上常见的配送箱，大多数是使用冰袋冷冻，这一保鲜方式存在很多缺点，如温度不均匀，局部温度过低，温度控制方式过于简单，难以满足浆果保鲜配送的要求（Rahbar and Esfahani，2012）。

半导体制冷（thermoelectric cooling，TEC）又称为热电制冷，是在帕尔贴效应的基础上建立起来的一种人工制冷技术（张奕等，2008）。该技术具有体积小、质量轻、稳定性强等特点，符合果蔬保鲜配送的制冷系统要求。以半导体制冷式果蔬配送箱为研究对象，设计以 AVR 系列 ATmega16 微处理器为核心的控制系统。该控制系统借助 ICCV7 for AVR 开发环境，通过 C 语言编写程序与函数，采集果蔬配送箱的保鲜环境温度与半导体制冷器散热系统水温，控制 TEC 器、风机、水泵等执行设备工作，进行保鲜环境的温度调控和散热系统的高温保护，为半导体制冷式果蔬运输设备控制系统的设计提供依据。

根据 TEC 技术的特点和果蔬配送的要求，陆华忠等（2015）搭建了半导体制冷式果蔬配送箱试验平台。果蔬配送箱试验平台由冷却水箱、水排散热器、风机、水泵、水冷传热模块、TEC 片、聚氨酯保温板、保温箱体、导冷铝板等组成。配送箱箱体长×宽×高为 540mm×240mm×320mm，外覆 20mm 厚的聚氨酯保温材料，内覆热反射膜，箱体侧面中部的壁面上留有矩形凹槽，用以安装半导体制冷器。半导体制冷片（TEC-12706 型）外形尺寸为 40mm×40mm×4mm，额定工作电压为 12V，最大电流为 6A。TEC 片两端分别接导冷铝板和水冷传热模块，热端与水冷传热模块贴合，冷端与导冷铝板连接。冷却水通过水泵驱动，流经水冷传热模块与 TEC 片热端传热换热，经过水排散热器散热后流入水箱中并在水路中循环。散热风机位于水冷散热器前方，采用 12V 直流风机，额定工作电流为 0.5A。当配送箱工作时，风机强制驱动气流循环，气流在导冷铝板处吸收冷能，并导流到果蔬保鲜环境内，与果蔬实现传热后重新经风机流入导冷铝板处，如此实现制冷降温过程。

配送箱在浆果运输中起到了关键作用，王益光等（2003）用冰块蓄冷保鲜杨梅，运输 24h，冰果比为 1∶2 合适；运输 48h，冰果比为 2∶3 合适。王宝刚等（2011）研究出一种新型实用技术——气调保鲜配送箱结合采用高 CO_2 处理技术，研究杨梅运输、冷藏后的品质变化及适宜的 CO_2 处理浓度，为进一步解决杨梅的远途贮藏运输保鲜技术提供理论基础。对照果实直接放入商业用聚苯乙烯泡沫箱（长×宽×高为 52cm×35cm×30cm，厚度为 2cm），同时也加入 4 袋环保冰。杨梅果实处理完后，密封气调箱。将气调箱装入泡沫箱中，并于 2℃冷库贮藏 5h，运输 24h 后置于（0±1）℃冷库贮藏。定期测定箱内气体浓度变化及贮藏品质变化情况。采用外部聚苯乙烯泡沫箱，内部 PVC 小包装盒的方式。内部加冰数量对控制杨梅贮运过程中的温度变化尤其重要，放置 4 袋环保冰可在运输 24h 内达到良好的控温效果。

（三）配送柜

生鲜配送一直是运营商头疼的问题，由于生鲜物品有时效性要求，大部分生鲜供应商采用配送上门方式。配送柜（图 4-11）已走进人们的生活，遍布各大小区，为顾客带来了极大方便。随着科技的发展，生活水平的提高，常温快递柜已经不能满足人们的日常生活需要。冷藏配送柜可解决全程冷链"最后一公里"配送问题，真正实现安全农产品供应商与社区消费者之间的直接冷链供需体系。目前，市场上单独存放浆果的配送柜较少，但浆果容易腐烂，对存放环境的温度、湿度要求较高，不同种类的浆果对温度的要求也不同，有常温、低温、冷冻等不同的保存条件，因此可研制开发多温区配送柜，存放各种类的浆果，满足不同人群的需求。

图 4-11　配送柜

二、蓄冷保温装备

（一）蓄冷材料与装备

物质从固相转变为液相状态时，要吸收大量的热量（放出冷量），即物质的溶解热，也称作物质的潜热，这种在相变时能将冷量储存，在需要时又能将冷量放出来的材料称为蓄冷材料。蓄冷技术是指在物质状态变化过程中，将其中的显热、潜热或化学反应中的反应热进行高密度储存，从而调节和控制环境温度的高新技术。蓄冷技术除大量用于空调领域外，还在冷冻、冷藏领域广泛应用，如蓄冷技术在高温冷库和低温冷库中的应用，以及蓄冷板技术在冷藏保温箱、冷藏车、冷藏船、蓄冷运输箱中的应用。

1. 冷板冷藏车

冷板又称蓄冷板，通过冻结冷板中的共晶盐溶液，使冷板储存冷量，从而进行制冷。将冻结冷板移至冷藏车，在贮藏或运输途中利用冷板储存的冷量，使厢体内部温度保持低温，从而实现冷藏运输。冷板冷藏车运行可靠，车厢内温度稳定，冷板结构简单易于制造，经济性好，且无噪声污染。

2. 小型蓄冷装置

当前冷链物流的发展推动了便携式高效小型蓄冷装置的研发。采用聚氨酯泡沫塑料作为装置外壳，通过不同摆放方式内置蓄冷剂而维持内部温度恒定。蓄冷剂摆放位置及使用量对保温效果影响较大。目前这种小型蓄冷装置已应用于浆果（如杨梅）的物流运输。

（二）保温材料与装备

1. 保温材料

保温材料一般是指导热系数 $\leqslant 0.12$ 的材料。目前保温材料主要分为以下几类：①有机类保温材料,主要有聚氨酯泡沫、聚苯板、酚醛泡沫等。②聚氨酯泡沫塑料保温材料,导热系数为 0.022W/(m·K),抗压强度高、导热系数低、隔音效果好、防振、耐热防腐等,已被广泛应用于冷藏保温。③聚苯乙烯塑料泡沫保温材料,价格低、保温性能好、吸湿率低、抗冲击性能好。

2. 保温装备

蓄冷保温箱是一种绝热密封箱体,配备冰袋或冰盒等蓄冷材料来维持箱内的低温,无需制冷就能实现长时间保冷,完成果蔬的冷链配送(洪乔荻等,2013)。应铁进等(1994)采用聚苯乙烯塑料泡沫板为保温材料,以实物鲜果杨梅为对象模拟实际的运输试验,测试该蓄冷保温箱包装的保温效果。刘翠娜等(2011)利用真空绝热板与聚氨酯泡沫组成复合保温材料,使蓄冷保温箱在保证有效体积的情况下冷负荷降低 15.7%。阚安康等(2007)研制了开孔聚氨酯为真空绝热板芯材,有效将导热系数降低到 10mW/(m·K)以下。陈文朴等(2017)研制了一种甲酸钠低温蓄冷剂,并应用于聚氨酯和复合材料两种蓄冷箱中,发现蓄冷剂用量与保温材料对保冷特性的影响较大。高斯和钱静(2010)从冷链保温包装的结构和材料组成方面进行论述,对冷链保温包装的研发设计和实际应用具有一定的参考意义。宋海燕等(2016)研究填充不同质量的蓄冷材料时,蓄冷保温箱的保冷特性,验证了蓄冷保温箱能达到果蔬运输 2~8℃的温区要求。

保温装备同样可用于浆果的运输。王宝刚等(2011)以'荸荠'杨梅为试材,研究气调保鲜箱对杨梅贮运保鲜效果的影响,从浙江余姚到北京,杨梅在火车运输过程中采用气调箱加冰处理,运输温度可以达到 0~2℃,湿度接近 100%,基本符合鲜果运输要求。该方法在抑制病害发生的同时基本保持了杨梅原有的色泽和口味;使用气调保鲜箱可使杨梅在 0℃下贮藏期达到 14d 以上且仍具有良好的感官品质。该方法对于提高杨梅经济价值、实现远途物流保鲜具有重要的实践意义。

三、智能控制装备

(一)物流环境智能检测装备

在果蔬领域,已有冷链物流环境检测系统整合了先进的 RFID 技术、传感技术、无线网络传输及 GPS 定位功能,解决了冷链运输中环境信息的实时监测和非正常开箱监测问题。冷链运输是密闭系统,在运输途中,如果发生非正常开箱动作,光线的变化会使得系统监测到该动作并上报。冷链物流环境检测系统通过 GPS 实时捕获位置信息,并通过无线网络传输将位置信息上报,从而解决冷链运输中的路线监测问题。物流过程中环境对果蔬类食品,尤其是浆果品质的影响尤为重要,实时监测环境的各项指标信息,有利于更科学地保障物流运输过程中的食品品质。这在杨梅物流运输过程中已有初步研究应用,在高 CO_2 气调箱贮运杨梅过程中,气调箱内温度变化采用温度湿度自动记录仪(RHilog, Escot DLS, New Zealand)全程监控(王宝刚等,2011)。

（二）物流智能追溯系统

在农产品生产过程中化肥和农药任意使用，而管理手段和方式落后，相关农产品检测部门监督力度薄弱，使大量农药残留超标或不符合要求的产品流入市场，严重威胁消费者的饮食安全。在农产品运输过程中信息系统没有在农产品供应链中实时动态更新物流日志，使安全问题无法追溯到源头，因此建立可靠的物流追溯系统，覆盖生产、加工及配送等供应链各环节，对于质量安全监管尤为重要。

食品物流过程中的可追溯性管理是对其进行良好品质控制的关键与基础，全链可追溯性体系已经在全球范围内推广应用。美国于 2002 年通过了《生物反恐法案》，将食品安全提高到国家安全战略高度，提出"实行从农场到餐桌的风险管理"，企业必须建立产品可追溯制度。2002 年 1 月 28 日，欧洲议会和理事会颁布了"里程碑"式的《欧盟食品法》（Regulation 178/2002），三大战略重点之一即构建"农场到餐桌"的全链食品安全溯源体系。在我国，质量安全溯源技术体系已经基本形成，并开始在部分大中城市推广应用，但是技术性能、完善程度尚需改进。

国内针对农产品信息追溯系统的开发还处于起步阶段，传统的农产品追溯系统基于条码技术进行开发，而一维条码尺寸较大，信息存储量小，只能存储英文和数字信息，缺乏容错能力，且易因受污染、磨损而失效，故不适宜在复杂的供应链安全管理中使用（李敏波等，2010）。在一维条码基础上发展起来的二维条码，虽然数据储量增大且具备一定的纠错能力，但二维条码识别对光照环境的要求较高，易受光照、雾气等自然环境影响，且二维条码识别需要人工近距离操作。射频识别技术（radio frequency identification，RFID）是近年来国际上迅速发展起来的一种非接触式自动识别技术（唐任仲等，2014）。相比于传统条码技术，RFID 电子标签信息存储量大，可重复读写数据，能在高温、多雾、高湿等恶劣的农业生产环境下工作，不受光照条件制约，因而该技术更适用于物流追溯系统。在物流追踪与追溯系统中引入射频识别技术，实现了精细化管理，通过该追溯系统，可以即时召回不合格产品，且同时追溯查明不合格的问题源头，满足现代物流"小批量、多品种"流通模式的管理需要。

近年来，由于浆果因自身的营养价值与良好的口感需求量越来越大，对贮运后果品的要求也越来越高，智能物流追踪装备的出现与应用，毋庸置疑地使其效率与品质保证率大幅度提升，这是先进物流技术和装备协同作用的结果。目前，这些智能化物流追踪装备在一些相关领域的应用已经很成熟，但对于浆果，由于其自身独有的特性与其他果蔬不同，相关技术指标还有待完善，应用较少。目前，其在杨梅及鲜食葡萄的贮运过程中已有研究应用，但在其他浆果领域相关的智能物流追踪装备还有待进一步的研究及应用的拓展。

第五章　浆果速冻制品加工技术

第一节　浆果速冻的基本原理

浆果产品在采后依然具有生命体征，可以进行正常的呼吸代谢。速冻能够迅速降低浆果的代谢活动，从而更大程度地维持浆果的新鲜程度和营养成分。目前，浆果的速冻加工技术已经成为一种普遍的浆果贮藏保鲜的加工方法，通过专业的速冻设备，将浆果进行筛选、分级、清洗及速冻一体化操作。速冻是指在-30℃的低温条件下，使浆果通过低温区域，从而迅速使浆果个体中心温度降到-18℃的加工处理方式，该方法的优点是操作工艺简单、经济实用、无污染、无毒害。

一、速冻原理

在速冻过程中，浆果在低温条件下快速降低个体中心温度，浆果中的热量被快速排出，浆果中的大部分水分被快速冻结形成冰晶，并且长期在低温条件下贮藏。浆果在如此低温条件下进行加工和贮藏，有效控制了浆果的生理生化反应，微生物活动和酶活性受到抑制，尤其是一些不耐低温的微生物在冻结温度下无法存活，从而很大程度地防止了腐败及生物化学反应的发生，有利于新鲜浆果的长期保藏。保藏温度一般在-18℃下，通常可以保存 10～12 个月。同时，冻结时的低温还能使催化浆果体内各种生化反应的酶活性受到抑制，降低了速冻浆果体内各种酶促反应的速度，从而延缓了浆果色泽、风味、营养等品质的变化，使产品得以长期保存。

二、浆果冻结

（一）冻结速度

按时间划分，浆果的冻结速度是浆果中心温度从-1℃降到-5℃所需的时间，在 30min 之内为快速，超过 30min 为慢速。按距离划分，通常把单位时间内-5℃的冻结层从浆果表面伸向内部的距离称为冻结速度。根据冻结速度（V，单位 cm/h）的大小，可将冻结分成三类：①快速冻结，V=5～10cm/h；②中速冻结，V=1～5cm/h；③缓慢冻结，V=0.1～1cm/h。

（二）冻结过程

1. 降温

在纯水的冻结过程中，常会出现温度降到冰点（0℃）以下的现象，这种现象也称作过冷现象，即图 5-1 中的 c 点。当温度降低到过冷点的时候（过程 abc），随后温度又上升到冰点时才开始结冰（过程 cd）。过程 de 是指水在平衡的条件下，持续析出冰晶，不断释放大量的固化潜热，在这个过程中，样品温度保持恒定的 0℃。当全部的水被冻结后，样品才以较快的速率降温（过程 ef）。

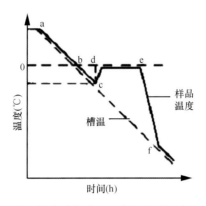

图 5-1　纯水的冻结曲线（孟宪军和乔旭光，2016）

在浆果的冷冻降温过程中，也会出现过冷现象，但这种过冷现象的出现，因冷冻条件和产品性质的不同而有较大差异。并且浆果中的水呈一种溶液状态，其冰点比纯水低，浆果的冰点温度通常在–3.8～0℃，所以其冻结曲线与纯水的冻结曲线有较大差异（图 5-2）。

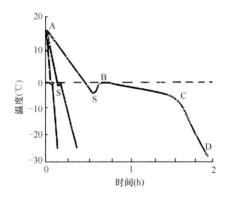

图 5-2　不同冻结速率下浆果的冻结曲线（S 为冰点）（孟宪军和乔旭光，2016）
从左往右，前两条曲线分别代表在 10min 内冻结温度下降到–25℃和 20min 分钟内冻结温度下降到–25℃的速率下，样品的温度变化情况；第三条曲线代表在 2h 内温度下降到–25℃的速率下，样品内温度的变化情况

浆果的冻结曲线（图 5-2）显示了浆果在冻结过程中温度与时间的关系。曲线一般分为三段：初阶段（AS 段）、中阶段（BC 段）、终阶段（CD 段）。

冻结初阶段（AS 段）为降温阶段，即从初温至冰点，这时放出的是"显热"，显热与冻结过程中所释放的总热量相比，其量比较少，故温度下降快，曲线比较陡。冻结中阶段（BC 段）为结晶阶段，此时浆果中大部分水结成冰，由于水被冻结成冰时需要排出大量的潜热，整个浆果冻结过程中释放出的热量大部分在此阶段放出，降温慢、曲线平坦。冻结终阶段（CD 段）是从结成冰后到终温，此阶段放出的热量有一部分是冰的降温所致，一部分是浆果内部剩余水分继续冻结成冰，冰的比热比较小，其曲线会更陡，但由于浆果内部残留的水分冻结成冰所释放出的潜热大，所以曲线不及初阶段陡峭。此阶段冰继续降温，余下的水继续结冰。

在浆果冻结期间，浆果内部温度不断下降至某一温度后会瞬间上升，上升前的温度被称为过冷点，达到过冷点后果实温度保持相对稳定，此温度为冻结点。

2. 结晶

浆果中的水分温度在下降到过冷点之后，又上升到冰点，然后开始由液态变为固态冰晶结构的过程称为结晶。结晶包括两个过程，即晶核的形成和晶体的增长。晶核的形成是指在达到过冷点之后，极少一部分水分子以一定规律结合成颗粒型的微粒，即晶核，它是晶体增长的基础。晶体的增长是指水分子有秩序地结合到晶核上面，使晶体不断增大的过程。

如果水和冰同时存在于0℃条件下，保持温度不变，它们就会处于平衡状态而共存。如果继续排出热量，就会促使水转换成冰而不需要晶核的形成，即在原有的冰晶体上不断增长扩大。如果在开始时只有水而无晶核存在，则需要在晶体增长之前先有晶核的形成，温度必须降到冰点以下形成晶核，而后才有结冰和体积增长。晶核是晶体形成和增长的基础，结冰必须先有晶核的存在，晶核可以是自发形成的，也可以是外加的，其他的物质也能起到晶核的作用，但是它要具有与晶核表面相同的形态，才能使水分子有序地在其表面排列结合。

（三）浆果的冰点

水的冰点是水和冰之间处于平衡状态时的温度，其蒸气压必须相等，它们的蒸气压之和就是冰水混合物的总蒸气压。这种平衡取决于温度的变化，温度降低，总蒸气压也随之降低。在这个平衡系统中，如果水有较高的蒸气压，水就会向形成冰晶体的方向转化。当冰和水处于平衡状态时，若在水中溶解像糖一类的有机溶质，则溶液的蒸气压就会下降，冰的蒸气压将高于水的蒸气压，此时，如果温度维持不变，冰晶体就会融化为水。如果想维持冰的结晶状态，可以降低温度促使冰的蒸气压下降，直至溶液和冰之间再次达到动态平衡，而此时降低后的温度就是溶液浓度的新冰点。溶液的浓度越高，其蒸气压就越低，冰点也就越低。显然，溶液的冰点要低于纯水的冰点。因而浆果原料的冰点也低于纯水的冰点。浆果原料中的水分含量越低，其中无机盐类、糖、酸及其他溶于水中的溶质浓度越高，则开始形成冰晶的温度就越低。各种浆果的成分不尽相同，其冰点也各不相同，如表5-1所示。

表 5-1　部分浆果的冰点温度

产品种类	冰点温度（℃）	
	最高	最低
酸樱桃	−3.38	−3.75
葡萄	−3.29	−4.64
草莓	−0.85	−1.08

注：修改自孟宪军和乔旭光（2016）

（四）水分的冻结率

冻结终了时浆果中水分的冻结量称作冻结率，可以近似地表示为

$$K=100\,(1-t_d/t_s) \tag{5-1}$$

式中，K 表示浆果冻结率（%）；t_d 表示浆果冻结点（℃）；t_s 表示浆果温度（℃）。

冻结率能够反映果实冻结时内部水分形成冰晶的数量，果实结冰率从 0% 达到 80% 的温度区间即最大冰晶生成区。浆果的冻结率与温度、浆果的种类有关，温度越低，浆果冻结率越高，不同种类的浆果即使在相同温度下也有不同的冻结率，如表 5-2 所示。

表 5-2　部分浆果在不同温度下的水分冻结率　　　　　　　　　　（单位：%）

温度	−1℃	−2℃	−3℃	−4℃	−5℃	−6℃	−7℃	−8℃	−9℃	−10℃	−12.5℃	−15℃	−18℃
葡萄	0	0	20	32	41	48	54	58.5	62.5	69	72	75	76
樱桃	0	0	0	20	32	40	47	52	55.5	58	63	67	71

注：修改自孟宪军和乔旭光（2016）

虽然温度需下降到 −65～−55℃，浆果的全部水分才会凝固，但从冻结成本角度考虑，工艺上一般不采用这样的低温。相对而言，浆果的温度在 −30℃ 左右就可以使浆果内部的大部分游离水结晶，在此温度下冻结浆果就可达到冷冻贮藏的要求。

在冻结过程中，多数浆果在 −5～−1℃ 温度，大部分游离水已形成冰晶，一般把这一温度范围称为浆果最大冰晶生成区。

三、冰晶分布

（一）冰晶分布

1. 速冻

速冻是指浆果中的水分在 30min 内通过最大冰晶生成区而结冻。浆果在速冻的条件下，降温速度快，细胞内外的温度同时达到形成晶核的要求，晶核在细胞内外广泛形成，形成的晶核数目多，体积小，水分在许多晶核上结合，冰晶的分布接近于天然浆果中液态水的分布情况。由于晶体在细胞内外广泛分布，数量多而小，细胞均匀受压，基本不会伤害细胞组织，解冻后产品容易恢复到原来的状态，流汁量极少或不流汁，能够较好地保持浆果原有的质量。

2. 缓冻

缓冻是指不符合速冻条件的冷冻。浆果在缓冻条件下，降温速度慢，细胞内外的温度不能同时达到形成晶核的条件，晶核通常在细胞间隙首先出现，形成的晶核数目少，体积大，水分在少数晶核上结合。由于较大的晶体主要分布在细胞间隙中，致使细胞内外受压不均匀，易造成细胞机械损伤和破裂，解冻后，浆果流汁现象严重，质地软烂，浆果质量严重下降。

（二）重结晶

由于温度的变化，浆果反复解冻和再冻结，会导致水分的重结晶。水分的重结晶通常是指当温度升高时冷冻浆果中细小的冰晶体首先融化，而当再次冷冻时水分会结合到较大的冰晶体上，经过反复的解冻和再冷冻，细小的冰晶体减少乃至消失，较大冰晶体变得更大，对浆果细胞和组织造成严重伤害。另一种关于重结晶的解释是当浆果解冻温度上升时，细胞内部的部分水分首先融化并扩散到细胞间隙中，当温度再次下降时，它们会附着并冻结在细胞间隙的冰晶上，使之体积增大。可见，冷冻浆果质量下降的原因，不仅仅是缓冻，还有另外一个因素为重结晶。即使采用速冻方法得到速冻浆果，在贮藏过程中如果温度波动大，同样也会因为重结晶现象造成产品质量劣变。

四、冷冻对浆果的影响

（一）冷冻对浆果组织结构的影响

一般，冷冻导致浆果细胞膜发生变化，即细胞膜透性增加，膨压降低或消失，细胞膜或细胞壁对离子和分子的透性增大，造成一定的细胞损伤。浆果在冷冻时，通常体积膨胀，密度下降4%～6%，所以在包装时，容器要留有空间。另外，缓冻和速冻对浆果组织结构的影响有所不同。与缓冻相比，由于速冻的食品内部冰晶形成的少，而且比较小，因此速冻对食品的破坏较小，可更好地保持其原有的品质、结构及营养。因此，冻藏时选择速冻可有效地保存浆果原有的品质、结构和营养成分。

一般，冷冻造成的浆果组织结构破坏并引起软化流汁的直接原因不是低温，而是由于冰晶形成造成机械损伤，细胞间隙结冰引起细胞脱水，原生质破坏，发生质壁分离，破坏了原生质的胶体性质，同时增加了盐类的浓度，使蛋白质由原生质中盐析出来造成细胞死亡，从而失去对新鲜特性的控制能力。据实验观察，浆果在干冰中速冻，解冻时的流汁现象比在-18℃的空气中冷冻要少得多。

（二）冷冻对浆果化学变化的影响

浆果原料在降温、冻结、冻藏和解冻期间发生色泽、风味和质地的变化会影响产品的质量。通常在-7℃的冻藏温度下，多数微生物会停止生命活动，但原料内部的化学变化并没有停止，甚至在商业性的冷藏温度（-18℃）下仍然发生化学变化。在冻结和冻藏期间常发生影响产品质量的化学变化有不良气味的产生、色素的降解及抗生素的自发氧化等。

不良气味的产生是因为在冻结和冻藏期间，浆果组织中积累的羰基化合物和乙醇等物质产生的挥发性异味。

色素的降解包括两个方面。一方面是浆果本身色素的分解，如花色苷的降解，导致功能成分损失。另一方面是酶的影响，浆果组织中的酚类物质（绿原酸、儿茶酚、儿茶素等）在氧化酶和多酚氧化酶的作用下发生氧化反应。这种反应速度很快，使产品变色变味，影响严重。果胶酶的存在也会使冻藏和解冻后的浆果组织结构发生软化，原因是果胶酶使果胶水解，原果胶变成可溶性果胶，从而导致浆果组织结构分解，质地软化。另外，冻结时细胞内水分外渗，解冻后不能全部被原生质吸收而复原，也是浆果组织软化的一个原因。

冷冻保藏对浆果的营养成分也有影响。冷冻本身对营养成分有保护作用，温度越低，保护程度越高。但是由于原料在冷冻前的一系列处理，如洗涤、去皮、切分、破碎等工序使原料破裂，暴露于空气中，增加了与空气的接触面积，使维生素 C（抗坏血酸）因氧化、水溶而失去营养价值。但这种化学变化在冻藏过程中进行速度缓慢。因而，冷冻前的热处理（抑制酶的活性）及加入抗坏血酸等措施都有保护营养物质的作用。维生素 B_1 对热比较敏感，易受热损失，但在冻藏中损失很少。维生素 B_2 含量在冷冻前的处理过程中有所降低，但在冷冻贮藏中损失不多。另外，冷冻浆果中的维生素 C 常有很大程度的损失。只有在低温并不供给氧气的状况下，维生素 C 含量才比较稳定。

（三）冷冻对浆果中酶活性的影响

酶的活性受温度的影响很大，同时也受 pH 和基质的影响。酶或酶系统的活性在高温 93.3℃ 左右被破坏，而温度降至 –73.3℃ 时还有部分活性存在，因此浆果冷冻对酶的活性主要起抑制作用，温度越低，时间越长，酶失活程度越重。酶活性虽然在冷冻贮藏中显著下降，但是并不说明酶完全失活，在长期冻藏中，酶的作用仍可使浆果变质。当浆果解冻后，随着温度的升高，仍保持活性的酶将重新活跃起来，加速浆果的变质。因此，速冻浆果在解冻后应迅速食用或使用。

研究表明，酶在过冷状况下，其活性常被激发。因此，在速冻以前常采用一些辅助措施破坏或抑制酶的活性，如冷冻以前采用的漂烫处理、浸渍液中添加抗坏血酸或柠檬酸处理等。

浆果原料中加入糖浆对冷冻产品的风味、色泽也有良好的保护作用。糖浆涂布在浆果表面既能阻止其与空气接触，减少氧化机会，又有利于保护浆果中挥发性酯类香气的散失，增加酸性果实的甜味。冷冻加工中常将抗坏血酸和柠檬酸溶于糖浆中来提高其保护效果。

（四）冷冻对微生物的影响

浆果中微生物影响浆果的品质，主要体现在两个方面：一方面是造成产品品质劣变或全部腐烂；另一方面是产生有害物质，危害人体健康。而冷冻处理可以抑制微生物的生长及活动，提高浆果的品质。

低温导致微生物活力减弱的原因：一方面，在较低温度下微生物酶活性下降，当温度降至 –25～–20℃ 时，微生物细胞内所有酶反应几乎完全停止；另一方面，微生物细胞内原生质黏度增加，胶体吸水性下降，蛋白质发生不可逆的凝固变性，同时冰晶体的形成会造成细胞机械性破坏。因而冷冻可以抑制或杀死微生物。浆果冻结时缓冻将导致大量微生物死亡，而速冻则相反。因为缓冻时浆果温度长时间处于 –18～–12℃，易形成少量大粒冰晶体，对细胞产生机械破坏作用，对微生物影响较大。而在速冻条件下，浆果在对细胞威胁较大的温度范围内停留时间甚短，温度迅速下降到 –18℃ 以下，对微生物的影响相对较小。

微生物的活动处处影响浆果原料的品质。例如，在冷冻前，适宜的条件令微生物大量生长繁殖，使浆果原料易被杂菌感染。冷冻的前处理拖的时间愈长，感染愈重。若原料热处理后降温不够充分就直接包装冷冻，那么包装材料会阻碍热的传导，原料中心温度下降更慢，使冷却变得缓慢，而微生物活动会使浆果败坏。致病菌在浆果速冻时随着温度降低其存活率迅速下降，但冻藏中低温的杀伤效应则很慢。如果冷冻和解冻重复进行，对细菌的营养体具有更高的杀伤力，但对浆果的品质也有很大的破坏作用。

五、冷冻介质

浆果速冻常用的介质可以分为两大类：一类是间接接触冷却的制冷剂，如冷盐液、糖液、丙二醇等；一类是蒸发时本身能产生制冷效应的超低制冷剂，如压缩液氮、液氨、二氧化碳、特种氟利昂等，见表 5-3。

表 5-3 常见的制冷剂（孟宪军和乔旭光，2016）

制冷剂	NH_3	N_2	CO_2	N_2O	CCl_2F_2（F_{12}）
相对分子质量	17.03	28.016	44.01	44.02	120.93
沸点（℃）	−33.4	−195.8	−78.5	−89.5	−29.8

（一）液氨

氨具有良好的热传导性，101kPa 下蒸发温度为−33.4℃。氨的汽化潜热大，单位容积产冷量大，因而可以缩小压缩机和其他设备的尺寸。氨几乎不溶于油中，但其吸水性强，可以避免在系统中形成冰塞。氨对黑色金属不腐蚀，若氨中含有水时，对铜及铜合金具有强烈的氧化作用。氨有一种强烈的特殊臭味，对人体器官有害，如空气中（按容积计）含有 1%以上的氨时，就可能发生中毒现象。目前，有些国家为避免氨污染，已经限制使用氨，但氨易得且廉价，使用非常广。

（二）氮

氮为无毒的惰性气体，液氮可取代浆果包装内的空气，能减轻冻结和冻藏时的氧化，同时液氮和浆果不发生化学反应，可以与产品直接接触，冻结效果比较好。液氮的主要优点是常压下蒸发温度低，制冷效果好，速冻时间短，产品质量优，产品脱水率在 1%以下，失重少；冷冻期间可以除氧且冻伤较微；无需预先用其他制冷剂将其冷却，设备简单，使用范围广，可连续化生产；投资费用低，生产率高。但维修费用高和液氮的消耗大是限制使用液氮作制冷剂的主要原因。现在在国外，液氮已成为直接接触冻结浆果的最重要的超低温制冷剂。

（三）二氧化碳

二氧化碳也是常用的超低温制冷剂。常见的冻结方式有两种：一是将−79℃升华的干冰和浆果混合在一起使其冻结；二是在高压条件下将液态二氧化碳喷淋在浆果表面，液态二氧化碳在压力降低的情况下，在-79℃时变成干冰霜。二氧化碳冻结后和液氮冻结后的制品品质相同。同量干冰汽化时吸收的热量为液氮的 2 倍，因而采用液态二氧化碳冻结比液氮冻结要经济一些。但二氧化碳汽化时翻滚较强，容易使脆嫩浆果受损，同时二氧化碳易被产品吸收，如果不除掉它会造成包装膨胀破裂。

（四）氟利昂

氟利昂（F_{12}）是一种对人体生理危害最小的制冷剂，无色、无臭、不燃烧、无爆炸性。在常压下，F_{12} 的沸点为-29.8℃，但 F_{12} 的冻结效果接近于低温冷冻剂。F_{12} 在 535℃ 高温下尚不会分解，只有与水或氧气混合后再加热，才会分解成对人体有害的毒气——光气。F_{12} 在没有水分时，对铜、钢、锡等金属无腐蚀性，相对于液氮、二氧化碳要经济些，近年来在浸渍冷冻方面，尤其是在包装产品方面受到重视。

（五）一氧化二氮

一氧化二氮首先在德国用于浆果冷冻。液态一氧化二氮在常压下的沸点是-89.5℃。该制冷剂在冷冻过程中汽化，然后将其液化再重复使用，但设备和管理费用甚高。

（六）低温介质

常用的低温介质有氯化钠、氯化钙、糖和甘油溶液。这些溶液只有在达到足够的浓度时才能有效地保持在-18℃以下。但这些低温介质本身并不能制冷，只能充当载冷剂，使冷冻产品内部发生能量转换，一般用于与非包装的浆果接触。

第二节　浆果速冻工艺与设备

一、浆果速冻工艺

（一）工艺流程

原料选择→预冷→分级→清洗→整形处理（切分、去皮、去核等）→沥水→速冻→包装→成品。

（二）技术要点

1. 原料选择

速冻浆果的原料应选择未成熟时收获的、成熟度略嫩于供应市场的浆果，选取适宜的种类、品种、成熟度、新鲜度及无病虫的原料进行速冻，速冻原料新鲜，放置或贮藏时间越短越好，这样才能达到理想的速冻效果。

速冻对浆果原料的基本要求：①耐冻藏，一般不宜冷冻后易变味的原料；②富含热不稳定生物成分的浆果适宜速冻。适宜速冻的浆果主要有草莓、樱桃、杨梅、蓝莓等。

2. 原料预冷

原料在采收之后、速冻之前需要进行降温处理，这个过程称为预冷。通过预冷处理降低浆果的田间热和各种生理代谢，防止腐败衰老。预冷的方法包括冷水预冷、冰预冷、冷空气预冷和真空预冷。

3. 原料处理

为了使浆果冻结一致，保持品质，速冻前须对原料进行选剔、分级、洗涤、去皮、切分、沥水等处理。

选剔：去掉有病虫害、机械伤害或品种不纯的原料，再修整外观，使浆果品质一致，做好速冻前的准备。

分级：相同品种的浆果在大小、颜色、成熟度、营养含量等方面都有一定的差别。按不同的等级标准归类，使等级质量一致，优质优价。

洗涤：清洗原料的泥沙、污物、灰尘及残留农药等。

去皮：去皮方法有手工、机械、热烫、碱液、冷冻等，采用哪种方法因原料而异。

切分：切分是通过机械或手工方法，将原料切分成块、片、条、丁、段、丝等形状。切分方法根据食用要求而定。但要做到薄厚均匀，长短一致，规格统一。同时切分后尽量不与钢铁接触，避免变色、变味。

沥水：原料经过冷却、清洗处理后，表面带有较多水分，在冷冻过程中很容易形成冰块，增大产品体积，因此要采取一定方法将水分甩干。沥水的方法有以下两种：①可将原料置于平面载体上晾干；②用离心机或振动筛甩干。

冷却：经热处理后的原料，其中心温度在80℃以上，应立即进行冷却使温度降到5℃以下，避免营养损失。冷却的方法通常有3种：①冰水喷淋；②冷水浸泡；③风冷，即用冷风从不同的角度吹到原料上，以达到降温的目的。前两种方法简便易行，但在喷淋和浸水的过程中会加大原料中可溶性固形物的损失，并且需要再次沥水；而在风冷的过程中同时沥干了水分，减少了沥水环节，很受大家欢迎。

4. 浸糖处理

为保持浆果品质，破坏水果酶活性，防止氧化变色，在整理切分后通常不进行漂烫处理，而是保存在糖液或维生素C溶液中。因为高浓度的糖液具有抗氧化作用，同时糖处理后的果实在冻藏过程中渗透脱水使得自由水含量减少，冰晶的破坏作用随之降低，汁液流失量减少，可以减轻结晶对其内部组织的破坏作用，防止芳香成分的挥发，保持浆果的原有品质及风味。浸糖处理所选的糖浓度一般控制在30%～50%，因浆果种类不同而异，一般用量配比为2份果+1份糖液，需要注意的是糖超量会造成果肉收缩。某些品种的浆果，可在糖液中加入2%食盐水，以钝化氧化酶活性，使浆果外表色泽美观。为了增强护色效果，还常需在糖液中加入0.1%～0.5%维生素C、0.1%～0.5%柠檬酸，其中维生素C和柠檬酸混合使用效果更好（如0.5%左右的柠檬酸和0.02%～0.05%维生素C合用）。为了防止褐变，可采用0.2%～0.4%亚硫酸盐、0.1%～0.2%柠檬酸溶液、0.1%维生素C浸泡处理浆果原料。

5. 速冻

速冻是速冻加工的中心环节，是保证产品质量的关键。一般冻结的速度越快越好，温度越低越好。具体要求：原料在冻结前必须冷透，并且尽量降低速冻物体的中心温度，有条件的可以在冻结前加预冷装置，以保证原料迅速冻结。在冻结过程中，要在最短的时间内以最快的速度通过浆果的最大冰晶生成区（–5～–1℃），避免最大冰晶生成区的温度损害原料组织。工艺上一般要求 30min 内使浆果中心温度达到–18℃，控制冻结温度在–40～–28℃。冻结速度是决定速冻浆果内在品质的一个重要因素，它决定着冰晶的形成、大小及解冻时的流汁量。生产上一般采取冻前充分冷却、沥水，增加浆果的比表面积，降低冷冻介质的温度，提高冷气的对流速度等方法来提高冻结速度。

我国速冻生产厂普遍应用的冻结方法有以下两种。一是采用浆果冷库的低温冻结间，静置冻结。这种方式速度较慢，产品质量得不到保证，不宜广泛推广。二是采用专用冻结装置生产。这种方式冻结速度快，产品质量好，适用于生产各种速冻浆果。但不论采用哪种方式冻结，其产品中心温度均应达到–18℃以下。目前，流态化单体速冻装置在浆果速冻加工中应用最为广泛。

6. 包装

（1）速冻浆果的包装方式

速冻浆果包装的方式主要有普通包装、充气包装和真空包装，下面主要介绍后面两种。

1）充气包装。首先对包装进行抽气，再充入 CO_2 或 N_2 等气体的包装方式。这些气体能防止浆果表面微生物的繁殖，充气量一般在 0.5% 以内。

2）真空包装。抽去包装袋内所有气体并立刻封口的包装方式。该包装方式使袋内气体减少，抑制微生物繁殖，有益于产品质量保持并延长速冻浆果的保藏期。

（2）包装材料的特点

1）耐温性。速冻浆果的包装材料要求耐 100℃沸水 30min，还应能耐低温。包装纸最耐低温，在–40℃条件下仍能保持其柔软特性，其次是铝箔和塑料在–30℃下能保持其柔软性，但是塑料遇超低温时会硬化。

2）透气性。速冻浆果的包装除普通包装外，还有抽气、真空等特种包装，这些包装必须采用透气性低的材料，以保持浆果的特殊香气。

3）耐水性。包装材料还需要防止水分渗透以减少干耗，但由于环境温度的改变，这类不透水的包装材料易在材料上凝结雾珠，使透明度降低。因此在使用时要考虑到环境温度的变化。

4）耐光性。包装材料及印刷颜料要耐光，若外包装的色彩因光照而发生改变，可能会导致商品价值下降。

（3）包装材料的种类

速冻浆果的包装材料按用途可分为内包装（薄膜类）、中包装和外包装材料。内包装材料有聚乙烯、聚丙烯、聚乙烯与玻璃复合或与聚酯复合等材料，中包装材料有涂蜡纸盒、塑料托盘等，外包装材料有瓦楞纸箱等。

1）薄膜包装材料。一般用于内包装，要求耐低温，在-30~-1℃下可保持弹性；能耐 100~110℃高温；无异味、易热封、氧气透过率要低；具有耐油性、印刷性。

2）硬包装材料。一般用于托盘或容器的制作，常用的有聚氯乙烯、聚碳酸酯和聚苯乙烯。

3）纸包装材料。目前速冻浆果包装以塑料类居多，纸包装较少，原因是纸具有防湿性差、阻气性差、不透明等缺点。但纸包装也有明显的优点，如容易回收处理、耐低温极好、印刷性好、包装加工容易、保护性好、价格低、开启容易、遮光性好、安全性高等。

为提高冻结速度和效率，多数浆果宜采用速冻后包装，只有加糖浆和食盐水的浆果在速冻前包装。速冻后包装要求迅速及时，从出速冻间到入冷藏库，力求控制在 15~20min，包装间温度应控制在-5~0℃，以防止产品回软、结块和品质劣变。

7. 冻藏

速冻浆果的贮藏是必不可少的步骤，一般速冻后的成品应立即装箱入库贮藏。国际上公认的最经济的冻藏温度是（-20±2）℃，在此温度条件下可以保证优质的速冻浆果在贮藏中不发生劣变。需要注意的是，冻藏过程中要避免温度变动过大，否则会引起冰晶重排、结霜、表面风干、褐变、变味、组织损伤等品质劣变；还应确保商品的密封性，如发现破袋应立即换袋，以免商品的脱水和氧化；同时应根据不同品种速冻浆果的耐藏性确定最长贮藏时间，以保证产品优质销售。

速冻产品贮藏质量的好坏，主要取决于两个条件：一是低温；二是保持低温的相对稳定。

冻藏期间出现的问题可概括为以下 3 个方面。

1）速冻浆果在冻藏过程中的败坏可以由物理变化引起，主要表现为冰晶成长。由于冻藏室内温度的波动易造成冰的融化和再结晶，使冰晶不断增大而破坏产品的组织结构，影响浆果品质，而且解冻后还易出现流汁现象，所以冻藏期间一定要维持稳定的低温。此外，冷冻产品在冻藏中易出现冰的升华作用，使产品表面失水。在产品表面保持一层冰晶层或采用不透水蒸气的包装材料包装，以及提高相对湿度等措施，则可有效地防止产品失水，避免由于失水造成的表面变色。

2）速冻浆果在冻藏过程中的败坏还与生化反应有关，这些变化主要是由冻藏条件和微生物与酶的作用引起的，特别是酶在长期的冻藏中仍能进行缓慢的变化而造成质量败坏。如蔗糖酶、酯酶、氧化酶等许多酶类能忍受很低的温度。速冻浆果保藏通常采用-18℃，微生物在这样的低温下通常是不能生长活动的，嗜冷性细菌在-10℃下停止生长，致病或腐败菌在-3℃以下就不能活动，因此产品在冻藏期间发生败坏主要是酶的作用。

3）冷冻产品在冻藏期间也出现不同程度的化学变化，如维生素的降解、色素的分解、类脂的氧化及某些化学变化引起的组织软化。这些变化在-18℃下进行的缓慢，而且温度越低变化越缓慢。因而速冻浆果要尽量贮藏在-18℃以下，若温度过高，就有明显的褐变或品质劣变。欧洲有些国家采用更低的贮藏温度是有益的。

8. 解冻与使用

速冻浆果在进行深加工和食用之前，通常要经过解冻处理。解冻是冷冻过程的逆过程，其主要目的是在一定解冻条件下，使得果实内部冰晶融化，恢复到果实冷冻前的状态，以期望能够最大程度地保持果实原有的品质。并且二者速度也有差异，对于非流体浆果来说，解冻比冷冻要缓慢。解冻的温度变化有利于微生物活动和理化变化的加强，而冻结相反。浆果速冻和冻藏并不能杀死所有微生物，其只是抑制了幸存微生物的活动。在解冻过程中，如果解冻方式不适宜，会给果实品质带来由物理、化学变化所引起的无法恢复的不良后果，如色泽改变、质地软化、营养物质流失等。因此，速冻浆果应在食用之前解冻，而不宜过早解冻，且解冻之后应立即食用，不宜在室温下长时间放置。否则会由于"流汁"等现象的发生而导致微生物生长繁殖，造成浆果败坏。同时冷冻水果解冻的速度对产品的色泽和风味也有所影响，解冻速度越快，影响越小。

现如今，有专门设备进行速冻浆果的解冻，按供热方式不同，可分为以下两种：一种是外面的介质（如空气、水等）经浆果表面向内部传递热量；另一种是从内部向外传热，如高频和微波。按热交换形式不同，又分为空气解冻法、水或盐水解冻法、冰水混合解冻法、加热金属板解冻法、低频电流解冻法、高频和微波解冻法及多种方式的组合解冻法等。其中，空气解冻法有 3 种情况：0～4℃空气中缓慢解冻；15～20℃空气中迅速解冻和 25～40℃空气-蒸汽混合介质中快速解冻。高频和微波解冻是大部分浆果理想的解冻方法，因为此法升温迅速，且从内部向外传热，解冻迅速而又均匀，但用此法解冻的产品必须组织成分均匀一致，才能取得良好的效果。如果浆果内部组织成分复杂，吸收射频能力不一致，就会造成局部的损害。速冻果品一般在解冻后不需要经过热处理就可直接食用，如有些冷冻的浆果类。而用于果糕、果冻、果酱或蜜饯生产的浆果，经解冻处理后，还需经过一定的热处理，解冻后其果胶含量和质量并没有很大损失，仍能保持产品的品质和食用价值。

解冻过程中应注意以下两个问题：①速冻浆果的解冻是食用（使用）前的一个步骤，要求完全解冻方可食用，而且不能加热，不可放置时间过长；②一般希望速冻浆果缓慢解冻，这样细胞内最后结冰的高浓度溶液先开始解冻，在渗透压作用下，果实组织吸收水分恢复为原状，使产品质地和松脆度得以维持。但解冻不能过慢，否则会使微生物滋生，有时还会发生氧化反应，造成浆果中营养成分损失。

二、浆果速冻设备

（一）间接接触冻结装置

1. 平板式冻结装置

平板式冻结装置的主体是一组作为蒸发器的空心平板，其工作原理是将冻结的浆果放在两个相邻的平板间，平板与制冷剂管道相连，借助油压系统使平板与浆果接触。生产上使用的平板式冻结装置主要有以下几种类型：间歇式接触冻结装置、半自动接触冻结装置、全自动平板冻结装置。

2. 回转式冻结装置

回转式冻结装置是一种新型的间接接触式冻结装置，也是一种连续式冻结装置。其主体是一个由不锈钢制成的回转筒，回转筒外壁为冷表面，内壁间空隙供制冷剂直接蒸发或供载冷剂流过换热，其中制冷剂或载冷剂由空心轴一端输入筒内，从另一端排除。冻品呈散开状由入口被送到回转筒的表面，由于回转筒表面温度很低，浆果立即黏在上面，进料传送带再给冻品稍施加压力，使其与回转筒表面接触得更好。冻结浆果转到刮刀处被刮下，刮下的产品由传送带输送到包装生产线（图5-3）。回转筒的转速可以根据冻结浆果所需的时间进行调节。转筒回转一周就可以完成浆果的冻结。制冷剂一般可选用氨、R-22或共沸制冷剂，载冷剂通常可选用盐水、乙二醇。该装置的特点：结构紧凑，占地面积小；冻结速度快，干耗小；连续冻结生产率高。

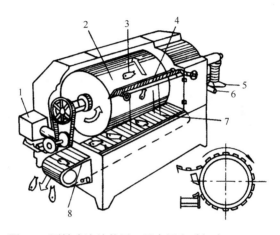

图 5-3　回转式冻结装置（孟宪军和乔旭光，2016）

1. 电动机；2. 滚筒冷却器；3. 进料口；4、7. 刮刀；5. 盐水入口；6. 盐水出口；8. 出料传送带

3. 钢带式冻结装置

钢带式冻结装置的主体是钢质传送带（图5-4）。传送带由不锈钢制成，在带下喷盐水，或使钢带滑过固定的冷却面（蒸发器）使浆果降温，同时，浆果上部装有风机，用

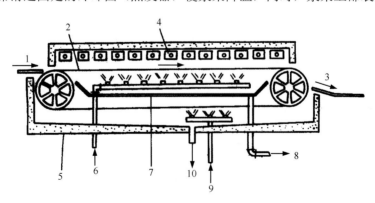

图 5-4　钢带式冻结装置（孟宪军和乔旭光，2016）

1. 进料口；2. 钢质传送带；3. 出料口；4. 空气冷却器；5. 隔热外壳；6. 盐水入口；7. 盐水收集器；
8. 盐水出口；9. 洗涤水入口；10. 洗涤水出口

冷风补充冷量，冷风的方向可根据需要进行调节。传送带移动速度可根据冻结时间进行调节。钢带式冻结装置的特点：连续流动运行；干耗较小；能在几种不同的温度区域操作；与平板式和回转式冻结装置相比，其结构简单，操作方便，改变带长和带速可大幅度地调节产量。

4. 隧道式鼓风冷冻机

隧道式鼓风冷冻机主要采用的是空气冻结法的原理（图 5-5）。

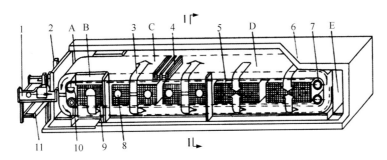

图 5-5　LBH31.5 型带式隧道冻结装置（德国）（孟宪军和乔旭光，2016）

1. 装卸设备；2. 除霜装置；3. 空气流动方向；4. 冻结盘；5. 板式蒸发器；6. 隔热外壳；7. 转向装置；
8. 轴流风机；9. 光管蒸发器；10. 液压传动机构；11. 冻结块输送带。
A. 驱动室；B. 水分分离室；C、D. 冻结间；E. 旁路

生产上采用的隧道式鼓风冷冻机，是一个狭长形的、墙壁有隔热装置的通道。冷空气在隧道中循环，待冻结的浆果铺放于筛盘中，筛盘以一定的速度通过隧道。隧道式鼓风冷冻机的内部装置各有不同，因此隧道内冷风的流动方向不同。通常，隧道式鼓风冷冻机采用的吹风温度为 –37～–18℃，风速为 30～1000m/min，可随产品特性、颗粒大小而进行调整。另外在隧道两侧装置液态氨管道，控制制冷剂与接触产品的空气之间保持较小的温差，保持穿流的空气有较高的湿度。一般将通道温度分为 3～6 个阶段，以不同的温度进行冷冻，从而逐步降低温度，减少产品失水。隧道式鼓风冷冻机的缺点是失水较多，在短时间内能失去大量水。如果采用包装等工艺阻止水分蒸发，则不利于热的传导，使产品内部温度升高，造成质量败坏。

5. 流态化冻结装置

流态化冻结法也称流动冷冻法，属于空气冻结法的一种。流态化冻结就是使置于筛网上的颗粒状、片状或块状浆果，在一定流速的自下而上的低温空气作用下使浆果像流体一样运动，形成类似沸腾的状态，并在运动中被快速冻结的过程。其流态化原理如图 5-6 所示。

当冷气流自下而上地穿过浆果床层而流速较低时，浆果颗粒处于静止状态，随着气流流速的增加，浆果层开始松动（图 5-6）。当压力差达到一定程度时，浆果的部分颗粒悬浮向上，造成床层膨胀，空隙率增大，即开始进入流化状态。当气流流速进一步提高，床层的均匀和平稳状态受到破坏，流化床层中形成沟道，一部分空气沿沟道流动，使床层两侧的压力降低到流态化开始阶段（图 5-6），使浆果颗粒呈时上时下、无规则的运动，

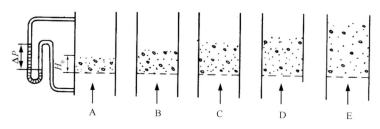

图 5-6　流化床结构与气流速度的关系（孟宪军和乔旭光，2016）

A. 固定床；B. 松动层；C. 流态化开始；D. 流态化展开；E. 输送床。ΔP 为最大压力差，也称临界压力；H_0 为物料高度

就像液体沸腾的形式，从而增加了浆果颗粒与冷气流的接触面积，达到快速冷冻的目的。冷冻时气流速度至少在 375m/min，空气的温度为−34℃。浆果流态化冻结装置属于强烈吹风快速冻结装置，该方法的优点是传热效率高，冻结速率快，产品失重率低。而同时，该方法更适合体积小、颗粒均匀的物料。目前，生产上主要使用的是带式流态化冻结装置（图 5-7）。

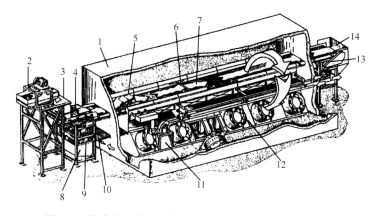

图 5-7　带式流态化冻结装置（孟宪军和乔旭光，2016）

1. 隔热层；2. 脱水振荡器；3. 计量漏斗；4. 变速进料带；5. "松散相"区；6. 匀料棒；7. "稠密相"区；
8～10. 传送带清洗、干燥装置；11. 离心风机；12. 轴流风机；13. 传送带变速驱动装置；14. 出料口

（二）直接接触冻结装置

1. 浸渍式冻结装置

浸渍冷冻法是将产品直接浸在冷冻液（−40～−10℃）中进行冻结的方法。常用的载冷剂有盐水、糖溶液和丙三醇等。浸渍冷冻有着不可比拟的优势就是，它是最快速的冻结技术之一，因为液体是热的良好传导介质，液体介质传热系数是空气传热系数的 20 倍以上，在浸渍冷冻中它与产品直接接触，接触面积大，能提高热交换效率，使产品散热快，冷冻迅速。浸渍式冻结装置可以进行连续自动化生产。

2. 深低温冻结装置

深低温冷冻法是一种在制冷剂状态改变时进行迅速冷冻的方法。例如，当制冷剂由液态转变为气态时，吸收热量，使周围温度降低，从而达到冷冻浆果的目的。低温制冷剂一般都具有很低的沸点，通常选用的制冷剂有液态氮、二氧化碳、一氧化氮和 F_{12}，

其中 F_{12} 由于沸点不够低，因此不能称作低温制冷剂，但它的冷冻液效果与其他低温制冷剂相近。这种冷冻法的冷冻速度远远超过了传统的鼓风冷冻法和板式冷冻法，并且冻结速度更快。目前应用较多的制冷剂是液态氮和二氧化碳。

深低温液态氮冻结装置的冷冻室分为预冷区（A）、冻结区（B）和均温区（C）三部分，浆果产品由传送带首先运到 A 室中，与较冷的气态氮相遇，冷气态氮运动方向与产品运动方向相反，产品在前进途中不断接触到冷空气而使温度降低，接下来由传送带携带到 B 室（图 5-8）。B 室的制冷剂通常为液氮，由上向下喷淋在产品上，这时会产生极冷的气化氮与产品接触，使产品的冻结温度均匀一致，而后浆果产品又由传送带带入 C 室，再由末端卸出，完成了冷冻。这种冷冻方法冻结速度快，5cm 厚以下的产品经过 10～30min 的冻结处理，产品表面温度可达–30℃，中心温度可达–20℃。同时，经过该方法冻结得到的产品脱水率在 1% 以下，失重小；更好地保持了产品原有的性质，且设备简单，使用范围广，生产效率高，适合连续操作。但缺点是液氮的消耗和费用较高。

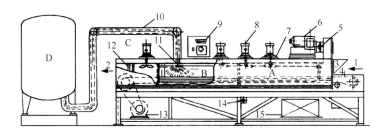

图 5-8　日本 4150 型液态氮冻结装置（孟宪军和乔旭光，2016）

1. 原料进口；2. 原料出口；3、12. 硅橡胶幕帘；4. 不锈钢丝网传送带；5. T 形碟形阀；6. 排气风机；7. 硅橡胶密封垫；8. 搅拌风机；9. 温度指示计；10. 隔热管道；11. 喷嘴；13. 无级变速器；14. 电流开关；15. 控制盘。A. 预冷区；B. 冻结区；C. 均温区；D. 液氮贮罐

而当低温制冷剂为 CO_2 时，液态 CO_2 喷淋在浆果表面，由于在常压条件下，CO_2 不能以液态形式存在，所以会直接变成蒸汽和干冰，而蒸汽和干冰的温度均可以达到–78.5℃，使产品迅速冻结。但是浆果通常柔嫩多汁，皮薄易破，所以当制冷剂选择为 CO_2 时，对于浆果类产品而言，容易使表面受到破坏。另外，还有一部分 CO_2 容易被产品吸收，则会使产品体积增大，因此对于包装产品也会使包装膨胀造成破裂。

第三节　浆果速冻常见质量问题及工艺控制

一、浆果速冻常见质量问题

（一）外观的改变

1. 大小的改变

纯水由 0℃ 降温至冻结后，其体积会增加约 9%，食品物料中含有水，因此食品物料在冻结后也会发生一定的体积膨胀，但其膨胀程度与物料含水量及物料本身的特性有着重要的关系。

食品中水分含量的多少直接影响冻结后食品的膨胀程度，是导致物料体积变化的主要原因。相比之下，水分含量越少的浆果，在冻结后，体积的膨胀程度越小。由于冰晶在形成的过程中，体积膨胀变大，因此，浆果细胞中如果含有空气存在，那么冰晶形成时则会占用有更多空气的空间，从而使食品本身从外观上看膨胀程度很小。

2. 颜色的改变

食品物料尤其是浆果产品，由于含有丰富的花色素成分，其颜色丰富多彩，色泽诱人。但是花色素成分稳定性差，在受热、酸及金属离子存在下会发生降解，致使原有色泽变差，严重影响感官品质。

浆果产品在冻藏或是冷冻后发生颜色的改变主要有两个原因：一个是色素成分的降解，另外一个则是褐变的发生。在冻藏过程中，如果温度下降缓慢，则在长期的冻藏过程中色素成分也会发生降解，最终导致颜色的变化。另外，虽然酶促褐变更多地容易发生在蔬菜中，但浆果中也会有部分酶促褐变的发生，除此之外，其他褐变如美拉德反应，这个反应可以通过一系列中间体（配糖体、紫外光吸收物质、荧光物质）的聚合反应而产生褐色的类黑精，也会发生在浆果产品中。

（二）营养成分及味道的改变

浆果中营养物质非常丰富，除了上面提到过的花色素类物质，还含有丰富的维生素、可溶性糖、酚类物质、可滴定酸等，这些物质在冻结过程中的变化能够影响速冻浆果的营养价值，同时酸度和糖度的变化也直接影响了浆果的风味。通常，浆果在冻藏后，甜度降低，酸度上升，维生素损失率降低。

（三）香气物质的改变

浆果尤其是草莓等，香气成分含量高，气味芳香，具有浓郁的果香味。研究表明，新鲜草莓中含有 30 余种芳香类物质，主要分为四大类：醛类、酯类、醇类和酮类。不同品种的草莓各类芳香物质的含量不同。在速冻之后，草莓中的四大类芳香物质具有显著的变化。总体来讲，经过速冻后，草莓中的醛类物质显著增加，酯类物质显著降低，醇类和酮类物质显著增加。综合来讲，速冻后，草莓的香气成分含量降低，这主要是由于速冻后，草莓的细胞结构遭到破坏，香气物质与细胞间的结合能力降低。

（四）其他改变

在冻藏过程中食品物料还会发生一些其他的变化，如 pH、口感、质构等变化。pH 的变化一般是物料的成熟部分和未冻结部分溶质的浓缩导致的。其变化程度和速度通常与物料的缓冲能力、所含盐的组成、蛋白质和盐的相互作用、酶及贮藏温度有关，但 pH 的变化所引起的质量变化并不明显。

二、浆果速冻工艺控制

浆果冻结前后，无论是物理变化还是化学变化的发生，都与冻结工艺有着直接的关系。浆果在采收后，依然保持着生命体征，还会正常进行代谢活动，而这种代谢活动直接影响浆果采后贮藏期的品质。速冻则是使其失去正常生命代谢活动的主要方式。在冻结前后，影响浆果品质的因素很多。

通常，浆果的采收时期是关乎浆果品质的重要因素，而冻结速率和冻结温度是直接影响浆果冻藏效果的重要因素。浆果因种类、品种、成分和成熟度的不同，其冻结温度也不同。通常，浆果柔嫩多汁、营养成分丰富但敏感，因此其冻结点较低，需要较低的冻结与冻藏温度。浆果视品种的不同，在冻结前的预处理对降低冻结、冻藏过程对浆果品质的影响非常重要。果蔬冻藏过程中的温度愈低，对浆果品质的保持效果愈好，有利于缩短解冻后的浆果与新鲜物料的品质差距。

第四节　常见浆果速冻制品的生产实例

一、速冻杨梅

杨梅营养价值高，是天然的绿色保健食品。据测定，优质杨梅果肉的含糖量为 12%～13%，含酸量为 0.5%～1.1%，富含纤维素、矿质元素、维生素和一定量的蛋白质、脂肪、果胶及 8 种对人体有益的氨基酸，其果实中钙、磷、铁含量要高出其他水果 10 多倍。

（一）工艺流程

原料采收→整理→洗涤→浸盐水→漂洗→分级→检验→沥水→冻结→称重→包装→冷藏。

（二）工艺要求

1. 原料要求

选用'荸荠'杨梅，色泽呈紫红色或紫黑色、成熟适度、新鲜饱满、单果重和横径符合产品的要求。采摘后应及时加工，不能及时加工的需贮藏在温度为 1～2℃，相对湿度为 85%～90%的库内，不超过 3d。

2. 整理与清洗

摘除果梗，剔除成熟度不足、畸形、腐烂、有病虫及机械损伤的杨梅，然后置于流动水槽内，用清水洗去泥沙和杂质。

3. 驱虫和漂洗

将杨梅浸没在 5%的食盐水中 10～15s，以除去果上小虫，然后经二道清水漂洗，去除盐水及附在杨梅表面的小虫及其他杂质。

4. 分级和检验

经过漂洗后的杨梅，按产品要求分级和检验。

5. 快速冻结

冷冻机网带上室温控制在–35～–32℃，冻结时间为 10～15min，冻结后杨梅中心温度达到–18℃以下。

6. 包装和贮藏

冻结后成品在冷间迅速灌袋、称重、封口，并立即将冻制品送入–20～–18℃的低温库中冷藏。

二、速冻草莓

（一）原料的处理

选择果实形态端正，大小接近，成熟度及色泽较一致，且籽少、无中空的草莓鲜果作为加工原料。

（二）清洗消毒

以上原料置于大水池中清洗，不断换水冲洗以除去泥沙、叶片等碎屑。随即将清洗果置于0.05%～0.1%的高锰酸钾水溶液中浸泡、洗涤 8～10min，再次转入清水池中用清水冲洗 2～3 次，直至清洗液不呈现蓝紫色为宜。人工除去鲜果上的果柄、萼片，注意不要弄破果皮，并捡除烂果、病虫危害果等不符合标准的果实，再用清水漂洗一次。

（三）沥水称重

将经过洗涤消毒的果实捞起，沥水后称重。

（四）调糖装盘

如果草莓酸味较重，甜度不足，通常要加入草莓净重30%～50%的白砂糖浸渍。也可按鲜果与糖为 3∶1 的比例加入白砂糖，均匀撒在果面，搅拌均匀后即可装盘。

（五）速冻包装

装好盘后，应立即送入低温冷库速冻。速冻温度为–40～–37℃，冻结时间为 30～40min，直至果心温度为–18～–16℃。如果在 40min 以内，达不到所需低温，要调整速冻间装盘的层数，或每盘内的数量。

为了保证制品质量，冷冻必须在尽可能短的时间内完成。速冻完成后，将草莓移至–5～0℃的冷却间，倒在干净工作台上，使草莓逐个分开。分别装入专用塑料袋中，用封口机封实，再装入纸箱中，并用胶带密封。

（六）冷藏

包装后的草莓，应立即送入室温–20～–18℃、湿度为95%～100%的冷藏室中贮藏。速冻草莓严禁与其他有挥发性气味的冷藏品混藏，以免串味。

第六章　浆果果汁制品加工技术

第一节　浆果果汁的分类

根据《饮料通则》(GB 10789—2015)，果蔬汁类及其饮料主要分为果蔬汁(浆)、浓缩果蔬汁(浆)及果蔬汁(浆)类饮料。另外，还有果肉饮料、发酵果蔬汁、水果饮料。

一、按照工艺和状态分类

果汁按照工艺和状态，分为天然果汁(浆)、浓缩果汁(浆)、果饴(糖浆果汁)、果汁粉4类。

(一)天然果汁(浆)

天然果汁(浆)是指采用物理方法将水果加工制成可发酵但未发酵的汁(浆)；或在浓缩果汁(浆)中加入浓缩时失去的等量的水，复原而成的制品，具有原果汁(浆)的色泽、风味和可溶性固形物含量(杨清香和于艳琴，2010)。天然果汁(浆)以提供维生素、矿物质、膳食纤维为主，其营养成分易被人体吸收，其成分接近天然水果，也是很好的婴幼儿食品和保健食品(单杨，2010)。

(二)浓缩果汁(浆)

浓缩果汁(浆)是指采用物理方法从原果汁(浆)中除去一定比例的天然水分后所得的果汁(浆)制品，加水复原后具有原果汁(浆)应有的特征。浓缩倍数一般为3~6倍(陈锦平，1990)。

(三)果饴(糖浆果汁)

果饴(糖浆果汁)一般为水果制品，是在原果汁(浆)中加入多量食糖或在糖浆中加入一定比例的果汁配制而成的产品，一般高糖，也有高酸的。果饴(糖浆果汁)通常分为可溶性固形物45%和60%两种。

(四)果汁粉

果汁粉是浓缩果汁通过喷雾干燥制成的脱水干燥产品，含水量在3%左右。

二、按照果汁透明度分类

按照果汁的透明程度，可将果汁分为透明果汁和混浊果汁。

（一）透明果汁

透明果汁又称澄清果汁，是指体系中不含悬浮物质，外观呈清亮透明状态的果汁，如杨梅汁等。

（二）混浊果汁

混浊果汁又称不澄清果汁，带有悬浮的细小颗粒，颗粒不溶于水，大部分都悬浮于果汁中（陈学平，1995）。由于混浊果汁更大程度地保留了水果的原有物质，因此，风味、色泽和营养价值都较澄清果汁好。

三、按照原料品种分类

按照原料品种的不同，浆果果汁还可直接根据原料进行分类，如蓝莓汁、杨梅汁、草莓汁、树莓汁等（孟宪军等，2012）。

第二节　浆果制汁的基本设备

浆果原料榨汁方式根据自身的质地、组织结构和生产的果汁类型进行选择。直接压榨法、浸提压榨法、打浆法是食品原料常见的 3 种榨汁方式。

（一）直接压榨法

直接压榨法适用于大多数汁液含量高、压榨易出汁的果品原料，如蓝莓、树莓等。直接压榨法取汁的效果取决于果品原料的质地、品种和成熟度等（尹明安，2010）。

压榨用的榨汁机有多种类型，一般分为间歇式和连续式两类。间歇式榨汁机的典型代表是水平室式榨汁机和裹包式榨汁机，其动力源为液压加压，果浆加入到室中或布袋中，间歇式操作，劳动强度大，其优点是得到的果汁中果肉及纤维等杂质少，汁液比较清，出汁率高，适用于澄清果汁的生产（赵晴，翟玮玮，2004）。连续式榨汁机的典型代表是螺旋榨汁机（图 6-1），其动力源是电动螺杆机械推动，可实现连续进料，连续出

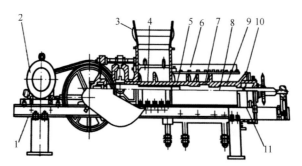

图 6-1　螺旋榨汁机示意图（孟宪军和乔旭光，2016）

1. 机架；2. 电动机；3. 进料斗；4. 外空心轴；5. 第一辊棒；6. 冲孔滚筒；
7. 第二辊棒；8. 内空心轴；9. 冲孔套筒；10. 锥形阀；11. 排出管

汁，劳动强度较小，但是其获得的汁液较混浊，出汁率偏低，适用于混浊果汁的生产。带式榨汁机综合了杠杆式榨汁机和螺旋榨汁机的优点，既能连续操作又具有较高的出汁率，汁液较清，生产效率高。其工作原理是利用两条绷紧的环状网带夹持果浆后，绕过多级直径不等的榨辊，致使缠绕在榨辊上的外层网带对果浆产生压榨力，从而使得果汁穿过网带而排出（图 6-2）。

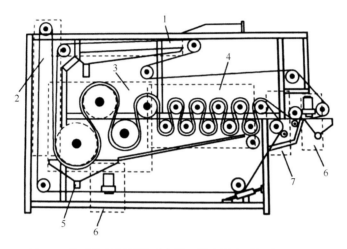

图 6-2　带式榨汁机压榨示意图（孟宪军和乔旭光，2016）

1. 预提区；2. 楔形区；3. 低压榨汁区；4. 高压榨汁区；5. 出汁口；6. 网带清洗区；7. 排渣区

（二）浸提压榨法

浸提压榨法适用于含水量较低的水果或是果胶、果肉含量较高的水果。浸提时将果品原料进行碾压破碎，加入适量的水，在 70～95℃ 条件下软化浸提 30～60min，浸提一般在夹层锅中进行。浸提结束后，用榨汁机压榨取汁，一般进行 2～3 次浸提。

（三）打浆法

打浆法主要适用于组织柔软、果肉含量高、胶体物质含量丰富的果品原料，打浆是生产带肉果汁或混浊果汁的必要工序，如草莓等（倪元颖，1999）。打浆机多数为刮板式，中间为带有浆叶的刮板，下部为网筛，孔径根据果浆泥的要求可以改变，一般为 1～3mm。果品原料由进料口进入机内，送料浆叶将物料螺旋输送至刮板处，物料被捣烂。由于离心力的存在，物料中的汁液和肉质（已成浆状）通过圆筒筛上的筛孔进入打浆，果核则由出渣浆叶排出出渣口，从而实现浆渣自动分离（图 6-3）。

果浆泥破碎度、压榨层厚度、压榨时间、挤压压力、物料温度、纤维质含量等是影响榨汁效果的主要因素。为提高榨汁效果，通常向果浆泥中加入纤维类物质，改善其组织结构，缩短压榨时间，提高出汁率，此类物质成为榨汁助剂。早期的榨汁助剂一般为干树枝和稻草，近几年逐渐用稻糠、硅藻土、木纤维等，添加量为 2%～8%。

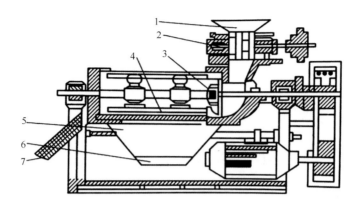

图6-3 打浆机结构示意图（孟宪军和乔旭光，2016）

1. 进料斗；2. 切碎刀；3. 螺旋推进器；4. 破碎桨叶；5. 圆筒筛；6. 出料斗；7. 出渣斗

第三节 浆果果汁生产工艺与设备

目前，世界上生产的果汁饮料根据工艺大致分四大类：澄清果汁（defecated juice）、混浊果汁（cloudy juice）、浓缩果汁（concentrated juice）和果浆汁（nectar）。果汁生产需要预煮和打浆，其他过程与混浊果汁相同（杜朋，1992）。

澄清果汁、混浊果汁和浓缩果汁三类果汁的生产工艺流程如图6-4所示。

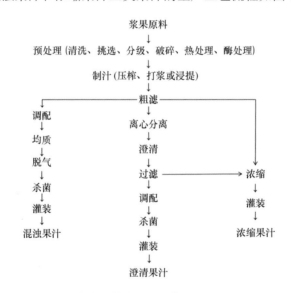

图6-4 果汁生产工艺流程（孟宪军和乔旭光，2016）

（一）原料选择

优质水果原料是生产优质果汁的基本保障。用于果汁加工的原料要新鲜、无霉变和腐烂。果汁加工对果形大小和形状无严格要求，但对成熟度要求比较严格，未成熟或过熟的果品均不适合进行果汁加工（董全，2007）。

1. 果汁加工对原料种类和品种的要求

果汁加工对原料种类和品种的要求如下。

1）具有该品种典型的鲜艳色泽，且在加工中色素稳定。

2）具有该品种典型而浓郁的香气，且香气在加工中最好能保持稳定。

3）在加工过程中保存率高且营养丰富。

4）具有适宜的糖酸比，一般用于加工果汁的果实糖酸比在（15～25）：1 为宜，果实含糖量一般在 10%～16%。

5）适宜的硬度，硬度太大取汁困难，太小不利于出汁。

6）杂质成分含量低。

2. 浆果类加工原料及预处理过程

多数浆果类水果适合加工果汁。草莓主要加工品种有'静宝''硕露''红丰''三星''达斯莱克特''全明星'等，四季草莓和野生草莓因风味浓郁也可以用来加工果汁。蓝莓在东北、华北地区得到广泛栽培，主栽品种'美登''斯卫克''北春''圣云'等均具有较好的加工价值，是良好的果汁加工原料（董绍华，1994）。树莓栽培较多的品种有'红宝玉''丰满红''托乐米''红莓中林 39 号''红宝达''红宝珠'等，这些品种都适宜加工果汁。

预处理包括清洗、挑选、分级、破碎、热处理和酶处理等环节。

（1）清洗

清洗是减少泥土等杂质污染、微生物污染和农药残留的重要措施。尤其对于果皮较难清洗的果品，清洗更是至关重要的步骤。通常，清洗前一般先浸泡，再喷淋或流水冲洗。不同的果品可以根据自身特点进行清洗，对于农药残留较多的果品，清洗时可适当加入稀盐酸溶液或脂肪洗涤剂进行处理，然后清水冲洗。对于微生物污染较多的果品，可用一定浓度的漂白粉或高锰酸钾溶液浸泡，再用清水冲洗。此外，还应注意清洗用水的清洁，不用重复的循环水。

通常，清洗是在清洗机上进行的，不同果品适用于不同的清洗方式和不同的果蔬清洗机。①浸洗式。浸洗式即浸泡清洗，适用于大多数果品。浸洗常作为污染比较重的果品的第一道清洗工序，果品浸泡一段时间后换清水冲洗至干净，清水中可加入酸、氯、臭氧等清洗剂。②拨动式。拨动式清洗机适用于质地较硬的果品及表皮较难清洗的果品，如苹果、柑橘等，桨叶或搅拌器（可带毛刷）与果品原料接触摩擦或刷洗，带动果品间摩擦，达到清洗目的。③喷淋式。喷淋式清洗机适合质地较软的果品，如蓝莓、树莓等。使用喷淋式清洗机，是在输送带的上下安置喷头对果品进行喷淋，达到清洗的目的，为连续式操作。④气压式。气压式清洗机适用于多数果品原料。在果品通过的清洗槽中安置管道，管道上开有小孔，然后通入高压空气形成高压气泡，果品在槽中翻腾、碰撞，达到清洗的目的。

近年来，超声波清洗机也被用来清洗果品等食品原料。在果品专用清洗剂方面，马长伟和曾名勇（2002）研发了高碳醇硫酸酯盐、聚氧乙烯山梨糖醇脂肪酸酯类等更安全的表面活性清洗剂。

（2）破碎

破碎主要是在打浆之前对果品的预处理之一。破碎的原理是利用机械力来克服果品内部的凝聚力，通过挤压、剪切、冲击3种力的方式来完成，破碎效果取决于原材料的硬度、强度、脆性和韧性。同时，组织的破碎必须适度。如果压碎的水果太大，压榨时果汁产量会下降；如果水果太小，压榨时外部果汁会迅速被压榨出来，形成致密的滤饼，使内部果汁难以流出，也会降低果汁产量。

许多果品榨汁前须破碎，特别是皮和果肉致密的果品更需借助破碎来提高出汁率。破碎程度视种类、品种而异，如草莓和葡萄以粒径2~3mm为宜。打浆是广泛应用于加工带肉果汁的一种破碎工序（胡文忠，2009）。有些果品加热软化后能提高出汁量。

果品破碎的设备一般是破碎机或磨碎机，其类型主要有对辊式破碎机、锥盘式破碎机、锤式破碎机、孔板式破碎机、打浆机等。不同的果品采用不同的破碎机械，如梨、杏宜采用锥盘式破碎机；树莓等浆果类宜采用对辊式破碎机（图6-5）；带肉桃汁可采用打浆机。

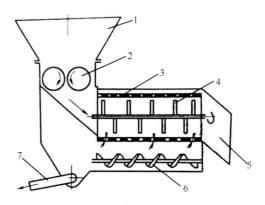

图6-5　对辊式破碎机示意图（孟宪军和乔旭光，2016）
1. 进料斗；2. 带齿磨辊；3. 圆筒筛；4. 叶片；5. 果梗出口；6. 螺旋输送器；7. 果汁、果肉出料口

冷冻机械破碎和超声波破碎是果品破碎的主要新技术。前者是将果品缓慢冷冻在–5℃以下，使果品细胞的冰晶膨胀，刺穿细胞壁，使果汁产量提高5%~10%。后者是应用强度大于3W/cm^{2}的超声波处理果品，引起果肉共振使细胞壁破坏。破碎时，由于果肉组织接触氧气时会发生氧化反应而影响果汁的色泽、风味和营养成分等，常采用如下措施防止氧化反应发生：①破碎时喷雾加入维生素C或异维生素C；②在密闭环境中进行充氮破碎或加热钝化酶（张德生和艾启俊，2003）。

（3）热处理与酶处理

1）加热处理。红色葡萄、红色西洋樱桃等果品在破碎之后，须进行加热处理。加热的目的：一是有利于色素和风味物质的渗出；二是有利于蛋白质凝聚和果胶水解，降低汁液的黏度，改变细胞的通透性，同时使得果肉软化便于榨汁；三是钝化并抑制果品中多酚氧化酶的活力，防止氧化褐变；四是杀死果品表面的微生物（曹建康等，2007）。

一般的热处理条件为60~70℃、15~20min。加热在管式换热器中进行，果浆和蒸汽或热水在不同的传热管中流过进行热交换，使果浆迅速升温（图6-6）。

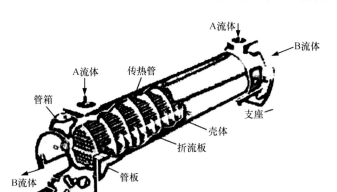

图 6-6　管式换热器构造示意图（孟宪军和乔旭光，2016）

2）酶处理。果胶酶、纤维素酶和半纤维素酶制剂经酶解后加入果汁中。果胶酶能有效分解果肉组织中的果胶物质，使果汁黏度降低，便于压榨和过滤，提高果汁产量。添加果胶酶制剂时，要使之与果肉混合均匀，根据原料品种控制酶制剂的用量，通常为0.03%～0.1%，同时控制作用的温度（40～50℃）和时间（60～150min）。若酶制剂用量不足或作用时间短，则果胶物质的分解不完全，达不到提高出汁率的目的，具体应根据果品种类及酶的种类进行小样试验确定。

（二）榨汁

榨汁工艺及所用的设备同本章第二节。

（三）过滤

新榨出来的果汁中含有大量的悬浮物，其类型和数量依榨汁方法和植物组织结构而异，其中粗大的悬浮颗粒来自果品细胞的周围组织或来自细胞壁（张宏达等，2006）。其中来自种子、果皮和其他食用器官的组织颗粒，不仅影响果汁的外观、状态和风味，还会使果汁变质（王邈等，2010）。

粗滤也称为筛滤，应在榨汁后立即进行。对于混浊的果汁，主要是去除分散在果汁中的粗颗粒和悬浮颗粒，同时保留彩色颗粒，获得色泽、风味和典型香气。对于澄清后的果汁，粗滤后或澄清处理后再过滤，需要细筛，必须清除所有悬浮颗粒。

生产上，粗滤可在压榨中进行，也可以在榨汁后作为一个独立的操作单元。粗滤可采用各种型号的筛滤机或振动筛。精滤常用的过滤设备是板框压滤机和硅藻土过滤机等。

（四）成分调整

果汁成分调整是为了使果汁改进风味，符合一定的出厂规格要求。需对糖、酸等成分进行适当调整，但调整的范围不宜过大，以免丧失原果汁的风味。果汁调整一般利用不同产地、不同成熟期、不同品种的同种原果汁进行调整，取长补短；混合汁可用不同种类的果汁混合调整（吴锦铸，2008）。调整时，一般先调糖，用少量果汁将糖溶解，加入到果汁中，测定酸度后用柠檬酸等果酸调酸。

（五）果汁的澄清、精滤、均质、脱气、浓缩等工艺

1. 澄清

在浆果果汁加工过程中，果肉纤维、果胶及酚类物质极易引起沉淀和混浊，影响果汁的外观和品质（曹雪丹等，2014）。澄清工艺可以去除果汁中全部悬浮物、胶体物质及其他沉淀物，从而解决上述问题。此外，澄清果汁具有良好的外观及贮藏稳定性，在市场上更受欢迎（封晓茹等，2018）。

原果汁是一个复杂的胶体系统，其混浊物主要包括果胶、淀粉、蛋白质、多酚和金属离子等，通过水合作用、聚合反应和络合作用，使果汁成为复杂的多分散相系统。原果汁混浊物还含有发育不完全的种子、果心、果皮和维管束等颗粒及色粒，这些物质除色粒外，主要成分是纤维素、半纤维素、多糖、苦味物质和酶，这些粒子是果汁混浊的原因，影响果汁的品质和稳定性。在澄清果汁的生产中，它们影响产品的稳定性，必须除去。使用机械的方法或在果汁中使用添加剂的方法从果汁中分离出沉淀物的一切措施及过程即为澄清。

果汁中的亲水胶体带电，能吸附水膜。胶体的稳定性受其吸附、电离和与其他胶体相互作用的影响。澄清的原理就是利用电荷中和、脱水和加热等方法，引起胶粒的聚集并沉淀，且含有不同电荷的胶体溶液混合也会发生共同沉淀。果汁澄清的常用方法如下。

（1）自然澄清

自然澄清又称静置澄清，是将果汁置于密闭容器中，经 15～20d 或更长时间的静置，使悬浮物沉淀，与此同时，果胶质也逐渐水解，果汁黏度降低，蛋白质和单宁也会逐渐沉淀，从而使果汁澄清。此法简便易行，但果汁在长时间静置的过程中，容易发酵变质，因此必须加入适当的防腐剂，并且将果汁置于低温阴凉处（燕华和孙鹤宁，1994）。

（2）加热澄清

加热澄清是指将果汁在 80～90s 瞬间加热至 80～82℃，然后急速冷却至室温，灌装于密闭容器中静置。由于温度的剧变，果汁中蛋白质和其他胶体物质变性、凝固析出，从而达到澄清的目的。但一般不能完全澄清，且由于加热，损失了一部分芳香物质。

（3）冷冻澄清

冷冻澄清是指将果汁急速冷冻，使胶体浓缩脱水，改变胶体的性质，一部分胶体溶液完全或部分被破坏而变成不定型的沉淀，在解冻后过滤除去；另一部分胶体溶液保持胶体性质可用其他方法除去。此法特别适用于雾状混浊果汁的澄清，能取得较好效果。一般冷冻温度为–20～–18℃。

（4）酶法澄清

果汁中主要的胶体物质果胶，随果品种类不同，其含量在 70～4000mg/L。果胶酶可以将其水解成水溶性的半乳糖醛酸，而果汁中的悬浮颗粒一旦失去果胶胶体的保护，极易沉降而澄清。酶法澄清是利用果胶酶制剂水解果汁中的果胶物质，使果汁中其他胶体失去果胶的保护作用而共同沉淀，以达到澄清的目的。酶可以直接添加到新鲜果汁中，但澄清是在果汁成分调整后添加酶。

通常所说的果胶酶是指分解果胶的多种酶的总称，包括纤维素酶和微量淀粉酶。果胶酶的反应速度与反应温度有关，在 45～55℃时，果胶酶的酶促反应速度随温度升高而增加；超过 55℃时，酶因高温作用而钝化，反应速度反而降低。酶制剂澄清所需要的时间，取决于温度、果汁的种类、酶制剂的种类和数量，低温所需时间长，高温所需时间短。果汁澄清时，酶制剂用量是根据果汁的性质和果胶物质的含量及酶制剂的活力来决定的，一般用量是每吨果汁加干酶制剂 0.2～1kg，作用时间为 60～150min。生产上，果胶酶由于得到的方式不同和理化特性不同，加入前需做预试验。

（5）澄清剂澄清

澄清剂澄清就是向待处理果汁中加入具有不同电荷性质的添加剂，使其发生电荷中和、凝聚等带动沉淀物下沉，达到澄清的目的的一种方法。常用的澄清剂有食用明胶、硅胶、单宁、膨润土（皂土）、聚乙烯吡咯烷酮（PVP）、海藻酸钠、琼脂等。近年来，壳聚糖也被广泛应用于果汁的澄清，此外，蜂蜜也作为澄清剂用于果汁的澄清。

1）明胶–单宁法。单宁和明胶或果胶、干酪素等蛋白质物质混合可形成明胶单宁酸盐的络合物而沉淀，果汁中的悬浮颗粒也会随着络合物的下沉而被缠绕沉淀。此外，果汁中的果胶、纤维素、单宁及多缩戊糖等带有负电荷，酸介质中的明胶带正电荷，由于正、负电荷微粒的相互作用而凝集沉淀，也可使果汁澄清。明胶的用量因果汁的种类和明胶的种类而不同，一般每 100L 果汁需明胶 10～12g，单宁 5～10g。

使用时将所需明胶吸水膨胀，和单宁分别配成 1%的溶液。按小试确定的需要量，先加单宁后加明胶，不断搅拌，缓慢加入果汁中。溶液加入果汁后在 10～15℃室温下静置 4～8h，使胶体凝集、沉淀。对于含单宁比较多的果汁，如山葡萄汁、蓝浆果汁等，可直接加入明胶，即能达到澄清效果。

2）膨润土（皂土）法。膨润土有 Na-膨润土、Ca-膨润土和酸性膨润土 3 种，在果汁的适宜 pH 范围内，呈负电荷，可以通过吸附作用和离子交换作用去除果汁中多余的蛋白质，防止使用过量膨润土而引起混浊。果汁中的膨润土常用量为 0.25～1g/L，温度以 40～50℃为宜，使用前，应用水将膨润土充分吸胀几小时，形成悬浮液。

3）硅胶法。硅胶是胶体状的硅酸水溶液，呈乳浊状，二氧化硅含量为 29%～31%，pH 为 9～10，硅胶粒子呈负电性，能与果汁中的呈正电性的各类粒子，如明胶粒子、蛋白质粒子和黏性物质结合而沉淀。硅胶使用温度为 20～30℃，每 100L 果汁需硅胶 20～30g，作用时间为 3～6h。

4）其他澄清剂法。用 1g/L 浓度的聚乙烯吡咯烷酮（PVP）或 2～5g/L 的聚酰胺处理果汁 2h 可以有明显的澄清效果。用海藻酸钠和碳酸钙以（1:1）～（1:7）的比例混合，调成糊状，按果汁质量的 0.05%～0.10%加入，混合均匀，低温处静置 10～12h，可使某些果汁得到澄清。也可用琼脂代替海藻酸钠，有时可得到更满意的效果。黄血盐为葡萄酒的澄清剂，也可用于果汁澄清。向果汁内加入琼脂、活性炭、蜂蜜、壳聚糖等均有一定的澄清效果。

各种澄清剂还可以与酶制剂结合使用，如苹果汁的澄清，果汁加酶制剂作用 20～30min 再加入明胶，在 20℃下进行澄清，效果良好。

（6）离心澄清

离心澄清属于物理澄清，需用离心机完成分离，将果汁送入离心机的转鼓后，转鼓高速旋转，一般转速在 3000r/min 以上，在离心力的作用下实现固液分离，达到澄清的目的。对于含粒子不多的果汁具有一定的澄清效果，此种方法主要应用于超滤澄清之前的预处理。

（7）超滤澄清

超滤澄清为物理澄清法的一种，为现代膜技术在果汁澄清中的应用。采用超滤膜装置处理果汁，超滤膜孔径 0.0015～0.1μm，过滤范围在 0.002～0.2μm，理论上只有直径小于 0.002μm 的粒子如水、糖、盐、芳香物质可通过超滤膜，直径大于 0.2μm 的粒子如蛋白质、果胶、脂肪等及所有微生物都不能通过超滤膜。醋酸纤维膜、聚砜膜、陶瓷膜、管状膜、空心纤维膜及平板膜为常用的超滤膜（仇农学，2006）。

使用超滤澄清技术可澄清果汁，同时，因在处理过程中无需加热、无相变现象、设备密封、减少了空气中氧气的影响，对保留维生素 C 及一些热敏性物质很有利，另外，超滤膜还可除去一部分果汁中的微生物等。但是鉴于现有的技术水平，超滤澄清技术在果汁加工方面的应用还有一定的限制。目前，普遍采用预澄清来提高超滤膜的效率。

2. 精滤

澄清处理后必须经过精滤，将混浊或沉淀物除去，得到澄清透明且稳定的果汁。常用的过滤介质有石棉、硅藻土等，过滤介质的选择因过滤方法和设备而异。常用的过滤方法有压滤、离心分离、真空过滤等。

（1）压滤

压滤是将过滤后的果汁通过一定的过滤介质，形成滤饼。通过机械压力，果汁从滤饼中流出并从纸浆颗粒和絮凝剂中分离出来。常用的过滤设备有硅藻土过滤机和板框式压滤机（图 6-7）。硅藻土过滤机以硅藻土作为助滤剂，过滤是将硅藻土添加到混浊果汁中，经过反复回流，使硅藻土沉积在滤板上的厚度达 2～3mm，形成滤饼层。一般情况下，40cm×40cm 的板框需用 1.5kg 硅藻土，葡萄汁过滤约需硅藻土 3kg/1000L。硅藻土过滤可用于预过滤。板框式压滤机采用固定的石棉等纤维作过滤层，可根据果汁种类的不同，选用不同的过滤材料。当过滤速度明显变慢时，要更换过滤介质。

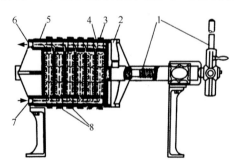

图 6-7　板框式压滤机示意图（孟宪军和乔旭光，2016）

1. 压紧装置；2. 可动头；3. 滤框；4. 滤板；5. 固定头；6. 滤液出口；7. 滤浆出口；8. 滤布（石棉）

（2）真空过滤

真空过滤是过滤滚筒内产生一定的真空度，一般在 84.6kPa 左右，利用压力差使果汁渗过助滤剂，从而得到澄清果汁。过滤前在真空过滤器的滤筛上涂一层厚 6～7cm 的硅藻土，滤筛浸没在果汁中。过滤器以一定的速度转动，果汁被均一地带入过滤筛表面。真空过滤器内的压力差使过滤器顶部和底部果汁有效地渗过助滤剂，损失很少。

3. 均质

生产带肉果汁或者混浊果汁时，由于大量果肉微粒存在于果汁中，果肉微粒与汁液分离时，为了不影响产品外观，提高果肉微粒的均匀性、细度和口感，需要进行均质处理，特别是透明瓶装产品，必须经过均质处理。均质是将果汁通过均质设备，使制品中的细小颗粒进一步破碎，使粒子大小均匀，使胶物质和果汁亲和，保持制品的均一混浊状态。混浊果汁一般先进行成分调整，再进行均质、脱气，在成分调整前进行均质也可。

常用的均质设备是高压均质机。在高压均质机的均质阀中，物料发生细化和均匀混合，物料可微粒细化到 0.1～0.2μm。胶体磨也具有均质细化作用。胶体磨可使颗粒细化度达到 2～10μm。一般在加工过程中，将果品粗滤液和果浆先经过胶体磨处理，再由高压均质机进一步微细化。

胶体磨也常被用作均质机械，它是一种磨制胶体或近似胶体物料的超微粉碎设备。胶体磨按结构和安装方式的不同可分为立式和卧式两种。立式胶体磨主要是通过电动机带动转齿（或称为转子）与相配的定齿（或称为定子）作相对的高速旋转，被加工物料通过本身的重力或外部压力（可由泵产生）加压产生向下的螺旋冲击力，透过转齿之间的间隙（间隙大小可调至 10～30μm）时受到强大的剪切力、摩擦力、高频振动等物理作用，使物料被有效地乳化、分散和粉碎，达到物料超细粉碎及乳化的目的，具有与均质机相近的效果。

超声波均质机是近年发展的一种新型均质设备，其作用原理是利用强大的空穴作用，产生絮流、摩擦、冲击等而使粒子破碎。

4. 脱气

大量的空气存在于果品细胞间隙中，又有大量的空气在原料的破碎、取汁、均质、搅拌和输送等工序中混入，必须加以去除。脱气又称脱氧，其目的：①脱除果汁中的氧气，防止或减轻果汁中的色素、维生素 C、芳香成分和其他营养物质的氧化损失；②除去附着于产品悬浮颗粒表面的气体，防止装瓶后固体物上浮至液面；③减少装罐（瓶）和瞬时杀菌时的气泡；④减少金属罐的内壁腐蚀。常用脱气方法如下。

（1）真空脱气法

采用真空脱气机进行脱气时，在真空锅内引入果汁，然后被喷成雾状或分散成液膜，使果汁中的气体迅速逸出（图 6-8）。真空脱气机的喷头有喷雾式、离心式和薄膜式 3 种，无论哪种形式，目的都在于增加果汁的表面积、提高脱气效果。真空度越高，物料的沸点越低，在能够达到的高真空度条件下，选择温度以低于沸点 3～5℃为宜。一般在真空度为 0.080~0.093MPa 和 40℃左右时进行脱气,可脱除果汁中 90% 的空气。在真空脱气过程中,果汁中的芳香物质和部分水分被脱除,香气损失较严重。为了减少香气损失,可以安装香气回收装置,将回收的冷凝液回加到果汁中。

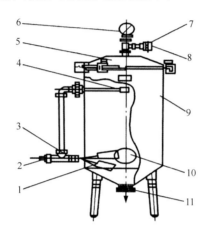

图 6-8　真空脱气机示意图(孟宪军和乔旭光,2016)
1. 浮子;2. 进料管;3. 三通阀;4. 喷头;5. 顶盖;6. 真空表;
7. 单向阀;8. 真空阀;9. 脱气室;10. 视孔;11. 放液口

(2)氮气交换法

氮气交换法是在果汁中压入氮气,使果汁中的氧气在氮气泡沫流的强烈冲击下被除去,最后剩下的几乎全是氮气。

(3)抗氧化法

抗氧化法是在果汁灌装时加入少量抗坏血酸等抗氧化剂,以除去容器顶隙中氧的方法。1g 抗坏血酸能除去约 1mL 空气中的氧气。

(4)酶法脱气法

用葡糖氧化酶和过氧化氢酶除去果汁中的氧气。葡糖氧化酶是一种典型的需氧脱氢酶,可使葡萄糖氧化,生成葡萄糖酸及过氧化氢。过氧化氢酶可使过氧化氢分解为水及氧气,葡萄糖氧化成葡萄糖酸的过程中氧气被消耗,因此,这两种酶具有脱氧作用。

5. 浓缩工艺

澄清果汁或混浊果汁脱除大量水分后得到浓缩果汁,使果汁体积缩小,可溶性固形物浓度提高到 40%~65%,酸度也随之增加了相应的倍数。由于浓缩后的果汁提高了糖度和酸度,因此不加任何防腐剂也能长期保藏,且果汁的品质更加一致,便于贮运。稀释和复原后的果汁的风味、色泽、混浊度等和原果汁相似,则为理想的浓缩果汁。世界果汁贸易主要是浓缩果汁贸易。生产上常用的浓缩方法如下。

(1)真空蒸发浓缩

真空蒸发浓缩是目前果汁生产中广泛使用的一种浓缩方式,其原理是通过负压降低果汁的沸点,在较低温度下快速蒸发果汁中的水分,由此提高浓缩效率,减少热敏性成分的损失,提高产品的品质。

薄膜式、强制循环式、离心薄膜式和膨胀流动式等装置是常见的果汁浓缩装置。在加热浓缩过程中，随着水分的蒸发，果汁中部分芳香物质会逸出，从而使浓缩果汁失去原有的天然风味。因此，在各种真空浓缩果汁生产中芳香物质的回收是不可缺少的工艺环节，通过香气回收装置将这些逸出的芳香物质进行回收，加入到浓缩果汁或稀释和复原的果汁中（赵晋府，1999）。薄膜式浓缩在浓缩果汁生产中应用较广泛，果汁浓缩时，果汁在加热管内壁成膜状流动，包括升膜式浓缩和降膜式浓缩，前者是果汁从加热器底部进入管内，经蒸汽加热沸腾而迅速汽化，二次蒸汽高速上升，带动果汁沿管内壁成膜状上升，果汁不断被加热蒸发；后者是果汁出加热器顶部进入，经料液分离器均匀地分布于管道中，在重力作用下，以薄膜形式沿管壁自上向下流动而得到蒸发浓缩。薄膜式浓缩传热效率高、果汁受热时间短、浓缩度高，尤其适用于浓缩黏稠度高的果汁。目前，降膜式单效浓缩装置（图6-9）是在果汁加工工业中广泛应用的单效浓缩装置。

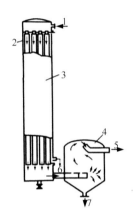

图6-9　降膜式单效浓缩装置的示意图（孟宪军和乔旭光，2016）
1. 料液进口；2. 蒸汽进口；3. 加热器；4. 分离器；5. 二次蒸汽出口；6. 冷凝水出口；7. 浓缩液出口

蒸发和冷凝都需要能量，单效浓缩蒸发器耗能很高，为提高浓缩效率，有效利用热能，一般将几个蒸发器串联在一起形成多效蒸发器，第一级蒸发器产生的水蒸气是下一级蒸发器的加热介质，热介质只进入第一级蒸发器，而最后一级蒸发器产生的水蒸气才进入冷凝器，最多可达五效，一般为两效或三效。三效降膜式浓缩蒸发器目前应用较多（刘章武，2007）。

（2）冷冻浓缩

果汁的冷冻浓缩是应用冰晶与水溶液的固-液相平衡原理，将果汁中的水分以冰晶形式排除。当水溶液中所含溶质浓度低于共溶浓度时，溶液被冷却至冰点后，水部分变成冰晶析出，由于冰晶数量和冷冻次数的增加而大大提高了剩余溶液的溶质浓度。其过程包括如下三步：结晶（冰晶的形成）、重结晶（冰晶的成长）、分离（冰晶与液相分开）。冷冻浓缩避免了热力及真空的作用，没有热变性，挥发性芳香物质损失少，产品质量高，特别适合热敏性果汁的浓缩。因为把水变成冰所消耗的能量远低于水蒸发所消耗的能量，所以能耗较低。但冷冻浓缩效率不高，不能把果汁浓缩到55%以上，且除去冰晶时会带走部分果汁，从而使果汁造成损失。此外，微生物和酶的活力在冷冻浓缩时不能被破坏，浓缩汁还必须再经杀菌处理或冷冻保藏（曾庆孝，2007）。

（3）反渗透浓缩

反渗透浓缩是一种膜分离技术，将溶质与溶剂分离是借助压力差，在海水的淡化和纯净水的生产中广泛应用。反渗透浓缩在果汁工业中用于果汁的预浓缩，与真空蒸发浓缩相比，优点：无需加热、常温下浓缩不发生相变、挥发性芳香物质损失少、在密闭管道中进行不受氧气的影响、节能。反渗透需要与超滤和真空蒸发浓缩结合起来才能达到较为理想的效果。其过程：果汁→澄清→超滤→反渗透浓缩→真空蒸发浓缩→浓缩果汁。

（六）杀菌灌装

微生物的代谢活动可引起果汁的变质，因此，杀菌是果汁生产中的关键技术之一。果汁饮料的杀菌工艺是否正确，不仅影响产品的保鲜效果，而且影响产品的质量。水果中含有多种微生物，会使产品变质（肖家捷，1998）。果汁中还存在着各种酶，会使产品的色泽、风味和形态发生变化，因此杀菌过程既要杀灭微生物又要钝化酶（田密霞等，2009）。

食品工业中采用的杀菌方法主要有加热杀菌和冷杀菌两大类，分别对应不同的包装材料。果汁包装材料发展较快，目前主要有玻璃瓶、金属易拉罐、耐热聚酯瓶及无菌砖形（屋顶形）纸盒（袋）。发展较快的是无菌包装，在20世纪70年代末得以迅速发展，由于灭菌时间短、营养损失少、风味色泽好、产品不需冷藏、可长期贮存，深受消费者的欢迎（胡小松等，2005）。

果汁加工中目前常用的是热杀菌法，包括以下3种灌装杀菌方式（胡小松等，1995）。

1. 传统的灌装杀菌方式

传统的灌装灭菌方式又称二次灭菌或巴氏灭菌，可分为低温持久灭菌和高温短时灭菌。先将产品加热到80℃以上，趁热灌装并密封，然后在热蒸汽或沸水浴中杀菌一定时间，冷却到38℃以下为成品。杀菌温度和时间由产品的种类、pH和容器大小来决定。

通常，酸性或高酸性产品采用低温持久杀菌。低酸性果汁则采用高于100℃的高温杀菌方式。果汁杀菌的对象主要为好氧性微生物，如酵母菌和霉菌，酵母菌在66℃、1min内，霉菌在80℃、20min内即可被杀灭，一般情况下，巴氏杀菌条件（80℃、30min）即可将其杀灭。但对于混浊果汁，在此温度下如此长时间加热，容易产生煮熟味，色泽和香气损失大。

高温短时杀菌（high temperature short time pasteurization，HTST）或超高温瞬时杀菌（ultra high temperature instantaneous sterilization，UHT）主要是指在未灌装的状态下，直接对果汁进行短时或瞬时加热，由于加热时间短，对产品品质影响较小。pH<4.5的酸性产品，可采用高温（85～95℃）短时杀菌15～30s，也可采用超高温（130℃）以上瞬时杀菌3～10s。pH>4.5的低酸性产品，则必须采用超高温瞬时杀菌。根据杀菌设备不同，超高温瞬时杀菌有板式灭菌系统和管式灭菌系统两类。这两种杀菌方式必须配合热灌装或无菌灌装设备；否则，灌装过程还可能导致二次污染。图6-10为板式热交换杀菌机构造示意图。

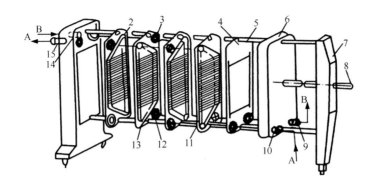

图 6-10　板式热交换杀菌机构造示意图（孟宪军和乔旭光，2016）

1. 前支架；2. 上角孔；3. 圆环橡胶垫圈；4. 分解板；5. 导杆；6. 压紧板；7. 后支架；8. 压紧螺杆；
9、10、14、15. 连接管；11. 板框橡胶垫圈；12. 下角孔；13. 传热板

2. 热灌装杀菌方式

果汁采用高温短时灭菌或超高温瞬时灭菌，加热时，倒入预消毒干净的瓶或罐中，趁热密封，倒瓶杀菌，冷却。此法常用于高酸性果汁及其饮料，也适合于茶饮料等。浓缩果汁可以在 88～93℃下杀菌 40s，再降温至 85℃灌装；也可在 107～116℃内杀菌 2～3s 后罐装（陈仪男，2010）。目前，较通用的果汁灌装条件为 135℃、3～5s 杀菌，85℃以上热灌装，倒瓶杀菌 10～30s，冷却到 38℃。

3. 无菌灌装杀菌方式

果汁无菌灌装是指将经过超高温瞬时灭菌的果汁，在无菌的环境中，灌装入经过杀菌的容器中。无菌灌装产品可以在不加防腐剂、非冷藏条件下达到较长的保质期，一般在 6 个月以上。

无菌灌装是热灌装的发展，或者是热灌装的无菌条件系统化、连续化。无菌条件包括果汁无菌、容器无菌、灌装设备无菌和灌装环境无菌。

果汁杀菌。采用超高温瞬时杀菌，从而保持营养成分、色泽和风味。

无菌包装容器及其杀菌。用于果汁无菌包装的容器包括复合纸容器、塑料容器、复合塑料薄膜袋、金属罐和玻璃瓶等几种类型。包装容器的杀菌可采用 H_2O_2、乙醇、紫外线、放射线、超声波、加热法等，也可以几种方法联合在一起使用，具体选择何种杀菌方法需要根据包装容器材料而定。

灌装环境无菌。必须保持连接处、阀门、热交换器、均质机、泵等的密封性和保持整个系统的正压。操作结束后用 CIP 清洗装置，加 5～20g/L 的氢氧化钠热溶液循环洗涤，稀盐酸中和，然后用热蒸汽杀菌。无菌室需用高效空气滤菌器处理，以达到卫生标准。

目前，采用冷灌装的果汁还较少。所谓冷灌装，即灌装前进行高温短时杀菌，冷却到 5℃后进行灌装，冷藏销售。

近年来，在原果汁的保存方式上，无菌大袋保藏得到了快速发展。无菌大袋保藏又称为无菌大包装技术，是指将经过灭菌的果汁在无菌的环境中包装，密封在经过灭菌处理的容器中，使其在不加防腐剂、无需冷藏的条件下最大限度地保留食品中的营养成分

和特有风味,并获得较长的货架寿命,一般可保藏 12 个月以上(胡小松和乔旭光,2009)。无菌大袋灌装机自带无菌室,在和外界隔离的条件下,利用机械手自动完成开盖、灌装、计量、关盖等过程,因此,无任何污染,特别适合果品原汁、果酱、饮料原浆等的无菌充填灌装。包装方式采用铝塑复合无菌袋,容量为 5~220L。

无菌大袋灌装设备具有代表性的生产商是美国的 CHERRY-BURRELL 公司和 SCHOLLECOR 公司。目前,该设备在我国已经实现国产化。

第四节　浆果果汁生产中常见质量问题及控制

一、果汁的败坏

果汁的败坏是一个非常复杂的过程,原因很多,主要归纳为生物败坏、化学败坏和物理败坏(主要是环境因素)等三方面。

(一)微生物败坏

污染果汁的微生物主要有细菌、酵母菌和霉菌等,主要来源于原料和辅料(如加工用水、添加剂等)及加工工具等(燕华和孙鹤宁,1994)。

1. 细菌

细菌是引起果汁败坏的主要微生物。它能使果汁发酵并产生大量的二氧化碳,使罐膨胀,甚至使容器破裂。

2. 酵母菌

酵母菌是引起果汁败坏的主要微生物,可引起果汁发酵进而产生大量二氧化碳,使糖度降低从而使酸味突显,发生胀罐,甚至容器破裂。

3. 霉菌

霉菌的某些子囊孢子热稳定性很高,可导致果汁霉变。红曲霉、拟青霉等会破坏果胶结构,改变果汁原有酸味并产生新的酸而导致风味劣变。

因此,在加工过程中要严格把控原料、车间、设备、管道、容器及人员的清洁卫生,防止半成品积压等。

(二)化学败坏

果汁中富含各种营养元素,如蛋白质、有机酸、单宁、色素、维生素和矿物质等,在加工和贮藏过程中不当的工艺和不利的环境条件会使这些成分产生各种各样的化学反应,如果汁中的维生素 C 极易与空气中的氧气发生化学反应,使果汁的颜色变深,单宁在氧化酶的作用下使果汁发生褐变,酪氨酸在氧气与酶的作用下形成黑色素,氨基酸与还原糖反应生成蛋白黑素(罗云波和蔡同一,2010)。花青素的不稳定也易使果汁变色。这些化学反应的发生导致新的化合物产生,影响了制品的外观,同时营养成分也发生了很大变化，造成果汁营养价值下降（燕华和孙鹤宁，1994）。

（三）物理败坏

物理败坏主要是由温度、压力、光照等物理因素引起的。例如，果汁被冷冻，会引起沉淀和风味变化，果汁被加热会造成营养流失等；果汁成品受挤压变形，受大气压的变化引起的胀罐和瘪罐等；透明包装的果汁产品受光线直射引起的变色等，这些都是物理败坏。由于光照会引起温度变化，而温度变化会引起化学反应的变化，因此物理败坏与化学败坏有着密切的联系（蓝云，2009）。

二、果汁的褐变

果汁出现的变色主要是由酶促褐变和非酶褐变引起的，还有就是在存放过程中因果汁本身所含色素的改变而引起变色。

（一）果汁的酶促褐变

在果品组织内含有多种酚类物质和多酚氧化酶（polyphenol oxidase，PPO），在加工过程中，由于组织破坏与空气接触，使酚类物质被多酚氧化酶氧化，生成褐色的醌类物质，果汁色泽会由浅变深，甚至为黑褐色（郝利平，2008）。

防止酶促褐变：一是工序中的加热处理，采用 70～80℃、3～5min 或 95～98℃、30～60s 加热以钝化多酚氧化酶的活力；二是在破碎等工序中添加抗氧化剂如维生素 C 和异维生素 C，用量为 0.03%～0.04%，对低酸性果汁还可添加有机酸，如 0.5～1g/L 柠檬酸，抑制酶的活力；三是包装前充分脱气，包装隔绝氧气，在生产过程中减少与空气的接触，杀菌时做到彻底杀菌（孙芝杨和钱建亚，2007）。

（二）果汁的非酶褐变

果汁非酶褐变是指果汁中还原糖与氨基酸之间的美拉德反应，特别是浓缩果汁中的美拉德反应。常用的控制方法包括：有效控制 pH 在 3.3 或以下；防止过度的热力杀菌；制品贮藏在较低温度下，10℃或更低温度（赵晨霞，2004）。

（三）果汁本身所含色素的改变

浆果色素主要为黄酮、花青素等，其对光照、热、pH 等敏感，在加工和产品贮运过程中容易发生颜色变化。富含黄酮色素的果汁在光照下很快会变成褐色或褪色（刘新社和易诚，2009）；花青素在光照和加热过程中也会发生褪色，颜色逐渐消失。控制方法主要有：在果汁加工过程中尽量减少受热时间，避光贮存；控制 pH 在 3.2 以下；也可以从护色角度进行控制（叶兴乾，2009）。

三、果汁的变味

正常的果汁具有天然的色泽和风味，变质后往往会发生变色、变味、发混、产气等不良现象（燕华和孙鹤宁，1994）。果汁的变味主要是由微生物生长和繁殖引起的，个别类型的果汁变味还可能与加工工艺有关。

微生物引起的变味，如细菌中的枯草杆菌繁殖引起的馊味；乳酸菌和醋酸菌发酵引起的各种酸味；丁酸菌发酵引起的臭味；酵母菌或霉菌引起的各种霉变味。由微生物引起的变味主要应着重注意各个工艺环节的清洁卫生和杀菌的彻底性。

四、果汁的沉淀和混浊

澄清果汁要求产品澄清透明，出现后混浊（posterior turbid）现象主要是由于澄清处理不彻底，少数是杀菌不彻底。澄清处理不彻底主要是由于果汁中的果胶、淀粉、明胶、酚类物质、蛋白质、助滤剂、微生物等在澄清和过滤工艺中未能彻底去除。杀菌不彻底是由于微生物在后续存放的过程中也会大量繁殖而导致混浊与沉淀。在生产中应采用乙醇进行果胶检验，然后采取相应的措施。

混浊果汁和带肉果汁需要均匀一致的产品，如果出现分层和沉淀的现象，主要是由于缺乏稳定性和均匀性（沙怡梅，2011）。果肉颗粒沉淀与颗粒的体积、果汁的黏度、果肉颗粒和液体之间的密度差等有关，因此，在生产过程中主要通过均质处理来细化果汁中的悬浮粒子，或添加一些增稠剂来提高产品的黏度，彻底脱气，减小果肉颗粒和液体之间的密度差等措施，保证产品的稳定性和均匀性。

五、果汁的掺假

"100%果汁"是水果采摘后，经过物理方法如压榨、离心、萃取等方法得到的汁液产品。而企业所标注的"100%果汁"是指没有添加剂的，由浓缩果汁加纯净水稀释而成的不同浓度的果汁饮料，也可以叫"复原果汁"（沙怡梅，2011）。有些商家为了降低成本，不惜用各种方法制作掺假果汁，从最初在饮料中添加甜味剂（如蛋白糖）、酸味剂（如柠檬酸）、防腐剂（如山梨酸钾）、增稠剂（如黄原胶）和自来水，以及仅靠添加各种香精和色素勾兑成的假果汁饮料（李向华等，1994）。当前，对于一些如蓝莓、桑椹等紫红色浆果，常通过向价格高的果汁中添加价格低的果汁来制作掺假果汁。这种方法虽然并不会影响人们的身体健康，但是这种投机取巧、以次充好，不仅严重损害了消费者的利益，还影响了我国果汁的出口贸易。国外已经对果汁的掺假问题进行了多年研究，并制订了一些果汁的标准成分和特征性指标的含量的标准参考值，通过分析果汁及饮料样品的相关指标的含量，并与标准参考值进行比较，来判断果汁及饮料产品是否掺假。在我国，很多企业的产品中果汁含量没有达到100%也称为天然果汁，甚至把带肉果汁饮料或混浊果汁饮料称为100%果汁（胡小松等，2003）。

六、果汁的农药残留

农药残留是果汁国际贸易中非常重视的一个问题，并日益引起消费者的关注。农药残留的主要来源为果品原料自身，是由于果园或田间管理不善，滥用农药或违禁使用一些剧毒、高残留农药。通过加强果园或田间管理，减少或不使用化学农药，生产绿色或有机食品，可以避免农药残留。此外，在清洗浆果原料时，应根据所用农药的特点，选择一些合适的酸性或碱性洗涤剂，有助于减少农药残留。

第五节　常见浆果果汁制品的生产实例

一、蓝莓汁

（一）工艺流程

原料→挑选→清洗→破碎→酶解→榨汁→粗滤→澄清→调配→精滤→高温瞬时杀菌→灌装→巴氏杀菌→冷却→贴标→成品。

（二）操作要点

1. 清洗

蓝莓果实表皮易碎，采用喷淋式清洗，洗去果实采后的污物即可。

2. 破碎

采用对辊式破碎机压破果皮即可。

3. 酶解

先用管式换热器加热至70℃保温15～20min，冷却至45℃，加入0.05%的果胶酶进行酶解，保温3～4h。

4. 榨汁

采用杠杆式榨汁机压榨出汁，此为一次汁。将果皮渣加入质量为果实质量15%的热水中浸提30min，压榨出二次汁。果皮渣还可再加入质量为果实质量10%的热水浸提20～30min，压榨出三次汁，将3次榨出的汁合并，即为蓝莓原汁。

5. 澄清

将果汁用100目双联过滤器过滤后装入澄清罐，然后采用先明胶再膨润土联合处理。明胶膨润土联合处理中，明胶浓度为250mg/L，膨润土浓度为2250mg/L。明胶膨润土处理时，先向原汁中加入一定量的明胶溶液，摇匀，静置30min左右，再加入膨润土，摇匀，静置10～12h，抽取上清液。

6. 调配

蓝莓原汁15%，白砂糖10%，柠檬酸0.15%。

7. 精滤

采用硅藻土过滤机循环10～15min，产品即可达到澄清透明状态。

8. 高温瞬时杀菌

将果汁在 110℃ 加热处理 5～10s。

9. 灌装

将杀菌后的果汁饮料在不低于 80℃ 下迅速灌装、密封。灌装时注意瓶内留有一定的顶隙以便形成真空。

10. 巴氏杀菌

灌装后的果汁饮料进行 80℃、20min 的巴氏杀菌。

11. 冷却

为防止玻璃瓶爆瓶，可以采用逐级冷却的方法，即温度为 80℃→60℃→40℃。

（三）产品质量指标

1. 感官指标

色泽为深玫瑰红色，均匀一致；状态澄清透明，无杂质，无悬浮物；具有蓝莓果特有的香气；口感醇厚，酸甜适中，清新爽口。

2. 理化指标

可溶性固形物含量（20℃）≥10%；总酸度（以苹果酸计）≥0.3%。

3. 微生物指标

细菌总数＜100 个/mL；大肠杆菌＜3 个/100mL；致病菌不得检出。

二、树莓汁

（一）工艺流程

原料→清洗→破碎→加热→冷却→酶解→榨汁→澄清→过滤→调配→灌装→杀菌→冷却→贮藏。

（二）操作要点

1. 原料选择

选择新鲜并充分成熟的果实，剔除不成熟果、病虫果、霉变果、腐烂果和枝叶及其他杂物。

2. 清洗

树莓果实比较鲜嫩，清洗时要动作缓慢、轻柔，防止损伤果肉。一般可选用喷淋式清洗装置。

3. 破碎

破碎要适当，选用可以调整挤碾空间的对辊式破碎机，破碎粒径以 2～3mm 为佳。过细压榨时呈稀酱状，果汁不易流出；过粗则会造成果汁残留。

4. 加热

破碎后迅速加热至 80℃，保持 8～10min，钝化各种氧化酶类，同时还可以使果肉软化并容易溶解色素，压榨后能得到鲜艳且较多的果汁。

5. 冷却

迅速冷却至 45℃以下，防止营养损失和芳香物质挥发。

6. 酶解

新鲜果汁，加酶量 0.35%，酶解时间为 4h，反应温度为 40℃。

7. 榨汁

采用榨汁机榨汁，用滤布或过滤机加振动筛粗滤。

8. 澄清

加入浓度为 10%的明胶溶液，用量为果汁体积的 0.25%，在–1℃条件下冷却 6～10h，5000r/min 离心 15min 综合处理。

9. 过滤

采用压滤法过滤，可加入部分硅藻土或纤维素。

10. 调配

如果采用 100%原汁，一般不用加酸，只加糖调即可。如果原汁只占一定的比例，则需调糖酸比，从产品的保健功能和质量特色角度考虑，产品原汁质量 60%、加糖量 9%、柠檬酸 0.10%比较合适。

11. 杀菌

100℃杀菌 10～15min，迅速冷却至 5℃以下贮存。

（三）产品质量指标

1. 感官指标

色泽为深红色；具有树莓特有风味，酸甜可口，入口柔和，无异味；汁液澄清透明，无沉淀，无杂质。

2. 理化指标

可溶性固形物含量 11.8%；总糖含量 9.7%；总酸含量 2.43%；维生素 C 含量 0.25mg/g；

氨基酸含量 4.86mg/g；铜（以 Cu 计）≤0.56mg/kg；砷（以 As 计）≤0.08mg/kg；铅（以 Pb 计）≤0.02mg/kg。

3. 微生物指标

细菌总数≤10 个/mL；大肠杆菌＜3 个/100mL；致病菌不得检出。

第七章　浆果发酵制品加工技术

第一节　浆果发酵制品的分类

发酵制品是指经过发酵加工而得的产品。浆果原料通过发酵加工而得的制品，通常包括两种：一是果酒，二是果醋。

果酒是利用新鲜的水果为原料，通过野生的或人工添加的酵母菌来分解糖分，进而发酵而成的低度数饮料酒。果酒度数一般在 8º～12º，其中的主要成分为乙醇、低于4%的糖类物质、酯类物质及丰富的有机酸。伴随着乙醇和副产物的产生，果酒内部发生了一系列复杂的生化反应，最终赋予果酒独特的风味及色泽。自然界中的单糖大部分存在于各种水果之中，主要为葡萄糖和果糖，水果中的糖类物质在合适的温度和湿度条件下，就可以通过自然界中存在的微生物发酵产生乙醇。早在几万年以前，人类已经会贮存食物，其中采集贮存的水果经一段时间后，就会自然产生乙醇。早在 6000年前，苏美尔人和古埃及人便已经会酿造葡萄酒了。常见的果酒主要有葡萄酒、蓝莓酒等。不同水果酿造出的果酒具有迥异的风味和不同的保健价值，但总体来说果酒都具备度数较低、营养价值较高、保护心脑血管、降低胆固醇水平、促进血液循环和加快新陈代谢的特点。

果醋通常是用果品加工产生的下脚料作为主要的原料，通过发酵酿制而成的酸味饮料或调味品。与传统的食用醋相比，果醋具有更加丰富的营养成分，除乙酸外，还含有多种有机酸，如苹果酸、琥珀酸、柠檬酸等，另外还含有丰富的氨基酸和维生素，因此，果醋具有软化血管、降血压和血脂、促进体内糖代谢等营养保健功能，是一种开发前景非常广阔的新型饮品。

一、果酒的分类

果酒的加工方法有很多，因此得到的果酒产品种类也十分丰富，总体来讲，根据果酒的酿造工艺和特点，可以将果酒主要分为以下四类。一是发酵果酒。发酵果酒是通过直接发酵果汁或果浆得到的成品酒，常见的有葡萄酒、树莓酒等。二是蒸馏果酒。蒸馏果酒顾名思义，就是通过蒸馏得到的果酒。简单来说，就是将发酵果酒进行蒸馏处理，这种方式得到的酒称为蒸馏果酒。常见的白兰地酒就是蒸馏果酒。三是配制果酒。这种酒也叫露酒，是将原料如果品、鲜花等用白酒或是乙醇进行浸泡，得到果露或花露，或者是将果汁中加入乙醇、糖、香料、色素等食品添加剂调配而成的酒。四是气泡果酒。气泡果酒主要是因为酒中含有二氧化碳，通常是以葡萄酒为基础，经过再次发酵酿制得到的酒，其中香槟酒就属于气泡果酒。

二、果醋的分类

市场上果醋产品五花八门，根据成品特点不同，果醋一般有以下 3 种分类。①按照原料类型不同分类：鲜果制醋、果汁制醋、鲜果浸泡制醋、果酒制醋。②按照原料水果不同分类：普通水果果醋、野生特色水果果醋、国外引进品种水果果醋。③按照原料种类分类：单一型果醋、复合型果醋、新型果醋。下面介绍各种类型果醋的特点。

（一）按照原料类型分类

1）鲜果制醋是利用鲜果进行发酵，特点是产地制造、成本低、季节性强、酸度高，适合做调味果醋。

2）果汁制醋是直接用果汁进行发酵，特点是非产地也能生产、不受季节影响、酸度高，适合做调味果醋。

3）鲜果浸泡制醋是将鲜果浸泡在一定浓度的乙醇溶液或食醋溶液中，待鲜果果香、果酸及部分营养物质进入乙醇溶液或食醋溶液后，再进行醋酸发酵，特点是工艺简洁、果香浓、酸度高，适合做调味果醋和饮用果醋。

4）果酒制醋是以酿造好的果酒为原料进行醋酸发酵。

（二）按照原料水果不同分类

普通水果果醋有苹果、葡萄、桃子、荔枝、菠萝等果醋，目前市场上以苹果醋居多。野生特色水果果醋有宣木瓜果醋、番木瓜果醋、欧李果醋、刺梨果醋、野生酸枣果醋等，因野生食品无污染、营养丰富，一般具有药用、保健作用，所以野生资源在市场上越来越受到消费者的喜欢，并成为一种健康时尚的追求。国外品种水果果醋有安哥诺李果醋（原产于美国）、百香果醋（原产地在美国夏威夷）等。因此，目前由浆果酿造的果醋种类仍然较少，浆果发酵果醋具有广阔的市场前景。

（三）按照原料种类分类

1）单一型果醋是选用一种水果来酿造果醋。

2）复合型果醋是根据各种水果的特点，两种或多种水果复合，或水果与常见补药等一起酿造而成。未来复合型果醋的研究和上市产品将越来越多，因为此类果醋更营养，且营养物质的搭配也更均衡、合理。

3）新型果醋是为了满足人们对果醋产品越来越高的要求而出现的新品种。新型果醋营养丰富、口感俱佳，丰富了果醋的品种，将果醋开发推向了新的高度。

第二节　浆果发酵制品生产工艺

一、果酒的生产工艺

市场上多数的果品都可用于酿制果酒，但以葡萄为最大宗，因此浆果果酒的酿造工艺以葡萄酒酿造工艺为参考。

葡萄酒的酿造就是将葡萄这一固体形态的水果转化为液体形态且含有特殊风味的过程。它包括两个阶段：第一阶段为物理化学或物理学阶段；第二阶段为生物学阶段，即酒精发酵和苹果酸-乳酸发酵阶段。在第一阶段中红白两种葡萄酒的酿造有所不同：在酿造红葡萄酒时，葡萄浆果中的固体成分是通过浸渍获得葡萄汁，而在酿造白葡萄酒时是通过压榨获得葡萄汁。

葡萄原料中，固体成分占20%，包括果梗和种子，其中果梗主要含有水、矿物质、酸和单宁；种子富含脂肪和涩味单宁；液体成分占80%，即葡萄汁，其含有糖、酸、氨基酸等，以上这些都是葡萄酒的非特有成分，而葡萄酒的特有成分则主要存在于果皮和果肉细胞的碎片中。果汁和果皮在物质的含量上存在很大差别：果汁中富含糖和酸，芳香物质含量很少，几乎不含单宁；而对于果皮，由于富含葡萄酒的特有成分，被认为是葡萄浆果的"高贵"部分，因此在酿造中尤为重要。优质酿造工艺的目标是实现葡萄酒感官平衡及口感物质和芳香物质之间的平衡，然后保证发酵的正常进行。

以优质红葡萄酒酿造工艺为例，列述。

$$SO_2 \qquad\qquad 酒母$$
$$\downarrow \qquad\qquad\quad \downarrow$$

红葡萄→选别→破碎、除梗→葡萄浆→成分调整→浸提与前发酵→压榨→后发酵→倒桶→苹果酸-乳酸发酵→陈酿→澄清→过滤→调配→杀菌→灌装→成品。

（一）原料的选择

葡萄的酿酒适性好，但要想酿出优质的葡萄酒，对葡萄原料的要求必须严格，要具有优良的性状并且适合酿造的要求。因此，建立良种化、区域化的酒用葡萄生产基地势在必行。干红葡萄酒对葡萄原料的要求：色泽深、风味浓郁、果香典型、糖分含量高（21g/100mL 以上）、酸度适中（0.6~1.2g/100mL）、完全成熟，色素积累到最高时采收。葡萄的成熟状态将影响葡萄酒的质量，甚至葡萄酒的类型。不同类型的葡萄酒需要不同成熟状态的葡萄。表 7-1 为主要优良品种葡萄适宜酿造的葡萄酒种类。

表 7-1　主要优良葡萄酿酒品种及适用酿酒种类（孟宪军和乔旭光，2016）

中文名称	外文名称	颜色	适用酿酒种类
蛇龙珠	Cabernet Gernischet	红	干红葡萄酒
赤霞珠（解百纳）	Cabernet Sauvignon	红	高级干红葡萄酒
黑比诺	Pinot Noir	红	高级干红葡萄酒
梅鹿辄（梅露汁）	Merlot	红	干红葡萄酒
法国蓝（玛瑙红）	Bule French	红	干红葡萄酒
品丽珠	Cabernet France	红	干红葡萄酒
增芳德	Zinfandel	红	干红葡萄酒
佳丽酿（法国红）	Carignane	红	干红或干白葡萄酒
北塞魂	Petire Bouschet	红	红葡萄酒
魏天子	Verdot	红	红葡萄酒
佳美	Gamay	红	红葡萄酒

续表

中文名称	外文名称	颜色	适用酿酒种类
玫瑰香	Muscat Hambury	红	红或白葡萄酒
霞多丽	Chardonnay	白	白葡萄酒、香槟酒
雷司令（里斯林）	Riesling	白	白葡萄酒
灰比诺（李将军）	Pinot Gris	白	白葡萄酒
意斯林（贵人香）	Italian Riesling	白	白葡萄酒
琼瑶浆	Gewüurztraminer	白	白葡萄酒
长相思	Sauvignon Blanc	白	白葡萄酒
白福儿	Folle Blanche	白	白葡萄酒
白羽	Ркацители	白	白葡萄酒、香槟酒
白雅	Баян-ширей	白	白葡萄酒
北醇		红	红或白葡萄酒
龙眼		淡红	干白葡萄酒或香槟酒

（二）发酵液的制备与调整

发酵液的制备与调整包括葡萄的选别、破碎、除梗、压榨、澄清和成分调整等工序，是发酵前的一系列预处理工艺。为了提高酒质，进厂葡萄应首先进行选别，除去霉变、腐烂果粒。

1. 破碎与除梗

将果粒压碎使果汁流出的操作称为破碎。破碎便于压榨取汁，增加酒母与果汁接触的机会，利于红葡萄酒色素的浸出，易于 SO_2 的均匀应用和氧气的溶入，同时便于物料的输送。破碎时只要求破碎果肉，不伤及种子和果梗，这是因为种子中含有大量的单宁、油脂及糖苷，破碎会增加果酒的苦涩味。凡与果肉、果汁接触的部件，不能使用铜、铁等材料制成，以免铜离子、铁离子溶入果汁中，增加金属离子的含量，使酒发生铜或铁败坏病。

破碎后应立即将果浆与果梗分离，这一操作称为除梗。酿制红葡萄酒的原料要求除梗。破碎与除梗操作不分先后，也可同时进行。除梗可以防止果梗中的青草味和苦涩物质溶出及降低因果梗的存在固定色素而造成的色素损失，还可减少发酵醪体积，便于输送。酿制白葡萄酒的原料不宜去梗，破碎后立即应压榨，利用果梗作助滤层，提高压滤速率。

破碎过程的手工法指用手挤或木棒捣碎，也有用脚踏。破碎机有双辊式破碎机、鼓形刮板式破碎机、离心式破碎机等。现代生产中常采用破碎与去梗同时进行。

2. 压榨与澄清

压榨是将葡萄汁或刚发酵完成的新酒通过压力分离出来的操作。红葡萄酒带渣发酵，当主发酵完成后及时压榨取出新酒。白葡萄酒取净汁发酵，故破碎后应及时压榨取汁。在破碎后不加压力自行流出的葡萄汁称自流汁，加压之后流出的葡萄汁为压榨汁。

前者占果汁体积的 50%～55%，质量好，宜单独发酵制取优质酒。压榨分两次进行，第一次逐渐加压，尽可能地压出果肉中的汁，而不压出果梗中的汁，然后将残渣疏松，加水或不加水进行第二次压榨。第一次压榨汁占果汁的 25%～35%，质量稍差，应分别酿制，也可与自流汁合并。第二次压榨汁占果汁的 10%～15%，杂味重，质量差，宜作蒸馏酒或其他用途。压榨应尽量快速，以防止氧化和减少浸提时间。

澄清是酿制白葡萄酒的特有工序，以便取得澄清葡萄汁进行发酵，这是因为压榨汁中的一些不溶性物质在发酵中会产生不良效果，给酒带来杂味。用澄清葡萄汁制取的白葡萄酒胶体稳定性高、对氧气的作用不敏感、酒色淡、芳香物质稳定、酒质爽口。澄清方法有静置澄清、酶法澄清、皂土澄清和机械分离等。

3. SO$_2$ 处理

（1）SO$_2$ 的作用

1）杀菌作用。在一定浓度范围内，二氧化硫能抑制除酿酒酵母以外的其他微生物的生长。

2）抗氧化作用。二氧化硫可预防果酒的氧化，对防止白葡萄酒褐变具有重大意义。其可以阻止果汁中的单宁和色素的氧化作用，还可对维生素 C 起保护作用。二氧化硫可以降低果酒的氧化还原电位，从而对果酒的香气和口味产生特殊的影响。

3）溶解作用。二氧化硫生成的亚硫酸有助于果皮中的色素、酒石酸、无机盐等成分的溶解，可以增加浸出物的含量和酒的色度。

4）澄清作用。二氧化硫能抑制发酵微生物的活动，推迟发酵开始的时间，从而有利于发酵基质中悬浮物的沉淀。同时，它还能改变果汁或果酒的 pH，使原来以交替状态悬浮的含氮化合物失去电荷而沉淀。这一作用可用于白葡萄酒酿造过程中葡萄汁的澄清。

5）增酸作用。该作用主要体现在杀菌和溶解两个方面。一方面，SO$_2$ 可抑制以有机酸为发酵基质的细菌的活动，特别是乳酸菌的活动，从而抑制了苹果酸-乳酸发酵；另一方面，加入 SO$_2$ 可提高发酵基质的酸度，并可杀死植物细胞，促进细胞中酸性可溶性固形物特别是有机酸盐的溶解。

（2）SO$_2$ 的来源

使用的 SO$_2$ 来源有气体 SO$_2$、液体亚硫酸及固体亚硫酸盐等。

1）气体。硫黄直接燃烧生成二氧化硫，是一种最古老的方法，目前有些酒厂用此法来对贮酒室、发酵和贮酒容器进行杀菌。

2）液体。在加压或冷冻条件下使气体二氧化硫形成液体，贮存于钢瓶中，可以直接使用，或间接将之溶于水中形成亚硫酸后再使用，使用方便而准确。

3）固体。常用偏重亚硫酸钾，加入酒中产生二氧化硫。固体偏重亚硫酸钾中含二氧化硫约 57.6%，常以 50% 计算。使用时将固体偏重亚硫酸钾溶于水，配制成 10% 溶液（含 SO$_2$ 为 5% 左右）。

（3）SO$_2$ 的使用

SO$_2$ 用量受很多因素的影响，原料含糖量越高，结合 SO$_2$ 的能力越高，从而降低了

游离 SO_2 的含量，用量略增；原料含酸量越高，pH 越低，游离 SO_2 含量越高，用量略减；温度越高，SO_2 越易与糖化合且易挥发，从而降低了游离 SO_2 的含量，用量略增；原料带菌量越多，微生物种类越杂，果粒霉变越严重，SO_2 用量越多。但 SO_2 使用不当或用量过高，可使葡萄酒具怪味且对人体产生毒害作用，并可推迟葡萄酒成熟。

SO_2 在葡萄酒酿造过程中主要应用于两个方面。一方面，在发酵前使用，红葡萄酒应在破碎与除梗后、入发酵罐前加入，并且一边装罐一边加入 SO_2，装罐完毕后进行一次倒罐，使 SO_2 与发酵基质混合均匀。切忌在破碎前或破碎与除梗时对葡萄原料进行 SO_2 处理，否则 SO_2 不易与原料均匀混合，且因挥发和固定而造成损失。SO_2 应用的另一个方面是在葡萄酒陈酿和贮藏时进行。在葡萄酒陈酿和贮藏过程中，为了防止氧化作用和微生物活动，防止葡萄酒变质，常将葡萄酒中的游离 SO_2 含量保持在一定水平上。表 7-2 为不同情况下葡萄酒中游离 SO_2 需保持的浓度。

表 7-2 不同情况下葡萄酒中游离 SO_2 需保持的浓度（孟宪军和乔旭光，2016）

SO_2 浓度类型	葡萄酒类型	游离 SO_2 浓度（mg/L）
贮藏浓度	优质红葡萄酒	10～20
	普通红葡萄酒	20～30
	干白葡萄酒	30～40
消费浓度（瓶装葡萄酒）	加强白葡萄酒	80～100
	红葡萄酒	10～20
	干白葡萄酒	20～30
	加强白葡萄酒	50～60

（4）葡萄汁的成分调整

为了克服原料因品种、采收期和年份的差异，而造成原料中糖、酸及单宁等成分的含量与酿酒条件不相符，必须对发酵原料的成分进行调整，确保葡萄酒质量，并促使发酵安全进行。

1）糖分调整。糖是乙醇生成的基质。根据乙醇生成反应式，理论上 1 分子葡萄糖生成 2 分子乙醇，即 1g 葡萄糖将生成 0.511g 或 0.64mL 的乙醇。或者说，要生成 1°酒精需葡萄糖 1.56g 或蔗糖 1.475g。但实际上酒精发酵除主要生成乙醇、二氧化碳外，还有微量的甘油、琥珀酸等产物生成需消耗一部分糖，加之酵母菌生长繁殖也要消耗一部分糖。所以，实际每生成 100mL 1°酒精需 1.7g 葡萄糖或 1.6g 蔗糖。

一般葡萄汁的含糖量在 14～20g/100mL，只能生成 8.0°～11.7°的酒精。而成品酒的酒精度要求为 12°～13°，乃至 16°～18°。提高酒精度的方法，一是补加糖使生成足量浓度的酒精，酿制优质的葡萄酒需采用此方法；二是发酵后补加同品种高浓度的蒸馏酒或经处理过的酒精，补加酒精量以不超过原汁发酵的酒精量的 10% 为宜。

补加糖的方法有以下两种。

A）添加砂糖。应补加的砂糖量，根据成品酒精度而定。如要求 13°，按每 100mL 升高 1°酒精度需要 1.7g 糖计算，则每升果汁中的含糖量是 13×17g=221g。如果葡萄汁的含糖量为 170g/L，则每升葡萄汁应加砂糖量为 221g–170g=51g。但实际上，加糖后并不能得到每升含糖量为 221g，而是比 221g 低。由于每千克砂糖溶于水后增加 625mL 的体积。因此，应按式（7-1）计算加糖量。

$$X = \frac{V(1.7A - B)}{100 - 1.7A \times 0.625} \qquad (7\text{-}1)$$

式中，X 为应加砂糖量（kg）；V 为果汁总体积（mL）；"1.7" 为产生 1° 酒精所需的糖量；A 为发酵要求的酒精度；B 为果汁含糖量（g/100mL）；"0.625" 为单位重量砂糖溶解后的体积数。

按式（7-1）计算，应加砂糖量为 59.2g。生产上为了简便，可用经验数字。例如，要求发酵生成 12°～13° 酒精，应加砂糖量则用 230～240g 减去果汁原有的糖量，果汁含糖量高时（150g/L 以上）可用 230g，含糖量低时（150g/L 以下）则用 240g。按上例果汁含糖量 170g/L，则每升加糖量为 230–170=60（g）。

加糖前应量出较准确的葡萄汁体积，一般每 200L 加一次糖；加糖时先将糖用葡萄汁溶解制成糖浆；用冷汁溶解，不要加热，更不要先用水将糖溶成糖浆；加糖后要充分搅拌，使其完全溶解；加糖的时间最好在酒精发酵刚开始的时候。

B）添加浓缩葡萄汁。采用浓缩葡萄汁来提高糖分的方法，一般不在主发酵前期加入，而在主发酵后期添加，因为葡萄汁含糖量太高易造成发酵困难。添加时要注意浓缩葡萄汁的酸度，因为葡萄汁浓缩后酸度也同时提高。如加入量不影响酸度时，可不作任何处理；若酸度太高，需在浓缩葡萄汁中加入适量的碳酸钙中和，降酸后使用。

实例分析：已知浓缩葡萄汁的潜在酒精度为 50%（vol.），5000L 发酵葡萄汁的潜在酒精度为 10%（vol.），葡萄酒要求酒精度为 11.5%（vol.），则可用交叉法求出需加入的浓缩葡萄汁量。

即要在 38.5L 的发酵用葡萄汁中加入 1.5L 的浓缩葡萄汁，才能使葡萄酒达到 11.5%（vol.）的酒精度。根据上述比例求得浓缩汁的添加量为 1.5×5000/38.5=194.8（L）。

2）酸度调整。酸在葡萄酒发酵中起重要作用：①它可抑制杂菌繁殖，使发酵顺利进行；②使红葡萄酒颜色鲜明；③使酒味清爽，并使酒具有柔软感；④与醇生成酯，增加酒的芳香；⑤增加酒的贮藏性和稳定性。

葡萄汁中的酸度以 0.8～1.2g/100mL 为宜。此量既为酵母菌最适应，又能赋予成品酒浓厚的风味，增进色泽。若 pH 大于 3.6 或可滴定酸含量低于 0.65%时，可添加酸度高的同类果汁，也可用酒石酸、柠檬酸对葡萄汁直接增酸，在实践中一般每升葡萄汁中添加 1～3g 酒石酸，柠檬酸添加量最好不要超过 0.5g/L。

对于红葡萄酒，应在酒精发酵前补加酒石酸，这样利于色素的浸提。若加柠檬酸，应在苹果酸–乳酸发酵后再加。白葡萄酒加酸可在发酵前或发酵后进行。柠檬酸主要用于稳定葡萄酒。但在经过苹果酸–乳酸发酵的葡萄酒中，柠檬酸容易被乳酸菌分解，提高挥发酸含量，因此应避免使用。

一般情况下不需要降低酸度，因为酸度稍高对发酵有好处。在贮存过程中，酸度会自然降低 30%～40%，主要以酒石酸盐形式析出。当酸度过高时，必须降酸，降酸的方法有如下几种。①勾兑法降酸：与同种类的低酸度果汁混合。②物理法降酸：所生产的果（酒）汁低温或冷冻贮存，促进酒石酸盐沉淀来降酸。③化学法降酸：通过添加中性酒石酸盐、碳酸钾盐或碳酸钙盐来降酸。但化学降酸法最好在酒精发酵结束后进行。④生物方法降酸：有苹果酸–乳酸发酵降酸和裂殖酵母降酸，主要是苹果酸–乳酸发酵降酸。红葡萄酒一般进行苹果酸–乳酸发酵降酸，而白葡萄酒一般进行化学降酸。

（三）葡萄酒的发酵

1. 酵母添加

成分调整后，即使不添加酵母，酒精发酵也会自然地触发。但是为了便于生产，则需要加入人工培养酵母或活性干酵母。

（1）利用人工培养酵母制备葡萄酒酒母

我国利用的人工培养酵母一般为试管斜面培养的酵母菌。利用这类酵母制备葡萄酒酒母需经几次扩大培养。

1）液体试管培养。在葡萄开始压榨前 10d 左右，采摘完全成熟、无霉变的葡萄，经破碎和压榨、过滤得到新鲜葡萄汁，分装入经干热灭菌的干净试管中，每管约 10mL，用 0.1MPa 的蒸汽灭菌 20min，放冷备用。在无菌条件下接种斜面试管活化培养的酵母，每支斜面可接种 10 支液体试管中，25℃培养 1～2d，发酵旺盛时接入三角瓶。

2）三角瓶培养。在清洁、干热灭菌的 500mL 三角瓶中注入新鲜澄清的葡萄汁 250mL，用 0.1MPa 的蒸汽灭菌 20min，冷却后从两支液体试管中接种到三角瓶中，25℃培养 24～30h，发酵旺盛时接入玻璃瓶。

3）玻璃瓶（或卡氏罐）培养。在 10L 洁净消毒的卡氏罐或细口玻璃瓶中加入新鲜澄清的葡萄汁 6L，常压蒸煮（100℃）1h 以上，冷却后加入亚硫酸，使其二氧化硫含量达 80mg/L，经 4～8h 后接入两个发酵旺盛的三角瓶培养酵母，摇匀，换上发酵栓，于 20～25℃培养 2～3d，其间摇瓶数次，至发酵旺盛时接入酒母培养罐。

4）酒母罐培养。可用两只 200～300L 带盖的木桶（或不锈钢）培养酒母。木桶洗净并经硫黄烟熏杀菌，4h 后将一桶中注入新鲜成熟的葡萄汁至 80%的容量，加入适量 100～150mg/L 的亚硫酸，搅匀，静置过夜。吸取上层清液至另一桶中，随即添加 1～2 个玻璃瓶培养酵母，25℃培养，每天用乙醇消毒过的木耙搅拌 1～2 次，使葡萄汁接触空气，加速酵母的生长繁殖，经 2～3d 至发酵旺盛时即可使用。每次取培养量的 2/3，留下 1/3，然后再放入处理好的澄清葡萄汁继续培养。若卫生管理严格，可连续分批培养多次。

5）酒母使用。培养好的酒母一般应在葡萄醪中加二氧化硫后，经 4～8h 再加入，以减小游离二氧化硫对酵母的影响。酒母用量为 1%～10%（vol.），视情况而定。

（2）利用活性干酵母制备葡萄酒酒母

活性干酵母为灰黄色的粉末，或呈颗粒状。它贮藏性好，使用方便。使用前需活化，活化方法：在所需酵母重量 10 倍左右的 $35\sim40$℃的 5%含糖量的糖水或未加二氧化硫的稀葡萄汁中，加入酵母，轻轻搅拌均匀，避免结块，经 $20\sim30$min，即可使用。

2. 红葡萄酒的发酵

红葡萄酒可带皮进行前发酵或纯汁发酵，后者产品口味较轻些。整个发酵期分为前发酵和后发酵两个阶段，发酵期分别为 $5\sim7$d 和 30d。

前发酵有开放式（图 7-1）和密闭式（图 7-2）两种，目前多采用后者。前发酵期间，原始的搅拌方法是人工用木耙"压醪盖"，现多用泵将葡萄汁进行循环喷淋到醪盖上。

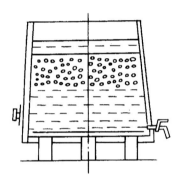

图 7-1　带压板装置的开放式发酵池（孟宪军和乔旭光，2016）

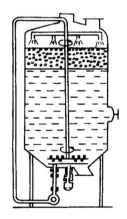

图 7-2　新型密闭式的红葡萄酒发酵罐（孟宪军和乔旭光，2016）

（1）传统法发酵工艺

a. 入池

发酵容器清洗后，用亚硫酸杀菌（$20mL/m^3$），装好压板、压杆。泵入葡萄浆，充满系数为 75%～80%。按规定量添加 SO_2，然后加盖封口。在葡萄浆入池几个小时后，有害微生物已被 SO_2 杀伤。这时，在醪液循环流动状态下，将酒母加入。添加的酵母最好使用人工培养的纯种酵母，或使用天然酵母，也可使用上一次的酒脚。人工酒母的相对密度为 $1.020\sim1.025$。

b. 前发酵

前发酵的主要目的是进行酒精发酵、浸提色素物质和芳香物质。前发酵进行的好坏是决定葡萄酒质量的关键。若葡萄浆的原始糖度低于成品酒酒精度所要求的度数，应一次加入需加的糖量，或在前发酵旺盛时分两次添加，压板的缝隙约 0.5cm，浸没深度为 6～12cm。

1) 前发酵的管理。①温度管理：红葡萄酒发酵的最适温度为 26～30℃。温度过低，红葡萄皮中的单宁、色素不能充分溶解到酒里，影响成品酒的颜色和口味。发酵温度过高，葡萄的果香会受到损失，影响成品酒的香气。入池后每天早晚各测量 1 次品温，记录并画出温度变化曲线。②成分管理：每天测定糖度下降状况，并记录于表中，画出糖度变化曲线。按品温和糖度变化状况，通常可判断发酵是否正常。③观察发酵面状貌：通常在入池后 8h 左右，液面即有发酵气泡。若入池后 24h 仍无发酵迹象，应分析原因，并采取相应措施。

2) 发酵期的确定。一般在酒液残糖量降至 0.5% 左右时，发酵液面只有少量 CO_2 气泡，"酒盖"已经下沉，液面较平静，发酵温度接近室温，并且有明显酒香，此时表明前发酵结束。一般前发酵时间为 4～6d。发酵后的酒液质量要求：呈深红色或淡红色；混浊而含悬浮酵母；有酒精、CO_2 和酵母味，但不得有霉、臭、酸味；酒精含量为 9%～11%（v/v）、残糖量≤0.5%、挥发 CO_2 为 0.04%。

3) 前发酵过程中的物理及化学变化。①葡萄浆中绝大部分糖在酵母作用下被分解，生成乙醇及其他副产物。葡萄皮的色素等成分逐渐溶解于酒中。②发酵开始时，有"吱吱"声，响声由小变大。发酵旺盛时，产生大量的 CO_2，使酒液出现翻腾现象。旺盛过后，"吱吱"声逐渐变小。整个前发酵期间泡沫的多少和发酵激烈的程度是相应的；而泡沫的色泽往往是由浅变深的。③CO_2 将皮和其他较轻的固状物质带至酒液表面，形成一层厚厚的醪盖。前发酵结束时，醪盖已下沉，应及时分离；否则，将导致酵母自溶。

c. 酒醪固液分离

通常在酒液相对密度降为 1.020 时进行皮渣分离。如果葡萄酒液的糖度为 22%～24%，且富含单宁及色素，则皮渣的浸提时间应适当缩短。有时在酒液相对密度降至 1.030～1.040 时，即可进行皮渣分离。如果生产要求色泽很深或单宁含量高的酒，应推迟除渣。使用质量较差的葡萄酿酒，则应提前除渣。

先将自流酒液从排出口放净，然后将清理出的皮渣进行压榨，得到压榨酒。前发酵结束后的酒液中各组分比例：皮渣占 11.5%～15.5%，自流酒液占 52.9%～64.1%，压榨酒液占 10.3%～25.8%，酒脚占 8.9%～14.5%。自流酒液的成分与压榨酒液相差很大，若酿制高档酒，应将自流酒液单独贮存。

1) 提取自流酒液。自流酒液通过金属网筛流入承接桶，由泵输入后发酵罐中，称为"下酒"。生产红葡萄酒采用这种方法，可使新酒接触空气，以增强酵母的活力，并使酒中溶解的 CO_2 得以逸出。但应注意不要溶入过多的空气。若酒液温度高于 33℃，则应先冷却。佐餐红葡萄酒要求有新鲜感、有明显的原果香，故在下酒时应尽量使酒液隔绝空气，以免氧化，即酒液由出口直接经输酒管泵入后发酵罐中。

2）除渣、压榨。通常在自流酒完全流出后 2～3h 进行除渣，也可在次日除渣。压榨时应注意不能压榨过度，以免酒液味较重，并使皮上的肉质等带入酒中而不易澄清。

d. 后发酵

1）后发酵的目的。①继续发酵至残糖量降为 0.2g/L 以下。②澄清作用：在低温缓慢的后发酵过程中，前发酵原酒中残留的部分酵母及其他果肉纤维等悬浮物逐渐沉降，形成酒泥，使酒逐步澄清。③排放溶解的 CO_2。④氧化还原及酯化作用。⑤苹果酸–乳酸发酵的降酸作用。

2）后发酵的管理。①尽可能在 24h 之内下酒完毕。②酒液品温控制为 18～20℃。每天测量品温和酒精度 2～3 次，并做好记录。③定时检查水封状况，观察液面。注意气味是否正常，有无霉、酸、臭等异味，液面不应呈现杂菌膜及斑点。

若后发酵开始时逸出 CO_2 较多，或有"嘶嘶"声，则表明前发酵未完成、残糖量过高。应泵回前发酵罐在相应的温度下继续进行前发酵，待残糖量降至规定含量后，再转入后发酵罐。若酒液一开始呈臭鸡蛋气味，可能是 SO_2 用量过多而产生 H_2S 所致，可进行倒罐，使酒液接触空气后，再进行后发酵。若品温过低而无轻微发酵迹象，应将品温提高到 18～20℃。若前发酵品温上升到 35℃以上，会导致酵母衰败，失去活性，则很难完成后发酵。可采取如下补救措施：添加约 20%发酵旺盛的酒液，其密度应与被补救的酒液相近。若至发酵季节终了，仍存在后发酵不完全的酒液，则应及时添加人工酒母进行补救。

（2）旋转罐法发酵工艺

旋转发酵罐是一种比较先进的红葡萄酒发酵设备。利用罐的旋转，能有效地浸提葡萄皮中含有的单宁和花色素。由于在罐内密闭发酵，发酵时产生的 CO_2 使罐保持一定的压力，起到防止氧化的作用，同时减少了乙醇及芳香物质的挥发。罐内装有冷却管，可以控制发酵温度，不仅能提高质量，还能缩短发酵时间。

目前世界上使用的发酵旋转罐有两种形式：一种为法国生产的Vaslin型旋转罐（图7-3），一种是罗马尼亚的 Seity 型旋转罐（图 7-4）。

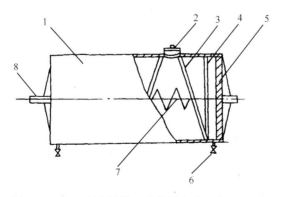

图 7-3 Vaslin 型旋转罐（孟宪军和乔旭光，2016）
1. 罐体；2. 进料排渣口；3. 螺旋板；4. 过滤网；5. 封头；6. 出汁阀门；7. 冷却蛇管；8. 罐体短轴

1）Vaslin 型旋转罐发酵工艺。葡萄浆在罐内进行色素及芳香物质的浸提，同时进行酒精发酵，待残糖量为 0.5g/L 左右时，压榨取酒，进入后发酵罐发酵。

2) Seity 型旋转罐发酵工艺。葡萄破碎后，输入罐中，在罐内密闭、控温、隔氧并保持一定压力的条件下，浸提葡萄皮上的色素物质和芳香物质，当色素物质含量不再增加时，即可进行皮渣分离，将果汁输入另一发酵罐中进行纯汁发酵。前期以浸提为主，后期以发酵为主。旋转罐的转动方式为正反交替进行，每次旋转 5min，转速为 5r/min，间隔时间为 25～55min。浸提时间因葡萄品种及温度等条件而异。

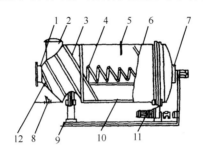

图 7-4　Seity 型旋转罐（孟宪军和乔旭光，2016）

1. 出料口；2. 进料口；3. 螺旋板；4. 冷却管；5. 温度计；6. 罐体；7. 链龙；8. 出汁阀门；
9. 滚轮装置；10. 过滤网；11. 电机；12. 出料双螺旋

（3）CO_2 浸渍法发酵工艺

CO_2 浸渍法（carbonic maceration）简称 CM 法，就是把整粒葡萄放到一个密闭罐中，罐中充满 CO_2 气体。葡萄经受 CO_2 的浸提后进行破碎、压榨，再按一般方法进行酒精发酵。CO_2 浸提过程的实质是葡萄果粒厌氧代谢过程。浸提时果粒内部发生了一系列生化变化，如苹果酸含量减少、琥珀酸含量增加；总酯含量明显增加，双乙酰、乙醛、甘油的生成量提高等，因而酒体柔和，香气悦人。但其要求必须是新鲜无污染的葡萄，成品酒不能很好地经受陈酿，否则会失去特有的水果香味。目前我国葡萄原料的含酸量较高，采用该法对改善酒质具有重要现实意义。

（4）热浸提法发酵工艺

热浸提法生产红葡萄酒是利用加热浆果，充分提取果皮和果肉中的色素物质和香味物质，然后进行皮渣分离，之后进行纯汁酒精发酵。

该法分为全部浆果加热、浆果分离出 40%～60% 冷汁后的浆果加热及整粒葡萄加热 3 种。加热工艺条件分两种：低温长时间加热，即 40～60℃、0.5～24h；高温短时加热，即 60～80℃、5～30min。例如，意大利 Padovan 热浸提设备的工艺：全部浆果在 50～52℃ 条件下浸提 1h；SO_2 浓度为 80～100mg/L，再取自流汁及压榨汁进行前发酵。

（5）连续发酵法生产工艺

红葡萄酒的连续发酵是指连续供给原料、连续取出产品的一种发酵方法。连续发酵法的设备一般为金属立式罐形，容量为 80～400m^3，一般安置在室外，设备下半部有一个葡萄浆进口，每日进料必须与酒、果渣、籽的排放相适应。酒的出口管可以调节高度，一般固定在果渣下面，通过过滤网使酒流出，残留固体物质。果渣螺旋机自动取出果渣，罐底形状使部分籽易积累，每天可排出，并配用一个洗涤系统，以避免任何涩味，原因是定期减少单宁溶解。在罐外有一个喷水环，用来防止温度上升。通过改进进料与出酒的速度来决定果渣浸提时间。

连续发酵法的优点是可集中处理大量葡萄；空间和材料都较经济；产品成熟快，生产效率高。缺点是设备投资大；连续发酵投料量大，不适合单次发酵；杂菌污染程度大。

（四）调配、灌装、杀菌

1. 成品调配

为使同一品种的酒保持固有的特点，提高酒质或改良酒的缺点，常在酒已成熟而未出厂前，进行成品调配。其主要包括勾兑和调整两方面。勾兑即原酒选择与适当比例的其他酒混合，目的在于使具有不同优缺点的酒相互取长补短，最大限度地提高酒的质量和经济效益。一般选择一种质量接近标准的原酒作基础酒，根据其缺点选一种或几种另外的酒作勾兑酒，按一定比例加入后再进行感官和理化分析，从而确定调整比例。调整则是根据产品质量标准对勾兑酒的某些成分进行调整。葡萄酒的调整主要包括以下指标：①酒精度。用同品种酒度高的调配，也可用同品种葡萄蒸馏酒或精制酒调配。②糖度。用同品种的浓缩果汁调配，亦可用精制砂糖调配。③酸度。酸度不足可加柠檬酸，酸度过高可用中性酒石酸钾中和。

配酒时先加入乙醇，再加入原酒，最后加入糖浆和其他配料，并开动搅拌器使之充分混合，取样检验合格后再贮存半年左右，使酒味恢复协调。

2. 过滤、杀菌、装瓶

葡萄酒工业中常用的过滤机有棉饼过滤机、硅藻土过滤机等。为了达到理想的过滤效果，得到清澈透明的葡萄酒，一般需要多次过滤。一般是在原酒下胶澄清后，用硅藻土过滤机进行粗滤，以排除悬浮在葡萄酒中的细小颗粒和澄清剂颗粒。经冷热处理后的酒，在低温下用棉饼（或硅藻土）过滤机过滤，以分离悬浮状的微粒体和胶体。在装瓶前，采用膜除菌过滤，以进一步提高酒的透明度，防止发生混浊。

装瓶时，空瓶先用2%～4%的碱液在30～50℃条件下浸洗去污，再用清水冲洗，之后用2%的亚硫酸液冲洗消毒。装瓶前杀菌是将葡萄酒经巴氏杀菌后再进行热装瓶或冷装瓶；装瓶后杀菌，是先将葡萄酒装瓶，密封后在60～75℃下杀菌10～15min。杀菌装瓶后，经一次光检，合格品即可贴标、装箱入库。软木塞封口的酒瓶应倒置或卧放。

二、果醋的生产工艺

果醋多选用残次水果，经压榨、酒精发酵、醋酸发酵后加工而成。与粮食醋酿造工艺相比，水果中含有许多可溶性糖，这些糖可直接进行酒精发酵和醋酸发酵，不需液化和糖化、工艺相对简单、省工省时、原料转化率高。

（一）工艺流程

水果→挑选→清洗→榨汁→果汁→加糖→调整成分→澄清→（加麸曲或果胶酶）→酒精发酵→醋酸发酵→过滤→调节成分→杀菌→包装→成品

（二）操作要点

1. 水果处理

将采集或收购的残次水果放入清洗池或缸中，用清水冲洗干净，挖去水果上腐烂变质的部分，清洗干净后沥干水备用。

2. 榨汁

水果榨汁可使用压榨机。压榨前应根据原料的特点，对其进行适当处理。不同水果的榨汁率有很大的差异：苹果榨汁率为 70%～75%，葡萄榨汁率为 65%～70%，而柑橘榨汁率仅为 60%左右。

3. 调整成分

果汁中可发酵性糖的含量常常达不到工艺要求，有时为了降低生产成本，需要提高含糖量。加糖可采用两种方法，一种方法是添加淀粉糖化醪；另一种方法是加蔗糖，补加蔗糖时，先将糖溶化配成约 20%的蔗糖溶液，用蒸汽加热至 95～98℃以充分溶解，而后用冷凝水降温至 50℃，再加入到果汁中。

4. 澄清

将调配好的果汁送入澄清设备中，加入黑曲霉麸曲 2%，或加入果胶酶 0.01%（以原果汁计），在 40～50℃条件下保温 2～3h，使单宁和果胶分解，便于澄清。

5. 酒精发酵

澄清后的果汁冷却至 30℃左右，接入 1%的酒母进行酒精发酵。发酵期间控制品温在 30～34℃为宜，经 4～5d 的发酵，当发酵醪酒精含量为 5%～8%、酸度为 1%～1.5%时，表明酒精发酵基本完成。

6. 醋酸发酵

果醋的醋酸发酵以液态发酵效果最佳，这不仅有利于保持水果固有的香气，而且可以使成品醋风格鲜明。固态发酵时成品醋会有辅料的味道，而使香气变差。液态发酵可采用表面发酵与深层通风发酵两种工艺。工厂规模小时以前者为宜，规模大时则应选择后者。

7. 陈酿

醋醪陈酿有两种方法，即成熟醋醪加盐压实陈酿和淋醋后的醋液陈酿。

（1）醋醪陈酿

将加盐后熟的醋醪（含乙酸达 7%以上）移入缸中压实，上盖食盐一层，泥封加盖，放置 15～20d，倒醅一次再封缸，陈酿数月后淋醋。

（2）醋液陈酿

陈酿的醋液含醋酸应大于 5%，否则容易变质。贮入大缸（坛）中陈酿 1～2 个月即可。经陈酿的果醋质量有显著的提高，色泽鲜艳，香味醇厚，澄清透明。

（3）配兑成品及灭菌

陈酿醋或新淋出的头醋通称为半成品，出厂前需按质量标准进行配兑。醋液经过滤后，调节酸度为 3.5%～5%。一般果醋在加热时加入 0.06%～0.1% 的苯甲酸钠作为防腐剂。可采用蛇管热交换加热灭菌，温度应控制在 80℃ 以上，如用直火煮沸灭菌，温度应控制在 90℃ 以上。趁热装入清洁的坛或瓶中，即可得到成品果醋。

（三）酿醋原料的分类

酿醋原料一般可分为主料、辅料、填充料和添加剂四类。

1. 主料

主料指能生成乙酸的水果原料，常用于酿醋的残果、次果、落果或果品加工后的皮、屑、仁等。不同的水果赋予果醋各种果香。

2. 辅料

辅料主要用于固态发酵酿醋及速酿法制醋，为微生物提供营养物质，并增加食醋中的糖分和氨基酸含量。在固态发酵酿醋中，其还起到吸收水分、疏松醋醅、贮存空气的作用。辅料一般采用细谷糠、麸皮、豆粕等。

3. 填充料

固态发酵酿醋及速酿法制醋都需要填充料，要求疏松、有适当的硬度和惰性、没有异味、表面积大。填充料主要作用是吸收乙醇和浆液，疏松醋醅，使空气流通，利于醋酸菌好氧发酵。固态发酵酿醋一般采用粗谷糠、小米壳、高粱壳等填充料。速酿法制醋采用木刨花、玉米秸、玉米芯、木炭、多孔玻璃纤维等作为填充料。

4. 添加剂

添加剂是为提高可溶性固形物在果醋中的含量，同时改善果醋的色、香、味，添加食盐和果胶酶、香辛料、着色剂等。食盐可以抑制醋酸菌对乙酸的分解，果胶酶可以分解果汁中的果胶，其他添加剂主要使果醋成品具有不同的特点和味感。

（四）醋酸菌及扩大培养

醋酸发酵主要是由醋酸菌氧化乙醇为乙酸。其中的醋酸菌是酿醋工业中最为重要的微生物，在传统酿醋工艺中，主要是依靠空气中、填充料曲及生产工具等自然附着的醋酸菌的作用，因此发酵缓慢、生产周期长、一般出醋率低、产品质量不稳定。而新法酿醋是使用人工培养的优良醋酸菌，利用其繁殖速度快，产醋能力强，可将乙醇迅速氧化为乙酸，并且分解乙酸和其他有机酸的能力弱，而耐酸能力强，可在较高温度下生长、发酵的特点，使乙醇充分转化为乙酸，并且生产周期短，产品质量稳定。目前，我国还有相当一部分制醋工厂，酿造时不加纯粹培养的醋酸菌，而是采用传统方法，利用上一批醋酸发酵旺盛阶段的醋醅，接入下一批醋酸发酵的醋醅中，这种过程也叫"接火""提热"等。

1. 醋酸菌

醋酸菌是指氧化乙醇生成乙酸的细菌的总称。按照醋酸菌的生理生化特性，可将醋酸菌分为醋酸杆菌属（*Acetobacter*）和葡萄糖杆菌属（*Gluconobocter*）两大类。前者在39℃温度下可以生长，增殖最适温度在30℃以上，主要作用是将乙醇氧化为乙酸，在缺少乙醇的醋醪中，会继续把乙酸氧化成 CO_2 和 H_2O，也能微弱氧化葡萄糖为葡萄糖酸；后者能在低温下生长，增殖最适温度在30℃以下，主要作用是将葡萄糖氧化为葡萄糖酸，也能微弱氧化乙醇为乙酸，但不能继续把乙酸氧化为 CO_2 和 H_2O。酿醋采用的醋酸菌菌株，大多数属于醋酸杆菌属，仅在老法酿醋醋醪中发现过葡萄糖杆菌属的菌株。

醋酸菌的特性如下。

（1）形态特征

细胞椭圆形至杆状，直或稍弯，大小为（0.6～0.8）μm×（1.0～3.0）μm，单个、成对或呈链状排列，有鞭毛，无芽孢，属革兰氏阴性菌。在高温、高盐浓度或营养不足等不良培养条件下，菌体会伸长，变成线形或棒形、管状膨大等退化形。

（2）对氧气的要求

醋酸菌为好氧菌，必须供给充足的氧气才能进行正常发酵。实践上供给的空气量还须超过理论数的15%～20%才能醋化完全。在含有较高浓度乙醇和乙酸的环境中，醋酸菌对缺氧非常敏感，中断供氧会造成菌体死亡。在实施液体静置培养时，液面形成菌膜，但葡萄糖杆菌不形成菌膜。

（3）对环境的要求

醋酸菌最适生长温度为28～33℃，生存温度范围为5～42℃；因无芽孢，对热抵抗力弱，在60℃条件下10min即死亡。生长的最适 pH 为3.5～6.5，对酸的抵抗力因菌种不同而异，一般的醋酸菌菌株在乙酸浓度达1.5%～2.5%的环境中，生长繁殖就会停止，但有些菌株能耐受乙酸浓度达7%～9%。醋酸菌对乙醇的耐受力颇高，乙醇浓度可达到5%～12%（v/v），若超过其限度即停止发酵。对食盐只能耐受1.0%～1.5%的浓度，为此，在生产实践中醋酸发酵完毕后添加食盐，不但调节食醋滋味，而且是防止醋酸菌继续作用，将乙酸氧化为 CO_2 和 H_2O 的有效措施。

（4）对营养的要求

醋酸菌最适宜的碳源是葡萄糖、果糖等六碳糖，其次是蔗糖和麦芽糖等，不能直接利用淀粉、糊精等多糖类。乙醇是极适宜的碳源，有些醋酸菌还能以甘油、甘露醇等多元醇为碳源。蛋白质水解产物、尿素、硫酸铵等是适宜的氮源。矿物质中必须有磷、钾、镁等元素。由于酿醋的原料一般是粮食及农副产物，其淀粉、蛋白质、矿物质的含量很丰富，营养成分已能满足醋酸菌的需要。

（5）酶系特征

醋酸菌有相当强的醇脱氢酶、醛脱氢酶等氧化酶系活力，因此除能氧化乙醇生成乙酸外，还有氧化其他醇类和糖类的能力，生成相应的酸、酮等物质，如丁酸、葡萄糖酸、葡萄糖酮酸、木糖酸、阿拉伯糖酸、丙酮酸、琥珀酸、乳酸等有机酸，以及氧化甘油生成二酮、氧化甘露醇生成果糖等。醋酸菌也有生成酯类的能力，接入产生芳香酯多的菌种发酵，可以使果醋的香味倍增。上述物质的存在对形成食醋的风味有重要作用。

1）泸酿 1.01 醋酸菌。该菌细胞呈杆形，细胞大小为 0.30～0.55μm，常呈链状排列，菌体无运动性，不形成芽孢，专性好氧。在葡萄糖、酵母膏、淡酒琼脂培养基上的菌落为乳白色，在含乙醇的培养液表面生长形成淡青灰色的不透明薄膜。菌落呈圆形、隆起、边缘波状、表面平滑。繁殖适宜温度为 30℃，发酵温度一般控制在 32～35℃。最适 pH 为 5.4～6.3，能耐 12%的酒精度。该菌由乙醇生成乙酸的转化率平均达到 93%～95%，能氧化葡萄糖为葡萄糖酸，氧化乙酸为 CO_2 和 H_2O。

2）中科 As.1.41 醋酸菌。该菌属于恶臭醋酸杆菌，该菌细胞杆状，常呈链状排列，大小为（0.3～0.4）μm×（1～2）μm，无运动性，无芽孢。对培养基要求粗放，在米曲等培养基中生长良好，专性好氧。平板培养时菌落隆起、表面平滑、菌落呈灰白色，液体培养时形成菌膜。繁殖适宜温度为 31℃，发酵温度一般控制在 36～37℃，最适 pH 为 3.5～6.0，耐受乙醇浓度为 8%（v/v），最高产乙酸 7%～9%，产葡萄糖酸能力弱，能氧化分解乙酸为 CO_2 和 H_2O。

3）许氏醋酸菌（*Acetobacter schutzenbachii*）。德国有名的速酿醋菌种，也是目前醋工业中较重要的菌种之一。在液体培养基中生长的最适温度为 25.0～27.5℃，固体培养的最适温度为 28～30℃，最高生长温度为 37℃。该菌产乙酸高达 11.5%。对乙酸不能进一步氧化。

4）纹膜醋酸菌（*Acetobacter aceti*）。日本酿醋的主要菌株。在液体培养时液面形成乳白色皱纹状有黏性的菌膜，振荡后易破碎，使液体混浊。正常细胞为短杆状，也有膨大、连锁和丝状的。在 14%～15%的高浓度乙醇中发酵缓慢，能耐 40%～50%的葡萄糖。产乙酸的最大量可达 8.75%，能分解乙酸为 CO_2 和 H_2O。

2. 醋母的制备工艺

醋母是指有大量醋酸菌的培养液。和酒母制备一样，醋母也是从一只小试管菌种开始，经过逐步扩大培养，最后达到生产需要的大量醋酸菌培养液。

（1）试管斜面菌种

试管培养基的两种配方，可任选一种应用。①酒液（乙醇体积分数为 6%）100mL、葡萄糖 0.3g、酵母膏 1g、琼脂 2.5g、碳酸钙 1g。②乙醇 2mL、葡萄糖 1g、酵母膏 1g、琼脂 2.5g、碳酸钙 1.5g，水 100mL。配制时各组分先加热溶解，最后加入乙醇。

1）培养。接种后置于 30～32℃保温箱内培养 48h。

2）保藏。醋酸菌因为没有芽孢，所以容易被自己所产生的酸杀灭。醋酸菌中能产生酯香味的菌株，每过十几天即自行死亡。因此，应保持在 0～4℃的冰箱内，使其处于休眠状态。

（2）扩大培养

a. 醋酸菌固体培养

固体培养的醋酸菌是先经纯种三角瓶扩大培养，再在醋醅上进行固体培养，利用自然通风回流法促使其大量繁殖。醋酸菌的固体培养的纯度虽然不高，但已达到（除液体深层发酵制醋以外）各种果醋酿造的要求。

A）纯种三角瓶扩大培养

培养基制备：酵母膏 1%，葡萄糖 0.3%，加水至 100%，溶解及分装于容量为 1000mL 的三角瓶中，每瓶装入 100mL，加上棉塞，于 0.1MPa 蒸汽中灭菌 30min，取出冷却，在无菌条件下加乙醇（乙醇体积分数为 95%）4%。

接种量：接入新培养 48h 的醋酸原菌，每支试管原菌可接 2～3 瓶，摇匀。

培养：于 30℃恒温箱内静置培养 5～7d，当表面上长有薄膜、嗅之有醋酸的清香气味时，即表示醋酸菌生长成熟。如果摇床振荡培养，三角瓶装入量可增至 120～150mL，30℃培养 24h，在镜检菌体生长正常无杂菌时即可使用，一般测定酸度为 1.5～2g/100mL（以乙酸计）。

B）醋酸菌大缸固态育种

取生产上配制的新鲜酒醅，置于设有假底、下面开洞加塞的大缸中，再将培养成熟的三角瓶醋酸菌种拌入酒醅面上，搅拌均匀，接种量为原料的 2%～3%，加缸盖使醋酸菌生长繁殖，待 1～2d 品温升高时，采用回流法降温，即将缸下塞子拔出，放出醋汁回流在醅面上，控制品温不高于 38℃，经过 4～5d 的培养，当醋汁酸度达 4g/100mL 以上时，则说明醋酸菌已大量繁殖，当镜检无杂菌、无其他异味时，即可将种醋接种于大生产的酒醅中。

b. 液体醋酸菌种子培养罐

在种子罐中经液体培养的醋酸菌种子液，一般用于液体深层发酵法制醋。种子罐采用不锈钢罐或陶瓷耐酸罐。

A）一级种子（三角瓶振荡培养）

采用中科 As.1.41 醋酸菌：米曲汁 6°Bé，乙醇（乙醇体积分数为 95%）3%～3.5%，500mL 三角瓶中装入 100mL，四层纱布扎口，用 0.1MPa 蒸汽灭菌 30min，冷却，以无菌操作加入乙醇。接种后，三角瓶培养温度为 31℃，培养时间为 22～24h，振荡培养，摇床采用旋转式（230r/min），偏心距为 2.4cm。

兼用泸酿 1.01 醋酸菌：葡萄糖 10g、酵母膏 10g、水 100mL；0.1Mpa、30min 灭菌，每瓶（100mL）加入 3mL 乙醇（乙醇体积分数为 95%），培养温度为 30℃，培养时间为 24h，振荡培养。

B）二级种子（种子罐通气培养）

取酒精度 4%～5% 的酒精醪，抽到种子罐内，定容至 70%～75%；用夹层蒸汽加热至 80℃，再用直接蒸汽加热灭菌（0.1Mpa、30min），冷却降温至 32℃，按接种量 10% 接入醋酸菌种；通气培养，培养温度为 30℃，培养时间为 22～24h，风量为 0.6L/min。

质量指标：总酸（以乙酸计）1.5～1.8g/100mL，革兰氏染色阴性，无杂菌，形态正常。

（五）醋酸发酵

乙酸生产分为酒精发酵和醋酸发酵两个阶段，所有含淀粉的可再生的物质（粮食、秸秆等废弃物）均可发酵生产乙醇，然后通过醋酸菌发酵成乙酸。所有的含乙醇的醪液都可以经醋酸菌发酵生产乙酸，目前成熟的醋酸发酵工艺包括固态和液态发酵等工艺。

1. 固态发酵法制醋

固态发酵法制醋是传统生产方法。我国的老陈醋、镇江香醋、熏醋、麸醋等大多数食醋仍用此法，在酒精发酵阶段采用大曲酒工艺、小曲酒工艺、麸曲白酒工艺、液态酒精发酵工艺等，醋酸发酵阶段则采用固态发酵法。其特点是采用低温糖化和酒精发酵，应用多种有益微生物协同发酵，配用多量的辅料和填充料，以浸提法提取果醋。成品香气浓郁、口味醇厚、色深质浓，但生产周期长、劳动强度大、出品率低、卫生条件差等。

固态发酵法有两种：一种是全固态发酵法，固态酒精发酵和固态醋酸发酵；一种是前液后固发酵法，液态酒精发酵和固态醋酸发酵。

（1）全固态发酵法

全固态发酵法以水果为主要原料，加入麸皮辅料和谷糠、高粱壳等填充料，经处理后接入酵母菌、醋酸菌，固态发酵制得。例如，广西南宁酱料厂以大米、酒糟、麸皮、果皮为原料生产保健醋；连云港市酿化厂以固态分层发酵工艺生产黑糖醋等。

a. 工艺流程

果品原料→切除腐烂部分→清洗→破碎→加少量稻壳、酵母菌→固态酒精发酵→加麸皮、稻壳、醋酸菌→固态醋酸发酵→淋醋→灭菌→陈酿（酯化、增香、增加可溶性固形物和色泽，使乙酸含量提高到 5% 以上）→成品。

b. 技术要点

1）选择成熟度高的新鲜果实用清水洗净，破碎后称重，加入原料重量 3% 的麸皮和 5% 的醋曲，搅拌均匀后堆成 1.0～1.5m 高的圆堆或长方形堆，插入温度计，上面用塑料薄膜覆盖。每天倒料 1～2 次，检查品温 3 次，将温度控在 35℃左右。10d 后原料发出醋香，酒精味消失，品温下降，发酵停止。

2）完成发酵的原料称为醋醅。将醋醅和等量的水倒入下面有孔的缸中（缸底的孔先用纱布塞住），泡 4h 后即可淋醋，这次淋出的醋称为头醋。头醋淋完以后，再加入凉水。淋醋一般将二醋倒入新加入的醋醅中，供淋头醋用。固体发酵法酿制的果醋经过 1～2 个月的陈酿即可装瓶。装瓶密封后，需置于 70℃左右的热水中杀菌 10～15min。

（2）前液后固发酵法

前液后固发酵法的特点：提高了原料的利用率；提高了淀粉利用率、糖化、酒精发酵率；采用液态酒精发酵、固态醋酸发酵的发酵工艺；醋酸发酵池近底处设假底的池壁上开设通风洞，让空气自然进入，利用固态醋醅的疏松度使醋酸菌得到足够的氧气，全部醋醅都能均匀发酵；利用假底下积存的温度较低的醋汁，定时回流喷淋在醋醅上，以降低醋醅温度、调节发酵温度，保证发酵在适当的温度下进行。

a. 工艺流程

果品原料→切除腐烂部分→清洗→破碎、榨汁（除去果渣）→粗果汁→接种酵母→液态酒精发酵→加麸皮、稻壳、醋酸菌→固态醋酸发酵→淋醋→灭菌→陈酿→成品。

b. 技术要点

1）原料处理：选择成熟度高的新鲜果实用清水洗净。用果蔬破碎机破碎，破碎时籽粒不能被压破，汁液不能与铜、铁接触。

2）酒精发酵：先把干酵母按质量分数15%的量添加到灭菌的500mL三角瓶中进行活化，加果汁100g，温度为32~34℃，时间为4h；活化完毕后按果汁10%的量加入广口瓶中进行扩大培养，时间为8h，温度为30~32℃；扩大培养后按果汁10%的量加入到50L酒母罐中进行培养，温度为30~32℃，经12h后培养完毕。将培养好的酒母添加到发酵罐中进行发酵，温度保持在28~30℃，经过4~7d皮渣下沉，醪汁含糖量≤4g/L时酒精发酵结束。

3）醋酸发酵：将醋酸菌接种于由1%酵母膏、4%无水乙醇、0.1%冰醋酸组成的液体培养基中，盛装于500mL的三角瓶中，装液量为100mL，培养时间为36h，温度为30~34℃，然后按装液量10%的量加入到扩大液体培养基中（培养基由酒精发酵好的果醪组成），再按扩大液体培养基体积10%的量加入到酵母罐中进行培养。酵母成熟后，把其按酒醪总体积的10%的量加入发酵罐进行醋酸发酵。发酵罐应设有假底，其上先要铺占酒醪体积5%的稻壳和1%的麸皮，当酒醪加入后皮渣与留在酒醪上的稻壳和麸皮混合在一起，醋液通过假底流入盛醋桶，然后通过料液泵由喷淋管浇下，每隔5h喷淋0.5h，5~7d检查酸度不再升高时，停止喷淋。

2. 液态发酵法

液态发酵法制醋具有机械化程度高、减轻劳动强度、不用填充料、操作卫生条件好、原料利用率高（可达65%~70%）、生产周期短、产品质量稳定等优点。缺点是醋的风味较差。目前生产上多采用此法。

（1）果汁制醋

1）工艺流程。果品原料→切除腐烂部分→清洗→破碎、榨汁（除去果渣）→粗果汁→接种酵母→液态酒精发酵→加醋酸菌→液态醋酸发酵→过滤→灭菌→陈酿→成品。

2）技术要点。选择成熟度高的新鲜果实用清水洗净。先用破碎机将洗净的果实破碎，再用螺旋榨汁机压榨取汁，在果汁中加入3%~5%的酵母液进行酒精发酵。发酵过程中每天搅拌2~4次，维持品温30℃左右，经过5~7d发酵完成。注意品温不要低于16℃，亦不要高于35℃。将上述发酵液的酒精度调整为7%~8%，盛于木制或搪瓷容器中，接种醋酸菌液5%左右。用纱布遮盖容器口，防止苍蝇、醋鳗等侵入。发酵液高度为容器高度的1/2，液面浮以格子板，以防止菌膜下沉。在醋酸发酵期间控制品温为30~35℃，每天搅拌1~2次，10d左右醋化即完成。取出大部分果醋，消毒后即可食用。留下醋及少量醋液，再补充果酒继续醋化。

（2）果酒制醋

果酒制醋是以酿造好的果酒为原料进行醋酸发酵。其工艺流程：果酒→醋酸发酵→过滤→勾兑→杀菌→成品。

液态发酵法又分为液态表面静置发酵法、液态深层发酵法、液态回流浇淋发酵法等。

1）液态表面静置发酵法。液态表面静置发酵法就是在醋酸发酵的过程中静置发酵液，醋酸菌在液面上形成一层薄菌膜，借液面与空气的接触，使空气中的氧气溶解于液面内。该法发酵时间较长，需1~3个月，但是果醋酸味柔和，口感要优于液态深层发酵法，并且形成了含量较多的包括酯类（如乳酸乙酯）在内的多种风味物质。这种方法已经成功地应用于发酵山楂果醋。

2）液态深层发酵法。液态深层发酵法是指醋酸发酵采用大型标准发酵罐或自吸式发酵罐，原料定量自控、温度自控，能随时检测发酵醪中的各种指标，使之能在最佳条件下进行，发酵周期一般为 40～50h，原料利用率高，酒精转化率达 93%～98%。

液态深层发酵法可以分为分批发酵法、分批补料发酵法和连续发酵法。①分批发酵法：此法是指一次性地向发酵罐中投入培养液，发酵完毕后，又一次性地放出原料的发酵方法。②分批补料发酵法：此法是指在分批发酵中，间歇或连续地补加新鲜培养液的发酵方法。所补的原料可以是全料，也可以是氮源、碳源等，目的是延长代谢产物的合成时间等。③连续发酵法：此法是指向发酵罐中连续加入培养液的同时，连续放出老培养液的发酵方法。其优点是设备利用率高、产品质量稳定、便于自动控制等，缺点是容易导致杂菌污染。

液态深层发酵法的优点是发酵周期短（7～10d）、机械化程度高、劳动生产率高、占地面积小、操作和卫生条件好、原料利用率高、产品质量稳定、便于自动控制、不用填充料、能显著减轻工人劳动强度等。但因生产周期短等原因，风味相对淡薄，因此提高果醋的风味质量是关键，可采用在发酵过程中添加产酯、产香酵母或采用后期增熟、调配等方法来改善风味。液态深层发酵法是目前果醋酿造应用最广泛的方法。

3）液态回流浇淋发酵法。液态回流浇淋发酵法是待酒精发酵完毕后接种醋酸菌，通过回旋喷洒器反复浇淋于醋化池内的填充物上，麸皮等填充料可连续使用。与液态深层发酵法一样，发酵时间短、质量稳定易控制，但在产品风味中果醋香气欠足、酸味欠柔和。

第三节　浆果发酵制品生产中常见质量问题与控制

一、果酒生产中常见质量问题与控制

各种微生物在果酒中的生长繁殖，内在或外界各种因素的影响引起的各种不良的理化反应，都会引起果酒色、香、味发生改变，这些现象称为果酒的病害。

（一）非生物病害

1. 金属破败病

（1）铁破败病

铁破败病主要成因是葡萄酒中铁含量过高。铁破败病分为白色破败病和蓝色破败病。①白色破败病为葡萄酒中的 Fe^{2+} 与空气接触氧化成 Fe^{3+}，Fe^{3+} 与葡萄酒中的磷酸盐反应，生成磷酸铁白色沉淀。②蓝色破败病为 Fe^{3+} 与葡萄酒中的单宁结合，生成黑色或蓝色的不溶性化合物，使葡萄酒变成蓝黑色。蓝色破败病常出现在红葡萄酒中，因为红葡萄酒中单宁含量较高。白色破败病在红葡萄酒中往往被蓝色破败病所掩盖，故常表现为出现在白葡萄酒中。

防治方法：①避免葡萄酒与铁质容器、管道、工具等直接接触；②避免与空气接触，防止酒的氧化；③采用除铁措施，如亚铁氰化钾法、植酸钙除铁法、柠檬酸除铁法及维生素除铁法等。

（2）铜破败病

铜破败病指葡萄酒中的 Cu^{2+} 被还原物质还原为 Cu^+，Cu^+ 与 SO_2 作用生成 Cu^{2+} 和 H_2S，两者反应生成 CuS。生成的 CuS 首先以胶体形式存在，在电解质或蛋白质作用下发生凝聚，出现沉淀。

防治方法：①在生产中尽量少使用铜质容器或工具；②在葡萄成熟前 3 周停止使用含铜的化学药剂（如波尔多液）；③用适量硫化钠除去酒中所含的铜离子；④将葡萄酒在 75~80℃ 条件下热处理 1h，可除去铜离子和蛋白质，还可形成保护性胶体，热处理后下胶过滤；⑤在装瓶时，加入 200mg/L 阿拉伯树胶，可以防止铜离子胶体的絮凝，防止铜破败病。

2. 蛋白质破败病

当酒中的 pH 接近酒中所含蛋白质的等电点时，易发生沉淀。此外，蛋白质还可以和酒中含有的某些金属离子、盐类等物质聚集在一起而生成沉淀，影响酒的稳定性。

防治方法：①及时分离发酵原酒，在葡萄醪主发酵结束后立即倒罐；②进行热处理，先加热以加速酒中蛋白质的凝结；然后冷处理，采用低温过滤，除去沉淀物；③在葡萄酒澄清用胶时，必须通过小样试验，确定用胶量，否则加胶过量，会破坏酒的稳定性；加入胰蛋白酶、糜蛋白酶、嗜热菌蛋白酶、胃蛋白酶等。

3. 酒石酸盐类沉淀

酒石（酒石酸氢钾）沉淀是瓶装葡萄酒最易出现的质量问题。酒石酸氢钾的溶解度很低，故极易出现酒石沉淀，影响葡萄酒的稳定性。

防治方法：①严格贯彻陈酿阶段的工艺操作，及时换池、清除酒脚、分离酒石沉淀；②对原酒进行冷处理，并低温过滤；③用离子交换树脂处理原酒，清除钾离子和酒石酸。

（二）生物病害

通常将由微生物引起的果酒病害称为生物病害。能引起果酒发生生物病害的微生物种类很多，如生花菌、醋酸菌、乳酸菌、苦味菌、甘露蜜醇菌、油脂菌、都尔菌、卜士菌和霉菌等。现将几种主要的生物病害介绍如下。

1. 由生花菌引起的病害

生花菌，又名生膜酵母菌，当葡萄酒暴露在空气中时，酒液表面上开始生长一层灰白色的、光滑而薄的膜，而后逐渐增厚、变硬，形成皱纹，并将液面盖满，一旦受振动即破裂成片状物，悬浮于酒液中，使酒液混浊不清。这种菌种类很多，主要是醭酵母。它在酒精度低的葡萄酒中适宜繁殖，特别是在通风、24~26℃、酒精度＜12%（vol.）的条件下，它能使乙醇分解生成水和二氧化碳，使葡萄酒口味平淡，并产生不愉快的气味。

防治方法：①贮酒容器要装满，并加盖严封，保持周围环境及桶内外的清洁卫生；

②充气：采用 CO_2 或是 SO_2 气体使酒与空气隔开；③提高贮存原酒的酒精度［在 12%（vol.）以上］；④若已发生生花现象，则宜泵入同类的质量好的酒种，使酒在溢出的同时除去酒花。

2. 由醋酸菌引起的病害

当醋酸菌开始繁殖时，先在液面生成一层呈透明状、淡灰色的薄膜，以后逐渐变暗，或呈玫瑰色的薄膜，并出现皱纹而高出液面。之后薄膜部分下沉，形成一种黏性、稠密的物质。如果不作处理，最终酒将变成醋。它适宜在酒精度＜12%（vol.）、有充足的空气、温度在 33～35℃时生长繁殖。

防治方法：①当发酵温度高、葡萄原料质量较差时，可加入较大剂量的 SO_2；②在贮酒时注意添桶，无法添满时可采用充 CO_2 的办法；③注意地窖卫生，定时擦桶、杀菌，经常打扫；④对已感染上醋酸菌的酒，采取加热灭菌，72～80℃保持 20min 左右。凡已存过病酒的容器，须用碱水浸泡，洗刷干净后用硫黄杀菌。

3. 由乳酸菌引起的病害

酒中具有酸白菜或酸牛奶气味，出现丝状混浊物，底部产生沉淀。这主要是由乳酸菌引起的，另外还有纤细菌。

防治方法：①适当提高酒的酸度，使总酸保持在 6～8g/L；②提高二氧化硫含量，使其浓度达到 70～100mg/L，用以抑制乳酸菌繁殖；③对病酒采用 68～72℃温度杀菌；④重视环境和设备的灭菌与卫生工作；⑤发酵结束后，立即将葡萄酒与乳酸菌分开。

4. 由苦味菌引起的病害

该病害由厌气性的苦味菌侵入葡萄酒而引起。苦味菌多为杆菌，使酒变苦，苦味主要来源于甘油生成的丙烯醛，或是由于生成了没食子酸乙酯。这种病害多发生在红葡萄酒中，且老酒中发生较多。

防治方法：主要采取二氧化硫杀菌与防止酒温迅速升高的办法。若葡萄酒已染上苦味菌，首先将葡萄酒进行加热处理，再按下列方法进行处理：①病害初期，可进行下胶处理 1～2 次；②将新鲜的酒按 3%～5%的比例加入到染菌的酒中，或将染菌酒与新鲜葡萄皮渣混合浸渍 1～2d，将其充分搅拌，沉淀后，可去除苦味；③将一部分新鲜酒与酒石酸 1kg、溶化的砂糖 10kg 进行混合，一起放入 1000L 的病酒中，接着放入纯培养的酵母，使其在 20～25℃条件下发酵。发酵完毕，再在隔绝空气下过滤换桶。

值得注意的是，得了苦味菌病害的酒在倒池或过滤时，应尽量避免与空气接触，因为一旦接触空气就会增加葡萄酒的苦味。

二、果醋生产中常见质量问题与控制

（一）果醋生产规模不大，产品宣传力度不够

目前，果醋在国内市场上还未形成一种消费潮流的主要原因：①果醋的生产只是对

一些生产副产品及加工废料加以再利用，产品种类少、产量低，未能形成一定规模。②不少果醋加工技术仍处于实验室研究阶段或中试状态，尚未进行大规模生产。③人们对饮用醋的食用习惯仍然没有改变，依旧用于调味。④对于果醋产品的宣传力度还不够。针对上述问题，需要科研工作者和企业共同努力，进一步完善果醋的生产工艺，从原料选择、处理、发酵、酿制工艺等方面入手，保障果醋的生产得以顺利进行。在宣传上，日本的经验值得我们借鉴。从 1980 年开始，日本出版了许多有关醋与健康的书，其体质改善指导协会会长、医学博士西田达弘所著的有关黑醋健康的一系列书籍，出售了 30 万～60 万册，这对果醋的销售起到了巨大的宣传作用。企业需要对消费者尚不熟悉的果醋产品进行宣传，必要时借助营养专家的力量，使消费者认识、了解果醋的保健功能、营养成分、独特风味、口感等，引领消费潮流。

（二）品种单一

保健型果醋产品品种单一，在我国的发展刚起步，且不适合于大众化市场，针对普通消费者的能够直接饮用的保健清凉型果醋饮料在市场较少见，高档果醋调味品及其他系列产品也很少，品牌产品还未树立。在南方地区有一定知名度的果醋主要都是以苹果或苹果汁为原料生产的，品种很少且品牌还不够响亮。此外，很多果醋产品不是直接或者完全采用水果为原料，就是添加粮食或以粮食为主要原料，尚未达到规模化生产。我国水果栽培面积广、品种多、资源极其丰富。但是，据统计，果品年加工能力只有 400 万 t，而每年果类资源的损失就达 600 万～700 万 t，果醋生产可以充分利用丰富的水果资源。其中大部分的水果都可以加工酿造果醋，这样不仅能解决果农增产不增收的问题，还可以使多种果醋产品形成一股合力，占领市场。

（三）生产工艺不完善，产品质量一般

1. 水果的处理不当

1）水果在贮藏过程中极易腐败变质，对果醋质量构成威胁。保证果醋质量就必须从源头保证原料的质量。选择无病虫害的水果，贮藏期间妥善保管，防止微生物侵染。

2）原料的糖、酸、单宁等成分都会影响发酵过程。保证果醋质量为了酿造优质果醋，根据微生物繁殖特点及发酵的需要，对果汁中的成分进行调整，尽量考虑香气的保留。

2. 果醋混浊、沉淀现象

果醋在保存和食用过程中，常出现悬浮膜、结块与沉淀物的混浊现象。轻者影响外观，重者影响产品的品质。果醋的混浊是一个非常复杂的现象，可概括为非生物性混浊和生物性混浊两大类型，每一种类型都有很复杂的原因和影响因素。

生物性混浊中，微生物是最主要的原因。①发酵过程中微生物侵染引起的混浊。由于果醋的酿制大部分采用开口式的发酵方式，空气中的杂菌容易侵入。发酵菌种主要来自曲料，包括霉菌、酵母、醋酸杆菌等，同时也寄生着其他微生物。正是这些微生物产生了醋的多种香味物质和氨基酸等营养成分，它们本身对产品是有益的，但有些微生物在高酸、高糖和有氧的条件下，产生酸类的同时，也繁殖了自身，大量的微生物菌体上

浮形成具有黏性的白色浮膜并悬浮其中，就造成了果醋的混浊现象。②成品食醋再次污染造成的混浊。经过滤后清澈透明的醋或过滤后再加热灭菌的醋搁置一段时间后，逐渐呈现均匀的混浊，这是由嗜温、耐乙酸、耐高温、厌氧的梭菌引起的。梭菌的增殖不仅消耗醋中的各种营养成分，还会代谢产生丁酸、丙酮等不良物质，破坏醋的风味，并且大量菌体包括未自溶的死菌体使醋的密度上升、透光率下降，造成混浊现象。生物性混浊的主要解决方法：保证加工车间和环境的卫生、操作人员的规范作业、应用先进的杀菌设备、防止杂菌污染等。

非生物性混浊主要是由于在果醋生产、贮存过程中，原辅料未完全降解和利用，而存在着淀粉、糊精、蛋白质、多酚、纤维素、半纤维素、脂肪、果胶、木质素等大分子物质及生产中带来的金属离子。这些物质在氧气和光线的作用下发生化合和凝聚等变化，形成混浊沉淀。另外，辅料中含有部分粗脂肪，与成品中的 Ca^{2+}、Fe^{3+}、Mg^{2+} 等络合结块，而且给耐酸菌提供了再利用的条件，因此产生了混浊。果醋的非生物性混浊是由果汁中的一些物质引起的，因此防止果醋混浊一般在发酵之前需合理处理果汁，去除或降解其中的果胶、蛋白质等引起混浊的物质。具体方法：①用果胶酶、纤维素酶、蛋白酶等酶制剂处理果汁，降解其中的大分子物质。②加入皂土，使之与蛋白质作用产生絮状沉淀，并吸附金属离子。③加入单宁、明胶。果汁中原有的单宁量较少，不能与蛋白质形成沉淀，因此加入适量单宁，其带负电荷，与带正电荷的明胶（蛋白质）产生絮凝作用而沉淀。④利用聚乙烯吡咯烷酮（PVP）强大的络合能力，使其与聚丙烯酸、鞣酸、果胶酸、褐藻酸生成络合性沉淀。

（四）果醋的生产标准和质量标准不健全

果醋系列产品尚缺乏国家标准，使得产品在竞争激烈的市场上无章可循，产品质量相差悬殊，有些产品质量很好，有些产品则粗制滥造，影响了果醋的开发与研制。这一问题的解决有待于国家政府部门建立相应的生产和质量标准，使企业有法可依、消费者有章可循。

（五）发展前景

果醋是适合现代消费者的新型保健型食醋，其发展必然会带来很好的经济效益和社会效益。我国果醋的发展刚起步，与欧美国家及日本相比还有一定的差距，特别是在发酵技术、产品质量控制及产品多样化等方面还存在一些问题。要真正推进我国果醋产业的发展，必须做到以下几点：①加强各种水果的加工及生物特性研究，建立各种水果的基本资料数据库，为发酵工艺提供参考。②完善果醋加工技术，合理地挖掘和利用丰富的水果资源，采用高新技术（如酶工程技术、膜分离技术等），完善果醋的发酵技术。③加强对果醋的宣传力度，使更多的消费者认识、了解它的功能及价值。④应当尽快建立健全果醋的生产标准和质量标准，使果醋的生产有法可依。总之，果醋产品的研发是我国果品深加工又一极具潜力的途径，发展前景广阔。

第四节　浆果发酵制品生产工艺实例

一、蓝莓调配果酒

（一）工艺流程

蓝莓→预处理→灭酶→热浸提→打浆→粗滤→澄清→精滤→调配→密封→杀菌→果酒。

（二）操作要点

1. 灭酶

将蓝莓挑选、除杂、清洗后，在100℃条件下烫漂5min，杀灭酶的活力。

2. 热浸提、打浆

在蓝莓中添加0.1%果胶酶，在50℃条件下恒温2h，促进花青素等色素物质的浸出和果胶水解，用打浆机打浆后过滤。

3. 澄清、精滤

在果浆中加入1%明胶溶液，混匀后静置24h，按4g/L的用量加硅藻土混匀，用硅藻土过滤机过滤。

4. 调配

按1000mL果汁加150g蔗糖、125mL调配基酒（以酒精度100%计）、4.2g柠檬酸和20mL食用甘油，进行混合调配。

5. 密封、杀菌

装瓶密封后，在65℃热水中处理30min，既可杀灭有害微生物，又能促进果酒的后熟。

二、蓝莓果啤

（一）工艺流程

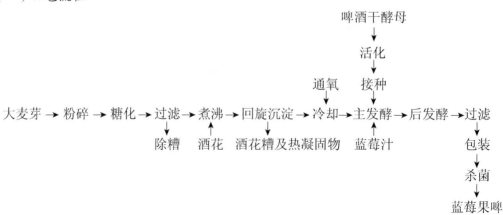

（二）操作要点

1. 蓝莓果汁的制备

选择籽粒饱满、汁液丰富、色泽鲜艳、无病害、无腐烂的新鲜蓝莓，用清水漂洗干净，用榨汁机榨汁或打浆后加入 0.1%的果胶酶及 50mg/L 的 SO_2，在 50℃下保温 2～3h 进行酶解，促进花青素的浸出和果胶水解。将得到的果汁采用板框式过滤机过滤，以涤纶纤维为过滤介质进行过滤，除去固形物，滤液在 0～4℃下静置 24h，获得清澈透明的蓝莓汁备用。

2. 麦芽汁制备的工艺要求

麦芽汁制备的工艺要求：原料中有用成分得到最大限度地萃取；原料中无用的或有害的成分溶解最少；麦芽汁的有机或无机成分的数量和配比应符合啤酒品种、类型的要求。

3. 麦芽汁的制备

1）料水比 1：4。

2）原料处理。麦芽粉碎要求皮破而不碎。

3）糖化工艺。采用浸出糖化工艺，即 50℃投料（20min）→63℃（30min）→68℃（30min）→78℃（15min）→过滤。

4）麦汁过滤。糖化完成后，把糖化醪打入过滤槽中静置 30min，然后回流，直到麦汁清亮则开始过滤。洗糟分两次进行，洗糟水温为 76～78℃。控制过滤结束后麦汁浓度为 10°P。

5）麦汁煮沸。麦汁煮沸时添加酒花，添加量为 0.08%，酒花可以分三次添加。初沸时加入 10%的酒花以防泡沫溢锅。煮沸 5min 时第二次加入酒花，比例为 50%；煮沸结束前 5min 加入最后的酒花，煮沸时间控制在 90min 内，煮沸强度达 8%～10%。

6）麦汁沉淀与冷却。将煮沸后的麦汁放入回旋沉淀槽后，静置 30min，去除酒花糟和热凝固物，然后用薄板冷却器冷却至 7～8℃，同时充氧，冷却时间控制在 1h 以内。

4. 啤酒干酵母活化

取 10°P 煮沸的麦汁，加等量的无菌水，迅速降温至 30～32℃。称取一定量的啤酒干酵母加入其中，麦汁用量为干酵母量的 5～10 倍，然后保温活化，活化过程中每隔 10～15min 进行充分摇动，使麦汁和酵母充分接触，活化 2h 后可用于接种发酵。

5. 发酵

将冷却后的部分麦汁放入发酵罐中，向发酵罐中加入 0.4%的活化好的酵母液，然后将其余的麦汁泵入发酵罐中，满罐 24h 后及时排出冷凝固物，发酵温度控制在 9℃，保持 3～5d，当残糖量降至 3.6°Bé 时，加入蓝莓汁（加量为 10%），升温至 12℃，同时封罐，使罐压保持在 0.12Mpa。发酵 9～10d，待双乙酰含量降至 0.10mg/kg 以下时，开始降温，降至 0～2℃，保持罐压 0.06～0.08MPa，再保持 10～12d，即发酵结束。

将蓝莓汁在啤酒后发酵时加入而共同发酵的方法，解决了将果汁直接加入啤酒中而引起啤酒非生物稳定性差、口味不协调、不柔和等缺陷，使蓝莓果啤带有独特的风格特点、酒体呈深红色或暗红色、泡沫丰富、果香浓郁、口味纯正。加入硅胶或聚乙烯吡咯烷酮（PVP）处理，可以进一步提高成品蓝莓果啤的稳定性。

三、蓝莓果醋

（一）工艺流程

蓝莓→挑选清洗→破碎榨汁→果汁成分调整→酒精发酵→醋酸发酵→生醋→陈酿→澄清→过滤→装瓶→灭菌→检验→成品。

（二）操作要点

1. 蓝莓汁的制备

取新鲜成熟的蓝莓，挑出霉烂果及杂质，用清水冲洗干净后，投入榨汁机中榨汁，再将榨出的果汁连果渣一起放到贮备罐中备用。

2. 果汁成分的调整

果汁初始发酵的糖度、酸度是影响酒精发酵的主要因素，发酵前应调整果汁的糖度和酸度。

（1）糖度的调整

如果不考虑发酵过程中的中间产物，每千克蔗糖可产乙酸 0.6667kg。按式（7-2）调整蓝莓果汁糖度。

$$X=(B/0.6667-A)W \tag{7-2}$$

式中，X 为应加糖量（kg）；B 为发酵后应达到的酸度（以乙酸计）（g/g 蓝莓汁）；A 为蓝莓汁含糖量（以葡萄糖计）（g/g 蓝莓汁）；W 为蓝莓汁质量（kg）。

（2）酸度调整

按式（7-3）将蓝莓果汁的 pH 调整到 3.5。

$$m_2=m_1(Z-W_1)/(W_2-Z) \tag{7-3}$$

式中，Z 为要求调整的酸度（%）；m_1 为果汁调整后的质量（kg）；m_2 为需添加的柠檬酸量（kg）；W_1 为调整酸度前果汁的含酸量（%）；W_2 为柠檬酸液的浓度（%）。

3. 酒精发酵

（1）高活性干酵母的活化

将高活性干酵母在无菌条件下加入 35℃、2%的糖水中复水 15min，然后温度降至34℃条件下保持 1h，活化后备用。

（2）酒精发酵过程及管理

将准备好的果汁灭菌后，按 2/3 体积装入发酵罐中，再将活化的酵母液（接种量8%）加入发酵罐中，搅拌均匀。28～30℃密闭发酵，每天对发酵果汁的糖度、酒精度进行测定，至果渣下沉、酒精度和糖度不再变化时，表明蓝莓酒精发酵结束，滤出残渣，再将发酵液放到用来发酵醋酸的发酵罐中。

4. 醋酸发酵

（1）醋母的制备

固体培养：取浓度为 1.4% 的豆芽汁 100mL、葡萄糖 3g、酵母 1g、碳酸钙 2g、琼脂 2.5g，混合并加热溶解，分装于干热灭菌的试管中，每管装 45mL，在 1Mpa 的压力下灭菌 15min，取出，再加入体积分数为 50% 的酒精 0.6mL，制成斜面，冷却后，在无菌条件下接种醋酸菌种，30℃ 培养箱中培养 2d。

（2）液体扩大培养

取 1% 的豆芽汁 15mL、食醋 25mL、水 55mL、酵母膏 1g、酒精 3.5mL，装在 500mL 三角瓶中，在无菌条件下，接入固体培养的醋酸菌种 1 支，30℃ 恒温培养 2～3d。在培养过程中，充分供给氧气，促使菌膜下沉繁殖，成熟后即成醋母。

（3）醋酸发酵过程及管理

按原料 10% 的比例，将醋母接入到准备醋酸发酵的蓝莓酒液中，搅拌均匀，给足氧气，发酵温度为 35℃，pH 为 5.5，每天观察发酵情况，并测定发酵液的酸度和酒精度，直到酒精度不再降低、酸度不再增加时，发酵结束。

5. 陈酿

为提高果醋的色泽、风味和品质，刚发酵结束的果醋要进行陈酿。为防止果醋半成品变质，陈酿时将果醋半成品放在密闭容器中装满，密封静置半年即可。

6. 离心精滤

陈酿的果醋含有果胶物质，长时间存放易沉淀影响感官品质，可加入浓度为 10% 的果胶酶（用量为 1mL/100mL），酶解后再用离心机精滤。

7. 灭菌及成品检验

将澄清后的果醋用灭菌机灭菌，趁热装瓶封盖，静置 24h，检验合格后即为成品。

（三）产品质量指标

1. 感官指标

深紫红色且色泽艳丽、具有果醋特有的香气、蓝莓香味浓，无其他不良异味、酸味柔和、体态澄清、无悬浮物、无醋膜。

2. 理化指标

总酸（以乙酸计）：23.5g/dL：可溶性固形物＞0.5g/dL。

3. 微生物指标

大肠菌群≤3MPN/dL；致病菌不得检出。

四、草莓果醋

（一）工艺流程

草莓→挑选清洗→榨汁→果胶酶处理→灭菌→调整糖度→酵母菌驯化→酒精发酵→醋酸菌驯化→醋酸发酵→过滤→调配→灭菌→检验→成品。

（二）操作要点

1. 原料挑选与清洗

草莓应选择成熟度高、新鲜、无病虫害的好果为原料，以避免病虫害和腐烂的果实影响果醋最终的色、香、味，减少微生物污染的可能性。经分选后，拣除杂物，先用臭氧水淋洗消毒，再用清水清洗，从而除去附着在果实上的泥土、杂物及残留的农药和微生物。清洗后的果实需沥干水分。

2. 榨汁

将沥干水分的草莓放入螺旋压榨机进行榨汁。榨取的原汁要添加维生素 C 以防止褐变。果汁中的单宁易与金属反应，所以榨汁过程不能与铁质器具接触。

3. 果胶酶处理

草莓果浆中加入占果浆重 0.05% 的果胶酶（酶活力 20 000U/g）处理，温度为 40～42℃，pH 为 3.5，时间为 1～2h。果浆中加入果胶酶以提高出汁率、果汁透光率。

4. 灭菌

将调配好的草莓汁置于 65℃水浴中，保温 30min 灭菌，冷却至 25℃备用。

5. 调整糖度

当果汁中糖分含量达不到发酵酒精度 10% 的要求时，可补加蔗糖来调整糖度。补加蔗糖时，先加蔗糖质量 4 倍的水溶解，用水蒸气加热至 95～98℃，杀菌 20～25s，经过滤并冷却至 50℃时，再加入到果汁中，然后将糖浓度调至 12%。

6. 酵母菌驯化

将葡萄酒活性干酵母按 1∶10 的比例加入到已灭菌的 5% 的蔗糖溶液中，28℃下复水活化 30min。复水活化后的酵母加入到灭过菌的草莓原汁中，28～30℃下培养 24h，得到第 1 代驯化酵母种子液，之后以相同的方法依次进行第 2～4 代的驯化培养，最后以第 4 代驯化得到的酵母种子液作为草莓汁酒精发酵的专用酵母种子液。

7. 酒精发酵

向灭菌后糖度为 12% 的草莓汁中接入 10% 的驯化好的专用酵母种子液，28～32℃下发酵 5d，每 12h 测量 1 次糖度和酒精度，当发酵至糖度和酒精度均达稳定值时结束酒精发酵。

8. 醋酸菌驯化

将醋酸菌斜面种子液转接于醋酸菌培养基上，于 32～34℃下振荡培养 24h，得到纯培养的醋酸菌种子液。然后，在乙醇含量达 6%～7% 的草莓汁中接种入 10% 的醋酸菌种子液，在 30℃ 下培养 3d，得到醋酸菌第 1 代驯化种子液，以相同的方法进行第 2～4 代驯化培养，最后得到在草莓汁中繁殖代谢能力较强的专用醋酸菌种子液。

9. 醋酸发酵

酒精发酵结束后，灭菌，冷却至 35℃ 后，放入醋酸发酵池，同时接入 8% 的专用醋酸菌种子液，在 32～34℃ 条件下进行醋酸发酵，随时检测发酵液中乙酸和酒精度的变化。当发酵至乙酸和酒精度均达稳定值时结束醋酸发酵。发酵后采用 1～2 个月的陈酿，会提高产品的风味。

10. 过滤

为提高草莓果醋的稳定性和透明度，采用壳聚糖澄清、过滤，添加量为 0.3g/L，澄清后用过滤机过滤。

11. 调配

草莓原醋在酸度、糖度、口感及风味等方面均存在不足，为使产品口感协调、滋味醇和、风味独特，应进行调配至糖度达 50g/L、酸度达 3.5%、加盐量 1.0%。

12. 灭菌

将草莓果醋于 93～95℃ 下杀菌 30s，杀菌后迅速冷却。杀菌的目的是杀灭果醋中的微生物和钝化酶的活力，加热灭菌能达到杀死微生物的目的，但同时又会使产品的品质有所下降。草莓中含有多种维生素等营养物质，高温下营养物质会遭到一定的破坏，故采用高温瞬时灭菌的方式加以改善。

（三）产品质量指标

1. 感官指标

具有果醋的清香和草莓的果香味；酸味柔和、口感丰富、无其他异味；体态澄清透明、无悬浮物、无沉淀。

2. 理化指标

总酸（以乙酸计）：4.20%；还原糖（以葡萄糖计）：1.5%；乙醇含量：0.06%（体积分数）。

3. 微生物指标

细菌总数 <500CFU/mL；大肠菌群 <2CFU/100mL；致病菌（指肠道致病菌）不得检出。微生物指标符合国家《食品安全国家标准　食醋》（GB 2719—2018）（该标准于2019 年 12 月 21 日实施）。

第八章　浆果干制品加工技术

第一节　浆果干制的基本原理

一、浆果中水分的存在形式

新鲜浆果中含有大量水分，含量通常可达 70%～90%。浆果中的水分按存在形式可以分为游离水、结合水。

1. 游离水

游离水又称自由水（free water）或机械结合水，是指存在于浆果组织内和附着在浆果外表面的湿润水。通常，浆果中游离水含量很高，可占总含水量的 65%～80%。其中，游离水主要包括细胞内可自由流动的水、细胞组织结构中的毛细管水分及生物细胞器、细胞膜所阻留的滞化水。游离水可利用渗透作用和毛细管的虹吸作用自由地向外或向里移动，所以，在干制时更容易蒸发排出。游离水的主要作用是可以作为溶剂，溶解糖、酸等有机物质等，因其流动性大，也能参与化学反应，被微生物、酶所利用，作为发生多种化学反应的介质。

2. 结合水

结合水（bound water）又称胶体结合水或物理化学结合水，是指浆果中的一些亲水基团、带电粒子等与水分发生水合作用，从而被束缚住的一部分水。结合水可以与细胞内的蛋白质、糖类、淀粉等亲水性官能团（如—OH、—NH$_2$、—CONH$_2$、—COOH 等）结合形成氢键，或者与某些离子官能团产生静电引力而发生水合作用。因此，与自由水不同的是，结合水不具备溶解物质的能力，不容易结冰，也不容易蒸发排出，更不容易被微生物、酶等利用。

化合水又称化学结合水，是结合水的一种，指按定量比例与浆果组织中某些化学物质呈化学状态结合的水，如乳糖、柠檬酸结晶中的结晶水。其结合力最强、性质极其稳定，不会因干制作用而变化。化合水的解离一般不称为干燥过程。

浆果干制过程中除去的水分主要来自游离水和少部分的结合水。在干制过程中，最先排出的是结合力最弱的游离水，然后是部分结合力较弱的结合水，最后是结合力较强的结合水。

二、水分活度和储藏性

（一）浆果中水分的表示方法

根据水分在浆果中的结构、性质和对浆果储藏性能的影响，一般将水分的表示方法分为水分含量和水分活度两种。在本章中重点讨论水分活度。

浆果中的水分活度（water activity，A_W）是指浆果中水的蒸气压与同温度下纯水的蒸气压的比值，也可以说水分活度是指溶液中水的逸度和同温度下纯水的逸度之比，也是指溶液中能够自由运动的水分子与纯水中自由运动的水分子之比。通常水分活度用来表示水分子在浆果中受束缚的程度。水分活度表示水与食品的结合程度，A_W 值越小，表示结合程度越高，脱水越难。

$$A_W = f/f_0 \qquad\qquad (8\text{-}1)$$

式中，f 为食品中水的逸度；f_0 为纯水的逸度。

因为水分逸度的趋势通常可以近似地用水的蒸气压来表示，水分活度也可定义为食品中的水蒸气压与同温度下纯水的蒸气压的比值。在低压或室温时，f/f_0 和 P/P_0 之差非常小（<1），可用 P/P_0 来定义 A_W 值，其计算公式如下。

$$A_W = P/P_0 = ERH/100 \qquad\qquad (8\text{-}2)$$

式中，P 为食品中水的蒸气压（mmHg）；P_0 为纯水的蒸气压（相同温度下纯水的饱和蒸气压）（mmHg）；ERH 为平衡相对湿度，即用物料既不吸湿也不散湿时的大气相对湿度来定义 A_W 值。

水分活度大小取决于含水量、温度、水中溶质的浓度、食品成分、水与非水部分结合的强度。水分活度值一般在 0～1，纯水的 $A_W = 1$。食品中有一部分水分是以结合水的形式存在，而结合水的蒸气压远低于纯水的蒸气压，因此食品的水分活度一般小于 1。食品中结合水含量越高，水分活度越低。

（二）水分活度与保藏性

1. 水分活度对微生物的抑制作用

不同水分活度的食品，其微生物的生长速度和种类存在明显差异。各种微生物的生长、繁殖都有适应范围和水分活度范围，这由微生物的种类、食品的种类、湿度、pH 等因素决定。表 8-1 列举了抑制微生物生长、繁殖的 A_W 范围。水分活度降低时，首先抑制细菌生长，其次是酵母菌，最后才是霉菌。革兰氏阴性菌对水分活度的要求比革兰氏阳性菌高。绝大多数腐败细菌在水分活度低于 0.91 时就无法生长，而霉菌在水分活度低至 0.8 时仍能生长。

表 8-1 各种微生物生长、繁殖的最低 A_W 值（孟宪军和乔旭光，2016）

微生物类群	最低 A_W 值范围	微生物类群	最低 A_W 值
大多数细菌	0.94～0.99	嗜热性细菌和嗜盐菌	0.75
大多数酵母菌	0.88～0.94	嗜渗透压酵母菌	0.66
大多数霉菌	0.73～0.94	嗜干燥霉菌	0.65
革兰氏阴性菌、部分细菌孢子、某些酵母菌	0.95～1.00	任何微生物都不生长	<0.60

一般把水分活度 0.70～0.75 作为微生物生长的下限值，但微生物的生长不仅与水分活度有关，还与浆果的种类、温度及空气湿度等有关。通常来讲，除水分活度

之外, 微生物的其他生长环境条件越差, 其能够生长、繁殖的最低水分活度值越高; 反之, 则低。例如, 在正常条件下, 金黄色葡萄球菌在水分活度低于 0.86 时就难以生长; 如果在缺氧状态或是湿度低的环境下, 水分活度则需大于 0.90 才能生长、繁殖。

浆果干制会降低原料水分活度, 从而导致微生物的生命活动受到影响, 进入休眠状态, 甚至部分不耐受的微生物会出现死亡的现象。但是, 当外界环境改善时, 尤其是处于湿度较大的环境中时, 浆果物料吸湿, 微生物也会重新恢复生命活动, 引起制品变质。因此, 浆果制品在干制过程中需加强卫生管理、减少微生物污染, 同时, 在干制后要进行必要的包装, 以增强干制品的储藏性能。

2. 水分活度对酶活性的抑制作用

酶是生物体中具有特异性催化活性的蛋白质, 参与生物体内的多种化学反应。酶的催化作用使食品成分发生降解反应, 降低了食品的营养及感官品质。酶活性与温度、水分活度、pH、底物浓度等众多因素有关, 其中水分活度的影响非常显著。酶活性随着水分活度的降低而降低。浆果干制时水分减少, 则酶的活性下降, 但酶和底物的浓度同时增加, 酶促反应又有可能加速。所以, 干制前应对物料进行湿热或化学处理, 使物料中的酶钝化失活, 控制干制品中酶的活性。

如同上述的微生物一样, 不同种类的酶的最低水分活度不同。例如, 多酚氧化酶会引起儿茶酚的褐变, 反应体系的最低水分活度为 0.25, 即水分活度低于 0.25 不会发生褐变反应。另外, 酶的热稳定性也与水分活度有一定的关系。酶在较高水分活度环境中更容易发生热失活。当浆果干制品吸潮后, 水分活度上升, 酶的活性也会随之恢复, 从而使浆果品质劣变。在浆果干制品中, 当水分含量降至 1%以下时, 酶的活性完全钝化。通常, 水果干制后的水分活度为 0.60~0.65。

三、干制机理

在干制过程中, 浆果主要依靠水分外扩散作用和内扩散作用达到水分蒸发的目的。浆果干制就是除去浆果中的游离水和部分胶体结合水。水分外扩散作用是在干燥介质的温度上升时, 原料表面因升温而造成水分蒸发。在干燥初期, 水分蒸发主要是从水分多的部位向水分少的部位转移, 即外扩散。外扩散使原料表面和内部的水分之间形成水蒸气分压差, 进而促使果品组织内部的水分在湿度梯度的作用下向外渗透扩散, 使得原料各部分的水分达到平衡, 这种作用称为水分内扩散。水分的内扩散作用是水分借助于内外层的湿度梯度, 由含水量高的部位向含水量低的部位转移。湿度梯度越大, 水分内扩散的速度就越快。

此外, 由于干燥时食品各部分的温度不同, 产生了与水分内扩散方向相反的水分的热扩散, 其方向是从温度高处向温度低处转移, 即由四周向中央转移。但因干制时的内外温差较小, 热扩散作用进行得较少, 因此主要是水分从内层移向外层的作用。

水分的内扩散和外扩散同时进行, 但在不同干燥过程的不同时期, 因物料的结构、性质、温度等条件的差异, 而影响干燥速度的机制不同。在干燥过程中, 某些物料的水分内部扩散速度大于水分表面汽化速度，而另一些物料则情况相反，因此控制的关键是速度较慢的环节。前一种情况称为内部扩散控制，后一种情形称为表面汽化控制。

干燥时，水分的表面汽化和内部扩散同时进行，浆果的种类、品种、原料的状态及干燥介质的不同导致二者的速度有差异。个体较大的果实可溶性固形物含量高，物料水分表面汽化的速度大于水分内部扩散速度，属于内部扩散控制型干燥。这时干燥速度主要取决于水分的内扩散。为了加快此类浆果的干燥速度，必须采用如抛物线式升温的方式对果实进行热处理，以加快物料内部水分的扩散速度。如果单纯提高干燥温度和降低相对湿度，将导致表面汽化速度过快，特别是在干燥初期，水分外扩散远远超过内扩散，原料表面会过度干燥而形成硬壳（称为硬壳现象），硬壳隔断了水分内扩散的通道，阻碍水分的继续蒸发，反而使干燥时间延长。由于此时内部含水量和蒸汽压高，当这种压力超过浆果所能承受的压力时，就会压破组织，使结壳的原料开裂，汁液流失，导致制品品质下降。干燥时切片薄、可溶性固形物含量低的浆果，物料内部水分扩散的速度大于表面水分汽化的速度，属于表面汽化控制型干燥。这时干燥速度取决于水分的外扩散。此类浆果内部水分扩散比较快，只要提高环境温度、降低相对湿度就能加快干制速度。所以，干制时需将水分的表面汽化和内部扩散相互衔接、合理使用，才能达到缩短干燥时间、提高干制品质量的目的。

四、干燥过程

根据水分干燥速度可将干燥过程分为恒速干燥和降速干燥两个阶段。在两个阶段交界点的水分含量称为临界水分，这是各种原料在一定干燥条件下的特性。

浆果干制时，原料的温度、绝对水分含量与干燥时间的关系可以利用干燥曲线、干燥速度曲线及温度曲线（图 8-1）组合在一起来进行分析描述。

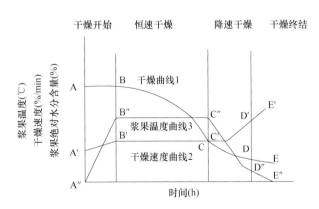

图 8-1　浆果干制曲线（修改自孟宪军和乔旭光，2016）

干燥曲线是干燥过程中浆果物料的水分含量和干燥时间之间的关系曲线（图 8-1 曲线 1），表明浆果含水量随干燥时间的变化规律。在干燥初期（A→B），很短时间内浆果含水量基本保持不变，经短暂平衡后，因游离水含量较高又易于蒸发，出现快速下降（B→C），当达到临界点 C 时，干燥速度逐渐减慢（C→D），随后达到水分平衡（D→E），干燥过程即停止。

干燥速度曲线是表示干燥过程中任何时间的干燥速度与该时间的浆果绝对水分含量之间关系的曲线（图8-1 曲线2），干燥速度指单位时间内绝对水分含量降低的百分数。随着热量的传递，干燥速度很快达到最高值（A′→B′），然后进入恒速干燥阶段（B′→C′），这一阶段干燥速度稳定不变，此时水分从内部快速转移到表面，从而使表面水分含量维持恒定，即水分从内部转移到表面的速度大于或等于水分从表面蒸发到空气中的速度。当浆果含水量降低到临界点时，干燥速度开始下降，进入所谓的降速干燥阶段（C′→D′→E′）。在降速干燥阶段内的干燥速度的变化与浆果的结构、大小、水分和食品的结合形式及水分迁移的过程有关，所以不同的浆果具有不同的干燥速度曲线。

温度曲线是表示干燥过程中浆果温度与含水量之间关系的曲线（图8-1 曲线3）。在干燥开始时（A″→B″），浆果表面温度缓慢上升，而后进入恒速干燥阶段（B″→C″），因加热所获得的热量全部用于水分蒸发而使温度保持不变。在降速干燥阶段（C″→D″→E″），因水分蒸发的速度大于水分扩散的速度，浆果温度逐渐升至干燥介质温度。

五、影响干燥速度的因素

在干制过程中，干燥速度对干制品品质影响巨大。影响干燥速度的因素归纳起来可分为两个方面：一方面是干燥环境条件如干燥介质温度、空气湿度、空气流速等；另一方面是原料本身的性质和状态，如原料种类与原料干燥时的状态。

（一）干制条件的影响

1. 干燥介质的温度

浆果干制的干燥介质多采用预热空气。干燥时，热空气与湿的物料接触，将所带热量传递给被干燥物料，物料所吸收的热量使含有的水分部分汽化。可以依靠提高空气和水蒸气温度，增大干燥介质与浆果间的温差，加快热量向浆果传递的速度，同时提高水分外逸速度使干燥速度加快。以空气作为干燥介质时，要注意使温度、湿度和空气流速保持平衡，此时温度变为次要因素。因为物料内水分以水蒸气状态从表面外逸时，会在其表面形成饱和水蒸气层，如果不及时排出，将会阻碍物料内水分的外移和蒸发，从而降低水分的蒸发速度，所以温度的影响也将降低。

若干燥介质的温度低，则物料表面水分蒸发速度变慢，进而干燥速度变慢，干制时间就会延长，可能会降低干制品质量。如果干燥介质的温度高，物料表面水分蒸发速度加快，当表面水分蒸发速度大于内部水分扩散速度时，水分蒸发就会从表面向内部深处转移。但是，浆果干制时，特别是在干制初期，一般不宜采用过高的温度。如果温度过高会产生以下不良现象：第一，浆果组织中的汁液在高温条件下快速膨胀，造成细胞壁破裂、内容物质流失；第二，高温会加快浆果中的糖和其他有机物的分解或焦化，使制品的外观和风味发生变化；第三，因为浆果含水量较高，在干燥初期温度梯度和湿度梯度的方向相反，阻碍水分由内向外的扩散，导致外层温度持续上升，直至达到介质温度，在物料表面形成高温、低湿的情况，物料表面容易出现干膜或硬壳现象，进一步收缩、龟裂，影响水分蒸发，降低干制品质量。因此，干制过程必须选择适宜的干燥温度，并控制干燥介质的温度。

适宜的干燥温度应根据干制品的种类和性质来决定，一般为40～90℃。针对含水量高的浆果可以采用前期持续高温，后期适当降低温度的干燥方法，使水分的内外扩散相适应。为避免出现硬壳、龟裂和焦化现象，针对含水量低的浆果在干燥时通常控制温度较低但相对湿度不宜过低。

2. 干燥介质的湿度

在浆果干制时，作为干燥介质的空气，相对湿度越小，水分蒸发的速度越快，而温度又对相对湿度有影响，空气温度升高，相对湿度将减小，浆果表面与干燥空气之间的蒸气压差越大，传热速度越快，浆果干燥速度也就越快；反之，温度降低，相对湿度就会增大，导致浆果干燥速度减慢。在温度一定的条件下，相对湿度越低，空气饱和差越大，干燥速度越快。

在干制过程中，升高温度与降低相对湿度的方法可以缩短干燥时间。空气的相对湿度不仅对浆果的干燥速度有影响，而且决定浆果干制品的最终含水量。浆果干制后能够达到的最低含水量与干燥空气的相对湿度成正比，相对湿度越低，浆果干制品的含水量越低。

3. 空气的流动速度

空气的流动速度越快，浆果的干燥速度也就越快。因为加快空气流速，可以增加干燥空气与物料的接触频率，迅速带走原料表面蒸发出的、聚集在浆果周围的饱和水蒸气层，并及时补充未饱和的空气，使浆果表面与周围干燥介质始终保持较大的温差，从而促进水分的不断蒸发。同时，促进干燥介质将所携带热量迅速传递给浆果原料，增大对流换热系数，以维持水分蒸发所需要的温度。因此，在人工干制设备中常用鼓风的办法来增大空气流速，以缩短干燥时间。

4. 大气压力和真空度

温度一定时，水的沸点随大气压力的降低而降低，水分蒸发加快。真空加热干燥即是利用这一原理，在真空室内加热干燥，可以在较低的温度条件下进行，使浆果内的水分以沸腾形式蒸发，同时提高产品的溶解性，较好地保持营养价值，延长产品的储藏期。对热敏感浆果的脱水干燥来说，低温加热与缩短干燥时间对制品的品质极为重要。干制条件对浆果干燥速度的影响见表8-2。

表8-2　干制条件对浆果干燥速度的影响（孟宪军和乔旭光，2016）

干制条件	恒速干燥阶段	降速干燥阶段
温度升高	干燥速度加快	干燥速度加快
相对湿度下降	干燥速度加快	无变化
空气流速加快	干燥速度加快	无变化
真空度上升	干燥速度加快	无变化

（二）原料性质和状态

原料对干燥速度的影响也很明显，主要包括原料的种类、预处理、装载量和装载厚度。

1. 浆果种类

不同种类的浆果原料的理化性质、组织结构因所含各种化学成分的保水能力不同而有所差别。即使在同样的干燥条件下其干燥速度也不相同。一般，可溶性固形物含量高、组织致密的产品干燥速度慢；反之，干燥速度快。呈片状或小颗粒状的原料干燥时间短。因为这种状态缩短了热量向物料中心传递和水分从物料中心向外扩散的距离，从而加快了水分的扩散和蒸发，缩短了干制时间，所以，具有较大比表面积的浆果比具有较小比表面积的浆果更容易干燥。另外，浆果表皮具有阻止水分蒸发的保护作用，特别是果皮组织致密且厚、表面包有蜡质的原料。因此，干制前必须进行适当除蜡质、去皮和切分等处理，以缩短干燥时间，否则干燥时间过长，降低干制品质量。

2. 浆果干制前的预处理

浆果干制前的预处理对于干制有促进作用，包括切分、热烫、浸碱、熏硫等。因为传热介质、浆果的换热量及浆果水分的蒸发量均与浆果的表面积成正比，所以切分后的原料比表面积（表面积与体积之比）增大，增加了浆果与传热介质的接触面积，而且缩短了热与质的传递距离，加快了蒸发速度，缩短了干燥时间。切分的越细、越薄，越有利于缩短干燥时间。热烫和熏硫均能改变细胞壁的透性，降低细胞持水力，有利于水分移动和蒸发。

3. 原料的装载量和装载厚度

原料的装载量和装载厚度严重影响浆果的干燥速度。干燥设备的单元装载量越大，装载厚度越大，越不利于空气流动和水分蒸发，干燥速度越慢。干燥过程中可以根据原料体积的变化，改变其厚度，干燥初期宜薄些，后期再合并加厚料层。自然气流干燥的宜薄，鼓风干燥的可以厚些。

此外，干制设备的类型及干制工艺也是影响干燥速度的重要因素。应该根据原料的特性，选择理想的干制设备，控制合理的工艺参数，提高干制效率，保证干制品的质量。

六、浆果干制过程中的变化

浆果在干制过程中会产生一系列的物理变化和化学变化，主要表现在以下两个方面。

（一）物理变化

1. 体积缩小、质量减轻

体积缩小、质量减轻是浆果干制后最明显的变化。在干制过程中，新鲜浆果物料将随着水分蒸发均匀地进行线性收缩，使其质量减轻、体积缩小，这一变化有利于节省包装和运输费用，并且便于携带和储藏。例如，干制后果品体积为原料的 20%～35%，果品质量为鲜重的 10%～20%。在生产实际中，由于果品物料、温度、湿度、空气流速等干制因素不同，物料干燥时不一定均匀干缩，干缩也各有差异。

原料种类、品种及干制品的含水量不同，导致干燥前后产品质量差异很大，常用干燥率（原料鲜重与干燥成品质量之比）来表示原料与成品间的比例关系。

2. 干缩和干裂

干缩是指浆果中具有充分弹性的细胞组织均匀而缓慢地失水时，产生均匀收缩，达到一定限度时再也无法恢复到原来形状的现象。干缩的程度与浆果种类、干燥方法及条件等有关。含水量多、组织脆嫩的浆果干缩程度大，而含水量少、纤维质的浆果干缩程度轻。热风干燥时高温比低温引起的干缩更严重；缓慢干燥比快速干燥引起的干缩严重；冷冻干燥制品几乎不发生干缩。所以，用高温干燥或用烫热干燥方法后，细胞组织弹性多少会失去一些，产生永久变形，且容易出现干裂和破碎等现象。干裂是指高温快速干燥时块片状物料表层在中心干燥之前干硬，而中心收缩时就会脱离干硬壳膜而出现内裂、空隙或蜂窝状结构的现象。干缩和干裂是干制过程中最容易出现的问题。

3. 表面硬化

表面硬化是指干制品外表干燥而内部软湿的现象，是浆果物料表面收缩和封闭的一种特殊现象。例如，物料表面稳定性较高，就会因为内部水分未能及时转移至物料表面被排除而迅速形成一层干燥膜，干燥膜的渗透性很低，将大部分残留水分阻隔在浆果内，使干燥速度急剧下降。

造成表面硬化现象（也称硬壳）的原因：一种是浆果干燥时，物料表层收缩使深层受压，浆果内部的溶质成分随水分同时穿过空隙、裂缝和毛细管不断向表面迁移，积累在表面上形成结晶的硬化现象；另一种是由于浆果的表面干燥过于强烈，水分汽化很快，而水分不能及时由内部迁移扩散到表面上来，在表面迅速形成一层干硬膜的现象。产品表面硬化后，水分移动的毛细管断裂，水分移动受阻，大部分水分被封闭在产品内部，致使干制速度急剧下降，为进一步干制带来困难。第一种现象常见于含糖或含盐多的浆果的干燥；第二种现象与干燥条件有关，是可人为控制的。因此，必须控制好干燥条件才能获得好的干燥结果，使物料温度在干燥初期低一些，保持在 50～55℃，以促进内部水分较快扩散和再分配。同时加大空气湿度，避免物料表层附近的湿度快速变化。

4. 物料内多孔性的形成

快速干燥时物料表面硬化及内部迅速建立的蒸气压会促使物料形成多孔性制品。运用真空干燥会促使浆果中水分迅速蒸发并向外扩散，从而形成多孔性的产品。

目前，不少干燥技术或干燥前的预处理都力求促使物料形成多孔性结构，加快水分的扩散，提高物料的干燥率。多孔性食品在食用时主要的优点是能迅速复水和溶解，提高食用的方便性，如方便面中的蔬菜包及快餐食品等就有很好的复水性。多孔性食品存在的问题是容易被氧化、储藏性能较差、储藏条件要求较高。

5. 热塑性

热塑性是指在干燥过程中，浆果在温度升高时出现软化甚至有流动性，而冷却时会变硬的现象。糖分及果肉含量高的浆果汁就属于这类食品，加热时更易软化变形，即热塑性强，这十分不利于干制。果品干制后复水往往很难恢复到原来的形状，即复原性差。

6. 透明度的改变

在干制时，新鲜浆果细胞间隙中的空气受热被排除，使优质的干制品呈半透明的状态（所谓"发亮"）。浆果组织细胞间隙中的空气排除的越彻底，干制品的透明度越高，质量越好。因此，干制前的热烫处理，一方面可以钝化酶的活性，增强制品的储藏性；另一方面可以排除浆果细胞间隙中的空气，减少氧化作用，改善外观。

（二）化学变化

浆果在干制过程中会发生一系列的化学变化，如营养成分、色泽、风味等均会发生不同程度的变化，这些变化的程度因浆果种类、干燥方式的不同而异。

1. 营养成分的变化

浆果中的主要营养成分是碳水化合物、蛋白质、维生素和矿物质等。在干制过程中，浆果失去水分，使单位质量的干燥浆果的营养成分含量相对增加。但与新鲜浆果相比，干制品的营养价值有所下降。一般情况下，糖分和维生素损失较多，矿物质和蛋白质较稳定。

（1）碳水化合物

碳水化合物在浆果中普遍存在，是浆果甜味的主要来源。其变化直接影响浆果干制品的质量。浆果中含有的碳水化合物主要是葡萄糖、果糖和蔗糖。其中，葡萄糖和果糖均受热易分解。浆果在自然干制时，因干燥速度缓慢，酶的活性不能被很好地抑制，呼吸作用仍然要持续一段时间，从而消耗一部分碳水化合物和其他有机物质。因此干制时间越长，碳水化合物的损失越多，干制品质量越差。人工干制浆果时，能够快速抑制酶的活性和呼吸作用，使干制时间变短，可以减少碳水化合物的损失，但过高的干燥温度对碳水化合物的影响很大。碳水化合物的损失随温度的升高和时间的延长而增加，且温度过高干制品易变苦。

（2）蛋白质和脂肪

蛋白质和脂肪在浆果中的含量较低，但对热都极其敏感。在干燥过程中，浆果中蛋白质受热变性。并且在适宜的条件下，蛋白质会与还原性糖发生美拉德反应，降低了蛋白质的溶解性和生物学价值，影响干制品品质。含脂肪的浆果受热容易氧化并产生异味。

（3）维生素

浆果中含有丰富的维生素。在干燥过程及干制品的储藏过程中，维生素C最容易被氧化破坏，其破坏程度与干制条件中的含氧量、温度和抗坏血酸氧化酶的含量及活性大小密切相关。维生素C在氧化与高温的共同作用下会被全部破坏，在阳光照射和碱性环境中也不稳定，但在避光、缺氧、酸性溶液或高浓度的糖溶液中则较稳定。因此，在干制时原料的处理方法不同，维生素 C 的保存率也不同。

另外，其他维生素在干燥过程中也有不同程度的损失。例如，维生素 B_1（硫胺素）对热敏感，微生物 B_2（核黄素）对光敏感，胡萝卜素因氧化作用也有损失。

2. 色泽的变化

新鲜浆果的颜色一般都比较鲜艳。干燥改变了其物理和化学性质，使其反射、散射、吸收和传递可见光的能力发生变化，导致浆果色泽发生变化。浆果在干制或干制品的储藏过程中，如果处理不当会发生褐变，即变成黄色、褐色或黑色等。根据褐变发生的原因不同，可将其分为酶促褐变和非酶褐变。

（1）酶促褐变

酶促褐变是指浆果中酚类物质（单宁、儿茶酚、绿原酸等）、酪氨酸等成分在氧化酶和过氧化酶的作用下氧化变成黑色物质，呈现褐色变化的现象。影响浆果酶促褐变的主要因素包括底物（单宁、酪氨酸）、酶的活性（氧化酶和过氧化酶）和氧气，只要控制其中的一个因素即可抑制酶促褐变。其中，单宁是浆果褐变的主要基质，其含量因原料的种类、品种及成熟度不同而异。就果实而言，不同种类的果实单宁含量不同，一般未成熟的果实单宁含量远高于同品种的成熟果实。因此，在果品干制时，应选择单宁含量少而成熟度高的原料。单宁在氧化酶和过氧化酶组成的氧化酶系统中完成氧化并发生褐变，如果破坏氧化酶系统的一部分，即可终止氧化作用的进行。因此，在干制前可采用热烫的方法或二氧化硫处理来钝化酶的活性，抑制酶促褐变的发生。

氧气也是酶促反应的必备条件。使用亚硫酸溶液、盐水或清水浸泡能隔绝氧气，防止酶促褐变的发生。

（2）非酶褐变

凡没有酶参与反应而发生的褐变均可称为非酶褐变。非酶褐变比较难控制，在浆果干制和干制品的储藏过程中都有发生。非酶褐变的主要原因是发生了羰氨反应，即浆果中氨基酸的游离氨基和还原糖的羰基作用，生成复杂的黑色络合物。这种反应是 1912 年被法国化学家 L. C. Maillard 发现的，故又称美拉德反应。

氨基酸的含量与种类、糖的种类及温度条件决定了羰氨反应引起非酶褐变的变色程度和快慢。氨基酸可与含有羰基的醛类化合物和还原糖发生反应，分别形成相应的醛、氨气、二氧化碳和羟基呋喃甲醛。其中，羟基呋喃甲醛与氨基酸及蛋白质化合物反应生成类黑色素。因此，类黑色素的形成与氨基酸含量的多少呈正相关关系，其中赖氨酸、胱氨酸及苏氨酸等与糖的反应较强。参与反应的糖类主要是具有醛基的还原糖。不同的还原糖对非酶褐变的影响不同，对褐变影响的大小顺序：五碳糖影响约为六碳糖的 10 倍；五碳糖中核糖影响最大，其次阿拉伯糖，木糖最小；六碳糖中半乳糖影响最大，其次为葡萄糖，鼠李糖最小。温度影响类黑色素的形成，提高温度能促使美拉德反应加强。非酶褐变的温度系数很高，温度每上升 10℃，褐变概率增加 5～7 倍。因此，低温储藏干制品是控制非酶褐变的有效方法。

此外，重金属也会促进非酶褐变，按促进作用由小到大排列为锡、铁、铅、铜。例如，单宁与锡长时间加热生成玫瑰色的化合物，单宁与铁生成黑色的化合物，单宁与碱作用变黑。二氧化硫与不饱和的糖反应生成磺酸，可减少类黑色素的形成。因此，原料的硫处理对浆果非酶褐变有抑制作用。

3. 风味的变化

浆果在干制加工过程中，高温加热干燥使挥发性的芳香物质损失，使其失去原有风味。防止浆果干燥过程中风味物质的损失具有一定难度。生产中可以回收或冷凝处理从干燥设备中外逸的蒸汽，再加入到干制品中，尽可能地保持其原有风味。此外，可以通过添加该食品风味剂，或干燥前在液体原料中添加树胶等包埋物质，将风味物质微胶囊化，减少风味物质的损失。

第二节　浆果干制生产工艺与设备

浆果原料种类繁多，干制品的品质要求也不尽相同，干制的方法有很多，浆果干制工艺流程可以简单归纳为原料选择、分级→原料预处理→干制→包装→储藏。

一、浆果干制生产工艺

（一）原料选择

果品原料品质的优劣严重影响干制品的质量和产量，因此必须对浆果原料进行精心选择。选择适于干制的原料，能保证干制品质量、提高出品率、降低生产成本。干制时对果品的要求：干物质含量高、纤维素含量低、风味色泽好、肉质致密、核小皮薄、成熟度适宜。

（二）原料预处理

原料干制前的处理也称预处理，包括清洗、去核、切分、护色等处理步骤。最重要的是灭酶护色，可以防止浆果在干燥和储藏过程中变色和变质。常用的灭酶方法是热烫处理、硫处理或者两者兼用。

1. 热烫处理

热烫处理是指用一定温度或煮沸的清水或者饱和蒸汽对原料进行的一种短时间的热处理过程。它是浆果干制时的一道重要工序，主要用于钝化原料中的酶活性，是抑制酶促褐变有效且最常用的方法。

热烫的主要目的是浆果原料经过热烫后，可钝化氧化酶，减少氧化变色现象，保持色泽、营养、风味的稳定；增加原料组织的细胞透性，排除细胞组织中的空气，利于干燥，并且易于复水，恢复原状；去除原料的苦、涩、辛辣味等不良风味；杀死原料表面的微生物和寄生虫虫卵。

热烫常用的方法是热水热烫法和蒸汽热烫法，在90～100℃温度下处理3～5min即可。热烫后应迅速冷却，减少热力对原料的持续作用，以防原料组织软烂。此外，热烫时应根据原料的不同添加不同的食品添加剂以增强护色效果，如氯化钙、碳酸氢钠等。

2. 硫处理

硫处理可以有效地防止酶促褐变和非酶褐变。浆果原料均可采用此方法进行灭酶护色。硫处理的主要目的是钝化多酚氧化酶，减少酚类物质氧化变色；延缓棕色色素的生成，防止变色；抑制或杀死杂菌。硫处理常用的方法是熏硫法和浸硫法。熏硫法是直接用气态二氧化硫处理原料，对浆果组织中的细胞膜产生一定的破坏作用，增强其通透性，有利于干燥，且对维生素C的保护作用明显。浸硫法是用一定浓度的亚硫酸或亚硫酸盐溶液浸泡原料，其优点是便于操作，但要注意，处理时间不能过长，一般浸渍10～15min即可，防止硫残留超标。

（三）干制工艺条件

干制工艺条件对干制品质量的影响很大，不同的干制方法决定了浆果干制的工艺条件不同。用空气进行干制时，主要的工艺条件包括空气温度、相对湿度、空气流速和原料温度等；用真空干燥时主要工艺条件包括真空度、干燥温度等。无论选择哪种干燥方法，选择最佳工艺条件的原则：最短的干制时间、最低的能量消耗、最高的干制品质量和最易控制的工艺条件。

浆果干制工艺条件主要控制干制过程中的干燥速度、物料临界水分和干制浆果品质。例如，以热空气为干燥介质时，空气温度、相对湿度和原料温度是主要工艺条件。具体工艺条件及过程详见"二、浆果干制方法与设备"部分。

（四）干制品包装

浆果干制完成后，还要进行一系列的处理，包括分级、回软、压块和防虫等工艺环节才能进行包装，以提高干制品的质量、延长储藏期。

1. 包装前处理

（1）分级

分级的目的是使成品的质量符合规格标准，便于包装。分级工作应在固定的分级台或附有振动筛等的分级设备上进行。根据品质和大小分为不同等级，剔除块、片和颗粒大小不符合标准的产品以提高其质量。筛下物另作他用，碎屑物视作损耗。大小合格的产品还要进行进一步的筛选，剔除变色、残缺或不良成品及杂质，并经磁铁吸出金属杂质。

（2）回软

回软又称均湿、发汗或水分平衡。浆果干制后，产品往往出现内干外湿的现象。所以，包装前要进行回软处理，其目的在于使干制品内部与外部水分转移,各部分的含水量均衡，呈现适宜的柔软状态，便于后续处理。回软的方法是将筛选、分级处理后的干燥产品稍冷却后立即堆积起来或放置于较大的密闭容器中，进行短暂储藏，使水分在干制品内部及干制品之间相互扩散和重新分布，最终达到均匀一致、水分平衡的标准。一般果干 2～5d。回软操作一般适于丝、片状干制品，防止在后期加工过程中因过于干脆而碎裂。

（3）压块

压块是将干燥后的样品进行压缩处理。干制后的浆果，虽然质量轻、体积收缩，但容积大、较膨松，不利于包装和运输，因此在包装前要压块。压块后，产品体积缩小 3～7 倍。压块与温度、湿度和压力密切相关。在不降低产品质量的前提下，温度越高、湿度越大、压力越高则果干压的越紧。

压块可使用水压机、油压机或螺旋压榨机，机内都附有特制的压块模型。压块时，一般压力为 70kg/cm²，维持 1～3min；水分含量低时要加大压力。

（4）防虫

浆果干制品常有虫卵混杂其间，特别是自然干制的产品最易受到损害。一旦温度、湿度等条件适宜时，干制品中的虫卵就会生长，侵袭干制品，造成损失。因此，干制品防虫治虫是不容忽视的重要问题。常见的害虫：蛾类有印度谷螟（*Plodia interpunctella*），甲类有锯谷盗（*Oryzaephilus surinamensis*）、米扁虫（*Ahasverus advena*）等，壁虱类有长粉螨（*Tyroglyphus longior*）等。

防治害虫的方法有物理防治和化学防治。物理防治是利用自然或人为引起的物理因子的变化去扰乱害虫的正常生理代谢，从而抑制或杀死害虫的方法。常见的物理防治方法：①低温杀虫。利用冷空气对害虫的生理代谢、体内组织造成干扰破坏，加速害虫死亡。干制品最有效的杀菌温度是-15℃，但对设备条件要求相对较高，费用昂贵。生产中一般用-80℃冷冻 7～8h，就能杀死 60%的害虫。②高温杀虫。利用自然或人为创造的高温作用于害虫，使其躯体结构、组织机能受到严重的干扰破坏，从而造成害虫死亡的方法。在不降低干制品质量的适宜高温下，一般加热几分钟即可杀死其中隐藏的害虫。另外，日光暴晒也可起到杀虫作用。③气调杀虫。其指人为地改变干制品储藏环境中的气体成分含量，创造不良的生态环境来防治害虫的方法。降低环境中的氧气含量、提高二氧化碳含量可直接影响害虫的生理代谢和生命活动。采用充惰性气体、抽真空包装或充二氧化碳等方法可以降低氧气浓度。一般氧气含量为 5%～7%时，在 1～2 周可杀死害虫。氧气浓度在 2%以下时，杀虫效果最为理想。当二氧化碳浓度达到 60%～80%时，有明显的杀虫效果，且二氧化碳浓度越高，杀虫效果越好，杀虫时间越短。气调杀虫无毒害残留，且便于操作，是一种新的杀虫技术，具有广阔的发展前景。④电离辐射杀虫。电离辐射过程可以引起生物的组织及生理结构发生各种变化，严重影响生物的新陈代谢和生命活动，从而导致机体死亡或停止生长发育。一般采用 X 射线、γ 射线和阴极射线对浆果材料进行辐射处理。其中 γ 射线杀虫效果最好，使用较多。

化学防治方法是利用有毒的化学物质直接杀灭害虫的方法，具有快速彻底、效率高的特点。化学防治既能在短时间内消灭大量害虫，又可预防害虫再次侵害，是目前应用最广泛的一种防治方法。但所用化学物质易造成污染、对人体毒性大、影响食品安全，应用时要谨慎。常用的熏蒸药剂有二硫化碳、二氧化硫、溴代甲烷等。

2. 包装

包装对干制品耐储性影响很大，因此干制品包装时应达到以下要求：①防潮防湿，避免干制品吸湿回潮引起发霉、结块；②避光和隔氧；③密封，防止外界虫、鼠、微生物及灰尘等进入；④符合食品卫生管理要求；⑤包装大小、形状和外观应有利于商品的销售，包装费用应做到低廉、合理。

（1）包装容器

生产中常用的包装材料有木箱、纸箱、金属罐及聚乙烯、聚丙烯等软包装复合材料。用纸箱或纸盒作包装时应内衬有防潮纸或涂蜡纸以防潮。金属罐是包装干制品较为理想的容器，具有防潮、密封、防虫和牢固耐用等特点，适合用于包装果汁粉等。软包装类复合材料由于能够热合密封，可用于抽真空和充气包装，但其降解性差，易造成环境污染。

（2）包装方法

浆果干制品的包装方法主要有普通包装法、充气包装法和真空包装法。①普通包装法是指在正常大气压下，将经过处理和分级的干制品按一定的量装入容器中。②充气包装法和真空包装法是将产品先进行充惰性气体或抽真空，然后进行包装的方法。这种方法降低了储藏环境中的含氧量（一般降至2%），可以防止维生素受到氧化破坏，提高了制品的储藏性。真空包装和充气包装可分别在真空包装机或充气包装机上完成。

（五）干制品储藏

合理包装的干制品受环境因素影响小，未经密封包装的干制品在不良环境条件下，就容易出现变质现象。因此，良好的储藏环境是提高干制品耐储藏性的重要保证。

1. 储藏条件

影响干制品储藏的环境条件主要有温度、湿度、光线和空气。

（1）温度

温度对干制品储藏的影响很大，一般不超过14℃。0～2℃储藏效果最好，既降低了储藏费用，又抑制了干制品的变质和生虫。高温会加速干制浆果的褐变，导致干制品氧化变质。因此，干制品的储藏尽量保持较低的温度。

（2）湿度

空气湿度对未经防潮包装的干制品影响很大。储藏环境中的空气越干越好，相对湿度最好在65%以下。湿度大，干制品易吸湿返潮，特别是含糖量高的制品。一般情况下，储藏果干的相对湿度不超过70%。

（3）光线和空气

光线和空气的存在也会降低干制品的耐藏性。光线能促进色素分解，导致干制品变色及失去香味，还会破坏维生素C。空气中的氧气也能使干制品变色和破坏维生素，采用包装内附装除氧剂可以消除其危害。因此，干制品最好储藏在避光、缺氧的环境中。

2. 储藏方法

储藏浆果干制品的库房要求清洁卫生、通风良好又能密封、具有防鼠措施。切忌储藏干制品的同时存放潮湿物品。在储藏库内堆放箱装干制品时，总高度应在 2.0~2.5m 为宜，箱堆离墙壁 30cm 以上。堆顶距离天花板至少 80cm，保证充足的自由空间，利于空气流动。室内应预留宽 1.5~1.8m 的过道。维持库内一定的温度、湿度，并经常检查。防止出现害虫和鼠类。

二、浆果干制方法与设备

浆果干制方法根据干制时所使用的热量来源不同，可以分为自然干制法和人工干制法两种。自然干制法是利用太阳的辐射能量蒸发并除去物料中的水分，或利用寒冷的空气冻结物料中的水分，再通过冻融循环除去水分。这种方法仍是一些传统干制品常用的干燥方法。人工干制法是利用特殊的装置来调节干燥工艺条件，从而脱除浆果水分的方法。

（一）自然干制法

自然干制法是在自然环境下，利用太阳辐射能量、热风等进行浆果干制加工的方法。自然干制法可分为两种：一种是晒干或阳光干制，即原料直接受阳光暴晒；另一种是阴干或晾干，即原料在通风良好的室内、棚下以热风吹干。

晾干是选择空旷通风、地面平坦的地方，将浆果置于晒盘或席箔上直接暴晒，直至晒干为止。阴干主要是采用干燥空气使浆果脱水的方法。自然干制的设备主要是晒场或晾房，用具如晒盘等。

自然干制法操作简便、设备简单、费用低廉、不受场地限制。干制过程中管理粗放，也能促使尚未成熟的原料在干燥过程中进一步成熟。因此，自然干燥是许多地方常用的方法。但自然干燥过程缓慢、干燥时间长；受气候条件影响大，产品质量变化大；易被灰尘、杂质、昆虫等污染和鸟类、鼠类等侵袭，制品的卫生安全性较难保证。

（二）人工干制

人工干制是指人为地控制和创造干制工艺的方法，可以缩短干制时间，获得高质量的产品。与自然干制相比，人工干制的设备复杂，操作技术复杂，成本高。但同时人工干制具有自然干制无法比拟的优势。

人工干制设备应具备下列条件：具有良好的加热装置及保温设施，以保证干制过程所需的较高而均匀的温度；具有完善的通风设施，可以及时排出蒸发出来的水分；具有良好的卫生条件和劳动条件，便于管理。现介绍几种生产中常用的有代表性的干制设备。

1. 烘房

烘房是一种比较传统的、目前仍然广泛使用的干制设备，干制效果好，设备费用低，适用于大量生产。烘房利用烟道气加热空气，是对流式干燥设备，主要由烘房主体结构、加热设备、通风排湿设备和装载设备组成。按升温方式的不同，烘房可以分为一炉一囱直火升温式烘房、一炉一囱回火升温式烘房、一炉两囱直火升温式烘房、一炉两囱回火升温式烘房、两炉两囱直火升温式烘房、两炉两囱回火升温式烘房、两炉一囱直火升温式烘房、两炉一囱回火升温式烘房和高温烤房等。在实际生产中普遍应用的是两炉一囱回火升温式烘房，其优点是热能得到了充分的利用、保温性能好、烘房内温度均衡。此外，按房顶形式的不同，烘房可以分为屋脊式烘房、平顶式烘房、窑洞式烘房；按烘房内烘架设置方式的不同，烘房可分为固定烘架式烘房和活动烘架式烘房。

烘房干制不同品种的浆果时，应采用不同的升温方式，一般可以分为以下 3 种。①在干制期间，烘房温度按照"低→高→低"的方式进行控制，即初期为低温、中期为高温、后期为低温直至结束。这种升温方式适用于可溶性固形物含量高的浆果，或不切分的整个浆果。该方式加工出来的产品质量好、成本低、成品率高。②烘房温度按照"高→低"的方式进行控制，即干制初期急剧升温，之后逐渐降温至烘干结束。这种升温方式适用于可溶性固形物含量较低的浆果，或切成薄片、细丝的浆果。③恒温完成干燥。在整个干燥期间，温度维持在 55～60℃的恒定水平，直至烘干完成再逐步降温。这种升温方式适于大多数浆果的干制。其操作容易、产品质量好，但能耗高，生产成本也高一些。

2. 隧道式干燥机

隧道式干燥机是指干燥室为狭长的隧道型，原料装载在运输载车上（地面需铺设铁道），以一定的速度沿着狭长的隧道向前移动，同时与流动的热空气接触，通过热湿交换进行干燥，从隧道另一端出料后完成干燥。

隧道式干燥机根据原料与干燥介质的运动方向不同，可以分为顺流式干燥机、逆流式干燥机和混合式干燥机。

（1）顺流式干燥机

顺流式干燥机是指载车的前进方向和空气流动的方向相同。原料从隧道高温低湿的热风端进入，开始时水分蒸发很快，但随着载车的前进，湿度增大，温度降低，干燥速度逐渐减慢，有时甚至不能将干制品的水分含量降至最低的标准。这种干燥机的开始温度为 80～85℃，终点温度为 50～60℃，适于干制含水量高的浆果。其特点是前期干燥强烈，后期干燥缓慢，且制品最终的水分含量较高，一般高于 10%。

（2）逆流式干燥机

逆流式干燥机是指载车的前进方向和空气流动的方向相反。原料从隧道低温高湿的热风端进入，由高温低湿的一端完成干燥过程出来。开始时，温度较低，为 40～50℃，终点温度较高，为 65～85℃。这种干燥机适于含糖量高、汁液黏厚的果实。但也应注意，干燥后期温度不能太高，否则容易引起硬化和焦化。逆流式干燥机的特点是前期干燥缓慢，后期干燥强烈，干制品最终的水分含量较低，一般不超过 5%。

（3）混合式干燥机

混合式干燥机又称为对流式干燥机或中央排气式干燥机，混合式干燥机综合了上述两种干燥机的优点，克服了它们的缺点。混合式干燥机有两个鼓风机和两个加热器，分别设置在隧道的两端,热风由两端吹向中央,通过原料后,一部分热气从中部集中排出,一部分回流加热再利用(图8-2)。干制时浆果原料首先进入顺流隧道,用高温和速度较快的热风吹向原料,加速原料水分的蒸发。载车前进过程中,温度不断下降,湿度逐渐增加,水分蒸发减缓,利于水分内部扩散,不易发生硬壳现象。待原料大部分水分蒸干后,载车再进入逆流式隧道,温度升高,湿度降低。因此,混合式干燥机处理的原料干燥比较彻底。其优点是能够连续生产、温度和湿度易于控制、生产效率高、产品质量好。

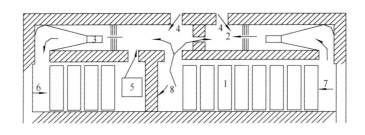

图 8-2　混合式干燥机(孟宪军和乔旭光,2016)

1. 运输载车;2. 加热器;3. 电扇;4. 空气入口;5. 空气出口;
6. 新鲜品入口;7. 干燥品出口;8. 活动隔门

3. 带式干燥机

带式干燥机是以环带为输送原料的装置的干燥机。常用的输送带有橡胶带、帆布带、涂胶布带、钢带和钢丝网带等。铺在带上的原料借助机械力向前转动,与干燥室中的干燥介质接触,排除水分,使原料干燥。图8-3所示为四层传送带式干燥机,能够连续转动。当上层温度达到70℃时,从顶部入口定时装入原料,随着传送带的转动,原料由最上层逐渐向下移动,至干燥完毕后,从最下层的一端出来。这种干燥机可用蒸汽加热,散热片装在每层传送带之间,新鲜空气由下层进入,经过加热管变成热气,蒸发掉原料中的水分,湿气由顶部出气口排出。带式干燥机适用于单品种、整季节的大规模生产。

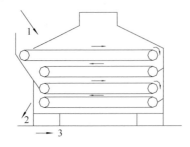

图 8-3　四层传送带式干燥机(孟宪军和乔旭光,2016)

1. 原料进口;2. 原料出口;3. 箭头表示原料运动方向

4. 滚筒式干燥机

滚筒式干燥机的结构包括一个或两个以上表面光滑的金属滚筒。滚筒中空并通有加热介质,是加热部分,其直径为20～200cm,滚筒壁是被干燥产品接触的传热壁。干燥时，滚筒的一部分浸没在稠厚的浆状或泥状原料中，或者将稠厚的浆状及泥状原料洒到滚筒表面，滚筒缓慢旋转使物料呈薄层状附着在滚筒外表面进行干燥。其干燥量与有效干燥面积成正比，也与转速有关，而转速以每转一周使原料干燥为准。当旋转接近一周时，原料即可达到预期的干燥程度，由附带的刮料器刮下，并收集起来，干燥可以连续进行。滚筒式干燥机主要用于苹果沙司、香蕉和糊化淀粉等的干燥，但不适合热塑性物料的干燥。

5. 流化床式干燥机

流化床式干燥机上的流化床呈长方形或长槽形，其底部是金属丝编织的网板或多孔性陶瓷板（图 8-4）。颗粒状原料经物料入口散布于多孔板上，热空气由多孔板下方吹入，流经原料，对其进行加热干燥。当空气的流速适宜时，干燥床上的颗粒状原料呈流化状态，即保持缓慢沸腾状，显示出与液体相似的物理特性。流化作用将被干燥物料向出口方向推移。调节出料口挡板高度，可以控制物料在干燥床上停留的时间和干制品的水分含量。流化床式干燥机多用于颗粒状物料的干制，可以连续化生产，且设备简单，物料颗粒和干燥介质紧密接触，不经搅拌就能达到干燥均匀的要求。

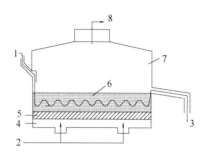

图 8-4　流化床式干燥设备（孟宪军和乔旭光，2016）

1. 物料入口；2. 空气入口；3. 出料口；4. 强制通风室；5. 多孔板；6. 沸腾床；7. 干燥室；8. 排气窗

6. 喷雾式干燥机

喷雾式干燥机是采用雾化器将液态或浆质态的原料分散成雾状液滴，使原料悬浮在热空气中进行脱水并完成干燥。喷雾式干燥机适于各种浆果粉等粉体食品的生产。喷雾式干燥机的核心部件是喷雾系统和干燥系统，其中根据喷雾的原理不同，将喷雾式干燥机分为以下 3 种类型。

（1）气流式喷雾

气流式喷雾指高速气流（300m/s）从喷嘴喷出，利用高速气流与料液流之间的速度差所产生的摩擦力，将料液分离成雾滴状，因此也称双流体喷雾。其工作过程：料液由供料泵送入喷雾器的中央喷管，形成速度较慢的流体。而高速气流从中央喷管周围的环隙中流过，在中央喷管出口处高速气流与料液流之间存在很大的相对速度差，从而产生混合和摩擦，将料液撕裂成雾滴状而完成汽化。

（2）压力式喷雾

压力式喷雾指利用高压泵对物料进行加压，当高压物料以旋转方式被强制通过喷嘴

（直径为 0.5～1.5mm）时，压力转变为动能而高速喷出并分散形成雾状。其工作过程：液料在高压作用下沿导流沟槽进入旋流室开始旋转运动。因旋流室为锥形，越靠近喷嘴的位置，空间截面积越小，料液的旋流速度越快，压力也越低。旋流到达喷孔时，压力降至接近或低于大气压。此时，外界空气即可从喷孔中心进入旋流室形成空气心，物料则成为围绕空气心的环状薄膜从喷孔喷出。离开喷嘴后的环状薄膜在离心力的作用下，继续张开变薄，并与空气摩擦而撕裂成细丝，断裂成小液滴，最终形成雾状。

（3）离心式喷雾

离心式喷雾是指料液在高速转盘 5000～20 000r/min 或线速度为 90～150m/s 时受离心力作用从盘的边缘甩出而雾化。其雾化过程是将物料送到高速旋转的圆盘后，利用离心力的作用使其扩展成液体薄膜，从盘缘的孔眼中甩出，同时受到周围空气的摩擦而碎裂成为雾滴。离心式喷雾系统的核心是转盘，常见的转盘形式有喷枪式和圆盘式。

（三）干制新技术

1. 真空冷冻干燥

真空冷冻干燥又称为冷冻升华干燥、升华干燥，简称"冻干"（FD）。真空冷冻干燥是指在低温真空条件下，将冷冻物料的冰升华，以除去物料中的水分，达到干燥物料的目的。真空冷冻干燥最大的优点就是能够最大程度地保留物料中的热敏性物质，因此适用于一些具有特殊营养保健功效的果蔬和名贵药材的干燥。该方法属于物理脱水，其过程可以用水的三相平衡解释。水有固态、液态和气态 3 种存在状态，3 种状态之间可以相互转换也可以共存。水的三相平衡图分为气相区、液相区和固相区 3 个区域。升华曲线为固气两相平衡共存的状态，此时的水蒸气压强为水的饱和蒸气压；溶解曲线为固液两相平衡共存的状态；气化曲线为气固两相平衡共存的状态。固、液、气三相共存的状态称为三相平衡点，其温度为 0.01℃，压力为 610.5Pa。当压力低于 610.5Pa 或温度降到 0℃ 以下时，液态水都不能存在，纯水形成的冰晶会直接升华成为水蒸气，真空冷冻干燥就是利用了这一原理。

真空冷冻干燥是先将物料温度降至−30℃进行预冻，使物料中的水分在低温条件下冻结成冰晶，然后在高度真空条件下给冰晶提供升华热（但温度不能高到使冰融化），使冰直接汽化而被除去，达到浆果干燥的目的。

真空冷冻干燥的优点是能够较好地保护产品的色、香、味和营养价值，还有一个优点就是干燥后的物料复水性好，复水后产品接近新鲜状态。同时，产品挥发性物质损失少，蛋白质不易变性，体积收缩小。但这种干燥方法所需设备投资和操作费用都比较高，因而生产成本高。

2. 远红外线干燥

远红外线干燥是以远红外线辐射元件发出的远红外线作为热源，远红外线将光能变成热能，直接照射在物料上使其升温而实现干燥。远红外线干燥的原理是远红外线具有穿透热效应，能够使物料深处的水分子产生剧烈运动，运动产生的热量使物料升温，在温度梯度与湿度和压差作用下，加快内部扩散控制，使表面汽化控制与内部扩散控制速度一致，达到理想的干燥速度。远红外线的来源主要是氧化钴、氧化锆、氧化铁、氧化钛等氧化物及氮化物、硼化物、硫化物等能够发射远红外线的物质。浆果组织中各种组分对远红外线的吸收能力强弱不同，浆果内部吸收远红外线辐射的成分主要是水、碳水化合物和蛋白质。

远红外线干燥的主要特点是辐射效率高、传热效率高、干燥速率高、生产效率高，适宜的红外线干燥时间一般为热风干燥时间的 1/10 左右；干制时间缩短，节能效果明显，有效地避免了浆果中营养物质的损失；设备尺寸小，建设费用低。目前，远红外线干燥已被用于浆果干制中。

3. 微波干燥

微波干燥是利用微波发生器，将产生的频率为 300～300 000MHz、波长范围为 1mm 至 1m 的微波辐射到被干燥物料上，利用微波的穿透特性使物料内部的水等极性分子随微波的频率做同步高速旋转，使物料内部产生瞬时摩擦热，导致物料表面和内部同时升温，从而使大量的水分子从物料逸出，达到干燥的效果。因为微波辐射下介质的热效应是内部整体加热，即"无温度梯度加热"，介质内部没有热传导，所以属于均匀加热。

微波干燥的主要特点：微波穿透性强，能快速深入物质内部；具有选择性加热的特性，物料中水对微波的吸收多于其他固形物，因此水分容易蒸发，而其他固形物吸收热量小，营养物质及风味不易被破坏；微波加热产生的热量是在被加热物料的内部产生，即使物料内部形状复杂，也是均匀加热，不会出现外焦内湿的现象。

因此，微波干燥具有自动热平衡特性、容易控制和调节、传热效率高、干燥速度快、制品受热均匀、产品质量好等优点。其主要缺点是耗电量较大、干燥成本较高。

4. 膨化干燥

膨化干燥又称为加压减压膨化干燥或压力膨化干燥。真空膨化干燥是指物料经预处理、预干燥等工艺，将物料中的含水量降至一定程度，通过膨化过程后在真空条件下除去物料中的剩余水分。其干燥系统主要由一个体积比压力罐大 5～10 倍的真空罐组成。浆果原料经预处理干燥后，水分含量为 15%～25%（不同浆果原料的水分含量要求不同），然后将浆果置于压力罐内，通过加热使浆果内部水分不断蒸发，罐内压力上升至 40～480kPa，物料温度大于 100℃，此时和大气压力下水蒸气的温度相比，物料处于过热状态，随着迅速打开连接压力罐和真空罐的减压阀，压力瞬间降低，物料内部水分迅速蒸发，导致浆果表面形成均匀的蜂窝状结构。在负压状态下维持加热脱水一段时间，直至达到所需的水分含量（3%～5%）后停止加热，当真空罐冷却至外部温度时打破真空，打开盖，取出产品进行包装，即得到膨化浆果脆片。此干燥技术的特点就是干燥后的果品酥脆性好，可以直接食用。该干燥技术的最大缺点是耗能大。

5. 真空油炸脱水

真空油炸脱水是在减压条件下，物料中的水分汽化使温度降低，能迅速脱水，实现在低温条件下对产品油炸脱水。热油脂作为产品的脱水供热介质，还能起到膨化及改进产品风味的作用。真空油炸技术的关键在于原料的前处理及油炸时真空度和温度的控制,原料前处理包括清洗、切分、护色,还包括渗糖和冷冻处理。一般渗糖浓度为30%~40%,冷冻要求在-18℃左右的低温下16~20h。油炸时真空度一般控制在92.0~98.7kPa,油温控制在100℃以下。

6. 联合干燥

联合干燥是指根据物料的特性,将两种或两种以上的干燥方式优势互补、分阶段进行的一种复合干燥技术。它是热风干燥、微波干燥、真空干燥、冷冻干燥、膨化干燥和喷雾干燥等各种干燥方式相结合的产物,可以分为以下3种组合方式。

(1)结合各种干燥方法的组合干燥装置

该装置指将两种或两种以上不同的干燥设备组合起来,利用第一种干燥设备使物料的含水量降低至一定程度后,再经过第二干燥设备,提高干燥速度,使物料水分及其他指标达到产品要求。

(2)结合多种热过程的联合干燥装置

该装置就是把真空油炸脱水干燥、冷却等过程组合起来,实现一机多用和连续化生产。

(3)结合其他加工过程的联合干燥装置

例如,干燥器附带搅拌机和粉碎机的联合装置,可以大大改善干燥物料的流体力学状态,利于破碎结块和消除粘壁现象,提高干燥速率。

第三节 浆果干制品生产中常见质量问题及控制

在干燥过程中,食品物料由于受热和失水,物理和化学特性发生较大变化,对这些变化的把握是选择适当干燥方法和储藏条件的前提。

一、物理变化

食品干燥时出现的物理变化主要有干缩、干裂、表面硬化和多孔结构的形成等。

1. 干缩和干裂

细胞失去活力后仍能不同程度地保持原有的弹性,但受力超过弹性极限,即使外力消失,也再难以恢复到原来状态。干缩正是物料失去弹性时出现的一种变化,也是无论是否有细胞结构的食品在干燥时最常见的、最显著的变化之一。

呈现饱满状态并且弹性完好的物料全面均匀地失水时,物料将随着水分消失而均衡地线性收缩,即物体大小(长度、面积和容积)均匀地按比例缩小。实际上,物料的弹性并非绝对的,在干燥时食品内的水分难以均匀地排除,故物料干燥时均匀干缩极为少见。因此,食品物料不同,在干燥过程中其干缩也各有差异。在干燥时,物料的典型变化如图8-5所示。图8-5(a)为干燥前物料的原始形态;图8-5(b)为干燥初期物料的干缩形态,物料的边和角渐变圆滑。图8-5(c)为物料继续脱水干燥时,水分排出向深层发展,最后至中心处,干缩也不断向物料中心进展,遂形成凹面状的果干。

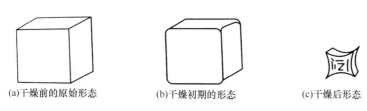

(a)干燥前的原始形态　　　(b)干燥初期的形态　　　(c)干燥后形态

图 8-5　脱水干燥过程中物料形态的变化（刘建学，2006）

低密度（即质地疏松）的干制品容易吸水，且复原迅速，和物料原始形态相似，但其包装材料和贮运费用较大，内部多孔易氧化，储藏期较短。高密度干制品复水缓慢，包装材料和贮运费用较为节省。

2. 表面硬化

当物料表面温度很高时，就会因为内部水分未能及时转移至物料表面而在表面迅速形成一层渗透性极差的干燥薄膜或干硬膜，以至于将大部分残留水分封闭在食品内，使干燥速率急剧下降。一些含有高浓度糖分和可溶性固形物的食品在干燥时最易出现表面硬化。在由细胞构成的食品内，有些水分常以分子扩散方式流经细胞膜或细胞壁，到达表面后以蒸汽分子向外扩散，让溶质残留下来；块状、片状和浆质态食品内还常存在大小不一的气孔、裂缝和微孔，小的可细到和毛细管相同，食品内的水分也会经微孔、裂缝或毛细管扩散，其中有不少能上升到物料表面而蒸发掉，以致其溶质残留在表面上；干燥初期某些水果表面上堆积有含糖的黏质渗出物。通过以上几种方式堆积在物料表面的这些物质，会封闭干燥时正在收缩的微孔和裂缝。在微孔收缩和被溶质堵塞的双重作用下，物料最终出现表面硬化现象。此时若降低食品表面温度，使物料缓慢干燥，一般就能延缓表面硬化。

3. 质构变化

由于食品成分的差异及在干燥过程中的受热程度、干燥速率不同，发生的物理、化学作用不同，干制品的质构也发生了不同程度的变化。在干燥时食品水分被去除，由于加热及盐分的浓缩作用，很容易引起蛋白质变性，变性的蛋白质不能完全吸收水分，淀粉及多数胶体的亲水性也因发生变化而下降。

二、化学变化

在食品干燥过程中，除物理变化外，同时还会发生一系列化学变化，这些变化会影响干制品及复水后产品的品质，如色泽、风味、质地、黏度、复水率、营养价值和储藏期。

1. 酶活性的变化

在干燥过程中，一方面，酶的活性随着物料水分降低而下降，但酶的活性只有在干制品水分降低到10%以下时才会完全消失；另一方面，酶和基质（酶作用的对象）浓度却同时增加。在这两方面的作用下，在干燥初期，酶促化学反应可能会加剧，只有在干燥后期，酶的活性降低到一定程度后才会显著降低。但在低水分干制品储藏过程中，特别在其吸湿后，酶仍会缓慢地活动，从而有可能引起食品品质恶化或变质。

影响食品中酶的稳定性的因素包括水分、温度、pH、离子浓度、食品成分、储藏时间及酶抑制剂或激活剂等。水分活度只是影响其稳定性的条件之一。许多干制品的最终水分含量难以达到 1%以下，因此依靠减少水分活度来抑制酶对干制品品质的影响并不十分有效。

在湿热条件下处理时酶易钝化，如在 100℃时瞬间即能破坏其活性。但其在干热条件下难于钝化，如在干燥状态下，即使用 204℃热处理，钝化效果亦极其微小。因此，为了控制干制品中酶的活动，有必要在干制前对食品进行湿热或化学钝化处理，以钝化酶的活性。

2. 主要营养成分的变化

在干燥后食品失去水分，而残留物中的营养成分的浓度增加。每单位质量干制食品中蛋白质、脂肪和碳水化合物的含量大于新鲜食品。

水果中含有较丰富的碳水化合物，而蛋白质和脂肪的含量却极少。碳水化合物含量较高的食品在加热时极易焦化。果糖和葡萄糖不稳定，易被分解，高温长时间的干燥会导致糖分损耗。在缓慢晒干过程中，初期的呼吸作用也会导致糖分分解。还原糖还会和有机酸反应发生褐变，需要用二氧化硫处理水果组织才能有效地加以控制。因此，碳水化合物的变化会引起水果变质和成分损耗。

含脂干燥食品变质的主要因素是脂类的氧化酸败产生臭味。防止脂肪酸降解和某些维生素被破坏，是维持干制品品质的关键。在干燥阶段，虽然高温脱水时脂肪氧化比低温时严重得多，但因时间短而不易被察觉。但在储藏阶段，虽然水分和温度都低，但时间长，脂肪氧化酸败对食品品质的影响较大。一般常靠添加抗氧化剂来减缓脂肪氧化问题，如酚型抗氧化剂——丁基羟基茴香醚（BHA）、2,6-二叔丁基-4-甲基苯酚（BHT）及没食子酸丙酯（PG）。金属整合剂如柠檬酸和抗坏血酸的添加有复合增加抗氧化的作用。水的存在状态会影响抗氧化剂的作用，如 EDTA 和柠檬酸的抗氧化作用在水分活度增加时增强。

水分对食品氧化酸败的影响与其他微生物活动如非酶褐变、酶反应和组织变化明显不同。含有不饱和脂肪酸的食品放在水分活度低的空气中，极容易遭受氧化而酸败，即使水分活度低于单分子层水分活度也很容易酸败。在食品贮藏过程中较高的水分活度导致赖氨酸损失，降低了蛋白质的营养价值，这是因为肽链中的α-氨基在较高水分活度下比较脆弱。

3. 维生素的变化

干制品中也常出现维生素损耗，部分水溶性维生素常会被氧化。预煮和酶钝化处理也会使其含量下降。维生素损耗程度取决于干燥前物料预处理工艺的合理程度、干燥方法和干燥操作的合理程度，以及干制食品储藏条件。

在低水分活度下，维生素 C 比较稳定。维生素 C 降解速度随着食品中水分的增加而加快。其他维生素的稳定性也有同样的变化规律，且其降解反应属一级化学反应，温度对反应速率的影响很大。将维生素 C 包埋或预先添加到油相中以防与水接触也是防止维生素 C 降解的有效方法。

4. 色泽的变化

食品的环境和食品反射、散射、吸收或传递可见光的能力会影响食品的色泽。食品原来的色泽一般都比较鲜艳。干燥改变了其物理和化学性质，使食品反射、散射、吸收和传递可见光的能力发生变化，从而改变了食品的色泽。在干燥过程中花青素同样会受到影响。硫处理会促使花青素褪色。

第四节　常见浆果干制品的生产实例

以草莓的干制为例，说明如下。

1. 原料选择

选择果粒均匀、成熟度均一、无外伤虫害的草莓为原料。

2. 清洗

将挑选出的草莓置于流动的水中进行充分漂洗，洗去泥沙、叶子等杂物。

3. 去蒂

用去蒂刀对草莓进行去蒂处理，注意去蒂是轻拿轻放。

4. 加糖煮制

配制 40%浓度的糖液，放入夹层锅中加热至沸腾，加入选择好的草莓果实，继续加热至沸腾，保持 10min。冷却后，去除糖液和草莓，将草莓在糖液中浸渍 6～8h。

5. 滤液

将浸渍好的果实从糖液中捞出，平铺在筛子上沥糖 30min。

6. 烘干

将草莓平铺在盘子中，放入烘箱中烘干，在 80℃下保持 20h。

7. 包装检验

剔除碎果和形状不规则的果干，装袋。

草莓干成品为绛红色，大小均匀。种子露在外面，具有草莓的芳香、酸甜味。水分含量为 7%～8%，无致病菌及因微生物引起的腐败现象。

第九章　浆果罐藏制品加工技术

第一节　浆果罐藏的基本原理

一、罐藏的基本原理

罐藏是一种通过杀菌保藏食品的方法。常见的浆果罐藏制品分为糖水水果罐头、果酱罐头及果汁罐头，其原理是将原料进行预处理后，再经加热、排气、密封、杀菌，从而达到长期保存食品的目的。

1. 预处理

预处理手段根据食品原料、产品类型、风味的差异而改变。一般，浆果的预处理包括挑选、分级、切块、榨汁、浓缩、预热、烹调等手段。

2. 加热

加热可抑制或杀灭部分微生物，抑制或破坏酶的活性，软化原料组织及去除不良风味。

3. 排气

排气可以排除浆果原料组织内部及罐头顶隙中的大部分空气，有利于罐头内部形成一定的真空度，抑制好气性细菌及霉菌的生长发育。

4. 密封

密封可使罐内食品与外界环境隔绝，防止有害微生物的再侵染而导致内容物的腐败变质。

5. 杀菌

利用热力杀死致病微生物，达到长期保藏罐藏浆果的目的。

二、影响酶活性的主要因素

酶的化学本质是蛋白质或 RNA，因此凡是能引起蛋白质变性的因素均可导致酶的钝化或变性，使酶失活，如温度、pH、氧气、糖液、SO_2 及亚硫酸盐液等。

1. 温度

温度对酶促反应的速度、抑制作用和破坏性有重要的影响。浆果中有机物的化学反应速度随温度的升高而加强，即在一定的温度范围内，每当温度升高 10℃，化学反应速度可能增加 1～2 倍。其反应速度的加快，与酶的活性直接相关。在 0～50℃，酶的活性随温度的升高而加强。大多数酶在 37～50℃时活性最强，但是，由于绝大多数酶的本质是蛋白质，所以当温度超过一定范围后，酶的活性受到抑制甚至完全失活。一般地，温度在 80～90℃时，绝大多数酶在加热几分钟后会遭到不可逆的破坏，从而失去生物催化活性。

2. pH

pH 对酶的活性的影响非常大，酶的活性和稳定性随着 pH 的改变而改变。pH 为 6～7 时，酶促反应最快。

3. 氧气

在浆果罐头加工中，多酚氧化酶和过氧化物酶共同作用常导致原料及罐头制品的变色，而氧气的存在会加速其变色。所以在浆果罐头加工中，常用盐水、$CaCl_2$ 浸泡或抽真空等方法，减少氧气含量，抑制酶的活性，防止褐变，提高浆果原料及罐头制品的质量。

4. 糖液

用热力钝化酶的活性时，随着糖液浓度的提高，会给钝化酶的工作带来困难。

5. SO_2 及亚硫酸盐液

SO_2 和亚硫酸盐液不仅可以抑制微生物生长，防止浆果原料及罐藏制品变质，还可以破坏氧化酶系统的活性，降低浆果组织的褐变率。

三、影响微生物生长发育的条件

1. 罐头食品中常见的微生物

微生物的生长和繁殖能够导致罐头食品的败坏，食品原料或部分辅料是罐头食品微生物的良好能量来源，因此罐头食品如果由于杀菌力度不够或密封不严密而造成微生物侵入时，残存在罐头内或侵入的微生物在环境条件转变到适于生长活动时，就会生长和繁殖，造成罐头食品的败坏。凡能导致罐头食品腐败变质的微生物称为腐败菌。

罐头内腐败菌的种类随着罐头食品类型、性质、加工和贮藏条件的不同而不同，可能是细菌、酵母菌或霉菌，也可能是混合的某些菌类。霉菌和酵母菌耐热性差，在正常的罐藏条件下即能杀死。微生物在真空密封的条件下基本不能存活。真正导致罐头食品败坏的微生物是细菌，尤其是细菌的芽孢对罐头生产至关重要。芽孢具有度过不良环境的抗逆性能，因此，杀菌必须充分。

2. 影响微生物生长发育的因素

（1）营养物质

食品原料中含有微生物生长和繁殖所需的营养物质，如糖、蛋白质、脂类、维生素及各种必要的盐类与微量元素，是微生物生长发育的良好培养基。微生物的大量存在是罐头食品败坏的重要原因，因此，食品原料的新鲜清洁和食品加工厂的清洁卫生工作就显得很重要，必须加以充分的重视。

（2）水分

细菌对营养物质的吸收是依据在溶液状态下通过渗透和扩散作用，营养物质穿过细胞壁和细胞膜而进入细胞内部完成的。因此，只有在水分充足时才能进行正常的新陈代谢。浆果原料及罐头食品中含有大量的水分，可供细菌生长和繁殖，而向罐头中加入盐水或糖液后，水分活度降低，细菌能够利用的自由水减少，有利于抑制细菌的活动。降低罐头食品的含水量后，微生物的生长活动受到限制。例如，某些低酸性罐头食品在含水量低于25%～30%时，杀菌即使未达到消灭肉毒梭状芽孢杆菌（Clostridium botulinum）的要求，食品也可以安全保存。因此，对于水分活度低的罐头食品如糖浆罐头、果酱罐头，杀菌温度可相应低些，杀菌时间也可缩短。

（3）氧气

不同种类的细菌对氧气的需要有很大的差异，由此可根据细菌对氧气的需求将细菌分为嗜氧微生物、厌氧微生物和兼性厌氧微生物。在罐藏食品中，嗜氧微生物因罐头的排气密封而受到限制，而厌氧微生物仍能活动，因此，如果在加热杀菌时厌氧微生物没有被杀死，则会造成罐头食品的败坏。

（4）pH

不同的微生物具有不同的适宜生长的 pH 范围，产品 pH 对细菌的重要作用影响细菌对热的抵抗能力。pH 愈低即酸的强度愈高，在一定温度下，降低细菌及芽孢的抗热力则愈显著，也就提高了杀菌效应。

（5）温度

每类细菌都有最适的生长温度，温度超过此最适范围，就影响其生长活动。根据对温度的适应范围，细菌分为以下三类。①嗜冷性细菌：生长和繁殖的最适温度为14.4～20.0℃。例如，霉菌和部分细菌能在这种温度下生长，抗热性不强，其对食品安全影响不大。②嗜温性细菌：活动的温度在30.0～36.7℃。生长在这个温度范围内的细菌，是引起食品原料和罐头食品败坏的主要细菌，如上述的肉毒梭状芽孢杆菌和产芽孢梭状芽孢杆菌，对食品安全影响较大，还有很多不产毒素的败坏细菌也适应这种温度。③嗜热性细菌：温度最低限在37.8℃左右，最适温度为50.0～65.6℃，有的在76.7℃条件下仍可缓慢生长。这类细菌的孢子抗热性强，有的能在121℃条件下存活60min以上。这类细菌在食品败坏中不产生毒素。

四、罐头食品杀菌 F 值的计算

罐头食品杀菌的主要目的在于杀死一切引起败坏作用和产毒致病的微生物，同时钝化能造成罐头品质变化的酶，使食品得以稳定保存；可起到一定的调煮作用，以改进食品品质和风味，使其更符合食用要求。罐头食品的杀菌与微生物学上的杀菌不同。微生物学上的杀菌是指杀灭所有微生物，达到绝对的无菌状态。而罐头食品的杀菌是在罐藏条件

下杀死造成食品败坏的微生物，即达到"商业无菌"状态，并不要求达到绝对无菌状态。所谓商业无菌，是指在一般商品管理条件下的贮藏和运销期间，不致因微生物败坏或因致病菌的活动而影响人体健康。如果罐头杀菌也要达绝对无菌的程度，那么杀菌的温度和时间就要增加，这将影响食品的品质，使得色香味和营养价值大大下降。所以，罐头食品的杀菌要尽量做到既能保存食品原有色泽、风味、组织质地及营养价值等，又能消灭罐内能使食品败坏的微生物及可能存在的致病菌，即达到罐头食品的最佳保藏效果。

1. 目标菌的选择

各种罐头食品由于原料的种类、来源、加工方法和加工条件等不同，在杀菌前存在的微生物种类和数量也不同。生产上不可能也没有必要对所有的微生物进行耐热性试验，而是选择最常见的、耐热性最强的、有代表性的腐败菌或能引起食品中毒的微生物作为主要的杀菌目标菌。不同酸性食品种类中常见腐败菌的腐败特征及耐热性如表 9-1 所示。一般，如果热力杀菌足以消灭耐热性最强的腐败菌，则耐热性较低的腐败菌就很难残留；芽孢的耐热性比营养体强，若有芽孢杆菌存在，则应以芽孢杆菌为主要的杀菌对象。

表 9-1 不同酸性食品种类中常见的腐败菌（孟宪军和乔旭光，2016）

食品 pH 范围	腐败菌温度习性	腐败菌类型	罐头食品腐败类型	腐败特征	耐热性	腐败对象
低酸性和中酸性食品（pH 4.5 以上）	嗜热性腐败菌	嗜热脂肪芽孢杆菌	平酸败坏	产酸（乳酸、甲酸、乙酸）、不产气或产生微量气体；不胀罐，食品有酸味	$D_{121.1℃}$=4.0～5.0min	青豆、青刀豆、芦笋、蘑菇、红烧肉、猪肝酱、卤猪舌
		嗜热解糖梭状芽孢杆菌	高温耐氧发酵	产气（O_2+H_2），不产硫化氢，产酸（酪酸）；胀罐，食品有酪酸味	$D_{121.1℃}$=3.0～4.0min	芦笋、蘑菇、蛤
		致黑梭状芽孢杆菌	致黑（或硫臭）腐败	产硫化氢；平盖或轻胀，有硫臭味，食品和罐壁变黑	$D_{121.1℃}$=2.0～3.0min	青豆、玉米
	嗜温性腐败菌	肉毒梭状芽孢杆菌	厌氧腐败	产毒素，产酪酸，产气（硫化氢）；胀罐，食品有酪酸味	$D_{121.1℃}$=0.1～0.2min	肉类、油浸鱼、青刀豆、芦笋、青豆、蘑菇、肠制品
		生芽孢梭状芽孢杆菌		不产毒素，产酸，产气（硫化氢）；明显胀罐，有臭味	$D_{121.1℃}$=0.1～1.5min	肉类、鱼类（不常见）
酸性食品（pH 3.7～4.5）	嗜热性腐败菌	凝结芽孢杆菌或耐酸热芽孢杆菌	平酸败坏	产酸（乳酸），不产气；不胀罐，变味	$D_{121.1℃}$=0.01～0.07min	番茄和番茄制品（番茄汁）
	嗜温性腐败菌	巴氏固氮梭状芽孢杆菌 酪酸梭状芽孢杆菌	厌氧发酵	产酸（酪酸），产气（CO_2+H_2）；胀罐，有酪酸味	$D_{100℃}$=0.1～0.5min	菠萝、番茄 整番茄
		多黏芽孢杆菌 软化芽孢杆菌	发酵变质	产酸，产气，也产丙酮和乙醇；胀罐	$D_{65.6℃}$=0.5～1.0min	水果及水果制品（桃）
高酸性食品（pH 3.7 以下）	嗜温性非芽孢杆菌	乳杆菌、明串珠菌	发酵变质	产酸（乳酸），产气（CO_2）；胀罐		水果、番茄制品、果汁（黏质）
		酵母		产乙醇，产气（CO_2）；有膜状酵母在食品表面上产膜状物		果汁、酸渍食品
		霉菌		食品表面产霉		果浆、糖浆水果
		纯黄丝衣霉 雪白丝衣霉		分解果胶，引起果实裂解，发酵产气（CO_2）；胀罐	$D_{90℃}$=1.0～2.0min	水果

2. 微生物耐热性常见参数值

研究罐头食品杀菌条件时，常见的微生物耐热性的参数值是 TDT 值、F 值、D 值和 Z 值。

（1）TDT 值

TDT 值表示在一定的温度下，微生物全部致死所需的时间。例如，121.1℃条件下肉毒梭状芽孢杆菌的致死时间为 2.45min。杀灭某一对象菌，使之全部死亡的时间随温度不同而异，温度越高，时间越短。

（2）F 值

F 值指在恒定的加热标准温度 121.1℃或 100℃下，杀灭一定数量的细菌营养体或芽孢所需要的时间（min），也称为杀菌效率值、杀菌致死值或杀菌强度。在制定杀菌规程时，要选择常见的耐热性最强的腐败菌或引起食品中毒的细菌作为主要杀菌对象，并测定其耐热性。计算 F 值的代表菌，国外一般采用肉毒梭状芽孢杆菌或 P.A.3679，其中以肉毒梭状芽孢杆菌最常用。F 值通常以 121.1℃时的致死时间表示，如 $F^{20}_{121.1℃}$=5min，表示 121.1℃时对 Z 值为 20 的对象菌，致死时间为 5min。F 值越大，杀菌效果越好。F 值的大小还与食品的酸碱度有关，低酸性食品要求 F 值大小为 4.5min，中酸性食品 F 值为 2.45min，酸性食品 F 值为 0.5～0.6min。

F 值包括安全杀菌 F 值和实际杀菌条件下的 F 值。安全杀菌 F 值是在瞬时升温和瞬时降温的理想条件下估算出来的。安全杀菌 F 值也称为标准 F 值，作为判别某一杀菌条件合理性的标准值。其是通过杀菌前罐内食品微生物的检验，选出常污染该种罐头食品的腐败菌的种类和数量，并以对象菌的耐热性参数为依据，用计算方法估算出来的。但在实际生产中杀菌都有一个升温和降温过程，在该过程中，只要在致死温度下都有杀菌作用，所以可根据估算的安全杀菌 F 值和罐头内食品的导热情况制定杀菌公式来进行实际试验，并测定其杀菌过程中罐头中心温度的变化情况，来算出罐头实际杀菌 F 值。

（3）D 值

D 值指在指定的温度条件下如 121.1℃、100℃等，杀死 90%原有微生物芽孢或营养体的细菌数所需要的时间（min）。D 值大小与该微生物的耐热性有关，D 值越大，耐热性越强，杀灭 90%微生物芽孢或营养体所需的时间越长。

（4）Z 值

Z 值指在加热致死时间曲线中，时间降低一个对数周期即缩短 90%的加热时间所需要升高的温度数。Z 值越大，说明该微生物的耐热性越强。

寻找罐头食品合理的杀菌温度和时间，是确保罐头食品质量的关键。目前所用的杀菌条件大都是凭经验确定的，我们有必要对杀菌条件从理论上来加以研究，以确定杀菌条件的合理性。

3. 杀菌时间的确定

$$L=Z\times\frac{t_B-t_A}{T_B-T_A}\times 0.4343\times 10^{\frac{T_B-250}{2}} \tag{9-1}$$

式中，L 为杀菌值即致死率（min）；Z 为对数周期所需要升高的温度数；t_B、t_A 为加热时间；T_B、T_A 为加热温度。

安全杀菌 F 值的估算：

$$F_{安}=D_T（\log a–\log b）\tag{9-2}$$

式中，D_T 为在恒温的加热致死温度下，每杀死 90% 目标菌所需要的时间（min）；a 为杀菌前对象菌的芽孢总数；b 为罐头允许的腐败菌总数。

4. 罐头安全杀菌 F 值的计算

估算的 $F_{安}$ 值是在瞬时升温、瞬时降温的理想条件下算得的。但在实际生产中，杀菌都有一个升温和降温的过程，在该过程中，只要在致死温度下都有杀菌作用。所以 $F_{实}$ 值应略大于或等于 $F_{安}$ 值，杀菌公式才会合理。

实际杀菌 F 值的计算，要以罐头中心温度为依据。根据相等时间内温度变化所产生的热致死率来计算 $F_{实}$。

$$F_{实}=t_p\sum_{n=1}^{n}L_T\tag{9-3}$$

式中，t_p 为时间间隔；n 为测定点数；L_T 为热致死率。

五、影响杀菌的因素

影响罐头杀菌效果的因素很多，主要有微生物的种类和数量、食品原料的性质和化学成分、传热的方式和传热速度、海拔等方面。

1. 微生物的种类和数量

不同的微生物耐热性差异很大，这个在前面已有阐述，即嗜热性细菌耐热性最强，芽孢比营养体更耐热。芽孢数量与致死时间的关系如表 9-2 所示，食品中微生物数量，尤其是芽孢数量越多，在同样的致死温度下所需时间越长。

表 9-2 芽孢数量与致死时间的关系（孟宪军和乔旭光，2016）

每毫升的芽孢数（个）	在 100℃ 条件下的致死时间（min）	每毫升的芽孢数（个）	在 100℃ 条件下的致死时间（min）
72 000 000 000	230～240	650 000	80～85
1 640 000 000	120～125	16 400	45～50
32 800 000	105～110	328	35～40

食品中微生物数量的多少取决于原料的新鲜程度和杀菌前的污染程度。所以，要求采用的原料新鲜清洁，从采收到加工要及时，加工的各工序之间要紧密衔接，尤其装罐后到杀菌之间不能积压，否则罐内微生物数量将大大增加，从而影响杀菌效果。另外，工厂要注意卫生管理、用水质量及与食品接触的一切机械设备和器具的清洗与处理，使食品中的微生物数量减少到最低限度，否则都会影响罐头食品的杀菌效果。

2. 原料的性质和化学成分

微生物的耐热性在一定程度上与加热时的环境条件有关。食品原料的性质和化学成分是杀菌时微生物存在的环境条件，因此食品的酸、糖、蛋白质、脂肪、酶、盐类等都能影响微生物的耐热性。

（1）原料的酸度

原料的酸度（pH）对微生物耐热性的影响很大。大多数产生芽孢的细菌在 pH 为中性时耐热性最强，食品 pH 的降低可以减弱微生物的耐热性，甚至抑制其生长，如肉毒杆菌在 pH<4.5 的食品中生长会受到抑制，也不会产生毒素，因此细菌或芽孢在低 pH 的条件下是不耐热的，因而在低酸性食品中加酸，如乙酸、乳酸、柠檬酸等，以不改变原有风味为原则，来提高杀菌和保藏效果。

（2）食品的化学成分

罐头内容物中的糖、盐、淀粉、蛋白质、脂肪及植物杀菌素等对微生物的耐热性有不同程度的影响。例如，糖浓度很低时，对芽孢耐热性的影响很小，相应地，装罐的食品或填充液中的糖浓度越高，杀灭微生物芽孢所需的时间越长。但糖的浓度增加到一定程度时，因造成了高渗透压的环境而具有抑制微生物生长的作用。盐对微生物的耐热性也有不同程度的影响，低浓度的食盐溶液（0%～4%）对微生物的耐热性有保护作用，而高浓度的食盐溶液则会减弱微生物的耐热性。食品中的淀粉、蛋白质、脂肪也能增强微生物的耐热性。另外，某些含有植物杀菌素的食品，如洋葱、大蒜、芹菜、胡萝卜、辣椒、生姜等，则对微生物有抑制或杀菌的作用，如果在罐头食品杀菌前加入适量的具有杀菌素的蔬菜或调料，可以降低罐头食品中微生物的污染率，从而降低相应的杀菌条件。

酶也是食品的成分之一。在罐头食品杀菌过程中，几乎所有的酶在 80～90℃的高温下，几分钟就可能被破坏。但是在食品中的酶，如果没有完全被破坏，在酸性和高酸性食品中常引起风味、色泽和质地的败坏。近年来，采用高温短时杀菌和无菌装罐等新措施，在检验没有细菌存在的前提下，常常遇到罐头食品异味发生的现象，这是因为过氧化物酶对高温有较大的抵抗力，它对高温短时杀菌处理的抵抗力比许多耐热细菌还强。因此，应将果品中过氧化物酶的钝化作为酸性罐头食品杀菌的指标。

3. 传热的方式和传热速度

在罐头食品杀菌时，热的传递主要是以热水或蒸汽为介质，因此，杀菌时必须使每个罐头都能直接与介质接触。此外，热量由罐头外表传至罐头中心的速度，对杀菌有很大的影响。影响罐头食品传热速度的因素主要有如下几个。

（1）罐头容器的种类和型式

玻璃罐导热系数为 2575.3～2589.5J/(m·h·℃)，约为马口铁罐的 1/60，故马口铁罐的传热快；容器厚度大，虽然传热速度不变，但总的传热时间延长。常见的罐藏容器中，蒸煮袋传热速度最快，马口铁罐次之，玻璃罐最慢。罐型越大，则热量由罐外传至罐头中心所需的时间越长，而以传导为主要传热方式的罐头更为显著。

（2）食品的种类和装罐状态

流质食品如果汁、清汤类罐头等因对流作用而使得传热较快，但传热速度随罐头中糖液、盐水或调味液等浓度的增加而降低。块状食品加汤汁的传热速度比不加汤汁的快。果酱、番茄沙司等半流质食品，随着浓度的升高，其传热方式因传导占优势而传热较慢。糖水水果罐头、清渍类蔬菜罐头由于固体和液体同时存在，加热杀菌时传导和对流传热同时存在，但以对流传热为主，故传热较快。食品块状大小、装罐状态对传热速度也会产生直接影响，块状大的比块状小的传热慢，装罐装得紧的传热较慢。总之，各种食品含水量多少、块状大小、装填松紧、汁液多少及浓度、固液体食品比例等都影响传热速度。

（3）罐内食品的初温

罐头在杀菌前的中心温度即冷点温度，称为"初温"。初温的高低影响罐头中心达到所需温度的时间。通常罐头的初温越高，初温与杀菌温度之间的温差越小，罐头中心加热到杀菌温度所需要的时间越短。因此，杀菌前应提高罐内食品的初温，如装罐时提高食品和汤汁的温度、排气密封后及时杀菌，这对于不易形成对流和传热较慢的罐头更为重要。

（4）杀菌锅的形式和罐头在杀菌锅中的位置

回转式杀菌比静置式杀菌效果好、杀菌时间短。因前者能使罐头在杀菌时进行转动，罐内食品形成机械对流，从而提高传热性能，加快罐头中心温度的升高，因而缩短了杀菌时间。罐头在杀菌锅中远离进气管路，在锅内温度还没有达到平衡状态时，传热较慢。锅内空气排除量、冷凝水积聚、杀菌篮的结构等均影响杀菌效果。

4. 海拔高度

海拔高度影响气压的高低，故能影响水的沸点。海拔高，则水的沸点低，杀菌时间应相应增加。一般海拔升高 300m，常压杀菌时间在 30min 以上的，应延长 2min。

第二节　浆果罐藏制品生产工艺与设备

一、浆果罐藏制品生产工艺

```
                                                          罐藏容器准备
                                                              ↓
原料选择→分级→清洗→去皮→切分→去心核→热烫→抽空→装罐→排气→密
封→杀菌→冷却→检验→贮存。                                      ↑
                                                          罐注液的配制
```

浆果罐藏工艺过程包括原料的预处理、装罐、排气、密封、杀菌、冷却、保温及商业无菌检验等。其中，原料的预处理如清洗、选别、分级、去皮、去核、切分、预煮等前面已经提及，下面从抽空开始叙述。

（一）抽空

近年来，很多罐头厂在原料装罐之前先在抽气罐内进行抽空处理，对护色、保质有明显的效果。

1. 抽空的作用

1）浆果组织中的氧气被抽出，钝化酶的活性，减轻酶促褐变，可以保持原料原有的色泽。

2）抽空后，浆果体积缩小，比重增加，可防止果块上浮，同时降低热膨胀率，增加热传导率，减少原料受热后软烂现象的产生。

3）抽空后，加速糖水的渗透，保证了开罐固形物符合标准，有利于提高产品质量。

4）抽空后，减少了果肉组织含有的空气量，有利于保证密封后罐内的真空度，减少内容物及容器的不良变化。

5）抽空后，果肉组织中的空气被抽出，代以糖水填充，使果肉组织致密，增加了耐煮性。

2. 影响抽空的因素

影响抽空的因素有真空度、温度、抽气时间、浆果受抽面积和抽空液浓度。抽空液的浓度低，则渗透快，抽空程度高；浓度高，则渗透慢，但成品色泽好，一般盐浓度在1%～3%，蔗糖浓度在25%～35%。

3. 抽空方法

抽空方法分为干抽法和湿抽法两种。

（二）装罐

1. 空罐的准备

原料在装罐前应检查空罐的完好情况。要求马口铁罐罐型整齐、缝线标准、焊缝完整均匀、罐口和罐盖边缘无缺口或变形、马口铁皮上无锈斑和脱锡现象。玻璃罐要求形状整齐、罐口平整光滑、无缺口、罐口正圆、厚度均匀、玻璃罐壁内无气泡裂纹。

空罐在使用前必须进行清洗和消毒，清除灰尘、微生物、油脂等污物及氯化锌残留，以保证容器的卫生，提高杀菌效果。金属罐先用热水冲洗，后用清洁的沸水或蒸汽消毒30～60s，然后倒置沥干备用。玻璃罐先用清水或热水浸泡，然后用有毛刷的洗瓶机刷洗，再用清水或高压水喷洗数次，倒置沥干备用。罐盖也进行同样处理，或使用之前用75%酒精消毒。清洗消毒后的空罐要及时使用，不宜堆放太久，以免灰尘、杂质再一次污染或使金属生锈。

2. 灌液的配制

浆果罐藏时除液态食品果汁和黏稠食品如果酱等外，一般都要往罐内加注液汁，称为罐液或汤汁。果品罐头的罐液一般是糖液，蔬菜罐头多为盐水，也有只用清水的。有时为了增进风味同时起到护色、杀菌效果，可在浆果罐头的罐液中加入适量的柠檬酸，加注罐液能填充罐内除浆果以外所留下的空隙，目的在于增进风味、排除空气、提高初温，并加强热量的传递效率。

（1）糖液配制

果品罐头所用的糖液浓度，依水果种类、品种、成熟度、果肉装量及产品量标准而定。我国目前生产的糖水果品罐头，一般要求开罐糖度为 14%～18%。每种水果罐头加注糖液的浓度，可根据式（9-4）计算。

$$Y=\frac{W_3Z-W_1X}{W_2} \tag{9-4}$$

式中，W_1 为每罐装入的果肉重（g）；W_2 为每罐加入的糖液重（g）；W_3 为每罐净重（g）；X 为装罐时果肉可溶性固形物含量（%）；Z 为开罐时要求的糖度（%）；Y 为需配制的糖液浓度（%）。

糖液浓度常用白利（Brix）糖度计测定。由于液体密度受温度的影响，通常其标准温度多采用 20℃，若所测糖液温度高于或低于 20℃，则所测的糖液浓度还需要加以校正。生产中亦有直接用折光仪来测定糖液浓度，但在使用前应先用同温度的蒸馏水校正至零刻度时再用。

配制糖液的主要原料是蔗糖，要求纯度在 99% 以上、色泽洁白、清洁干燥、不含杂质和有色物质。最好使用碳酸法生产的蔗糖，因为用亚硫酸法生产的蔗糖，若残留的 SO_2 过多，会使铁罐内壁产生硫化铁，污染内容物。除蔗糖外，转化糖、葡萄糖、玉米糖浆也可用于配制糖液。此外，配制糖液所用的水要求清洁无杂质，且符合饮用水质量标准。

糖液配制的方法有直接法和稀释法两种。直接法是根据装罐所需的糖液浓度，直接称取蔗糖和水，在溶糖锅内加热、搅拌、溶解并煮沸后过滤待用。例如，装罐需用 30% 浓度的糖液，则可按蔗糖 30kg、清水 70kg 的比例入锅加热配制。稀释法是先配制高浓度的糖液即母液，一般浓度在 60% 以上，装罐时再根据所需浓度用水或稀糖液稀释。例如，用 65% 的母液配制 30% 的糖液，则以母液∶水=1∶1.17 混合，即可得到 30% 的糖液。蔗糖溶解调配时，必须煮沸 10～15min，然后过滤，保温 85℃ 以上备用；如需在糖液中加酸必须做到随用随加，防止积压，以免蔗糖转化为转化糖而促使果肉色泽变红。

配制糖液的车间一般在装罐车间的楼上，配制好的糖液则由管道流送到楼下的注液机中，以便装罐。配制糖液的容器以不锈钢最好，如用其他材料最好在内壁涂上特殊的涂料；容器内壁要光滑平展，便于清洗。

（2）盐液配制

所用食盐应选用不含铁、铝及镁等杂质的精盐，食盐中氯化钠含量在 98% 以上。若食盐中含有铁质，会使罐中的填充液变色，发生沉淀，同时还能与原料中的单宁物质化合成黑色物质；若有钙盐，原料经煮沸杀菌后，会产生白色沉淀；若有硫酸镁或其他硫酸盐，会使制品产生苦味。

盐液浓度的测定一般采用波美比重计，其在 17.5℃ 盐水中所指的刻度，即是盐的百分数。

盐液配制时常用直接法，按要求称取食盐，之后加水煮沸，除去上层泡沫，经过滤后取澄清液按比例配成所需要的浓度。一般蔬菜罐头所用盐液浓度为 1%~4%。

（3）增稠剂配制

为了改善果酱类罐藏制品的色、香、味和稳定性，常常会添加一定量的增稠剂，不同增稠剂对果酱的影响不同，表 9-3 所示为不同增稠剂对果酱的影响。根据实际情况选择最适增稠剂类型和含量。

表 9-3　不同增稠剂对果酱的影响

增稠剂种类	产品评价
瓜儿豆胶	黏性较大，弹性和硬度较小，颜色正常，风味正常
琼脂	黏性较小，弹性和硬度较差，颜色正常，风味正常
果胶	硬度适宜，黏性、弹性较好，颜色正常，风味较好
黄原胶	黏性较大，弹性和硬度较小，颜色正常，风味正常
卡拉胶	黏性较大，弹性和硬度较小，颜色正常，风味正常
羧甲基纤维素钠	硬度适宜，黏性、弹性较好，颜色正常，风味较好
明胶	黏性较大，弹性和硬度一般，颜色正常，有异味
改性淀粉	黏性适宜，弹性和硬度较差，颜色正常，风味正常

（4）调味液配制

调味液的种类很多，但配制的方法主要有两种：一种是先将香辛料进行一定的熬煮制成香料水，然后再与其他调味料按比例制成调味液；另一种是将各种调味料、香辛料用布袋包裹，配成后连袋一起去除，一次配成调味液。

3. 装罐

按产品标准要求，选出变色、软烂的果实、果块，消除斑点、病虫害部分，按块形大小分开装罐。装罐的工艺要求如下。

（1）迅速装罐

经预处理后整理好的浆果原料应迅速装罐，不应堆积过多，若停留时间过长，原料易受微生物污染，一般要求趁热装罐，否则会造成排气后中心温度达不到要求、增加微生物污染的机会而影响其后的杀菌效果。

（2）要确保装罐量符合要求

装入量因产品种类和罐型大小而异，罐头食品的净重和固形物含量必须按要求填装。净重是指除去容器重量后的罐头重量，即罐头总重量减去容器重量后所得的重量，它包括固形物和汤汁的重量。固形物含量指固形物即固态食品在净重中所占的百分率，一般要求每罐固形物含量为 45%~65%，常见的为 55%~60%。各种浆果原料在装罐时应考虑本身的缩减率，通常按照装罐要求多装 10% 左右；另外，装罐后要把罐头倒过来沥水 10s 左右，以沥净罐内水分，保证开罐时的固形物含量和开罐糖度符合规格要求。

（3）保证内容物在罐内的一致性

同一罐内原料的成熟度、色泽、大小、形状应基本一致，并搭配合理，排列整齐。有块数要求的产品应按要求装罐，固形物和净重必须达到要求。

（4）罐内应保留一定的顶隙

所谓顶隙是指罐头内容物表面和罐盖之间所留空隙的距离。

顶隙大小因罐型大小而异，一般装罐时罐头内容物表面与翻边相距 4~8mm，在封罐后顶隙为 3~5mm。罐内顶隙的作用很重要，但须留得适当。如果顶隙过大，引起罐内食品装量不足，同时罐内空气量增加，会造成罐内食品腐败变质；如果顶隙过小，则会导致杀菌时罐内食品受热膨胀，罐头变形或裂缝，影响接缝线的严密度。

（5）提高初温

装罐温度应保持在 80℃左右，以便提高罐头的初温，这在采用真空排气密封时更要注意。

（6）保证产品符合卫生要求

装罐时要注意卫生，严格操作，防止杂物混入罐内，保证罐头质量。装罐的方法可分为人工装罐和机械装罐。浆果原料由于形态、大小、色泽、成熟度、排列方式各异，因此多采用人工装罐，主要过程包括装料、称量、压紧和加汤汁等。对于流体或半流体食品如果酱、果汁等常用机械装罐，其装量均匀、管理方便、生产效率高，但要注意，不能污染罐口。装罐时一定要保证装入的固形物达到规定的重量。

（三）排气

排气是指食品装罐后、密封前将罐内顶隙间的、装罐时带入的和原料组织细胞内的空气尽可能地从罐内排除的技术措施，从而使密封后罐头顶隙内形成部分真空的过程。排气是罐头食品生产中维护密封性和延长贮藏期的重要措施。

1. 排气的作用

1）阻止需氧菌及霉菌的生长发育。

2）防止或减轻因加热杀菌时空气膨胀而使容器变形或破损，特别是卷边受到压力后，易影响密封性。

3）控制或减轻罐藏食品贮藏中出现的罐内壁腐蚀。

4）避免或减轻食品色、香、味的变化。

5）避免维生素和其他营养素遭受破坏。

6）有助于避免将假胀罐误认为腐败变质性胀罐。

此外，对于玻璃罐，排气还可以加强金属盖和容器的密合性，即将覆盖在玻璃罐口上的罐盖借大气压紧压在罐口上，同时可减轻罐内所产生的压力，减少跳盖的可能性。玻璃本身又具有透光性，光线则会促使残留氧气破坏食品的风味和营养素，因此，排气也将有利于减弱光线对食品的影响，延长食品的贮藏期。

2. 影响罐头真空度的因素

（1）排气的条件

排气温度高、时间长，则真空度高。一般以罐头中心温度达到 75℃为准。

（2）罐头的容积大小

在热力排气法中，大型罐单位面积的容积或装量大，内容物受热膨胀和冷却收缩的幅度大，故能形成较大的真空度。

（3）顶隙的大小

在加热法排气中，罐内顶隙较小时真空度较高；在采用真空排气法和蒸汽喷射排气法时，罐内顶隙较小时真空度较低。

（4）杀菌的条件

杀菌温度较高或时间较长时，因引起部分物质的分解而产生气体，故真空度较低。

（5）环境的条件

气温高，罐内蒸气压大，则真空度变低；气压低，则大气压与罐内压力之差变小，即真空度变低。

3. 排气的方法与影响因素

罐头食品排气以获得适当的真空，采用的方法主要有 3 种：热力排气法、真空排气法、蒸汽喷射排气法。

（1）热力排气法

热力排气法是指利用空气、水蒸气和食品受热膨胀的原理将罐内空气排除。目前常用的方法有两种：热装罐密封排气法和食品装罐后加热排气法。

1）热装罐密封排气法。该法就是将食品加热到一定的温度（一般在 75℃以上）后立即装罐密封的方法。采用这种方法一定要趁热装罐、迅速密封，不能让食品温度下降，否则罐内的真空度会相应下降。该法只适用于高酸性的流质食品和高糖度的食品，如果汁和糖渍水果罐头等。密封后要及时进行杀菌，否则嗜热性细菌容易生长和繁殖。

2）加热排气法。所谓加热排气法就是将装好原料和罐液的罐头，放上罐盖或不加盖，送进排气箱，在通过排气箱的过程中，加热升温，利用热量使罐头中内容物膨胀，把原料中存留或溶解的气体排出来，在封罐之前把顶隙中的空气尽量排除。罐头在排气箱中最后达到的温度即罐头中心温度，一般要求应达到 65.6～87.8℃，罐头中心温度视原料的性质、装罐的方法和罐型而定。

加热排气时，加热温度愈高和时间愈长，则密封温度愈高，最后罐头的真空度也愈高。对空气含量低的食品来说，主要是排除顶隙内的空气，而密封湿度是关键因素。加热温度和时间的选择应根据密封温度加以考虑。对空气含量高的食品来说，除达到预期密封温度外，还应合理地延长排气时间，使存在和溶解于食品组织中的空气有足够的时间向外扩散和外逸，尽量使罐内气体含量降低到最低限度。

选用加热排气工艺条件时，应考虑到浆果成熟度和酸度、容器大小和材料及装罐情况等因素。浆果成熟度低，组织坚硬，食品内的气体排除困难，因此排气时间就要长一些。成熟度高，则反之，而且选用温度也应低一些。高酸度食品在热力作用下会促使铁腐蚀产生氢气，降低真空度，也应加以注意。容器小些，对真空度的要求可以高一些；容器愈大，对真空度的要求就应降低一些，如真空度过高，容易出现瘪罐现象。容器大时，传热速度慢，加热排气时间就应长些。

热力排气法一般排气较充分，除排除顶隙的空气外，食品组织和汤汁中的空气大部分也能排除，故能获得较高的真空度。但食品受热时间较长，对质量会产生影响。排气温度愈高，时间愈长，密封时温度高，则形成的真空度就愈高。也就是说，真空度与排气温度、排气时间和密封温度成正相关关系，这三者是确定罐头真空度的主要依据，也是热力排气法的主要工艺条件，后两者更为明显。一般，浆果罐头选用较低的密封温度（60～75℃），并以相对较低温度的长时间排气的工艺条件为宜。

（2）真空排气法

真空排气法指装有食品的罐头在真空环境中进行排气密封的方法，常采用真空封罐机。因为排气时间短，所以主要是排除顶隙内的空气，而食品组织及汤汁内的空气不易排除。故对浆果原料和罐液要事先进行脱气处理。

采用真空排气法，罐头的真空度取决于真空封罐机密封室内的真空度和密封温度。即密封真空度高和密封温度高，则所形成的罐头真空度亦高，反之则低。但密封真空度与密封温度要相互配合，因为密封室的真空度提高后，必须降低罐液的沸腾温度和罐头内容物的膨胀，如果这时密封温度过高，就会造成罐液的沸腾和外溢，从而造成净重不足，所以，要达到罐头最高的真空度，必须使密封真空度与密封温度相互补偿，即其中一个数值提高，则另一个数值必须相应地下降。一般密封室的真空度控制在 240～550mmHg，如果密封室内的真空度不足，可用补充加热的方法来提高罐内真空度。用真空封罐机封罐时，由于各种原因，真空封罐机的密封室内的真空度一般最高达不到86.7kPa。为了使罐内的真空度达到最高程度，就需要补充加热。采用真空排气法，生产效率高，减少了一次加热过程，保证了成品质量。

（3）蒸汽喷射排气法

这种方法是在罐头密封前的瞬间，向罐内顶隙部位喷射蒸汽，由蒸汽将顶隙内的空气排除，并立即密封，顶隙内蒸汽冷凝后就会产生部分真空，从而达到排气的目的。这种方法主要排除的是罐头顶隙中的空气，对于食品本身溶解和含有的空气排除能力不大。影响这种排气方法的主要因素为罐头顶隙的大小和产品的密封温度。顶隙越大，真空度越高。密封温度越高，真空度越高。这种排气法的优点是速度快、设备最紧凑、不占位置，缺点是排气较不充分，对于表面不能湿润的产品不适合，在使用上受到一定的限制。

（四）密封

罐头食品之所以能长期保存而不变质，除充分杀灭在罐内环境中生长的腐败菌和致病菌外，主要是因为罐头的密封，使罐内食品与外界完全隔绝，罐内食品不再受到外界空气和微生物的污染而腐败变质。为了保持这种高度密封状态，必须采用封罐机将罐身和罐盖的边缘紧密卷合，这就称为封罐或密封。密封是罐藏工艺中的一项关键性操作，直接关系到产品的质量。密封必须在排气后立即进行，以免罐温下降而影响真空度。

罐头食品的密封设备，除四旋、六旋等罐型用手旋紧外，其他使用封罐机密封。封罐机类型很多，有手扳封罐机、半自动真空封罐机、全自动真空封罐机等。

（五）杀菌

杀菌的目的在于钝化食品中所含的酶类与消灭绝大多数对罐内食品起败坏作用和

产毒致病的微生物，使罐头制品得以长期保存。

罐头食品的杀菌属于商业杀菌，不能消灭所有的微生物，特别是一些嗜热性细菌，仅是利用热能杀灭有害菌，抑制某些不产毒致病的微生物，这与微生物学上的杀菌含义不同。

在杀菌过程中，霉菌和酵母菌均不耐高温处理，比较容易控制和杀灭。罐头的热杀菌主要是杀灭那些在无氧或微量氧条件下仍能活动而产生孢子的厌氧性细菌。

杀菌过程的含义，是指罐头由原始温度（初温）升到杀菌所要求的温度，并在此温度下保持一定的时间，达到杀菌目的后结束杀菌，立即冷却至适合温度的过程。杀菌规程用来表示杀菌操作的全过程，主要包括杀菌温度、杀菌时间和反压力三项因素。在罐头厂通常用"杀菌公式"来表示，即把杀菌的温度、时间及所采用的反压力排列成公式的形式。一般杀菌公式为

$$\frac{t_1-t_2-t_3}{T} \text{ 或 } \frac{t_1-t_2}{T}p \tag{9-5}$$

式中，T 为要求达到的杀菌温度（℃）；t_1 为使罐头升温到杀菌温度所需的时间（min）；t_2 为保持恒定的杀菌温度所需的时间（min）；t_3 为罐头降温冷却所需的时间（min）；p 为反压冷却时杀菌锅内应采用的反压力（Pa）。

罐头杀菌条件的确定，也就是确定必要的杀菌温度、时间。杀菌条件确定的原则是在保证罐藏食品安全性的基础上，尽可能地缩短加热杀菌的时间，以减少热力对营养成分等食品品质的影响。也就是说，正确合理的杀菌条件是既能杀死罐内的致病菌和能在罐内环境中生长与繁殖而引起食品变质的腐败菌，并使酶失活，又能最大限度地保持食品原有的品质。

1. 影响杀菌的因素

（1）食品污染程度

食品原料在处理过程中，污染的有害微生物及芽孢数愈多，则杀菌所需温度愈高，时间愈长。

（2）pH

罐藏原料和制品的酸度与微生物的活动、制品的败坏及杀菌温度密切相关。在低 pH 条件下，有机酸分子极易渗透入细胞而离解为离子，改变了细菌细胞的等电点，从而引起细胞的死亡。所以，低 pH 对微生物的抑制作用强。因此在低酸性食品中添加适量有机酸，既可降低杀菌温度、缩短杀菌时间，又可以改善食品的风味。

通常，pH 低于 4.5 的酸性罐头食品，常采用常压杀菌，其温度不超过 100℃；而 pH 高于 4.5 的低酸性罐头食品，需采用高压加压杀菌，其温度可达 121.1℃。

（3）传热方式

热的传递方式有 3 种：传导、对流和辐射。罐头加热杀菌时的传热方式主要是对流和传导。对流是借助罐头内液体的流动而传热；传导是热能通过罐壁及固形物传递。对流的传热速度较传导快。因此，罐头内容物呈固态或黏稠度高的需要较长的升温时间。

无论采用哪种传热方式，要达到杀菌的目的，就必须以罐头内最后达到要求温度的

部位即最冷点的温度作为罐头杀菌标准。以传导传热为主的罐头最冷点一般在罐藏容器的中心位置；以对流传热为主的罐头最冷点通常在罐藏容器中间偏下位置。

（4）罐头初温

罐头初温高，升温到杀菌温度所需的时间就短。因此，要求装罐密封后，罐头内部的温度保持在较高的水平，以缩短升温时间，提高杀菌效率。

（5）原料种类

原料种类不同，装罐方式不同，对热的传递有一定的影响。例如，流质类原料较固态或高黏度的原料传热速度快；同样是固态或黏稠食品，块小的比块大的传热速度快，黏度小的比黏度大的传热速度快。装罐时，装的紧的罐头传热速度比装的松的传热要慢。

（6）罐头容器

玻璃罐传热慢而铁皮罐传热快；罐型小有利于热的传递、升温和达到杀菌温度，而罐型大，则相反。

（7）糖

糖对微生物具有一定的保护作用，而且随着糖浓度的提高，芽孢的耐热性增强。

（8）食盐

低浓度（2%～4%）的食盐溶液对芽孢的耐热性有增强作用，但随着浓度的增高，芽孢的耐热性减弱。如果浓度高达 20%～25% 时，细菌将无法生长。肉毒梭状芽孢杆菌在 8% 以上的食盐浓度时即使未被杀死，也不会产生毒素。

（9）油脂

油脂对细菌有一定的保护作用。一般细菌在较干燥状态下耐热性较强，而油脂之所以有保护作用可能是因为其对细菌有隔离水或蒸汽的作用。此外，加热处理后的培养条件也会影响细菌耐热性。如果杀菌后细菌芽孢所处的环境不适合萌芽、生长，则即使有未被杀死而残存的芽孢，也不会萌芽、生长而危害食品，如在罐头杀菌后迅速冷却至 37℃以下，并在室温下贮藏，可使罐内嗜热平酸菌残存的芽孢不萌芽、生长，甚至自行消灭。故罐头食品的杀菌不一定要使罐内完全无菌，除要严格控制肉毒梭状芽孢杆菌的生长以防产生毒素外，只要在一般商品流通过程中不变质，而且罐头腐败率在经济合理范围以内，就可以说达到了杀菌目的。所以罐头食品的杀菌称为商业无菌，以致与真正的彻底灭菌有所区别。

2. 杀菌方法

罐头的杀菌方法与食品的 pH 有关，微生物对酸性环境的敏感性很强，有些微生物只能在低酸性环境中生长，而有些微生物则可以在高酸性环境中生长。因此可根据微生物对酸性环境的敏感程度将罐头食品进行分类，一般按 pH 高低分为 4 类：低酸性食品（pH＞5.3）、中酸性食品（pH 4.5～5.3）、酸性食品（pH 3.7～4.5）、高酸性食品（pH＜3.7）。

在罐头工业中，肉毒梭状芽孢杆菌是主要的杀菌对象，属于厌氧性梭菌，其不仅是腐败菌，而且是食品中的毒菌。其芽孢的耐热性很强，能分解蛋白质，并伴有恶臭的化合物产生，如硫化氢、硫醇、氨、吲哚及粪毒素等，同时还会产生二氧化碳和氢气，从而引起胀罐。更关键的是，肉毒梭状芽孢杆菌会产生外毒素而引起食物中毒。由此可见，肉毒梭状芽孢杆菌非常适于罐头中生长。罐头食品中是绝对不允许存在这种细菌生长和繁殖的。不过，肉毒梭状芽孢杆菌在 pH 为 4.8 时就不能生长和繁殖，为了保险起见，将 pH 降低 0.3，即当 pH 在 4.5 时，肉毒梭状芽孢杆菌就不能生长和繁殖，为此就不必考虑肉毒梭状芽孢杆菌的影响。在罐头工业中，一般把 pH 4.5 作为酸性食品和低酸性食品的分界线。pH 高于 4.5、水分活度大于 0.85 的食品称为低酸性食品，如大部分肉、禽、水产和大部分蔬菜类食品属于此范围，必须采用加压且温度高于 100℃方法杀菌。而 pH 低于 4.5 的酸性食品，如大部分水果和部分蔬菜属于此范围，可采用较低温度（100℃左右的温度）进行杀菌。

罐头杀菌的方法很多，根据原料品种的不同、包装容器的不同等采用不同的杀菌方法。罐头的杀菌可以在装罐前进行，也可以在装罐密封后进行。装罐前进行杀菌，即所谓的无菌装罐，需先将待装罐的食品和容器进行杀菌处理，然后在无菌的环境下装罐、密封。

我国各罐头厂普遍采用的是装罐密封后杀菌。浆果罐头的杀菌根据浆果原料的性质而采用不同的方法，杀菌方法一般可分为常压杀菌（温度不超过 100℃）和加压杀菌两种。

（1）常压杀菌

常压杀菌适用于 pH 为 4.5 以下的酸性食品，如水果类、果汁类、酸渍菜类等。常用的杀菌温度是 100℃或以下。一般是在杀菌容器内，水量要漫过罐头 10cm 以上，用蒸汽管从底部加热至杀菌温度，将罐头放入杀菌锅柜中。玻璃罐杀菌时，以水温控制在略高于罐头初温时放入为宜，继续加热，待达到规定的杀菌温度后开始计算杀菌时间，达到规定的杀菌时间后，取出冷却。目前，有些工厂已采用一种长形连续搅动式杀菌器，使罐头在杀菌器中不断地自转和绕中轴转动，增强了杀菌效果，缩短了杀菌时间。

（2）加压杀菌

加压杀菌是在完全密封的加压杀菌器中进行，靠加压、升温来进行杀菌，杀菌的温度在 100℃以上。此法适用于低酸性食品（pH＞4.5）的罐头。在高温加压杀菌中，依传热介质不同分为高压蒸汽杀菌和高压水杀菌。目前大多采用高压蒸汽杀菌，对马口铁罐来说是较理想的。而对玻璃罐，则采用高压水杀菌较为适宜，可以防止和减少玻璃罐在加压杀菌时脱盖和破裂的现象。

加压杀菌器有立式和卧式两种类型，设备装置和操作原理大体相同。立式杀菌器，大部分安装在工作地面以下，为圆筒形；卧式的则全部安装在工作地面上，分圆筒形和方形。

加压杀菌过程可分为以下 3 个阶段：①排气升温阶段。将罐头送入杀菌器后，将杀菌器盖严密封，然后通入水蒸气，并将所有能泄气的阀门打开，让杀菌器内的空气彻底排除干净，待空气排完后只留排气阀开着，关闭其他所有的泄气阀门，这时就开始上压升温，使温度升到规定的杀菌温度。②恒温杀菌阶段。到达杀菌温度时关小蒸汽阀门，但排气阀门仍开着，使杀菌器内保持一定的流通蒸汽，并维持杀菌温度达到规定的时间。③消压降温阶段。杀菌结束后，关闭蒸汽阀门，同时打开所有泄气阀门，使压力降至 0，然后通入冷水降温。若用反压冷却，则杀菌结束关闭蒸汽阀门后，通入压缩空气和冷水，使降温时罐内外压力达到基本平衡。

3. 杀菌条件的确定

（1）实罐试验

一般情况下，食品经热力杀菌处理后感官品质将下降，但若采用高温短时杀菌可加速罐内传热速度，从而使内容物感官品质变化减小，同时还提高了杀菌设备的利用率。这是当前罐头工业杀菌工艺的趋势。实罐试验是以达到理论计算的杀菌值为目标，可以有各种不同的杀菌温度–时间组合。实罐试验的目的就是根据罐头食品质量、生产能力等综合因素选定杀菌条件，既能满足杀菌安全的要求，又要使所得产品质量高，而且经济上也最合算。

因此，某些罐头食品选用低温、长时间杀菌条件可能更适合些。例如，属于传导传热型的非均质态食品，若选用高温、短时间杀菌条件，常会传热不均匀，导致部分食品中出现 F 值过低的情况，并有杀菌不足的危险。

（2）实罐接种的杀菌试验

实罐试验时，根据产品感官质量最好和经济上最合理所选定的温度–时间组合形成最适宜的杀菌条件，为了确定理论性杀菌条件的合理性，往往还要进行实罐接种的杀菌试验。将常见的导致罐头腐败的细菌或芽孢定量接种在罐头内，在所选定的杀菌温度中进行不同时间的杀菌，再保温检查其腐败率。根据实际商业上一般允许的罐头腐败率 0.01% 来计算，如检出的正确率为 95%，则实罐试验数应达 29 960 罐。当然现实中不可能用数量如此之大的罐头做试验，以确证杀菌条件的适宜性和安全性。如实罐接种的杀菌试验结果与理论计算结果很接近，这使杀菌条件的适宜性和安全性有了更可靠的保证与高度的可信性。此外，对那些用其他方法无法确定杀菌工艺条件的罐头也可用此法确定其适宜杀菌条件。该试验主要包括试验用微生物、实罐接种方法、试验罐数、试验分组和试验记录 5 个步骤。

（3）保温贮藏试验

接种试验后的试样要在保温条件下进行保温贮藏试验。培养温度因试验菌不同而异，应每天观察保温试样容器外观有无变化，当罐头胀罐后即取出，并存放在冰箱中。保温贮藏试验完成后，将罐头放置在室温下冷却过夜，然后观察容器外观，罐底、盖是否膨胀，是否低真空，然后对全部试样进行开罐检验，观察形态、色泽、pH 和黏稠性等，并一一记录结果。接种肉毒梭状芽孢杆菌的试样要有毒性试验，因为有些罐头产毒而不产气。

（4）生产线上的实罐试验

实罐接种杀菌试验和保温贮藏试验结果都正常的罐头加热杀菌条件确定后，就可以进入生产线上的实罐试验，进行最后验证。试样量至少 100 罐。

4. 加热杀菌操作注意事项

1）杀菌是食品在一定的时间和温度条件下的加热处理，加热温度和时间应经科学测定后确定。

2）经过科学测定而确定的杀菌工艺规程专用于指定的产品及配方、配方方法、容器尺寸和杀菌锅的类型。

3）杀菌的决定因素主要是传热介质和产品中微生物的耐热性。

4）微生物的耐热性取决于所选用的微生物，以及在加热时的食品介质和微生物所处环境。

5）传热时间和温度的确定应在尽可能地在模拟工业生产条件下获得。

6）从传导和耐热性试验中获得的数据用于理论杀菌条件的计算。

7）有时用实罐接种杀菌试验来校核计算的理论杀菌条件。

（六）冷却

罐头食品加热杀菌结束后应当迅速冷却，因为热杀菌结束后的罐内食品仍处于高温状态，还在继续对其进行加热作用，如不立即冷却，食品质量就会受到严重影响，如色泽变暗、风味变差、组织软烂，甚至失去食用价值。此外，冷却缓慢时，若在高温阶段（50～55℃）停留时间过长，还会促进嗜热性细菌如平酸菌的繁殖活动，致使罐头变质腐败。继续受热也会加速罐内壁的腐蚀作用，特别是含酸高的食品。因此，罐头杀菌后冷却越快、越好，对食品的品质越有利；但对玻璃罐的冷却速度不宜太快，否则会造成玻璃罐的炸裂，因而常采用分段冷却的方法，即80℃、60℃、40℃三段。

罐头杀菌后一般冷却到38～43℃即可。若冷却的温度过高，会影响罐内食品质量；若冷却温度过低，罐头表面附着的水珠不易蒸发干燥，容易引起锈蚀，因此冷却余温只要保留至足以促进罐头表面水分的蒸发而不致败坏即可，实际操作温度还要依外界气候条件而定。

冷却方式按冷却的位置分为锅外冷却和锅内冷却，常压杀菌常采用锅外冷却，卧式杀菌器加压杀菌常采用锅内冷却。冷却方式按冷却介质分为空气冷却和水冷却，以水冷却效果较好。水冷却时，为加快冷却速度一般采用流水浸冷法。冷却用水必须清洁，符合饮用水标准，一般认为用于罐头的冷却水含活的微生物含量为每毫升不超过 50 个为宜。为了控制冷却水中的微生物含量，常采用加氯的措施。次氯酸盐和氯气为罐头工厂冷却水常用的消毒剂。只有在所有卷边质量完全正常后，才可在冷却水中采用加氯措施。加氯必须小心谨慎并严格控制，一般控制冷却水中含游离氯 3～5mg/kg。

（七）罐头检验

1. 感官检验

罐头的感官检验包括容器检验和罐头内容物质量检验。

（1）容器检验

观察瓶与盖结合是否紧密牢固，胶圈有无起皱；罐盖的凹凸变化情况；用打检法敲击罐盖，以声音判定罐内的真空度，进而判断罐内食品的质量状况。一般规律：凡是声音发实、清脆、悦耳的，说明罐内气体少，真空度大，食品质量没有什么变化，一般是好罐；若敲击声发空、浑浊、噪耳，说明罐内气体较多，真空度小，罐内食品已在分解、变质。

（2）内容物质量检验

变质或败坏的罐头，在内容物的组织形态、色泽、风味上都与正常的不同，通过感官检验可初步确定罐头的好坏。感官检验的内容包括组织与形态、色泽和风味等。各种指标必须符合国家规定标准。

开罐后，观察内容物的色泽是否保持本品种应有的正常颜色，有无变色现象，气味是否正常，有无异味。根据要求，观察块形是否完整，同一罐内果块大小是否均匀一致。汁液的浓度、色泽、透明度、沉淀物和夹杂物是否符合规定要求。品评风味是否正常，有无异味或腐臭味。

2. 理化检验

理化检验包括罐头的总重、净重、固形物含量、糖水浓度、罐内真空度及有害物质等。

（1）真空度的测定

真空度应为 2937～5065Pa。测定方法有打压法和采用真空度表，但是一般从真空度表测出的数值，要比罐内实际真空度低 666～933Pa，这是因为真空度表内有一段空隙，接头部含有空气。

（2）净重和固形物比例的测定

净重为罐头的总重减去空罐的重量。净重的公差允许每罐±3%，但每批罐头的平均值不应低于净重；固形物占净重的比例，一般用筛滤去汁液后，称取固形物重量，按百分比计算。

（3）可溶性固形物的测定

可溶性固形物泛指糖水浓度，最简单的方法是用折光仪测定。大厂可用阿贝折光仪测定。测定时，应注意测定时的温度，一般在 20℃条件下进行，否则，应记录测定时的室温，再根据温度校正表修正。

（4）有害物质的检验

有害物质的检验包括食品添加剂和重金属铅、锡、铜、锌、汞等的含量及农药残留等分析项目。

3. 微生物检验

将罐头在一定的温度下堆放在保温箱中维持一段时间，如果罐头食品杀菌不彻底，微生物便会繁殖。在检验微生物时，必须对 5 种常见的可使人发生食物中毒的致病菌进行检验，分别是溶血性链球菌、致病性葡萄球菌、肉毒梭状芽孢杆菌、沙门氏菌和志贺氏菌。

（八）贮存

在贮存过程中，影响罐头食品质量的因素很多，但主要的是温度和湿度。

1. 温度

在罐头贮存过程中，应避免库温过高或过低及库温的剧烈变化。温度过高会加速内容物的理化变化，导致果肉组织软化、失去原有风味、发生变色、降低营养成分，并且会促进罐壁腐蚀，也为罐内残存的微生物创造发育和繁殖的条件，导致内容物腐败变质。实践证明，库温在 20℃以上，容易出现上述情况。温度再高，贮存期明显缩短。但温度过低时，如低于罐头内容物冰点以下，制品易受冻，造成浆果组织解体，易发生汁液混浊和沉淀。故罐头贮存适温一般为 0～10℃。

2. 湿度

库房内相对湿度过大时，罐头容易生锈、腐蚀乃至罐壁穿孔。因此要求库房干燥、通风，有较低的湿度环境，保持相对湿度以 70%～75%为宜，最高不超过 80%。

二、浆果罐藏制品生产设备

罐藏容器对罐头食品的长期保存起着重要的作用，而容器材料是关键。对罐头食品容器的材料要求如下：①对人体无毒害，不与食品中的成分发生不良的化学反应；②具有良好的密封性，使罐内食品与外界隔绝，防止外界微生物的污染；③具有良好的耐高温、耐高压和耐腐蚀性能；④耐搬运，且物美价廉，适于工业化生产。罐藏容器按制造容器的材料可分为金属罐、玻璃罐和软包装蒸煮袋。

1. 马口铁罐

马口铁罐是由两面镀锡的低碳薄钢板（俗称马口铁）制成。其由罐身、罐盖和罐底三部分焊接密封而成，称为三片罐；也有采用冲压而成的罐身与罐底相连的冲底罐，称为二片罐。马口铁镀锡的均匀与否会影响铁皮的耐腐蚀性。镀锡的方法有热浸法和电镀法。前者所镀锡层较厚，耗锡量较多；而后者所镀锡层较薄且均匀一致，能节约耗锡量，有完好的耐腐蚀性，故在生产上得到大量应用。有些罐头品种因内容物 pH 较低，或含有较多的花青素或丰富的蛋白质，故在马口铁与食品接触的一面涂上一层符合食品卫生要求的涂料，这种马口铁称为涂料铁。

根据使用范围，一般含酸较多的浆果采用抗酸涂料铁，含蛋白质丰富的浆果采用抗硫涂料铁。抗酸涂料常用油树脂涂料，该涂料色泽金黄、抗酸性能好、韧性及黏着力强。油树脂涂料包括 R-涂料和 C-涂料两种。R-涂料即浆果涂料，适用于酸性水果、果冻等，防止浆果褪色；C-涂料则为 R-涂料内加入氧化锌浆制成，含锌 15%，用于防止食品中含硫成分与铁反应形成黑色斑点，因为此涂料中的锌可取代铁与硫化合形成白色物质，不会影响食品的色泽。一般浆果加工空罐中，涂料的涂装方式有底盖用 C-涂料、罐身用 R-涂料，底盖和罐身用 C-涂料，底盖用 R-涂料、罐身用 C-涂料，底盖和罐身全用 R-涂料 4 种。抗硫涂料常用环氧酚醛树脂，色泽灰黄，抗硫、抗油、抗化学性能好。在罐头生产中要根据食品原料的特性、罐型大小、食品介质的腐蚀性能等综合考虑来决定选用何种马口铁罐。

2. 铝合金罐

铝合金罐是铝与锰、镁按一定比例配合，由经过铸造、压延、退火制成的铝合金薄板制作而成。它的特点是轻便、不会生锈、有特殊的金属光泽、具有一定的耐腐蚀性能，但价格比较贵。常用于制造二片罐，也用于冲底罐及易拉罐，加上涂料后常作饮料罐头的包装。在啤酒和饮料市场上，铝合金罐包装已占有相当大的比例。

3. 玻璃罐

玻璃罐在罐头工业中应用广泛，其优点是性质稳定，与食品不发生化学反应，而且玻璃罐装食品与金属接触面积小，不易发生反应；玻璃透明，可见罐中内容物，便于顾客选购；空罐可以重复使用，经济便利。

玻璃罐的缺点是重量大，质脆易破，运输和携带不便；内容物易褪色或变色；传热性差，要求温度变化均匀缓和，不能承受骤冷和骤热的变化。目前，玻璃罐正向薄壁、高强度发展，新的罐型不断问世，工业发达国家卫生部门已正式规定婴幼儿食品只能使用玻璃罐盛装。

玻璃罐是用石英砂、纯碱及石灰石等按一定的比例配合后，在1500℃高温下熔融，再缓慢冷却成型而成。在冷却成型时，使用不同的模具即可制成各种不同体积、不同形状的玻璃罐。原料成分影响玻璃的性质和色泽。为了提高玻璃罐的热稳定性、满足罐头的生产需要，一般需要再经过一次加热退火工艺。

4. 软包装罐头

软包装罐头属于软包装食品的一种。软包装指采用塑料薄膜或金属箔及复合薄膜制成袋状或具有一定形状的容器，充填加工产品后，经热熔封口、加热或加压杀菌，达到商业无菌的包装食品。袋装的亦称为蒸煮袋食品，具有一定形状的容器装的称为含气容器食品，亦称为半刚性罐头。

与其他罐藏容器相比，软罐头具有如下优点：①重量轻、体积小、易开启、携带方便；②耐高温杀菌，贮藏期长；③封口、成型等加工方法简便，而且杀菌时传热速度快，可缩短杀菌时间；④蒸煮袋不透气、水、光，内容物几乎不可能发生化学变化，能较好地保持食品的色、香、味，在常温下贮藏质量稳定。

第三节 浆果罐藏制品生产中常见质量问题及控制

一、胖听

合格罐头的底盖中心部分略平或呈凹陷状态。当罐头内部的压力大于外界空气的压力时，底盖鼓胀，形成胖听，或称胀罐、气膨等。从罐头的外形来看，胖听可分为软胀和硬胀，软胀包括物理性胀罐及初期的氢胀罐或初期的微生物胀罐；硬胀主要是微生物胀罐，包括严重的氢胀罐。

1. 物理性胀罐

形成物理性胀罐的原因有很多，如罐头内容物装得太满，顶隙过小，加热杀菌时内容物膨胀；加压杀菌后，消压过快，冷却过速；排气不足或贮藏温度过高；高气压下生产的制品移置低气压环境等，都可能形成罐头两端或一端凸起的现象，这种罐头的变形称作物理性胀罐。此种类型的胀罐，内容物并未败坏，可以食用。

防止措施：注意装罐时，罐头的顶隙大小要适宜，要控制在3～8mm；提高排气时罐内的中心温度，排气要充分，封罐后能形成较高的真空度，即达2937～5065Pa；应严格控制装罐量，切勿过多；采用加压杀菌后消压速度不能太快，使罐内外的压力较平衡，切勿使压力差太大。

2. 化学性胀罐（氢胀罐）

化学性胀罐形成的主要原因是高酸性食品中的有机酸与罐头内壁露出的金属发生化学反应，放出氢气，内压增大。这种胀罐虽然内容物有时尚可食用，但不符合产品标准，不宜食用。

防止措施：防止空罐内壁受机械损伤，以防出现露铁现象；宜采用涂层完好的抗酸全涂料钢铁板制罐，以提高对酸的抗腐蚀性能。

3. 细菌性胀罐

细菌性胀罐是由于杀菌不彻底，或罐盖密封不严致使细菌污染而分解内容物，产生氢气、氮气、二氧化碳及硫化氢等气体，使罐内压力增大造成的胀罐。细菌性胀罐与化学性胀罐，从外形上难以区分，但开罐后，细菌性胀罐有腐蚀性气味。

防止措施：对罐藏原料充分清洗或消毒，严格注意加工过程中的卫生管理，防止原料及半成品的污染；在保证罐头食品质量的前提下，对原料的热处理、预煮、杀菌等必须充分，以消灭产毒致病的微生物；在预煮水或糖液中加入适量的有机酸如柠檬酸等，降低罐头内容物的pH，提高杀菌效果；严格保证封罐质量，防止密封不严而造成泄漏；冷却水宜用澄清透明的软化水；在罐头生产过程中，及时抽样保温处理，发现微生物污染问题及时分析解决。

二、罐壁腐蚀

罐头的罐壁腐蚀包括罐头内壁腐蚀和罐头外壁腐蚀两种。

（一）内壁腐蚀

1. 原理

内壁腐蚀指金属罐的金属材料在和周围介质发生化学和电化学反应过程中所引起的侵蚀现象。镀锡板空罐，锡层均匀、无缺、致密，具有很好的保护作用，腐蚀作用较小，如果出现锡层不连续均匀、制罐机械伤，锡、铁同时暴露与食品接触，会发生化学和电化学反应。

2. 腐蚀过程

金属罐的腐蚀过程可分 3 个阶段：锡层全面覆盖钢基阶段；钢基面积扩大到相当大阶段；锡层完全溶解阶段。

（二）外壁腐蚀

1. 原理

罐头外壁腐蚀即外部生锈，会给销售带来很大的影响和损失。外壁锈蚀过程是电化学反应过程。镀锡板上的锡在空气中是稳定的，如果锡层受损，钢基板外露与潮湿空气接触，发生电偶作用。

2. 外壁锈蚀的原因和防止措施

（1）由于罐头外壁的"出汗"引起外壁的锈蚀

温度骤然变化，空气中的水蒸气就会冷凝在罐头表面形成水珠，此时罐头表面就"出汗"了。因为空气中有 CO_2 和 SO_2 等氧化物，冷凝水分就成为罐外壁表面上的良好电解质，为罐外壁表面上锡、铁偶合建立了场所，所以出现了锈蚀现象。

避免罐头"出汗"的措施：罐头进仓温度不能太低，相差 5～9℃为宜，超过 11℃就易"出汗"；库温稳定，不能忽高忽低；仓库通风良好，相对湿度在 70%～75%为宜。

（2）由于杀菌锅内存在空气而引起的腐蚀

杀菌时由于杀菌锅内的空气未排除干净，空气和水蒸气就成为罐头外壁锈蚀的良好条件。因此，杀菌升温阶段要求尽量把锅内空气全部排除出来。杀菌过程中应开启各部位的泄气阀，以保证锅内空气全部排出锅外。

（3）由于冷却时引起的锈蚀

冷却水中如果含有氯离子、硫酸根等腐蚀性物质时，那么冷却水温度愈高，就愈易产生锈蚀。用低温流动水冷却，可以减轻这种锈蚀现象。碱度高、硬度高的冷却水会腐蚀罐头外壁，在贮藏中碱水易造成生锈现象，因此，对冷却水进行处理是必要的。

（4）其他原因引起锈蚀

罐头冷却过度，表面水不能蒸发掉，应快速地、全面地排除冷却水，用空气或蒸汽鼓风机清除封盖卷边内积水，冷却至 35～40℃时，留下足够的热干燥时间，以除去留在罐头外表面上的任何水分，直到罐头完全干燥后才能装箱；装箱材料含水分过高；贴标胶黏剂受潮等。

（三）影响因素

1. 氧气

氧气是金属的强烈氧化剂。在罐头中，氧气在酸性介质中显示出很强的氧化作用。氧气含量越高，腐蚀作用越强。

2. 酸

水果罐头中含酸量越高，腐蚀性越强。当然，腐蚀性还与酸的种类有关。

3. 硫及含硫化合物

果实在生长季节喷施的各种农药中含有硫，如波尔多液等；硫有时在砂糖中作为微量杂质而存在。当硫或硫化物混入罐头中易引起罐壁腐蚀。此外，罐头中的硝酸盐对罐壁也有腐蚀作用。

防止措施：对采前喷过农药的果实，加强清洗及消毒，可用 0.1%盐酸浸泡 5～6min，再冲洗，有利于去除农药；对含空气较多的果实，最好采取抽空处理，尽量减少原料组织中空气（氧气）的含量，进而降低罐内氧气的浓度；加热排气充分，适当提高罐内真空度，注入罐内的糖水要煮沸，以除去糖中的 SO_2；罐头正、反倒置，减轻对罐壁的集中腐蚀。罐头制品贮藏环境中的温度不宜过高，相对湿度不应过大，以防内壁腐蚀及外壁腐蚀。

三、变色与变味

许多水果罐头在加工过程中或在贮藏、运销期间，常发生变色、变味的质量问题，是浆果中某类化学物质在酶及空气中氧气的作用下发生酶促褐变和非酶褐变所致。

罐头内平酸菌如嗜热性芽孢杆菌的残存，使食品变质后呈酸味；橘络及种子的存在，使制品带有苦味。

防止罐头变色与变味的措施如下。

1）加工过程中，对某些易变色的原料去皮、切块后，迅速浸泡在 1%～2%稀盐水或稀酸液中护色。此外，果块抽空时，防止抽气罐内真空度的波动及果块露出液面。

2）装罐前，应采用适宜的温度和时间进行热烫处理，抑制酶的活性，排除原料组织中的空气。

3）在去皮、切分后的浸泡液和糖水中加入 1%～2%的有机酸，具有防止褐变的作用。

4）加工中，防止果实与铁、铜等金属器具直接接触。

5）杀菌要充分，防止制品酸败。

6）控制仓库的贮藏温度，低温褐变轻，而高温加速褐变。

四、罐内汁液的混浊和沉淀

此类现象产生的原因有许多，加工用水中钙、镁等金属离子含量过高；原料成熟度过高，热处理过度，罐头内容物软烂；制品在运销过程中震荡剧烈，而使果肉碎屑散落；保管中受冻，化冻后内容物组织松散、破碎；微生物分解罐内食品等都会造成汁液混浊或沉淀。

第四节　常见浆果罐藏制品的生产实例

一、糖水草莓罐头

（一）工艺流程

原料选择→分级→洗涤→去蒂→漂洗→抽空→装罐→注汤汁→排气→密封→杀菌→冷却→成品、入库。

（二）操作要点

1. 原料选择、分级

原料应选择肉质致密、成熟度一致、色泽鲜艳、香味浓郁、含糖量高、糖酸比适度、无腐烂和虫害的草莓。分级时，横径每相差 5mm 为一级。

2. 洗涤

将草莓放入清水中，洗净表面残留的泥土等污物。

3. 去蒂

将洗涤后的草莓的叶柄及蒂去除。

4. 漂洗

去蒂后把草莓放入清水中进行漂洗，备用。

5. 抽空

抽空操作通常是在专门的抽空锅内进行，抽空温度一般控制在 35℃，真空度控制在 90kPa 以上，抽空液与果块之比为 1∶（1.2～1.5），抽空时间为 5～30min，根据果块大小、品种、抽空液浓度等而有所差异（金昌海等，2016）。

6. 装罐、注汤汁

草莓称重后装罐，原料约占总重的 60%。糖液浓度为 24%～25%。为了调节糖酸比、改善风味，装罐时常在糖液中加入适量柠檬酸，调整 pH 为 3.5 左右。

7. 排气及密封

一般多为采用真空抽气密封，真空度为 0.059～0.067MPa。

8. 杀菌及冷却

杀菌的目标菌为巴氏固氮梭状芽孢杆菌，即 pH 为 3.7～4.5 时，$D_{100℃}=0.1～0.5min$。不同罐号的杀菌工艺条件不同，例如，净重 567g 的罐头杀菌公式为 $\dfrac{5'-6'-5'}{100℃}$。

9. 入库、贮存

二、树莓果酱

（一）工艺流程

树莓冻果→选剔→淋洗→解冻→热烫→打浆→过滤→调配→浓缩→凝胶处理→调配→灌装封口→杀菌→冷却→成品。具体操作工艺如下。

（二）操作要点

1. 原料处理

1）选剔：剔除果梗、叶子等杂物，除选用品质良好、结构完整的果实外，在速冻过程和冻藏期间出现的碎果也可以选用。

2）淋洗：采用清水淋洗 1～2 次，每次用水量为原料重量的 30%～35%，水流缓慢。

3）加热解冻：加入淋洗后树莓冻果重量的 6%～8% 的水至夹层锅中，加热解冻树莓冻果，温度为 55～60℃，保持 7～9min，至中心温度达到 0～2℃，取出解冻好的树莓。

4）热烫：利用用于解冻的 6%～8% 的水和解冻过程中流出的汁液进行热烫，热烫温度为 96～98℃，热烫时间为 25～30s。

5）打浆：将热烫完成的树莓转移至打浆机中进行破碎，打浆时间为 2～3min。

6）过滤：打浆后，用孔径为 1mm 的筛过滤，滤出树莓籽，浆液和树莓籽待用。

2. 原料调配

根据单因素试验和正交试验设计，将一定量的白砂糖与树莓打浆过滤液混合、浓缩，加入柠檬酸溶液调节 pH，再加入增稠剂进行调配。

3. 灌装封口

果酱浓缩后迅速出锅，装入经高压灭菌锅灭菌的果酱瓶中。罐装温度在 85～87℃，避免果酱沾染罐口和外壁，酱体应与瓶口留有 0.8～1.0cm 的空间。

4. 杀菌

灌装后杀菌，温度为 121.1℃，保持 3～5min。

5. 冷却

杀菌后的果酱，先在冷却池中冷却至 40～50℃，再降至室温。

6. 成品

擦净瓶体，贴标签，喷码。确认无误后，装箱，入库。

第十章　浆果副产物综合利用加工技术

第一节　浆果花色苷提取纯化技术

花色素又称花青素，能够与糖的糖苷键连接而形成花色苷，广泛存在于植物果实、花、茎和叶中细胞的液泡内，是植物体内的一种水溶性色素。浆果中花色苷含量较为丰富。由于各种花色素的分子结构的差异或酸碱度不同，花色素呈红、紫、蓝等不同颜色。花色苷不仅资源丰富，色彩绚丽，构成了色素王国中的绝大部分，而且生理活性很高，它是羟基供体、自由基清除剂，在眼科学和治疗各种血液循环失调疾病等方面均有疗效。

（一）花色苷提取的工艺流程

花色苷的提取方法主要有浸提法和浓缩法。浸提法工艺设备简单，工艺流程：原料筛选→清洗→浸提→过滤、浓缩→干燥成粉或添加溶剂制成浸膏→产品包装。浓缩法则主要应用于天然果汁的直接压榨、浓缩提取色素，采用该方法生产的产品存在纯度和精度的问题。伴随着现代化工业技术的迅速发展及人们安全意识的提高，一些现代化高新技术不断应用到花色苷等天然色素的生产中。超临界流体萃取是利用介于气体和液体之间的流体进行萃取。其工艺流程：原料筛选→清洗→萃取器萃取→分离→干燥→成品。超临界流体萃取的技术要点如下。

1. 原料处理

浆果原料中的色素含量与品种、生长发育阶段、生态条件、栽培技术、采收手段及贮存条件等有密切关系，不同品种及不同成熟度的原料差别很大。利用浸提法处理收购到的优质原料，需及时晒干或烘干，并合理贮存；有些原料还需进行粉碎等特殊的前处理，以便提高提取效率。

2. 萃取

用浸提法提取色素时应注意萃取剂的选择，优良的萃取剂不会影响所提取的花色苷的性质和质量，并且提取效率高、价格低廉及回收或废弃时不会对环境造成污染，常用的有机溶剂有甲醇、乙醇、丙酮、乙酸乙酯等。

3. 过滤

过滤是浸提法提取花色苷的关键工序之一，若过滤不当，成品花色苷会出现混浊或产生沉淀，尤其是一些水溶性多糖、果胶、淀粉、蛋白质等，不过滤除去，将严重影响色素溶液的透明度，还会影响后续工序的实施。常用的过滤方法有离心、抽滤、超滤等。

4. 浓缩

花色苷浸提过滤后，若含有机溶剂，需先回收溶剂以降低产品成本、减少溶剂损耗、提高产品的安全性。大多采用真空减压浓缩先回收溶剂，然后继续浓缩成浸膏状。若无有机溶剂，为加快浓缩速度，大多采用高效薄膜蒸发设备进行初步浓缩，然后再真空减压浓缩。真空减压浓缩的温度控制在60℃左右，而且可以隔绝氧气，有利于产品质量的稳定，切忌用火直接加热浓缩。

5. 干燥

为了使产品便于贮藏、包装、运输等，有条件的工厂都尽可能地把产品制成粉剂，但是国内大多数产品是液态型。常用的干燥工艺有塔式喷雾干燥、离心喷雾干燥、真空减压干燥及冷冻干燥等。

6. 包装

干燥后的花色苷一般应放在低温、干燥、通风良好的地方避光保存。

（二）花色苷的精制纯化

浆果所含成分十分复杂，使得所提取的花色苷往往含有果胶、淀粉、其他多糖、脂肪、有机酸、无机盐、蛋白质、重金属离子等非色素物质，经过以上的提取工艺得到的仅仅是粗制浆果花色苷，色价低、杂质多，有的还含有特殊的异味，直接影响产品的稳定性、染色性及活性，限制了产品的使用范围，所以必须对粗制品进行精制纯化。常见的纯化方法有：酶纯化法、膜分离纯化法、离子交换纯化法等。

第二节　浆果多糖提取纯化技术

（一）浆果多糖提取一般工艺

多糖类物质是自然界中存在的一类具有广谱化学结构和生物功能的有机化合物，几乎所有的动物、植物和微生物体内都含有。多糖不但是细胞能量的主要来源，而且在细胞的构建、生物的合成和生命活动的调控中均扮演着重要的角色。几十年来，人们发现从植物中提取的多糖具有非常重要与特殊的生理活性，这些植物多糖参与了生命科学中细胞的各种活动，具有多种多样的生物功能。

工艺流程：样品预处理→溶剂浸提→过滤或离心→浓缩→滤液醇析→干燥→粗多糖→分离纯化→多糖成品。

1. 热水提取法

热水提取法是根据大多数多糖在热水中溶解度较大的性质进行提取的，是目前多糖提取中最常用的方法。通常用沸水提取2~6h，然后滤去残渣，若提取液黏度不大，可直接过滤；若提取液黏度过大则可采用离心法过滤。有的可在热水中加入2%~10%的尿素溶液，使多糖的构型改变（这种改变是可逆的），从而降低黏度，增加其在热水中的溶解度。影响多糖提取率的因素有：水的用量、提取温度、浸提固液比、提取时间及提取次数等。为此，研究者对影响多糖提取工艺的这些因素进行了大量研究。实践证明，此法具有生产工艺成本低、安全、适合工业化大生产的特点。但由于水的极性大，容易把蛋白质、苷类等水溶性的成分浸提出来，为后续的分离带来困难，且该法提取比较耗时。

2. 超声波辅助提取法

超声波辅助提取是利用超声波的机械效应（Wei et al.，2007）、空化效应及热效应来提高提取率的。机械效应可增大介质的运动速度及穿透力，能有效地破碎生物组织和细胞，从而使提取的有效成分溶解于溶剂之中；空化效应可使整个生物体破裂，整个破裂过程在瞬间完成，有利于有效成分的溶出；热效应增大了有效成分的溶解速度，这种热效应是瞬间的，可使被提取成分的生物活性尽量保持不变。但超声波作用强度不宜过大，时间不宜过长，否则可能会导致可溶性多糖发生降解，但超声波并不影响水溶性多糖的生物性能。因此，超声波辅助提取法是一种高效实用的多糖提取方法（李化和吴天骄，2001）。

3. 酶解法

酶解法是通过酶促反应将原料组织分解，加速有效成分的释放和提取，并选择适宜条件将影响提取的杂质分解、去除。通常使用的酶有纤维素酶、果胶酶、蛋白酶和淀粉酶等，而且往往是几种酶复合使用。影响酶解法提取的主要因素有复合酶加入量、酶解温度、酶解时间、酶解 pH 等。一般做法是先用水将已粉碎的植物样品溶解，然后根据复合酶作用的最适条件，调节至最适温度（通常 38~50℃）及最适 pH（通常 3.8~4.5），然后加入复合酶（5%~25%），反应 4h 后过滤去残渣，滤液即为多糖提取液。该方法已在多糖保健品（如香菇多糖保健品）的制备中采用。目前，多数多糖采用热水提取法和酶解法相结合的办法，即先用热水提取，然后残渣用酶法提取，这样可提高多糖提取率。因此，酶解法提取多糖的应用前景十分广阔（尹艳等，2007）。

4. 超临界流体萃取法

超临界流体萃取法是近年来发展起来的一种新的提取分离技术。在超临界状态下，超临界流体与目标物接触，使其依次把极性、沸点和分子量不同的成分萃取出来，当恢复到常压和常温时，溶解在超临界流体中的成分立即以溶于吸收液的液体状态与气态流体分开，从而达到萃取目的。超临界萃取技术萃取能力强、提取效率高、生产周期短、容易发现新的活性成分、极少损失易挥发组分或破坏生理活性物质、没有溶剂残留、产品质量高（尹艳等，2007）。但由于多糖类的化合物分子量较大、羟基多、极性大，用纯二氧化碳提取率较低，加入提取剂或加大压力则可提高提取率。该法的缺点是设备复杂、运行成本高、提取范围有限（徐翠莲等，2009）。

5. 微波辅助提取法

在微波提取过程中，微波辐射导致植物细胞内的极性物质，尤其是水分子，产生大量热量,使得细胞内的温度迅速上升,液态水汽化产生的压力将细胞膜和细胞壁冲破,溶解并释放胞内多糖。微波的频率很高,能深入渗透物体,对细胞的结构有较大作用。因此和其他的萃取方法比较,微波辅助提取法具有热效率高、温度升高快速而均匀、操作简单、不会引入杂质、多糖纯度高、能耗小、操作费用低、符合环境保护要求等特点,是一种较好的多糖提取方法。

除了以上应用广泛的提取方法,有些研究中还采用了酸碱法、离子交换法、超滤法等。不同的提取方法具有各自的优缺点,目前有些研究中将两种或多种提取方法进行结合,使其兼具多种方法的优点,提取效率高,且得到的产品纯度高。

(二)浆果多糖的分离纯化

经过提取的粗多糖常常含有蛋白、色素等物质,需进一步分离纯化得到纯度较高的多糖产品。

从植物组织中提取多糖,多糖提取液中通常会有不同含量的蛋白质、色素、无机盐等小分子杂质。蛋白质的存在会影响多糖后续性质的测定及分析结果,因此,对于蛋白质含量多的植物组织多糖提取液,脱蛋白是必经之路。多糖通常是一种混合物,因此需要对其分离纯化。在分离过程中包含着纯化,纯化过程又是进一步的分离。工业生产中常根据分子量不同,利用凝胶色谱、超滤、电泳等技术对多糖进行分离分级。

多糖脱蛋白的主要方法包括 Sevag 法、酶法(包括木瓜蛋白酶、胰蛋白酶等)、有机溶剂法(包括三氯乙酸法和氯仿–正丁醇法)等。Sevag 法对游离的蛋白质脱除效果较好,但处理较为麻烦,需要反复多次处理,会给多糖带来一定的损失。酶具有底物专一性,因此酶法除蛋白质效果较好,多糖保留率高。采用有机溶剂法处理的过程中,反应剧烈,可能会破坏溶液中多糖的结构,从而影响多糖的性质。

脱色可用活性炭吸附法、离子交换法、氧化脱色法等脱去粗多糖中的色素,其中离子交换法因具有去除效果好、多糖损失少等优点而被广泛使用。

多糖的分离纯化通常采用凝胶法进行处理。通常纤维素和葡聚糖凝胶是纯化分离蛋白质的有效方法。根据不同的待处理物质的性质和分子大小,选择合适型号的葡聚糖凝胶,可以达到不同的分离纯化效果。同时还有物理方法和化学方法,这些方法均有一定的局限性。

第三节 浆果黄酮提取纯化技术

黄酮类化合物(flavonoid)在自然界中普遍存在,是应用得最广泛的生物活性物质之一,具有消除自由基和抗氧化作用,由于黄酮类化合物在某些条件存在下极易被氧化剂所氧化,因此可以有效地保护细胞膜或细胞内的蛋白质、脂肪酸不被氧化,从而达到抗氧化的作用。在某些方面,其抗氧化作用要大大超过维化素C,且无副作用。自由基是广泛存在于人体内的、直接或间接地发挥强氧化剂作用的一类物质。它能使生物体内的遗传物质、营养物质发化氧化,从而失去活性而导致功能性障碍,甚至衰老或病变。

研究表明,黄酮类化合物是普遍存在于生物界中的具有消除自由基、抗氧化、抗肿瘤、降血糖、抑制酶活性、抵御癌症、降低病毒含量、抑制细菌生长作用的一类活性物质。黄酮类化合物可以使细胞中蛋白质变性、凝聚及破坏细胞膜结构和细胞壁结构，从而抑制细菌的生长与繁殖（冯颖等，2008）。同时，其也是茶及各类中草药的主要活性成分。因为其生理活性与化学结构密不可分，随着对其化学结构的不断研究，逐渐发现其药理学作用机制，使其在医药、食品领域的应用更加广泛，也更加受到人们关注。

一、黄酮类化合物的提取方法

1. 溶剂提取法

溶剂提取法分为水提法、有机溶剂提取法和碱水提取法 3 种。水提法一般使用有一定温度的热水，但由于温度过高会破坏黄酮类化合物的结构，以及可溶于水的其他物质较多，使提取液含杂质较多，因此水提法的使用相对较少。有机溶剂提取法提取黄酮类化合物，一般使用甲醇或乙醇溶液较多，不同浓度、不同温度对不同种类的黄酮类化合物的提取效率不同。一般，有机溶剂提取法的效率高于水提法。黄酮类化合物大都具有酚羟基的结构，这种结构使得其具有易溶于碱性溶液、不易溶于酸性溶液的性质，所以碱水提取法适用于其提取。碱水提取法可分为碱提酸沉法和碱提酸沉加醇法。

2. 微波提取法

随着对微波技术的不断研究，将微波提取法应用于天然产物的提取的技术不断成熟。微波提取法是利用电磁辐射使提取物质在电磁场中快速旋转并定向排列，从而引起发热，保证能量的充分利用。运用此种方法提取天然产物具有均匀性、反应高效性、强选择性的特点，同时副产品少、操作简便（张岩等，2008），该方法在提取黄酮类化合物方面也有很好的应用。

3. 超声波提取法

超声波提取法是目前提取黄酮类化合物所应用的最高效、最广泛的一种提取方法。其原理中的"空化效应"是指对提取物的细胞壁、细胞膜进行破坏，使所提取物质充分溶解于提取液中，再结合机械作用扩散等其他效应，大大缩短了活性成分的提取时间，提高了天然产物的提取效率，提升了原料的利用率。在对黄酮类化合物提取效率的对比研究中，王延峰等（2002）比较了超声波提取法与索氏提取法对银杏叶黄酮类化合物的提取效率，结果表明，超声波提取法更优；霍丹群等（2004）比较了热提法与超声波提取法，结果表明，超声波提取法远远优于热提法。

4. 超微粉碎提取法

超微粉碎提取法是将超声粉碎技术与超低温粉碎技术相结合，打破细胞壁，使粉碎颗粒达到纳米级别，破壁率一般可达 95%。在对天然活性物质提取速度与粉碎程度关系的相关研究中得出结论，微粉状天然活性物质更容易被人体吸收，也更容易被提取出来。这种新型的方法使天然活性物质更容易被提取利用。目前为止，该方法主要应用于一些名贵物质如珍珠、西洋参等的粉碎提取（刘璐等，2011）。

5. 超临界流体萃取法

超临界流体萃取法是指将超临界流体作为溶剂，萃取出可溶性成分的一种提取方法，是目前为止国际上最先进的物理萃取方式，简称 SFE。最常用的超临界流体为二氧化碳，采用 CO_2-SFE 技术分离提取黄酮类化合物，操作简单、效率高、速度快，并且提取物中没有残留有机提取溶剂（佟永薇，2008），更安全。此项技术也容易与其他技术联合应用，组合为更先进的分离提取技术。

二、黄酮类化合物的纯化方法

（一）溶剂萃取法

溶剂萃取法是利用黄酮类化合物与其他共同混合的杂质的溶解度、极性不同，选取不同的溶剂进行萃取，可使混合物达到初步的分离。田庆来等（2007）采用此种方法分离得到了水溶性甘草黄酮醇。

（二）大孔树脂分离法

大孔树脂是一种集吸附性与分子筛为一体的、具有大孔结构的有机高聚物分离材料，一般为颗粒状。被分离的黄酮类化合物可根据相对分子质量或极性的不同，被大孔树脂原料所吸附，再由洗脱剂将其集中洗脱，从而被分离出来。大孔树脂吸附选择性高、稳定性强、解析条件温和、再生性强、耐腐蚀；可重复使用、使用周期长；较容易分离极性不同的物质，特异性强；避免了有机溶剂分离时产生的成本高、损耗大、有机溶剂难以回收、对环境造成污染等多重问题，分离物纯度更高更精准，操作条件简便温和；操作本身不会破坏提取物的结构，更易于工业化生产（李教社和赵玉英，1996）。

（三）层析法

1. 纸层析

纸层析可以应用于分离各种类型的黄酮类化合物，郭新华和杜林（1996）采用此种方法成功分离出 5 种黄酮类及黄酮苷类化合物。

2. 薄层层析

薄层层析也叫薄层色谱，为固-液吸附色谱，在方法原理上，与纸层析类似，在一定条件下两者可以相互替换。薄层色谱是将固定相（如硅胶等）均匀涂布于薄层板上（如玻璃板等），于薄层板一端点上试样，置于展开剂中将其展开，分别以斑点的位置或密度来进行定量、定性的分离研究。李教社和赵玉英（1996）用此种方法分离出 3 种黄酮类化合物。

3. 柱层析

柱层析是将固定相装于柱内而进行的一种层析方法。以粗提液为流动相，使其沿着柱子的方向流动，由于黄酮类化合物的相对分子质量、极性与固定相的结合能力不同，从而在固定相上停留的位置不同，以达到分离的效果。根据固定相材质的不同，层析法可分为硅胶色谱、聚酰胺凝胶色谱、葡聚糖凝胶色谱等。

（四）膜提取分离法

膜提取分离技术是依靠人工合成的、具有选择透过性的膜，利用黄酮类化合物能否通过膜或者透过膜的速率不同而选择性分离的一种技术。此方法无需化学药品，也不会破坏黄酮类化合物的生物活性。

（五）高速逆流色谱法

高速逆流色谱法（high-speed countercurrent chromatography，HSCCC）是一种液–液分配色谱分离技术，具有现代色谱自动、连续、高效、快速等特点。于波等（2010）采用此种方法成功分离出 6 种黄酮类化合物。

（六）高效液相色谱法

高效液相色谱按最终目的不同可以分为两种：制备型和分析型。分析型液相色谱需要在准备阶段提纯样品，不用记录馏分；而制备型液相色谱则要将生产效率、纯度、产量及成本等作为参考，因此这两种色谱有着较大的差异（李瑞平和黄骏雄，2004）。高效液相色谱具有分析速度快、精密度高、进样量少等优点。

（七）其他分离纯化方法

根据文献记载，黄酮类化合物的分离纯化方法还有分子印记分离法（严振宇和张秋菊，2012）、活性炭吸附法（郭雪峰和岳永德，2007）、金属络合沉淀法（马森林和陈四平，2011）、模拟移动床色谱法（陶锋等，2008）等。

第四节　浆果超氧化物歧化酶提取纯化技术

超氧化物歧化酶（superoxide dismutase，SOD）是一种广泛存在于动物、植物和微生物中的酶，由于其常与金属离子螯合存在，因此也叫金属酶（Chen and Pan，1996）。1938 年，Mann 和 Keilin 在进行牛血红细胞分离时首次得到一种淡绿色含铜蛋白，将其命名为血铜蛋白（hemocuprein）；McCord 和 Fridovich 于 1969 年发现这种淡绿色含铜蛋白具有生物催化活性，并将其更名为 SOD（Scandalios，1993；陈惠芳等，2003），从此人们对 SOD 的研究进入了一个崭新的阶段（闵丽娥等，2004）。

一、SOD 的性质及提取

（一）SOD 的性质

1. SOD 的热稳定性

众所周知，酶的本质是蛋白质，通常蛋白质对热不稳定，而 SOD 对热稳定，是迄今确定的热稳定性较高的球蛋白酶，尤其是与铜、锌等金属离子螯合后热稳定性会提高（自俊青与杨志毅，1998）。当然，不同来源的 SOD 热稳定性不同，大部分动物来源的 SOD 比植物来源的 SOD 耐热性好（Kwiatowski and Kaniuga，1986）。然而，这并不是绝对的，结合了不同金属离子的 SOD 热稳定性也不尽相同（邵承斌等，2003）。研究表明，*Deinococcus radiophilus* 中的 SOD 一般与锰、铁离子结合，其在 10～30℃时较为稳定，当温度高于 40℃时，酶的活力迅速下降（Yun and Lee，2004）。而与铜、锌离子结合的来自柞蚕幼虫的 SOD，在 40～60℃保温 30min 的条件下，其活力几乎不变，当在 70℃和 80℃下保温相同时间，其活力明显降低（张兰杰等，2004）。

2. SOD 的 pH 稳定性

与其他酶的性质一样，SOD 在不同的 pH 条件下稳定性不同，这是因为在不同 pH 条件下，SOD 与金属离子的结合状态不同。通常，pH 在 6～9 时对 SOD 活力的影响较小（Hatzinikolaou et al.，1997）。如果把与 SOD 结合的金属离子去除，SOD 失去金属辅基，那么其稳定性会大大降低。

3. SOD 的紫外吸收性

通常，蛋白质的紫外吸收高峰处于 280nm 处，这是由于在蛋白质中含有色氨酸残基和酪氨酸残基，其分子内部存在着共轭双键。而 SOD 由于带有金属辅基，分子中酪氨酸和色氨酸含量很低，因此，其在 280nm 处没有吸收高峰。猪血 Cu-SOD、Zn-SOD 在 263nm 附近有最大吸收值，而在 280nm 处吸收值较小。SOD 为酸性酶，通常与铜、锌离子结合的 SOD 在紫外光区 260nm 附近有特征吸收峰，并且由于铜离子的存在，在可见光区 680nm 处也有特征吸收峰；而 Mn-SOD 和 Fe-SOD 则在紫外光区 280nm 处有特征吸收峰（孙存普等，1999）。

（二）SOD 的提取

1. 动物 SOD 的分离提取

在动物的肝脏、血细胞及肌肉组织中存在 SOD。在前期的研究中，利用牛的血红细胞通过连续的分离及超滤等处理方式，制备出了牛血 SOD，并且实现了工业化的生产（张宏和谭竹钧，2002）；除此之外，由于 SOD 能够与铜离子结合，根据此性质，战广琴等（2003）采用铜离子追踪的方式，获得了牛血液中的 SOD。同样，在鸡、鹅等血液中，人们也相继地分离得到了 SOD（张兰杰等，2004）。

2. 植物 SOD 的分离提取

植物体内存在大量的 SOD，目前已有学者从一些蔬菜和野生植物中提取得到了安全性较高的 SOD（刘建华等，2004）。另外，我们常见的菠菜、水稻中含有与铜、锌离子螯合的 SOD，并且根据电泳条带分析得到了其性质及对应的氨基酸序列（Kanematsu and Asada，1990）。由于 SOD 的本质是蛋白质，因此可以通过常规的分离纯化蛋白质的方式对其进行提纯分离，主要包括盐析、乙醇氯仿沉淀、丙酮再沉淀分级或是纤维素柱层析等（Zhu and Scandalios，1994；邱广亮等，2000）。另外，对于 SOD 的性质鉴定，可以采用高效液相色谱法（Wingsle et al.，1991）。

3. 微生物 SOD 的分离提取

除动、植物外，一些微生物体内也存在着 SOD，总体来看，SOD 在真核微生物中的含量高于原核微生物，在好氧微生物中的含量高于厌氧微生物。而酵母菌由于其自身具有繁殖快、周期短、易培养等特点，被认为是具有生产 SOD 潜力的菌株（齐继成，2003）。目前，一些研究人员已经在啤酒酵母、大肠杆菌、乳酸菌等微生物中分离得到了 SOD，并且这些 SOD 具有较高的活性（陈晓琳等，2005）。

二、树莓 SOD 的分离纯化

（一）工艺流程

如图 10-1 所示，将冷冻的树莓进行分级盐析，通过 SephadexG-100 层析柱后，分别进行 DEAE-52 离子交换层析和金属螯合亲和层析柱测定，而后收集浓缩进行性质测定。

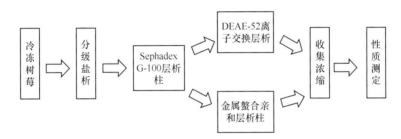

图 10-1　树莓 SOD 的分离纯化工艺流程

（二）试验方法

1. NBT 光还原法测定酶活力

（1）原理

核黄素（riboflavin）在有氧条件下能产生超氧阴离子自由基（$O_2^-\cdot$），当加入氯化硝基四氮唑蓝（NBT）后，在光照条件下，与超氧阴离子自由基反应生成单甲腙（黄色），然后还原成二甲腙（蓝色），该产物在 560nm 处有最大吸收峰。当加入 SOD 时，可以使超氧阴离子自由基与 H^+ 结合生成 H_2O_2 和 O_2，从而抑制了 NBT 光还原反应的进行，使蓝色二甲腙生成速度减慢，通过加入不同量的 SOD，一定时间后测定 560nm 处光密度（OD）的变化，求出对 NBT 光还原反应的抑制率。

（2）相关溶液配制

蛋氨酸磷酸钠缓冲液：蛋氨酸浓度为 2.6×10^{-2}mol/L，用 0.1mol/L 磷酸钠缓冲液配制。NBT 溶液：浓度为 7.5×10^{-4}mol/L，现用现配，也可贮存于冰箱中 2~3d。核黄素溶液：浓度为 2×10^{-5}mol/L，含 1×10^{-6}mol/L EDTA。

（3）SOD 活力测定系统

按表 10-1 加入各试剂及酶液于 8 个微量烧杯中，使反应系统总体积为 3.0mL，试剂及酶液加入后充分混匀，取 1 号微量烧杯放入暗处作为空白对照，其他 7 个微量烧杯放在 4500lx 日光灯照射下启动反应，15min 后遮光终止反应。在 560nm 波长下测定 OD 值。

表 10-1　SOD 活力测定加样表（孟宪军等，2012）

杯号	蛋氨酸（mL）	蒸馏水（mL）	氯化硝基四氮唑蓝（mL）	酶液（mL）	核黄素（mL）
1	1.50	0.90	0.30	0.00	0.30
2	1.50	0.90	0.30	0.00	0.30
3	1.50	0.90	0.30	0.00	0.30
4	1.50	0.85	0.30	0.05	0.30
5	1.50	0.80	0.30	0.10	0.30
6	1.50	0.75	0.30	0.15	0.30
7	1.50	0.70	0.30	0.20	0.30
8	1.50	0.65	0.30	0.25	0.30

以 2 号、3 号杯的 OD 的平均值作为参照值，计算不同酶液量在反应系统中抑制 NBT 光还原反应的百分率，作图计算出酶活力。以抑制 NBT 光还原反应 50% 的酶液量作为一个酶活力单位（U）。计算公式如下。

$$总酶活力单位(U) = \frac{定容总量(mL) \times 稀释倍数}{抑制50\%的酶液量(\mu L)} \qquad (10\text{-}1)$$

$$抑制率（\%） = \frac{D_1 - D_2}{D_1} \times 100\% \qquad (10\text{-}2)$$

$$比活力（U/mg） = \frac{酶活力}{蛋白质量} \qquad (10\text{-}3)$$

式中，D_1 为 2 号、3 号杯液的光密度平均值；D_2 为加入不同酶液量的各杯液的光密度。

2. 福林酚试剂法测定蛋白质含量

（1）原理

福林酚试剂法又称 Lowry 法，首先蛋白质在碱性溶液中形成铜蛋白复合物，然后这一复合物还原磷钼酸–磷钨酸试剂（福林酚试剂），产生深蓝色的钼蓝和钨蓝复合物，这种深蓝色的复合物在 650nm 处有最大的吸收峰，颜色的深浅（吸收值）与蛋白质浓度成正比，可根据 650nm 处的 OD 大小计算蛋白质的含量。

（2）蛋白质标准曲线的制作

通过凯氏定氮法测定出牛血清白蛋白的蛋白质含量，然后准确称取已干燥的牛血清白蛋白 7.32mg，加水溶解并定容至 250mL。取不同浓度的牛血清白蛋白，加入福林酚试剂，然后在 650nm 下比色。标准蛋白质溶液使用量见表 10-2。

表 10-2　蛋白质标准曲线（孟宪军等，2012）

管号	0	1	2	3	4	5	6
蛋白质含量（mg/mL）	0	0.025	0.05	0.1	0.15	0.2	0.25
标准蛋白质溶液（mL）	0	1	0.2	0.4	0.6	0.8	1
蒸馏水（mL）	1	0.9	0.8	0.6	0.4	0.2	0
福林酚甲试剂（mL）	各管加入 5mL，混匀，于 20~25℃下水浴保温 10min						
福林酚乙试剂（mL）	各管加入 0.5mL，迅速混匀，于 20~25℃下水浴保温 30min						

以 0 号管为空白对照，在 650nm 下比色。以 OD_{650} 为纵坐标，标准蛋白质含量为横坐标，绘制标准曲线。

（3）样品溶液蛋白质的测定

将表 10-2 中的标准蛋白质溶液换成样品溶液，其他测定过程一致。测出样品的 OD_{650} 代入标准曲线方程，然后计算出样品的蛋白质含量。

（4）SOD 的提取工艺

1）SOD 的提取。精确称取 100g 冷冻树莓果实，放入研钵中，按体积质量为 1.5∶1 的比例加入 pH 7.8、50mmol/L 的磷酸盐缓冲液 150mL。先加入 75mL 磷酸盐缓冲液和少许石英砂，在冰盐浴的条件下充分研磨；在 12 000r/min 离心条件下高速冷冻离心 40min，使悬浮物完全沉淀，取沉淀再加入 75mL 的磷酸盐缓冲液在冰盐浴条件下充分研磨，并高速冷冻离心；弃去沉淀，合并两次上清液。

2）抽提缓冲液 pH 的优化。配制不同 pH 的磷酸盐缓冲液（50mmol/L），pH 分别为 7.0、7.2、7.4、7.6、7.8、8.0。取 6 个研钵分别称量 6 份冷冻树莓果实，每份为 10g，放入研钵中，分别加入 10mL 不同 pH 的磷酸盐缓冲液及少许石英砂，在冰盐浴的条件下充分研磨后，用高速冷冻离心机在 12 000r/min 的离心条件下离心，去沉淀，留取上清液，然后取 1mL 上清液并稀释 20 倍，用 NBT 光还原法分别测定其酶活力。

3）抽提缓冲液体积的优化。取 5 个研钵，分别称量 5 份冷冻树莓果实，每份为 10g，放入研钵中，按体积质量比分别加入 5mL（0.5 倍）、10mL（1 倍）、15mL（1.5 倍）、20mL（2 倍）、25mL（2.5 倍）的磷酸盐缓冲液及少许石英砂，在冰盐浴的条件下充分研磨后，用高速冷冻离心机在 12 000r/min 的条件下离心，去沉淀，留取上清液，然后取 1mL 溶液并稀释 20 倍，用 NBT 光还原法分别测定其酶活力。

4）抽提缓冲液抽提次数的优化。称量 10g 冷冻树莓果实，放入研钵中，加入 15mL 的磷酸盐缓冲液（50mmol/L，pH 7.8）及少许石英砂，在冰盐浴的条件下充分研磨后，用高速冷冻离心机在 12 000r/min 的条件下离心，收集沉淀；加入 15mL 的磷酸盐缓冲液，研磨离心，收集沉淀；再加入 15mL 的磷酸盐缓冲液，离心收集沉淀；将上述三部分上清液混匀，然后取 1mL 溶液并稀释 20 倍，用 NBT 光还原法分别测定其酶活力。

（5）$(NH_4)_2SO_4$ 分级沉淀

根据上述 SOD 提取步骤中上清液体积和$(NH_4)_2SO_4$饱和度常用表计算达到50%饱和度时所需的固体$(NH_4)_2SO_4$的量，边搅拌边向酶液中加入已研细的固体$(NH_4)_2SO_4$粉末，要少量多次以防止产生大量气泡，使溶液的饱和度逐渐达到 50%。待全部加完后，放入

4℃冰箱中冷藏静置 2h，然后在 12 000r/min 条件下冷冻离心 40min，弃去沉淀留取上清液约为 298mL。再根据上清液体积和$(NH_4)_2SO_4$ 饱和度常用表计算欲从 50%饱和度达到 90%饱和度时所需加的固体$(NH_4)_2SO_4$ 的量，按上述方法加入，使得溶液的饱和度逐渐从 50%达到 90%，在 4℃冰箱中冷藏静置 2h，12 000r/min 下再冷冻离心 60min。弃去上清液收集沉淀，用少量磷酸盐缓冲液溶解；以蒸馏水在 4℃下透析 12h，更换透析外液 4~5 次，冷冻离心去沉淀，上清液用聚乙二醇（PEG）6000 浓缩至约 3mL，即为粗酶液。

$(NH_4)_2SO_4$ 分级沉淀的优化：按上述提取步骤提取得到树莓 SOD 粗酶液。取 8 个烧杯分别加入 10mL 粗酶液，根据溶液体积和$(NH_4)_2SO_4$ 饱和度常用表计算所需的固体$(NH_4)_2SO_4$ 的量，在冰盐浴条件下加入固体$(NH_4)_2SO_4$，边搅拌边向酶液中加入已研细的固体$(NH_4)_2SO_4$ 粉末，要少量多次以防止产生大量气泡，使得$(NH_4)_2SO_4$ 的饱和度分别达到 30%、40%、50%、60%、70%、80%、90%和 100%。加完后在 4℃冰箱中静置 2h，在 12 000r/min 的离心条件下冷冻离心，留取沉淀，分别用 pH 7.8、50mmol/L 的磷酸盐缓冲液溶解。然后取 1mL 溶液并稀释 20 倍，用 NBT 光还原法分别测定其酶活力。

（6）SephadexG-100 凝胶层析

1）原理。凝胶层析是根据蛋白质分子量大小不同而达到分离效果的层析方法。凝胶过滤层析中含有大量微孔，只允许缓冲液及小分子量的蛋白质通过，而大分子量蛋白质及一些蛋白质复合物则被阻挡在外，因此，高分子量蛋白质在填料颗粒间隙中流动，比低分子量蛋白质更早地被洗脱下来（顾洪雁，2003）。由于文献上报道 SOD 相对分子质量在 32 000~80 000，因此选用分离范围在 4000~150 000 的 SephadexG-100。

2）SephadexG-100 凝胶层析柱的准备。取 SephadexG-100 干粉 5g，加 400mL 蒸馏水，沸水浴 0.5h，使之充分溶胀，室温冷却备用。该方法既可较好地消毒灭菌，又可排除气泡。

3）装柱。在处理好的 SephadexG-100 凝胶中，加入适量 pH 7.8、2.5mmol/L 的磷酸盐缓冲液，用玻璃棒小心搅拌，一次加入层析柱内（Φ1.6cm×60cm），然后依次安装好核酸蛋白检测仪、记录仪、恒流泵和自动部分收集器。各仪器调试完成后，在室温下用 pH 7.8、2.5mmol/L 的磷酸盐缓冲液平衡柱，直至记录仪上基线平稳归零，样品便可上样。

4）上样。放出柱床表面以上的溶液至接近柱床表面，小心地用移液管吸取透析后的酶液加样，先使移液管尖端接触距柱床表面上部 1~2cm 处的内壁，边加边沿柱内壁转动一周，然后迅速移至中央，使样品尽可能快地覆盖胶面，打开柱出口，以便使样品均匀地渗入柱内，样品加完后，用小体积的洗脱液洗表面 1~2 次，尽可能不要稀释样品。当样液下降至与胶面相切（胶面必须覆盖一层薄薄的溶液）时，缓慢加入洗脱液，并开始洗脱。

5）洗脱。用 pH 7.8、2.5mmol/L 的磷酸盐缓冲液洗脱；流速为 0.3mL/min，每管收集 3mL，记录仪走纸速度为 6cm/h，并在 280nm 处自动绘制洗脱曲线。收集 SOD 活性峰的部分洗脱液。用聚乙二醇（PEG）6000 浓缩并冷冻离心。

（7）DEAE-52 纤维素层析

其原理是各种生物分子结构不同，在不同 pH 和不同离子强度下，与离子交换树脂的亲和力有差异，因此随着离子强度的增加，物质以亲和力从小到大的顺序被洗脱液洗脱下来，达到分离的效果（顾洪雁，2003）。

1）DEAE-52 层析柱的准备。称量 DEAE-52 纤维素干品 5～6g，溶于蒸馏水中，边加边搅拌，以防结块。在室温下放置，完全水化后，再用水反复洗 3～4 次，同时沥去水面上漂浮的细粉，用布氏漏斗抽滤后，加入 3 倍于树脂体积的 0.5mol/L NaOH 溶液，搅匀后放置 1h，抽滤并水洗至中性；再将滤饼悬浮于 3 倍于树脂体积的 0.5mol/L HCl 溶液中，搅匀后放置 1h，抽滤并水洗至中性；滤饼再悬浮于 3 倍于树脂体积的 0.5mol/L NaOH 溶液中，静置抽滤，水洗至中性，最后将滤饼悬浮于 pH 7.8、2.5mmol/L 的磷酸缓冲液中待用。

2）装柱。在处理好的 DEAE-52 纤维素中，加入适量 pH 7.8、2.5mmol/L 的磷酸盐缓冲液，用玻璃棒小心搅起，一次加入层析柱内（Φ2.6cm×60cm），要注意无气泡，上层面保持平整且不能流干。然后依次安装好梯度混合仪、核酸蛋白检测仪、记录仪、恒流泵和自动部分收集器。各仪器调试完成后，在室温下用 pH 7.8、2.5mmol/L 的磷酸盐缓冲液平衡柱，直至记录仪上的基线平稳归零，样品便可上样。

3）上样与平衡。排去柱床表面以上的溶液至接近柱床表面，用移液管吸取从 SephadexG-100 凝胶层析柱上得到的浓缩酶液，沿壁徐徐加到纤维素柱面上，再加少许洗脱缓冲液冲洗柱壁，反复 2 次。然后用 pH 7.8、2.5mmol/L 的磷酸盐缓冲液平衡柱，直至记录仪上的基线平稳归零，便可进行梯度洗脱。

4）梯度洗脱与收集。用梯度混合仪以 pH 7.8、2.5～200mmol/L（250mL）的磷酸盐缓冲液进行梯度洗脱，流速为 0.7mL/min，每管收集 3.5mL，记录仪走纸速度为 3cm/h，并在 280nm 处自动绘制洗脱曲线。收集 SOD 活性峰的部分洗脱液。在 4℃冰箱中用蒸馏水透析过夜以除去无机盐，更换 4～5 次透析外液；用聚乙二醇（PEG）6000 浓缩，即为纯品 SOD。

（8）金属螯合亲和层析

金属螯合亲和层析（metal-chelate affinity chromatography，MCAC）的原理是基于各种蛋白质分子内的组氨酸、半胱氨酸、色氨酸等残基具有与金属离子发生不同程度的配位结合的特性，在凝胶固相担体上结合有适当金属离子的金属螯合亲和吸附剂，从而使固相担体能选择性地结合暴露有上述氨基酸残基的蛋白质，再通过特殊溶剂的洗脱，可以将目标蛋白质与杂质分离，从而达到纯化目的（铁锋和茹刚，1994）。

1）装柱。将保存于乙醇中的 Chelating Sepharose Fast Flow 采用自然沉降法装柱（1.0cm×40cm），用 5 倍柱体积的蒸馏水洗柱，以除去乙醇。

2）固定。用 0.1mol/L CuSO$_4$ 过柱，直至柱内填料全部由白色变成蓝色为止；再用 2 倍柱体积的蒸馏水洗去未结合的金属离子，然后用 pH 7.8、2.5mmol/L（含 0.5mol/L NaCl）的磷酸盐缓冲液洗脱至平衡，即可上样。

3）上样。将 SephadexG-100 层析柱得到的 SOD 浓缩液，用胶头滴管慢慢地添加到胶面上，当样品几乎全部进入凝胶中时，再用 2 倍柱体积的 pH 7.8、2.5mmol/L（含 0.5mol/L NaCl）的磷酸盐缓冲液洗柱，直至平衡。

4）洗脱。当柱平衡后，改用 pH 5.0、0.1mol/L 的柠檬酸缓冲液洗脱，流速为 0.5mL/min，每管收集 5mL，记录仪走纸速度为 6cm/h，合并 SOD 活力峰的部分洗脱液；透析浓缩。

5）再次使用。先用 2 倍于柱体积的 pH 3.0、0.5mo/L 的柠檬酸缓冲液洗柱，洗去残留蛋白质，而后重复以上 $CuSO_4$ 过柱和磷酸盐缓冲液洗柱的过程。

6）再生。用 0.5 倍于柱体积的 0.2mol/L EDTA、0.5mol/L NaCl 溶液洗脱，再用 2～3 倍于柱体积的 0.5mol/L NaCl 溶液洗脱，以除去残留的 EDTA。

第十一章　浆果品质分析与质量安全控制

第一节　检测分析方法

一、感官检测

浆果品质的优劣通常会在感官性状中表现出来。浆果感官性状的外在表现直接反映了部分内在质量与品质优劣。因此，在浆果生产中感官检测对原料和成品质量的监控、产品改变、新产品开发、市场调查和预测、风味营销，以及政府监管部门对产品品质进行快速便捷的检测与监控等工作过程具有重要的意义。

感官评价的方法主要有差别检验法、标度和类别检验法、描述性检验法三类（孙汉巨，2016）。

（一）差别检验法

差别检验是指在检验过程中，要求必须回答是否存在感官差异。目的就是要求感官评价人对两个或多个样品做出是否存在感官差异的判断。因此，在差别检验中，要注意避免因样品外表、温度、形态和数量等明显差异而引起的误差。差别检验的结果是以做出不同结论的检验人员的数量和检验次数为基础，进行概率统计分析和比较。目前，差别检验法主要有两点检验法、三点检验法、"A–非 A"检验法 3 种常见方法。

（二）标度和类别检验法

标度和类别检验的目的是评估样品间差别顺序和大小，或者样品应归属类别和等级。要求评价人员对两个以上样品评价并判断出样品优劣及差异大小、差异方向等，通过检验可得出样品间差异顺序和大小，或样品应归属类别和等级。

（三）描述性检验法

描述性检验法是对产品特性进行定性、定量的分析和描述的一种评价方法。检验人员不仅要具备比较感知的能力，还应具备对样品进行概述、特征强度划分和总体差异分析的能力。描述性检验法可分为简单描述性检验法和定量描述性检验法。

例如，表 11-1 列举了草莓感官评价标准。

二、物理性质检测

浆果及制品物理检测主要从浆果的物质属性、物理量、物理和工程特性三方面进行检测，包括体积、密度、硬度、色泽、黏度等。下面介绍几个浆果常用物理量的检测方法。

表 11-1　草莓感官评价标准（谢晶等，2013）

指标	评分					
	5	4	3	2	1	0
色泽	色泽鲜艳	红色，但鲜艳度下降	出现变暗区域	变暗区域低于 1/4	变暗区域低于 1/3	变暗区域低于 1/2
香气	香气怡人	香味变淡	无特殊异味	稍有异味	异味变浓	有腐烂
外形	外形完好，无损伤及水浸白斑	外形完好，出现损伤及水浸白斑	白斑面积小于 1/4	白斑面积小于 1/3	白斑面积小于 1/2	有霉变

（一）黏度

阻碍流体流动的性质通常称为黏度，这种阻力来自内部分子运动和分子引力。黏度测量按测试手段可分为毛细管黏度计法、旋转黏度计法和数字式黏度计法等。

毛细管黏度计法设计简单、操作方便，是测量中等至低黏度牛顿流体黏度的首选。旋转黏度计法可直接测定液体的绝对黏度，是在食品分析中使用范围最广泛的常规测定仪器。数字式黏度计具有测量精度高、黏度数值显示稳定、方便操作、抗干扰、性能好等优点，是企业、科研单位用于饮料、果浆、果酱等液体食品或原料的测定及加工中间产品以监控测定黏度的首选。例如，杨梅果酱黏度采用数字式黏度仪测定，将煮制好的果酱加入到 100mL 的烧杯中，用 4 号转子，转速设置为 12r/min，进行测定，每组重复3 次（巩卫琪等，2014）。

（二）质构

硬度、脆性、回复性、胶黏性、凝胶强度、弹性、咀嚼性、耐压性、可延展性及剪切性等物理性能是评价食品品质的重要指标。其在某种程度上可以反映食品的感官质量，但对食品的感官鉴定效率低。其结果也常受多种因素的干扰，很不稳定。因此现在常采用仪器测定法来表征食品质构。

质构仪（图 11-1）又称物性仪，是模拟人的触觉分析检测食品与触觉有关的物理特性，其能对食品的物性特征给出数值化的定量描述，可以测定食品在拉伸、压缩、

图 11-1　质构仪

剪切、扭转等作用方式下相对应的机械性能参数和感官评价参数，是精确的感官量化测定仪器。

质构仪测试原理是在电脑软件控制下安装有不同传感器的横臂在设定速度上下移动，当传感器与被测物品的接触达到设定的触发应力或触发深度时，电脑以设定的记录速度（单位时间采集的数据信息量）记录并在电脑上同时绘出传感器受力与其移动时间或距离的曲线。食品的物理性能都与力的作用有关，故质构仪提供拉力、压力、剪切力等作用于食品，并配上不同的探头来测试食品的质构特性。

采用穿刺方式分析贮藏过程中草莓的质构变化，参数如下：探针类型 P/6，回复距离 50mm，触发力 5g，测试前探头下降速率 3mm/s，测试速率 1mm/s，测试后探头上升速率 3mm/s（宋珏兴等，2011）。每个草莓测赤道部位顶点，切为两半，测两个点（楚炎沛，2003）。每次测量 2 个草莓，将 4 个点的各项指标取平均值。

（三）颜色

颜色是浆果一项重要的物理特性，直接关系到人们对浆果品质优劣、新鲜与否的判断，是消费者对浆果品质的第一印象。草莓、蓝莓、杨梅、桑椹、黑莓、树莓等浆果富含花色苷，不同成熟度、品种、新鲜度、加工工艺的浆果及制品颜色差异显著。消费者所看到的浆果色泽不单单是物理学意义上的颜色，还与心理学、生理学等各学科存在着密切的关系。因此，在食品物性学的研究中，认识、评价和测量食品颜色成为一个很重要的学科领域。

1. 目测法

目测法是通过眼睛观测待测样品与标准参考物从而确定样品颜色的方法。常采用与标准系列对比，主要有标准色卡对照法和目视对照法等。测试时应确保试样在同一光源、位置，减少外界环境和人为原因造成的色泽误差。

2. 仪器测定法

由于标准色卡颜色种类有限，而且介于标准色之间的颜色有时很难用文字描述，因此目测法的局限性促进了仪器测定法的广泛应用。

（1）光电比色法

光电比色法是利用光电比色计测量色泽的一种方法，内部主要由彩色滤光片、比色池、光电管和电流计组成，以光电管代替肉眼观测从而减少人为误差；工作原理是根据朗伯–比尔定律，以蒸馏水为参比，测定液态食品的颜色。

（2）分光光度法

分光光度法的原理是由棱镜或衍射光栅将光源发射的白光滤成一定波长的单色光，然后根据其透过待测样品时被吸收的程度来定量。所测出的吸光度可以计算某种成色物质的含量，如叶绿素含量，以此作为评价食品颜色的一种尺度。

（3）光电反射光度计法

光电反射光度计又称色差仪或色彩色差仪，是应用光电检测和 CIE LAB 色空间原理，通过计算机直接计算出试样所测位置颜色的 X、Y、Z 值或 $L*$、$a*$、$b*$ 值，从而迅速、准确地对试样颜色进行数值化表示。CIE LAB 色空间是三维直角坐标系统，如图 11-2 所示，以明度 $L*$ 和色度坐标 $a*$、$b*$ 来表示颜色在色空间中的位置。$L*$ 表示颜色的明度，$a*$ 正值表示偏红，负值表示偏绿；$b*$ 正值表示偏黄，负值表示偏蓝。其还能自动存储和处理测定数值，得到试样两点间颜色的差别。

便携式色差仪　　　　　台式色差仪

图 11-2　常见色差仪

根据外观形状，可将色差仪分为手持式色差仪、便携式色差仪（图 11-2）、台式色差仪（图 11-2）。

例如，测量草莓成熟过程或贮藏期间的颜色变化可采用色差仪测定，色差仪自带白板校准后，用 D65 光源透过 8mm 的孔径，分别测每个草莓赤道面上前、后、左、右、顶部 5 个点，取平均值，再根据 Tsironi 等（2011）的 CIE 1976 $L*$、$a*$、$b*$ 容差公式处理颜色参数，分别采用下列两个公式来描述草莓颜色的变化。

$$\Delta E = [(L*-L_0)+(a*-a_0)+(b*-b_0)]^{1/2} \tag{11-1}$$

$$h° = \tan^{-1}(b*/a*) \tag{11-2}$$

式中，ΔE 为草莓色差值；$h°$ 为色度角值；$L*$、$a*$、$b*$ 为草莓的亮度值、红度值、黄度值；L_0、a_0、b_0 为草莓成熟过程或贮藏期间测量第 0 天的亮度值、红度值、黄度值。

三、理化指标测定

浆果中水分含量较高，在 90% 左右，还含有丰富的碳水化合物、蛋白质、酸、酚类物质、维生素、矿物质等营养成分，共同构成浆果特殊的口感和香气。基本理化成分的检测方法已经有相应的标准。

（一）常用理化指标

浆果常用理化指标的测定方法如表 11-2 所示。

表 11-2　浆果常用理化指标的测定方法

主要分类	具体指标	国内对应检测标准
水	水分	GB 5009.3—2016《食品安全国家标准　食品中水分的测定》
	水分活度	GB 5009.238—2016《食品安全国家标准　食品水分活度的测定》
碳水化合物	可溶性糖	GB 6194—1986《水果、蔬菜可溶性糖测定法》
	还原糖	GB 5009.7—2016《食品安全国家标准　食品中还原糖的测定》
	葡萄糖	
	蔗糖	GB 5009.8—2016《食品安全国家标准　食品中果糖、葡萄糖、蔗糖、麦芽糖、乳糖的测定》
	果糖	
	麦芽糖	
	膳食纤维	GB 5009.88—2014《食品安全国家标准　食品中膳食纤维的测定》
	果胶	NY/T 2016—2011《水果及其制品中果胶含量的测定　分光光度法》
粗纤维	粗纤维	GB/T 5009.10—2003《植物类食品中粗纤维的测定》
蛋白质	蛋白质	GB 5009.5—2016《食品安全国家标准　食品中蛋白质的测定》
	氨基酸	GB 5009.124—2016《食品安全国家标准　食品中氨基酸的测定》
灰分	灰分	GB 5009.4—2016《食品安全国家标准　食品中灰分的测定》
酸度	酸度	GB 5009.239—2016《食品安全国家标准　食品酸度的测定》
	挥发性酸	GB/T 10467—1989《水果和蔬菜产品中挥发性酸度的测定方法》
	有机酸	GB 5009.157—2016《食品安全国家标准　食品有机酸的测定》
维生素	维生素 A	
	维生素 D	GB 5009.82—2016《食品安全国家标准　食品中维生素 A、D、E 的测定》
	维生素 E	
	维生素 B_1	GB 5009.84—2016《食品安全国家标准　食品中维生素 B_1 的测定》
	维生素 B_2	GB 5009.85—2016《食品安全国家标准　食品中维生素 B_2 的测定》
	抗坏血酸	GB 5009.86—2016《食品安全国家标准　食品中抗坏血酸的测定》
矿物质	钾、钠	GB 5009.91—2017《食品安全国家标准　食品中钾、钠的测定》
	镁	GB 5009.241—2017《食品安全国家标准　食品中镁的测定》
	铁	GB 5009.90—2016《食品安全国家标准　食品中铁的测定》
	铝	GB 5009.182—2017《食品安全国家标准　食品中铝的测定》
	锌	GB 5009.14—2017《食品安全国家标准　食品中锌的测定》
	钙	GB 5009.92—2016《食品安全国家标准　食品中钙的测定》
	碘	GB 5009.267—2016《食品安全国家标准　食品中碘的测定》
	硒	GB 5009.93—2017《食品安全国家标准　食品中硒的测定》
	铜	GB 5009.13—2017《食品安全国家标准　食品中铜的测定》
	汞	GB 5009.17—2014《食品安全国家标准　食品中总汞及有机汞的测定》
	砷	GB 5009.11—2014《食品安全国家标准　食品中总砷及无机砷的测定》
	铅	GB 5009.12—2017《食品安全国家标准　食品中铅的测定》
	镉	GB 5009.15—2014《食品安全国家标准　食品中镉的测定》

（二）花色苷

　　桑椹、蓝莓、树莓、草莓等浆果色彩鲜艳，这是富含花色苷的原因。花色苷是一种具有多个酚羟基的类黄酮化合物，结构不稳定，很容易受到光照、温度、pH 和酶等各种因素的影响，导致降解褪色。花色苷的定量多根据光学特性进行分析，紫外分光光度法一般用于总花色苷含量的测定，高效液相色谱法用于测定单个花色苷的含量。

1. pH 示差法

花色苷的结构会随着 pH 的改变而发生相应的变化，而干扰物则不随 pH 变化发生改变。pH 示差法选用对花色苷稳定且吸光度差别最大的两个 pH，一般选用 pH=1 和 pH=4.5。在 pH=1 条件下，花色苷以红色的 2-苯基苯并吡喃形式存在；当 pH=4.5 时，花色苷以无色的查尔酮形式存在。取一定量的花色苷提取液用相应的缓冲液稀释至合适倍数，在最大吸收波长处和 700nm 处测定吸光度，再根据 Fuleki 公式（Fuleki and Francis，1968）计算出花色苷总含量。

2. 高效液相色谱法

目前，花色苷定量测定的首选方法是高效液相色谱法（Rajauria，2018）。通过高效液相色谱分离得到的单个花色苷，再经 DAD 检测器进行定量分析。在高效液相色谱中，花色苷浓度与峰面积成正比，峰面积越大，花色苷浓度越高。在有标准品的情况下，可以绘制花色苷的标准曲线，将花色苷样品的峰面积代入标准曲线，即可计算出花色苷的含量（Hong and Wrolstad，1990）。红树莓和桑椹等浆果花色苷的高效液相色谱测定方法举例如下。

（1）花色苷提取

浆果花色苷的提取可采用体积分数 0.1%的盐酸甲醇溶液，在 40℃下超声波提取 30min，用纱布过滤，取滤液于离心机中，8000r/min 离心 8min 后取上清液，通过 0.45μm 有机滤膜过滤到棕色小瓶中，置于 4℃冰箱中待液相分析（李梦丽，2018）。

（2）液相条件

流动相：A 液为体积分数 5%的甲酸水溶液，B 液为甲醇。线性洗脱梯度：0～10min，5%～20% B，保持 5min；15～30min，20%～25% B，保持 5min；35～40min，25%～33% B；40～42min，33%～35% B，保持 5min。流速：1mL/min；柱温为 30℃；进样量为 15μL；检测波长为 520nm；DAD 检测器：200～600nm 全扫描（Du et al.，2008）。

四、挥发性香气成分测定

浆果中的香气成分十分丰富、成分复杂，但香气成分的含量低、性质不稳定，并且在提取过程中容易发生氧化、聚合、缩合、基团转移等化学反应，从而使其香气成分发生变化。因此，只有选择合适的提取方法才能够更加全面、准确地对浆果及制品的香气成分进行分析。

（一）提取方法

目前，香气研究中主要采用的提取技术有同时蒸馏萃取（simultaneous distillated extraction，SDE）、减压蒸馏萃取（vacuum distillation extraction，VDE）、固相微萃取（solid phase micro-extraction, SPME)、超临界流体萃取（supercritical fluid extraction, SFE）等（乔阳, 2016）。

1. 同时蒸馏萃取法

同时蒸馏萃取法（SDE法）将香气化合物的浓缩与分离步骤合二为一, 提取效率高, 可对多种有机化合物进行定量分析, 具有较好的重复性和精密性, 操作简单, 能够有效地对香气化合物进行全组分分析。其萃取装置如图 11-3 所示, 萃取时, 同时加热萃取装置两边的有机萃取溶剂和样品至沸腾, 然后在上部空间以蒸汽的形式混合并实现萃取（孟宪军等, 2007; 乔阳, 2016）。

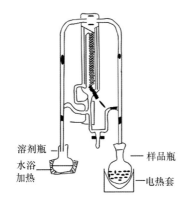

溶剂瓶
水浴
加热
样品瓶
电热套

图 11-3 同时蒸馏萃取装置（孟宪军等, 2007）

2. 减压蒸馏萃取法

减压蒸馏萃取法（VDE 法）是将样品打浆后放入旋蒸瓶并连接在旋转蒸发仪上, 在低压条件下水浴加热进行蒸馏并收集浓缩液, 再使用有机溶剂进行萃取。由于整个蒸馏萃取过程始终在低温环境下进行, 从而避免了高温对浆果香气成分的影响, 因此, 这种萃取方法所提取到的香气成分能够较好地反映浆果的香气特征, 是一种较为理想的香气提取方法（朱旗等, 2001; 乔阳, 2016）。

3. 固相微萃取法

固相微萃取法（SPME法）是集采样、萃取、浓缩和进样于一体的样品前处理方法。该方法由于操作简单、有机溶剂使用量少、富集能力强、萃取速度较快、分析灵敏度高, 被广泛应用于各类食品的香气分析中。固相微萃取（SPME）的萃取装置由萃取手柄和萃取纤维头组成, 如图 11-4 所示。在萃取时, 将针头穿透样品瓶, 下压管芯, 纤维头探出针管以浸入溶液样品中（直接萃取）或者暴露在样品上部的顶空空间（顶空萃取）, 样品中的挥发性物质在纤维头上进行富集, 达到吸附平衡后将纤维头取出, 插入气相色谱或气质联用的进样口进行解吸附, 分析物随着载气在色谱柱中进行分离, 最后进入检测器进行检测（Vandendriessche et al., 2013; 乔阳, 2016）。

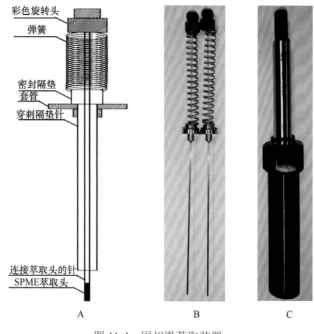

彩色旋转头
弹簧
密封隔垫
套管
穿刺隔垫针

连接萃取头的针
SPME萃取头

A   B   C

图 11-4 固相微萃取装置

A. 萃取头结构；B. 萃取头；C. 手柄

4. 超临界流体萃取法

超临界流体萃取法（SFE 法）是利用超临界状态下的流体作为萃取溶剂，在超出临界压力与温度的条件下进行萃取。目前，可用作超临界流体萃取的溶剂很多，最常用的方法为超临界 CO_2 萃取法。超临界 CO_2 流体萃取法的萃取速度快、溶质传输性能优越，同时，超临界 CO_2 流体作为一种萃取溶剂，极易渗透到样品中，使萃取组分通过分配、扩散作用而充分溶解，达到萃取的目的。

（二）分析方法

对浆果香气进行准确的分析，除了选择合适的香气提取方法，香气分析方法的选择也尤为重要。目前，大型精密仪器在香气分析中的应用越来越广泛，主要的仪器有气相色谱仪（gas chromatograph，GC）、气相色谱–质谱联用色谱仪（gas chromatograph-mass spectrometer，GC-MS）、质谱仪（mass spectrometer，MS）、气相色谱–嗅闻仪（gas chromatograph-olfactometer，GC-O）、电子鼻（electronic nose），以及红外光谱仪（infrared spectrometer，IR）等。

1. 气相色谱法

气相色谱法是目前应用较为广泛的分析方法之一。使用气相色谱法，被测混合物在气相色谱中进行分离时，各个组分在两相间的分配系数不同，混合物经过色谱柱时，被测组分在两相间进行反复多次分配，各化合物在色谱柱上的保留效果不同，从而使混合物中的各个组分得到充分的分离。气相色谱法的检测器种类有电子捕获检测器（electron capture detector，ECD）、火焰光度检测器（flame photometric detector，FPD）、氢火焰离子化检测器（flame ionization detector，FID）及热导检测器（thermal conductivity detector，TCD）等。使用气相色谱法进行浆果香气成分分析时，根据检测目标化合物的不同选择合适的检测器即可。气相色谱法的分离性能好、分析速度相对较快、检测性能高，但其缺点在于该方法并不能直接对未知化合物的分析给出定性结果，同时对无机物和易分解的高沸点有机物分析比较困难（乔阳，2016）。

2. 气相色谱–质谱联用法

气相色谱–质谱联用（气质联用）法是将气相色谱仪和质谱仪进行联用的一种分析方法，一般质谱仪可分为四类：磁质谱、射频质谱、飞行时间质谱及傅立叶变换质谱。其中，射频质谱中包括四级杆质谱和离子阱质谱。气相色谱–质谱联用法对混合物的分离原理与气相色谱法类似。然而与气相色谱法相比，由于气质联用技术可以直接定性分析浆果中的挥发性香气物质，在各类基质的香气分析研究中得到了越来越广泛的应用。而且，与气相色谱法相比，气质联用法的灵敏度比气相色谱法的灵敏度要高得多，可达到气相色谱法的数十倍以上；除此之外，气质联用法对化合物进行检测时不需要标品，可直接通过数据分析工作站对分子的结构进行解析，进行精密的图谱比对，定性和定量分析香气成分的组成，大大降低了实验的成本（Wang et al.，2009；乔阳，2016）。

3. 气相色谱–嗅闻仪联用法

除气相色谱法与气质联用法外，随着香气分析仪器的发展，嗅闻仪在食品香气分析中的应用也开始逐渐得到研究者的重视。只有具有香气活性的化合物对浆果的香气才有贡献，由于不同的香气化合物具有不同的香气特征和香气强度，化合物的浓度并不能反映化合物的香气特征和香气强度，人的嗅觉是判断化合物香气特征和香气强度的唯一工具。气相色谱–嗅闻联用法通过气相色谱对混合物进行分离，混合物分离后在毛细管色谱柱的末端按照一定的比例进行分配，其中一部分进入检测器进行分析检测，而另一部分进入嗅闻仪中进行分析（乔阳，2016）。

4. 电子鼻法

电子鼻法的基本工作原理是模拟哺乳动物的嗅觉系统，通过传感器对采集的气体成分所产生的信号反应进行检测收集，然后用数据处理系统对数据信息进行处理运算，完成对气体的定性和定量识别分析（张巧丽，2015；乔阳，2016）。与气相色谱方法相比，电子鼻技术具有分析速度快、灵敏度高和检测费用低等优点（Wilson and Baietto，2009）。

五、农药残留检测方法

农药的种类繁多，并且发展变化很快，根据农药的化学成分可分为有机氯农药、有机磷农药、氨基甲酸酯类农药。

我国常见的浆果类果品主要禁用或限用的农药有六六六、毒杀芬、滴滴涕、二溴氯丙烷、杀虫脒、甲胺磷、甲拌磷、对硫磷、久效磷、磷胺、克百威、涕灭威、灭多威、甲基异硫磷、水胺硫磷、特丁硫磷、甲基硫环磷、氧乐果等。这些属于高毒、高残留类农药。

浆果在防治病虫害过程中常用甲基托布津、多菌灵、百菌清、氧乐果、敌敌畏、乐果、辛硫磷、吡虫啉、代森锰锌、灭幼脲、三氯杀螨醇和菊酯类等农药；使用较多且频率较高的是甲基托布津、多菌灵、百菌清、氧乐果、敌敌畏和菊酯类农药。而检出率最高的农药是哒螨灵、多菌灵、腐霉利、苯醚甲环唑、氯氟氰菊酯等农药（李丽等，2012）。

目前，常用的农药残留检测方法包括快速检测法、色谱检测法、光谱检测法等。

（一）快速检测法

快速检测法（孙汉巨，2016）主要有酶抑制剂法、免疫法和生物传感器法等。

1. 酶抑制剂法

氨基甲酸酯类和有机磷类农药能抑制乙酰胆碱酯酶的催化、水解功能，且抑制率与农药浓度成正比关系，利用这一特性，可对氨基甲酸酯类和有机磷类农药进行定性和定量的检测。

酶片法是将乙酰胆碱酯酶和显色底物分别经固化处理后加载到滤纸片等载体上，当待测样品中不含有机磷和氨基甲酸酯类农药时，底物被乙酰胆碱酯酶分解变色；而当样品中含有有机磷和氨基甲酸酯类农药时，底物不能被乙酰胆碱酯酶分解，因而不会发生颜色变化。酶液法是将样品提取液与乙酰胆碱酯酶反应后，利用分光光度计进行比色，根据吸光度的变化计算农药含量。但植物色素如叶绿素、花青素等会干扰吸光度，必要时需要先将色素去除。

2. 免疫法

免疫法是基于抗原和抗体特异性的免疫反应建立起来的一种生物化学分析方法。免疫法选择特异性强、灵敏度较高、方便快捷、可同时检测多个样品。免疫法不需要对样品进行额外的纯化，简化了前处理过程。免疫法90%以上应用的是酶联免疫吸附测定（ELISA）方法，酶联免疫吸附测定方法主要包括以下几种类型：酶标抗原直接竞争抑制法、酶标抗体直接竞争抑制法和间接夹心法（张鹏，2017）。

3. 生物传感器法

生物传感器是利用抗体、酶、核酸、组织、细胞等作为生物分子识别元件，将特异性的生化反应转化为光、电、热等物理、化学信号，从而实现对生物和化学物质定量和定性检测的一类装置。农药残留检测利用的生物传感器主要有酶生物传感器和免疫生物传感器，分别利用乙酰胆碱酯酶（acetylcholinesterase，AChE）和农药分子特异性抗体为识别元件，固定在特殊的生物活性材料表面。生物传感器具有体积小、响应快、样品用量少的优势，适合于连续在线检测，并且便于构建微型化仪器。

（二）色谱检测法

参照孙汉巨（2016）、Amendola 等（2015）、Hildmann 等（2015）、Jardim 等（2014）、Kumari 等（2015）、Ye 等（2016）、Shaker 和 Elsharkawy（2015）的报道，色谱检测法详述如下。

1. 薄层色谱法

薄层色谱法是一种较为成熟的应用较为广泛的微量检测方法。首先选择合适的溶剂，对样品进行提取、纯化和浓缩，将提纯后的样品在薄层硅胶板点样，待其分离展开、显色后，将选择结果与标准农药进行比对，以进行定性检测。使用薄层扫描仪进行定量测定。

2. 气相色谱法

气相色谱法选择气体为流动相，利用目标物在性质上的差异，在流动相和固定相之间进行反复多次的分配，实现目标物的分离，并且按一定的顺序流出色谱柱。经检测器检测之后绘制色谱图。保留时间用于定性检测，峰面积用于定量分析。气相色谱法可以分离大批量理化性质类似的农药，适用于检测有机磷、有机氯类易挥发和热稳定性高的农药。该方法分析能力强，一次可以测定多种成分。

3. 高效液相色谱法

高效液相色谱法采用高压输液系统，以单一或混合溶剂为流动相，使待分析物在流动相和填充有固定相的色谱柱之间进行分配。经色谱柱分离后，待分析物中各组分依次进入检测器进行检测。对于极性较强、热稳定性差、难挥发、水溶性的大分子有机化合物，不宜使用气相色谱法，而应选用高效液相色谱法，如氨基甲酸酯类农药、脲类除草剂、苯甲酰脲杀虫剂及苯并咪唑类杀菌剂等。

4. 超临界流体色谱法

超临界流体色谱法是以超临界流体作为流动相的色谱法。它具有气相色谱法和高效液相色谱法两类技术的优点，同时又能够有效地弥补气相色谱法和高效液相色谱法的不足。其分离效率高、分离时间短、分离条件温和、对操作人员和环境无害。许多在气相色谱法和高效液相色谱法需要经过衍生化之后才能进行分离的待测物，可以使用超临界流体色谱法直接测定，因此其在农药残留检测方面具有发展潜力。

（三）光谱检测法

光谱检测法（黎静等，2010；Liu et al.，2013a，2013b，2015）是基于待测物的光谱性质进行定性和定量的检测。紫外分光光谱法是通过测定待测农药在特定波长范围内的吸光度，实现对待测样品的分析。或者利用待测农药结合生色基团形成络合物，通过检测络合物的吸光度，实现对农药的检测。荧光光谱法是利用待测物质吸收能量后，发射荧光的特性和强度对物质进行检测的一种方法。该方法用药量少、灵敏度高、检测时间短、对样品破坏性小。表面增强拉曼光谱法是通过分析分子振动、转动方向的不同信息来识别不同的农药，暂时不需要复杂的样品前处理。

第二节　安全控制技术

一、ISO 9000 质量管理体系

国际标准化组织（International Organization for Standardization，ISO）是目前世界上最大、最具权威的国际标准化机构。"ISO 9000"不是指一个标准，而是一族标准的统称。ISO 9000 系列标准是在总结各个国家在质量管理与质量保证的成功经验基础上产生的。其经历了由军用到民用，由行业标准到国家标准，进而发展到国际标准的发展过程。ISO 9000 系列标准是 ISO 成立以来第一次向全世界发布的第一项管理标准。这套标准的发布，使不同的国家、不同的企业之间在经贸往来中有了共同的语言、统一的认识和共同遵守的规范。

ISO 9000 系列标准包括核心标准及支持性标准，其中 4 个核心标准（贝慧玲，2015）分别为 ISO 9000:2015《质量管理体系基础和术语》、ISO 9001:2015《质量管理体系要求》、ISO 9004:2009《追求组织的持续成功质量管理方法》、ISO 19011:2011《管理体系审核指南》。其作用分别为：ISO 9000 是阐明质量管理体系理论基础的标准；ISO 9001 是阐明质量管理体系基本要求的规范性文件，目的在于增进顾客满意度；ISO 9004 应用质量管理的原则，帮助已按照 ISO 9001 或其他管理体系的标准建立管理体系的组织，提升其整体绩效及可持续性发展能力；ISO 19011 提供了任何管理体系的审核流程，用于指导审核。

其中，企业用于申请认证的标准为 ISO 9001。根据国际标准化组织颁布的系列核心标准，我国等同转换了该系列标准，见表 11-3。

表 11-3　ISO 9000 核心标准

国际标准化组织标准	我国等同转化的标准
ISO 9000:2015《质量管理体系基础和术语》	GB/T 19000—2016《质量管理体系基础和术语》
ISO 9001:2015《质量管理体系要求》	GB/T 19001—2016《质量管理体系要求》
ISO 9004:2009《追求组织的持续成功质量管理方法》	GB/T 19004—2011《追求组织的持续成功质量管理方法》
ISO 19011:2011《管理体系审核指南》	GB/T 19011—2013《管理体系审核指南》

二、食品良好操作规范

参照贝慧玲（2015）、曲径（2011）、尤玉如（2015）的报道，对食品良好操作规范（good manufacturing practice，GMP）的详述如下。

GMP 是为保证食品卫生与安全质量而制定的贯彻于食品生产全过程的一系列方法、监控措施和技术要求。国际上，为了确保有关食品生产、加工、贮存、运输和销售等各个环节有足够的软件与硬件保障，食品领域的 GMP 多以法律、法规和技术规范等形式体现，是对食品生产经营企业强制性的要求。GMP 管理有 4 个关键因素：一是有合适的人员进行生产管理，二是选用良好的原料，三是采用规范的厂房及机器设备，四是采

用适当的工艺。

GMP 的内容可概括为硬件和软件两个部分。硬件是指对食品企业厂房、设备、卫生设施等方面的技术要求；软件则是指对人员、生产工艺、生产行为、管理组织、管理制度和记录、教育培训等方面的管理要求。

我国的 GMP 虽然是以标准形式颁布的，但在性质、内容和侧重点上与一般食品标准有根本的区别。GMP 是对食品企业的生产条件、操作和管理行为提出的规范性要求，而一般食品标准是对食品企业生产出的终产品提出的量化指标要求。GMP 的内容体现于食品的整个生产过程中，所以 GMP 是将保证食品质量的重点放在成品出厂前的整个生产过程中的各个环节上，而不仅仅是着眼于终产品。一般食品标准侧重于对终产品的判定和评价等方面。

三、卫生标准操作程序

卫生标准操作程序（sanitation standard operation procedure，SSOP）是食品生产和加工企业为了保证达到 GMP 所规定的要求，确保在生产和加工过程中消除不良人为因素，为使其所生产和加工的食品符合卫生要求而制定，在食品生产和加工过程中进行规范操作行为的卫生性控制的作业指导文件。SSOP 一直作为 GMP 或者危害分析和关键控制点（hazard analysis and critical control point，HACCP）的基础程序加以实施，是食品生产和加工企业建立与实施 HACCP 计划的重要前提条件。

SSOP 是在历史经验总结分析和卫生原理推导的基础上确立的，只要不能正确理解 SSOP 各项内容的科学性即卫生原理，就不可能自觉执行 SSOP。

（一）SSOP 的关键内容

根据美国 FDA 推荐，SSOP 计划应至少包括 8 项关键内容（曲径，2011）。

1）用于接触食品或食品接触面接触的水，或用于带冰的水的安全。

2）与食品接触的表面的卫生状况和清洁程度，包括工器具、设备、手套和工作服。

3）防止发生食品与不洁物、食品与包装材料、人流与物流、高清洁度区域的食品与低清洁度区域的食品、生食与熟食之间的交叉污染。

4）手的清洗消毒设施及卫生间设施的维护。

5）保护食品、食品包装材料和食品接触面免受润滑剂、燃油、杀虫剂、清洁剂、冷凝水、涂料、铁锈，以及其他化学、物理和生物性外来污染物的污染。

6）有毒化合物的正确标识、保存和使用。

7）直接或间接接触食品的员工健康的控制。

8）害虫的控制及去除（防虫、灭鼠、防鼠等）。

（二）企业编制 SSOP 内容

企业编制的 SSOP 应包括以下内容。

1）描述在工厂中使用的卫生程序。

2）提供这些卫生程序的时间计划。

3）提供一个支持日常监测计划的标准。

4）鼓励提前做好计划，以保证必要时采取纠正措施。

5）辨别卫生事件发生趋势，防止同样的问题再次出现。

6）确保每个人（从管理层到生产工人）都理解卫生（概念）。

7）为从业者提供一种连续培训的工具。

8）展示企业设计卫生管理方面对外的承诺。

9）指导厂内的卫生操作和卫生状况，使其得到完善与提高。

SSOP 记录案例：某浆果果汁加工厂 SSOP 记录表格，如表 11-4～表 11-7 所示（贝慧玲，2015）。

表 11-4 每日卫生控制记录

公司名称：　　　　　　　　日期：　　　　　　　班次：

控制内容		开工前	生产中	收工后	纠正措施
		合格/不合格	合格/不合格	合格/不合格	
一、加工用水的安全	水质余氯检测报告				
	微生物检测报告				
二、食品接触面状况和清洁	洗涤剂浓度（%）（设备达到清洁的程度）				
	消毒液浓度（mg/L）（设备达到消毒的程度）				
	工器具达到清洁消毒的程度				
	包装产品贮藏区域的清洁消毒状况				
	地面、墙壁、天花板的清洁程度				
	手套、工作服、围裙、鞋等的清洁状况				
三、预防交叉污染	工厂建筑物设施维修状况				
	工人的操作不能导致交叉污染（穿戴工作服、帽和鞋、使用手套、手的清洁，个人物品的存放、饮食、串岗、鞋消毒、工作服的清洁消毒等）				
	原辅料、半成品、成品严格分隔				
	生产前所有设备经过预清洁消毒的状况				
	果渣、腐烂果及杂质的清除，盛装容器的清洁				
	各作业区工器具标示明显，无混用				
	厂区排污顺畅、无积水，车间地面排水通畅、无溢溅、无倒流				
	厂区无污染源、杂物，地面平整无积水，车间、库房干净卫生				
四、手的清洗消毒设施和卫生间设施的维护	卫生间设施及卫生状况				
	手的清洗和消毒设施状况				
	洗手用消毒溶液浓度（mg/L）				
五、防止污染物的危害	包装材料、清洁剂等的存放				
	生产用燃料（煤、柴油等）的存放				
	灌装间冷凝物、加工车间光照设施的安全				

续表

控制内容		开工前 合格/不合格	生产中 合格/不合格	收工后 合格/不合格	纠正措施
五、防止污染物的 危害	灌装间的空气卫生状况				
	设备状况良好，无松动、无破损				
	冷藏库的温度、卫生状况				
六、有毒化合物的 标识	有毒化合物的标识、存放				
	分装容器标签和分装操作程序				
七、员工健康的控制	职工健康状况				
	职工无感染的伤口				
八、鼠、虫的灭除	加工车间防鼠、虫设施				
	工厂内无鼠、虫危害				
九、检验检测卫生	各工序的检查监督人员所使用的采样工 具、检测工具干净卫生				
	化验室干净卫生，无污染源，不得存放与 检验无关的物品				
卫生监督员：　　　　　　审核：					

表 11-5　设备清洗和消毒检查记录

今日日期：　　　　　　　　　负责人员：

序号	项目	是	否	签名
1	设备周围区域没有杂物			
2	覆盖电机、配电板			
3	用清水冲洗设备			
4	拆开设备			
5	用洗涤剂刷洗或冲洗设备的内外表面			
6	用温水冲洗设备			
7	可视检查（如果有颗粒、碎屑，重新清洗）			
8	检查消毒溶液浓度（mg/L）			
9	用消毒溶液喷洒设备，使消毒溶液在设备上停留 3min			
10	检查浸泡用具的消毒液浓度（mg/L）			
11	零件的清洗、冲洗、消毒及在空气中干燥			

纠正措施：　　　　　　　监督人签名：

表 11-6　定期卫生控制记录

公司名称：　　　　　　　　　日期：

项目		合格	不合格	纠正措施
一、加工用水的安全	水质微生物检测报告（每周一次）			
	自建贮水池检查报告（每月一次）			
	水质监测报告（每年两次）			
	供排水管道系统检查报告（安装、调整管道时）			
二、食品接触面的状况 和清洁	车间生产设备、管道、工器具、地面、墙壁和容器内表面等食品接 触面的状况（每周一次）			

续表

项目		合格	不合格	纠正措施
三、预防交叉污染	包装材料需要有质量合格证明方可接受（接收时）			
	内包装材料的微生物检测报告（接收时）			
	卫生监督员、工人上岗前进行基本的卫生培训（雇佣时）			
四、防止污染物的危害	清洁剂、消毒剂、润滑剂需要有质量合格证明方可接受（接收时）			
五、有毒化合物的标识	有毒化合物需要有产品合格证明或其他必要的信息文件方可接受（接收时）			
六、员工健康的控制	从事加工、检验和生产管理人员的健康检查（上岗前及每年一次）			
七、害虫去除	害虫检查和捕杀报告（每周一次）			
八、环境卫生	清理打扫厂区环境卫生和清除厂区杂草（每周一次）			

卫生监督员：　　　　　　　　审核：

表 11-7　预清洁消毒程序检查记录

今日日期：　　　　　负责人员：　　　　　昨日产品：

序号	项目	是	否	签名
1	设备可视检查			
2	设备要求重新清洗或消毒			
3	重新清洗或消毒的执行情况			
4	是否试运行、重新安装设备			
5	应用消毒剂浓度（mg/L）			

纠正措施：　　　　　　监督人签名：

四、危害分析和关键控制点

危害分析和关键控制点（HACCP）是一种控制食品安全危害的预防体系，而不是反应性体系，它的目的不是零风险，而是用来使食品安全危害的风险降到最小或可接受的水平。HACCP 被用于确定食品原料和加工过程中可能存在的危害，建立控制程序并有效监督这些控制措施。危害分析和关键控制点强调企业的自身作用，以预防为主。危害可能是有害的微生物、寄生虫，也可能是化学的、物理的污染。实施 HACCP 的目的是对食品生产、加工进行最佳管理，确保提供给消费者更加安全的食品，而且还可以用来提高消费者对食品加工企业的信心。

对 HACCP 体系的应用准则（曲径，2011），介绍如下。

在 HACCP 应用于食品链任一环节之前，该环节就应该是按照《食品卫生通则》（*Codex General Principle of Food Hygiene*）、适当的食品法典操作规范和适用的食品安全法规运行操作的；管理层的承诺对于有效实施 HACCP 体系是必要的。在危害鉴别、评估及随后建立和应用 HACCP 体系的过程中，必须考虑到原料、辅料、食品制作的操作规范、加工工序在控制危害中的作用、产品的最终可能食用的方法、有关消费者群体分类及与食品安全有关的流行病学报告等涉及食品卫生与安全的各种因素。

HACCP 体系的目标是对关键控制点（critical control point，CCP）实施控制，如果某个危害被确定必须予以控制，而无 CCP 存在，则应考虑重新设计操作工序。

HACCP 应独立地应用于各个特定的操作中。同样或相似的产品在不同的生产企业中 CCP 可能是不同的，所确定的 CCP 也许不是某一特定食品 HACCP 体系应用中的仅有的关键控制点，或者其各自具有不同的性质。当产品、加工或任何步骤有变化时，对HACCP 的应用要进行验证和审核，并做出必要的修改。重要的是，考虑到生产操作的特性和规模，在 HACCP 应用时，要有适当的灵活性并赋予应用的内涵。

案例：鲜切草莓加工与保鲜关键危害点分析，如表 11-8 和表 11-9 所示。

表 11-8　鲜切草莓加工与保鲜的危害分析表（张爽等，2015）

加工步骤	危害因素	危害是否显著	判断依据	防止措施	是否为CCP
原料验收	生物性：虫卵、病原菌、毒素 化学性：农药、重金属残留 物理性：杂质	是	原料在生长环境中附着有虫卵、微生物；农药、化肥使用不当造成残留超标，损害人体健康；采收中混入杂草、金属等杂质	选择固定的原料基地，加强原料验收的检验检疫；建立自己原料基地，使用安全的农药、化肥	是
清洗	物理性：杂质 化学性：水质污染	否	清洗所用的水理化指标不符合卫生标准	使用符合卫生标准的水；定期清洁清洗机；定期更换用水	否
切割、分级	生物性：病原菌及毒素 物理性：杂质	是	操作环境中或操作者及工具上附着微生物；操作者毛发、指甲等脱落；操作工具缺口掉落等	通过 SSOP 进行控制	是
保鲜处理	生物性：病原菌 化学性：杀菌剂残留、生成有毒物质、保鲜剂使用不当	是	杀菌剂使用不当或造成杀菌不彻底，或残留量过高，或与蔬菜中的有机物反应产生有毒物质；保鲜剂的种类或用量不符合食用安全标准	选用适宜的杀菌剂和保鲜剂种类与用量	是
淋洗	化学性：水质污染、杀菌剂残留	是	清洗所用的水理化指标不符合卫生标准；淋洗不充分造成杀菌剂残留量过高	使用符合卫生标准的水；定期更换用水	否
控水	生物性：病原菌	是	易受环境中微生物的污染	缩短操作时间；对操作环境定期消毒	否
包装	生物性：微生物 化学性：化学有毒物质、自身产生有毒物质	是	包装材料不符合卫生标准，附着有微生物或包装材料本身产生有毒物质	选择符合卫生标准的包装材料，并预先消毒；采用合理的包装方式	是
贮运、销售	生物性：病原菌及产生的毒素 化学性：代谢积累的有毒物质或腐败物	是	温湿度不适宜时病原菌滋生、代谢失调、腐败变质	选用适宜的低温进行贮藏、运输、销售	是

五、ISO 22000 安全管理体系

参照贝慧玲（2015）的研究，对 ISO 22000 安全管理体系详述如下。

ISO 22000 是国际标准化组织在 2005 年首次提出的针对整个食品供应链进行全程监管的食品安全管理体系要求。ISO 22000 采用了 ISO 9001 标准体系结构，在食品危害风险识别、确认及系统管理方面，参照了国际食品法典委员会颁布的《食品卫生通则》中有关 HACCP 体系和应用指南的部分。

表 11-9　鲜切草莓质量 HACCP 计划表（张爽等，2015）

CCP	显著危害	关键限值	监控				纠偏措施	记录	验证
			对象	内容	方法	人员			
原料验收 CCP	农药等有毒有害物质	按 GB/Z 26575—2011 执行	检查合格证明和检验报告	有毒有害物质的残留	实地调查和检查原料合格证明	质量监测员	不用检验不合格的原料	原料验收记录	质控人员核对合格报告
切割 CCP	病虫害、机械伤和腐烂果	车间温度控制在 8℃以下，不合格果不超过 3%	加工的时间和温度	受伤果和腐烂果数量	测量温度，控制时间，检查不合格果	操作员	加工车间温度不达标或原料积累过多，不准进料	切割作业记录	部门负责人及质检员对每天的记录进行确认
保鲜处理 CCP	化学有害物残留量	按 GB/Z 26575—2011 执行	鲜切草莓	化学有害物	测定化学有害物含量	操作员	拒收不合格原料或降低预处理过程中化学物的使用量	预处理作业记录	质控人员确认每天的记录
包装 CCP	包装材料符合食品卫生标准	包装材料符合食品卫生标准	包装材料安全性报告	化学有害物	测定化学有害物含量	采购员、操作员	不用不符合食品卫生标准的包装材料	包装材料使用记录	采购人员核查安全性报告，并由负责人签字确认
贮藏 CCP	毒素、致病菌和品质	贮藏条件的限值：温度 0~4℃，相对湿度 85%~95%，O_2 2%~4%，CO_2 3%~5%	贮藏环境	环境条件和果实理化指标	控制贮藏条件	库房管理员	缩短贮藏期	贮藏条件和果实品质记录	定期检查

ISO 22000《食品安全管理体系要求》标准包括 8 个方面的内容，即范围、规范性引用文件、术语和定义、政策和原理、食品安全管理体系的设计、实施食品安全管理体系、食品安全管理体系的保持和管理评审。虽然 ISO 22000《食品安全管理体系要求》是一个自愿采用的国际标准，该标准被越来越多的国家的食品生产加工企业所采用而成为国际通行的标准。

（一）标准的目的

1）组织实施本标准后，能够确保在按照产品的预期用途食用时对消费者来说是安全的。

2）通过与顾客的相互沟通，识别并评价顾客的要求中食品安全的内容及合理合法性，并能与组织的经营目标相统一，从而证实组织就食品安全要求与顾客达成了一致。

3）组织应建立有效的沟通渠道，识别食品链中需沟通的对象和适宜的沟通内容，并将其中的要求纳入到组织的食品安全管理活动中，从而证实沟通的有效性。

4）组织应建立获取与食品安全有关的法律法规的渠道，获取适用的法律法规并将其中的要求纳入到组织的食品安全管理活动中，组织应该能够确保按照声明的食品安全方针来策划、实施、保持和更新食品安全管理体系。

（二）标准的适用范围

ISO 22000 标准的所有要求都是通用的，无论组织的规模、类型，还是直接介入食品链的一个或多个环节或间接介入食品链的组织，只要其期望建立食品安全管理体系就可采用该标准。这些组织包括饲料加工者、种植者、辅料生产者、食品生产者、零售商、食品服务商、配餐服务商，提供清洁、运输、贮存和分销服务的组织，以及间接介入食品链的组织如设备、清洁剂、包装材料及其他食品接触材料的供应商。

六、HACCP 与 GMP、SSOP、ISO 9000、ISO 22000 的相互关系

GMP、SSOP、ISO 9000 与 HACCP 体系的关系，参照钱建亚和熊强（2006）的研究。ISO 22000 与 HACCP 体系的关系参照贝慧玲（2015）的研究。

（一）GMP 与 HACCP 体系的关系

GMP 和 HACCP 都是为保证食品安全和卫生而制定的一系列措施与规定。GMP 是适用于所有相同类型产品的食品生产企业的原则，而 HACCP 则是针对每一个企业的生产过程的特殊原则。GMP 的内容是全面的，对食品生产过程中的各个环节、各个方面都制定了具体的要求，是一个全面质量保障系统。HACCP 则突出对重点环节的控制，以点带面来保证整个食品加工过程中食品的安全。

从 GMP 和 HACCP 各自特点来看，GMP 是对食品企业生产条件、生产工艺、生产行为和卫生管理提出的规范性要求，而 HACCP 则是动态的食品卫生管理方法；GMP 要求是强硬的、固定的，而 HACCP 是灵活的、可调的。GMP 和 HACCP 在食品中所起的作用是相辅相成的。通过 HACCP 系统，我们可以找出 GMP 要求中的关键项目；通过运行 HACCP 系统，可以控制这些关键项目达到标准要求，掌握 HACCP 的原理和方法，还可以使监督人员、企业管理人员具备敏锐的判断力和危害评估能力，有助于 GMP 的制定和实施。GMP 是食品企业必须达到的生产条件和行为规范，企业只有在实施 GMP 的基础之上，才可使 HACCP 系统有效运行。

（二）SSOP 与 HACCP 体系的关系

完整的食品安全体系必须包括 HACCP 计划及作为前提条件的 GMP 和 SSOP。HACCP 计划是建立在危害分析的基础上的，特定的关键控制点必须被监测，以确保该步骤和工序处于受控状态，使任何潜在的食品安全危害得以预防、消除或降低到一个可接受的水平。书面的 HACCP 计划规定了具体加工过程中的各个关键控制点，确定了关键限制、检测方法、纠偏措施、验证程序和记录保留程序，以此确保关键控制点得到有效控制，从而保证食品的安全。

SSOP 维持卫生状况的程序，一般与整个加工设施或一个区域有关，不仅限于某一特定的加工步骤和关键控制点，一些危害可以通过 SSOP 得到最好的控制。将某一危害的控制交由 SSOP 来控制，与 HACCP 计划相比，并不是降低 HACCP 重要性，只是由 SSOP 控制更合适一点。有的同一个危害可能由 HACCP 计划和 SSOP 共同控制，如由

HACCP 控制病原微生物的杀死，由 SSOP 控制病原微生物的二次污染。一般情况下，若已经鉴别的危害与产品本身或某一单独的加工步骤有关，则必须由 HACCP 计划控制；若已鉴定的危害与环境和人员有关，一般由 SSOP 控制较为适宜。

（三）ISO 9000 与 HACCP 体系的关系

HACCP 体系在应用上与 ISO 9000 体系是兼容的（表 11-10），都是确保食品安全的良好管理系统。ISO 9000 与 HACCP 体系可视为互补性关系。在满足顾客需求时各有独到之处，而当两个体系结合在一起时效果更好。HACCP 体系可以独立认证，也可以作为其他认证的补充，适用于保证食品安全的质量管理体系。

表 11-10　ISO 9000 与 HACCP 体系的关系

项目	ISO 9000	HACCP
目标	适用于各个行业	适用于食品行业
标准	强调质量能满足顾客要求	强调食品安全，避免消费者受到伤害
标准内容	ISO 9000 系列标准	企业可依据所在国政府的法规和规定要求生产产品
监控对象	内容广，涉及设计、开发、生产、安全和服务	内容窄，以生产过程中的控制为主
检测对象	无特殊监控对象	有特殊监控对象，如病原菌
实施	自愿性	由自愿逐步过渡到强制

（四）ISO 22000 与 HACCP 体系的关系

HACCP 作为一种系统的方法，是保障食品安全的基础。其对食品生产、贮存和运输过程中所有潜在的生物的、物理的、化学的危害进行分析，制定了一套全面有效的计划来防止或控制这些危害。ISO 22000 进一步确定了 HACCP 在食品安全体系中的地位，统一了全球对 HACCP 的解释，帮助企业更好地使用 HACCP 原理，所以 ISO 22000 在某种意义上就是一个国际 HACCP 体系标准（表 11-11）。

表 11-11　HACCP 与 ISO 22000 的对应关系

HACCP 原理	HACCP 实施步骤		ISO 22000 实施步骤
原理 1 进行危害分析	组成 HACCP 小组	步骤 1	食品安全小组
	产品描述	步骤 2	产品特性 过程步骤和控制措施的描述
	识别预期用途	步骤 3	预期用途
	制作流程图 流程图的现场确认	步骤 4 步骤 5	流程图
	列出所有潜在危害 进行危害分析 考虑控制措施	步骤 6	危害分析 危害识别和可接受水平的确定 危害评价 控制措施的选择和评估
原理 2 确定关键控制点（CCP）	确定关键控制点	步骤 7	关键控制点的确定
原理 3 确定关键限值	确定每个关键控制点的关键限值	步骤 8	关键控制点的关键限值的确定

续表

HACCP 原理	HACCP 实施步骤		ISO 22000 实施步骤
原理 4 建立关键控制点（CCP）的监视 （监控）系统	建立每个关键控制点的监视 系统	步骤 9	关键控制点的监视系统
原理 5 制定纠正措施，以便当监控表明 某个关键控制点失控时采用	采取纠偏措施	步骤 10	监视结果超出关键限值时采取的措施
原理 6 设置验证程序，以确认 HACCP 有效运行	设置验证程序	步骤 11	验证策划
原理 7 建立上述原理及应用的程序，保 存记录和文件	记录和文件存档	步骤 12	文件要求 预备信息的更新，描述前提方案和 HACCP 计划的文件的更新

与 HACCP 相比，ISO 22000 具有以下特点：突出了体系管理理念，强调了沟通的作用，体现了遵守食品法律法规的要求，提出了前提方案，强调了"确认"和"验证"的重要性，增加了"应急准备和响应"规定，建立了可追溯性系统和对不安全产品实施撤回机制。

第三节 浆果制品标准体系与法规

目前国际食品标准分属两大系统：FAO/WHO 的食品法典委员会（CAC）标准、国际标准化组织（ISO）的食品标准。

一、食品法典委员会

食品法典委员会（Codex Alimentarius Commission，CAC）成立于 1961 年，隶属于联合国粮食及农业组织（Food and Agriculture Organization of the United Nations，FAO）和世界卫生组织（World Health Organization，WHO），是政府间有关食品管理法规、标准的协调机构，现有包括中国在内的 188 个成员国和 1 个成员组织（欧盟），覆盖全球 98%的人口。

《食品法典》（*Codex Alimentarius*）是 CAC 为解决国际食品贸易争端和保护消费者健康而制定的一套食品安全与质量的国际标准、食品加工规范及准则。目前，CAC 已被世界贸易组织（WTO）确认为 3 个农产品及食品国际标准化机构之一，《食品法典》标准被认可为国际农产品及食品贸易仲裁的唯一依据，在裁决国际食品贸易争端中发挥重要的作用。

《食品法典》汇集了 CAC 已经批准的国际食品标准。《食品法典》标准内容包括了食品标签、食品添加剂、污染物、取样和分析方法、食品卫生、特殊饮食的食品营养、进出口食品检验和出证系统、食品中的兽药残留、食品中的农药残留等方面。

目前，《食品法典》共有 237 个商品的食品标准、41 个卫生法规和技术规程、185 个农药标准、3274 个农药残余限量标准、25 个污染物限量标准、1005 个食品添加剂评估标准和 54 个兽药评估标准（尤玉如，2015）。

二、国际标准化组织

国际标准化组织（ISO）是一个全球性政府组织，是世界上最大的国际标准化专门机构。ISO 的宗旨：在全世界促进标准化及有关活动的发展，以便于国际物资交流和相互服务，并扩大知识、科学、技术和经济领域的合作。ISO 系统的食品标准：国际标准化组织在食品标准化领域的活动包括术语、分析方法和取样方法、产量和分级、操作、运输和贮存要求等方面。

ISO 系统的食品标准主要由国际标准化组织中农产品、食品技术委员会（TC34），其下设的 14 个标准化技术委员会（TC）和 4 个相关的技术委员会（TC），以及若干 ISO 指南组成的其他与食品实验室工作有关的标准分委员会组成。其中，与水果相关的绝大部分标准是由 ISO/TC34 制定的。

TC34 农产品、食品技术委员会下设的 14 个标准化技术委员会，与浆果相关的分支标准委员会分别是 TC34/SC3 水果和蔬菜制品、TC34/SC9 微生物、TC34/SC12 感官分析、TC34/SC12 脱水和干制水果和蔬菜、TC34/SC14 新鲜水果和蔬菜（贝慧玲，2015）。

三、我国与浆果制品相关的法律法规

中国目前已基本形成了由国家基本法律、行政法规和部门规章构成的食品法律法规体系。中国食品安全基本法是以《中华人民共和国食品安全法》《中华人民共和国产品质量法》《中华人民共和国农产品质量安全法》为主导（刘少伟和鲁茂林，2013），同时还有一系列的法规和国家标准构成的法律体系，比较全面地保障了浆果及其加工制品的质量安全。

（一）法律

《中华人民共和国食品安全法》（2018 年修订）
《中华人民共和国食品安全法实施条例》（2016 修订）
《中华人民共和国农产品质量安全法》（2006 年）
《中华人民共和国产品质量法》（2018 年第三次修订）
《中华人民共和国进出口商品检验法》（2018 年修订）
《中华人民共和国进出口商品检验法实施条例》（2017 年修订）
《中华人民共和国国境卫生检疫法》（2018 年修订）
《中华人民共和国进出境动植物检疫法》（2009 年修订）
《中华人民共和国进出境动植物检疫法实施条例》（1997 年）
《中华人民共和国农业法》（2012 年修订）

（二）法规

《绿色食品标志管理办法》（农业部，2012）

《有机产品认证管理办法》（国家质量监督检验检疫总局，2015）

《有机产品认证实施规则》（国家认证认可监督管理委员会，2011）

《中华人民共和国产品质量认证管理条例》（国务院，2003）

《出口食品生产企业备案管理办法》（国家认证认可监督管理委员会，2017）

（三）标准

1. 强制性国家标准

GB 2758—2012《食品安全国家标准　发酵酒及其配制酒》

GB 2760—2014《食品安全国家标准　食品添加剂使用标准》

GB 2719—2018《食品安全国家标准　食醋》

GB 2761—2017《食品安全国家标准　食品中真菌毒素限量》

GB 2762—2017《食品安全国家标准　食品中污染物限量》

GB 2763—2019《食品安全国家标准　食品中农药最大残留限量》

GB 4789.1—2016《食品安全国家标准　食品微生物学检验　总则》

GB 4789.2—2016《食品安全国家标准　食品微生物学检验　菌落总数测定》

GB 4789.3—2016《食品安全国家标准　食品微生物学检验　大肠菌群计数》

GB 4789.4—2016《食品安全国家标准　食品微生物学检验　沙门氏菌检验》

GB 4789.5—2012《食品安全国家标准　食品微生物学检验　志贺氏菌检验》

GB 4789.10—2016《食品安全国家标准　食品微生物学检验　金黄色葡萄球菌检验》

GB 4789.15—2016《食品安全国家标准　食品微生物学检验　霉菌和酵母计数》

GB 4789.25—2003《食品卫生微生物学检验　酒类检验》

GB 16798—1997《食品机械安全卫生》

GB 7098—2015《食品安全国家标准　罐头食品》

GB 7101—2015《食品安全国家标准　饮料》

GB 7718—2011《食品安全国家标准　预包装食品标签通则》

GB 13432—2013《食品安全国家标准　预包装特殊膳食用食品标签》

GB 14880—2012《食品安全国家标准　食品营养强化剂使用标准》

GB 14884—2016《食品安全国家标准　蜜饯》

GB 15193.1—2014《食品安全国家标准　食品安全性毒理学评价程序》

GB 16325—2005《干果食品卫生标准》

GB 16565—2003《油炸小食品卫生标准》

GB 17405—1998《保健食品良好生产规范》

GB 19299—2015《食品安全国家标准　果冻》

GB 19883—2018《果冻》

GB 28050—2011《食品安全国家标准　预包装食品营养标签通则》

GB 31641—2016《食品安全国家标准　航空食品卫生规范》

2. 推荐性国家标准

GB/T 29602—2013《固体饮料》

GB/T 22474—2008《果酱》

GB/T 10782—2006《蜜饯通则》

GB/T 19001—2016《质量管理体系 要求》

GB/T 19000—2016《质量管理体系 基础和术语》

GB/T 19023—2003《质量管理体系 文件指南》

GB/T 19015—2008《质量管理体系 质量计划指南》

GB/T 19016—2005《质量管理体系 项目质量管理指南》

GB/T 19017—2008《质量管理体系 技术状态管理指南》

GB/T 19029—2009《质量管理体系 咨询师的选择及其服务使用的指南》

GB/T 22000—2006《食品安全管理体系 食品链中各类组织的要求》

GB/T 27302—2008《食品安全管理体系 速冻方便食品生产企业要求》

GB/T 27305—2008《食品安全管理体系 果汁和蔬菜汁类生产企业要求》

GB/T 27303—2008《食品安全管理体系 罐头食品生产企业要求》

GB/T 23787—2009《非油炸水果、蔬菜脆片》

GB/T 27053—2008《合格评定产品认证中利用组织质量管理体系的指南》

GB/T 31121—2014《果蔬汁类及其饮料》

GB/T 31273—2014《速冻水果和速冻蔬菜生产管理规范》

GB/T 31326—2014《植物饮料》

第十二章　浆果物流保鲜与加工研究方法

第一节　浆果研究课题的选择

课题的选择是开展科学研究的首要环节，是研究者的战略性决策。正如爱因斯坦所说，提出一个问题往往比解决一个问题更重要。一般，提出课题比解决课题更困难，仅提出问题不能表明科研课题的形成，只有提出有创造性价值的问题才能构成一个课题。所以，选择课题直接关系到科研成果的质量和科研工作的成败。参考关锡祥等（2009）、马沛生（2008）的研究，对浆果研究课题的选择详述如下。

一、课题选择的种类

根据研究的不同发展阶段，课题可分为基础研究、应用研究、开发研究三类（赵平和卢耀祖，1997）。

（一）基础研究

基础研究的目的在于发现新知识、探求新事物、探索自然现象和社会现象的内在联系及发展变化的规律，其是带有全局性的一般规律的科学研究，如国家自然科学基金课题。这类研究的特点是一般不以具体应用为目的、探索性强、自由度大、风险性高。

浆果物流保鲜与加工中的基础研究内容相当广泛。例如，浆果基本成分和活性物质鉴定、贮藏期间浆果病害的理论研究、加工过程中浆果特性变化机理等都属于基础研究的内容。总的来说，凡是在保鲜和加工过程中对浆果自身规律的探索性研究都可列为基础研究。

近十年来，随着科学理论不断深入，一些新的浆果保鲜理论和知识不断更新。例如，浆果贮藏期间微生物群落的对抗机理研究（何昆和罗宽，2003）为浆果保鲜方法提供了新的思路：①利用拮抗菌与病原菌在营养和空间上的竞争作用保鲜浆果；②利用微生物的寄生特性抑制贮藏期间的浆果病原菌；③利用拮抗菌代谢产物保鲜浆果；④拮抗菌作为激活子诱导浆果提高抗病能力。

利用安全有效的天然保鲜剂保鲜浆果的基础研究也是近年来的热点。对中草药提取物杀菌作用机理的研究为浆果保鲜新方法奠定了理论基础。何昆和罗宽（2003）研究指出，许多中草药对细菌有较好的抑制作用，而水萃取液的抑菌效果要优于其他萃取液的效果。另外，挥发性较强的精油对细菌的抑制作用的研究为浆果保鲜方法增加了新的理论基础。吴新等（2011）研究发现，芳樟醇、香荆芥酚、二氢枯茗醛和异硫代氰酸烯丙酯几种植物精油能够有效抑制草莓在 $5 \sim 20^{\circ}\text{C}$ 贮藏温度变化中的腐烂发生。还有学者开展了从动物源提取防腐物质应用于浆果保鲜的研究，发现壳聚糖在树莓采后保鲜运输中应用防腐效果较好，可以抑制采后失水、腐烂，钝化多酚氧化酶的酶活力等（樊爱萍等，2014）。壳聚糖最早是从虾、蟹壳中提取得到的一种多糖，抗菌作用较好，可被生物降解且具有生物相溶性，是一种无毒无害的天然环保型食品保鲜剂（夏文水和钟秋平，2006）。抗菌肽（antimicrobial peptide，AMP）是大多数生物体抵抗病原体的天然免疫防御机制的重要组成部分，具有优异的广谱抗菌性、较低的生物毒性，其独特的膜破坏杀菌机理不易诱导细菌产生耐药性（周欣宇，2018），它的出现为人们寻找天然浆果保鲜剂又开拓了一新的领域。

（二）应用研究

应用研究是指以应用为目的，针对浆果物流保鲜与加工实践中的某一具体问题进行研究，并提出解决问题的方案、方法或配方，如保鲜技术手段、加工关键问题、新产品开发等方面的研究。

这类研究的特点是采用基础研究提供的理论和成果，解决具体的问题，因此实用性强、理论和方法比较成熟、风险较低。浆果应用研究选题的范围包括浆果保鲜技术（生物类、化学类、物理类及其他）、浆果精深加工技术、浆果物流设备等，示例如下。

1. 针对浆果果汁防褐护色技术的研究

近几年，国内外研究表明，一些天然产物提取物或活性成分对浆果加工产品起到了良好的护色作用。Rein 和 Heinonen（2004）将阿魏酸、芥子酸和迷迭香酸分别加入到树莓等果汁中，观察果汁在储存期间的颜色变化，发现添加酚酸增强了储存期间果汁中花青素的颜色强度及稳定性，从而起到了保护和稳定果汁色泽的作用。Roidoung 等（2016）发现，在维生素 C 强化后的蔓越莓果汁中添加没食子酸，可以有效减缓花色苷的降解，达到护色的目的，而且没食子酸价格低廉，还能在果汁中诱导产生无热量的甜味。还有研究表明，将没食子酸与石榴皮提取物、樱桃茎提取物和绿茶提取物同时加入到酸樱桃浓缩汁中，减缓了果汁中花色苷的降解，且延缓果汁色泽退变的同时还降低了浊度（Navruz et al.，2016）。以上天然物质的使用更加安全、环保，但其辅色机理及与传统护色技术的结合等问题仍需进一步探索和研究（封晓茹等，2018）。

2. 针对浆果破碎榨汁技术的研究

现有研究表明，利用酶解技术辅助榨汁可以得到出汁率高、渣滓少的果汁（房子舒等，2013），该技术通过酶制剂的添加以破坏浆果果浆内部的细胞结构，从而提高原料浸出率。Heffels 等（2016）分别使用 6 种具有多聚半乳糖醛酸酶活性、果胶裂解酶活性及纤维素酶活性的商业酶制剂对蓝莓果汁进行处理，发现较低的酶剂量（0.5nKat/g）对果汁产量几乎无影响，而较高的酶剂量（10nKat/g）均可使果汁出汁率提高 10%以上，且不同种类酶制剂的效果会有一定的差别。在未来，酶解技术中酶制剂的选择、使用条件及与传统加工工序的结合是需要加强研究的方向。

3. 针对浆果加工澄清技术的研究

浆果果汁在加工过程中，果肉纤维、果胶及酚类物质极易引起沉淀和混浊，影响果汁的外观和品质。果汁澄清一般有加入澄清剂法、酶解法、超滤法等。目前常用的果汁澄清剂主要有明胶、硅藻土、膨润土、聚乙烯吡咯烷酮（PVP）等，以上物质通过与果汁中的多酚及蛋白质非特异性的结合形成胶体絮凝物来发挥作用，但通常反应缓慢，且处理不当会造成一定危害（Pinelo et al.，2010）。酶解法是一种更为安全有效的澄清方法，Wang 等（2010）使用含有果胶酶、纤维素酶及花青素酶的商业联合酶制剂对黑莓果汁进行处理，选择透光率和浊度来评判果汁澄清度，结果显示，经酶制剂处理的果汁与未经处理的果汁相比，澄清度大大提高，且花青素、多酚等生物活性物质成分含量显著提升。超滤技术可以利用超滤膜去除果汁中的果胶、纤维素、蛋白质、细菌等来达到澄清的目的。实验表明，超滤技术不仅可以去除原果汁中的悬浮固体，还能保留果汁中的营养成分，但该技术在浆果果汁生产中鲜有应用，未来将具有一定的发展潜力（Quist-Jensen et al.，2016）。

4. 针对浆果加工杀菌技术的研究

近年来，以超声波、超高压等为代表的非热杀菌技术在果汁加工中的应用成为研究热点，在浆果果汁加工方面也有一定的进展。Mohideen 等（2015）在 25℃下，以频率为 20kHz 的超声波对蓝莓果汁进行连续处理，结果发现，果汁中的大肠杆菌、酵母、霉菌等微生物能被有效灭活，这可能是因为超声波诱导产生空化效应导致细胞壁破裂及DNA 损伤（Khandpur and Gogate，2016），而果汁中花青素含量、色泽等没有发生显著变化。Błaszczak 等（2016）的研究表明，对蓝莓、花楸等浆果果汁进行超高压处理时，400MPa 压力条件下即可达到商业无菌，处理前后果汁品质无明显变化，且花青素、维生素 C 等营养成分得到有效保留。其作用机理如下：超高压处理是物理过程，在此过程中产生机械作用，使细胞内蛋白质变性、主要酶失活、细胞膜通透性改变，细胞结构和功能发生不可逆的变化，最终导致细胞失活或死亡，而小分子色素、氨基酸、维生素等几乎不受影响。Jin 等（2017）用高压脉冲电场处理蓝莓果汁，发现该技术通过引发细胞膜电穿孔或电渗透而破裂，从而对果汁中的大肠杆菌、李斯特氏菌等致病菌起到一定的杀灭作用，同时还能增加酚类物质等的含量。Kovačević 等（2016a，2016b）发现，等离子体作为一种新的非热加工技术，除了能够用于食品杀菌（Liao et al.，2017），还可以显著提高花楸等浆果果汁中多酚等的含量。

（三）开发研究

开发研究是指以物质化研究为目的，运用基础研究和应用研究的成果，研制出产品性物质，或对生产环节进行技术工艺改进的创造性研究，如浆果保鲜剂开发研究、浆果加工产品研制及浆果加工仪器和设备的研究等。下面以蓝莓为例介绍关于蓝莓新产品的开发研究。

1. 蓝莓复合保健饮料

邓怡等（2015）以蓝莓为主要原料，添加黄精、山药、葛根、枸杞等辅料，研制出了一种具有益肾功效的蓝莓复合保健饮料，配方为 12%蓝莓汁、7%白砂糖、0.1%柠檬酸、0.1%黄精、0.25%山药、0.1%葛根、0.05%枸杞，该产品营养丰富、风味独特，还具有一定的益肾功效。陈宏毅（2009）研制的多功能蓝莓保健茶的最佳配方为每 100g 水中蓝莓叶粉末用量 0.65～1g、蓝莓果实用量 0.2～0.33g、干燥蓝莓花 1～2 瓣，制得的饮料呈紫红色，有浓厚的蓝莓果酸甜感、蓝莓叶清爽感和蓝莓花清香味，符合现代人对保健饮料天然、安全、健康和美味的要求。

2. 蓝莓清汁饮料

陶伯旭（2013）研究了蓝莓清汁的加工工艺条件，采用 0.3%的果胶酶于 40℃下酶解 2.5h 来制备蓝莓汁，再用壳聚糖澄清处理，处理条件：壳聚糖 0.7g/L、温度 50℃、时间 1.5h，在此条件下蓝莓汁透光率高达 89.8%，经调配杀菌后蓝莓汁总糖含量为 13.8g/L、可溶性固形物含量为 9°Brix、总酸含量为 2.91g/L、花色苷含量为 68.4mg/L、多酚含量为 37.8g/L。该产品具有蓝莓特有的香气，色泽暗红，澄清透明，是一种优质饮料。

3. 蓝莓果肉饮料

蓝莓果肉饮料不仅口感醇厚、味道酸甜可口，而且极大地保留了蓝莓原果的天然营养成分。包怡红和王文琼（2011）研究了蓝莓果肉饮料的最佳制作工艺：果汁 200mL、糖度 10°Brix、柠檬酸 0.06%，苹果酸 0.06%，均质压力 25MPa，杀菌条件为 90～100℃处理 10min。试验所得产品口感细腻、酸甜适宜，是集营养、保健功能于一体的饮料。张亚红（2008）对蓝莓果肉饮料的稳定性进行了研究，发现采用 0.15%羧甲基纤维素钠（CMC-Na）、0.4%海藻酸丙二醇酯及 0.2%黄原胶组成的复合稳定剂能较好地保持产品的稳定性。

以上三类研究虽然选题不同，但在科研实践中却有密切联系，基础研究为应用研究和开发研究提供理论支撑，而应用研究为基础研究提供素材和思路，开发研究又是应用研究的拓展和延伸，同时又为基础研究和应用研究提供了资金。前两类研究以社会效益为主，而开发研究则更注重经济效益。

二、课题选择的指导原则

（一）需要性（必要性）原则：选题要有价值和意义

需要性原则是指课题选择应面向社会需要和科学理论发展需要。

因此，选题的方向必须从国家经济建设和社会发展的需要出发，优先选择那些关系到国计民生的需解决的关键课题，同时也必须考虑到科学技术发展过程中迫切需要解决的问题，才能体现选题的社会意义和学术意义。

例如，开展浆果物流保鲜与加工的研究是从经济发展和人民需求出发，为了解决浆果难贮运的特性与人民物质需求的矛盾。因为浆果流通难度很大，造成物流成本和物流损耗都十分惊人，所以使得这类水果大部分只能新鲜销售，鲜销市场不够广阔，果农收益不高，或者造成滞销。也有提早采摘的办法，在浆果还只有七八成熟、果肉较硬的时候就采摘下来，销往外地市场。这种方法在一定程度上降低了浆果在贮运过程中的损耗，但提早采摘无疑大大破坏了水果的风味和品质，降低了其受欢迎程度。从以上存在的矛盾来看，开展浆果保鲜与加工技术研究和推广课题是解决浆果产业发展及保障果农利益的迫切需求。

（二）科学性原则：遵循科学真理与科学规范

科学性原则是指选题的依据与设计理论是科学的，必须以一定的科学理论和科学事实作为依据，按客观规律办事。为了保证选题依据的科学性必须做到：①选题时要以辩证唯物主义为指导思想，与客观规律相一致；②以事实为依据，从实际出发，实事求是；③正确处理继承与发展的关系，选题不能与已确认的基本科学规律和理论相矛盾；④充分反映研究者思路的清晰度与深刻度。选题应尽可能具体、明确。

例如，开展浆果低温气调贮藏保鲜技术开发时，首先需以浆果的基本生物学特性为选题依据：在不同贮藏温度下浆果呼吸代谢具有一定差异，在 0℃时树莓呼吸速率为 18～25mg CO_2/(kg·h)、黑莓为 18～20mg CO_2/(kg·h)，在 10℃时树莓呼吸速率为 28～55mg CO_2/(kg·h)、黑莓为 62mg CO_2/(kg·h)，在 15～16℃时树莓呼吸速率为 82～101mg CO_2/(kg·h)、黑莓为 75mg CO_2/(kg·h)（Aghdam et al., 2013）。根据这些客观存在的差异可以开展最适低温气调贮藏保鲜技术课题研究，开发出适宜低温的浆果气调保鲜方法。此外，低温贮藏的浆果对低温的耐受能力增强，能抑制耐高温病原菌的生长，但不适宜的低温会影响贮藏寿命、丧失商品性及食用价值，造成冷害或冻害，因此可以按不同浆果的习性进行低温贮藏抑菌、冷害防控等保鲜相关课题的研究。

（三）创新性原则：思想解放与观念创新

创新性是科研的灵魂。衡量课题的先进性，主要考核它的创新性如何。选题创新性的一般来源：①所选的课题是前人或他人尚未涉足的；②以往虽然有人对某一课题做过研究，但现在提出新问题、新实验依据及新的理论，促使该课题有新的发展、补充或修正；③国外已有人研究，但尚需结合我国实际进行探索，属于填补国内该领域的空白。

例如，在浆果加工技术中非热灭菌是解决浆果产品的微生物稳定性、保留浓郁风味和营养物质的最好的技术方法之一。这一研究领域的兴起是源于人类对食物品质的更高要求，是在科学发展基础上的创新。当前，非热灭菌技术中最先进、最有效的是高压（high pressure processing，HPP）技术，该创新技术是利用 400～800MPa 的较高压力，在 0～25℃条件下，在 5s 到 10min 内对浆果产品进行快速的灭菌（Tadapaneni et al., 2014）。在高压状态下，微生物的形态结构、生物化学反应、基因机制及细胞壁膜发生多方面的变化，从而影响微生物原有的生理活性机能，甚至使其原有的功能破坏或发生不可逆变化而死亡，从而达到灭菌的目的。

（四）可行性原则：主观努力与客观现实

选题应认真考虑从事科学研究的整体能力。在客观条件方面，要考虑科研经费、实验设备、原材料供应、图书情报资料、期限要求及国家政策、学术交流等外部环境条件；

在主观条件方面，要分析科研队伍的结构、各种人才的配置、研究者的素质和能力及对课题的兴趣等因素。

开展浆果课题研究要按照选题详细分析、阐述各项客观现实条件，明确现有的条件能否满足课题开展的需求。只有做好可行性分析才能最大限度地保证课题的开展和完成。

（五）最优化原则：实用性与效益

不论是科研机构还是企业或个人，在做科研计划的时候要从总体上考虑效益，实现选题总体上的最优化。实现选题的最优化与高效，要制定有计划的研究方案。

三、课题选择的程序

（一）文献检索

初始意念往往是研究者的一个粗浅和局限的认识，它是否具有创新性，在这个方向上前人或其他人是否曾做过研究，如何把初始意念深化，进而建立科学假说，这些问题必须通过查阅文献来解决。查阅文献、收集信息是选题的重要环节，而且贯穿于课题研究的全过程。

案例：《草莓采后全程冷链保鲜技术研究》（严灿，2016）课题首先提出了研究方向，明确了研究目的。接下来就需要围绕与课题相关的研究内容和课题中的关键词，查阅大量文献来建立研究方案。该课题中列出中文和英文文献86篇，实际上作者收集查阅的文献信息应该更多。通过对文献的查阅、归纳、整理、吸收，课题组对研究内容做出了一个总体概述，形成引言部分，如下所示。

（二）建立假说

围绕初始意念，经过文献检索后，在理论上对所研究的问题进行合理而充分的解释，这种确立有待证实的理论认识的过程就称为建立假说。建立科学假说是选题的核心与灵魂，假说的正确与否从根本上决定科研工作的成败，假说水平的高低决定科研成果水平的高低。

科学假说的建立一般要符合如下原则：①要符合自然科学的基本原理；②基于以往的科学资料；③具有个人的初步实践经验体会；④可被重复验证。

问题一经提出，就应当进行小范围内的现场调查或实验室研究（预试验），再次查阅文献与有关资料，关注他人是如何建立其假说、确立技术路线、设计新的试验方法、根据试验结果修正或推翻原有假说的，进一步提出和完善新的假说。

（三）确定方案

确定方案即选择实验方案，包括选择处理因素、受试对象和效应指标，以便证实假说的正确与否。

仍以《草莓采后全程冷链保鲜技术研究》（严灿，2016）课题为例，通过充分认识草莓贮运、销售等环节所研究的问题，进一步完善实验方案，具体提出了不同温度对草莓呼吸强度及品质影响的研究、草莓采后预冷方式的研究、不同贮藏方式对草莓品质的影响、模拟草莓运输环节的研究、草莓销售环节的研究、草莓家庭保鲜的研究等（案例如下），从这 6 个方面的研究较为全面地覆盖了草莓采后冷链保鲜技术。针对每一方面设计了具体的实验方案。

（四）利用互联网新技术帮助选题

　　例如，利用 PubReMiner 进行科研初步选题，从浆果基础研究存在的问题中或者从浆果物流保鲜生产实际中确定具体的研究方向和关键词，在 PubMed 中进行粗略的搜索，查看当前国际研究成果和进展，下载与研究相关的文献，然后在 PubReMiner 中进行分析，PubReMiner 会对检索结果进行筛选，最后以表格的形式展示出来，包括 [Year][Journal][Author][Word][Mesh][Substance] 和 [Publication Type] 这几项。通过对相似文献的整理，帮助研究者逐步缩小和确定与自己选题相关的研究内容，找到研究的切入点。

第二节　浆果科技文献

　　文献是指记录知识和信息的一切载体（图书馆·情报与文献学名词，2017 年）。科技文献（scientific and technical literature）是指记录科学技术知识或信息的一切载体。浆果科技文献就是与浆果学科相关的所有文献。

一、科技文献的要素和形式

（一）科技文献的四要素

知识、信息内容：这是文献的核心，是文献所表达的思想意识、知识信息的含义和内容。

信息符号：是揭示和表达知识、信息内容的标识符号，是物化和标识文献信息内容的工具，如文字、图形、声频、视频等。

载体材料：承载文献信息的符号，是信息内容有所依附并便于传播交流的物质材料。载体材料一般可分为纸型和非纸型两大类。

（二）文献的形式

按出版形式，文献可分为科技图书、科技期刊、专利文献、会议文献、科技报告、政府出版物、学位论文、标准文献、产品资料和其他文献。

按写作目的，文献可分为学术论文、技术论文、学位论文。

按方式内容，文献可分为实验研究、理论推导、理论分析、设计计算、专题论述、综合论述。

二、如何选择并获取高水平科技文献

互联网与信息科技的高速发展，我们可以有各种途径获取到海量的科技文献。那么选择文献阅读也是一门技巧。

我们可以通过以下原则选择文献：①选择著名学者或高产学者；②选择里程碑式的文献或文献综述，高引用率的文献；③从高质量的期刊中选择文献；④年份由近及远。

我们可以按照以下几个途径选择、获取文献：①利用国内学术联机服务系统搜索引擎、常见文献检索平台，如中国知网（CNKI）、万方数据资源系统、维普网、国家科技图书文献中心、百度学术等；②利用国际开放文献检索平台和数据库，如利用 EndNote 筛查文献质量、利用 PubMed Filters 筛查文献质量、利用 PubReMiner 汇总分析 PubMed 查询结果提高查询效率、导出参考文献至 EndNote；③找出共同引文和学术专家，从文献共同的引文和引文多次出现的作者找到高水平文献与专家。搜索查询这些专家及团队最新的研究成果和发表的文章，帮助确定本领域内最前沿的研究内容，也可以从学术会议或者作者主页上查看专家的研究进展。

三、阅读与学习科技文献的方法

（一）快速阅读

1）认真地阅读题目、摘要和前言。

2）阅读各章节的小标题，不用看内容。

3）快速浏览方法部分，以了解该研究的理论基础。

4）大致了解结论部分。

5）浏览一下参考文献，快速剔除已读过的文献。

经过上述 5 步，可以回答下述的"5C"问题：Category（研究类型）——这篇文献的研究是什么类型？是综述还是研究报告？是基础研究还是应用研究？是前瞻性研究还是回顾性研究？Context（研究背景）——本研究的理论基础是什么？本文和其他哪些研究论文相关？Correctness（准确性）——本文的假设是否准确有效？Contribution（创新性）——本文的主要创新点是什么？Clarity（清晰性）——本文写得是否有条理、逻辑有无问题、文笔如何？根据以上信息，确定对自己的研究内容是否有帮助，选择是否进一步阅读。

（二）精读

认真阅读图表：图表的坐标是否标记得当、结果描述有无错误、统计学有无显著性差异等，这些细节问题也是区别文献优良的一种重要标志。

标记出未读过的参考文献，这样可以得到论文更多的研究背景信息。阅读背景资料之后再重新回顾，进入评估。这一步相当关键。与文献作者换位，若自己进行该项研究该怎么做。通过比较自己的回顾和实际的论文，你不仅可以容易地确定论文的创新点，还可以找出论文的不足之处。这一阶段尤其需要注意细节，应该对作者的每项陈述进行确认和提出疑问，甚至需要考虑自己如何呈现论文的中心思想。这种想象和实际的比较可以深刻地理解论文的方法与采用的证据，从而把这种方法用于自己所进行的研究中。思考的过程中用笔记录下想法。

上述方法整理自 Keshav（2007）。

第三节　项目论证报告

项目论证报告也可称作项目可行性分析，是通过对项目的主要内容和配套条件等方面进行调查研究与分析比较，并对项目实施以后可能取得的科技成果、经济效益及社会环境影响进行预测，为项目决策提供依据的一种综合性的系统分析方法。可行性分析报告应具有预见性、公正性、可靠性、科学性的特点。项目论证报告一般按照项目下达方的规定及要求编写。项目论证报告的基本格式大体如下，但不拘泥于此。

一、项目的必要性

（一）目的意义

（二）国内外同类产品和技术情况

（三）市场预测和发展趋势

二、项目的研发内容、方法及效益

（一）具体研究开发内容和重点解决的技术关键问题

（二）项目的特色和创新之处

（三）要达到的技术、经济指标及社会、经济效益

（四）采用的方法、技术路线或工艺流程

（五）对环境的影响及预防治理方案

三、承担单位的工作基础和条件

（一）承担单位概况（人员、资产、业务与管理状况）

（二）本项目现有的研究工作基础（包括现有科研装备条件）

（三）以往承担项目完成情况及主要成果（近五年内）

1）承担国家省部级有关课题完成情况（立项年度、项目编号、项目名称、计划类型、完成时间、投资规模、完成效果）。

2）以往科技成果转化情况（技术成果名称、实施单位、实施地点、实施时间、实施效果等）。

3）项目获奖及已发表的与本课题研究有关的主要论文、专著情况（年度刊物等说明）。

四、项目各参加单位的工作分工及经费预算

五、项目阶段的进度安排

第四节　试　验　设　计

浆果物流保鲜与加工方法的研究领域属于自然科学中生物学、农学、物理学、化学等门类相互交叉且高度综合的学科。其研究过程是以试验为基础，在人为设定或人工控制的条件下，运用相关的仪器设备，观察、研究其内在本质和变化规律，从而获得生产加工中所需的真理和经验。

试验是获取经验事实和检验科学假说、理论真理性的重要途径。参照迟全勃（2015）、傅珏生等（2009）、林作新（2009）、张仲欣和杜双奎（2011）的报道，浆果物流保鲜与加工相关试验设计详述如下。

一、试验设计的基本原则

试验设计的方法和作用见图 12-1。

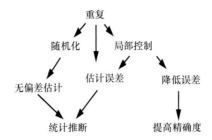

图 12-1　试验设计的方法和作用

（一）重复试验

1）每一个处理都独立施用于数个试验单元，即同一试验点的多次重复。

2）得到一个试验误差估计；得到更精确的参数估计，可以降低偶然误差。试验方差（标准差）反映的是数据的离散程度。

$$\sigma=\sqrt{\frac{\sum(x_i-\overline{x})^2}{N}}\quad(i=1,2,3,\cdots,N)\qquad(12\text{-}1)$$

$$S^2=\frac{\sum(x_i-\overline{x})^2}{N-1}\quad(i=1,2,3,\cdots,N)\qquad(12\text{-}2)$$

$$S=\sqrt{\frac{\sum x_i^2-N\overline{x}^2}{N-1}}\quad(i=1,2,3,\cdots,N)\qquad(12\text{-}3)$$

式中，σ 表示总体标准差；S^2 表示样本方差；S 表示样本标准差；x_i 表示变量值；N 表示样本个数；$\overline{x}$ 表示变量平均值。

3）重复试验次数愈多，上述两项估计就愈可信。但试验成本也随之增加，故试验设计要求根据实际情况在两者间取得平衡。

4）重复试验与重复测量不同。

（二）随机化

随机化可使各试验结果相互独立，对实验人员尚未意识到的不可控因子的影响可以得到削弱。

试验方案设计完成后，试验顺序是随机的，但各因素水平的组合是不能变的。因此，可根据各因素试验水平改变的难易程度，合理安排试验顺序。对具有破坏性或不可恢复的因素水平要优先安排试验，其次考虑改变较难的试验水平，然后再考虑改变较容易的试验水平，改变次数多一些也无关紧要。

（三）区组化

区组化是用于减少或消除讨厌因子（可控因子、不可控因子、噪声因子）带来的变异。分区组的目的是为了把区组的差异估计出来，从而把区组对试验结果的干扰排除或减少到最低限度。

（四）试验对照

试验对照包括空白对照、试验条件对照、标准对照、相互对照、自身对照等。

二、试验方案的制定

试验方案是根据试验目的和试验要求制定的进行比较的试验处理的总称，是整个试验工作的核心。因此，要经过周密的考虑和讨论，慎重制定。其主要包括试验因素的选择、水平的确定等内容。

试验方案按试验因素的多少可分为三类：单因素试验方案、多因素试验方案和综合性试验方案。

（一）单因素试验方案

单因素试验是指在整个试验中只比较一个试验因素的不同水平，其他作为试验条件的因素均严格控制一致的试验。这是一种最基本、最简单的试验方案。

例如，某试验因素 A 在一定试验条件下，分 3 个水平 A1、A2、A3，每个水平重复 5 次进行试验，就构成了一个重复 5 次的单因素 3 水平试验方案。

（二）多因素试验方案

多因素试验是指一个试验中包含两个或两个以上的试验因素，各因素又分为不同水平，其他试验条件均严格控制一致的试验。多因素试验方案由所有试验因素的水平组合构成，安排时有完全试验方案和不完全试验方案两种。

完全试验方案是多因素试验中最简单的一种方案，处理数等于各试验因素水平数的乘积。例如，有 A、B 两个试验因素，各取 3 个水平，即 A1、A2、A3 和 B1、B2、B3，全部水平组合为 3 × 3 = 9 个，如果每个处理重复两次试验，那么 3 × 3 × 2 = 18 次，这就构成了一个重复 2 次的 2 因素 3 水平完全试验方案。

不完全试验方案是在全部水平组合中挑选部分有代表性的方案。多因素试验的目的一般在于选出一个或几个最优水平组合。"正交试验"就是典型的不完全试验。

（三）综合性试验方案

综合性试验是一种多因素试验。这种试验方案的目的是探讨一系列供试因素某些水平组合的综合作用，而不在于检测因素的单独作用和相互作用。单因素试验和多因素试验是分析性的试验；而综合性试验则是在对起主导作用的那些因素及其相互关系基本明确的基础上设置的试验。其水平组合是一系列经过实践初步证实的优良水平的配套。

三、正交试验设计及案例分析

在研究浆果物流保鲜与加工技术的课题中，往往需要同时考察 3 个或 3 个以上的试验因素，这就需要用到正交试验。正交试验设计就是安排多因素试验、寻求最优水平组合的一种高效率试验设计方法。

例如，要考察增稠剂用量、pH 和杀菌温度对浆果乳酸发酵饮料稳定性的影响，每个因素设置 3 个水平进行试验。

A 因素是增稠剂用量，设 A1、A2、A3 三个水平；B 因素是 pH，设 B1、B2、B3 三个水平；C 因素为杀菌温度，设 C1、C2、C3 三个水平。这是一个三因素三水平的试验，各因素水平之间的全部可能组合有 27 个。

全面试验：可以分析各因素的效应、交互作用，也可选出最优水平组合。但全面试验包含的水平组合数较多，工作量大，在有些情况下无法完成。

若试验的主要目的是寻求最优水平组合，则可利用正交表来设计安排试验。

正交试验方案设计程序如图 12-2 所示。

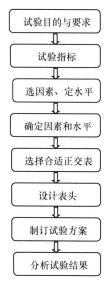

图 12-2　正交试验设计程序图

实例：为提高桑椹出汁率，拟通过正交试验来研究酶法液化工艺制造桑椹汁的最佳条件（许雪莹等，2012）。

（一）明确试验目的，确定试验指标

对本试验而言，试验目的是为了提高桑椹原料的利用率，所以可用出汁率（出汁率 = [（果肉重量－液化后残渣重量）/ 果肉重量] × 100%）为试验指标，来评价液化工艺条件的好坏。出汁率越高，桑椹原料利用率就越高。

（二）选因素、定水平，列因素水平表

根据试验目的，从影响试验指标的诸多因素中，通过因果分析筛选出需要考察的试验因素。试验因素选定后，根据所掌握的信息资料和相关知识，确定每个因素的水平，一般以 2～4 个水平为宜。对主要考察的试验因素，可以多取水平，但不宜过多（≤6），否则试验组合数会骤增。因素的水平间距应根据专业知识和已有的资料，尽可能地把水平值取在理想区域。

对本试验进行分析，影响出汁率的因素很多，如品种、果肉的破碎度、果胶酶种类、酶质量分数、酶解温度、酶解时间等。经全面考虑，最后确定酶质量分数、酶解时间、酶解温度和酶解 pH 为本试验的试验因素，分别记作 A、B、C 和 D，进行四个因素正交试验，各因素均取 3 个水平，因素–水平表如表 12-1 所示。

表 12-1　桑椹出汁率试验因素–水平表

水平	试验因素			
	酶质量分数（%）	酶解时间（t/h）	酶解温度（℃）	酶解 pH
1	0.02	2.0	45	3.0
2	0.04	2.5	50	3.5
3	0.06	3.0	55	4.3

（三）选择合适的正交表

正交表的选择是正交试验设计的首要问题。确定因素及水平后，根据因素、水平及需要考察的交互作用的大小来选择合适的正交表。正交表的选择原则是在能够安排下试验因素和交互作用的前提下，尽可能地选用较小的正交表，以减少试验次数。

一般情况下，试验因素的水平数应等于正交表中的水平数；因素个数（包括交互作用）应不大于正交表的列数；各因素及交互作用的自由度之和要小于所选正交表的总自由度，以便估计试验误差（图 12-3）。若各因素及交互作用的自由度之和等于所选正交表的总自由度，则可采用有重复的正交试验来估计试验误差。

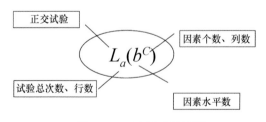

图 12-3　正交试验设计图

此例有 4 个 3 水平因素，可以选用 $L_9(3^4)$ 或 $L_{27}(3^{13})$ 正交表；本试验考察 4 个因素对出汁率的影响效果，故宜选用 $L_9(3^4)$ 正交表。若要考察交互作用，则应选用 $L_{27}(3^{13})$ 正交表。

（四）表头设计

所谓表头设计，就是把试验因素和要考察的交互作用分别安排到正交表的各列中的过程。在不考察交互作用时，各因素可随机安排在各列上；若考察交互作用，就应按所选正交表的交互作用列表安排各因素与交互作用，以防止设计"混杂"。

此例不考察交互作用，可将酶质量分数（A）、酶解温度（B）、酶解时间（C）、pH（D）依次安排在 $L_9(3^4)$ 的第 1、2、3、4 列上，如表 12-2 所示。

表 12-2　正交试验方案表

试验号	因素				水平组合
	A	B	C	D	
1	1	1	1	1	A1B1C1D1
2	1	2	2	2	A1B2C2D2
3	1	3	3	3	A1B3C3D3
4	2	1	2	3	A2B1C2D3
5	2	2	3	1	A2B2C3D1
6	2	3	1	2	A2B3C1D2
7	3	1	3	2	A3B1C3D2
8	3	2	1	3	A3B2C1D3
9	3	3	2	1	A3B3C2D1

（五）编制试验方案，按方案进行试验，记录试验结果

把正交表中安排各因素的列中的每个水平数字换成该因素的实际水平值，便形成了正交试验方案，如表 12-3 所示。

根据表 12-3 可知，最优的桑椹制汁工艺条件：酶质量分数 0.04%，酶解温度 55℃，酶解 pH 3.5，酶解时间 3h。同时，根据 R 值可知，各因素对出汁率的影响程度如下：酶质量分数＞酶解 pH＞酶解温度＞酶解时间。

表 12-3　桑椹制汁正交试验结果与分析

试验号	酶质量分数（%）	酶解时间（h）	酶解温度（℃）	酶解 pH	出汁率（%）
1	0.02	2.5	55	3.0	62.5
2	0.04	2.0	45	3.0	68.1
3	0.06	3.0	50	3.0	66.6
4	0.02	2.0	50	3.5	62.5
5	0.04	3.0	55	3.5	69.4
6	0.06	2.5	45	3.5	68.5
7	0.02	3.0	45	4.3	62.1
8	0.04	2.5	50	4.3	66.3
9	0.06	2.0	55	4.3	65.5
K1	62.37	65.73	66.23	65.37	
K2	67.93	66.80	65.13	65.77	
K3	66.87	64.63	65.80	66.03	
R	5.57	2.17	1.10	0.67	

注：K1 值是在每个因素下对应水平为 1 的试验结果和的平均值；K2 是在每个因素下对应水平为 2 的试验结果和的平均值；K3 值是在每个因素下对应水平为 3 的试验结果和的平均值；R 表示每个因素下 K 的最大值与最小值的差值

第五节　样品的采集、保存、制备与保留

参照陈俊水（2015）、陆叙元和张俐勤（2012）、孙汉巨（2016）、孙军等（2016）、中华人民共和国卫生部和中国国家标准化管理委员会（2003）、庄稼和迟燕华（1998）的相关研究和规定，浆果样品的采集、保存与制备详述如下。

一、样品的采集

（一）正确采样的意义

浆果采样的主要目的是鉴定其营养价值和卫生质量，包括食品中营养成分的种类、含量及掺杂成分、有害元素等；浆果及其加工产品的原料、添加剂、设备、容器、包装材料中是否存在有毒有害物质及其种类、性质、来源、含量、危害等。从被检测的对象中，按照规定的方法及使用适当的工具，采取一定数量的能够代表整体质量的供分析检验用的部分，称为样品。采取样品的过程称为采样、扦样、取样或抽样。样品可分为检样、原始样品、平均样品或试验样品（试样）。检样是指按规定的方法，使用适当的工具，从整批被检对象的各部分采取的少量被检对象。将许多份按规定所取的质量相同的检样混合在一起，称为原始样品。由于各检样之间可能不均匀，原始样品要按照规定方法混合均匀，再从这均匀的原始样品中按规定方法分出一部分样品，这部分样品称为平均样品。平均样品经混合分样，根据需要从中称取一部分用于分析测定的样品称作试验样品。采样的过程便是检样→原始样品→平均样品→试样的过程。不同质量的检样单独作为原始样品、平均样品、试样，单独进行分析。在浆果分析工作中，常通过极少量试样样本所测定的数据来判断待测样品的总结果，如判断产品质量是否合格，或判断产品工艺是否成熟等。这就要求被分析的样品必须均匀、具有代表性，保证试样样本的化学组成及含量与总体物料的平均值密切一致；否则，工作人员技术水平再高、检测设备再先进、所分析的结果再准确也毫无意义。因此，试样在采集过程中必须保证均匀性，注意存在状态及在采集、处理和贮藏过程中可能发生的变化，并采取妥善的保护措施。采样不正确可能造成巨大的损失，也可能导致有危险的浆果及其加工产品进入市场，危害人们的身体健康。

（二）采样的原则

1. 代表性

在大多数情况下，待鉴定浆果不可能全部进行检测，而只能通过抽样检测来推断该浆果总体的营养价值或卫生质量。因此，所采的样品应能够较好地代表待鉴定浆果各方面的保鲜及加工特性（如浆果单果质量、果实横径、果色、口感、可溶性固形物含量、维生素 C 含量等），避免其结果难以反映总体的情况，导致错误的判断和结论。

2. 真实性

采样人员应亲临现场采样，以防止在采样过程中的作假或伪造样品。所有采样用具

都应清洁、干燥、无异味、无污染。应尽量避免使用可能对样品造成污染或影响检验结果的采样工具和采样容器。

3. 准确性

性质不同的浆果品种必须分开包装，并应视为来自不同的总体；采样方法应符合要求，采样数量应满足检验及留样的需要；可根据感官性状进行分类或分档采样；采样记录务必清楚地填写在采样单上，并紧附于样品。

4. 及时性

采样应及时，采样后也应及时送检。尤其是检测浆果中水分、微生物等易受环境因素影响的指标，或浆果中含有挥发性物质或易分解破坏的物质（如浆果中花色苷等多酚类物质及香气成分）时，应及时赴现场采样并尽可能地缩短从采样到送检的时间。

（三）采样工具和容器

1. 采样工具

常用的一般工具包括钳子、螺丝刀、小刀、剪刀、镊子、罐头瓶及瓶盖开启器、手电筒、蜡笔、圆珠笔、胶布、记录本、照相机等。

专用工具：如长柄勺，适用于浆果饮料、浆果果酒等散装液体样品采集；玻璃或金属采样器，适用于深型桶装液体食品采样；金属探管和金属探子，适用于采集袋装的颗粒或粉末状食品（如浆果粉）；采样铲，适用于散装或袋装的较大颗粒食品（如浆果果脯、浆果果干）；长柄匙或半圆形金属管，适用于较小包装的半固体样品采集；电钻、小斧、凿子等可用于已冻结的浆果样品（如冷藏状态下的浆果鲜果）；搅拌器，适用于桶装液体样品的搅拌。

2. 盛样容器

盛装浆果的容器应密封，内壁光滑、清洁、干燥，不含有待鉴定物质及干扰物质。容器及其盖、塞应不影响浆果的气味、风味、pH 及食物成分。

盛装液体或半液体样品（如浆果饮料、浆果果酒等）常用防水防油材料制成的带塞玻璃瓶、广口瓶、塑料瓶等；盛装固体或半液体样品（如浆果果干、浆果果酱）可用广口玻璃瓶、不锈钢或铝制盒或盅、搪瓷盅、塑料袋等。

3. 采样用具、容器灭菌方法

玻璃吸管、长柄勺、长柄匙，要单个用纸包好或用布袋包好，经干燥灭菌后使用。

盛装浆果的容器需根据材质不同选择高压蒸汽或干烤灭菌消毒，装载浆果的容器可选择玻璃或塑料，可以是瓶式、试管式或袋式。容器必须完整无损，密封不漏出液体。

采样用棉拭子、规格板、生理盐水、滤纸等，均要分别用纸包好，经干烤或高压灭菌消毒后备用。一次性采样拭子和纸片需注意在保质期内使用。

镊子、剪刀、小刀等用具用前在酒精灯上灼烧消毒。

消毒好的用具和培养基等要专人妥善保管,定期更换并防止污染。

（四）采样步骤和方法

1. 采样准备

采样前应了解该批浆果的原料来源、加工方法、运输保藏条件、销售中各环节的卫生状况、生产日期、批号、规格等；明确采样目的，确定采样件数，准备采样用具，制订合理可行的采样方案。

2. 现场调查

了解并记录待鉴定食品的一般情况，如种类、数量、批号、生产日期、加工方法、贮运条件（包括起运日期）、销售卫生情况等。观察该批浆果的整体情况，包括感官性状、品质、储藏、包装情况等。进行现场感官检查的样品数量为总量的 1%～5%。有包装的浆果应检查包装物有无破损、变形、污染；未经包装的浆果要检查食品的外观，有无发霉、变质、虫害、污染等。这些食品按感官性状的不同及污染程度的轻重分别采样。

3. 采样方法

采样一般皆取可食部分。不同浆果应使用不同的采样方法。

（1）液体、半液体均匀食品（如浆果果汁、浆果果酒、浆果果酱等）

采样以一池、一缸、一桶为一个采样单位，搅拌均匀后采集一份样品；若采样单位容量过大，可按高度等距离分上、中、下三层，在四角和中央的不同部位每层各取等量样品，混合后再采样；流动液体可定时定量从输出的管口取样，混合后再采样；大包装食品，如用铝桶、铁桶、塑料桶包装的液体、半液体食品，采样前需用采样管插入容器底部，将液体吸出放入透明的玻璃容器内进行现场感官检查，然后将液体充分搅拌均匀，用长柄勺或采样管取样。

（2）固体散装食品（如浆果果实、浆果果粉等）

大量的散装固体食品可采用几何法、分区分层法采样。几何法即把一堆物品视为一种几何立体形状（如立方体、圆锥体、圆柱体等），取样时首先把整堆物品设定或想象为若干体积相等的部分，从这些部分中各取出体积相等的样品混合为初级样品。分区分层采样法即分上、中、下三层或等距离多层，在每层中心及四角分别采取等量小样，混合为初级样品。

（3）完整包装食品（如浆果罐头、浆果瓶装饮料等）

大桶、箱、缸的大包装食品按 $\sqrt{总件数}/2$ 或 $\sqrt{总件数}$ 取一定件数样品，然后打开包装，使用上述液体、半液体或固体样品的采样方法采样；袋装、瓶装、罐装的定型小包装食品（每包<500g），可按生产日期、包装、批号随机采样；水果可取一定的个数。

（4）不均匀食品

针对不均匀食品，应根据检验目的和要求，从同一部位采集小样，或从具有代表性的各个部位采取小样，然后经过充分混合得到初级样品。例如，浆果果实先用清水洗净，然后除去表面水分，按照食用习惯，取可食部分沿纵轴剖开，各取 1/4，切碎、研细、充分混匀。

（5）变质、污染的食品及食物中毒可疑食品

针对变质、污染的食品及食物中毒可疑食品可根据检验目的，结合食品感官性状、污染程度、特征等分别采样，切忌与正常食品相混。

4. 采样数量

采样数量应能反映该食品的卫生质量和满足检验项目对样品量的需要，一式 3 份，分别供检验、复验与备查或仲裁用，每份样品一般应不少于 0.5kg。同一批号的完整小包装食品，250g 以上的包装不得少于 6 个，250g 以下的包装不得少于 10 个。

5. 采样记录

做好现场采样记录，其内容包括检验项目、品名、生产日期或批号、产品数量、包装类型与规格、贮运条件及感官检查结果；还应写明采样单位和被采样单位名称、地址、电话、采样日期、容器、数量、采样时的气象条件、检验项目、标准依据及采样人等。无采样记录的样品，不应接受检验。采样后填写采样收据一式两份，由采样单位和采样人签名盖章并分别保存。还应填写送检单，内容包括样品名称、生产厂名、生产日期、检验项目、采样日期，有些样品应简要说明现场及包装情况，采样时做过何种处理等。

6. 样品运送

采好的样品应放在干燥洁净的容器内，密封、避光存放，并在尽可能短的时间内送至实验室。运送途中要防止样品漏、散、损坏、挥发、潮解、氧化分解、污染变质等。气温较高时，样品宜低温运送。送回实验室后要在适宜条件下保存。

如果送检样品经感官检查已不符合食品卫生标准或已有明显的腐败变质，可不必再做理化检验，直接判为不合格产品。

二、样品的保存

由于浆果中含有丰富的营养物质，在合适的温度、湿度条件下，微生物迅速生长繁殖，导致样品腐败变质；同时，浆果中富含易挥发、易氧化及热敏性物质。因此，浆果样品采集后应尽快进行分析，否则应密封加塞，保存在清洁、密封的容器内，必要时放在避光、低温处，但切忌使用带有橡皮垫的容器。浆果在保存过程中应注意以下 4 个方面的问题。

（一）防止污染

必须清洁盛装样品的容器和操作人员的手，不得带入污染物，且样品应密封保存；容器外贴上标签，注明浆果名称、品种、采样日期、编号、分析项目等。

（二）防止腐败变质

对具有易腐败变质特性的浆果，应采取低温冷藏的方法保存，以降低酶的活性及抑制微生物的生长繁殖。对已经腐败变质的样品，应弃去不用，重新采样分析。Lohachoompol 等（2004）发现新鲜蓝莓可在 5℃下贮存 14～21d。Reque 等（2014）发现蓝莓在–18℃下冻存 6 个月后，花色苷含量会显著下降。刘宝林等（1999）以草莓为样品进行食品冻结玻璃态保存的实验研究，结果表明，贮藏于玻璃态（–75℃）的草莓质量明显优于贮藏在一般商用温度（–29℃或–18℃）下的草莓质量。

（三）防止样品中的水分蒸发或干燥的样品吸潮

水分含量直接影响样品中各物质的浓度和组成比例。浆果是含水量多的水果，一时不能测定完的样品，可先测其水分含量后，保存烘干样品，分析结果可通过折算，换算为鲜样品中某物质的含量。

（四）固定待测成分

某些待测成分不够稳定（如维生素 C）或易挥发（如氰化物、有机磷农药），应结合分析方法，在采样时加入稳定剂，以固定待测成分。例如，将桑椹干粉碎后添加焦亚硫酸钠，稳定干粉中多酚类物质的结构，以测定总多酚、总黄酮和总花青素含量（赵红宇等，2015）。

总之，采样后应尽快分析，对不能及时分析的样品要采取适当的方法保存，在保存的过程中应避免样品受潮、风干、变质，保证样品的外观和化学组成不发生变化。一般检验后的样品还需保留一个月，以备复查；易变质的浆果及其加工产品不予保留，保存时应密封并尽量保持原状。

三、样品的制备

样品的制备是指样品分析测定前的整理、清洗、粉碎、过筛、混匀、缩分、消解、分离提取、净化、浓缩富集等步骤，使被测组分转变成可测定形式的过程。特别注意，样品在制备、预处理和保存等过程中，要尽可能地设法保持样品原有的化学组成和性质，使其不发生变化，防止并避免待测组分被污染及引入干扰物质。根据食品种类、理化性质和检测项目的不同，供测试样品往往还需要作进一步的处理，如浓缩、灰化、湿法消化、蒸馏、溶剂提取、色谱分离和化学分离等。

（一）样品制备方法

1）液体、浆体或悬浮液体（如浆果果汁、浆果饮料、浆果果酱等）：摇匀或搅拌均匀。

2）互不相溶的液体：彼此分离，分别取样。

3）固体样品（如浆果鲜果、浆果果粉、浆果果干、浆果果脯等）：采用粉碎、研磨等方式研细并混匀。

4）罐头（如浆果糖水罐头等）：捣碎后混匀。

（二）样品的预处理方法

1. 有机物破坏法

有机物破坏法是使有机物在高温或强氧化条件下被破坏，有机物分解成气态逸散，被测元素以简单的无机化合物形式释放出来。其主要用于测定金属元素和某些非金属元素（如 S、P、N 等）时的预处理。常用方法有干法灰化和湿法消化。

（1）干法灰化

干法灰化是将样品放入坩埚中，置于电炉上加热（炭化），再于高温炉中灼烧（灰化），直至残灰呈白色或浅灰色为止，所得残渣即为无机灰分。灰化温度为 500～600℃，灰化时间为 4～6h。

干法灰化的优点：有机物分解彻底，操作简单；灰分体积小，可处理较多的样品，可富集被测组分；基本不加或加入很少的试剂，空白值低。

干法灰化的缺点：所需时间长；灼烧温度高，造成易挥发元素（如 Hg、Pb）的损失；坩埚有吸留作用，使测定结果和回收率降低。

（2）湿法消化（消解法）

湿法消化是在样品中加入强氧化剂，并加热消煮，使有机物质完全分解、氧化，呈气态挥发逸出，而无机盐和金属离子留在消化液中。常用的强氧化剂有浓硝酸、浓硫酸、高氯酸、高锰酸钾、过氧化氢等。

湿法消化的优点：有机物分解速度快，所需时间短；加热温度较干法灰化低，可减少金属元素挥发逸散的损失。

湿法消化的缺点：产生大量有毒气体，需在通风橱中进行；消化初期易产生大量泡沫外溢；试剂消耗较多，必须做空白试验。

例如，利用 HNO_3-H_2O_2-HCl 硝化体系、连续提取和巯基棉富集分离，能消除样品中部分干扰离子，使蓝莓中蛋白硒的测定损失少且干扰小，结果稳定（吴瑶庆等，2011）。

2. 溶剂抽提法

溶剂抽提法是利用混合物中各组分在某种溶剂中溶解度的不同，将各组分完全或部分分离的方法。常用的溶剂有水、稀酸、稀碱、乙醇、乙醚、氯仿、丙酮、石油醚等，主要用于抽提被测物质或除去干扰物质。针对浆果及其加工产品的常用方法有浸提法、萃取法、蒸馏法、色层分离法和化学分离法。

（1）浸提法

浸提法是用适当的溶剂浸泡固体样品，抽提其中的溶质，又称为"液–固萃取法"。该法符合相似相溶原理，溶剂沸点 45～80℃，抽提组分溶解度最大，稳定性好。常用提取方法有振荡浸渍法、捣碎法、索氏提取法。该法常用于提取浆果果皮、果渣、种子中果胶类多糖、多酚类物质、色素等成分。孙莎等（2018）利用乙醇为介质，超声辅助浸提杨梅果实中的抗氧化物质。马明兰等（2016）采用热水浸提法提取桑椹粗多糖。罗章等（2011）利用柠檬酸和 95% 乙醇沉析，从杨梅渣中提取水溶性膳食纤维，并利用 5mol/L NaOH 溶液和 6mol/L HCl 溶液提取杨梅不溶性膳食纤维。邢妍等（2009）利用超声辅助有机溶剂浸提法提取树莓果胶。

（2）萃取法

萃取法是用适当的溶剂将液体样品中的被测组分（或杂质）提取出来，即"液-液萃取法"。萃取剂与液体样品的溶剂互不相溶且比重不同，被测组分在萃取剂中的溶解度大于被测组分在原溶剂中的溶解度，其他组分溶解度很小。蒸馏可使萃取剂与被测组分分开。萃取方法简单，在分液漏斗中进行 4～5 次即可。固相微萃取（solid phase micro-extraction，SPME）常被用于浆果及其加工产品（如浆果果酒、浆果果醋等）的香气成分研究。固相微萃取有 3 种基本的萃取模式：直接萃取（direct extraction SPME）、顶空萃取（headspace SPME）和膜保护萃取（membrane-protected SPME）。刘玮等（2015）利用顶空固相微萃取方法提取桑椹果酒的香气成分，结合气相色谱–质谱联用技术（GC-MS）分析不同产地桑椹酿造的果酒中的香气成分组成。

此外，超临界流体萃取（如超临界 CO_2 萃取技术）常被用于提取浆果精油。刘丽娜等（2011）运用超临界 CO_2 萃取技术提取红树莓籽精油，确定最佳萃取工艺条件为萃取温度 45℃、萃取压力 30MPa、萃取时间 80min。秦公伟等（2019）采用超临界 CO_2 萃取技术提取蓝莓果渣中的花色苷。

（3）蒸馏法（挥发分离法）

蒸馏法是利用物质的挥发性差异（即混合物中各组分挥发性不同）进行分离的方法。蒸馏法主要包括常压蒸馏、减压蒸馏和水蒸气蒸馏。浆果果酒香气成分的提取常用蒸馏法。商敬敏等（2011）采用水蒸气蒸馏法提取赤霞珠、玫瑰香和蛇龙珠葡萄浆果中的香气成分。孟宪军等（2007）采用蒸馏萃取法提取树莓叶片中的挥发油。

（4）色层分离法

色层分离法又称为层析分离法或色谱分离法，是一种在载体上进行物质分离的一系列方法的总称。根据固定相状态，分为柱层析法、纸层析法和薄层层析法；根据两相状态，分为气相色谱、液相色谱、超临界流体色谱；根据分离原理，分为吸附色谱、分配色谱和离子交换色谱。浆果多糖、浆果多酚的分离纯化常用色层分离法。例如，田仁君（2014）采用 DEAE-52 纤维素离子交换柱进行分级洗脱纯化桑椹粗多糖，再用 SephadexG-100 葡聚糖凝胶色谱柱进一步纯化得纯化桑椹多糖。浆果多酚类物质、有机酸等的鉴定主要采用 HPLC、LC-MS。例如，刘文旭（2012）利用 HPLC 和 LC-MS 技术对草莓多酚类物质的具体组成进行了分析，证实草莓中含有一系列的酚酸类物质。浆果果酒香气成分、浆果精油成分分析主要利用 GC-MS。例如，刘炎赫等（2016）采用气相质谱联用仪对蓝莓果酒香气成分进行了分析，验证出蓝莓果酒样品中具有 47 种香气成分，并明确了香气的组成部分。吴岩（2012）利用气相色谱–质谱/质谱技术（GC-MS/MS）分析浆果类食品中 106 种农药残留，该方法具有提取速度快、净化效果好、便于操作、分析时间短、检测农药数量多、准确度高等优点。

（5）化学分离法

沉淀分离法：在试样中加入适当的沉淀剂，使被测组分沉淀下来或将干扰组分沉淀下来，再经过滤或离心把沉淀和母液分开。常用沉淀剂有碱性硫酸铜、碱性乙酸铅等。例如，利用该法测定浆果饮料中的糖精钠含量、测定蛋白质氮和非蛋白质氮的含量。

皂化法和磺化法：目的是除去样品中油脂或处理油脂中其他成分。磺化法是用浓硫酸处理，主要用于有机氯类农药残留物的测定。皂化法是利用酯+碱 —→ 脂肪酸酸或盐+醇的方法，常用碱为 NaOH 或 KOH。

3. 掩蔽法

掩蔽法是向样液中加入掩蔽剂，使干扰成分改变其存在状态（即被掩蔽状态：仍在溶液中，但失去了干扰作用），从而消除其对被测组分的干扰。优点是免去了分离操作。该法主要用于测定食品中某些元素的含量。

4. 浓缩法

浓缩法的目的是提高待测组分的浓度。常压浓缩主要用于不易挥发的被测组分的浓缩，浓缩器皿包括蒸发皿、蒸馏装置、旋转蒸发器等。减压浓缩主要用于易挥发、热不稳定性组分的浓缩，浓缩器皿包括 K-D 浓缩器（水浴加热+抽气减压），浓缩速度快，被测组分损失少。朱金艳等（2017）研究了真空浓缩对蓝莓汁营养成分稳定性的影响，发现随着浓缩温度的升高，蓝莓汁的总酚、总黄酮、花色苷、维生素 C 的含量逐渐减少，而可溶性蛋白质含量、DPPH·清除率逐渐增加。陈姗姗等（2012）研究真空浓缩处理对蓝莓花色苷残留率的影响，与热处理结果比较，显示真空浓缩过程中蓝莓花色苷稳定性高。

四、样品的保留

用作检验的样品必须制成平均样品，其目的在于保证样品均匀，取任何部分都能较好地代表全部待鉴定食品的特征。应根据待鉴定食品的性质和检测要求采用不同的制备方法，需符合有关标准（如 GB 23200 系列、GB 5009 系列等）。用多点采样法获得的原始样品需要进一步粉碎、过筛、缩分制备，均匀地分出一部分，称为平均样品。平均样品再分为 3 份，1 份用于分析全部检测指标，1 份用于在分析结果有争议时进行复检，第 3 份存档供以后需要时进行备查或仲裁。

第六节　数据整理与统计分析

对每个科研工作者而言，对实验数据进行处理是在论文写作之前十分常见的工作之一。在实验研究中，对实验中所获得的数据进行正确的应用统计学方法分析与处理，可以提高研究效率，排除实验中偶然因素的干扰，用较短的时间、较少的人力物力，取得确切恰当的实验结论。参考陈立宇（2014）、韩明（2016a，2016b）的报道，浆果相关实验数据的统计处理详述如下。

一、实验数据的基本参数

实验数据的基本参数包括均数（$\bar{x}$）、标准差（SD）、标准误（S_x，SE）、例数（n）、变异系数（CV）、可信限（CL）。

（一）均数

一组测量值的均数（$\bar{x}$，arithmetic mean，样本平均数），它反映这一组数据的平均水平或集中趋势。设 $x_1, x_2, \cdots, x_n$ 为各次测量值，n 代表测量次数，则算术平均值为

$$\bar{x} = \frac{x_1 + x_2 + \cdots + x_n}{n} = \frac{\sum\limits_{i=1}^{n} x_i}{n} \tag{12-4}$$

（二）标准差

标准差（SD，standard deviation，样本标准差）是描述该组数据的离散性代表值。它是离均差平方和与自由度均数的平方根，即

$$SD = \sqrt{\frac{\sum x^2 - (\sum x)^2 / n}{n-1}} \tag{12-5}$$

式中，$\sum x^2$ 为各值的平方的总和；$\sum x$ 为各值的总和；n 为样本数。

根式内分子为离均差平方和（L），$L = \sum x^2 - (\sum x)^2 / n$。根式内值为均方（MS），均方是离差平方和与自由度（n'，df）之比。

在求得均数与标准差后，一般用均数±标准差（$\bar{x} \pm SD$）联合表示集中趋向与离散程度。当样本量足够时，可用 $x \pm 1.96SD$ 作为双侧 95% 正常参考值范围。

（三）标准误

标准误（S_x，SE，standard error，均数的标准误）是表示样本均数间变异程度的指标。

$$S_x = \frac{SD}{\sqrt{n}} = \sqrt{\frac{\sum x^2 - (\sum x)^2 / n}{n(n-1)}} \tag{12-6}$$

式中，SD 为标准差。

（四）变异系数

当两组数据单位不同或两个均数相差较大时，不能直接用标准差比较其变异程度的大小，这时可用变异系数（CV）作比较。

$$CV = \frac{SD}{\bar{x}} \tag{12-7}$$

式中，SD 为标准差；$\bar{x}$ 为样本均数。

CV 可用小数或百分数表示，是一种相对离散度，既能反映实验数据的离散程度（SD），又能代表集中趋向的正确程度（$\bar{x}$）。CV 越小，表示数据的离散程度越小，均数代表集中趋向的正确性越好。

（五）可信限

可信限（CL）用来衡量实验结果的精密度，即均数的可信程度，从某实验所得部分动物实测值参数推算总体（全部动物）均数范围。

$$95\%可信限 = \overline{x} \pm t(n')_{0.05} S_x \tag{12-8}$$

$$99\%可信限 = \overline{x} \pm t(n')_{0.01} S_x \tag{12-9}$$

前一式表示在 0.05 的概率水平估计其可信限范围，也可以说 100 次实验有 95 次均数在这个范围。对于剂量反应数据，样本例数 n 及 $\overline{x}$、SD 是最基本的，其他指标（CV、S_x、可信限）可由此进一步求得。

二、实验数据的显著性检验

（一）t 检验

t 检验是用 t 值作显著性检验的统计方法。本法用于两组均数、回归系数、前后对比或配对对比的差数均数的显著性检验。

1. 两组均数比较

两组的实验（n 值相同或不同）用本法。

$$t = \frac{\left|\overline{x_1} - \overline{x_2}\right|}{S_{x_1 - x_2}} \tag{12-10}$$

式中，

$$S_{x_1 - x_2} = \sqrt{S_c^2 \frac{n_1 + n_2}{n_1 n_2}} \tag{12-11}$$

$$S_c^2 = \sqrt{\frac{\sum x_1^2 - \left(\sum x_1\right)^2 / n_1 + \sum x_2^2 - \left(\sum x_2\right)^2 / n_2}{n_1 + n_2 - 2}} \tag{12-12}$$

为了较方便地用计算器计算，可先求出两组平均数、标准差，按下式求 S_c^2，便于进一步求出 t 值。

$$S_c^2 = \sqrt{\frac{(n_1 - 1)S_1^2 + (n_2 - 1)S_2^2}{n_1 + n_2 - 2}} \tag{12-13}$$

式中，S_c^2 为方差；$\overline{x}$ 为对照组数值之差的均数；S_x 为实验组均数的标准误；$\sum x^2$ 为各值的平方的总和；$\sum x^2$ 为各值的总和；n 为样本数。

2. 自身前后的对比（个别对比、配对对比）

实验结果用实验组与对照组数据比较时用本法。

$$T = \frac{\left|\overline{x}\right|}{S_x} \quad (n' = n - 1) \tag{12-14}$$

式中，$\bar{x}$ 为对照组数值之差的均数；S_x 为实验组均数的标准误。

根据 t 值表中所列的 $t(n')_{0.05}$ 与 $t(n')_{0.01}$ 的值确定 P 值，t 值越大，P 值越小，在统计学上越有显著意义。

（二）方差分析

多组（3 组或 3 组以上）实验间的比较用方差分析（analysis of variance）。这是一种很常用的统计方法。

这里以随机分组的方差分析为例进行说明，如表 12-4 所示。样本均数间的差异可能由两种原因造成：抽样误差（个体间差异）的影响和不同处理的作用。

表 12-4　方差分析表

差异来源	离差平方和（SS）	自由度（df）	均方（MS）	F 值
组间	SSA	$k-1$	MSA	MSA/MSE
组内	SSE	$n-k$	MSE	
总计	SST	$n-1$		

注：表 12-4 中 SST、SSA、SSE、MSA、MSE 及 F 值计算公式如下。

$\bar{x}_i$ 表示第 i 个总体的样本均值，则 $\bar{x}_i = \dfrac{\sum_{j=1}^{n_i} x_{ij}}{n_i}$，$(i = 1, 2, \cdots, k)$，其中，$n_i$ 为第 i 个总体的样本观察值个数。

总均值为 $\bar{\bar{x}}$，则 $\bar{\bar{x}} = \dfrac{\sum_{i=1}^{k} \sum_{j=1}^{n_i} x_{ij}}{n} = \dfrac{\sum_{i=1}^{k} n_i \bar{x}_i}{n}$，式中，$n = n_1 + n_2 + \cdots + n_k$。

总误差平方和 SST：$\quad \mathrm{SST} = \sum_{i=1}^{k} \sum_{j=1}^{n_i} \left(x_{ij} - \bar{\bar{x}} \right)^2$

组间平方和 SSA：$\quad \mathrm{SSA} = \sum_{i=1}^{k} \sum_{j=1}^{n_i} \left(\bar{x}_i - \bar{\bar{x}} \right)^2 = \sum_{i=1}^{k} n_i \left(\bar{x}_i - \bar{\bar{x}} \right)^2$

组内平方和 SSE：$\quad \mathrm{SSE} = \sum_{i=1}^{k} \sum_{j=1}^{n_j} \left(x_{ij} - \bar{x}_i \right)^2$

组间均方 MSA：$\quad \mathrm{MSA} = \dfrac{\mathrm{SSA}}{k-1}$

组内均方 MSE：$\quad \mathrm{MSE} = \dfrac{\mathrm{SSE}}{n-k}$

检验统计量 F：$\quad F = \dfrac{\mathrm{MSA}}{\mathrm{MSE}} \sim F(k-1, n-k)$

计算出统计量 F 的值后，根据给定的显著性水平 α，在 F 分布表中查找分子自由度为 $k-1$、分母自由度为 $n-k$ 的相应临界值 F_α。若 $F > F_\alpha$，则处理间在水平 α 差异显著；若 $F < F_\alpha$，则处理间在水平 α 差异不显著。

（三）χ^2 检验

χ^2 检验是用途很广的一种假设检验方法，它在分类资料统计推断中的应用包括：两个率或两个构成比比较的卡方检验；多个率或多个构成比比较的卡方检验及分类资料的相关分析等。计算公式为

$$\chi^2 = \sum \frac{(A-T)^2}{T} \tag{12-15}$$

式中，A 为实际频数；T 为理论频数。

上式中结果依据理论假设计算出来。理论频数 T 是根据检验设 H_0：$\pi_1 = \pi_2 = \pi$，且用合并率 π 来估计而定的。

实际计算时常根据下式来计算理论频数：式中 R 表示某一行，C 表示某一列，如 T_{11} 表示第 1 行第 1 列理论频数。

$$T_{RC} = \frac{n_R n_C}{n} \tag{12-16}$$

$$\mathrm{df} = (R-1) \times (C-1) \tag{12-17}$$

式中，T_{RC} 为第 R 行 C 列的理论频数；n_R 为相应的行合计；n_C 为相应的列合计。

χ^2 值越大，统计意义也越大，P 值就越小。$\chi^2_{0.05}$ 及 $\chi^2_{0.01}$ 值可根据自由度（df）由表中查到。自由度为 1 时，$\chi^2_{0.05} = 3.84$，$\chi^2_{0.01} = 6.63$。

三、回归与相关分析

前面的分析均为单变量分析。如果两个变量 X、Y 间存在密切的数量关系，也就是说 X 与 Y 有相关关系（简称相关）。如果两个变量中，X 为自变量，Y 为因变量，则可以根据实验数据计算出从自变量 X 的值推算的函数关系，找出经验公式，此即回归分析。如果相关是直线相关，求算的经验公式是直线方程，称为直线回归分析。

（一）相关系数及其显著性检验

两个变量分不清哪一个是自变量，哪一个是因变量时，通常计算其相关系数来测定显著性以了解相关的密切程度。直线回归分析的两个变量应是密切相关的。

$$r = \frac{\sum xy - \sum x \sum y / x}{\sqrt{\left[\sum x^2 - (\sum x)^2 / n\right]\left[\sum y^2 - (\sum y)^2 / n\right]}} \quad (n' = n-2) \tag{12-18}$$

式中，r 为相关系数；$\sum x^2$ 为各值的平方的总和；$\sum x$ 为各值的总和；$\sum xy$ 为两个变量乘积的总和；n 为样本数。

查相关系数表（表 12-5）以判断其显著性。

（二）直线回归

直线回归分析是要估计回归直线的两个参数：直线斜率 b（回归系数）和截距 a（纵截距）。

$$b = \frac{\sum xy - \sum x \sum y / n}{\sum x^2 - (\sum x)^2 / n} \tag{12-19}$$

表 12-5　相关系数表

n'	$P_{0.05}$	$P_{0.01}$	n'	$P_{0.05}$	$P_{0.01}$
1	0.997	1.000	16	0.486	0.590
2	0.950	0.990	17	0.456	0.575
3	0.878	0.959	18	0.444	0.561
4	0.811	0.917	19	0.433	0.549
5	0.755	0.875	20	0.423	0.537
6	0.707	0.834	21	0.413	0.526
7	0.666	0.798	22	0.404	0.515
8	0.632	0.765	23	0.396	0.505
9	0.602	0.735	24	0.388	0.496
10	0.576	0.708	25	0.381	0.487
11	0.553	0.684	26	0.374	0.479
12	0.532	0.661	27	0.367	0.471
13	0.514	0.641	28	0.361	0.463
14	0.479	0.623	29	0.355	0.456
15	0.482	0.606	30	0.349	0.449

$$a = \bar{y} - bx \tag{12-20}$$

式中，$\sum x^2$ 为各值的平方的总和；$\sum x$ 为各值的总和；$\sum xy$ 为两个变量乘积的总和；n 为样本数。

用有回归功能的计算器可方便地求出 r、a、b。如果只有一般统计功能的计算器，可先求出 $\bar{x}$、$\bar{y}$、S_x（x 的标准误）、S_y 及 $\sum xy$，也可较方便地求出 b 和 r。

$$b = \frac{\sum xy - n\overline{xy}}{(n-1)S_x^2} \tag{12-21}$$

$$r = \frac{S_x}{S_y} b \tag{12-22}$$

式中，b 为回归系数；r 为相关系数；$\sum xy$ 为两个变量乘积的总和；$\overline{xy}$ 为两个变量乘积的平均值；S_x^2 为 x 的方差；S_x 为 x 的标准误；S_y 为 y 的标准误；n 为样本数。

四、统计分析的计算机软件

目前，用于统计分析的计算机软件很多，如 Microsoft Excel、SPSS、SAS 等软件已广泛应用，使数据处理工作从复杂、大量的劳动中得到解放。

第七节　科技论文撰写

参考洪国珍和高京敏（1997）、刘振海等（1996）、宁正祥（1993）、任培兵（2012）、中华人民共和国国家标准局和中国国家标准化管理委员会（1988）的报道，浆果科技论文撰写详述如下。

一、科技论文基础知识

（一）科技论文的定义

《科学技术报告、学位论文和学术论文的编写格式》（GB 7713—1987）规定：学术论文是某一学术课题在实验性、理论性或观测性上具有新的科学研究成果或创新见解和知识的科学记录；或是某种已知原理应用于实际中取得新进展的科学总结，用以提供学术会议上宣读、交流或讨论；或在学术刊物上发表；或作其他用途的书面文件。例如，《不同果桑品种成熟桑椹的游离氨基酸主成分分析和综合评价》（李俊芳等，2016）是科学研究论文，《基于微生物转化技术的桑椹食品加工研究进展》（何雪梅等，2014）是科学总结性论文。

学术论文应提供新的科技信息，其内容应有所发现、有所发明、有所创造、有所前进，而不是重复、模仿、抄袭前人的工作。

（二）科技论文的特征

1. 科学性

科学性是科技论文在方法论上的特征，使其与一切文学的、美学的、神学的文章有所区别。其内容必须可靠，决不允许主观臆断或凭个人好恶随意地取舍素材或给出结论。其实验应该是可以重复、核实和验证的。

2. 首创性

首创性是科技论文的灵魂。它要求文章所揭示的事物和现象的属性、特点及运动规律，或者这些规律的运用是前所未有的，即不能重复别人的工作。

3. 逻辑性

逻辑性是文章的结构特点。它要求论文思路清晰、结构严谨、推理合理、编排规范等。

4. 有效性

有效性是指论文发表的形式。即只有经过同行专家的评审，并在一定规格的学术评审会上通过答辩或评议，入案存档或在正式刊物上发表的科技论文，才是有效的。

（三）科技论文的分类

论证型；科技报告型；发现发明型；计算型；综述型。

（四）科技论文的结构

提出命题，阐明研究方法，得出研究结果，给出明确结论。

（五）科技论文的层次编排

第 1 级：1，2，3，……；第 2 级：1.1，1.2，1.3，……；第 3 级：1.1.1，1.1.2，1.1.3，……。

二、科技论文内容

（一）篇名

篇名是论文内容的集中反映，是以最简洁、恰当的词组反映文章最重要的特定内容的逻辑组合。国家标准对篇名还作了规定：如篇名语意未尽，可利用副标题补充说明论文的特定内容。把论文的主题用简短的词组明白无误地告诉读者，中文题名一般不宜超过 20 个字；外文题名一般不宜超过 10 个实词。宜用偏正结构的词组，少用"研究"二字，避免使用化学结构式、数学公式、简称、缩写等，如文章《桑属植物的化学成分及药理活性综述》（陈智慧等，2016）。有些文章篇名为了表达清楚，题目字数稍多，但最多不宜超过 30 个字，如《广西地区 13 个主栽桑品种的桑椹营养与药用品质综合评价》（何雪梅等，2018）。

拟定篇名的具体方法可归纳如下。

1）明确撰写科技论文的目的性。目的性指社会功能如投稿、向会议提交论文或科研成果。无论是投稿或向会议提交论文均有一个"对象"问题，如向何种刊物投稿、向何类范围的会议提交论文，依据不同的刊物、不同的会议拟出不同的篇名。同样的一篇论文根据不同的要求拟出不同的篇名，这是作者写作艺术的体现，也是作者思维与语言综合能力的反映。

2）作者在确定选题之后，在撰稿过程中，由于思路的变化或从新的联想、突然爆发的灵感中对主题有了新的开拓，或者在撰稿过程中受到有关资料的启发，改变已拟定的主题。这种情况是经常发生的。

3）即使篇名已经符合选题和主题内容的要求，还存在如何选定适当的词、词组或利用何种句式的问题。这种语言上的加工也是非常必要的，因为只有选用更加形象、明朗、内涵稳定的词或词组，再辅之以恰当的句式才能使篇名更具有吸引读者的作用。

（二）作者

学术论文的正文前署名的作者，是指在论文主题内容的构思、具体研究工作及撰稿执笔等方面做出主要贡献并能对内容负责的人员。按其贡献大小排列名次，署名人数不宜太多。按研究计划分工负责具体小项的工作者、某一项测试的承担者及接受委托进行分析检验和观察的辅助人员等不太重要的人员可在致谢中表示谢意。

署名的作用与意义列述如下。

1）肯定成果的归属。一篇论文或一部著作一旦公开发表，就是作者劳动的结晶。劳动结晶的归属问题是劳动者的权利问题，署名是对作者劳动的正式肯定。

2）署名表现了编辑或出版者对作者的尊重。

3）署名便于读者与作者之间的联系。许多读者在阅读作品之前，一般都要看署名，这意味读者与作者之间开始产生一种认识。作者通过作品表达对客观事物的观点，而读者也通过作品了解作者的观点。通过作品，两者之间又进一步产生了感情的联系，其间或出现争论，或产生更深远的正面影响，这就形成了社会效益。

4）署名同时表示作者对作品的负责。一篇文章一经发表，作者的立意、思想、观点直接作用于社会，在社会上产生不同的影响。署名表示作者对这种影响的完全负责。因而署名绝非名与利的问题，实质是对社会负责的问题。

（三）摘要

摘要是论文的内容不加注释和评论的简短陈述。摘要的对象主要是论文的内容，应写明文章的研究工作目的、实验方法、结果和最终结论，而重点是结果和最终结论；摘要的撰写要简短，中文摘要一般为 200～300 字，外文摘要的字数不宜超过 250 个实词；应有独立性和自明性，不得简单地重复文章篇名已经表述过的信息，不要写常识性的内容；要用第三人称写；不得使用文章中的章节号、图号、表号、化学结构式、非公用的符号和术语等。

摘要的作用主要有以下三点：①读者通过摘要，能够决定是否有必要进一步阅读全文。②读者不阅读全文也可以获得必要的信息。③摘要可以引用，可以用于工艺推广；作为情报资料，也可供文摘与文献检索等作为二次文献采用。

（四）关键词

关键词是为了文献标引工作，从论文中选取出来用以表示全文主题内容信息款目的单词或术语。每篇论文选取 3～8 个词作为关键词，以显著的字符另起一行，排在摘要的左下方。如有可能，尽量用《汉语主题词表》等词表提供的规范词。为了便于国际交流，应标注与中文对应的英文关键词。

一般而言，关键词是从题名中提出，如果从题名中提不出关键词，可以再从全文中提取关键词。

（五）引言

引言简要说明研究工作的目的、范围、相关领域的前人工作和知识空白、理论基础和分析、研究设想、研究方法和实验设计、预期结果和意义等。引言应言简意赅，不要与摘要雷同，不要成为摘要的注释。一般教科书中有的知识，在引言中不必赘述。比较短的论文可以只用小段文字起引言的效用。

可以从以下 3 个方面研究引言的写作方法。

1）引言的内容按国家标准规定，主要是提示内容。所以，引言的写作必须提示写作的意图、论题的中心或带有结论性的观点等，以此告诉读者这篇论文的写作目的、作者的论题及基本观点。

2）引言的写作应具有一定的启发性，以开拓读者的思路。为使引言的写作达到这个目的，应该重视语言的运用，其中包括语法、修辞。

3）论文要有社会效益，就要进行交流，交流就要有对象，而对象（即读者）的知识结构、心理素质都有所不同，所以著者应有针对性地运用思维科学、心理学，从引言入手将读者吸引到论文中来，提高其阅读兴趣。

（六）正文

论文的正文是核心部分，占主要篇幅，可以包括调查对象、实验和观测方法、仪器设备、材料原料、实验和观测结果、计算方法和原理、数据资料、经过加工整理的图表、形成的论点和导出的结论等。

由于研究工作涉及的学科、选题、研究方法、工作进程、结果表达方式等有很大的差异，对正文内容不能作统一的规定。但是，正文内容必须实事求是，客观真切，准确完备，合乎逻辑，层次分明，简练可读。

正文部分充分阐明论文的观点、原理、方法及达到预期目标的整个具体过程，突出论文的创新性；引用他人的资料，尤其是引用他人的成果应注明出处；对已有的知识应避免重复论证；正文中所用图、表的绘制要求及数学、物理、化学式、计量单位、符号和缩略词的使用，都应符合国家有关规定。

正文的写作方法包括以下几个方面。

1）正文写作的构思主要是指思维方式和思维方法。思维方法与思维方式往往表现为理性认识，因而又与人对事物认识的观点、思路有着密切的关系，反映在写作方法上就是要根据不同的内容采用不同的方法，而避免用同一种写作方法去撰写不同内容的论文。故正文的写作应重视思维素质的培养，重视思维方法、思维方式的训练。

2）在撰写科技论文时，必须依靠逻辑思维将已有的材料围绕论题合理地组织起来；同时，也只有运用逻辑推理的形式才能使已有的科技成就或已知的知识升华，达到创新的目的。凡是涉及判断，一定要重视理论上的可靠性和严密性，能经得起推敲和反驳，要遣词造句，尤其是带有观点性的文字要反复研究，以正确发挥判断的鉴别与辨析作用。

3）科技论文所使用的语言除文学语言之外，还要求使用大量的科技语言。科技语言包括专业语言、术语、定义、图表。科技语言的特点有三性，即术语性、单一性、符号性。科技语言除上述主要内容外，还涉及符号、缩略词、公式、计量单位等，可遵照国家标准之规定执行。

（七）结论

论文的结论是最终的、总体的结论，不是正文中各段小结的简单重复。结论应该准确、完整、明确、精炼。如果不可能导出应有的结论，也可以没有结论而进行必要的讨论，可以在结论或讨论中提出建议、研究设想、仪器设备改进意见、尚待解决的问题等。

以正文为依据，结论应简洁指出：①由对研究对象进行考察或实验得到的结果所揭示的原理及其普遍性；②研究中有无发现例外或本论文尚难以解释或解决的问题；③与先前已经发表过的研究工作的异同；④本文在理论与实际上的意义；⑤对进一步研究本课题的建议。

结论的写作方法虽然没有固定的格式，但有以下几种写作方法可供借鉴。

1）分析综合：即对正文内容重点进行分析并进行概括，突出作者的观点。

2）展望：即在正文论证的理论、观点基础上，将其理论、观点的价值、意义、作用推导至未来，预见其生命力。

3）对比：即对正文阐述的理论、观点，最后以事实做比较形成结论。

4）解释：即对正文阐述的理论、观点做进一步说明，使作者阐述的理论、观点更加明朗。

以上列举了 4 种结论的写作方法，这 4 种写作方法也不同程度地体现了对结论写作的 4 方面要求。当然，结论的写作方法是多种多样的，其他如"存疑""篇末点题"等写作方法，也是常用的。

（八）致谢

可以在正文后对下列方面致谢：国家自然科学基金，资助研究工作的奖学金基金，合作单位，资助或支持的企业、组织或个人；协助完成研究工作和提供便利条件的组织或个人；在研究工作中提出建议和提供帮助的人；其他应感谢的组织或个人。

（九）参考文献

撰写科技论文是在前人总结的理论、观点的基础上进行创新。研究—继承—发展，如此循环不已。正是由于这样一个科学发展的规律，在科技论文写作过程中就必须查阅资料、翻阅文献以验证我们的理论、观点并发展前人的理论和观点。

参考文献的具体格式遵照所投期刊的格式要求。

（十）附录

提供与论文有关的推导、演算及不宜列入正文中的数据、图表等。

第十三章　浆果贮藏与加工工厂建设

新时期下，随着城乡居民收入水平和消费能力的不断提高，人们对浆果及其加工品的安全性、多样化、新鲜度和营养性等方面提出了更高的要求，浆果产业得到了较快发展。在浆果产业发展过程中，现代化的贮藏与加工工厂设计发挥着重要的作用。浆果贮藏与加工工厂设计必须符合国民经济发展的需要及科学技术发展的新方向，为人们提供更多、更优质、安全卫生、营养丰富的新食品。一种优秀或者良好的设计应该经济上合理、技术上先进，通过施工投产后，在产品的产量和质量上均达到规定标准，各项经济指标应达到国内同类工厂的先进水平或者国际先进水平。同时，在环境保护方面，必须符合国家有关规定（张有林，2006）。因此。工厂设计是浆果产业发展过程中的重要环节。

第一节　工厂建设前期阶段

浆果贮藏与加工工厂应在现有法规规定下进行合理建设，遵循工厂基本建设程序（图13-1）。基本建设是指固定资产的建筑、添置和安装。基本建设是一项主要为发展生产奠定物质基础的工作，通过勘察、设计和施工及其他有关部门的经济活动来实现。基本建设按经济学内容可分为生产性建设与非生产性建设，按建设性质可分为新建、改建和扩建。其内容包括以下4个方面：①建筑工程，如各种房屋和构筑物的建筑工程，设备的基础、支柱的建筑工程等；②设备安装工程，如生产、动力等各种需要安装的机械设备的装配、装置工程；③设备（包括需要安装和不需要安装的）、工具、器具的购置；④其他与固定资产扩大相联系的勘察、设计等工作（何东平，2009）。

基本建设程序是指基本建设项目在整个建设过程中各项工作的先后顺序，按照规定项目从计划建设到建成投产，一般要经过以下几个阶段或程序。

1）第一阶段：建设前期准备阶段。包括编写项目建议书；编写项目可行性研究报告；进行项目评估；正式立项、签订投资（或贷款）协议书；进行项目扩初设计等工作。这一阶段的准备，使项目的开展建立在科学民主决策的基础上。本阶段所编写的项目建议书必须符合地方及国家的产业政策和投资政策，经过项目可行性研究和评估，为决策是否立项提供科学依据。

2）第二阶段：建设实施阶段。严格按项目评估报告及扩初设计的要求实施项目。在整个实施过程中，重点工作是加强管理，实行科学有效的计划管理、资金管理、物资管理、工程技术管理，建立健全统计、会计核算制度，实行严密的科学监测，保证项目顺利实施。

3）第三阶段：竣工验收阶段。应按项目文件提出的目标，检查、验收项目完成的内容、数量、质量及效果。评价评估报告的质量，总结项目实施过程中的经验教训，并颁发项目竣工验收证书。

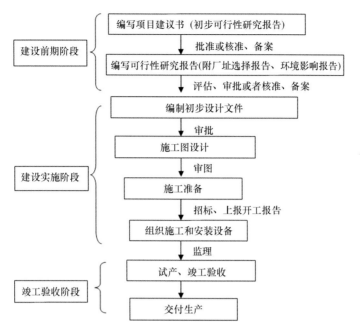

图 13-1　基本建设程序（张有林，2006）

在项目建设程序中，项目建议书、可行性研究报告、编制设计计划任务书的项目建设准备阶段统称为建设前期，勘察、设计、施工、安装、生产准备与试产、竣工验收阶段统称为建设时期，交付生产后生产经营阶段称为生产时期。

一、项目建议书

浆果贮藏与加工工厂项目建设前期的第一项工作就是编写项目建议书。项目建议书是项目拟建单位或业主根据国民经济发展规划、行业发展规划和地区社会经济、产业发展规划及本单位的具体情况，经初步调查研究，提出的基本建设项目立项建议。项目建议书表达的是对建设项目的轮廓设想和投资意愿，项目建议书内容经有关部门批准立项后才能进行下一步的可行性研究（王颉，2006）。

浆果贮藏与加工工厂项目建议书的内容主要包括以下几个方面（杨芙莲，2012）。

1）项目建设的目的和意义，即项目提出的背景和依据、投资的必要性及经济意义。

2）市场预测，重点是市场调查和浆果产品的需求现状、发展趋势预测、销售预测。

3）产品方案和拟建规模。

4）主要工艺技术初步方案（如浆果原料、生产方法、技术来源）。

5）建设条件分析，包括建设地点的自然条件、社会条件、资源情况（如主要原料、燃料、水源、动力等条件）。

6）公用工程和辅助工程的初步方案。

7）环境保护。

8）工厂组织和劳动定员。

9）项目实施初步规划。

10）投资估算和资金筹措方案，重点是资金的筹集方式和还贷能力。

11）经济效益和社会效益的初步估算。

12）结论与建议。

二、可行性研究报告

可行性研究是对拟建项目在工程技术、经济、社会、环境保护等方面的可行性和合理性进行的研究。可行性研究以大量数据作为基础，根据各项调查研究材料进行分析、比较后得出的可行性研究结论。在进行可行性研究时，必须搜集大量的资料和数据。

（一）可行性研究的依据

1）根据国民经济和社会发展长远规划及行业和区域发展规划进行可行性研究。

2）根据市场供求状况及发展变化趋势。

3）根据国家有关部门批准的项目建议书。

4）根据可靠的自然地理环境、经济、社会等基础资料。

5）根据与项目有关的工程技术方面的标准、规范、指标等。

6）根据国家公布的关于项目评价的有关参数（曾庆孝，2006）。

（二）可行性研究的步骤

在工程建设项目的可行性研究过程中，工艺技术人员及工业经济、市场分析、财务、土建等有关工程技术人员协同工作。可行性研究的步骤包括筹划组织、调查研究和收集资料、优化和选择方案、编写可行性研究报告及筹集资金等（许学勤，2008）。

1. 筹划组织

项目建议书被批准后，项目单位即可筹划准备项目可行性研究。其方式有两种：一是采用公开的竞争性招标方式，将可行性研究工作委托给有能力的专门咨询设计单位，双方签订合同，由专门咨询设计单位承包可行性研究任务；二是由项目单位组织有关专家参加的项目可行性研究工作小组开展此项工作。承担可行性研究的单位或专家组（确定研究人员），应获得项目建议书和有关项目背景资料、批示文件，了解项目单位的意图和要求，制订详细的工作计划，以便着手开展项目可行性研究工作。

2. 调查研究和收集资料

调查研究主要进行实地调查和技术经济研究，包括资源调查和市场调查。资源调查包括自然资源、经济资源和社会资源的调查。收集资料的方式要保证以客观实际为基础，注重调查研究，力求掌握资料详细、全面、客观、正确。

3. 优化和选择方案

在前两个阶段工作的基础上将项目各个不同方面进行组合，设计出几种可供选择的方案，对重要技术方案如产品方案、建设规模、厂址、工艺流程、主要设备的选型、总平面布置、配套设施等应进行多方案比较，选择出最佳方案。

4. 编写可行性研究报告

按照可行性研究报告规定的内容用文字、图表完成报告，得出可行或不可行的结论。

5. 筹集资金

筹集资金的可行性应在可行性研究之前就有一个初步的估计，这也是财务经济分析的基本条件。对建设项目资金来源的不同方案进行分析比较，最后对拟建项目的实施计划做出决定。

（三）可行性研究报告的内容

可行性研究报告的内容随着行业不同而有所差异，侧重点各有不同，但基本内容是相同的。以新建浆果贮藏与加工工厂为例，可行性研究报告一般要求具备以下主要内容（曾庆孝，2006）。

1. 附件

1）项目可行性研究依据文件：①项目建议书；②初步可行性研究报告；③各类批文及协议；④调查报告及资料汇编；⑤试验报告及其他。

2）厂址选择报告书。

3）资源勘探报告书。

4）贷款意向报告书。

5）环境影响报告书。

6）需要单独进行可行性研究的单项或配套工程的可行性研究报告。

7）对国民经济有重要影响的产品的市场调查报告。

8）引进技术项目的考察报告、设备协议。

9）利用外资项目的各类协议文件。

10）其他。

2. 附图

1）厂址地形或位置图。

2）总平面布置方案图。

3）工艺流程图。

4）主要车间布置方案简图。

5）其他。

3. 报表

1）现金流量表。

2）损益表。

3）资产负债表。

4）资金来源与运用表。

5）外汇平衡表。

6）国民经济效益费用流量表。

7）固定资产投资估算表。

8）流动资金估算表。

9）投资总额及资金筹措表。

10）借款还本付息表。

11）产品销售收入和销售税金估算表。

12）总成本费用估算表。

13）固定资产折旧估算表。

14）无形及递延资产摊销估算表。

第二节　厂址选择和总平面设计

厂址选择对工厂的后续运营有重要的影响，决定工厂建成后企业的经济效益及社会效益，因此选址应考虑产品特性、地域、政治、经济、技术等方面的综合因素。必须贯彻国家及地方相关的政策法规，在前期进行深入的比较论证后，选出投资少、建设快、运营费低及具有最佳经济效益、环境效益和社会效益的厂址。对于浆果贮藏与加工工厂，需综合浆果原材料、交通运输环境、产品定位及销售来考虑，如桑椹加工厂、蓝莓果汁厂等，由于浆果原料采收、运输易破损衰败的特性，厂址应选择在交通便利的原料产地。

一、厂址选择

（一）厂址选择的重要性

厂址选择是指在相当广阔的区域内选择建厂的地区，并在地区范围内从几个可供考虑的厂址方案中选择最优厂址方案的分析评价过程。项目的厂址选择不仅关系到工业布局的落实、投资的分配、经济结构、生态平衡等具有全局性、长远性的重要问题，还将直接或间接地决定项目投产后的生产经营、经济效益。因此，厂址选择问题是项目投资决策的重要一环，必须从国民经济和社会发展的全局出发，运用系统观点和科学方法来分析评价建厂的相关条件，正确选择建厂地址，实现资源的合理配置。

（二）厂址选择的原则

厂址选择十分重要，对工厂工作效能和生产产品质量有显著影响，因此厂址选择应符合以下原则（张国农，2015）。

1）符合国家及所在地区政策法规的有关规定，符合国家现行长远规划及所在地区总体规划要求。

2）注重生态环境保护，应尽量远离自然保护区及地方风景名胜，减少对环境的破坏，符合现行环境保护法规的规定。

3）由于浆果原料采收、运输易破损衰败的特性，厂址应选择在交通便利的原料产地，有利于原料的快速采收、贮藏与加工，以获得高品质产品，同时厂址应在道路、公用工程和生活设施等方面完善的地区。

4）对水、电等能源的要求：工厂建成后，运营成本中很大一部分为水电等能耗，选厂应注意能耗水平能满足生产要求，厂址应靠近水量充足、水质良好、电力供应充足的地方。

5）选厂时注意节约用地，不占或少占耕地，厂区的面积、形状和其他条件应满足工艺流程合理布置的需要，并要预留适当的发展余地。

（三）厂址选择的基本方法

1. 方案比较法

这种方法是通过对项目不同选址方案的投资费用和经营费用的对比，做出选址。其是一种偏重于经济效益方面的厂址优选方法。从建厂地区内选出两三个较为合适的厂址方案，再进行详细的调查、勘察，并分别计算出各方案的建设投资和经营费用。其中，建设投资和经营费用均为最低的方案为可取方案。如果建设投资和经营费用不一致时，可用追加投资回收期的方法来计算（郭磊，2016）。

2. 评分优选法

这种方法可分三步进行：首先，在厂址方案比较表中列出主要判断因素；其次，将主要判断因素按重要程度给予一定的比重因子和评价值；最后，将各方案所有比重因子与对应的评价值相乘，得出指标评价分，其中评价分最高者为最佳方案。

3. 最小运输费用法

如果项目几个选择方案中的其他因素都基本相同，只有运输费用是不同的，则可用最小运输费用法来确定厂址。在计算时，要全面考虑运输距离、运输方式、运输价格等因素。

（四）厂址选择报告

厂址选择报告的内容包括选厂依据及简况、拟建厂基本情况、厂址方案比较、厂址推荐方案、当地政府及有关方面对推荐厂址的意见、结论和存在问题与建议（纵伟，2017）。

1. 选厂依据及简况

说明依据的项目建议书及批文；建厂条件；选址原则；选址范围、选址经过。

2. 拟建厂基本情况

工艺流程概述及对厂址的要求，"三废"治理与污染物处理后达标及排放情况。

3. 厂址方案比较

概述浆果加工厂自然地理环境、社会经济、建厂条件及协作条件等。对各厂址方案技术条件、建设投资和年经营费用进行比较，并制作"拟建浆果加工厂基本条件表""建设投资比较表""年经营费用比较表"（表 13-1~表 13-3）。

表 13-1 拟建浆果加工厂基本条件表

序号	基本条件							
1	生产规模							
2	主要产品							
3	职工人数（人）	总人数		其中工人				
4	投资（万元）	总投资	其中固定资产		设备及安装占　　　%			
					土建占　　　%			
5	原料、能源耗电量	电负荷（kW）		其中生活区	汽（t/h）	其中生活区	天然气（m³/年）	
		水（m³/h）		其中生活区	煤（t/年）		主要原料（t/年）	
6	占地面积（m²）	全厂	其中生产区和厂区外配套设施生活区					
7	年运输量（t）	总量	其中运入和运出					
8	建筑面积（m²）	总面积	其中生产和非生产（其中宿舍福利设施）					
9	年"三废"排放量	废水（m³）	全厂主要有害成分					
		废渣（m³）	全厂主要有害成分					
		废气（m³）	全厂主要有害成分					

表 13-2 建设投资比较表　　　　　　　　　　（单位：万元）

序号	项目名称	方案 1	方案 2	方案 3
1	场地开拓费			
2	交通运输费			
3	给排水及防洪设施费			
4	供电、供热、供气工程费			
5	土建工程费			
6	抗震设施费			
7	通信工程费			
8	环境保护工程费			
9	生活福利设施费			
10	施工及临时建筑费			
11	协作及其他工程费用			
12	合计			

表 13-3　年经营费用比较表 （单位：万元）

序号	项目名称	方案 1	方案 2	方案 3
1	浆果原料、燃料成品等运输费用			
2	给水费用			
3	供电、供热、供气费用			
4	排污、排渣等费用			
5	通信费用			
6	其他			
7	合计			

4. 厂址推荐方案

论述厂址推荐方案的主要优缺点，并与拟建厂所要求的基本条件进行比较。

5. 当地政府及有关方面对推荐厂址的意见

论述当地政府及有关方面对拟建厂推荐厂址的意见。

6. 结论和存在问题与建议

说明厂址选择的结论、存在的问题及建议。

二、总平面设计

总平面设计根据国家产业政策和工程建设标准，工艺要求及物料流程，以及建厂地区环境、交通等条件，合理地选定厂址，统筹处理场地和安排各设施的空间位置，系统处理物流、人流、能源流和信息流的设计工作（何东平，2009）。总平面设计具有较强的政策性及综合性，涉及的技术领域较广，总平面设计质量将直接影响企业生产的效率和成本，影响人民生活的舒适与方便，影响建设投资的大小及工期的长短等。

（一）总平面设计的内容

1. 设计的分类

（1）平面布置

平面布置就是合理组织用地范围内的建筑物、构筑物及其他工程设施，按照水平方向布置相互间的位置关系。

（2）竖向布置

竖向布置就是与平面设计相垂直方向上的设计，也就是厂区各部分地形标高的设计。其任务是把地形设计成一定形态，既要平坦又便于排水。

2. 工厂建筑物的组成及相互关系

（1）工厂中主要的建筑物

浆果加工工厂中有较多的建筑物，根据它们的使用功能可分为以下几个方面。

1）生产车间：如榨汁车间、发酵车间、实罐车间、饼干车间、饮料车间、综合利用车间等。

2）辅助车间（部门）：中心实验室、化验室、机修车间等。

3）动力部门：发电间、变电所、锅炉房、冷机房和真空泵房等。

4）仓库：原料仓库、成品仓库、包装材料库、各种堆场等。

5）供排水设施：水泵房、水处理设施、水井、水塔、废水处理设施等。

6）全厂性设施：办公设施及配套。

（2）建筑物相互之间的关系

工厂中各建筑物在总平面设计中的相互关系，可以用图解法来说明分析，图 13-2 是生产区各具有主要使用功能的建筑物、构筑物在总平面布置图中的示意图。由图 13-2 可以看出，工厂总平面设计一般围绕生产车间进行排布，其他车间、部门及公共设施都围绕主体车间进行排布。

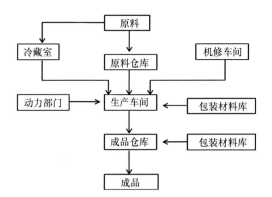

图 13-2　具有主要使用功能的建筑物、构筑物在总平面布置图中的示意图

（二）总平面设计的基本原则

1）总平面设计应按批准的设计计划任务书和城市规划要求，对建筑布局、方位、道路、绿化、环保等进行综合设计，布置必须紧凑合理，做到节约用地，分期建设的工程应一次布置、分期建设，合理预留发展空地（李柯宏，2018）。

2）对建筑物、构筑物的布置必须符合生产工艺要求，要从车间、厂房、物流、人流、管道等多方面综合考虑。合理组织人流和物流，相互间影响的车间不要放在同一建筑物里。

3）必须满足食品工厂卫生要求，包括生产区、生活区、厂前区等区域的分项管理，同时满足绿化环境要求。

4）厂区的道路应按照运输量及运输工具的情况而定，但必须做到道路清洁、路线合理。

5）除厂区道路外，应考虑安置其他交通设施。

6）厂区建筑物应严格按照有关规定设计。

7）厂区建筑物的布置应符合规划要求，同时合理利用地质、地形和水文等自然条件。

8）车间的安排在考虑到场地利用率的同时，还应注重相互间的影响。

要了解厂址所在地区的总体规划，必须贯彻合理利用土地、因地制宜、提高土地利用率。改建、扩建的工业企业总平面设计，必须合理利用、改造现有设施，并应减少改建、扩建工程施工对生产的影响。

（三）工厂平面布置

工厂平面布置需要最好的安排，使占地面积最小，但具备进行高效工作的充足空间。一般设计工厂时应用直线原理——物料从一端进入，最终产品出口在另一端。计算机基础设计系统可用来进行工厂操作模拟和在提交任何费用之前的平面布置检查（李柯宏，2018）。检测一个平面设计的最佳方法之一是调查物流和工厂内的人流，用这些流动来说明哪里有交叉、潜在的交叉污染危险和大量调动等问题（张国农，2009）。检查影响生产过程的因素后，重新审查新的平面布置方案和设计，并对其进行评估，从而找出最优方案。

工厂内的某些区域需要划分开，并且与主要的生产区分离。分离的必要性应从食品安全观点及危险性分析方面进行推断。在生产区内有不同级别的危险，一些典型的危险级别见表 13-4。

表 13-4　典型的危险级别（张有林，2006）

区域	危险级别
某些新鲜原料的储存	高度危险
新鲜食物的预处理	高度危险
食品填充到初始包装	高度危险
第二级和第三级包装	低度危险
冷冻和外界食品的储存	低度危险

划分高度危险区与低度危险区的明显时间点在产品填充和封口初步包装之后。在冷藏和冻藏食品生产工厂内，区域的划分一般在冷却处理之后，在这种情况下，冷处理设备可作为划分的界线。对某些食品的前期和后期干燥，可作为天然的分界线。一旦产品的水分活度降低就会变得安全，不易受微生物污染。由于食品对污染是无遮挡的，因此构成了"高度危险"。图 13-3 和图 13-4 为浆果饮料工厂和浆果果酒工厂典型的总平面布局图，说明一些关键的设计原则和合乎逻辑的直线物流。图 13-5 为浆果软糖工厂总平面布局图。

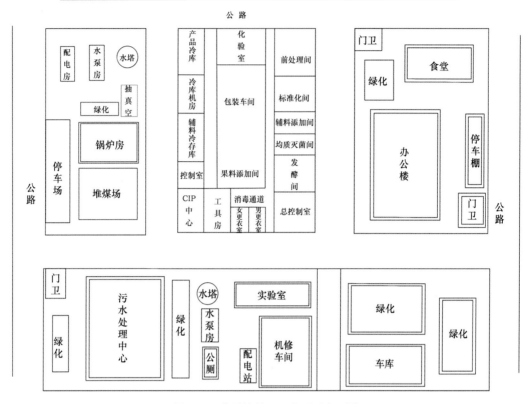

图 13-3　浆果饮料工厂总平面布局图

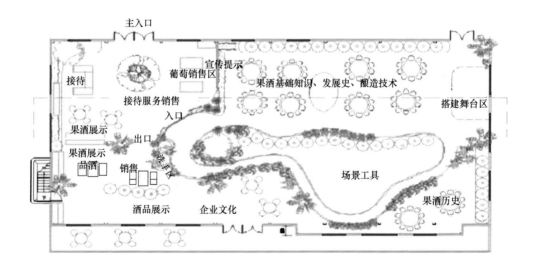

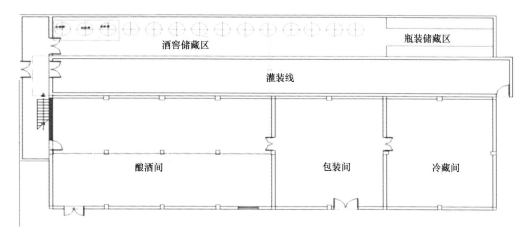

图 13-4　浆果果酒工厂总平面布局图

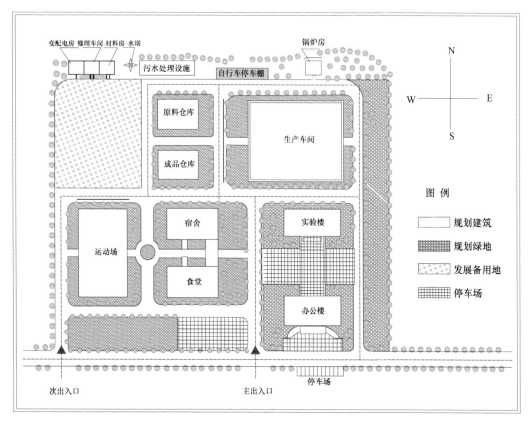

图 13-5　浆果软糖工厂总平面布局图（刘飞，2018）

第三节　工艺设计

浆果贮藏与加工工厂的工艺设计在整个工厂设计中占主要地位，它是非工艺设计（土建、公用设计）所需基础资料的依据。工艺设计是以工厂的生产产品及其生产能力为基础进行生产流程与生产方法的选择，并对物料的平衡、设备的选型及水、电、气用量进行估算。浆果贮藏与加工工厂工艺设计是以生产车间为主，其余车间和辅助部门等围绕生产车间进行设计。

一、工艺设计的依据

工厂的工艺设计应以批准的可行性研究报告所规定的建厂规模、产品品种及质量要求为依据，结合建厂地点的原料、动力供应、水源水质、环境卫生等具体情况，因地制宜地确定各类产品的工艺流程、设备选型和生产车间布置。工艺设计力求技术先进、成熟可靠、经济合理。

二、工艺设计的内容

浆果贮藏与加工工厂的工艺设计主要包括以下项目：①产品方案、规格及生产量的确定；②主要产品和综合利用产品的工艺流程的确定及操作说明；③物料的计算；④生产车间设备的生产能力计算、选型及配套；⑤生产车间平面布置；⑥劳动力平衡及劳动组织；⑦生产车间水、电、气用量的估算；⑧生产车间管路计算和设计。

三、工艺流程的确定

（一）工艺流程的确定原则

工厂应选定先进的、科学的工艺流程，选择时应遵循下列原则。

1）通过该工艺流程，产品符合国家标准或外销合同要求的标准。

2）能实施机械化、连续化作业或能按流水线排布。

3）选择投资少、原料及能源消耗低、产品品质高的生产方法。

4）有利于原料的综合利用。

5）产生"三废"量少或经过治理容易达到国家"三废"排放标准。

6）有利于多个品种共用或部分品种可以共用的生产工艺。

（二）工艺流程图的绘制

工艺流程图是已确定的工艺流程的表示方法，有生产工艺流程方框图和生产工艺设备流程图两种形式。生产工艺流程方框图是用细实线画成长方框来示意各车间流程线，流程方向用箭头画在流程图上，其中以粗实线箭头表示物料由原料到成品的主要流动方向，细实线箭头表示中间产物的流动方向。生产工艺流程方框图的内容包括工序名称、物料流向、工艺条件等。在生产工艺流程方框图中以箭头表示物料流动方向。

例如，桑椹酒的生产工艺流程，如图13-6所示。

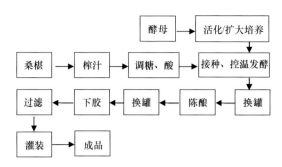

图 13-6 桑椹酒生产工艺流程（李杰民等，2018）

例如，蓝莓果汁饮料的加工工艺流程，如图 13-7 所示。

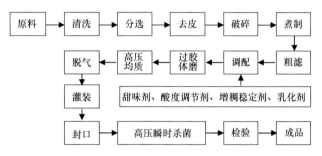

图 13-7 蓝莓果汁饮料加工工艺流程（刘华戎和谷大海，2012）

生产工艺设备流程图的内容包括设备的基本外形、工序名称、物料流向及各种介质的管线的流经和走向，必要时还要标出控制点。例如，浆果脆片的生产工艺流程，如图 13-8 所示。

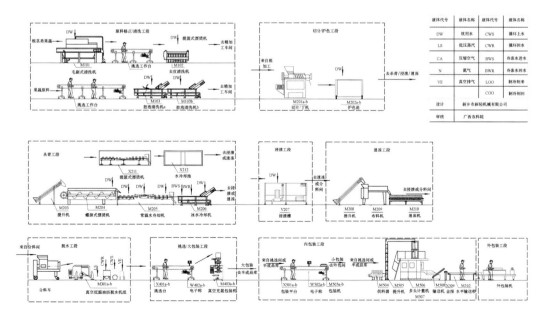

图 13-8 浆果脆片生产工艺设备流程图（李瑞国等，2016）

四、物料计算

（一）物料计算的目的和依据

浆果贮藏与加工工厂的物料计算包括产品所需浆果原料、辅助材料及包装材料的计算，一般均以所生产产品的品种、规格、包装形式及小时生产能力进行计算。

在进行物料计算时，必须使原料、辅助材料的用量与经过加工处理后所得成品和损耗量相平衡，由此计算出原料和辅助材料的消耗定额。如果工程项目为老厂改造，一般以该厂原有的技术经济定额为计算依据。

（二）物料计算方法

1. 以单位产品原料、辅助材料及包装材料耗用量计算

计算公式如下。

每班原料耗用量（kg/班）=单位产品原料耗用量（kg/t）×班产量（t/班）

每班各种辅助材料耗用量（kg/班）=单位产品各种辅助材料耗用量（kg/t）
×班产量（t/班）

每班包装容器耗用量（只/班）=单位产品包装材料耗用量（只/t）×班产量（t/班）
×（1 +0.1%损耗）

每班外包装材料耗用量（只/班或张/班）=单位产品外包装材料耗用量（只/t 或张/t）
× 班产量（t/班）

2. 以每小时生产能力和投料量计算

以每小时原料投料量、原料利用率及各工序得率为计算基础，进行物料计算。

例如，如浓缩浆果果汁的物料计算以每小时原料投料量和各种浆果原料的出汁率计算每小时果汁得率。以原果汁可溶性固形物含量及要求的成品浓度计算浓缩果汁生产时的每小时水分蒸发量及浓缩果汁每小时成品量，由此以每小时水分蒸发量来表示浓缩锅的每小时蒸发能力及配套的杀菌、冷却设备的能力（张国农，2015）。

五、设备选型

浆果贮藏与加工的设备选型必须严格按照工艺要求，在物料计算的前提下，按某一品种单位时间（小时或分钟）产量的物料平衡情况和生产线或设备的生产能力来确定所需生产线或设备的数量。若有几种产品需共同的设备且在不同时间使用时，应按处理量最大的品种所需的台数来确定。一般后道工序中设备的生产能力要略大于前道，以防物料积压。部分主要设备的选择如下（许学勤，2008）。

（一）输送设备

一般，输送设备分为固体输送设备、液体输送设备两大类。

1. 固体输送设备

根据用途和功能,固体输送设备分为带式输送机(图13-9)、斗式输送机(图13-10)、螺旋输送机、刮板输送机（图13-11）。

图 13-9 带式输送机

图 13-10 斗式输送机

图 13-11　刮板输送机

2. 液体输送设备

常用的液体输送设备有流送槽、真空吸料装置和泵等。

（二）清洗设备和原料预处理设备

1. 清洗设备

常用的清洗设备有鼓风式清洗机、全自动洗瓶机（图 13-12）、空罐清洗机、实罐清洗机等（廖志伟，2018）。

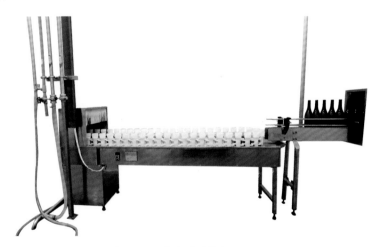

图 13-12　全自动洗瓶机

2. 原料预处理设备

常用的原料预处理设备有分级机［可分为滚筒式分级机、摆动筛（图 13-13）、三滚动式分级机等］、去核机、打浆机（图 13-14）、均质机（图 13-15）、胶体磨等（林玉强，2017）。

图 13-13　摆动筛

图 13-14　打浆机

图 13-15　高压均质机

（三）热处理设备

工厂热处理设备主要用于原料脱水、脱气、杀菌、灭酶、护色和酶解、糖化等。常用的热处理设备有列管式热交换器（图 13-16）、板式热交换器、辊筒式杀菌器、夹层锅（图 13-17）、连续预煮机（分为链带式和螺旋式）、真空浓缩器、常压连续式杀菌机等（贾国华，2014）。

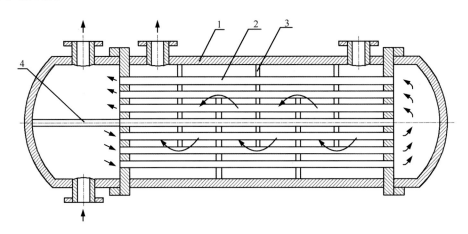

图 13-16　列管式热交换器结构示意图
1. 壳体；2. 管束；3. 挡板；4. 隔板

图 13-17　夹层锅

（四）灌装和封口设备

包装容器常用的有马口铁罐、铝罐、玻璃瓶、塑料瓶、复合纸盒、复合塑料袋等。相对于不同的包装容器，有各种不同类型的灌装机及封口机（刘华等，2014）。

1. 灌装设备

灌装设备主要分为液态物料灌装充填设备、块状物料灌装充填设备，包括活塞式自动定量灌装机（图 13-18）、重力式自动定量灌装机（加糖水、盐水）、滚筒式灌装机、回转式容积定量灌装机等。

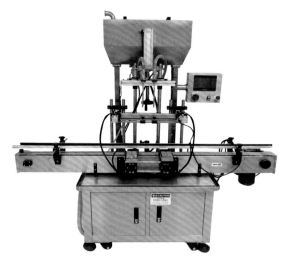

图 13-18　活塞式自动定量灌装机

2. 封口设备

封口设备包括封罐机、压盖机（图 13-19）、旋盖机、塑膜封切机、铝塑纸复合袋热封机等。

图 13-19　压盖机

（五）成品包装机械、储运设备

常用的成品包装机械包括自动堆垛机、半自动卸垛机、贴标机、套标机、装箱机、封箱机、装托盘机、捆扎机等。常用的储运设备有电动堆高机、蓄电池叉车等（刘飞，2018）。浆果软糖生产车间的设备布置见图 13-20。

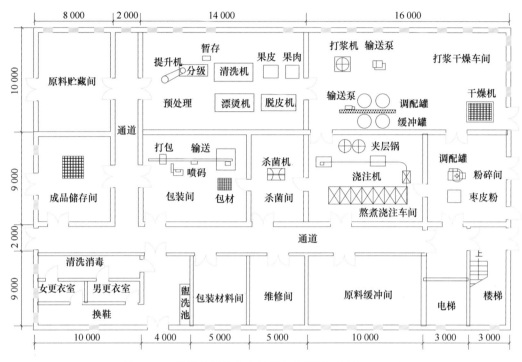

图 13-20　浆果软糖生产车间设备布置图（刘飞，2018）

六、工艺管路设计

工艺管路主要是指在生产车间单元内与所有工艺设备紧密连接的和与生产工艺设备直接相关的管路系统。其中既包括全部工艺专用介质管路（通常称为物料管路），也包括局部（区域性局部）公用介质管路。按设计工作的专业分工，局部公用介质管路的设计一般以车间外墙为界，内部由工艺专业负责，外部由公用各专业承担。此外，室内的消防给水和建筑排水管路，亦由公用各专业负责。

工艺管路设计的宗旨是要达到"三个满足"和"一个经济合理"：满足生产要求、满足安全要求、满足卫生要求，选材用料经济合理。

七、生产车间工艺布置

浆果贮藏与加工工厂生产车间工艺布置是工艺设计的重要部分，不仅与建成投产后的生产实践有很大关系，而且影响工厂整体。工艺设计必须与土建、给排水、供电、供气、通风采暖、制冷及安全卫生等方面统一和协调。

生产车间的平面设计主要是把车间的全部设备（包括工作台等）在一定的建筑面积内合理安排。平面布置图就是生产车间内设备布置的俯视图。在平面图中，必须标识清楚各种设备的安装位置。除平面图外，有时还必须画出生产车间剖面图，解决平面图中不能反映的重要设备和建筑物立面之间的关系，以及画出设备高度、门窗高度等在平面图中无法反映的尺寸。

（一）生产车间工艺布置的原则

1. 要有总体设计的全局观点

首先要满足生产的要求、各车间或部门间协调、预留发展空间前景等，满足总体设计的要求。

2. 设备布置要尽量按工艺流水线安排

设备布置要尽量按照工艺流水线安排，使生产过程占地最少，操作方便。如果一车间系多层建筑，要设有垂直运输装置，一般重型设备最好设在底层。

3. 应考虑进行多品种生产的可能

在进行生产车间设备布置时，应考虑进行多品种生产的可能，以便灵活调动设备，并留有适当的余地，以便更换设备。同时，还应注意设备之间的距离和设备与建筑物的安全维修距离，以便生产操作及更换设备。

4. 生产车间与其他车间的各工序要相互配合

为了保证各物料运输通畅，生产车间与其他车间的各工序要相互配合。必须注意，要尽可能地利用生产车间的空间进行运输。

5. 必须考虑生产卫生和劳动保护

必须考虑生产卫生和劳动保护，如卫生消毒、防蝇防虫、车间排水、电器防潮及安全防火等措施。对散发热量、气味及有腐蚀性的介质，要单独布置。对空压机房、空调机房、真空泵房等，既要分隔又要尽可能地接近使用地点。

6. 应注意车间的采光、通风、采暖、降温等设施

精细操作车间采光率应大于 1/5，一般车间采光率在 1/8～1/6。根据生产需要配备通风、采暖、降温设施。

7. 可以设在室外的设备

大型设备无特殊环境要求的可设置在室外。有爆炸危险的设备应布置在室外。

（二）生产车间平面布置的步骤与方法

浆果贮藏与加工工厂生产车间平面布置设计一般有两种情况，一种是新设计车间平面布置；另一种是对原有厂房进行平面布置设计。生产车间平面布置设计步骤叙述如下。

1）整理好设备清单和生活室等各部分的面积要求，如表 13-5 所示，清单中分出固定的、移动的、公共的、专用的设备及重量等说明。其中笨重的、固定的、专用的设备应尽量排在车间四周，轻的、可移动的、简单的设备可排在车间中央，方便更换设备。

表 13-5 ××浆果加工厂××车间设备清单

序号	设备名称	规格型号	安装尺寸	生产能力	台数	备注
1						
2						
3						

2）确定厂房的建筑结构、形式、朝向、宽度，绘出宽度和承重柱、墙的位置。一般，车间长以 50～60m 为宜（不超过 100m）。在计算纸上画出车间长度、宽度和承重柱。

3）按照总平面图，确定生产流水线方向。

4）用硬纸板剪成小方块（按比例），在草图上布置，排出多种方案进行分析比较，以求最佳方案。

5）讨论、修改、画草图，对不同方案可以从以下几个方面进行比较：①建筑结构造价；②管道安装（包括工艺、水、冷、气等）；③车间运输；④生产卫生条件、操作条件；⑤通风采光。

6）设置生活室、车间办公室。

7）画出车间主要剖面图（包括门窗）。

8）审查修改。

9）画出正式图。

图 13-21～图 13-23 分别为浆果果汁饮料、软糖和花青素提取的生产车间平面图。

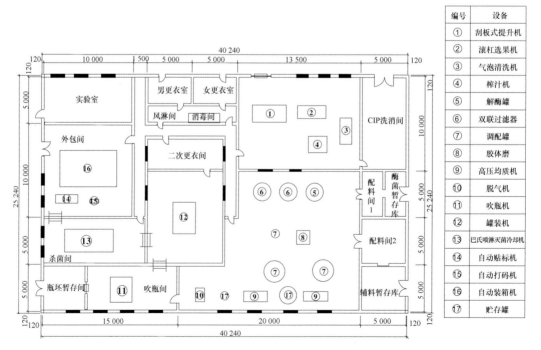

图 13-21 浆果果汁饮料生产车间平面图

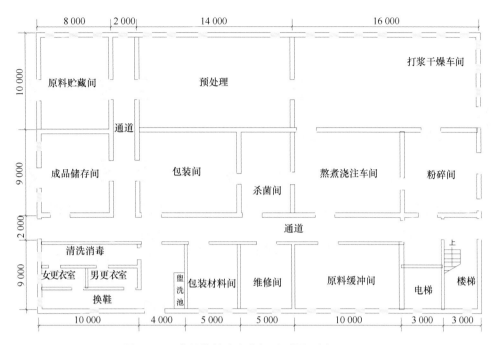

图 13-22 浆果软糖生产车间平面图（刘飞，2018）

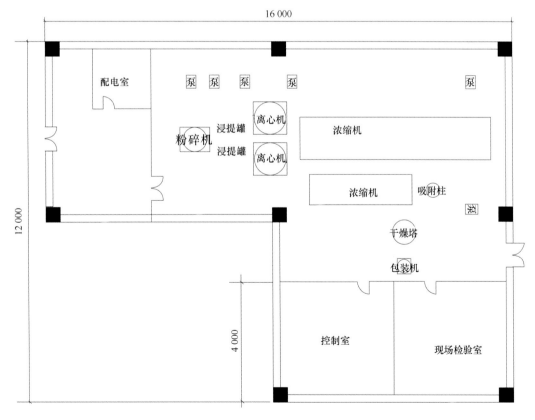

图 13-23 蓝莓花青素提取生产车间平面图（杨春瑜等，2004；陈蕾等，2018）

第四节 生产辅助设施与环境保护

一、生产辅助设施

浆果贮藏与加工工厂的辅助设施是指与生产有密切关系的一些技术和生活设施。辅助设施的设计是全厂设计的一部分，主要内容包括原料接收站、实验室、仓库、运输设施、机修车间和生活设施等的设计（许学勤，2008）。

（一）原料接收站

原料接收站是工厂生产的第一个环节。工厂的原料大部分为农副产品，来自田间或饲养场的较多。原料在进厂前或入库前需先进行预处理，以去除杂质和污染微生物。浆果原料接收站大部分设在原料基地或者原料比较集中采收的地点，原料经分级后运至工厂加工。

（二）实验室

浆果贮藏与加工工厂的实验室是工厂生产技术的研究、检测机构，主要进行新产品开发、产品质量控制。浆果贮藏与加工工厂的实验室主要包括中心实验室、化验室和过程检验室（贾国华，2014）。

1. 中心实验室

（1）中心实验室的任务

中心实验室的任务是对供加工的浆果原料产品进行研究，将结果应用于生产中。中心实验室的任务还包括开发新产品，如功能食品、保健食品等。

（2）中心实验室的装备

中心实验室一般由研究工作室、样品间、分析室、保温间、细菌检验室、资料室及试制工厂等组成。

2. 化验室

（1）化验室的任务

化验室的任务可按检验对象和项目来划分。检验对象一般包括原料、半成品、成品、各种添加剂、水质及环境等，检验项目一般包括感官检验、物理检验、化学检验及微生物检验等。

（2）化验室的组成

一般按检验项目来划分，化验室分为感官检验室、化学检验室、物理检验室、精密仪器室、细菌检验室及储藏室等。

（3）化验室的装备

化验室配备的大型用具主要有化验台、药品橱、通风橱及化验设备等。

3. 检验室

（1）检验室的任务

检验室的任务是对生产的原料、辅料、中间产品和成品等进行感官检验、物理检验、化学检验和微生物检验，并及时分析数据，为正常生产运作及管理决策提供依据。

（2）检验室的组成

检验室一般包括物理感官检验间、化学检验室、精密仪器间、微生物检验间（包括无菌室、细菌培养间、准备间）、样品间、资料间等（张一鸣和黄卫萍，2016）。

（三）仓库

浆果贮藏与加工工厂是物料流量较高的企业，其仓库面积在全厂建筑面积中占有相当大的比例，一般包括原料库、辅助库、成品库、包装材料库、五金材料库、劳动保护用品库及危险品仓库等。

（四）运输设施

浆果贮藏与加工工厂一般运输量比较大，其运进的物品为原料、配料、辅助材料、包装材料、燃料，运出的物品为成品及废弃品（生产废料、煤渣等），尤其是有生产旺季或高峰销售季节的浆果贮藏与加工工厂，每天的吞吐量很大，如年产 20 万 t 的浆果饮料厂高峰销售期的日销量要达 1000t 以上。因此，畅通的运输系统对工厂至关重要（许学勤，2008）。

二、环境保护

浆果贮藏与加工工厂除了决定场地是否满足需要，还需要评价工厂对周围地区的影响。评估工厂对周围地区影响的一般方法是专门完成一项环境影响评定，可见环境保护对工厂是十分重要的（Christopher，2013）。

（一）环境保护的内容

浆果贮藏与加工工厂的环境污染主要有生产废弃物、生产废水、生活污水、废气、锅炉烟尘、煤灰渣及机械噪声等。生产废弃物来源于浆果原料加工中的皮、渣及包装材料的废弃物等。生产废水来源于原料清洗、预煮、冷却、浸酸、淋碱、设备清洗、地坪冲洗等产生的废水。生活污水主要是指餐厅、卫生设备产生的污水。废气来源于镀锡薄板内、外涂料和印刷的有机溶剂挥发气体，油炸烹饪时产生的油烟、废热气及油脂浸出溶剂的逸出物。锅炉烟尘及煤灰渣产生于燃煤锅炉。机械噪声来源于空气压缩机、真空泵、水泵、制冷压缩机、风机等公用设施中的装备和生产设备。

（二）污水处理

浆果贮藏与加工工厂排出的废水归纳起来有以下 3 种（张国农，2015）：①混合在水中的固体物质，如果皮、果渣等；②悬浮在水中的脂肪、蛋白质、淀粉、胶体等；③溶解在水中的糖、盐、酸、碱等。

污水处理的基本方法主要有以下 3 种：①物理方法。有沉淀、浮选、过滤、热处理、离心分离、机械絮凝沉淀及反渗透。②化学方法。化学方法分为一般化学法和物理化学法。一般化学法包括中和、氧化、还原、络合、化学絮凝等方法，物理化学法主要包括吸附、置换、电解、萃取、离子交换及电渗析等多种方法。在工厂污水处理中常用中和法和化学絮凝法。③生物方法。利用水域中的生物对水中有机物的分解作用来净化污水。

（三）废弃物处理

浆果贮藏与加工工厂废弃物处理的要求如下。

1）按照浆果贮藏与加工工厂的卫生要求，车间产生的废弃物应及时运送至设在车间内的垃圾间或专用清洁桶内，定时清出。

2）对连续生产线上排出的废弃物，应用输送带或泵送至综合利用车间或排至室外贮罐，及时清理。

3）厂区要有集中固定的垃圾房，集中全厂废弃物并进行分类贮存，及时清理。垃圾房要有清洗装置及畅通的排水沟。

（四）废气、粉尘处理

废气、粉尘的处理要求如下。

1）对可产生油烟气的设备进行集中布置，集中排气，并经过处理后排出。

2）对涂料溶剂，如超标时需采用"触媒燃烧"或"直接加热燃烧"，使其自然分解后再排入大气。

3）浆果加工过程中因使用盐酸等而逸出的气雾，宜通过管道集中排入水槽，待水将其充分吸收后再排入大气。

4）发酵生产过程中产生的 CO_2 气体，可通过回收装置获得精制的 CO_2，仍可用于啤酒生产。

5）锅炉烟尘须采用高效率的消烟除尘装置。

6）对易产生粉尘的物料要采用密闭的生产设备，装置通风、吸尘和净化、回收设备，防止粉尘飞扬。

第五节　基本建设概算与技术经济分析

一、基本建设概算

基本建设概算书（初步设计概算书）是基本建设项目初步设计文件的 3 个重要组成部分之一。在基本建设项目可行性研究报告或计划任务书中，一定要有投资额这一要素，投资额大都根据"产品和规模"的客观需要经过估算而确定，采取这种方法估算出来的投资额是否符合或接近实际，需要有一个汇总各项开支内容的、以货币指标来衡量的尺度，这种尺度就是初步设计概算书。初步设计概算是确定建设项目投资额、编制基本建设实施计划、考核工程成本、进行项目技术经济分析和工程结算的依据，也是国家对基本建设项目进行监督和管理的重要方法之一（杨芙莲，2012）。

（一）概算编制说明

概算编制说明的内容包括工程概况及编制范围、编制依据、投资构成及分析、建筑工程主要材料定额用量、其他必要的说明。

1. 工程概况及编制范围

工程概况及编制范围主要说明项目性质、生产规模、产品品种、主要单项工程、工程总投资和总建筑面积。

2. 编制依据

1）国家有关建设和造价管理的法律、法规和方针政策。

2）批准或核准、备案的建设项目的计划任务书和主管部门的有关规定。

3）能满足编制设计概算的各专业经过校审并签字的设计图纸、文字说明和主要设备表。

4）当地和主管部门的现行建筑工程与专业安装工程有关费用规定的文件。

5）现行的有关设备原价、运杂费率和安装费率。

6）现行的有关其他费用定额、指标和价格。

7）建设场地的自然条件和施工条件。

8）类似工程的预算及技术经济指标。

9）建设单位提供的有关工程造价的其他资料。

3. 投资构成及分析

按工程费用性质划分列出概算投资构成分析表（表 13-6）。将概算投资构成与批准或核准、备案的估算投资进行比较，对出入较大的部分应进行分析。

表 13-6　××浆果加工厂××概算投资构成分析表（杨芙莲，2012）

序号	工程或费用名称	投资额（万元）			占投资的比例（%）	备注
		人民币	外币（美元）	小计		
1	建筑工程					
2	设备价值					
3	安装工程					
4	工器具购置					
5	其他工程和费用					

4. 建筑工程主要材料定额用量

列出建筑工程主要材料定额用量汇总表（表 13-7）。

表 13-7 ××浆果加工厂建筑工程主要材料定额用量汇总表（杨芙莲，2012）

序号	材料名称	单位	数量	备注
1	钢材	t		
2	水泥	t		
3	木材	m³		
4	其他			

5. 其他必要的说明

其他必要的说明如建筑总投资内未包括某些项目的投资费用，则应作以说明，以便建设方统筹考虑。

（二）总概算书

总概算书一般包括三部分：单位工程概算表、单项工程综合概算书、建设项目总概算书。先由各单位工程概算表汇总成每个单项工程综合概算书，再由各个单项工程综合概算书汇总成建设项目总概算书。

总概算书由承担建设项目总体设计的单位负责编制。只承担单项工程设计而不承担总体设计的单位，只编制单项工程综合概算书。

建设项目若为一个独立单项工程，则建设项目总概算书与单项工程综合概算书可合并编制。

二、技术经济分析

技术经济分析就是对不同技术方案的经济效果进行计算、分析、评价，并对在多种方案的比较中选择最优方案（包括计划方案、设计方案、技术措施和技术政策）的预测效果进行分析，作为选择方案和进行决策的依据。技术经济分析主要是从经济的角度出发，根据国家现行的财务制度、税务制度和现行的价格，对建设项目的费用和效益进行测算与分析，对建设项目的获利能力、清偿能力和外汇效果等经济状况进行考察分析的一项研究工作。这一研究工作的目的是通过分析，定性和定量地判断建设项目在经济上的可行性、合理性及有利性，从而为投资决策提供依据（张有林，2006）。

（一）技术经济分析的主要内容

就工程项目来说，技术经济分析的主要内容一般有以下 5 个方面：①认真做好对市场和用户的调查、预测工作；②认真做好项目布局、厂址选择的研究工作；③认真做好工艺流程的确定和设备的选择工作；④认真做好项目专业化协作的落实工作；⑤认真做好项目的经济核算工作。

（二）技术经济分析的步骤

对一个项目而言，在全面、深入地分析上述 5 个方面的内容之后，就可以进行具体的技术经济方案比较。方案的比较步骤大致如下：①根据项目要求，列出各种可能的技术方案；②收集各种方案的技术经济指标；③对各种方案进行具体计算，获得各方案的经济效果；④对各种方案进行综合评价，得出最终结论。

（三）技术经济分析的主要指标

在技术经济分析中，为了计算和评价每个方案的优劣，需要利用一系列的技术经济指标，而在进行项目的技术经济分析时，收集和计算各种技术经济指标是必不可少的一个环节。

1. 投资指标

投资是指花费在企业建设上的全部活劳动和物化劳动的总和。投资指标主要包括下列内容：①用于建筑工程的各种费用，如建筑厂房、处理设备和平整场地等；②用于安装工程的各项费用，如装置各种所需设备和工作台等；③用于购置各种设备、工具和器具等的费用；④其他建设费用，如人员培训费、土地征购费等。

2. 生产成本指标

生产成本指标主要有折旧费和大修费、原材料与燃料消耗费、职工工资、管理费和其他费用。

（1）折旧费和大修费

折旧费的计算一般采用使用年限法，固定资产的原值和预计使用年限是使用年限法的两个主要因素。

（2）原材料与燃料消耗费

在这一部分生产费用方面，各个工业部门间的差别很大，如交通运输和电力部门的该费用约占经营费用的50%，而轻工业、食品工业该费用占70%以上。

（3）职工工资

职工工资包括附加工资、奖金等，一般占的比重不大，多数低于10%。

（4）管理费和其他费用

管理费和其他费用包括车间经费、企业管理费、废品损失费等。

3. 实物指标

在方案比较中，一般使用货币指标，最常用的就是投资指标和生产成本指标，但许多实物指标也通过货币指标计算（如主要燃料和原材料消耗，用元/t、元/m^3、万元/km等表示）。

4. 劳动生产率

劳动生产率的计算方法如下。

$$R_L = P/L \tag{13-1}$$

式中，R_L 表示劳动生产率[t/(年·人)]；P 表示年产品总量（t/年）；L 表示方案的生产人员数（人）。

5. 其他指标

以上 4 项指标是在实际工作中经常计算和使用的指标,为了从各个侧面反映方案的特点,还必须计算一些反映投资经济效果和生产经济效果的指标。在反映投资的经济效果方面,有投资产品率、投资利润率、投资回收期和投资效果系数等指标。在反映生产的经济效果方面有成本利润率、资金利润率等指标。

(四)技术经济分析的方法

技术经济分析的具体方法很多,但基本方法有两类(张国农,2009):方案比较法和数学分析法。方案比较法是通过一组能从各方面说明方案的技术经济效果的指标体系,对实现同一目标的几个不同技术方案进行计算、分析和比较,然后选出最优方案的方法。数学分析法是运用数学方法来进行方案的技术经济分析,但计算十分复杂,目前在实际工作中应用还不多。方案比较法简单明确,考虑的指标和因素比较全面,既有定量分析,又有定性分析,而且这种方法已有一套较为完整和成熟的程序,是目前进行技术经济分析,选择最佳方案时应用最基本、最普遍的一种计算方法。

第六节 安全生产与卫生管理

一、安全生产

(一)安全性评价

安全性评价也称危险度评价,是应用安全系统工程的理论和方法,对系统存在的危险性进行定性和定量的分析,判断系统发生事故的可能性大小及其严重程度,并采取相应的预防措施,使系统达到所要求的安全标准。研究还没有发生但可能发生的事件,并把这种可能性量化为一个指标,计算事故发生的概率,划分危险等级,制定企业安全标准和措施,并进行综合比较和评价,从中选取最佳的方案,以超前控制事故的发生,达到安全管理标准化、规范化。评价采取现场检查、资料查阅、现场考问、实物检查、仪表检测、调查分析、现场测试、分析试验等查评方法(陈守江,2014)。

评价的原则包括以下几个方面。

(1)评价人员的客观性

要防止评价人员的主观因素影响评价数据,同时要坚持对评价结果进行复查。

(2)评价指标的综合性

单一指标只能反映局部功能,而综合性指标才能反映评价对象各方面的功能。

(3)评价方案的可行性

只有从技术、经济、时间和方法等条件分析都是可行的,才是较佳方案。

(4)标准参数资料

所采用的标准参数资料应是最新版本,确实能反映人、机、物、环境的危险程度。

（5）评价结果表达

评价结果应用综合性的单一数字表达。

（二）安全性评价程序

1. 制订评价计划

制订评价计划可参考同行业中其他企业安全性评价的计划，结合本企业情况，提出一个供讨论的初步方案。方案应是动态的，在评价过程中若发现了某些缺陷或漏掉了某些项目，应及时修改、补充和完善。计划中包括以下项目（蔡美琴，2004）：评价任务和目的；评价的对象和区域；评价的标准；评价的程序；评价的负责人和成员；评价的进度；评价的要求；安全问题的发现、统计和列表；整改措施及整改效果分析；总结报告等。

2. 安全性评价的步骤

1）确认系统的危险性，即找出危险性并加以量化。

2）根据危险的允许范围，具体评价危险性即排除危险性，消除或降低系统的危险性，使其达到允许范围。

（三）安全性评价技术

安全性评价是系统从方案制订、设计、制造、使用、报废的整个过程中的安全保证手段，它一般分为以下几个阶段（张妍和姜淑荣，2010）：根据有关法规进行评价；根据校验一览表或事故模型与影响分析做定性评价；依据有关物质（材料）、工艺过程的危险性定量评价；针对严重程度，实行相应的安全对策；根据事故灾害信息重新做出评价；进行全面定性、定量评价。

二、卫生管理

（一）工厂设计卫生规范

为了使食品的卫生监督体系更趋完善，我国广泛采用各种标准，以加强食品卫生安全。我国把对产品的生产经营条件，包括选址、设计、厂房建筑、设备、工艺流程等进行卫生学评价的标准体系，称为良好操作规范（GMP），作为对新建、改建、扩建食品厂进行卫生学审查的标准依据（时晓宾，2013）。

（二）工厂卫生管理

浆果贮藏与加工工厂应建立相应的卫生管理机构，负责宣传和贯彻食品卫生法规与有关规章制度，监督、检查其在本单位的执行情况，定期向食品卫生监督部门报告；指定和修订本单位的各项卫生管理制度与规划；组织卫生宣传及人员培训；定期进行本单位从业人员的健康检查。

工厂卫生管理包括以下几个方面（周颖，2013）：工厂设计的卫生规范；企业卫生标准的指定（包括 HACCP 系统的建立）；原材料的卫生管理；生产过程的卫生管理；成品的卫生检验；企业员工个人卫生的管理；成品贮存、运输和销售期间的卫生管理；虫害和鼠害的控制。

（三）工厂卫生标准

食品卫生标准是对食品中与人类健康相关的质量要素及其评价方法所做出的规定。食品卫生标准规定的项目有以下几个方面。

1）定义或性状描述：产品的定义及基本性状的描述。

2）感官指标：感官检查中应有的感官性状，这部分也是食品卫生标准中的正式指标。

3）理化指标：产品的物理性质、物理性能、化学成分、化学性质、化学性能等技术指标。

4）微生物指标：检测产品中菌落总数、大肠菌群和致病菌等指标。

5）其他指标：特殊项目的检验根据国家相关规定进行。

（四）工厂常用的卫生消毒方法

食品工厂各生产车间的桌、台、架、盘、工具和生产环境应每班清洗，定期消毒。以浆果加工厂为例，常用的消毒方法有物理消毒法和化学消毒法两大类（Steven et al., 2015）。物理消毒法包括煮沸法、蒸汽法、干烤消毒法、辐射法、紫外线法、臭氧法等。化学消毒法包括使用漂白粉、烧碱溶液、臭药水（克利奥林）、石灰乳、消石灰粉、高锰酸钾溶液、乙醇溶液、过氧乙酸等消毒的方法（表 13-8）。

表 13-8　食品工厂常用的化学消毒方法

方法名称	方法	适用对象
漂白粉溶液	0.2%～0.5%上清液（有效氯含量 50～100mg/L），喷洒使用	桌面、工具、墙壁、地面、运输车辆
烧碱溶液（NaOH）	1%～2%，喷洒消毒	油垢或浓糖污染的机械
臭药水（克利奥林）	5%的臭药水溶液，喷洒使用	有臭味的阴沟、下水道、垃圾箱、厕所等
石灰乳	20%石灰乳，每 4～6h 喷洒一次，连续 2～3 次	墙壁、地面
消石灰粉	新鲜熟化的消石灰粉撒布于阴湿的环境	道路、地面、污水沟
高锰酸钾溶液	0.1%的溶液，浸泡 5～10min	食具、工具
乙醇溶液	配制 70%～75%的乙醇溶液，喷洒或擦抹	手指、皮肤、小工具等。
过氧乙酸溶液	0.2%～0.5%，装入喷雾器中喷雾消毒	地面、墙壁、门窗、食具

参 考 文 献

班兆军, 张晶琳, 刘海东, 等. 2018. 1-MCP 结合硅窗 MAP 对新疆毛杏贮藏品质的影响. 保鲜与加工, 106(3): 9-15, 22.

包海蓉, 程裕东, 俞骏, 等. 2006. 冻藏温度对桑椹品质影响的研究. 食品科学, 27(12): 130-133.

包海蓉, 李柏林, 阎冬妮, 等. 2004. 桑葚的开发利用与市场营销. 食品科学, 25（增刊）: 206-209.

包怡红, 王文琼. 2011. 果肉型蓝莓饮料的研制. 中国林副特产, (5): 32-35.

鲍金勇, 王娟, 林碧敏, 等. 2006. 我国果醋的研究现状、存在的问题及解决措施. 中国酿造, 25(10): 1-4.

鲍玉冬, 杨闯, 赵彦玲. 2017. 基于碰撞变形能的机械采收蓝莓果实碰撞损伤评估. 农业工程学报, 33(16): 290-299.

贝慧玲. 2015. 食品安全与质量控制技术. 北京: 科学出版社.

毕文慧, 姚健, 刘学俊, 等. 2017. 微生物在果蔬贮藏保鲜中的应用研究进展. 食品工业科技, 38(20): 347-351.

蔡美琴. 2004. 食品安全与卫生监督管理. 上海: 上海科学技术出版社.

蔡宋宋, 高海霞, 窦连登. 2012. 蓝莓贮藏适宜果实特性研究. 北方园艺, (11): 169-171.

蔡宋宋, 韩澄, 高勇, 等. 2016. 田间预冷对蓝莓贮运品质的影响. 山东农业科学, 48(2): 115-118.

蔡宋宋, 岳清华, 韩澄. 2015. 蓝莓贮藏适宜温湿度条件研究. 食品工业科技, 36(18): 355-357.

蔡卫华. 1993. 果蔬保鲜技术及气调保鲜冷藏库在实际应用中需注意的问题. 包装与食品机械, 11(3): 19-22.

曹建康, 姜微波, 赵玉梅. 2007. 果蔬采后生理生化实验指导. 北京: 中国轻工业出版社: 82-90.

曹森, 王瑞, 赵成飞, 等. 2017. 采前喷施哈茨木霉菌对采后蓝莓贮藏品质及生物活性的影响. 江苏农业学报, 33(2): 424-431.

曹雪丹, 方修贵, 周伟东, 等. 2014. 澄清工艺对蓝莓果汁品质的影响. 浙江农业学报, 26(4): 1042-1048.

常远, 刘泽勤. 2010. 冷藏运输及冷藏运输装备发展对策初探. 青岛: 第七届全国食品冷藏链大会.

陈成. 2016. 枯草芽孢杆菌对桑椹采后致腐真菌的抑制及机理研究. 镇江: 江苏科技大学硕士学位论文.

陈成, 方银, 金超, 等. 2016. 枯草芽孢杆菌对桑椹采后致腐微生物的抑菌作用. 蚕业科学, 42(1): 118-123.

陈成花, 张婧, 刘炳杰, 等. 2016. 蓝莓果渣营养成分分析及评估. 食品与发酵工业, 42(9): 223-227.

陈冬梅. 2013. 桑葚的营养价值及应用前景. 南方农业, 7(6): 43-44.

陈方永. 2012. 我国杨梅研究现状与发展趋势. 中国南方果树, 41(5): 31-36.

陈杭君, 王翠红, 郜海燕, 等. 2013. 不同包装方法对蓝莓采后贮藏品质和抗氧化活性的影响. 中国农业科学, 46(6): 1230-1236.

陈红, 王大为, 李侠, 等. 2010. 不同方法提取大豆多糖的工艺优化研究. 食品科学, 31(4): 6-10.

陈宏毅. 2009. 多功能蓝莓保健茶的加工工艺. 北方园艺, (4): 226-227.

陈惠芳, 王琦, 付学池, 等. 2003. 超氧化物歧化酶（SOD）的分子生物学. 生命的化学, 23(4): 291-293.

陈慧, 唐威, 费艳. 2016. 杨梅种质资源遗传多样性研究进展. 现代园艺, 3(2): 5-7.

陈锦平. 1990. 果品蔬菜加工学. 西安: 陕西科学技术出版社: 57-85.

陈俊水. 2015. 分析检测中的质量控制. 上海: 华东理工大学出版社.

陈蕾, 江甜甜, 朱艺, 等. 2018. 年产 1t 蓝莓花青素提取工艺车间设计. 园艺与种苗, 38(10): 30-32.

陈立宇. 2014. 试验设计与数据处理. 西安: 西北大学出版社.

陈凌, 陶昆, 贺伟强, 等. 2016. 马齿苋不同溶剂提取物对草莓防腐保鲜的研究. 食品研究与开发, 37(10): 199-202.

陈琪, 王伯初, 唐春红, 等. 2003. 黄酮类化合物抗氧化性与其构效的关系. 重庆大学学报, 26(11): 48-51.

陈清, 卢国程. 1989. 微量元素与健康. 北京: 北京大学出版社.

陈琼华. 1999. 生物化学. 3 版. 北京: 人民卫生出版社.

陈姗姗, 张晖, 张超, 等. 2012. 真空浓缩对蓝莓花色苷降解的影响. 食品科技, 37(9): 270-274.

陈守江. 2014. 食品工厂设计. 北京: 中国纺织出版社.

陈文梅, 金鸣, 吴伟, 等. 2001. 红花黄酮成分抑制血小板激活因子介导的血小板活化作用. 药学学报, 36(12): 881-885.

陈文朴, 章学来, 黄艳. 2017. 甲酸钠低温相变材料的研制及其在蓄冷箱中的应用. 制冷学报, 38(1): 68-72.

陈文烜, 郜海燕, 房祥军, 等. 2010. 快速预冷对杨梅采后生理和品质的影响. 中国食品学报, 10(3): 169-174.

陈晓慧. 2007. 树莓叶中黄酮类化合物的提取、分离及结构鉴定的研究. 哈尔滨: 东北农业大学硕士学位论文.

陈晓琳, 唐欣昀, 周隆义. 2005. 枯草杆菌 SOD 高产菌株的诱变选育及产酶条件研究. 激光生物学报, 14(3): 173-176.

陈学红, 贺菊萍. 2008. 草莓采后生理和品质变化及保鲜技术. 河北农业科学, 12(9): 19-22.

陈学平. 1995. 果蔬产品加工工艺学. 北京: 中国农业出版社: 87-99.

陈仪男. 2010. 果蔬罐藏加工技术. 北京: 中国轻工业出版社: 154-190.

陈熠, 熊远福, 文祝友, 等. 2009. 果胶提取技术研究进展. 中国食品添加剂, (3): 80-84.

陈云霞, 田密霞, 胡文忠, 等. 2015. 蓝莓花色苷提取工艺及其抗氧化性研究. 保鲜与加工, 15(2): 34-39.

陈智慧, 邹宇晓, 刘凡, 等. 2016. 基于微生物转化技术的桑椹食品加工研究进展. 蚕业科学, 42(2): 336-340.

程根武, 王勇, 杨秀荣, 等. 2002. 拮抗酵母菌用于产后病害生物防治的研究进展. 天津农业科学, 8(1): 44-46.

程丽娟, 袁静. 2007. 发酵食品工艺学. 杨凌: 西北农林科技大学出版社: 44-49.

程水明, 陈亨坚, 林朝霞, 等. 2016. 碱法提取桑椹果渣中不溶性膳食纤维工艺研究. 中国酿造, 35(6): 105-108.

程晓建, 王白坡, 喻卫武, 等. 2009. 杨梅果实贮藏保鲜技术研究. 江西农业大学学报, 31(2): 226-230.

程运江. 2011. 园艺产品贮藏运销学. 2版. 北京: 中国农业出版社.

迟全勃. 2015. 试验设计与统计分析. 重庆: 重庆大学出版社.

楚文靖, 邰海燕, 陈杭君. 2015. 蓝莓贮藏保鲜技术研究进展. 食品工业, 36(6): 253-259.

楚炎沛. 2003. 物性测试仪在食品品质评价中的应用研究. 粮食与饲料工业, (7): 40-42.

代汉萍, 刘海广, 李亚东. 2012. 小浆果安全生产技术指南. 北京: 中国农业出版社.

戴承恩. 2014. 杨梅黄酮降血糖和竹叶黄酮降血脂的分子作用机制初探. 杭州: 浙江工业大学硕士学位论文.

邓伯勋. 2002. 园艺产品贮藏运销学. 北京: 中国农业出版社: 86-167.

邓怡, 孙汉巨, 谢玉鹏, 等. 2015. 蓝莓复合保健饮料的工艺研究. 饮料工业, 18(4): 29-34.

刁春英, 高秀瑞, 张玲. 2013. 蜂胶提取物对草莓室温保鲜效果的研究. 食品科技, 38(1): 248-252, 256.

丁乐, 杨人泽, 温úl明, 等. 2016. 桑葚花色苷抗氧化药理作用研究. 时珍国医国药, 27(1): 67-69.

丁鹏, 沈照鹏, 张京良, 等. 2016. 酶法制备黑莓果胶寡糖及其抗氧化活性研究. 食品工业科技, 37(11): 76-79.

丁希斌, 刘飞, 张初, 等. 2015. 基于高光谱成像技术的油菜叶片 SPAD 值检测. 光谱学与光谱分析, 35(2): 486-491.

董全. 2007. 果蔬加工工艺学. 重庆: 西南师范大学出版社: 77-97.

董绍华. 1994. 农产品加工学. 天津: 天津科学技术出版社: 99-108.

董生忠, 徐方旭, 刘诗扬. 2017. 短波紫外线（UV-C）结合冰温贮藏对蓝莓采后保鲜效果的影响. 北方园艺, (2): 142-144.

董胜利, 徐开生. 2005. 酿造调味品生产技术. 北京: 化学工业出版社: 77-91.

董玉得, 孙新建, 冯国栋, 等. 2018. 安徽沿江丘陵地区黑莓腺肋花楸生长特性及引种栽培技术. 园艺与种苗, 38(6): 4-5.

杜朋. 1992. 果蔬汁饮料工艺学. 北京: 农业出版社: 34-53.

杜琪珍, 姜华, 徐渊金. 2008. 杨梅中主要花色苷的组成与结构. 食品与发酵工业, 34(8): 48-51.

鄂晓雪, 柳建华, 王融, 等. 2014. 真空预冷处理提高草莓与蟠桃的冷藏品质. 上海理工大学学报, 36(1): 75-80.

樊爱萍, 鲁丽香, 刘卫. 2014. 采后热处理对蒙自石榴贮藏品质的影响. 红河学院学报, 12(5): 14-18.

范尚宇. 2016. 不同预冷方式对蓝莓果实贮藏特性的影响. 南京: 南京农业大学硕士学位论文.

房祥军, 郜海燕, 陈杭君, 等. 2014. 硅酸盐凝胶缓释异硫氰酸烯丙酯对草莓采后品质保持的影响. 中国食品学报, 14(6): 142-148.

房子舒, 黄晶晶, 徐茜, 等. 2013. 蓝莓酶解榨汁工艺研究. 中国食品学报, 13(12): 97-102.

封晓茹, 侯亚男, 张新雪, 等. 2018. 浆果汁加工工艺及其功效成分研究进展. 食品工业科技, 39(12): 334-340.

冯双庆. 2005. 安全优质蔬菜水果贮藏与运输指南. 北京: 中国农业出版社: 110-111.

冯叙桥, 黄晓杰, 赵宏侠, 等. 2014. MeJA（茉莉酸甲酯）处理对采后蓝莓品质和抗氧化能力的影响. 食品工业科技, 35(22): 330-335, 342.

冯颖, 孟宪军, 王建国, 等. 2008. 无梗五加果多糖组成及生物活性的研究. 食品科学, 29(4): 378-380.

冯毓琴, 张永茂, 于洋. 2014. 甘肃高原夏菜产地预冷与保温物流模式分析. 中国蔬菜, (12): 61-64.

冯志彬, 刘林德, 王艳杰, 等. 2009. 樱桃果醋及其饮料的研制. 食品科学, 30(2): 30.

符莎露, 吴甜甜, 吴春华, 等. 2016. 植物多酚的抗氧化和抗菌机理及其在食品中的应用. 食品工业, 37(6): 242-246.

付艳武, 高丽朴, 王清. 2015. 蔬菜预冷技术的研究现状. 保鲜与加工, 15(1): 58-63.

高凤娟. 1999. 世界草莓栽培技术进展. 山西果树, 47(4): 17-19.

高海生, 李春华, 蔡金星, 等. 2003. 天然果蔬保鲜剂研究进展. 中国食品学报, 3(1): 86-91.

高海生, 张翠婷. 2012. 果品产地贮藏保鲜与病害防治. 北京: 金盾出版社: 145-146.

高利萍, 王俊, 崔绍庆. 2012. 不同成熟度草莓鲜榨果汁的电子鼻和电子舌检测. 浙江大学学报（农业与生命科学版）, 38(6): 715-724.

高敏. 2016. 适量 NO 处理可提高草莓果实采后贮藏品质. 中国果业信息, 33(8): 55.

高铭, 纪淑娟, 程顺昌, 等. 2012. 不同浓度 CO_2 对箱式气调贮藏树莓保鲜效果的影响. 食品工业科技, 33(12): 341-343.

高年发. 2005. 葡萄酒生产技术. 北京: 化学工业出版社: 56-77.

高斯, 钱静. 2010. 保温包装整体设计及结构分析. 包装工程, 31(7): 51-53, 65.

高雪, 陈荣紫. 2018. 水杨酸（SA）处理结合低温保鲜杨梅的研究. 北方园艺, (6): 102-105.

高兆建, 唐世荣, 邵颖. 2008. 低醇草莓果酒酿造工艺的研究. 食品科学, (10): 29.

郜海燕, 陈杭君, 穆宏磊, 等. 2015. 生鲜食品包装材料研究进展. 中国食品学报, 15(10): 1-10.

邰海燕, 肖尚月, 陈杭君, 等. 2017. 蓝莓采后主要病原真菌的分离鉴定与生物学特性研究. 农业机械学报, 48(5): 327-334.

邰海燕, 徐龙, 陈杭君, 等. 2013. 蓝莓采后品质调控和抗氧化研究进展. 中国食品学报, 13(6): 1-8.

邰海燕, 杨帅, 陈杭君, 等. 2014. 蓝莓外表皮蜡质及其对果实软化的影响. 中国食品学报, 14(2): 102-108.

葛翠莲, 黄春辉, 夏思进, 等. 2012. 10 个蓝莓品种主要营养成分与色素含量分析. 中国南方果树, 41(4): 33-35.

葛向阳, 田焕章, 梁运祥. 2005. 酿造学. 北京: 高等教育出版社: 54-71.

耿晓玲, 张白曦, 徐丽丽, 等. 2007. 杨梅果实提取物抑菌特性的研究. 食品科技, 32(3): 120-122, 125.

弓德强, 谷会, 张鲁斌, 等. 2013. 杧果采前喷施茉莉酸甲酯对其抗病性和采后品质的影响. 园艺学报, 40(1): 49-57.

巩卫琪. 2014. 香芹酚-β-环糊精包合物的制备及对杨梅果实的缓释保鲜研究. 合肥: 安徽农业大学硕士学位论文.

巩卫琪, 房祥军, 邰海燕, 等. 2013. 杨梅采后病害与控制技术研究进展. 生物技术进展, 3(6): 403-407.

巩卫琪, 穆宏磊, 邰海燕, 等. 2014. 低糖杨梅红枣复合果酱的研制. 浙江农业科学, (2): 238-241.

巩卫琪, 穆宏磊, 邰海燕, 等. 2015. 香芹酚-β-环糊精包合物的制备及其抑菌效果. 中国食品学报, 15(3): 114-119.

谷鑫鑫, 宋维秀. 2018. 不同浓度山梨酸钾对树莓果实品质的影响. 青海大学学报, 36(1): 22-27.

顾洪雁. 2003. 猪血铜锌超氧化物歧化酶的纯化及其性质研究. 武汉: 华中师范大学硕士学位论文.

顾仁勇, 傅伟昌, 银永忠. 2008. 丁香和肉桂精油联合抗菌作用初步研究. 食品科学, 29(10): 115-117.

顾姻, 王传永, 贺善安. 1998. 兔眼蓝浆果品种果实养分测定. 植物资源与环境, 7(3): 33-37.

关慷慨, 刘维, 陈雪. 2017. 矮丛蓝莓采摘机的机械结构设计. 吉林化工学院学报, 34(11): 50-53.

关锡祥, 杨青, 严葳瑷. 2009. 医学科研课题选题与论文写作. 天津: 天津科学技术出版社.

广西壮族自治区统计局, 国家统计局广西调查总队. 2018. 2017 年广西壮族自治区国民经济和社会发展统计公报 [2019-04-27].

桂明珠, 胡宝忠. 2002. 小浆果栽培生物学. 北京: 中国农业出版社.

郭嘉. 2009. 氩气 MAP 技术在新鲜浆果包装中的应用. 西安: 西安理工大学硕士学位论文.

郭军, 凌和平, 李良俊, 等. 2011. 园艺作物黄酮类化合物研究进展. 江苏农业学报, 27(2): 430-436.

郭磊. 2016. 九州啤酒有限公司新厂设施规划研究. 石家庄: 河北科技大学硕士学位论文.

郭明丽, 薛永常. 2016. 草莓衰老过程中几种酶的变化. 大连工业大学学报, 35(3): 181-184.

郭启雷, 杨峻山, 刘建勋. 2007. 掌叶覆盆子的化学成分研究. 中国药学杂志, 42(15): 1141-1143.

郭新华, 杜林. 1996. 黄酮类药物的胶束纸色谱分离研究. 兰州医学院学报, 31(11): 849-850.

郭雪峰, 岳永德. 2007. 黄酮类化合物的提取、分离纯化和含量测定方法的研究进展. 安徽农业科学, 35(26): 8083-8086.

郭奕崇, 刘丙午. 2010. 物流用缓冲和保温发泡材料的生产现状与发展. 物流技术, 29(7): 131-133.

郭志平. 2010. 树莓的采收及采收后的加工技术. 农产品加工(创新版), (11): 31.

国家农产品保鲜工程技术研究中心(天津). 2010. 鲜食杨梅塑料箱式气调保鲜技术方法: 中国, 200910228050.4.

国石磊. 2015. 黑果腺肋花楸花色苷分离纯化、结构鉴定及其抗氧化活性研究. 秦皇岛: 河北科技师范学院硕士学位论文.

韩红娟. 2018. 树莓叶片次生代谢物的提取、鉴定、分离纯化及活性研究. 太原: 中北大学硕士学位论文.

韩明. 2016a. 概率论与数理统计. 上海: 上海财经大学出版社.

韩明. 2016b. 多元统计分析从数据到结论. 上海: 上海财经大学出版社.

韩鹏祥, 张蓓, 冯叙桥, 等. 2014. 蓝莓的营养保健功能及其开发利用. 食品工业科技, 36(6): 370-375, 379.

韩强, 邰海燕, 陈杭君, 等. 2016. 臭氧处理对桑椹采后生理品质的影响及机理. 中国食品学报, 16(10): 147-153.

韩文忠, 姜镇荣, 马兴华, 等. 2007. 国内外腺肋花楸产业和技术发展概况. 防护林科技, (3): 57-58.

韩文忠, 马兴华, 姜镇荣, 等. 2008. 黑果腺肋花楸形态特征和生长发育特性研究. 中国林副特产, (3): 4-6.

韩耀明, 郑志勇, 傅爱华. 2007. 湿冷新技术在果蔬保鲜中的应用与发展. 现代食品科技, 23(6): 92-93.

郝利平. 1994. 果品贮藏加工学. 太原: 山西高校联合出版社: 89-110.

郝利平. 2008. 园艺产品贮藏加工学. 北京: 中国农业出版社: 26-38.

何东平. 2009. 食品工厂设计. 北京: 中国轻工业出版社.

何飞, 陈均志. 2010. 杨梅叶提取物对草莓保鲜的应用效果. 浙江农业科学, (6): 1309-1311.

何国庆. 2001. 食品发酵与酿造工艺学. 北京: 中国农业出版社: 62-74.

何昆, 罗宽. 2003. 中草药萃取液对植物病原真菌、细菌的抑制作用. 湖南农业科学, (1): 43-45.

何雪梅, 孙健, 梁贵秋, 等. 2018. 广西地区 13 个主栽桑品种的桑椹营养与药用品质综合评价. 食品科学, 39(10): 250-256.

何雪梅, 张晓琦, 王国才, 等. 2014. 桑属植物的化学成分及药理活性综述. 蚕业科学, 40(2): 328-338.

和加卫, 杨正松, 唐开学. 2005. 树莓果实贮藏与加工性状研究. 西南农业学报, 18(2): 186-189.

贺善安, 顾姻, 孙醉君, 等. 1998. 黑莓引种的理论导向. 植物资源与环境, 7(1): 1-9.

洪国珍, 高京敏. 1997. 怎样撰写科技论文. 北京: 中国铁道出版社.

洪乔荻, 邹同华, 宋晓燕. 2013. 疫苗运输用蓄冷材料性能研究. 低温与超导, 41(8): 59-62.

洪振丰, 王郑选, 高碧珍, 等. 1998. 杨梅果汁的抗微核突变作用. 福建中医学院学报, 8(3): 36-37.

侯传伟, 魏书信, 王安建. 2008. 鲜切果蔬品质劣变与控制. 河南农业科学, 37(1): 96-98.

侯丽媛, 张春芬, 聂园军, 等. 2017. 草莓品种及其选育方法研究进展. 山西农业科学, 45(12): 2038-2043.

侯玉茹, 王宝刚, 李文生, 等. 2019. 草莓呼吸特性与发酵阈值研究. 保鲜与加工, 19(1): 25-31.

胡济美, 籍保平, 周峰, 等. 2009. 大兴安岭笃斯越橘花色苷合成分鉴定研究. 食品科学, 30(10): 239-241.

胡军, 孙宏宇, 许建林. 1987. 草莓速冻保鲜试验. 食品工业科技, (6): 25-27.

胡林峰, 许明录, 朱红霞. 2011. 植物精油抑菌活性研究进展. 天然产物研究与开发, 23(2): 384-391.

胡秋生, 刘守祥, 张云华. 2007. 喷刷式水果清洗机的设计. 农产品加工·学刊, (6): 91-93.

胡顺爽, 刘瑞玲, 郜海燕, 等. 2018. 灰霉胞外分泌物对蓝莓果实贮藏品质的影响. 中国食品学报, 18(9): 217-225.

胡文忠. 2009. 鲜切果蔬科学与技术. 北京: 化学工业出版社: 72-101.

胡西琴, 余歆, 陈力耕. 2001. 杨梅果实贮藏期间若干生理特征的研究. 浙江农业大学学报, 27(2): 179-182.

胡向阳, 蔡伟明. 2005. 一氧化氮与激发子诱导的植物抗病防卫反应. 生命科学, 17(2): 176-179.

胡小松, 李积宏, 崔雨林, 等. 1995. 现代果蔬汁加工工艺学. 北京: 中国轻工业出版社: 44-76.

胡小松, 廖小军, 陈芳, 等. 2005. 中国果蔬加工产业现状与发展态势. 食品与机械, 21(3): 4-9.

胡小松, 蒲彪, 廖小军. 2003. 软饮料工艺学. 北京: 中国农业大学出版社: 89-93.

胡小松, 乔旭光. 2009. 果蔬贮藏学科的现状与发展 // 中国科学技术协会. 食品科学技术学科发展报告. 北京: 中国科学技术出版社: 23-44.

胡晓亮, 周国燕, 王春霞. 2011. 3 种天然保鲜剂对荸荠杨梅贮藏保鲜效果. 食品与发酵工业, 37(6): 216-219.

胡兴明, 邓文. 2014. 蚕桑优质高产高效技术问答. 武汉: 湖北科学技术出版社.

胡雪琼, 夏杏洲, 梁婉妮, 等. 2007. 鲜切菠萝片加工工艺的研究. 食品工业科技, 28(10): 157-158, 161.

胡燕梅, 杨龙. 2006. 利用微生物防治植物病害的研究进展. 中国生物防治, 22(S1): 190-193.

胡云霞, 樊金玲, 武涛. 2014. 黄酮类化合物分类和生物活性机理. 枣庄学院学报, 31(2): 72-78.

扈晓杰, 韩冬, 李铎. 2011. 膳食纤维的定义、分析方法和摄入现状. 中国食品学报, 11(3): 133-137.

黄丹, 钟世荣, 刘达玉, 等. 2009. 发酵南瓜酒酿造工艺. 食品研究与开发, 30(11): 96-99.

黄国徽, 王爱军. 2008. 影响果蔬腌制过程中生物化学变化的因素. 职业与健康, 24(5): 491-492.

黄红焰, 李玉白, 李芳. 2018. 果胶对小鼠抗氧化能力的影响及 DNA 损伤的干预. 公共卫生与预防医学, 29(5): 26-28.

黄虹心, 杨鹏鹏, 刘柳姣. 2012. 采前喷钙对杨桃果实贮藏品质及相关酶活的影响. 湖北农业科学, 51(12): 2546-2548.

黄君, 王华林. 2011. 秸秆/淀粉发泡材料的制备与表征. 安徽化工, 37(2): 21-24.

黄莎, 李伟荣, 王耀松, 等. 2019. 贮前温度处理对采后浆果贮藏特性影响的研究进展. 食品工业科技, 40(4): 335-340.

黄士文. 2015. 杨梅栽培研究综述. 中国园艺文摘, 31(6): 41-45.

黄思满, 戴福婷, 曾艺坤. 2015. 浅论杨梅的贮藏保鲜研究进展. 食品安全导刊, 6X: 124.

黄斯, 李项辉, 陶晓亚, 等. 2015. 草莓减振包装的防损伤作用. 食品工业科技, 36(23): 272-275, 305.

黄玮婷, 魏倩, 赵梅, 等. 2016. 3 种化学保鲜剂对草莓采后保鲜的影响. 南方农业学报, 47(10): 1755-1760.

黄晓杰, 冯叙桥, 张佰清. 2015. 水杨酸处理对采后蓝莓果实贮藏品质及抗氧化能力的影响. 食品与发酵工业, 41(7): 238-243.

霍丹群, 张文, 李奇琳, 等. 2004. 超声波法与热提取法提取山楂总黄酮的比较研究. 中成药, 26(12): 1063-1064.

及华, 关军锋, 冯云霄, 等. 2014. 1-MCP 和预冷对深州蜜桃采后生理和品质的影响. 食品科学, 35(14): 247-250.

吉宁, 龙晓波, 李江阔, 等. 2019. 1-MCP 结合臭氧处理对蓝莓低温下保鲜效果研究. 食品工业科技, 40(11): 1-10.

吉宁, 王瑞, 曹森, 等. 2017. 1-甲基环丙烯+蓄冷剂+保温包装模拟运输蓝莓鲜果研究. 食品工业科技, 38(8): 311-315, 321.

纪祥洲, 李亮, 桑志成, 等. 2014. 电子鼻检测冻藏草莓品质研究. 中国农学通报, 30(36): 304-309.

季宇彬, 池文杰, 邹翔, 等. 2005. 西兰花中萝卜硫素提取、分离与抗癌活性研究. 哈尔滨商业大学学报(自然科学版), 21(3): 270-273.

贾国华. 2014. 探究食品机械设备选型原则及方法. 湖南农机, 41(7): 103-104.

贾连文, 吕平, 王达. 2018. 果蔬预冷技术现状及发展趋势. 中国果菜, 38(3): 1-5.

江洁, 胡文忠. 2009. 鲜切果蔬的微生物污染及其杀菌技术. 食品工业科技, 30(9): 319-334.

江苏省农业科学院. 2013. 一种复合生物涂膜剂及其用于蓝莓保鲜的方法: 中国, 201210427758.4.

江英, 童军茂, 陈友志, 等. 2004. 草莓冰温贮藏保鲜技术的研究. 食品科技, (10): 85-87.

姜爱丽, 高红豆, 胡文忠, 等. 2018. 高浓度 CO_2 气调对浆果生理及超微结构影响的研究进展. 包装工程, 39(9): 96-101.

姜爱丽, 胡文忠, 刘程惠, 等. 2009. 辣椒红色素的超临界萃取. 保鲜与加工, (6): 50-53.

姜敏芳, 刘青梅, 凌建刚. 2012. 三种熏蒸剂对杨梅果实采后品质的影响. 浙江万里学院学报, 25(5): 74-59.

姜镇荣, 韩文忠, 姜镇华, 等. 2006. 欧洲花楸试管苗移栽技术. 经济林研究, 24(3): 56-58.

蒋科技, 皮妍, 侯嵘, 等. 2010. 植物内源茉莉酸类物质的生物合成途径及其生物学意义. 植物学报, 45(2): 137-148.

蒋巧俊, 徐静. 2011. 杨梅采后商品化处理技术研究进展. 保鲜与加工, 11(4): 30-34.

蒋巧俊, 郑永华, 徐静. 2015. 杨梅气调贮藏及运输包装研究进展. 食品与机械, 31(5): 261-265.

蒋志国, 施瑞城. 2006. 10 种中草药提取物对常见果蔬致病真菌的抑制作用及有效成分分析. 食品科技, 31(4): 68-71.

金昌海, 鲁茂林, 秦文, 等. 2016. 果蔬贮藏与加工. 北京: 北京轻工业出版社: 49-52.

敬思群. 2007. 葡萄果醋饮料的工艺研究. 食品与发酵工业, 33(12): 150-153.

阚安康, 韩厚德, 曹丹, 等. 2007. 开孔聚氨酯真空绝热板芯材的研究. 绝缘材料, 41(2): 45-48.

阚娟. 2005. 桃果实成熟软化机理的研究. 江苏: 扬州大学硕士学位论文.

康三江, 张永茂, 王来. 2009. 浅议我国果蔬脆片生产现状与发展趋势. 农业工程技术（农产品加工业）, (9): 24-27.

赖洁玲, 李长秀, 翁胜杰, 等. 2015. 壳聚糖和二氧化氯联合处理对杨梅的保鲜效果. 湖北农业科学, 54(13): 3213-3217.

兰蓉, 吴志明, 张立秋. 2014. 葡萄糖氧化酶等天然保鲜剂对树莓保鲜效果的研究. 食品工业科技, 35(22): 308-312.

蓝云. 2009. 果品贮藏加工学. 2 版. 北京: 中国农业出版社: 67-92.

雷家军, 薛莉, 代汉萍, 等. 2015. 世界草莓属（Fragaria）植物的种类与分布. 草莓研究进展（Ⅳ）, 12: 349-360.

黎欢, 张群, 付复生, 等. 2018. 不同品种杨梅果渣营养成分及抗氧化特性研究. 轻工科技, 34(5): 25-28.

黎静, 薛龙, 刘木华, 等. 2010. 基于可见–近红外光谱识别氧乐果污染的脐橙. 农业工程学报, 26(2): 366-369.

黎庆涛, 王远辉, 王丽. 2011. 树莓功能因子研究进展. 中国食品添加剂, (2): 172-177.

李东. 2015. 滚筒式果蔬清洗机的设计研究. 机械工程师, (8): 154-155.

李冬香, 陈清西. 2009. 桑葚功能成分及其开发利用研究进展. 中国农学通报, 25(24): 293-297.

李富祥. 2009. 环境条件对草莓贮藏的影响研究. 北方园艺, (9): 202-203.

李共国, 马子骏. 2004. 桑椹贮藏保鲜中糖酸比变化及影响因素的研究. 蚕业科学, 30(1): 104-106.

李桂峰. 2006. 苹果渣膳食纤维的提取和应用. 陕西农业科学, (3): 60-61.

李和生, 王鸿飞. 2002. 过氧乙酸对草莓贮藏保鲜效果的初步研究. 江苏农业科学, (1): 60-61.

李红侠, 方雪梅, 徐礼生, 等. 2017. 蓝莓冻果花色苷的提取及抗癌活性的研究. 中国食品添加剂, (2): 87-92.

李华, 王华, 袁春龙, 等. 2007. 葡萄酒工艺学. 北京: 科学出版社: 77-87.

李化, 吴天骄. 2001. 超声技术在中草药成分提取中的应用. 时珍国医国药, 12(6): 96-98.

李家庆. 2003. 果蔬保鲜手册. 北京: 中国轻工业出版社.

李建挥, 禹霖, 柏文富, 等. 2019. 缓释保鲜纸对蓝莓采后冷藏品质的影响. 经济林研究, (1): 193-198.

李健, 姜微波. 2012. 预冷技术在果蔬采后保鲜中的应用研究. 北京工商大学学报（自然科学版）, 30(3): 65-68.

李娇娇, 邬海燕, 陈杭君, 等. 2016. 温度对桑椹采后贮藏品质及细胞壁代谢酶的影响. 中国食品学报, 16(2): 166-172.

李教práctic, 赵玉英. 1996. 密蒙花黄酮类化合物的分离和鉴定. 药学学报, 31(11): 849-854.

李杰民, 刘国明, 李丽, 等. 2018. 桑果酒发酵中试研究. 酿酒科技, 289(7): 57-61, 64.

李军. 1996. 茶多酚对葡萄贮藏品质及其腐烂率的影响. 安庆师范学院学报（自然科学版）, 2(2): 39-42, 64.

李军军. 2014. 缓释型乙醇保鲜剂制备及对杨梅, 蓝莓贮藏品质的影响. 合肥: 安徽农业大学硕士学位论文.

李俊芳, 马永昆, 张荣, 等. 2016. 不同果桑品种成熟桑椹的游离氨基酸主成分分析和综合评价. 食品科学, 37(14): 132-137.

李柯宏. 2018. 微胶囊化鱼油的制备及其在奶糖中的应用研究和工厂设计. 南昌: 南昌大学硕士学位论文.

李丽, 张锋, 王富华, 等. 2012. 常见浆果类水果中农药残留调查研究. 热带农业科学, 32(1): 54-57.

李莉. 2015. 广西蚕桑产业政策分析. 广西蚕业, 52(3): 78-82.

李梦丽. 2018. 红树莓和桑椹果汁贮藏期间花色苷的稳定性及抗氧化活性变化的研究. 武汉: 华中农业大学硕士学位论文.

李梦莎, 周丽萍, 朱良玉, 等. 2015. 基于 Web of Science 黑果腺肋花楸研究信息情报学分析. 国土与自然资源研究, (6): 16-18.

李敏. 2017. 不同贮藏保鲜方式对树莓果实品质的影响. 锦州: 锦州医科大学硕士学位论文.

李敏波, 金祖旭, 陈晨. 2010. 射频识别在物品跟踪与追溯系统中的应用. 计算机集成制造系统, 16(1): 202-208.

李培民, 钱世祥, 徐炳华. 2004. 益益久微生物复合制剂在杨梅保鲜上的应用试验. 中国南方果树, 33(3): 33.

李鹏霞, 邵世达, 冯俊涛, 等. 2006. 丁香精油和丁香酚对苹果贮藏期病害及果实品质的影响. 农业工程学报, 22(6): 173-177.

李倩, 刘延吉. 2011. 黑莓果实次生物质及花色苷组分的研究. 北方园艺, (16): 26-30.

李清清, 李大鹏, 李德全. 2010. 茉莉酸和茉莉酸甲酯生物合成及其调控机制. 生物技术通报, 1: 53-55.

李瑞国, 李洪亮, 白云清, 等. 2016. 低温真空油浴脱水水果蔬脆片加工车间设计探讨. 食品工业, 37(9): 140-144.

李瑞平, 黄骏雄. 2004. 高效制备液相色谱柱技术的研究进展. 化学进展, 16(2): 273-283.

李天元. 2016. 贮藏微环境气体调控保鲜浆果的技术研究. 大连: 大连工业大学硕士学位论文.

李向华, 赵宇, 赵永红, 等. 1994. 果酒, 果汁饮料中原果汁含量的检测与鉴别. 食品科学, 8: 43-45.

李晓娟, 孙诚, 宋海燕. 2007. 果品机械损伤及运输包装的研究. 中国包装, 27(5): 83-86.

李晓燕, 高宇航, 杨舒婷. 2010. 冷藏车用新型相变蓄冷材料的研究. 哈尔滨商业大学学报（自然科学版）, 26(1): 96-98, 102.

李晓燕, 李凯娣, 刘家庆, 等. 2013. 相变蓄冷技术在食品冷链中的应用研究与进展. 武汉: 勇于创新, 服务发展——2013 中国制冷学会学术年会.

李亚东. 2007. 蓝莓优质丰产栽培技术. 北京: 中国三峡出版社.

李亚东. 2010. 小浆果栽培技术. 北京: 金盾出版社.

李亚东, 裴嘉博, 孙海悦. 2018. 全球蓝莓产业发展现状及展望. 吉林农业大学学报, 40(4): 421-432.

李亚东, 唐雪东, 袁菲, 等. 2011. 我国小浆果生产现状、问题和发展趋势. 东北农业大学学报, 42(1): 1-10.

李莹, 任艳青, 闫化学. 2013. 成熟度和贮藏温度对草莓贮藏期间果实品质的影响. 食品工业科技, 34(4): 335-340.

李莹, 任艳青, 闫化学, 等. 2013. 机械伤对草莓果实理化品质的影响. 食品科技, 38(4): 18-23.

李颖畅, 马勇, 孟宪军, 等. 2009. 圣云蓝莓花色苷的组成分析. 食品与发酵工业, 35(8): 129-132.

李有富, 李辉, 韩涛, 等. 2016. 杨梅素诱导人宫颈癌 HeLa 细胞凋亡及凋亡通路的研究. 西北药学杂志, 31(3): 270-274.

李瑜. 2008. 泡菜配方与工艺. 北京: 化学工业出版社: 66-94.

李雨浩, 张楠, 向珊珊. 2019. 黑果腺肋花楸花色苷的提取工艺优化及其稳定性. 食品工业科技, 40(3): 120-126.

李跃红, 李伟岸, 张东亚, 等. 2017. 不同包装对番茄采后生理及保鲜效果的影响. 包装与食品机械, 35(6): 1-6.

梁贵秋, 吴婧婧, 沈薲. 2011. 桑椹鲜果的营养分析与评价. 现代农业科技, (16): 320-321.

梁国伟, 徐亮, 张宝荣, 等. 2009. 山楂酒酿造工艺研究及山楂酒中有机酸的 HPLC 测定. 酿酒科技, (7): 106-108, 113.

廖李, 姚晶晶, 程薇, 等. 2014. 桑葚果渣可溶性膳食纤维提取工艺优化. 湖北农业科学, 53(24): 6086-6089.

廖志伟. 2018. 食品机械设备选型原则及方法分析. 企业技术开发, 37(7): 81-82, 101.

林亲录, 邓放明. 2003. 园艺产品加工学. 北京: 中国农业出版社: 43-55.

林玉强. 2017. 食品机械设备选型方式及具体原则研究. 现代食品, (15): 31-33.

林作新. 2009. 研究方法. 北京: 中国林业出版社.

凌关庭. 2003. 可供开发食品添加剂（Ⅸ）: 蓝莓提取物及其抗氧化作用. 粮食与油脂, (6): 45-48.

刘安成, 李慧, 王亮生, 等. 2011. 石榴类黄酮代谢产物的研究进展. 植物学报, 46(2): 129-137.

刘宝林, 华泽钊, 许建俊, 等. 1999. 草莓冻结玻璃化保存的实验研究. 上海理工大学学报, 21(2): 180-183.

刘畅, 孟宪军, 孙希云, 等. 2014. 不同树莓品种冻藏品质变化及适宜冻藏品种筛选. 食品工业科技, 35(20): 354-357.

刘川, 李伟. 1998. 杨梅核仁提取液对胃癌（803、823）细胞的杀伤抑制作用初步研究. 中医药信息, (1): 56.

刘春菊, 孟宪军, 宣景宏. 2006. 树莓超氧化物歧化酶分离纯化及部分性质研究. 西北农业学报, 15(13): 142-144.

刘翠娜, 张双喜, 周恒勤. 2011. 便携式蓄冷保温箱结构优化. 吉林化工学院学报, 28(1): 29-33.

刘达玉, 左勇. 2005. 酶解法提取薯渣膳食纤维的研究. 食品工业科技, (5): 90-92.

刘飞. 2018. 南酸枣凝胶软糖的开发及工厂设计. 南昌: 南昌大学硕士学位论文.

刘菲, 张伟. 2016. 草莓贮存保鲜技术的研究进展. 包装工程, 37(5): 103-109.

刘凤珍, 王强. 2001. 草莓差压通风预冷过程中影响参数的研究. 制冷学报, (4): 49-53.

刘福民, 王志坤, 李大虎. 2018. 小型水果采摘器. 河北农机, (11): 7.

刘光发, 宋海燕, 罗婉如, 等. 2018. 百里香–丁香罗勒精油抗菌纸对草莓的防腐保鲜效果. 包装工程, 39(19): 91-97.

刘合生, 戚向阳, 曹少谦, 等. 2014. 杨梅乙醇提取物对小鼠酒精性肝损伤的保护作用. 中国食品学报, 14(8): 34-40.

刘华, 赵六永, 孙远征, 等. 2014. 果粒酸性含乳饮料的工艺及设备优化. 饮料工业, 17(3): 13-17.

刘华戎, 谷大海. 2012. 蓝莓果汁饮料加工工艺研究. 农产品加工·学刊, 289(8): 76-78, 81.

刘欢, 夏光辉, 温春野. 2014. 复配精油对采后葡萄灰霉菌抑制作用的研究. 食品工业科技, 35(21): 115-118, 122.

刘建华, 张志军, 李淑芳. 2004. 树莓中功效成分的开发浅论. 食品科学, 25(10): 370-373.

刘建学. 2006. 食品保藏学. 北京: 中国轻工业出版社: 175-182.

刘路. 2017. 产地预冷: 农产品"最先一公里"的重要保障. 物流技术与应用, 22(S1): 14-16.

刘开华, 豆成林. 2011. 涂膜保鲜剂中添加茶多酚对草莓贮藏品质的影响. 中国食品添加剂, (4): 75-78.

刘宽博, 王明力, 万良钰, 等. 2016. 树莓中主要活性成分及产品研究进展. 中国南方果树, 45(6): 178-183.

刘丽娜, 辛秀兰, 武建新, 等. 2011. 超临界 CO_2 对红树莓籽精油提取的研究及 GC-MS 分析. 食品研究与开发, 32(6): 108-110.

刘璐, 付明哲, 王侠, 等. 2011. 植物黄酮类化合物提取及测定方法研究. 动物医学进展, 23(6): 151-155.

刘少伟, 鲁茂林. 2013. 食品标准与法律法规. 北京: 中国纺织出版社.

刘绍军, 林学岷, 周丽艳, 等. 1996. 啤酒酵母对草莓保鲜作用研究初报. 河北农业大学学报, 19(3): 72-75.

刘升. 2001. 果蔬预冷贮藏保鲜技术. 北京: 科学技术文献出版社: 57-61.

刘伟, 李文阳, 寇继云. 2013. 果蔬缓冲包装材料现状及发展趋势. 劳动保障世界（理论版）, (8): 146.

刘玮, 金田茜, 康钰莹, 等. 2015. 不同产地桑葚酿造的果酒香气成分分析. 食品与发酵科技, 51(4): 64-68.

刘玮, 李长海, 庄倩, 等. 2007. 欧洲花楸引种及生物学特性. 东北林业大学学报, 35(2): 29-30.

刘文旭. 2012. 草莓酚类物质分离纯化、生物活性和结构的研究. 南京: 南京农业大学硕士学位论文.

刘向蕾, 朱友银. 2017. 我国蓝莓栽培技术进展. 现代园艺, (14): 14-16.

刘欣. 2015. 浆果类果品的贮藏技术与方法. 农业科技与装备, (12): 46-47.

刘新社, 易诚. 2009. 果蔬储藏与加工技术. 北京: 化学工业出版社: 34-54.

刘炎赫, 王超, 王浩, 等. 2016. HS-GCMS 气质方法检测蓝莓酒中香气成分研究. 农技服务, 33(5): 5-7.

刘洋, 申江, 邹同华. 2007. 预冷技术的发展及蔬菜真空预冷的实验研究. 天津: 第 3 届中国食品冷藏链新设备、新技术论坛.

刘奕炜, 周方, 郝建新, 等. 2013. 蓝莓汁及其提取物对嗜酸乳杆菌 NCFM 体外生长的影响. 中国乳品工业, 41(2): 13-16.

刘翼翔, 吴永沛, 籍保平. 2016. 蓝莓多酚在胃肠消化过程中的成分变化与抗氧化活性. 中国食品学报, 16(10): 197-203.

刘颖, 金宏, 程义勇. 2006. 多糖生物活性及其作用机制研究进展. 中国公共卫生, 22(5): 627-629.

刘雨佳, 彭丽桃, 叶俊丽, 等. 2016. "法兰地"草莓果实中花色素苷的组成及稳定性. 华中农业大学学报, 35(1): 24-30.

刘章武. 2007. 果蔬资源开发与利用. 北京: 化学工业出版社: 54-64.

刘长姣, 袁述, 毛北星, 等. 2013. 浆果有效成分和活性研究进展. 农产品加工·学刊, 325(8): 38-39, 43.

刘振海, 皇山立子, 任惠敏, 等. 1996. 科技论文的撰写与编排规范. 长春: 吉林教育出版社.

刘智威. 2013. 智能化包装在整合设计中的应用研究——以有机果蔬产品运输包装设计为例. 株洲: 湖南工业大学硕士学位论文.

龙杰, 邰海燕, 陈杭君, 等. 2011. 桑椹采后贮藏保鲜研究进展. 保鲜与加工, 11(3): 40-43.

卢佳欣, 刘惠, 沈丹丹, 等. 2017. 可降解缓冲包装材料研究进展综述. 绿色包装, (3): 41-47.

陆华忠, 曾志雄, 吕恩利. 2015. 一种双工况半导体制冷式果蔬配送箱及其控制方法: 中国, 104859958A.

陆漓, 刘鸿, 梁俊. 2017. 丁香精油等改性 PE 膜及其抑菌保鲜性能的影响. 包装工程, 38(9): 31-35.

陆庆光. 2018. 世界树莓产业发展新动态. 中国果树, (5): 105-108.

陆叙元, 张俐勤. 2012. 食品分析检测. 杭州: 浙江大学出版社.

罗海波, 姜丽, 余坚勇, 等. 2010. 鲜切果蔬的品质及贮藏保鲜技术研究进展. 食品科学, 31(3): 307-311.

罗霄, 郑国栋, 王俊. 2008. 果实糖代谢及其影响因素的研究进展. 农业科学研究, 29(2): 69-74.

罗晓玲, 徐嘉红, 杨武斌, 等. 2018. 蓝莓花色苷抗氧化功能及稳定性研究进展. 食品工业科技, 39(4): 312-317.

罗娅, 汤浩茹. 2011. '丰香'草莓果实发育过程中抗氧化物质与活性氧代谢研究. 园艺学报, 38(8): 1523-1530.

罗赟, 陈宗玲, 宋卫堂, 等. 2014. 草莓果实花色苷成分组成鉴定及分析. 中国农业大学学报, 19(5): 86-94.

罗云波, 蔡同一. 2001. 园艺产品贮藏加工学（加工篇）. 北京: 中国农业大学出版社: 56-87.

罗云波, 蔡同一. 2010. 园艺产品贮藏与加工学. 北京: 中国农业出版社: 38-53.

罗云波, 生吉萍. 2010. 园艺产品贮藏加工学（贮藏篇）. 2 版. 北京: 中国农业大学出版社.

罗章, 孙术国, 方军, 等. 2011. 杨梅渣膳食纤维提取工艺. 食品与发酵工程, 37(3): 215-219.

罗自生. 2003a. MA 贮藏对桑果细胞壁组分和水解酶活性的影响. 果树学报, 20(5): 214-217.

罗自生. 2003b. 气调贮藏对桑果生理的影响. 中国食品学报, 3(3): 51-54.

罗自生, 叶轻飚, 李栋栋. 2013. 纳米二氧化钛改性 LDPE 薄膜包装对草莓品质的影响. 现代食品科技, 29(10): 2340-2344, 2537.

骆扬, 马涛. 2015. 香蕉皮果胶与柠檬酸复配在草莓保鲜中的应用. 文山学院学报, 28(3): 24-27.

吕浩生. 2001. 从节能的理念积极推广冰蓄冷技术. 能源研究与利用, (3): 22-23, 47.

吕建华, 周庆新, 周沙沙, 等. 2009. 丁香提取液对草莓保鲜效果的影响. 食品与生物技术学报, 28(5): 633-636.

吕铁信, 王文亮, 孙宏春, 等. 2007. 我国膳食纤维的应用现状及生理功能研究. 中国食物与营养, (9): 52-54.

麻宝成, 朱世江. 2006. 苯并噻重氮和茉莉酸甲酯对采后香蕉果实抗病性及相关酶活性的影响. 中国农业科学, 39(6): 1220-1227.

马长伟, 曾名勇. 2002. 食品工艺学导论. 北京: 中国农业大学出版社: 76-98.

马超, 曹森, 龙晓波. 2017. 基于质地多面分析法评价不同处理对蓝莓鲜果模拟运输及货架品质的影响. 食品工业科技, 38(22): 286-290.

马承恩, 王振宇, 杨立学. 2005. 大花葵花色苷降血脂效果的研究. 中国科技信息, 10: 15-16.

马明兰, 刘阳, 蔡丽娜, 等. 2016. 桑葚多糖的提取研究. 化学与生物工程, 33(3): 39-42.

马沛生. 2008. 论文的选题与写作. 天津: 天津大学出版社.

马森林, 陈四平. 2011. 天然黄酮类化合物分离方法研究. 中国医药导报, 8(21): 8-9.

马悦, 赵乐凤, 吕子燕, 等. 2017. 高效液相色谱-四极杆-静电场轨道阱高分辨质谱分析桑葚中黄酮类和多酚类物质. 质谱学报, 38(1): 45-51.

茅林春, 方雪花, 庞花卿. 2004. 1-MCP 对杨梅果实采后生理和品质的影响. 中国农业科学, 37(10): 1532-1536.

蒙哥马利. 2009. 傅珏生, 张健, 王振羽, 等译. 实验设计与分析. 6 版. 北京: 人民邮电出版社.

孟凡丽. 2003. 越橘果实中花色苷的提取分离、定量和结构鉴定研究. 长春: 吉林农业大学硕士学位论文.

孟宪军. 2012. 中国小浆果深加工技术. 北京: 中国轻工业出版社.

孟宪军, 姜爱丽, 胡文忠, 等. 2011. 箱式气调贮藏对采后蓝莓生理生化变化的影响. 食品工业科技, (9): 379-383.

孟宪军, 李亚东, 李斌, 等. 2012. 中国小浆果深加工技术. 北京: 中国轻工业出版社.

孟宪军, 刘晓晶, 孙希云, 等. 2010. 蓝莓多糖的抗氧化性与抑菌作用. 食品科学, 31(17): 110-114.

孟宪军, 刘学, 周艳. 2007. 同时蒸馏萃取树莓叶片中挥发油的工艺研究. 食品科技, 32(11): 90-93.

孟宪军, 乔旭光. 2016. 果蔬加工工艺学. 北京: 中国轻工业出版社.

孟宪军, 杨磊, 李斌. 2012. 树莓酮对高血脂症大鼠血脂及炎症因子的影响. 食品科学, 33(13): 267-270.

孟宪军, 张佰清. 2010. 农产品贮藏与加工技术. 沈阳: 东北大学出版社: 129-130.

孟宪军, 周艳, 刘学, 等. 2008. 树莓酮对单纯性肥胖大鼠的减肥作用的试验研究. 食品工业, (1): 1-3.

孟雪娇, 邸昆, 丁国华. 2010. 水杨酸在植物体内的生理作用研究进展. 中国农学通报, 26(15): 207-214.

闵丽娥, 李佳, 刘克武, 等. 2004. 意蜂蜂王浆超氧化物歧化酶的分离纯化及部分性质. 昆虫学报, 47(2): 171-177.

牟增荣. 刘世雄. 2002. 酱腌菜加工工艺与配方. 北京: 科学技术文献出版社: 78-98.

那杰, 王关林, 夏然, 等. 2006. 草莓 *annfaf* 基因反义融合表达载体构建及转基因植株的获得. 中国农业科学, 39(3): 582-586.

南京农业大学. 2015. 一种草莓果实短波紫外线辐照复合冷风预冷保鲜技术: 中国, 201410652688.1.

倪元颖. 1999. 温带、亚热带果蔬汁原料及饮料制造. 北京: 中国轻工业出版社: 65-73.

宁正祥. 1993. 科技论文设计与撰写. 北京: 中国轻工业出版社.

牛广财, 姜桥. 2010. 果蔬加工学. 北京: 中国计量出版社: 33-42.

潘利红. 2008. 无机盐相变材料（PCMs）及其蓄冷系统研究. 杭州: 浙江工业大学硕士学位论文.

潘怡丹, 郜海燕, 陈杭君, 等. 2018. 麝香草酚/聚乳酸抗菌包装对蓝莓保鲜效果的影响. 核农学报, 32(4): 715-722.

庞学群, 张昭其, 董春. 2000. 拮抗菌控制果蔬采后病害研究进展. 园艺学报, 27（增刊）: 546-552.

裴蕾, 万婷, 王素凡, 等. 2018. 桑葚花色苷提取物对高脂酒精膳食作用下小鼠棕色脂肪组织改变的影响. 热带医学杂志, 18(5): 561-564, 568, 700.

彭财英, 李强根, 王加文, 等. 2012. 杨梅果实黄酮类成分分析. 亚太传统医药, 8(1): 35-37.

彭芳, 陈直和. 1998. 黄酮类化合物的生物学作用. 大理医学院学报, 7(4): 52-54.

戚晓丽, 盛况, 牟望舒, 等. 2014. 果蔬专用相变蓄冷剂对杨梅运输贮藏的保鲜效果. 杭州: 中国食品科学技术学会第十一届年会.

齐广海, 郑君杰, 尹靖东, 等. 2002. 类黄酮物质对蛋鸡抗氧化和脂质代谢的影响. 营养学报, 24(2): 153-157.

齐绽成. 2003. 超氧化物歧化酶（SOD）的开发应用概况. 中国制药信息, 19(11): 15-20.

钱建亚, 熊强. 2006. 食品安全概论. 南京: 东南大学出版社.

乔旭光. 2008. 果醋的发酵及其酿制. 农产品加工, (6): 27-29.

乔阳. 2016. 基于 GC-MS 及电子鼻的云南红茶香气成分的研究. 天津: 天津科技大学硕士学位论文.

秦公伟, 韩豪, 丁小维, 等. 2019. 蓝莓果渣中花色苷的超临界二氧化碳萃取工艺优化. 应用化工, 48(1): 109-112, 117.

秦世杰, 杨慧敏, 陈春蕾, 等. 2015. 以蓝莓贮藏为例果蔬冷库规划设计研究. 物流工程与管理, 37(6): 72-75.

邱德文. 2004. 微生物蛋白农药研究进展. 中国生物防治, 20(2): 91-94.

邱芳萍, 周杰, 李向晖, 等. 2002. 天然食品保鲜防腐剂——林蛙皮抗菌肽. 食品科学, 23(8): 279-282.

邱广亮, 李咏兰, 石晶瑜, 等. 2000. 绿豆胚超氧化物歧化酶的纯化及性质研究. 精细化工, 17(1): 57-59.

仇农学. 2006. 现代果汁加工技术与设备. 北京: 化学工业出版社: 23-43.

屈海泳, 刘连妹, 张旻倩. 2014. 冷藏温度对蓝莓果实品质的影响. 安徽农业大学学报, 41(5): 871-874.

屈海泳, 罗曼, 蒋立科, 等. 2004. T90-1 木霉菌的筛选和对草莓灰霉病菌作用机制的研究. 微生物学报, 44(2): 114-117.

曲径. 2011. 食品安全控制学. 北京: 化学工业出版社.

任翠荣, 刘金光, 王世清, 等. 2017. 常压低温等离子体处理对草莓保鲜效果的影响. 青岛农业大学学报（自然科学版）, 34(3): 228-234.

任杰. 魏鹏. 2013. 对宁夏发展红树莓产业的建议. 河南科技, (24): 174-175.

任培兵. 2012. 科技论文撰写指南. 石家庄: 河北科学技术出版社.

任亚琳, 毕阳, 葛永红, 等. 2013. BTH 浸泡处理对厚皮甜瓜采后病害的控制及贮藏品质的影响. 食品科学, 34(2): 267-272.

沙怡梅. 2011. 果汁和果汁饮料的秘密. 健康管理, 10: 86-88.

单杨. 2010. 中国果蔬加工产业现状及发展战略思考. 中国食品学报, 10(1): 1-9.

商敬敏, 牟京霞, 刘建民, 等. 2011. GC-MS 法分析不同产地酿酒葡萄的香气成分. 食品与机械, 27(5): 52-57.

邵承斌, 郑旭煦, 李新平. 2003. 黑麦草叶片超氧化物歧化酶. 应用化学, 20(5): 474-478.

邵姁, 李永强, 张真真, 等. 2016. 基于色度分析的蓝莓果实采收标准研究. 浙江师范大学学报（自然科学版）, 39(1): 65-69.

邵燕燕, 付大海. 2003. 灯盏细辛注射液治疗糖尿病肾病 30 例. 陕西中医, 24(4): 310-311.

沈力, 胥义, 占锦川, 等. 2015. 智能化标签在食品包装中的应用及研究进展. 食品工业科技, 36(5): 377-383.

沈莲清, 黄光荣. 2003. 杨梅的 MAP 气调保鲜技术研究. 浙江科技学院学报, 15(4): 232-235.

时晓宾. 2013. 基于 GMP 的食品质量与安全监控体系研究. 石家庄: 河北科技大学硕士学位论文.

时志军, 王蓓蓓, 王丽, 等. 2016. 蓝莓渣膳食纤维面包的工艺配方优化及其品质分析. 农产品加工, (12): 29-32.

史经略. 2005. 果醋的非生物返混及澄清研究. 中国调味品, (8): 8-10.

史振霞. 2011. 柠檬酸对鸭梨贮藏后期微生物数量和品质的影响. 中国农学通报, 27(31): 260-263.

束浩渊, 潘磊庆, 屠康, 等. 2015. 抗菌材料在食品包装中的研究进展. 食品科学, 36(5): 260-265.

司琦, 胡文忠, 姜爱丽, 等. 2017. 常见浆果气调贮藏保鲜技术的研究进展. 食品工业科技, 38(24): 330-333.

宋海燕, 田萌萌, 伍亚云. 2016. 蓄冷剂质量对挤塑聚苯乙烯保温箱温控效果的影响研究. 包装工程, (7): 56-60.

宋欢, 蔡君, 晏家瑛. 2010. 栅栏技术在果蔬保鲜中的应用. 食品工业科技, 31(11): 408-412.

宋建新, 孟宪军, 颜廷才, 等. 2015. 聚类法分析不同品种树莓的加工特性. 食品科学, 36(6): 130-135.

宋珏兴, 邵兴峰, 张春丹, 等. 2011. 测试条件的变化对草莓地剖面分析结果的影响. 食品科学, 32(13): 15-18.

宋丽丽, 段学武, 苏新国, 等. 2005. NO 和 NO$_2$ 与采后园艺作物的保鲜. 植物生理学通讯, 41(1): 121-124.

宋元军, 李娜. 2010. 聚氨酯泡沫材料的性能研究. 化学与粘合, 32(2): 19-21.

孙存普, 张建中, 段绍瑾. 1999. 自由基生物学导论. 北京: 中国科学技术出版社: 66-80.

孙贵宝. 2002. 蓝莓的保健作用及各国栽培发展趋势. 农机化研究, (3): 225.

孙贵宝. 2003. 高压静电场长期贮藏保鲜蓝莓果的试验研究. 农机化研究, (1): 121-123.

孙汉巨. 2016. 食品分析与检测. 合肥: 合肥工业大学出版社.

孙甲朋, 周孝清, 吴会军. 2012. 有机相变蓄冷材料中纳米石墨添加剂性能实验研究. 科技情报开发与经济, 22(1): 119-122.

孙金萍. 2004. 铁路冷藏运输的专业化改革与发展. 中国铁路, 10(5): 52-55.

孙军, 郭礼强, 孙清荣. 2016. 食品分析与检测. 石家庄: 河北教育出版社.

孙蕾, 王太明, 刘元铅, 等. 2005. 甜樱桃自发气调（MAP）贮藏技术. 保鲜与加工, (2): 28-30.

孙璐, 陈斌, 高瑞昌, 等. 2012. 拉曼光谱技术在食品分析中的应用. 中国食品学报, 12(12): 113-118.

孙莎, 郜海燕, 熊涛, 等. 2018. 五倍子提取液对蓝莓采后病害和品质的影响. 林业科学, 54(6): 53-62.

孙莎, 吴伟杰, 郜海燕, 等. 2018. 杨梅果实抗氧化物质的提取及其稳定性研究. 中国食品学报, 18(8): 185-193.

孙永才. 2011. 冷藏车热工性能分析及其真空隔热材料研制. 广州: 广州大学硕士学位论文.

孙芝杨, 钱建亚. 2007. 果蔬酶促褐变机理及酶促褐变抑制研究进展. 中国食物与营养, (3): 22-24.

汤黎明, 刘铁兵, 朱兴喜. 2010. 医用冷藏运输箱的设计与制作. 中国医疗器械杂志, 34(2): 109-111.

汤佩莲, 迟文, 曾洪辉. 2005. 杨梅多酚对核辐射损伤小鼠血液系统的保护作用. 海南医学院学报, 11(5): 391-392.

唐传核, 彭志英. 2001. 类黄酮的最新研究进展（Ⅰ）——抗氧化研究. 中国食品添加剂, (5): 12-16, 25.

唐传核, 彭志英. 2002. 类黄酮的最新研究进展（Ⅱ）——生理功能. 中国食品添加剂, (1): 5-10, 14.

唐梁楠, 杨秀瑗. 2013. 草莓优质高产新技术. 4 版. 北京: 金盾出版社.

唐任仲, 胡罗克, 周邦, 等. 2014. 基于无线射频识别技术的车间在制品物流状态分析. 计算机集成制造系统, 20(1): 45-54.

唐毓, 李丽, 周平和, 等. 2016. 天然植物中黄酮类化合物的研究进展. 现代畜牧兽医, (5): 45-50.

陶伯坦. 2013. 蓝莓清汁饮料的加工工艺研究. 呼和浩特: 内蒙古农业大学硕士学位论文.

陶锋, 李向荣, 占洁. 2008. 黄酮醇类化合物提取分离方法的研究进展. 中药材, 31(10): 1586-1589.

陶可全, 刘海军. 2016. 寒地小浆果产业情况报告. 北方园艺, (10): 175-177.

陶兴无. 2008. 发酵产品工艺学. 北京: 化学工业出版社: 81-88.

陶永元, 舒康云, 吴加美, 等. 2012. 茶多酚与壳聚糖复配对草莓保鲜效果的影响. 中国食品添加剂, (5): 224-230.

滕琴, 杨时巧, 廖利洹, 等. 2018. 淀粉基发泡材料的制备与研究. 现代盐化工, 45(5): 15-17.

田家祥. 2000. 第三代新兴水果——树莓. 中国野生植物资源, 19(6): 36, 40.

田密霞, 胡文忠, 王艳颖, 等. 2009. 鲜切果蔬的生理生化变化及其保鲜技术的研究进展. 食品与发酵工业, 35(5): 132-135.

田庆来, 谢渝春, 张波, 等. 2007. 溶剂萃取法分离水溶性甘草黄酮. 过程工程学报, 7(3): 496-500.

田仁君. 2014. 桑葚多糖的分离纯化及组成分析. 华西药学杂志, 29(4): 401-404.

田世平. 2013. 果实成熟和衰老的分子调控机制. 植物学报, 48: 481-488.

田世平, 罗云波, 王贵禧. 2011. 园艺产品采后生物学基础. 北京: 科学出版社.

田竹希, 李咏富, 龙明秀, 等. 2017. 生物保鲜剂在草莓贮藏保鲜中的研究进展. 农业科技与信息, (17): 38-40.

铁锋, 茹刚. 1994. 金属螯合亲和层析纯化金属硫蛋白. 生物化学与生物物理进展, 21(5): 447-450.

佟永薇. 2008. 黄酮类化合物提取方法的研究及展望. 食品研究与开发, 29(7): 188-190.

涂英芳, 杨野, 衣俊鹏. 1993. 长白山野生观赏植物. 北京: 中国林业出版社.

万清林, 赵书清. 1994. 草莓果实营养成分的分析. 北方园艺, (6): 34-35.

汪开拓, 廖云霞, 韩林. 2015. 羟丙基甲基纤维素涂膜处理对采后杨梅果实品质、生理及花色苷合成的影响. 食品与发酵工业, 41(1): 244-251.

王宝刚, 李文生, 冯晓元, 等. 2011. 高 CO$_2$ 气调箱贮运杨梅技术研究. 食品科技, 36(6): 42-45.

王大伟, 向延菊. 2005. 成熟度对树莓贮藏保鲜的影响研究. 塔里木大学学报, 17(4): 36-38.

王丹, 张静, 贾晓曼, 等. 2019. 蓝莓采后主要病原菌的分离鉴定及肉桂精油抑菌效果研究. 食品科学, 40(24): 167-172.

王二雷. 2014. 蓝莓花青素高纯提取物的制备技术及诱导肿瘤细胞凋亡作用研究. 长春: 吉林大学博士学位论文.

王关林, 杨怀义, 夏然, 等. 2001. 草莓果实膜联蛋白基因（annfaf）全长 cDNA 克隆及序列分析. 植物学报, 43(8): 874-876.

王红丽, 刘良旭. 2018. 保温高分子材料的研究进展. 合成树脂及塑料, 35(1): 98-102.

王华, 徐榕, 李娜, 等. 2011. 几种小浆果生物活性物质研究进展. 北方园艺, (8): 198-203.

王焕宇, 姜璐璐, 王惠源, 等. 2015. 短波紫外线对草莓采后腐烂、苯丙烷类代谢和抗氧化活性的影响. 食品科学, 36(10): 221-226.

王辉, 刘刚, 杨柳, 等. 2005. 莲心碱对实验性高脂血症大鼠血脂及脂质过氧化的影响. 天然产物研究与开发, 17(6): 722-725.

王杰, 闫肖肖. 2018. 水果采摘装置的发展. 科技创新与应用, (30): 78-79.

王颉. 2006. 食品工厂设计与环境保护. 北京: 化学工业出版社.

王颉, 张子德. 2009. 果品蔬菜贮藏加工原理与技术. 北京: 化学工业出版社: 43-65.

王金娣. 1999. 果桑营养成分的测定. 中国蚕业, (3): 42.

王娟. 2017. 草莓多酚的提取及其在美白化妆品中的应用研究. 广州: 暨南大学硕士学位论文.

王军文, 黄金枝, 石旭平, 等. 2016. 桑椹在食品加工中的研究进展. 蚕桑茶叶通讯, (4): 3-6.

王雷, 李华, 张华, 等. 2017. β-氨基丁酸抑制草莓低温贮藏过程中灰霉病的效果及其机理. 食品科学, 38(21): 272-278.

王磊明, 李洋, 张茜, 等. 2017. 蓝莓采后衰老机理和贮藏保鲜技术研究进展. 食品研究与开发, 38(21): 200-206.

王力程, 陈锐, 韩旭. 2018. 基于树莓派的松果采摘机器. 电子技术与软件工程, (17): 113-115.

王利枝. 2018. 蓝莓叶活性成分及体外保健功能研究. 金华: 浙江师范大学硕士学位论文.

王邈, 李玮, 王邦辉, 等. 2010. 保鲜技术在鲜切果蔬中的应用. 中国食物与营养, 2: 43-45.

王鹏. 2014. 欧美国家黑果腺肋花楸栽培技术研究现状. 中南林业调查规划, 33(1): 54-57.

王倩, 戴绍碧, 徐娓. 2012. 小型果蔬产地预冷装置的研究与试验. 安徽农业科学, 40(9): 5288-5290.

王勤, 陶乐仁, 崔振科. 2015. 不同终压与补水量对杨梅真空预冷的影响. 真空与低温, 21(6): 365-368.

王仁才. 2007. 园艺商品学. 北京: 中国农业出版社: 45-54.

王瑞, 岑顺友, 谢国芳. 2014. 不同晚熟蓝莓贮藏期间的品质变化研究. 现代食品科技, 30(3): 43-48.

王瑞坡. 2011. 桑椹黄酮的制备及其降血糖和降尿酸作用研究. 上海: 华东师范大学硕士学位论文.

王淑琴. 2010. 北方果蔬贮藏保鲜技术. 北京: 中国轻工业出版社: 64-68.

王淑贞. 2009. 果品保鲜贮藏与优质加工新技术. 北京: 中国农业出版社.

王伟. 2018. 蓝莓天然保鲜剂筛选及复合涂膜保鲜技术研究. 长沙: 湖南大学硕士学位论文.

王玮, 郭利朋. 2007. 马齿苋保健蔬菜纸的研制. 河北农业科学, 11(1): 111-112, 124.

王卫东, 李超, 许时婴. 2009. 高效液相色谱-串联质谱法分离鉴定黑莓花色苷. 食品科学, 30(14): 230-234.

王文辉, 徐步前. 2003. 果品采后处理及贮运保鲜. 北京: 金盾出版社: 292-295.

王文生, 周少绘. 2008. 果品蔬菜保鲜包装应用技术. 北京: 印刷工业出版社: 169-170.

王想. 2018. 面向水果冷链物流品质感知的气体传感技术与建模方法. 北京: 中国农业大学博士学位论文.

王向阳. 2002. 食品贮藏与保鲜. 杭州: 浙江科学技术出版社: 162-163.

王晓霖. 2013. 相变蓄冷及其在太阳能空调中的应用研究. 上海: 上海交通大学硕士学位论文.

王欣. 2014. 桑椹化学成分及生物活性的研究. 北京: 北京协和医学院硕士学位论文.

王秀. 2014. 蓝莓果实采后软化与细胞壁代谢关系研究. 南京: 南京农业大学硕士学位论文.

王雪飞, 张华. 2012. 多酚类物质生理功能的研究进展. 食品研究与开发, 33(2): 211-214.

王亚楠, 胡花丽, 古荣鑫, 等. 2014. 不同薄膜包装对桑椹采后品质的影响. 食品科学, 35(18): 224-229.

王延峰, 李延清, 郝永红, 等. 2002. 超声法提取银杏叶黄酮的研究. 食品科学, 23(8): 166-167.

王彦辉, 张清华. 2003. 树莓优良品种与栽培技术. 北京: 金盾出版社.

王益光, 林美士, 杨小平, 等. 2003. 不同冰块与果实数量对杨梅运输贮藏的保鲜效果. 中国南方果树, (2): 38-44.

王益光, 杨小平, 胡方南, 等. 2003. 冰和冰皇对杨梅聚苯乙烯泡沫包装箱的致冷效果试验. 中国南方果树, (3): 34-36.

王玉玲, 高继鑫, 张新富, 等. 2015. 1-MCP处理对蓝莓冷藏保鲜效果的影响. 食品研究与开发, 36(10): 132-136.

王哲, 王喜明. 2018. 活立木生理干燥过程中水分传输和散失机制探讨. 林业科学, 54(3): 123-133.

王志伟. 2018. 智能包装技术及应用. 包装学报, 10(1): 27-33.

王卓, 周丹丹, 彭菁, 等. 2018. 低温等离子体对蓝莓果实的杀菌效果及对其品质的影响. 食品科学, 580(15): 111-117.

韦公远. 2002. 果蔬真空预冷装置. 保鲜与加工, (3): 31.

卫春会, 卫翰轩, 李军, 等. 2009. 果浆发酵生产苹果酒的研究. 四川理工学院学报（自然科学版）, 22(5): 76-78.

魏颖颖, 王凤龙, 钱玉梅, 等. 2005. 烟草和黄瓜花叶病毒互作中过氧化氢酶的动态变化. 植物病理学报, 35(4): 359-361.

温岭市坞根杨梅专业合作社. 2014. 一种杨梅贮藏保鲜方法: 中国, 201410476619.X.

吴国卿, 王文平, 陈燕. 2010. 果醋开发意义、工艺研究及果醋类型. 饮料工业, 13(4): 14-17.

吴锦铸. 2008. 主要加工蔬菜国内外市场现状. 西北园艺, (3): 48-49.

吴锦铸, 张昭其. 2001. 果蔬保鲜与加工. 北京: 化学工业出版社: 76-88.

吴文娟. 2011. 检测农产品挥发性气体的电子鼻研究. 上海: 上海师范大学硕士学位论文.

吴文龙, 李维林, 闾连飞, 等. 2007. 不同品种黑莓鲜果营养成分的比较. 植物资源与环境学报, 16(1): 58-61.

吴文龙, 王小敏, 赵慧芳, 等. 2010. 黑莓品种'Chester'鲜果贮藏性能的研究. 食品科学, 31(8): 280-284.

吴喜平. 2000. 蓄冷技术和蓄热电锅炉在空调中的应用. 上海: 同济大学出版社.

吴晓云, 高照全, 李志强, 等. 2016. 国内外草莓生产现状与发展趋势. 北京农业职业学院学报, 30(2): 21-26.

吴新, 金鹏, 孔繁渊, 等. 2011. 植物精油对草莓果实腐烂和品质的影响. 食品科学, 32(14): 323-327.

吴岩. 2012. GC-MS/MS 技术分析浆果类食品中农药多残留的研究. 黑龙江: 黑龙江大学硕士学位论文.

吴瑶庆, 孟昭荣, 李莉, 等. 2011. 蓝莓中蛋白硒形态的富集分离及测定方法. 营养学报, 33(5): 463-466.

吴振先. 2002. 南方水果贮运保鲜. 广州: 广东科技出版社: 152-154.

吴子龙, 张浩, 王泽熙, 等. 2018. 壳聚糖–姜精油涂膜对草莓贮藏品质的影响. 食品研究与开发, 39(22): 169-174.

吴紫洁, 阮成江, 李贺, 等. 2016. 12 个沙棘品种的果实可溶性糖和有机酸组分研究. 西北林学院学报, 31(4): 106-112.

夏国京, 郝萍, 张力飞. 2002. 第三代果树: 野生浆果栽培与加工技术. 北京: 中国农业出版社.

夏乐晗, 陈玉玲, 冯义彬, 等. 2016. 不同品种杏果实发育过程中黄酮、总酚和三萜酸含量及抗氧化性研究. 果树学报, 33(4): 425-435.

夏其乐, 邢建荣, 陆胜民, 等. 2017. 杨梅、蓝莓果渣混合果酱加工工艺. 江苏农业科学, 45(12): 139-141.

夏文水, 钟秋平. 2006. 壳聚糖的抗菌防腐活性及其在食品保藏中的应用. 食品研究与开发, 27(2): 157-160.

夏星兰. 2013. 秸秆纤维/PVC 发泡材料的研究. 南昌: 江西农业大学硕士学位论文.

项文生. 2012. 新型果蔬超声波清洗设备的研究与开发. 农业装备技术, 38(2): 13-15.

肖功年, 张懋, 彭建. 2003. 气调包装（MAP）对草莓保鲜的影响. 食品工业科技, (6): 68-71.

肖家捷. 1998. 果汁和蔬菜汁生产工艺学. 北京: 轻工业出版社: 65-74.

肖敏, 马强. 2015. 蓝莓的日光温室栽培技术. 落叶果树, 47(4): 39-41.

肖艳, 黄建吕, 李宏彬. 1999. 钙和萘乙酸对杨梅果实耐藏性的影响研究. 西南农业大学学报, 21(4): 307-310.

小崛真珠子, 韩少良. 2004. 花色苷的抑癌效果——bilberry-花色苷的诱导癌细胞凋亡作用. 日本医学介绍, 25(2): 49.

孝培培. 2016. 微孔包装膜在三种耐二氧化碳果蔬保鲜上的应用. 天津: 天津科技大学硕士学位论文.

谢晶, 邱伟强. 2013. 我国食品冷藏链的现状及展望. 中国食品学报, 13(3): 1-7.

谢晶, 张利平, 王金锋, 等. 2013. 贮藏温度对草莓理化性质的影响. 食品科学, 34(22): 307-310.

谢禄荣, 马小华, 欧阳菊英. 2009. 采前钙处理对木洞杨梅果实采后品质和延缓衰老的影响. 中国农学通报, 25(7): 82-85.

谢深喜. 2014. 杨梅现代栽培技术. 长沙: 湖南科学技术出版社.

谢一辉, 苗菊茹, 刘文琴. 2005. 覆盆子化学成分的研究. 中药材, 28(2): 99-100.

邢妍, 丁丽, 张大伟, 等. 2009. 超声波法从小浆果树莓中提取果胶的研究. 农产品加工·学刊, 175(6): 23-24, 28.

吁洵哲, 梁霄, 黄喆, 等. 2017. 冷链运输温湿度远程监控系统. 计算机产品与流通, (11): 152.

徐翠莲, 杜林洳, 樊素芳, 等. 2009. 多糖的提取、分离纯化及分析鉴定方法研究. 河南科学, 27(12): 1524-1529.

徐方旭. 2014. 1-MCP 结构相似物调节香蕉和草莓采后成熟和衰老的分子生理机制. 沈阳: 沈阳农业大学博士学位论文.

徐福成, 李静雯, 玛丽娜·库尔曼. 2018. 不同产地的黑果腺肋花楸抗氧化活性比较. 中国林副特产, (4): 5-8.

徐怀德, 王云阳. 2005. 食品杀菌新技术. 北京: 科学技术文献出版社: 58-87.

徐龙. 2014. AITC 和香芹酚对黑莓果实贮藏效果及抗氧化作用的影响. 杭州: 中国食品科学技术学会第十一届年会.

徐龙, 葛林梅, 郜海燕, 等. 2014. 温度对黑莓采后贮藏品质及生理代谢的影响. 核农学报, 28(5): 845-850.

徐庭亏, 魏云潇, 王毅, 等. 2016. 纳米碳酸钙改性聚乙烯膜对杨梅贮藏品质和生理的影响. 现代食品科技, 32(10): 205-210.

徐云焕, 梁森苗, 郑锡良, 等. 2016. 叶面营养对杨梅果实产量和品质的影响及各指标的相关性. 浙江农业学报, 28(10): 1711-1717.

徐子婷, 周文美. 2010. 绿色食品果醋开发的探讨. 河北农业科学, 14(7): 74-76.

许超群, 王亚利, 黄从军, 等. 2011. 苹果醋的开发与研究综述. 中国调味品, 36(2): 7-10.

许平飞. 2016. 我国树莓研究现状及产业化前景分析. 中国园艺文摘, 32(6): 50-52.

许晴晴. 2014. 香芹酚对蓝莓采后病害抑制和贮藏品质的影响研究. 南京: 南京农业大学硕士学位论文.

许晴晴, 陈杭君, 郜海燕, 等. 2013. 抗病诱导剂在果蔬采后病害控制中的应用研究进展. 浙江农业学报, 25(5): 1167-1172.

许晴晴, 郜海燕, 陈杭君. 2014. 茉莉酸甲酯对蓝莓贮藏品质及抗病相关酶活性的影响. 核农学报, 28(7): 1226-1231.

许时星, 郜海燕, 陈杭君, 等. 2017. 振动胁迫对蓝莓果实品质和抗氧化酶活性的影响. 林业科学, 53(9): 26-34.

许晓娟. 2016. 蓝莓果渣多酚、膳食纤维的提取工艺及性质研究. 长春: 吉林农业大学硕士学位论文.

许晓娟, 程志强, 范海林, 等. 2016. 响应面法优化蓝莓果渣不溶性膳食纤维提取工艺. 吉林农业大学学报, 38(2): 240-245, 252.

许学勤. 2008. 食品工厂机械与设备. 北京: 中国轻工业出版社.

许雪莹, 杨小兰, 李小丽, 等. 2012. 酶法制取桑葚汁的工艺研究. 农产品加工·学刊, (4): 18-20.

薛珺, 徐夏迟, 沈静, 等. 2008. 杨梅酒对小鼠扭体模型的镇痛作用. 徐州医学院学报, 28(8): 554-555.

薛莹, 徐先顺, 雍莉, 等. 2018. 蓝莓提取物中花青素和黄酮类活性成分的 UPLC-TOF MS 联用分析. 天然产物研究与开发, 30: 731-735.

延海莹, 乔乐克, 张京良, 等. 2018. 树莓营养及活性研究进展. 食品工业, 39(7): 281-284.

闫淑霞. 2016. 杨梅果实黄酮苷类物质分离纯化及其抑制 α-葡萄糖苷酶活性研究. 杭州: 浙江大学硕士学位论文.

严灿. 2016. 草莓采后全程冷链保鲜技术研究. 上海: 上海海洋大学硕士学位论文.

严振宇, 张秋菊. 2012. 黄酮类化合物提取分离方法简介. 微量元素与健康研究, 29(3): 55-57.

燕华, 孙鹤宁. 1994. 果汁腐败变质原因和果汁贮藏技术. 落叶果树, (S1): 85-86.

杨邦英. 2002. 罐头工业手册（新版）. 北京: 中国轻工业出版社: 57-87.

杨春瑜, 马岩, 石彦国, 等. 2004. 食品机械设备选型原则及方法. 食品工业科技, 25(5): 107, 113-114.

杨凤华, 康成, 李淑华, 等. 2002. 黄芪水溶性黄酮类对小鼠细胞免疫功能的影响. 时珍国医国药, 13(12): 718-719.

杨芙莲. 2012. 食品工厂设计基础. 北京: 中国轻工业出版社.

杨桂霞. 2004. 笃斯越橘花色素的分离鉴定及栽培种花色素的定量分析. 长春: 吉林农业大学硕士学位论文.

杨桂霞, 许晓娟, 程志强, 等. 2015. 响应面法优化蓝莓果渣可溶性膳食纤维提取工艺. 吉林农业大学学报, 37(6): 739-745.

杨宏顺. 2005. 浆果气调冷藏下表皮和果胶超微结构与品质变化. 上海: 上海交通大学博士学位论文.

杨虎清, 吴峰华, 周存山, 等. 2010. NO 对杨梅采后活性氧代谢和腐烂的影响. 林业科学, 46(12): 70-74.

杨静, 武彦辉, 刘缘晓, 等. 2015. 树莓干果总黄酮纯化前后活性比较. 食品研究与开发, 36(23): 1-5.

杨军, 刘艳, 杜彦蕊. 2002. 关于二维码的研究和应用. 应用科技, 29(11): 11-13.

杨良, 孟留伟, 黄凌霞. 2017. 桑椹采后贮藏保鲜技术研究进展. 蚕桑通报, 48(2): 19-24, 33.

杨培青. 2016. 蓝莓果渣酵素制备工艺的研究. 沈阳: 沈阳农业大学硕士学位论文.

杨培青, 李斌, 颜廷才, 等. 2016. 蓝莓果渣酵素发酵工艺优化. 食品科学, 37(23): 205-210.

杨清香, 于艳琴. 2010. 果蔬加工技术. 2 版. 北京: 化学工业出版社: 54-61.

杨荣玲, 肖更生. 2006. 我国蔬菜发酵加工研究进展. 保鲜与加工, 33(2): 15-17.

杨书珍, 彭丽桃, 潘思轶. 2009. 蜂胶乙酸乙酯提取物对意大利青霉菌的抑制作用及稳定性研究. 食品科学, 30(11): 87-90.

杨颖, 张伟, 董昭. 2013. 冷藏车用新型复合相变蓄冷材料的制备及热性能研究. 化工新型材料, 41(11): 41-43.

杨洲. 2017. 草莓保鲜技术研究进展. 保鲜与加工, 17(2): 133-138.

杨洲, 黄燕娟, 赵春娥. 2006. 果蔬通风预冷技术研究进展. 中国农学通报, 22(9): 471-474.

姚佳宇, 李志坚. 2016. 蓝莓花青素在眼科疾病的研究进展. 国际眼科杂志, 16(12): 2234-2236.

姚玉静, 黄国平, 龚慧雯, 等. 2010. 果醋发酵工艺研究进展. 粮食与食品工业, 17(6): 28-30.

姚远, 王琛, 陶烨, 等. 2017. ^{60}Co-γ 辐照对冷藏期间蓝莓果实品质和生理的影响. 辽宁农业科学, (5): 32-39.

叶磊. 2014. 桑椹果实冷藏品质变化及 AITC 对其贮藏性的影响. 南京: 南京农业大学硕士学位论文.

叶万军, 宋丽娟, 王志伟, 等. 2018. 黑龙江小浆果资源的综合利用与开发. 中国林副特产, 155(4): 62-64.

叶兴乾. 2002. 果品蔬菜加工工艺学. 2 版. 北京: 中国农业出版社: 456-478.

叶兴乾. 2009. 果品蔬菜加工工艺学. 3 版. 北京: 中国农业出版社: 156-175.

叶兴乾, 陈健初, 苏平. 1994. 荸荠种杨梅的花色苷组分鉴定. 浙江农业大学学报, 20(2): 188-190.

叶兴乾, 陈健乐, 金妙仁, 等. 2015. 果胶改性方法及生物学作用机理研究进展. 中国食品学报, 15(7): 1-9.

尹靖东. 2000. 类黄酮对蛋鸡胆固醇及氧化物形成的影响. 北京: 中国农业科学院博士学位论文.

尹明安. 2010. 果品蔬菜加工工艺学. 北京: 化学工业出版社: 23-53.

尹艳, 高文宏, 于淑娟. 2007. 多糖提取技术的研究进展. 食品工业科技, 2: 248-250.

尹艳, 曾令达, 宋冠华, 等. 2009. 果胶类多糖的功能特性与应用研究. 中国甜菜糖业, (3): 26-28.

应铁进, 席玙芳, 陈萃仁, 等. 1997. 杨梅鲜果的公路远程保温运输技术. 食品科学, 18(8): 52-55.

应铁进, 席玙芳, 郑永化, 等. 1994. 杨梅鲜果简易低温运输模拟试验. 食品科学, (4): 58-60.

尤玉如. 2015. 食品安全与质量控制. 北京: 中国轻工业出版社.

于波, 彭爱一, 齐鑫, 等. 2010. 高速逆流色谱法分离纯化青皮中六种多甲氧基黄酮. 天然产物研究与开发, 22(3): 2-6.

于继男, 薛璐, 鲁晓翔, 等. 2015. 冰温结合 ε 聚赖氨酸对贮藏期间蓝莓生理品质的变化影响. 食品工业科技, 36(1): 334-337, 343.

于靖, 吕婕, 季鹏, 等. 2006. 果醋饮料的现状分析及展望. 科技资讯, (8): 222-224.

于欣, 胡晓峰, 黄占华. 2012. 有机/复合相变储能材料研究进展. 功能材料, 43（增刊 1）: 16-21.

于永生, 井强山, 孙雅倩. 2010. 低温相变储能材料研究进展. 化工进展, 29(5): 896-900, 913.

余朝舟, 李建科, 吴晓霞. 2008. 魔芋葡苷聚糖□水苏糖复合肠道制剂. 食品与发酵工业, 34(4): 90-94.

喻譞. 2015. 短波紫外线对杨梅果实保鲜的影响及其机理研究. 南京: 南京农业大学硕士学位论文.

喻譞, 姜璐璐, 王焕宇, 等. 2015. UV-C 处理对杨梅采后品质及苯丙烷类代谢的影响. 食品科学, 36(12): 255-259.

袁芳, 邱诗铭, 李丽, 等. 2017. 响应面法优化桑椹渣果胶提取工艺的研究. 轻工科技, (5): 20-22.

袁群, 沈学强. 1994. 温控储热相变材料及其应用前景. 化学世界, (4): 173-175.

袁园, 章学来. 2013. −43℃新型复合低温相变材料的制备及热性能研究. 中国制冷学会学术年会论文集. 武汉: 中国制冷学会.

袁志, 李霞. 2017. SM 复合膜保鲜杨梅的研究. 广东化工, 44(18): 85-88.

原爱红, 黄哲, 马骏, 等. 2004. 桑叶黄酮的提取及其降糖作用的研究. 中草药, 35(11): 1242-1243.

苑庆刚. 2010. 草莓的采收与贮藏. 农业科技与装备, (3): 52-54.

云南省农家书屋建设工程领导小组. 2009. 果桑栽培与加工新技术. 昆明: 云南科学技术出版社.

臧宝霞, 金鸣, 吴伟, 等. 2003. 杨梅素对血小板活化因子拮抗的作用. 药学学报, 38(11): 831-833.

臧海云, 张云伟. 2005. 草莓栽培与贮藏加工新技术. 北京: 中国农业出版社: 48-51.

曾繁坤. 1996. 果蔬加工工艺学. 成都: 成都科技大学出版社: 54-64.

曾剑超, 夏天兰, 吴希茜, 等. 2008. 鲜切芹菜加工关键技术的研究. 江西食品工业, (1): 31-32.

曾凯芳, 姜微波. 2005. 水杨酸处理对采后绿熟芒果炭疽病抗病性的诱导. 中国农业大学学报, 10(2): 36-40.

曾凯芳, 肖丽娟, 曾凡坤. 2005. 振动胁迫对果品采后贮藏特性的影响. 食品科技, (4): 81-82, 85.

曾勤, 袁海波. 2012. 脱落酸对非跃变型果实成熟的促进效应. 北方园艺, (1): 181-183.

曾庆孝. 2006. GMP 与现代食品工厂设计. 北京: 化学工业出版社.

曾庆孝. 2007. 食品加工与保藏原理. 2 版. 北京: 化学工业出版社: 55-79.

曾少雯, 杜玮瑶, 邓琪琪, 等. 2018. 香芹酚淀粉复合膜对草莓保鲜的研究. 农产品加工, (20): 7-12, 15.

翟家佩, 蒋伟. 2011. 冷水冷却式果蔬预冷装置设计. 食品研究与开发, 22(1): 56-59.

战广琴, 罗曼, 蒋立科, 等. 2003. 牛血、猪血中 SOD 系统分离技术. 生物学杂志, 20(1): 40-42.

张德生, 艾启俊. 2003. 蔬菜深加工新技术. 北京: 化学工业出版社: 87-123.

张福生, 何成芳, 朱鸿杰, 等. 2015. 外源茉莉酸甲酯对草莓采后冷藏期间品质和抗氧化能力的影响. 农产品加工, (7): 1-4.

张国农. 2009. 食品工厂设计与环境保护. 北京: 中国轻工业出版社.

张国农. 2015. 食品设计与环境保护. 北京: 中国轻工业出版社.

张海军, 王彦辉, 张清华, 等. 2010. 国内外树莓产业发展现状研究. 林业实用技术, (10): 54-56.

张恒. 2009. 果蔬贮藏保鲜技术. 成都: 四川科学技术出版社: 102-103.

张衡锋, 汤庚国. 2018. 黑果腺肋花楸的植物学研究进展. 天津农业科学, 24(6): 5-9.

张宏, 谭竹钧. 2002. 牛血超氧化物歧化酶（bovine superoxide dismutase）生产工艺研究. 内蒙古大学学报（自然科学版）, 33(5): 567-571.

张宏达, 黄云晖, 缪汝槐, 等. 2006. 种子植物系统学. 北京: 科学出版社: 98-134.

张华俊, 李洪焱, 蒲亮. 2002. 气调库与气调设施综述. 西安: 全国食品冷藏链大会暨全国气调冷库技术研讨会.

张华俊, 严彩球, 刘勇, 等. 2003. 气调贮藏及气调库制冷系统综述. 低温与特气, 21(2): 6-9.

张慧霞, 张愍, 张曙光. 2012. 可溶性膳食纤维的提取及在杨梅汁中的应用. 食品与生物技术学报, 31(6): 606-614.

张兰杰, 辛广, 张维华, 等. 2004. 乌骨鸡红细胞超氧化物歧化酶的分离纯化及部分性质的研究. 食品科学, 25(3): 51-54.

张莉会, 乔宇, 陈学玲. 2018. 不同保鲜剂对桑葚贮藏期间品质的影响. 现代食品科技, 34(5): 47-55.

张莉静, 刘志国, 孟大利, 等. 2009. 杨梅树皮提取物及杨梅素抗肿瘤活性. 沈阳药科大学学报, 26(4): 307-311.

张林, 叶红玲, 姚军, 等. 2018. 蓝莓加工废弃物中花青素提取工艺的优化. 安徽科技学院学报, 32(4): 45-49.

张露荷, 陈佰澄, 安力. 2013. 不同保鲜剂组合处理对草莓保鲜效果的影响. 保鲜与加工, 13(6): 23-28.

张愍, 冯彦君. 2017. 果蔬生物保鲜新技术及其研究进展. 食品与生物技术学报, 36(5): 449-455.

张明亮, 潘成武, 王岗, 等. 2017. 二氢杨梅素通过抑制胰岛素样生长因子 1 受体下游磷脂酰肌醇 3-激酶/蛋白激酶 B 信号途径增强赫赛汀对乳腺癌细胞的抑制作用. 转化医学杂志, 6(6): 340-344, 349.

张娜, 赵恒, 阎瑞香. 2015. 不同草莓香气成分贮藏过程中变化的研究. 食品科技, 40(12): 286-290.

张宁, 邬海燕, 房祥军, 等. 2016. 草莓采后腐烂真菌病害控制的研究进展. 浙江农业科学, 57(3): 396-400.

张鹏. 2017. 农药残留的酶联免疫分析检测技术研究. 农业科学, 37(24): 50, 249.

张奇志, 邓欢英, 林丹琼. 2012. 广东杨梅果的主要营养成分分析. 食品研究与开发, 33(3): 181-183.

张倩茹, 尹蓉, 王贤萍, 等. 2017. 树莓的营养价值及其利用. 山西果树, (4): 9-11.

张巧丽. 2015. 利用电子鼻和 GC-MS 研究采后猕猴桃果实挥发性物质变化规律与调控. 杭州: 浙江大学硕士学位论文.

张青. 2018. 贮藏温度对越心和章姬草莓果实品质的影响. 浙江农业学报, 30(4): 600-606.

张清华, 王彦辉, 郭浩. 2014. 树莓栽培实用技术. 北京: 中国林业出版社.

张上隆, 陈昆松. 2007. 果实品质形成与调控的分子生理. 北京: 中国农业出版社.

张爽, 江洁, 赵友晖, 等. 2015. HACCP 管理系统在鲜切草莓加工和保鲜过程中的应用. 食品安全质量检测学报, 6(9): 3780-3786.

张婷. 2011. 电子束辐照对灰葡萄孢菌的抑制作用及草莓抗病能力的研究. 上海: 上海师范大学硕士学位论文.

张望舒, 郑金土, 陈秋燕. 2010. 贮藏环境湿度对采后杨梅果实品质的影响. 果树学报, 27(2): 251-256.

张伟, 张薇, 张师军. 2008. 聚合物基相变储能材料的研究与发展. 塑料, 37(1): 56-61.

张晓宇, 赵迎丽, 闫根柱. 2010. 自发气调包装及容量对树莓保鲜效果的影响. 山西农业科学, 38(11): 65-67.

张晓宇, 赵迎丽, 闫根柱, 等. 2009. 树莓气调贮藏研究初报. 保鲜与加工, 9(4): 22-24.

张笑, 李颖畅. 2013. 植物多酚的抑菌活性及其在食品保鲜中的应用. 食品安全质量检测学报, 4(3): 769-773.

张雪丹, 杨娟侠, 木志杰, 等. 2018. 温度对自发气调包装贮藏"美早"樱桃品质的影响. 山东农业科学, 50(11): 143-147.

张亚红. 2008. 浑浊型蓝莓果肉饮料稳定性的研究. 北方园艺, (5): 244-245.

张妍, 姜淑荣. 2010. 食品卫生与安全. 北京: 化学工业出版社.

张岩, 曹国杰, 张燕, 等. 2008. 黄酮类化合物的提取以及检测方法的研究进展. 食品研究与开发, 29(1): 154-157.

张燕. 2007. 高压脉冲电场技术辅助提取树莓花青素研究. 北京: 中国农业大学博士学位论文.

张一鸣, 黄卫萍. 2016. 食品工厂设计. 北京: 化学工业出版社.

张奕, 张小松, 胡洪. 2008. 冷/热端散热对半导体冷藏箱性能的影响. 江苏大学学报（自然科学版）, 29(1): 43-46

张有林. 2006. 食品科学概论. 北京: 科学出版社.

张宇航, 王荣荣, 邢淑婕. 2016. 茶多酚在果蔬贮藏保鲜中的应用研究进展. 食品研究与开发, 37(11): 210-214.

张元恩. 1987. 植物诱导抗病性研究进展. 生物防治通报, 3(2): 88-90.

张跃建, 缪松林, 王定祥, 等. 1991. 杨梅有色品种果实在转色过程中色素与主要内含物的变化. 浙江农业学报, (4): 198-201.

张云华, 刘守祥, 许登旭. 2007. 喷刷式水果清洗机的设计. 包装与食品机械, (2): 23-24.

张运涛. 2003. 树莓和蓝莓香味挥发物的构成及其影响因素. 植物生理学通讯, 39(4): 377-379.

张正周, 郑旗, 李娟, 等. 2013. 草莓果实采后无害化保鲜技术研究进展. 保鲜与加工, 13(2): 53-57.

张祉佑. 1994. 气调贮藏和气调库——水果保鲜新技术. 北京: 机械工业出版社.

章宁瑛. 2017. 臭氧处理及气调包装对蓝莓采后贮藏品质和生理代谢的影响. 合肥: 安徽农业大学硕士学位论文.

章宁瑛, 郜海燕, 陈杭君. 2017. 臭氧处理对蓝莓贮藏品质及抗氧化酶活性的影响. 中国食品学报, 17(8): 170-176.

章镛初. 2005. 我国冷藏汽车的现状与发展趋势. 汽车与配件, 26: 48-50.

章镛初, 郑福麟. 2001. 我国冷藏保温汽车的现状与发展——兼述冷板制冷技术的应用前景. 制冷与空调, 1(1): 13-18.

赵晨霞. 2004. 果蔬贮藏加工技术. 北京: 科学出版社: 66-79.

赵传孝, 姜言功, 柏青安, 等. 1989. 水果制品加工技术与设备. 北京: 中国食品出版社: 87-90.

赵红宇, 陈敦洪, 邓良, 等. 2015. 桑葚果酒全渣发酵过程中生物活性物质及其抗氧化活性变化的研究. 食品工业科技, 36(23): 182-185, 189.

赵慧芳, 王小敏, 吴文龙, 等. 2010. 黑莓品种'Boysen'鲜果贮藏特性的研究. 植物资源与环境学报, 19(3): 28-36.

赵金海, 王雷, 黄国庆, 等. 2018. 蓝莓的营养成分测定及保健功能研究. 黑龙江科学, 9(9): 26-27.

赵晋府. 1999. 食品工艺学. 2 版. 北京: 中国轻工业出版社: 65-89.

赵丽芹. 2002. 果蔬加工工艺学. 北京: 中国轻工业出版社: 34-52.

赵丽芹. 2009. 园艺产品贮藏加工学. 北京: 中国轻工业出版社.

赵丽芹, 张子德. 2009. 园艺产品贮藏加工学. 2 版. 北京: 中国轻工业出版社.

赵利群, 王晓冬, 李长海. 2015. 9 个树莓栽培品种营养成分分析. 防护林科技, (6): 57-59.

赵良. 2007. 罐头食品加工技术. 北京: 化学工业出版社: 65-77.

赵龙, 卢慧, 王秀丽, 等. 2014. 黑莓浓浆饮品的加工工艺研究. 食品工业科技, 35(3): 233-236, 240.

赵猛, 冯志宏, 王春生. 2016. 国内外葡萄贮藏保鲜技术及山西省葡萄产业化贮藏技术进展. 山西果树, (2): 21-23.

赵密珍, 王静, 袁华招, 等. 2018. 草莓育种新动态及发展趋势. 植物遗传资源学报, 20(2): 249-257.

赵平, 卢耀祖. 1997. 从科学研究的分类看研究课题的选择. 科研管理, 18(4): 15-17.

赵青华. 2007. 草莓果实成熟过程中细胞壁组分变化的研究. 食品与药品, 9(6): 27-28.

赵晴, 翟玮玮. 2004. 食品生产概论. 北京: 科学出版社: 56-61.

赵喜兰. 2011. 桑葚多糖提取、纯化分离及其降糖作用的研究. 食品工业科技, 32(2): 259-260.

赵晓丹, 傅达奇, 李莹. 2015. 臭氧结合气调冷藏对草莓保鲜品质的影响. 食品科学, 40(6): 24-28.

赵秀洁, 吴海伦, 潘磊庆, 等. 2014. 基于电子鼻技术预测草莓采后品质. 食品科学, 35(18): 105-109.

赵永富, 谢宗传. 1999. 草莓辐照保鲜的效果. 江苏农业科学, 1: 53-54.

浙江省农业科学院. 2016. 一种间歇臭氧处理保鲜蓝莓的方法: 中国, 201610263758.3.

郑炳松, 张启香, 程龙军. 2013. 蓝莓栽培实用技术. 杭州: 浙江大学出版社.

郑聪, 王华东, 王慧倩, 等. 2014. 热空气处理对草莓果实品质和抗氧化活性的影响. 食品科学, 35(12): 223-227.

郑飞. 2014. 蓝莓多糖对衰老小鼠运动耐力及抗疲劳效果研究. 食品科学, 35(21): 249-252.

郑荣梁, 黄中洋. 2007. 自由基生物学. 3 版. 北京: 高等教育出版社.

郑涛涛, 纪叶河, 李共国, 等. 2012. 包装条件对杨梅非冷链物流保鲜质量的影响. 食品工业, (3): 31-32.

郑秀艳, 孟繁博, 黄道梅, 等. 2016. 蓝莓采后贮藏保鲜技术研究进展. 食品安全质量检测学报, 7(9): 3560-3565.

郑永华. 2005. 高氧处理对蓝莓和草莓果实采后呼吸速率及乙烯释放速率的影响. 园艺学报, 32(5): 866-868.

郑永华. 2006. 食品贮藏保鲜. 北京: 中国计量出版社: 198-199.

郑勇平. 2002. 生态经济林丛书——杨梅. 北京: 中国林业出版社.

中国科学院华南植物园. 2015. 一种草莓的保鲜方法: 中国, 201310405033.X.

中国科学院中国植物志编辑委员会. 1974. 中国植物志（第三十六卷）. 北京: 科学出版社.

中国预防医学科学院营养与食品研究所. 1995. 食物成分表. 北京: 人民卫生出版社.

中华人民共和国国家标准局, 中国国家标准化管理委员会. 1988. GB 7713－1987. 北京: 中国标准出版社.

中华人民共和国卫生部, 中国国家标准化管理委员会. 2003. GB/T 5009.1－2003. 北京: 中国标准出版社.

钟宝. 2015. 蓝莓乳酸菌发酵饮料的研制. 食品研究与开发, 36(18): 95-97, 126.

钟世荣, 冯治平, 刘达玉. 2007. 食品罐藏原理案例教学探讨. 四川理工学院学报（社会科学版）, (22): 166-168.

钟晓敏, 李理. 2008. HACCP 体系在泡菜生产中的应用. 食品研究与开发, 29(9): 147-149.

钟正贤. 2003. 广西藤茶中杨梅树皮素降血糖的实验研究. 中国现代药学应用杂志, 20(6): 466-468.

钟正贤, 陈学芬, 周桂芬, 等. 2001. 广西藤茶中杨梅树皮素的保肝作用研究. 中药药理与临床, 17(5): 11-13.

周福慧, 姜爱丽, 姬亚茹, 等. 2018. 纳他霉素对采后蓝莓果实灰霉病（Botrytis cinerea）防治. 食品工业科技, 39(8): 257-260, 317.

周汉军, 龚吉军, 王挥, 等. 2014. 果蔬天然保鲜剂研究现状及进展. 食品工业科技, 35(22): 376-382.

周建俭. 2012. 乳酸链球菌素在杨梅保鲜中的应用. 江苏农业科学, 40(10): 238-240.

周立华, 牟德华, 李艳. 2017. 7 种小浆果香气物质的 GC-MS 检测与主成分分析. 食品科学, 38(2): 184-190.

周劭桓, 成纪予, 叶兴乾. 2009. 杨梅渣抗氧化活性及其膳食纤维功能特性研究. 中国食品学报, 9(1): 52-58.

周婷婷. 2014. 蓝莓花青素分析及抗氧化活性研究. 大连: 大连理工大学硕士学位论文.

周伟艳, 高希君, 国委文. 2014. 树莓采摘机械研制必要性分析. 农业科技与装备, (10): 78-79.

周笑犁, 王瑞, 刘晓燕, 等. 2017. 蓝莓皮渣营养咀嚼片的研制. 食品工业, 38(6): 123-128.

周欣宇. 2018. 抗菌肽及类抗菌肽的设计、合成及应用. 化学进展, 30(7): 913-920.

周雁, 陈群超, 蒋珩珺, 等. 2016. 银/壳聚糖复合物制备及其对蓝莓真菌的抑制作用. 中国食品学报, 16(3): 58-67.

周颖. 2013. 蓝莓玉米酸奶的制备工艺及工厂设计. 南昌: 南昌大学硕士学位论文.

朱虹. 2005. 木霉菌的生物学和生化特性及防治草莓病害的研究. 合肥: 安徽农业大学硕士学位论文.

朱会霞. 2012. 覆盆子黄酮的抑菌特性研究. 现代食品科技, 28(11): 1484-1487.

朱金艳, 李莉, 张建丽. 2017. 浓缩工艺对蓝莓汁营养成分的影响. 新农业, (11): 6-7.

朱进林, 谢晶. 2013. 中国低温冷藏车节能减排的研究. 食品与机械, 29(6): 236-239.

朱丽娅, 邰海燕, 陈杭君. 2013. 拮抗菌防治果蔬采后病害的概况. 浙江农业科学, 1(7): 853-857.

朱琳, 范芳娟. 2005. 桑果真空冷藏技术的试验研究. 中国农机化, (2): 46-47.

朱麟, 凌建刚, 张平, 等. 2012. 二次回归正交法优化杨梅箱式气调保鲜工艺的研究. 食品工业科技, 33(19): 326-328, 376.

朱旗, 施兆鹏, 任春梅. 2001. 采用减压蒸馏萃取法研究速溶绿茶香气在加工过程中的变化. 湖南农业大学学报, 27(3): 218-220.

朱世明, 王贵禧, 梁丽松, 等. 2009. 施加外源乙烯时机对自发气调贮藏桃果实生理效应的影响. 食品科学, 30(20): 459-463.

朱潇婷, 朱敏华, 林健, 等. 2018. 16 个果桑品种在临海的引种试验及综合评价. 中国南方果树, 47(5): 117-121.

朱宇旌, 李艳, 于治姣, 等. 2015. 酸模叶蓼类黄酮对小鼠生长、免疫和抗氧化性能的影响. 现代畜牧兽医, 2: 1-7.

朱志强, 张小栓, 于晋泽. 2014. 我国鲜活农产品冷链物流与纳米蓄冷材料的应用. 中国果菜, 34(6): 14-18.

祝战斌. 2008. 果蔬加工技术. 北京: 化学工业出版社: 76-81.

庄凤君, 王继丰, 王臣. 2008. 国产及引进花楸属植物研究与应用进展. 国土与自然资源研究, (1): 94-96.

庄稼, 迟燕华. 1998. 食品分析检测. 成都: 四川科学技术出版社.

自俊青, 杨志毅. 1998. 超氧化物歧化酶（SOD）及其研究简介. 大理师专学报, (1): 56-61.

纵伟. 2017. 食品工厂设计. 郑州: 郑州大学出版社.

邹琼. 2000. 蓄冷技术在冷藏库中应用的研究. 北京: 2000 年中国食品冷藏链大会暨冷藏链配套装备展示会.

邹耀洪. 1995. 杨梅果核中油脂抗氧化成分的研究. 林产化学与工业, 15(2): 13-17.

祖容. 1996. 浆果学. 北京: 中国农业出版社.

左建冬. 2017. 预冷、冰温技术在蓝莓保鲜中的应用. 制冷与空调, 17(9): 80-82, 86.

左进华, 陈安均, 孙爱东. 2010. 番茄果实成熟衰老相关因子研究进展. 中国农业科学, 43(13): 2724-2734.

Aghdam MS, Bodbodak S. 2013. Physiological and biochemical mechanisms regulating chilling tolerance in fruits and vegetables under postharvest salicylates and jasmonates treatments. Scientia Horticulturae, 156: 73-85.

Aghdam MS, Sevillano L, Flores F B, et al. 2013. Heat shock proteins as biochemical markers for postharvest chilling stress in fruits and vegetables. Scientia Horticulturae, 160: 54-64.

Aguirre MJ, Chen YY, Isaasc M, et al. 2010. Electrochemical behaviour and antioxidant capacity of anthocyanins from Chilean red wine, grape and raspberry. Food Chemistry, 121(1): 44-48.

Alique R, Zamorano JP, Martinez MA, et al. 2005. Effect of heat and cold treatments on respiratory metabolism and shelf-life of sweet cherry, type picota cv. 'Ambrunes'. Postharvest Biology and Technology, 35(2): 153-165.

Allendea A, Martinez B, Selma V, et al. 2007. Growth and bacteriocin production by lactic acid bacteria in vegetable broth and their effectiveness at reducing Listeria monocytogenes in vitro and in fresh-cut lettuce. Food Microbiology, 24(7/8): 759-766.

Amakura Y, Umino Y, Tsuji S, et al. 2000. Influence of jam processing on the radical scavenging activity and phenolic content in berries. Journal of Agricultural and Food Chemistry, 48(12): 6292-6297.

Amendola G, Pelosi P, Attard BD. 2015. Determination of pesticide residues in animal origin baby foods by gas chromatography coupled with triple quadrupole mass spectrometry. Journal of Environmental Science and Health, Part B, 50(2): 109-120.

Andersen M, Jordheim M. 2006. Flavonoids. 2nd ed. Boca Raton, FL: CRC Press: 452-471.

Angeletti P, Castagnasso H, Miceli E. 2010. Effect of preharvest calcium applications on postharvest quality, softening and cell wall degradation of two blueberry (*Vaccinium corymbosum*) varieties. Postharvest Biology and Technology, 58(2): 98-103.

Appendini P, Hotchkiss JH. 2002. Review of antimicrobial food packaging. Innovative Food Science & Emerging Technologies, 3(2): 113-126.

Aramwit P, Bang N, Srichana T. 2010. The properties and stability of anthocyanins in mulberry fruits. Food Research International, 43(4): 1093-1097.

Artes-hernandez F, Tomas-barberan FA, Artes F. 2006. Modified atmosphere packaging preserves quality of SO_2-free 'Superior seedless' table grapes. Postharvest Biology and Technology, 39(2): 146-154.

Aydinli B, Caglar A. 2012. The investigation of the effects of two different polymers and three catalysts on pyrolysis of hazelnut shell. Fuel Processing Technology, 6(93): 1-7.

Baby B, Antony P, Vijayan R. 2018. Antioxidant and anticancer properties of berries. Critical Reviews in Food Science and Nutrition, 58(15): 2491-2507.

Bacchetta L, Aramini M, Bernardini C. 2008. *In vitro* propagation of traditional Italian hazelnut cultivars as a tool for the valorization and conservation of local genetic resources. Hortscience, 43(2): 562-566.

Bacchetta L, Aramini M, Zini A. 2013. Fatty acids and alpha-tocopherol composition in hazelnut (*Corylus avellana* L.): a chemometric approach to emphasize the quality of European germplasm. Euphytica, 5(191): 57-73.

Badescu M, Badulescu O, Badescu L, et al. 2015. Effects of *Sambucus nigra* and *Aronia melanocarpa* extracts on immune system disorders within diabetes mellitus. Pharmaceutical Biology, 53(4): 533-539.

Bagchi D, Sen CK, Bagchi M, et al. 2004. Anti-angiogenic, antioxidant, and anti-carcinogenic properties of a novel anthocyanin-rich berry extract formula. Biochemistry (Moscow), 69(1): 75-80.

Bahrin LG, Apostu MO, Birsa LM, et al. 2014. The antibacterial properties of sulfur containing flavonoids. Bioorganic & Medicinal Chemistry Letters, 24(10): 2315-2318.

Bao J, Cai Y, Sun M, et al. 2005. Anthocyanins, flavonols, and free radical scavenging activity of Chinese bayberry (*Myrica rubra*) extracts and their color properties and stability. Journal of Agricultural and Food Chemistry, 53(6): 2327-2332.

Baranowska A, Zarzecka K, Świerczewska-Pietras K. 2014. Profitability of cultivation of raspberry variety Polka. Progress in Plant Protection, 54(4): 419-422.

Barth MM, Zhou C, Mercier J, et al. 1995. Ozone storage effects on anthocyan in content and fungal growth in blueberries. Journal of Food Science, 60: 1286-1288.

Belletti N, Kamdem SS, Tabanelli G. 2010. Modeling of combined effects of citral, linalool and β-pinene used against Saccharomyces cerevisiae in citrus-based beverages subjected to a mild heat treatment. International Journal of Food Microbiology, 136(3): 283-289.

Bernard A, Joubès J. 2013. Arabidopsis cuticular waxes: advances in synthesis, export and regulation. Progress in Lipid Research, 52(1): 110-129.

Bhotmange DU, Wallenius JH, Singhal RS, et al. 2017. Enzymatic extraction and characterization of polysaccharide from Tuber aestivum. Bioactive Carbohydrates and Dietary Fibre, 10: 1-9.

Bienczak A, Markowska J, Polak E. 2018. The impact of the production process on the quality of strawberry jam. Przemysl Chemiczny, 97(5): 668-671.

Blahovec J, Paprstein F. 2012. Susceptibility of pear varieties to interactions. European Journal of Cell Biology, 91(4): 340-348.

BlaiottaL G, Sorrention A, Ottombrino A, et al. 2011. Short communication macedonicus: technological and genotypic comparison between *Streptococcus macedonicus* and *Streptococcus thermophilus* strains coming from the same dairy environment. Journal of Dairy Science, 94(12): 5871-5877.

Błaszczak W, Amarowicz R, Górecki AR. 2016. Antioxidant capacity, phenolic composition and microbial stability of aronia juice subjected to high hydrostatic pressure processing. Innovative Food Science & Emerging Technologies, 39: 141-147.

Blokhina O, Virolainen E, Fagerstedt KV. 2003. Antioxidants, oxidative damage and oxygen deprivation stress: a review. Annals of Botany, 91(2): 179-194.

Blumenkrantz N, Asboe-Hansen G. 1973. New method for quantitative determination of uronic acids. Analytical Biochemistry, 54(2): 484-489.

Borompichaichartkul C, Luengsode K, Chinprahast N. 2009. Improving quality of macadamia nut (*Macadamia integrifolia*) through the use of hybrid drying process. Journal of Food Engineering, (93): 348-353.

Boušová I, Bártíková H, Matoušková P, et al. 2015. Cranberry extract-enriched diets increase NAD(P)H: quinone oxidoreductase and catalase activity in obese but not in nonobese mice. Nutrition Research, 35(10): 901-909.

Bowen-Forbes CS, Zhang Y, Nair MG. 2010. Anthocyanin content, antioxidant, anti-inflammatory and anticancer properties of blackberry and raspberry fruits. Journal of Food Composition and Analysis, 23(6): 554-560.

Brazelton C, Young K, Bauer N. 2017. 2016 Global blueberry statistics and intelligence report. International Blueberry Organization, 1-84.

Brosnan T, Sun D. 2001. Precooling techniques and applications for horticultural products—a review. International Journal of Refrigeration, 24(2): 154-170.

Bunea C, Pop N, Babes A C, et al. 2012. Carotenoids, total polyphenols and antioxidant activity of grapes (*Vitis vinifera*) cultivated in organic and conventional systems. Chemistry Central Journal, 6: 66.

Burton-Freeman BM, Sandhu AK, Edirisinghe I. 2016. Red raspberries and their bioactive polyphenols: cardiometabolic and neuronal health links. Advances in Nutrition, 7(1): 44-65.

Cao L, Mazza G. 2006. Quantification and distribution of simple and acylated anthocyanins and other phenolics in blueberries. Journal of Food Science, 59(5): 1057-1059.

Cao S, Hu Z, Pang B. 2010. Optimization of postharvest ultrasonic treatment of strawberry fruit. Postharvest Biology & Technology, 55(3): 150-153.

Castro HAW, da Silva TJA, Bonfim-Silva EM, et al. 2017. Performance of strawberry varieties under greenhouse following three cropping practices. Journal of Experimental Agriculture International, 19(3): 1-9.

Cerezo AB, Cuevas E, Winterhalter P, et al. 2010. Isolation, identification, and antioxidant activity of anthocyanin compounds in *Camarosa* strawberry. Food Chemistry, 123(3): 574-582.

Cetingul IS, Yardimci M, Sahin EH, et al. 2009. The effects of hazelnut oil usage on live weight, carcass, rumen, some blood parameters and femur head ash in Akkaraman lambs. Meat Science, 7(83): 647-650.

Chai Y, Jia H, Li C. 2011. FaPYR1 is involved in strawberry fruit ripening. Journal of Experimental Botany, 62(14): 5079-5089.

Chang JJ, Hsu MJ, Huang HP, et al. 2013. Mulberry anthocyanins inhibit oleic acid induced lipid accumulation by reduction of lipogenesis and promotion of hepatic lipid clearance. Journal of Agricultural and Food Chemistry, 61(25): 6069-6076.

Chen C, Huang Q, Li C, et al. 2017. Hypoglycemic effects of a *Fructus Mori* polysaccharide *in vitro* and *in vivo*. Food & Function, 8(7): 2523-2535.

Chen CC, Liu LK, Hsu JD, et al. 2005. Mulberry extract inhibits the development of atherosclerosis in cholesterol-fed rabbits. Food Chemistry, 91(4): 601-607.

Chen CN, Pan SM. 1996. Assay of superoxide dismutase activity by combining electrophoresis and densitometry. Botanical Bulletin of Academia Sinica, (37): 107-111.

Chen HJ, Cao SF, Fang XJ, et al. 2015. Changes in fruit firmness, cell wall composition and cell wall degrading enzymes in postharvest blueberries during storage. Scientia Horticulturae, 188: 44-48.

Chen Y, Xie M, Li W, et al. 2012. An effective method for deproteinization of bioactive polysaccharides extracted from Lingzhi (*Ganoderma atrum*). Food Science and Biotechnology, 21(1): 191-198.

Chen YP, Hsiao PJ, Hong WS, et al. 2012. *Lactobacillus kefiranofaciens* MI isolated from milk kefir grains ameliorates experimental colitis *in vitro* and *in vivo*. Journal of Dairy Science, 95(1): 63-74.

Chen Z, Zhu C, Han Z. 2011. Effects of aqueous chlorine dioxide treatment on nutritional components and shelf-life of mulberry fruit (*Morus alba* L.). Journal of Bioscience and Bioengineering, 111(6): 675-681.

Cherian S, Figueroa CR, Nair H. 2014. Movers and shakers in the regulation of fruit ripening: a cross-dissection of climacteric versus non-climacteric fruit. Journal of Experimental Botany, 65(17): 4705-4722.

Christopher GJB. 2013. Handbook of Food Factory Design. New York: Springer Science Business Media.

Chu WJ, Gao HY, Chen HJ, et al. 2018. Effects of cuticular wax on the postharvest quality of blueberry fruit. Food Chemistry, 239: 68-74.

Chu WJ, Gao HY, Cao SF, et al. 2017. Composition and morphology of cuticular wax in blueberry (*Vaccinium* spp.) fruits. Food Chemistry, 219: 436-442.

Chu WJ, Gao HY, Chen HJ, et al. 2017. Effects of cuticular wax on the postharvest quality of blueberry fruit. Food Chemistry, 239: 68-74.

Ciemniewska-Zytkiewicz H, Ratusz K, Bryś J. 2014. Determination of the oxidative stability of hazelnut oils by PDSC and Rancimat methods. Journal of Thermal Analysis and Calorimetry, 7(118): 875-881.

Coman MS, Popescu AN, Popescu IN, et al. 1994. Strawberry genetic resources in Romania. Progress in Temperate Fruit Breeding, (1): 455-457.

Connor AM, Luby JJ, Tong CBS, et al. 2002. Genotypic and environmental variation in antioxidant activity, total phenolic content and anthocyanin content among blueberry cultivars. The Journal of the American Society for Horticultural Science, 127(l): 89-97.

Cooke DN, Thomasset S, Boocock DJ, et al. 2006. Development of analyses by high-performance liquid chromatography and liquid chromatography/tandem mass spectrometry of bilberry (*Vaccinium myrtilus*) anthocyanins in human plasma and urine. Journal of Agricultural and Food Chemistry, 54(19): 7009-7013.

Cucu T, Platteau C, Taverniers I. 2011. ELISA detection of hazelnut proteins: effect of protein glycation in the presence or absence of wheat proteins. Food Additives & Contaminants, 1(28): 1-10.

Curry E. 2008. Effects of 1-MCP applied postharvest on epicuticular wax of apples (*Malus domestica* Borkh.) during storage. Journal of the Science of Food and Agriculture, 88(6): 996-1006.

da Costa RC, Calvete EO, Mendonça HFC, et al. 2016. Performance of day-neutral strawberry cultivars in soilless culture. Australian Journal of Crop Science, 10(1): 94-100.

da Silva FL, Escribano-Bailón MT, Alonso JJP, et al. 2007. Anthocyanin pigments in strawberry. LWT-Food Science and Technology, 40(2): 374-382.

Daglia M. 2011. Polyphenols as antimicrobial agents. Current Opinion in Biotechnology, 23(2): 174-181.

Dai J, Gupte A, Gates L, et al. 2009. A comprehensive study of anthocyanin-containing extracts from selected blackberry cultivars: extraction methods, stability, anticancer properties and mechanisms. Food and Chemical Toxicology, 47(4): 837-847.

Dale A. 2012. Protected cultivation of raspberries. Acta Horticulturae, 946: 349-354.

de Ancos B, González EM, Cano MP. 2000. Ellagic acid, vitamin C, and total phenolic contents and radical scavenging capacity affected by freezing and frozen storage in raspberry fruit. Journal of Agricultural and Food Chemistry, 48(10): 4565-4570.

de Pascual-Teresa S, Sanchez-Ballesta MT. 2008. Anthocyanins: from plant to health. Phytochemistry Reviews, 7(2): 281-299.

de Souza VR, Pereira PAP, da Silva TLT, et al. 2014. Determination of the bioactive compounds, antioxidant activity and chemical composition of Brazilian blackberry, red raspberry, strawberry, blueberry and sweet cherry fruits. Food Chemistry, 156: 362-368.

Dean R, Van Kan JAL, Pretorius ZA. 2012. The Top 10 fungal pathogens in molecular plant pathology. Molecular Plant Pathology, 13(4): 804-804.

Delledonne M. 2005. NO news is good news for plants. Current Opinion in Plant Biology, 8(4): 390-396.

Deng Y, Yang G, Yue J, et al. 2014. Influences of ripening stages and extracting solvents on the polyphenolic compounds, antimicrobial and antioxidant activities of blueberry leaf extracts. Food Control, 38: 184-191.

Dong HM, Lin S, Zhang Q, et al. 2016. Effect of extraction methods on the properties and antioxidant activities of *Chuanminshen violaceum* polysaccharides. International Journal of Biological Macromolecules, 93: 179-185.

Du Q, Zheng J, Xu Y. 2008. Composition of anthocyanins in mulberry and their antioxidant activity. Journal of Food Composition and Analysis, 21(5): 390-395.

Du XJ, Mu HM, Zhou S. 2013. Chemical analysis and antioxidant activity of polysaccharides extracted from *Inonotus obliquus* sclerotia. International Journal of Biological Macromolecules, 62(36): 691-696.

Dudonné S, Dal-Pan A, Dube P, et al. 2016. Potentiation of the bioavailability of blueberry phenolic compounds by co-ingested grape phenolic compounds in mice, revealed by targeted metabolomic profiling in plasma and feces. Food & function, 7(8): 3421-3430.

Durango AM, Soares NFF, Benevides SD, et al. 2010. Development and evaluation of an edible antimicrobial film based on yam starch and chitosan. Packaging Technology & Science, 19(1): 55-59.

Dutta PK, Tripathi S, Mehrotra GK, et al. 2009. Perspectives for chitosan based antimicrobial films in food applications. Food Chemistry, 114(4): 1173-1182.

Estiaghi MN, Knorr D. 1993. Potato cubes response to water blanching and high hydrostatic pressure. Journal of Food Science, 56(6): 1371-1374.

Fallik E. 2004. Prestorage hot water treatments (immersion, rinsing and brushing). Postharvest Biology and Technology, 32(2): 125-134.

Fan X, Gao Y, He W, et al. 2016. Production of nano bacterial cellulose from beverage industrial waste of citrus peel and pomace using *Komagataeibacter xylinus*. Carbohydrate Polymers, 151: 1068-1072.

Fang Z, Zhang M, Wang L. 2007. HPLC-DAD-ESIMS analysis of phenolic compounds in bayberries (*Myrica rubra* Sieb. et Zucc.). Food Chemistry, 100(2): 845-852.

Feresin RG, Huang J, Klarich DS, et al. 2016. Blackberry, raspberry and black raspberry polyphenol extracts attenuate angiotensin II-induced senescence in vascular smooth muscle cells. Food & Function, 7(10): 4175-4187.

Figuerola F, Hurtado ML, Estévez AM, et al. 2005. Fiber concentrates from apple pomace and citrus peel as potential fiber sources for food enrichment. Food Chemistry, 91(3): 395-401.

Forney CF. 2009. Prolonging the Market-Life of Small Fruit through Atmosphere Modification. Journal of Jilin Agricultural University, 31(5): 637-645.

Fotschki B, Juśkiewicz J, Jurgoński A, et al. 2017. Raspberry pomace alters cecal microbial activity and reduces secondary bile acids in rats fed a high-fat diet. The Journal of Nutritional Biochemistry, 46: 13-20.

Frigo DE, Duong BN, Melink LI, et al. 2002. Flavonoid phytochemicals regulate activator protein-1 signal transduction pathways in endometrial and kidney stable cell lines. The Journal of Nutrition, 132(7): 1848-1853.

Fuentes L, Monsalve L, Morales-Quintana L, et al. 2015. Differential expression of ethylene biosynthesis genes in drupelets and receptacle of raspberry (*Rubus idaeus*). Journal of Plant Physiology, 179: 100-105.

Fuleki T, Francis FJ. 1968. Quantitative methods for anthocyanins: 1. extraction and determination of total anthocyanin in cranberries. Journal of Food Science, 33(1): 72-77.

Gabler FM, Mercier J, Jiménez JI, et al. 2010. Integration of continuous biofumigation with *Muscodor albus* with pre-cooling fumigation with ozone or sulfur dioxide to control postharvest gray mold of table grapes. Postharvest Biology & Technology, 55(2): 78-84.

Gao L, Zu M, Wu S, et al. 2011. 3D QSAR and docking study of flavone derivatives as potent inhibitors of influenza H1N1 virus neuraminidase. Bioorganic & Medicinal Chemistry Letters, 21(19): 5964-5970.

Gapper NE, Mcquinn RP, Giovannoni JJ. 2013. Molecular and genetic regulation of fruit ripening. Plant Molecular Biology, 82(6): 575-591.

Gasiorowski K, Szyba K, Brokos B, et al. 1997. Antimutagenic activity of anthocyanins isolated from *Aronia melanocarpa* fruits. Cancer Letters, 119(1): 37-46.

Giovannoni JJ. 2004. Genetic regulation of fruit development and ripening. Plant Cell, 16: S170-S180.

Gouw VP, Jung J, Simonsen J, et al. 2017b. Fruit pomace as a source of alternative fibers and cellulose nanofiber as reinforcement agent to create molded pulp packaging boards. Composites Part A: Applied Science and Manufacturing, 99: 48-57.

Gouw VP, Jung J, Zhao Y. 2017a. Functional properties, bioactive compounds, and *in vitro* gastrointestinal digestion study of dried fruit pomace powders as functional food ingredients. LWT-Food Science and Technology, 80: 136-144.

Guichard E. 1982. Identification of the flavoured volatile components of the raspberry cultivar lloyd george. Sciences des Aliments, 2: 1.

Guo C, Li R, Zheng N, et al. 2013. Anti-diabetic effect of ramulus mori polysaccharides, isolated from *Morus alba* L., on STZ-diabetic mice through blocking inflammatory response and attenuating oxidative stress. International Immunopharmacology, 16(1): 93-99.

Güçbilmez CM, Yemenicioğlu A, Arslanoğlu A. 2007. Antimicrobial and antioxidant activity of edible zein films incorporated with lysozyme, albumin proteins and disodium EDTA. Food Research International, 40(1): 80-91.

Göncüoğlu Taş N, Gökmen V. 2015. Bioactive compounds in different hazelnut varieties and their skins. Journal of Food Composition and Analysis, 43: 203-208.

Ha US, Koh JS, Kim HS, et al. 2012. Cyanidin-3-*O*-β-D-glucopyranoside concentrated materials from mulberry fruit have a potency to protect erectile function by minimizing oxidative stress in a rat model of diabetic erectile dysfunction. Urologia Internationalis, 88(4): 470-476.

Haffner K, Rosenfeld HJ, Skrede G, et al. 2002. Quality of red raspberry *Rubus idaeus* L. cultivars after storage in controlled and normal atmospheres. Postharvest Biology and Technology, 24(3): 279-289.

Han Q, Gao H, Chen H. 2017. Precooling and ozone treatments affects postharvest quality of black mulberry (*Morus nigra*) fruits. Food Chemistry, 221: 1947-1953.

Harada N, Okajima K, Narimatsu N, et al. 2008. Effect of topical application of raspberry ketone on dermal production of insulin-like growth factor-I in mice and on hair growth and skin elasticity in humans. Growth Hormone & IGF Research, 18(4): 335-344.

Hardcastle AC, Aucott L, Reid DM, et al. 2011. Associations between dietary flavonoid intakes and bone health in a scottish population. Journal of Bone and Mineral Research, 26(5): 941-947.

Hase K, Ohsugi M, Xiong Q, et al. 1997. Hepatoprotective effect of *Hovenia dulcis* THUNB. on experimental liver injuries induced by carbon tetrachloride or D-galactosamine/lipopolysaccharide. Biological & Pharmaceutical Bulletin, 20(4): 381-385.

Haslam E. 1989. Plant Polyphenols: Vegetable tannins revisited // Phillipson JD, Ayres DC, Baxter H. Chemistry and Pharmacology of Natural Products. Cambridge: Cambridge University Press.

Hassan HMM. 2012. Hepatoprotective effect of red grape seed extracts against ethanol-induced cytotoxicity. Global Journal of Biotechnology & Biochemistry, 7(2): 30-37.

Hassimotto NMA, Genovese MI, Lajolo FM. 2009. Antioxidant capacity of Brazilian fruit, vegetables and commercially-frozen fruit pulps. Journal of Food Composition and Analysis, 22(5): 394-396.

Hatzinikolaou DG, Tsoukia C, Kekos D, et al. 1997. An efficient and optimized purification procedure for the superoxide dismutase from Aspergillus niger. Partial characterization of the purified enzyme. Bioseparation, (7): 39-46.

He B, Zhang LL, Yue XY, et al. 2016. Optimization of ultrasound-assisted extraction of phenolic compounds and anthocyanins from blueberry (*Vaccinium ashei*) wine pomace. Food Chemistry, 204: 70-76.

He X, Fang J, Ruan Y, et al. 2018. Structures, bioactivities and future prospective of polysaccharides from *Morus alba* (white mulberry): a review. Food Chemistry, 245: 899-910.

Heffels P, Bührle F, Schieber A, et al. 2016. Influence of common and excessive enzymatic treatment on juice yield and anthocyanin content and profile during bilberry (*Vaccinium myrtillus* L.) juice production. European Food Research and Technology, 243(1): 1-10.

Hildmann F, Gottert C, Frenzel T, et al. 2015. Pesticide residues in chicken eggs -a sample preparation methodology for analysis by gas and liquid chromatography/tandem mass spectrometry. Journal of Chromatography A, 1403: 1-20.

Hong V, Wrolstad R. 1990. Use of HPLC separation/photodiode array detection for characterization of anthocyanins. Journal of Agricultural and Food Chemistry, 38(3): 708-715.

Hornedo-Ortega R, Álvarez-Fernández MA, Cerezo AB, et al. 2017. Influence of fermentation process on the anthocyanin composition of wine and vinegar elaborated from strawberry. Journal of Food Science, 82(2): 364-372.

Hosseinian FS, Beta T. 2007. Saskatoon and wild blueberries have higher anthocyanin contents than other Manitoba berries. Journal of Agricultural Food Chemistry, 55(26): 10832-10838.

Huang HP, Chang YC, Wu CH, et al. 2011. Anthocyanin-rich *Mulberry* extract inhibit the gastric cancer cell growth *in vitro* and xenograft mice by inducing signals of p38/p53 and c-jun. Food Chemistry, 129(4): 1703-1709.

Huang HP, Shih YW, Chang YC, et al. 2008. Chemoinhibitory effect of mulberry anthocyanins on melanoma metastasis involved in the Ras/PI3K pathway. Journal of Agricultural and Food Chemistry, 56(19): 9286-9293.

Huang ZP, Huang YN, Li XB, et al. 2009. Molecular mass and chain conformations of Rhizoma Panacis Japonici polysaccharides. Carbohydrate Polymers, 78: 596-601.

Huntley AL. 2009. The health benefits of berry flavonoids for menopausal women: cardiovascular disease, cancer and cognition. Maturitas, 63(4): 297-301.

Imamoglu M. 2013. Adsorption of Cd (II) ions onto activated carbon prepared from hazelnut husks. Journal of Dispersion Science and Technology, 7(34): 1183-1187.

Jackson SJ, Singletary KW. 2004. Sulforaphane: a naturally occurring mammary carcinoma mitotic inhibitor, which disrupts tubulin polymerization. Carcinogenesis, 25(2): 219-227.

Jakobsdottir G, Nilsson U, Blanco N, et al. 2014. Effects of soluble and insoluble fractions from bilberries, black currants, and raspberries on short-chain fatty acid formation, anthocyanin excretion, and cholesterol in rats. Journal of Agricultural and Food Chemistry, 62(19): 4359-4368.

Jardim ANO, Mello DC, Goes FCS, et al. 2014. Pesticide residues in cashew apple, guava, kaki and peach: GC-μECD, GC-FPD and LC-MS/MS multiresidue method validation, analysis and cumulative acute risk assessment. Food Chemistry, 164: 195-204.

Jeong YS, Hong JH, Cho KH, et al. 2012. Grape skin extract reduces adipogenesis-and lipogenesis-related gene expression in 3T3-L1 adipocytes through the peroxisome proliferator-activated receptorysignaling pathway. Nutrition Research, 32(7): 514-521.

Jesús Alonso, Alique R. 2004. Influence of edible coating on shelf life and quality of "Picota" sweet cherries. European Food Research and Technology, 218(6): 535-539.

Jia WY, Zi SL, Zhao JB, et al. 2019. The effect of the layer-by-layer (LBL) edible coating on strawberry quality and metabolites during storage. Postharvest Biology and Technology, 147: 29-38.

Jiao Y, Wang X, Jiang X, et al. 2017. Antidiabetic effects on *Morus alba* fruit polysaccharides on high-fat diet- and streptozotocin-induced type 2 diabetes in rats. Journal of Ethnopharmacology, 199: 119-127.

Jiménez-Aspee F, Theoduloz C, Ávila F, et al. 2016. The Chilean wild raspberry (*Rubus geoides* Sm.) increases intracellular GSH content and protects against H_2O_2 and methylglyoxal-induced damage in AGS cells. Food Chemistry, 194: 908-919.

Jin JT, Zheng BS, Xiao KJ. 2010. Effect of high-intensity pulsed magnetic field on inactivation of strawberry peroxydase and sterilization of strawberry juice. Science & Technology of Food Industry, 3: 99-101, 105.

Jin P, Zheng YH, Tang SS, et al. 2009. A combination of hot air and methyl jasmonate vapor treatment alleviates chilling injury of peach fruit. Postharvest Biology and Technology, 52(1): 24-29.

Jin TZ, Yu Y, Gurtler JB. 2017. Effects of pulsed electric field processing on microbial survival, quality change and nutritional characteristics of blueberries. LWT-Food Science and Technology, 77: 517-524.

John PR, Preston K, Jennifer R, et al. 2012. Fruit and soil quality of organic and conventional strawberry agroecosystems. PLoS ONE, 5(9): e123456.

Johnson AL, Govindarajulu R, Ashman TL. 2015. Bioclimatic evaluation of geographical range in *Fragaria* (Rosaceae): consequences of variation in breeding system, ploidy and species age. Botanical Journal of the Linnean Society, 176(1): 99-114.

Jovanovic-Malinovska R, Kuzmanova S, Winkelhausen E. 2014. Oligosaccharide profile in fruits and vegetables as sources of prebiotics and functional foods. International Journal of Food Properties, 17(5): 949-965.

Jung J, Arnold RD, Wicker L. 2013. Pectin and charge modified pectin hydrogel beads as a colon-targeted drug delivery carrier. Colloids and Surface B: Biointerfaces, 104: 116-121.

Juranić Z, Zizak Z. 2005. Biological activities of berries: from antioxidant capacity to anti-cancer effects. Biofactors, 23(4): 207-211.

Kähkönen MP, Hopia AI, Heinonen M. 2001. Berry phenolics and their antioxidant activity. Journal of Agricultural and Food Chemistry, 49(8): 4076-4082.

Kanematsu S, Asada K. 1990. Characteristic Amino Sequences of Chloroplast and Cytosol Isozymes of Cu, Zn-superoxide Dismutase in spinach, Rice and Horsetail. Plant and Cell Physiology, 31(1): 99-112.

Karabulut OA, Tezcan H, Daus A, et al. 2004. Control of preharvest and postharvest fruit rot in strawberry by *Metschnikowia fructicola*. Biocontrol Science & Technology, 14(5): 513-521.

Keshav S. 2007. How to read a paper. ACM SIGCOMM Computer Communication Review, 37(3): 83-84.

Khandpur P, Gogate PR. 2016. Evaluation of ultrasound based sterilization approaches in terms of shelf life and quality parameters of fruit and vegetable juices. Ultrasonics Sonochemistry, 29(123): 337-353.

Kim AJ, Kim SY, Choi MK. 2005. Effects of mulberry leaves powder on lipid metabolism in high cholesterol-fed rats. Korean Journal of Food Science and Technology, 37(4): 636-641.

Kim H, Bartley GE, Rimando AM, et al. 2010. Hepatic gene expression related to lower plasma cholesterol in hamsters fed high-fat diets supplemented with blueberry peels and peel extract. Journal of Agricultural and Food Chemistry, 58(7): 3984-3991.

Kim MJ, Perkins-Veazie P, Ma G, et al. 2015. Shelf life and changes in phenolic compounds of organically grown blackberries during refrigerated storage. Postharvest Biology and Technology, 110: 257-263.

Ko CH, Shen SC, Hsu CS, et al. 2005b. Mitochondrial-dependent, reactive oxygen species-independent apoptosis by myricetin: roles of protein kinase C, cytochrome c, and caspase cascade. Biochemical Pharmacology, 69(6): 913-927.

Ko CH, Shen SC, Lee TJ, et al. 2005a. Myricetin inhibits matrix metalloproteinase 2 protein expression and enzyme activity in colorectal carcinoma cells. Molecular Cancer Therapeutics, 4(2): 281-290.

Koch K, Ensikat HJ. 2008. The hydrophobic coatings of plant surfaces: epicuticular wax crystals and their morphologies, crystallinity and molecular self-assembly. Micron, 39(7): 759-772.

Kokotkiewicz A, Jaremicz Z, Luczkiewicz M. 2010. Aronia plants: a review of traditional use, biological activities, and perspectives for modern medicine. Journal of Medicinal Food, 13(2): 255-269.

Kong JM, Chia LS, Goh NK, et al. 2003. Analysis and biological activities of anthocyanins. Phytochemistry, 64(5): 923-933.

Kosmala M, Jurgoński A, Juśkiewicz J, et al. 2017. Chemical composition of blackberry press cake, polyphenolic extract, and defatted seeds, and their effects on cecal fermentation, bacterial metabolites, and blood lipid profile in rats. Journal of Agricultural and Food Chemistry, 65(27): 5470-5479.

Kosmala M, Zduńczyk Z, Juśkiewicz J, et al. 2015. Chemical composition of defatted strawberry and raspberry seeds and the effect of these dietary ingredients on polyphenol metabolites, intestinal function, and selected serum parameters in rats. Journal of Agricultural and Food Chemistry, 63(11): 2989-2996.

Kovačević DB, Gajdoš Kljusurić J, Putnik P, et al. 2016a. Stability of polyphenols in chokeberry juice treated with gas phase plasma. Food Chemistry, 212: 323-331.

Kovačević DB, Putnik P, Dragović-Uzelac V, et al. 2016b. Effects of cold atmospheric gas phase plasma on anthocyanins and color in pomegranate juice. Food Chemistry, 190: 317-323.

Krenn L, Steitz M, Schlicht C, et al. 2007. Anthocyanin and proanthocyanidin-rich extracts of berries in food supplements analysis with problems. Pharmazie Die, 62(11): 803-812.

Kulling SE, Rawel HM. 2008. Chokeberry (*Aronia melanocarpa*) —a review on the characteristic components and potential health effects. Planta Medica, 74(13): 1625-1634.

Kumar A, Dubey NK, Srivastava S. 2013. Antifungal evaluation of *Ocimum sanctum* essential oil against fungal deterioration of raw materials of *Rauvolfia serpentina* during storage. Industrial Crops and Products, 45(45): 30-35.

Kumari R, Patel DK, Panchal S, et al. 2015. Fast agitated directly suspended droplet microextraction technique for the rapid analysis of eight organophosphorus pesticides in human blood. Journal of Chromatography A, 1377: 27-34.

Kwiatowski J, Kaniuga Z. 1986. Isolation and characterization of cytosolic and chloroplast isoenzymes of Cu, Zn-superoxide dismutase from tomato leaves and their relationships to other Cu, Zn-superoxide dismutases. Biochimica et Biophysica Acta, (874): 99-115.

Lainas K, Alasalvar C, Bolling BW. 2016. Effects of roasting on proanthocyanidin contents of Turkish Tombul hazelnut and its skin. Journal of Functional Foods, 6(23): 647-653.

Lane JW, Hlina P, Hukriede K. 2012. Probing Wisconsin highbush cranberry (*V. trilobum*), dotted horsemint (*M. punctata*), and American hazelnut (*C. americana*) as potential biodiesel feedstocks. Industrial Crops and Products, 8(36): 531-535.

Lee HC, Wei YH. 2001. Mitochondrial alterations, cellular response to oxidative stress and defective degradation of proteins in aging. Biogerontology, 2(4): 231-244.

Lee JS, Synytsya A, Kim HB, et al. 2013. Purification, characterization and immunomodulating activity of a pectic polysaccharide isolated from Korean mulberry fruit Oddi (*Morus alba* L.). International Immunopharmacology, 17(3): 858-866.

Legentil A, Guichard I, Piffaut B, et al. 1995. Characterization of strawberry pectin extracted by chemical means. LWT-Food Science and Technology, 28(6): 569-576.

Leopoldini M, Russo N, Toscano M. 2010. The molecular basis of working mechanism of natural polyphenolic antioxidants. Food Chemistry, 125(2): 288-306.

Leshem YY, Wills R, Ku V. 2001. Applications of nitric oxide (NO) for postharvest control. Acta Horticulturae, (553): 571-575.

Li E, Yang H, Zou Y, et al. 2019. *In-vitro* digestion by simulated gastrointestinal juices of *Lactobacillus rhamnosus* cultured with mulberry oligosaccharides and subsequent fermentation with human fecal inocula. LWT-Food Science and Technology, 101: 61-68.

Li JZ, Bi DP. 2010. Effects of micro-perforated film packaging on the quality of Yali pear fruit (*Pyrus bretschneideri* cv. Yali) during storage. Journal of Fruit Science, 27(1): 57-62.

Li W, Dai Y, Ma L. 2015. Oil-saving pathways until 2030 for road freight transportation in China based on a cost-optimization model. Energy, 86: 369-384.

Li XY, Wang L. 2016. Effect of extraction method on structure and antioxidant activity of *Hohenbuehelia serotina* polysaccharides. International Journal of Biological Macromolecules, 83: 270-276.

Li Z, Li J. 2016. Optimization of spray drying processing technology of mulberry powder. Agricultural Science & Technology, 17(11): 2661-2663, 2667.

Liang L, Wu X, Zhao T, et al. 2012. *In vitro* bioaccessibility and antioxidant activity of anthocyanins from mulberry (*Morus atropurpurea* Roxb.) following simulated gastro-intestinal digestion. Food Research International, 46(1): 76-82.

Liao X, Liu D, Xiang Q, et al. 2017. Inactivation mechanisms of non-thermal plasma on microbes: a review. Food Control, 75: 83-91.

Lin Z. 2014. Blueberry cell wall fractionation and intermolecular binding between pectin rich fractions and anthocyanins. Iowa, Ames: Iowa State University M. A. Thesis.

Lin Z, Fischer J, Wicker L. 2016. Intermolecular binding of blueberry pectin-rich fractions and anthocyanin. Food Chemistry, 194: 986-993.

Liu C, Tian Y, Shen Q, et al. 1998. Cloning of 1-aminocyclopropane-1-carboxylate (ACC) synthetase cDNA and the inhibition of fruit ripening by its antisense RNA in transgenic tomato plants. Chinese Journal of Biotechnology, 14(2): 75-84.

Liu C, Zhao A, Zhu P, et al. 2015. Characterization and expression of genes involved in the ethylene biosynthesis and signal transduction during ripening of mulberry fruit. PLoS ONE, 10(3): e0122081.

Liu H, Qi X, Cao S, et al. 2014. Protective effect of flavonoid extract from Chinese bayberry (*Myrica rubra* Sieb. et Zucc.) fruit on alcoholic liver oxidative injury in mice. Journal of Natural Medicines, 68(3): 521-529.

Liu IM, Tzeng TF, Liou SS, et al. 2007a. Myricetin, a naturally occurring flavonol, ameliorates insulin resistance induced by a high-fructose diet in rats. Life Sciences, 81(21-22): 1479-1488.

Liu IM, Tzeng TF, Liou SS, et al. 2007b. Improvement of insulin sensitivity in obese Zucker rats by myricetin extracted from *Abelmoschus moschatus*. Planta Medica, 73(10): 1054-1060.

Liu L, Cao J, Huang J, et al. 2010. Extraction of pectins with different degrees of esterification from mulberry branch bark. Bioresource Technology, 101(9): 3268-3273.

Liu L, Ji ML, Chen M, et al. 2016. The flavor and nutritional characteristic of four strawberry varieties cultured in soilless system.

Food Science & Nutrition, 4(6): 858-868.

Liu Y, He B, Zhang Y, et al. 2015. Detection of phosmet residues on navel orange skin by surface-enhanced Raman spectroscopy. Intelligent Automation & Soft Computing, 21(3): 423-432.

Liu Y, Ye B, Wan C, et al. 2013a. Quantitative detection of pesticides by confocal microscopy Raman spectroscopy. Sensor Letters, 11: 1383-1388.

Liu Y, Ye B, Wan C, et al. 2013b. Rapid quantitative analysis of dimethoate pesticide using surface-enhanced Raman spectroscopy. Transactions of the ASABE, 56(3): 1043-1049.

Liu Z, Schwimer J, Liu D, et al. 2005. Black raspberry extract and fractions contain angiogenesis inhibitors. Journal of Agricultural and Food Chemistry, 53(10): 3909-3915.

Locatelli M, Travaglia F, Coïsson JD, et al. 2010. Total antioxidant activity of hazelnut skin (Nocciola Piemonte PGI): impact of different roasting conditions. Food Chemistry, 8(119): 1647-1655.

Lohachoompol V, Srzednicki G, Craske J. 2004. The change of total anthocyanins in blueberries and their antioxidant antioxidant effect after drying and freezing. Journal of Biomedicine and Biotechnology, (5): 248-252.

Lombardi-Boccia G, Lucarini M, Lanzi S. 2004. Nutrients and antioxidant molecules in yellow plums (*Prunus domestica* L.) from conventional and organic productions: a comparative study. Journal of Agricultural and Food Chemistry, 52(1): 90-94.

Lopes da Silva F, Escribano-Bailon MT, Perez Alonso JJ. 2007. Anthocyanin pigments in strawberry. LWT-Food Science and Technology, 40(2): 374-382.

Lowe JB, Marth JD. 2003. A genetic approach to mammalian glycan function. Annual Review of Biochemistry, 72(1): 643-691.

Lu J, Papp LV, Fang J. 2006. Inhibition of Mammalian thioredoxin reductase by some flavonoids: implications for myricetin and quercetin anticancer activity. Cancer Research, 66(8): 4410-4418.

Luchese CL, Sperotto N, Spada JC, et al. 2017. Effect of blueberry agro-industrial waste addition to corn starch-based films for the production of a pH-indicator film. International Journal of Biological Macromolecules, 104: 11-18.

Luque-García JL, Luque de Castro MD. 2003. Ultrasound: a powerful tool for leaching. Trends in Analytical Chemistry, 22(1): 41-47.

Ma H, Johnson SL, Liu W, et al. 2018. Evaluation of polyphenol anthocyanin-enriched extracts of blackberry, black raspberry, blueberry, cranberry, red raspberry, and strawberry for free radical scavenging, reactive carbonyl species trapping, anti-glycation, anti-β-amyloid aggregation, and microglial neuroprotective effects. International Journal of Molecular Sciences, 19(2): 461-468.

Ma H, Lu ZQ, Liu BB. 2005. Transcriptome analyses of a Chinese hazelnut species *Corylus mandshurica*. BMC Plant Biology, 152(13): 1-2.

Ma ZG, Wang J, Jiang H, et al. 2007. Myricetin reduces 6-hydroxydopamine-induced dopamine neuron degeneration in rats. Neuroreport, 18(11): 1181-1185.

Macnish AJ, Padda MS, Pupin F, et al. 2012. Comparison of Pallet Cover Systems to Maintain Strawberry Fruit Quality During Transport. HortTechnology, 22(4): 493-501.

Madhuri G, Reddy AR. 1999. Plant Biotechnology of flavonolds. Plant Biotechnology, 16(3): 179-199.

Manganaris GA, Ilias IF, Vasilakakis M, et al. 2007. The effect of hydrocooling on ripening related quality attributes and cell wall physicochemical properties of sweet cherry fruit (*Prunus avium* L.). International Journal of Refrigeration, 30(8): 1386-1392.

Manthey JA, Guthrie N. 2002. Antiproliferative activities of citrus flavonoids against six human cancer cell lines. Journal of Agricultural and Food Chemistry, 50(21): 5837-5843.

Massarotto G, Barcellos T, Garcia CSC, et al. 2016. Chemical characterization and cytotoxic activity of blueberry extracts (cv. Misty) cultivated in Brazil. Journal of Food Science, 81(8): 2076-2081.

Mcmurchie E, Mcglasson W, Eaks I. 1972. Treatment of fruit with propylene gives information about the biogenesis of ethylene. Nature, 237: 235-236.

Medina-cordova N, Lopez-aguilar R, Ascencio F, et al. 2016. Biocontrol activity of the marine yeast *Debaryomyces hansenii* against phytopathogenic fungi and its ability to inhibit mycotoxins production in maize grain (*Zea mays* L.). Biological Control, 97: 70-79.

Mikulic-Petkovsek M, Krska B, Kiprovski B, et al. 2017. Bioactive components and antioxidant capacity of fruits from nine *Sorbus* genotypes. Journal of Food Science, 82(3): 647-658.

Min SW, Ryu SN, Kim DH. 2010. Anti-inflammatory effects of black rice, cyanidin-3-*O*-β-D-glycoside, and its metabolites, cyanidin and protocatechuic acid. International Immunopharmacology, 10(8): 959-966.

Mohideen FW, Solval KM, Li J, et al. 2015. Effect of continuous ultra-sonication on microbial counts and physico-chemical properties of blueberry (*Vaccinium corymbosum*) juice. LWT-Food Science and Technology, 60(1): 563-570.

Molinos AC, Abriouel H, Ben ON, et al. 2008. Inactivation of *Listeria monocytogenes* in raw fruits by enterocin AS-48. Journal of Food Protection, 71(12): 2460-2467.

Montecchiarini ML, Bello F, Rivadeneira MF, et al. 2018. Metabolic and physiologic profile during the fruit ripening of three blueberries highbush (*Vaccinium corymbosum*) cultivars. Journal of Berry Research, 8(3): 177-192.

Moore MA, Park CB, Tsuda H. 1998. Soluble and insoluble fiber influences on cancer development. Critical Reviews in Oncology/Hematology, 27(3): 229-242.

Morrow DMP, Fitzsimmons PEE, Chopra M, et al. 2001. Dietary supplementation with the anti-tumour promoter quercetin: its effects on matrix metalloproteinase gene regulation. Mutation Research, 480-481(3): 269-276.

Murayama H, Katsumata T, Endou H, et al. 2006. Effect of storage period on the molecular-mass distribution profile of pectic and hemicellulosic polysaccharides in pears. Postharvest Biology and Technology, 40(2): 141-148.

Møller IM, Sweetlove L. 2010. ROS signaling-specificity is required. Trends in Plant Science, 784: 1-5.

Naczk M, Shahidi F. 2006. Phenolics in cereals, fruits and vegetables: occurrence, extraction and analysis. Journal of Pharmaceutical and Biomedical Analysis, 41(5): 1523-1542.

Navruz A, Türkyılmaz M, Özkan M. 2016. Colour stabilities of sour cherry juice concentrates enhanced with gallic acid and various plant extracts during storage. Food Chemistry, 197: 150-160.

Njuguna W, Liston A, Cronn R, et al. 2013. Insights into phylogeny, sex function and age of Fragaria based on whole chloroplast genome sequencing. Molecular Phylogenetics and Evolution, 66(1): 17-29.

Nunes CA. 2012. Biological control of postharvest diseases of fruit. European Journal of Plant Pathology, 133(1): 181-196.

Nybom H, Bartish I, Garkava-Gustavsson L, et al. 2003. Evaluating genetic resources in minor fruits. ISHS Acta Horticulturae, 622: 81-94.

Odabas HI, Koca I. 2016. Application of response surface methodology for optimizing the recovery of phenolic compounds from hazelnut skin using different extraction methods. Industrial Crops and Products, 9(91): 114-124.

Odriozola-Serrano I, Soliva-Fortuny R, Gimeno-Añó V, et al. 2008. Kinetic study of anthocyanins, vitamin C and antioxidant capacity in strawberry juices treated by high-intensity pulsed electric fields. Journal of Agricultural and Food Chemistry, 56(18): 8387-8393.

Odriozola-Serrano I, Soliva-Fortuny R, Martín-Belloso O. 2010. Changes in bioactive composition of fresh-cut strawberries stored under superatmospheric oxygen, low-oxygen or passive atmospheres. Journal of Food Composition and Analysis, 23(1): 37-43.

Ogawaa Y, Akamatsub M, Hotta Y, et al. 2010. Effect of essential oils, such as raspberry ketone and its derivatives, on antiandrogenic activity based on in vitro reporter gene assay. Bioorganic & Medicinal Chemistry Letters, 20(7): 2111-2114.

Oh HD, Yu DJ, Chung SW. 2018. Abscisic acid stimulates anthocyanin accumulation in 'Jersey' highbush blueberry fruits during ripening. Food Chemistry, 244: 403-407.

Olas B. 2017. The multifunctionality of berries toward blood platelets and the role of berry phenolics in cardiovascular disorders. Platelets, 28(6): 540-549.

Olsson ME, Gustavvsson KE, Andersson S, et al. 2004. Inhibition of cancer cell proliferation *in vitro* by fruit and berry extracts and correlation with antioxidant levels. Journal of Agricultural and Food Chemistry, 52(24): 7264-7271.

Oms-Oliu G, Soliva-Fortuny R, Martin-Belloso O. 2008. Edible coat-ings with anti-browning agents to maintain sensory quality and antioxidant properties of fresh-cut pears. Postharvest Biology and Technology, 50(1): 87-94.

Orem A, Yucesan FB, Orem C, et al. 2013. Hazelnut-enriched diet improves cardiovascular risk biomarkers beyond a lipid-lowering effect in hypercholesterolemic subjects. Journal of Clinical Lipidology, 8(7): 123-131.

Palma JM, Corpas FJ, del Río LA. 2012. Proteomics as an approach to the understanding of the molecular physiology of fruit development and ripening. China Fruit Vegetable, 74(8): 1230-1243.

Parisotto TM, Stipp R, Rodrigues LKA, et al. 2015. Can insoluble polysaccharide concentration in dental plaque, sugar exposure and cariogenic microorganisms predict early childhood caries? A follow-up study. Archives of Oral Biology, 60(8): 1091-1097.

Park E, Edirisinghe I, Wei H, et al. 2016. A dose-response evaluation of freeze-dried strawberries independent of fiber content on metabolic indices in abdominally obese individuals with insulin resistance in a randomized, single-blinded, diet-controlled crossover trial. Molecular Nutrition & Food Research, 60(5): 1099-1109.

Pastor C, Sánchez-González L, Marcilla A, et al. 2011. Quality and safety of table grapes coated with hydroxy propyl methyl cellulose edible coatings containing propolis extract. Postharvest Biology & Technology, 60(1): 64-70.

Patras A, Brunton NP, O'Donnell C, et al.2010. Effect of thermal processing on anthocyanin stability in foods; mechanisms and kinetics of degradation. Trends in Food Science & Technology, 21(1): 3-11.

Paul V, Pandey R. 2013. Delaying tomato fruit ripening by using 1-methylcyclopropene (1-MCP) for better postharvest management: current status and prospects in India. Indian Journal of Plant Physiology, 18(3): 195-207.

Pelitli EP, Janiak MA, Amarowicz R. 2017. Protein precipitating capacity and antioxidant activity of Turkish Tombul hazelnut phenolic extract and its fractions. Food Chemistry, 10(218): 584-590.

Peng CH, Liu LK, Chuang CM, et al. 2011. Mulberry water extracts possess an anti-obesity effect and ability to inhibit hepatic lipogenesis and promote lipolysis. Journal of Agricultural and Food Chemistry, 59(6): 2663-2671.

Perkins-Veazie P, Collins JK, Howard L. 2008. Blueberry fruit response to postharvest application of ultraviolet radiation. Postharvest Biology and Technology, 47(3): 280-285.

Perkins-Veazie PM, Huber DJ, Brecht JK. 1995. Characterization of ethylene production in developing strawberry fruit. Plant Growth Regulation, 17(1): 33-39.

Pinelo M, Zeuner B, Meyer AS. 2010. Juice clarification by protease and pectinase treatments indicates new roles of pectin and protein in cherry juice turbidity. Food and Bioproducts Processing, 88(2): 259-265.

Pombo MA, Rosli HG, Martínez GA, et al. 2011. UV-C treatment affects the expression and activity of defense genes in strawberry fruit (*Fragaria x ananassa*, Duch.). Postharvest Biology and Technology, 59(1): 94-102.

Posé S, García-Gago JA, Santiago-Doménech N. 2011. Strawberry fruit softening: role of cell wall disassembly and its manipulation in transgenic plants. Gene Genom, 5(1): 40-48.

Praznik W, Cavarkapa A, Unger FM, et al. 2017. Molecular dimensions and structural features of neutral polysaccharides from the seed mucilage of *Hyptis suaveolens* L. Food Chemistry, 221: 1997-2004.

Prelle A, Spadaro D, Garibaldi A. 2012. Aflatoxin monitoring in Italian hazelnut products by LC-MS. Food Additives and Contaminants, 5(4): 279-285.

Prior RL, Wilkes S, Rogers T, et al. 2010. Dietary black raspberry anthocyanins do not alter development of obesity in mice fed an obesogenic high-fat diet. Journal of Agricultural and Food Chemistry, 58(7): 3977-3983.

Puupponen-Pimiä R, Nohynek L, Alakomi HL, et al. 2005. Bioactive berry compounds-novel tools against human pathogens. Applied Microbiology and Biotechnology, 67(1): 8-18.

Qiao Q, Xue L, Wang Q, et al. 2016. Comparative transcriptomics of strawberries (*Fragaria* spp.) provides insights into evolutionary patterns. Frontiers in Plant Science, 7(1): 1839-1849.

Qin CG, Li Y, Niu WN, et al. 2011. Composition analysis and structural identification of anthocyanins in fruit of waxberry. Czech Journal of Food Science, 29(2): 171-180.

Qin X, Xiao H, Xue C, et al. 2015. Biocontrol of gray mold in grapes with the yeast *Hanseniaspora uvarum* alone and in combination with salicylic acid or sodium bicarbonate. Postharvest Biology and Technology, 100: 160-167.

Quist-Jensen CA, Macedonio F, Conidi C, et al. 2016. Direct contact membrane distillation for the concentration of clarified orange juice. Journal of Food Engineering, 187: 37-43.

Rahbar N, Esfahani JA. 2012. Experimental study of a novel portable solar still by utilizing the heat and thermoelectric module. Desalination, 284(1): 55-61.

Rahmanzadeh IS, Asghari SM, Shirzad H, et al. 2019. Lemon verbena (*Lippia citrodora*) essential oil effects on antioxidant capacity and phytochemical content of raspberry (*Rubus ulmifolius* subsp. *sanctus*). Scientia Horticulturae, 248: 297-304.

Rajauria G. 2018. Optimization and validation of reverse phase HPLC method for qualitative and quantitative assessment of polyphenols in seaweed. Journal of Pharmaceutical and Biomedical Analysis, 148: 230-237.

Rajha HN, Louka N, Darra NE, et al. 2014. Multiple response optimization of high temperature, low time aqueous extraction process of phenolic compounds from grape byproducts. Food and Nutrition Sciences, 5(4): 351-360.

Rein MJ, Heinonen M. 2004. Stability and enhancement of berry juice color. Journal of Agricultural and Food Chemistry, 52(10): 3106-3114.

Renard CMGC, Voragen AGJ, Thibault JE, et al. 1990. Studies on apple protopectin: I. extraction of insoluble pectin by chemical means. Carbohydrate Polymers, 12(1): 9-25.

Rephaeli A, Rabizadeh E, Aviram A, et al. 1991. Derivatives of butyric acid as potential anti-neoplastic agents. International Journal of Cancer, 49(1): 66-72.

Reque PM, Steffens RS, Jablonski A, et al. 2014. Cold storage of blueberry (*Vaccinium* spp.) fruits and juice: anthocyanin stability and antioxidant activity. Journal of Food Composition and Analysis, 33(1): 111-116.

Rice RG, Farquhar W, Bollyky LJ. 1982. Review of the application of ozone for increasing storage time of perishable foods. Ozone Science and Engineering, (4): 147-163.

Roidoung S, Dolan KD, Siddiq M. 2016. Gallic acid as a protective antioxidant against anthocyanin degradation and color loss in vitamin-C fortified cranberry juice. Food chemistry, 210: 422-427.

Rozenblit B, Tenenba G, Shagan A, et al. 2018. A new volatile antimicrobial agent-releasing patch for preserving fresh foods. Food Packaging and Shelf Life, 18: 184-190.

Ryall AL, Lipton WJ. 1979. Handling, transportation, and storage of fruits and vegetables. Scientia Horticulturae, 1(2): 201.

Sakuta M. 2000. Transcriptional control of chalcone synthase by environmental stimuli. Journal of Plant Research, 113(3): 327-333.

Samavati V. 2013. Polysaccharide extraction from *Abelmochus esculentus*: optimization by response surface methodology. Carbohydrate Polymers, 95(11): 588-597.

Sanavova MKH, Rakhimov DA. 1997. Plant polysaccharides VII. Polysaccharides of *Morus* and their hypoglycemic activity. Chemistry of Natural Compounds, 33(6): 617-619.

Sancho RAS, Pastore GM. 2012. Evaluation of the effects of anthocyanins in type 2 diabetes. Food Research International, 46(1): 378-386.

Sariburun E, Sahin S, Demir C, et al. 2010. Phenolic content and antioxidant activity of raspberry and blackberry cultivars. Journal of Food Science, 75(4): C328-C335.

Šarić B, Mišan A, Mandić A, et al. 2016. Valorisation of raspberry and blueberry pomace through the formulation of value-added gluten-free cookies. Journal of Food Science and Technology, 53(2): 1140-1150.

Scandalios JG. 1993. Oxygen Stress and Superoxide Dismutase. Plant Physiology, (101): 7-12.

Schepetkin IA, Quinn MT. 2006. Botanical polysaccharides: macrophage immunomodulation and therapeutic potential. International Immunopharmacology, 6(3): 317-333.

Schotsmans W, Molan A, Mackay B. 2007. Controlled atmosphere storage of rabbiteye blueberries enhances postharvest quality aspects. Postharvest Biology and Technology, 44(3): 277-285.

Schuster B, Hermann K. 1985. Hydroxybenzoic and hydroxycinnamic acid derivatives in soft fruits. Phytochemistry, 24(11): 2761-2764.

Schwab W, Davidovichrikanati R, Lewinsohn E. 2010. Biosynthesis of plant-derived flavor compounds. Plant Journal for Cell and Molecular Biology, 54(4): 712-732.

Seema P, Avishek M, Arun G. 2012. Potentials of exopolysaccha rides from lactic acid bacteria. Indian J Microbiol, 52(1): 3-12.

Seeram NP, Adams LS, Zhang Y, et al. 2006. Blackberry, black raspberry, blueberry, cranberry, red raspberry, and strawberry extracts inhibit growth and stimulate apoptosis of human cancer cells *in vitro*. Journal of Agricultural and Food Chemistry, 54(25): 9329-9339.

Sellappan S, Akon CC, Krewer G. 2002. Phenolic compounds and anitioxidant capacity of Georgia-grown blueberries and blackberries. Journal of Agricultural and Food Chemistry, 50(8): 2432-2438.

Senti FR, Rizek RL. 1975. Nutrient levels in horticultural crops. Horticulture Science, (10): 243.

Seo BJ, Baopai VK, Rather LA, et al. 2015. Partially purified exopolysaccharide from *Lactobacillus plantarum* YML009 with total phenolic content, antioxidant and free radical scavenging efficacy. Indian Journal of Pharmaceutical Education and Research, 49(9): 282-292.

Shaker EM, Elsharkawy EE. 2015. Organochlorine and organophosphorus pesticide residues in raw buffalo milk from agroindustrial areas in Assiut, Egypt. Environmental Toxicology and Pharmacology, 39(1): 433-440.

Shen H, Wei Y, Wang X, et al. 2019. The marine yeast *Sporidiobolus pararoseus* ZMY-1 has antagonistic properties against *Botrytis cinerea in vitro* and in strawberry fruit. Postharvest Biology and Technology, 150: 1-8.

Shi L. 2016. Bioactivities, isolation and purification methods of polysaccharides from natural products: a review. International Journal of Biological Macromolecules, 92: 37-48.

Shi T, Sun J, Wu XX, et al. 2018. Transcriptome analysis of Chinese bayberry (*Myrica rubra* Sieb. et Zucc.) fruit treated with heat and 1-MCP. Plant Physiology and Biochemistry, 133: 40-49.

Shih PH, Chan YC, Liao JW, et al. 2010. Antioxidant and cognitive promotion effects of anthocyanin-rich mulberry (*Morus atropurpurea* L.) on senescence-accelerated mice and prevention of Alzheimer's disease. Journal of Nutritional Biochemistry, 21(7): 598-605.

Shimmyo Y, Kihara T, Akaike A, et al. 2008. Three distinct neuroprotective functions of myricetin against glutamate-induced neuronal cell death: involvement of direct inhibition of caspase-3. Journal of Neuroscience Research, 86(8): 1836-1845.

Shin Y, Liu RH, Nock JF. 2007. Temperature and relative humidity effects on quality, total ascorbic acid, phenolics and flavonoid concentrations, and antioxidant activity of strawberry. Postharvest Biology and Technology, 45(3): 349-357.

Sibel U, Deniz C. 2014. Hydrolysis of hazelnut shells as a carbon source for bioprocessing applications and fermentation. International Journal of Food Engineering, 4(10): 799-808.

Siebert T. 2017. Agro-processing of berries and cherries. FarmBiz, 3(7): 32-33.

Singhal BK, Khan MA, Dhar A, et al. 2010. Approaches to industrial exploitation of mulberry of mulberry (*Mulberry* sp.) fruits. Journal of Fruit and Ornamental Plant Research, 18(1): 83-99.

Sivakumar D, Bautista-Banos S. 2014. A review on the use of essential oils for postharvest decay control and maintenance of fruit quality during storage. Crop Protection, 64: 27-37.

Slimestad R, Torskangerpoll K, Nateland HS, et al. 2005. Flavonoids from black chokeberries, *Aronia melanocarpa*. Journal of Food Composition and Analysis, 18(1): 61-68.

Smolarz K. 2009. Short information about the history of the commercial cultivation highbush blueberry in Poland. Agronomija Vestis, 12: 119-122.

Song W, Wang HJ, Bucheli P, et al. 2009. Phytochemical profiles of different mulberry (*Morus* sp.) species from China. Journal of Agricultural and Food Chemistry, 57(19): 9133-9140.

Sousa M, Machado V, Costa R, et al. 2016. Red raspberry phenols inhibit angiogenesis: a morphological and subcellular analysis upon human endothelial cells. Journal of Cellular Biochemistry, 117(7): 1604-1612.

Srivastava A, Akoh CC, Fischer J, et al. 2007. Effect of anthocyanins fractions from selected cultivars of Georgia-grown blueberries on apoptosis and phase II enzymes. Journal of Agricultural Food Chemistry, 55(8): 3180-3185.

Steven CR, Janet RD, Carol A. 2015. Food Safety: Emerging Issues, Technologies and Systems. New York: Academic Press.

Storozhok NM, Gureeva NV, Khalitov RA, et al. 2012. Antioxidant activity of synthetic analogs and pure active principles of Rhodiola Rosea and raspberry ketone. Pharmaceutical Chemistry Journal, 45(12): 732-735.

Suh HJ, Noh DO, Kang CS, et al. 2003. Thermal kinetics of color degradation of mulberry fruit extract. Nahrung, 47(2): 132-135.

Sun C, Zheng Y, Chen Q, et al. 2012b. Purification and anti-tumour activity of cyanidin-3-*O*-glucoside from Chinese bayberry fruit. Food Chemistry, 131(4): 1287-1294.

Sun CD, Zhang B, Zhang JK, et al. 2012a. Cyanidin-3-glucoside-rich extract from Chinese bayberry fruit protects pancreatic β cells and ameliorates hyperglycemia in streptozotocin-induced diabetic mice. Journal of Medicinal Food, 15(3): 288-298.

Sun J, Zhu H, Guo J, et al. 2012c. Antimicrobial action of purified raspberry flavonoid. African Journal of Biotechnology, 11(11): 2704-2710.

Sun X, Yang Q, Guo W, et al. 2013. Modification of cell wall polysaccharide during ripening of Chinese bayberry fruit. Scientia Horticulturae, 160: 155-162.

Sung SY, Sin LT, Tee TT, et al. 2014. Control of bacteria growth on ready-to-eat beef loaves by antimicrobial plastic packaging incorporated with garlic oil. Food Control, 39(1): 214-221.

Tabrah F, Hoffmeier M, Gilbert F Jr. 1990. Bone density changes in osteoporosis-prone women exposed to pulsed electromagnetic fields (PEMFs). Journal of Bone and Mineral Research, 5(5): 437-442.

Tadapaneni RK, Daryaei H, Krishnamurthy K, et al. 2014. High-pressure processing of berry and other fruit products: implications for bioactive compounds and food safety. Journal of Agricultural and Food Chemistry, 62(18): 3877-3885.

Taheri R, Connolly BA, Brand MH, et al. 2013. Underutilized chokeberry (*Aronia melanocarpa, Aronia arbutifolia, Aronia prunifolia*) accessions are rich sources of anthocyanins, flavonoids, hydroxycinnamic acids, and proanthocyanidins. Journal of

Agricultural and Food Chemistry, 61(36): 8581-8588.

Tang CC, Huang HP, Lee YJ, et al. 2013. Hepatoprotective effect of mulberry water extracts on ethanol-induced liver injury via anti-inflammation and inhibition of lipogenesis in C57BL/6J mice. Food and Chemical Toxicology, 62: 786-796.

Tezcan H, Karabulut OA, Daus A, et al. 2004. Control of preharvest and postharvest fruit rot in strawberry by *Metschnikowia fructicola*. Biocontrol Science and Technology, 14(5): 513-521.

Thi NH, Seishu T, Takuya B, et al. 2017. Effects of prior freezing conditions on the quality of blueberries in a freeze-drying process. Transactions of the ASABE, 60(4): 1369-1377.

Tian J, Jiang F, Wu Z. 2015. The apoplastic oxidative burst as a key factor of hyperhydricity in garlic plantlet *in vitro*. Plant Cell Tissue and Organ Culture, 120(2): 571-584.

Tian Q, Giusti MM, Stoner GD. 2006. Urinary excretion of black raspberry (*Rubus occidentalis*) anthocyanins and their metabolites. Journal of Agricultural Food Chemistry, 54(4): 1467-1472.

Tian SP, Qin GZ, Li B Q. 2013. Reactive oxygen species involved in regulating fruit senescence and fungal pathogenicity. Plant Molecular Biology, 82(6): 593-602.

Trainotti L, Spinello R, Piovan A. 2001. β-Galactosidases with a lectin-like domain are expressed in strawberry. Journal of Experimental Botany, 52(361): 1635-1645.

Tsironi T, Stamatiou A, Giannoglou M, et al. 2011. Predictive modelling and selection of time temperature integrators for monitoring the shelf life of modified atmosphere packed gilthead seabream fillets. LWT-Food Science and Technology, 44(4): 1156-1163.

Tulio Jr AZ, Reese RN, Wyzgoski FJ, et al. 2008. Cyanidin 3-rutinoside and cyanidin 3-xylosylrutinoside as primary phenolic antioxidants in black raspberry. Journal of Agricultural and Food Chemistry, 56(6): 1880-1888.

Tunc S, Chollet E, Chalier P, et al. 2007. Combined effect of volatile antimicrobial agents on the growth of *Penicillium notatum*. International Journal of Food Microbiology, 113(3): 263-270.

Urban L, Charles F, de Miranda MRA. 2016. Understanding the physiological effects of UV-C light and exploiting its agronomic potential before and after harvest. Plant Physiology and Biochemistry, 105: 1-11.

Uysal N, Sumnu G, Sahin S. 2009. Optimization of microwave-infrared roasting of hazelnut. Journal of Food Engineering, (90): 255-261.

Van Zeebroeck M, Van linden V, Ramon H. 2007. Impact damage of apples during transport and handling. Postharvest Biology and Technology, 45(2): 157-167.

Vandendriessche T, Nicolai BM, Hertog MLATM. 2013. Optimization of HS SPME Fast GC-MS for high-throughput analysis of strawberry aroma. Food Analytical Methods, 6(2): 512-520.

Vieira JM, Floreslópez ML, Rodríguez DJD, et al. 2016. Effect of chitosan– *Aloe vera* coating on postharvest quality of blueberry (*Vaccinium corymbosum*) fruit. Postharvest Biology and Technology, 116: 88-97.

Vivian CH, Wu BK. 2007. Effect of a simple chlorine dioxide method for controlling five food borne pathogens, yeasts and molds on blueberries. Food Microbiology, 10(24): 794-800.

Wald B, Galensa R, Herrmann K, et al. 1986. Quercetin 3-O-[6′-(3-hydroxy-3-metlyglutaroyl)-β-galactoside] from blackberries. Phytochemistry, 25(12): 2904-2905.

Walters D, Walsh D, Newton A, et al. 2005. Induced resistance for plant disease control: maximizing the efficacy of resistance elicitors. Phytopathology, 95(12): 1368-1373.

Wang C, Chen CT, Wang S. 2009a. Changes of flavonoid content and antioxidant capacity in blueberries after illumination with UV-C. Food Chemistry, 117(3): 426-431.

Wang CY, Wang SY, Chen C. 2008. Increasing antioxidant activity and reducing decay of blueberries by essential oils. Food Chemistry, 56(10): 3587-3592.

Wang H, Cao G, Prior RL. 1996. Total antioxidant capacity of fruits. Journal of Agricultural and Food Chemistry, 44(3): 701-705.

Wang H, Cao G, Prior RL. 1997. Oxygen radical absorbing capacity of anthocyanins. Journal of Agricultural and Food Chemistry, 45(2): 304-309.

Wang H, Shen WZ, Ooi EV, et al. 2007. The antiviral activity of polysaccharides extracted from *Lobophora variegata*. Acta Nutrimenta Sinica, 29(3): 271-275.

Wang IK, Lin-Shiau SY, Lin JK. 1999. Induction of apoptosis by apigenin and related flavonoids through cytochrome c release and activation of caspase-9 and caspase-3 in leukaemia HL-60 cells. European Journal of Cancer, 35(10): 1517-1525.

Wang JL, Zhang J, Zhao BT, et al. 2010. A comparison study on microwave-assisted extraction of *Potentilla anserina* L. polysaccharides with conventional method: molecule weight and antioxidant activities evaluation. Carbohydrate Polymers, 80(1): 84-93.

Wang KT, Cao S F, Jin P, et al. 2010. Effect of hot air treatment on postharvest mold decay in Chinese bayberry fruit and the possible mechanisms. International Journal of Food Microbiology, 141(1-2): 11-16.

Wang KT, Jin P, Cao SF, et al. 2009b. Methyl jasmonate reduces decay and enhances antioxidant capacity in Chinese bayberries. Journal of Agricultural Food Chemistry, 57: 5809-5815.

Wang LS, Stoner GD. 2008. Anthocyanins and their role in cancer prevention. Cancer Letters, 269(2): 281-290.

Wang RJ, Wang S, Xia YJ, et al. 2015. Antitumor effects and immune regulation activities of a purified polysaccharide extracted from *Juglan regia*. International Journal of Biological Macromolecules, 8(72): 771-775.

Wang SY, Chen HJ, Mark K. 2010. Variation in antioxidant enzyme activities and nonenzyme components among cultivars of rabbiteye blueberries (*Vaccinium ashei* Reade) and *V. ashei* derivatives. Food Chemistry, 129(1): 13-20.

Wang SY, Chen HJ, Sciarappa W. 2008. Fruit quality, antioxidant capacity, and flavonoid content of organically and conventionally grown blueberries. Journal of Agriculture and Food Chemistry, 56(14): 5788-5794.

Wang SY, Gao H. 2013. Effect of chitosan-based edible coating on antioxidants, antioxidant enzyme system, and postharvest fruit quality of strawberries (*Fragaria × aranassa* Duch.). LWT-Food Science and Technology, 52(2): 71-79.

Wang SY, Lin HS. 2000. Antioxidant activity in fruits and leaves of blackberry, raspberry and strawberry varies with cultivar and developmental stage. Journal of Agricultural and Food Chemistry, 48(2): 140-146.

Wang WD, Xu SY, Jin MK. 2010. Effects of different maceration enzymes on yield, clarity and anthocyanin and other polyphenol contents in blackberry juice. International Journal of Food Science and Technology, 44(12): 2342-2349.

Wang Y, Yang C, Li S, et al. 2009. Volatile characteristics of 50 peaches and nectarines evaluated by HP-SPME with GC-MS. Food Chemistry, 116(1): 356-364.

Wei LY, Wang JH, Zheng XD. 2007. Studies on the extracting technical conditions of inulin from *Jerusalem artichoke* tuber. Journal of Food Engineering, 79: 1087-1093.

Weisburg JH, Weissman DB, Sedaghat T, et al. 2004. *In vitro* cytotoxicity of epigallocatechin gallate and tea extracts to cancerous and normal cells from the human oral cavity. Basic & Clinical Pharmacology & Toxicology, 95(4): 191-200.

Welch AA, Hardcastle AC. 2014. The effects of flavonoids on bone. Current Osteoporosis Reports, 12(2): 205-210.

Willats WGT, Knox JP, Mikkelsen JD. 2006. Pectin: new insights into an old polymer are starting to gel. Trends in Food Science & Technology, 17(3): 97-104.

Wilson AD, Baietto M. 2009. Applications and advances in electronic-nose technologies. Sensors, 9(7): 5099-5148.

Wingsle G, Gurdestrom P, Hällgren JE, et al. 1991. Isolation, purification, and subcellular localization of isozymes of superoxide dismutase from scots pine (*Pinus sylvestris* L.) Needles. Plant Physiology, (95): 21-28.

Winker AJ, Jacob HE. 1925. The utilization of sulfur dioxide in the marketing grapes. Hilgardia, (1): 107-131.

Woo SH, Choi JY, Kwak C, et al. 2009. An active product state tracking architecture in logistics sensor networks. Computers in Industry, 60(12): 12.

Wu QQ, You HJ, Ahn HJ, et al. 2012. Changes in growth and survival of *Bifidobacterium* by coculture with *Propionibacterium* in soy milk, cow's milk, and modified MRS medium. International Journal of Food Microbiology, 157(1): 65-72.

Wu T, Qi X, Liu Y, et al. 2013. Dietary supplementation with purified mulberry (*Morus australis* Poir) anthocyanins suppresses body weight gain in high-fat diet fed C57BL/6 mice. Food Chemistry, 141(1): 482-487.

Xi XJ, Guo J, Zhu YG. 2014. Genetic diversity and taxol content variation in the Chinese yew Taxus mairei. Plant Systematics and Evolution, (300): 2191-2198.

Xiong T, Li X, Guan QQ, et al. 2014. Starter culture fermentation of Chinese sauerkraut: growth, acidification and metabolic analyses. Food Control, 41: 122-127.

Yan JW, Luo Z, Ban ZJ, et al. 2019. The effect of the layer-by-layer (LBL) edible coating on strawberry quality and metabolites during storage. Postharvest Biology and Technology, 147: 29-38.

Yang D, Xie H, Jiang Y, et al. 2016. Phenolics from strawberry cv. Falandi and their antioxidant and α-glucosidase inhibitory activities. Food Chemistry, 194: 857-863.

Yang WF, Wang Y, Li WP, et al. 2015. Purification and structural characterization of Chinese yam polysaccharide and its activities. Carbohydrate Polymers, 117(92): 1021-1027.

Yang X, Yang L, Zheng H. 2010. Hypolipidemic and antioxidant effects of mulberry (*Morus alba* L.) fruit in hyperlipidaemia rats. Food and Chemical Toxicology, 48(8): 2374-2379.

Ye J, Lin L, Zha Y, et al. 2016. Simultaneous determination of four pesticide residues in fruit juice by HPLC. Agricultural Science & Technology, 17(10): 2399-2402.

Yi W, Fiseher J, Krewer G, et al. 2005. Phenolic compounds from blueberries can inhibit colon cancer cell proliferation and induce apoptosis. Journal of Agricultural and Food Chemistry, 53(18): 7320-7329.

Yılmaz E, Öğütcü M. 2014. Properties and stability of hazelnut oil organogels with beeswax and monoglyceride. Journal of the American Oil Chemists' Society Soc, 8(91): 1007-1017.

Youdim KA, McDonald J, Kalt W, et al. 2002. Potential role of dietary flavonoids in reducing microvascular endothelium vulnerability to oxidative and inflammatory insults. The Journal of Nutritional Biochemistry, 13(5): 282-288.

Younes I, Ghorbel-Bellaaj O, Nasri R, et al. 2012. Chitin and chitosan preparation from shrimp shells using optimized enzymatic deproteinization. Process Biochemistry, 47: 2032-2039.

Yu X, Wang Z, Shu Z, et al. 2017. Effect and mechanism of *Sorbus pohuashanensis* (Hante) Hedl. flavonoids protect against arsenic trioxide-induced cardiotoxicity. Biomedicine & Pharmacotherapy, 88: 1-10.

Yucesan FB, Orem A, Kural BV, et al. 2008. Hazelnut consumption decreases the susceptibility of LDL to oxidation, plasma oxidized LDL level and increases the ratio of large/small LDL in normolipidemic healthy subjects. Anadolu Kardiyol Derg, 10: 28-35.

Yun YS, Lee YN. 2004. Purification and some properties of superoxide dismutase from *Deinococcus radiophilus*, the UV-resistant bacterium. Extremophiles, (8): 237-242.

Zafra-Stone S, Yasmin T, Bagchi M, et al. 2007. Berry anthocyanins as novel antioxidants in human health and disease prevention. Molecular Nutrition & Food Research, 51(6): 675-683.

Zahavi T, Cohen L, Weiss B, et al. 2000. Biological control of *Botrytis*, *Aspergillus* and *Rhizopus* rots on table and wine grapes in

Israel. Postharvest Biology and Technology, 20: 115-124.

Zhang B, Buya M, Qin W, et al. 2013. Anthocyanins from Chinese bayberry extract activate transcription factor *nrf2* in β cells and negatively regulate oxidative stress-induced autophagy. Journal of Agricultural and Food Chemistry, 61(37): 8765-8772.

Zhang B, Kang M, Xie Q, et al. 2011. Anthocyanins from Chinese bayberry extract protect β cells from oxidative stress-mediated injury via HO-1 upregulation. Journal of Agricultural and Food Chemistry, 59(2): 537-545.

Zhang WS, Li X, Zheng JT, et al. 2008a. Bioactive components and antioxidant capacity of Chinese bayberry (*Myrica rubra* Sieb. and Zucc.) fruit in relation to fruit maturity and postharvest storage. European Food Research and Technology, 227(4): 1091-1097.

Zhang Y, Liao X, Chen F, et al. 2008b. Isolation, identification, and color characterization of cyanidin-3-glucoside and cyanidin-3-sophoroside from red raspberry. European Food Research and Technology, 226(3): 395-403.

Zhang Y, Ren C, Lu G, et al. 2014. Purification, characterization and anti-diabetic activity of a polysaccharide from mulberry leaf. Regulatory Toxicology and Pharmacology, 70(3): 687-695.

Zhang Y, Seeram NP, Lee R, et al. 2008c. Isolation and identification of strawberry phenolics with antioxidant and human cancer cell antiproliferative properties. Journal of Agricultural and Food Chemistry, 56(3): 670-675.

Zhao ZY, Zhang Q, Li YF, et al. 2015. Optimization of ultrasound extraction of *Alisma orientalis* polysaccharides by response surface methodology and their antioxidant activities. Carbohydrate Polymers, 119(29): 101-109.

Zheng L, Liu AL, Qi T, et al. 2010. Human telomerase RNA gene amplification detection increases the specificity of cervical intraepithelial neoplasia screening. International Journal of Gynecological Cancer, 20(6): 912-917.

Zheng Y, Wang X, Fang J. 2006. Two acidic polysaccharides from the flowers of chrysanthemum morifolium. Journal of Asian Natural Products Research, 8(3): 217-222.

Zhu D, Scandalios JG. 1994. Differential accumulation of manganese superoxide dismutase transcripts in maize in response to abscisic acid and high osmoticum. Plant Physiology, (106): 173-178.

Zhu Z, Liu RL, Li BQ, et al. 2013. Characterisation of genes encoding key enzymes involved in sugar metabolism of apple fruit in controlled atmosphere storage. Food Chemistry, 141(4): 3323-3328.

Zhu ZY, Dong FY, Liu XC, et al. 2016. Effects of extraction methods on the yield, chemical structure and anti-tumor activity of polysaccharides from *Cordyceps gunnii* mycelia. Carbohydrate Polymers, 140: 461-471.

附　　录

一、国外浆果及制品标准目录

标准号	英文题录	中文题录
UNECE Standard FFV-57	Concerning the Marketing and Commercial Quality Control of Berry Fruits	关于浆果的营销与商品质量控制
AOAC Official Method 949.08	Seeds in Berry Fruits	浆果种子
CODEX STAN 52-1981	Standard for Quick Frozen Strawberries	速冻草莓
CODEX STAN 69-1981	Standard for Quick Frozen Raspberries	速冻树莓
CODEX STAN 76-1981	Standard for Quick Frozen Bilberries	速冻越橘
CODEX STAN 103-1981	Standard for Quick Frozen Blueberries	速冻蓝莓
CODEX STAN 60-1981	Standard for Canned Raspberries	树莓罐头
CODEX STAN 62-1981	Standard for Canned Strawberries	草莓罐头
CODEX STAN 319-2015	Standard for Certain Canned Fruits	特定罐装水果
UNECE Standard FFV-35	Concerning the Marketing and Commercial Quality Control of Strawberries	关于草莓的营销与商品质量控制
AOAC Official Method 986.13	Quinic, Malic, and Citric Acids in Cranberry Juice Cocktail and Apple Juice Liquid Chromatographic Method	蔓越莓汁、鸡尾酒和苹果汁中的奎宁酸、苹果酸和柠檬酸液相色谱法
AOAC Official Method 939.07	Beta-Ionone in Raspberry Concentrates Crystallographic Method II	树莓浓缩物中的 β-紫罗兰酮结晶法 II
AOAC Official Method 970.76	Mold in Cranberry Sauce Howard Mold Count	红莓酱中的霉菌霍华德霉菌计数

二、我国浆果及制品标准目录

标准号	中文题录
NY/T 2787—2015	草莓采收与贮运技术规范
GB/Z 26575—2011	草莓生产技术规范
DB23/T 1046—2006	草莓生产技术规程
DB33/T 928—2014	草莓生产良好农业规范
DB62/T 1034—2003	无公害产品　临夏回族自治州　保护地草莓生产技术规程
DB3302/T 066.3—2008	无公害草莓　第3部分：质量标准
DB3703/T 006—2005	无公害草莓生产技术规程
NY/T 444—2001	草莓
NY/T 5105—2002	无公害食品　草莓生产技术规程
NY/T 2020—2011	农作物优异种质资源评价规范　草莓
QB/T 1785—2007	草莓醛（杨梅醛）
QB/T 4632—2014	草莓罐头
DB11/T 992—2013	地理标志产品　昌平草莓

标准号	中文题录
SN/T 1046—2002	出口冷冻草莓检验规程
SN/T 2338—2009	草莓滑刃线虫检疫鉴定方法
DB33/T 784—2010	蓝莓生产技术规程
DB34/T 1580—2011	蓝莓生产技术规程
DB52/T 1318—2018	有机蓝莓鲜果贮藏保鲜技术规程
DBS 23/001—2014	食品安全地方标准　蓝莓果酒
DBS 23/002—2014	食品安全地方标准　蓝莓果汁饮料
GB/T 27658—2011	蓝莓
GB/T 32783—2016	蓝莓酒
GB/Z 35037—2018	蓝莓产业项目运营管理规范
GH/T 1228—2018	蓝莓冷链流通技术操作规程
GH/T 1229—2018	冷冻蓝莓
NY/T 2788—2015	蓝莓保鲜贮运技术规程
NY/T 3033—2016	农产品等级规格　蓝莓
NY/T 2521—2013	植物新品种特异性、一致性和稳定性测试指南　蓝莓
SN/T 4496—2016	生态原产地产品　野生蓝莓酒管理规范
SN/T 4849.1—2017	出口食品及饮料中常见小浆果成分的检测方法　实时荧光PCR法第1部分：蓝莓
SN/T 4849.5—2017	出口食品及饮料中常见小浆果成分的检测方法　实时荧光PCR法第5部分：蔓越莓和蓝莓
DB33/T 732—2009	杨梅鲜果物流操作规程
GB 31622—2014	食品安全国家标准　食品添加剂　杨梅红
GB/T 19690—2008	地理标志产品　余姚杨梅
GB/T 22441—2008	地理标志产品　丁岙杨梅
GB/T 26532—2011	地理标志产品　慈溪杨梅
NY/T 2315—2013	杨梅低温物流技术规程
NY/T 2861—2015	杨梅良好农业规范
DB3205/T 078—2004	无公害农产品　"大十"桑椹生产技术规程
DB3211/Z 013—2006	桑椹生产技术规程
GB/T 29572—2013	桑椹（桑果）
DB32/T 1626—2010	黑莓
DB3201/T 107—2007	有机产品　黑莓栽培技术规程
DB21/T 1533—2007	农产品质量安全　树莓生产技术规程
NY/T 2520—2013	植物新品种特异性、一致性和稳定性测试指南　树莓
DB21/T 2336—2014	有机树莓栽培技术规程
GB/T 27657—2011	树莓
SN/T 4849.2—2017	出口食品及饮料中常见小浆果成分的检测方法　实时荧光PCR法第2部分：树莓